20 几岁怎么做，决定 30 岁后怎么活！20 几岁有储备，30 岁时有收获；20 几岁敢拼搏，30 岁时能致富；20 几岁做对事，30 岁时能成事。成功并非遥不可及，只要你掌握赢的方略和路径，勇于突破人生的瓶颈，就能赢得精彩的人生！

30 岁时你能赢

那些成功者 20 几岁就懂就做成的事

大全集

邱霜 田宇 主编

中国华侨出版社

图书在版编目 (CIP) 数据

30 岁时你能赢：那些成功者 20 几岁就懂就做成的事大全集 / 邱霜 田宇编著 .—北京：中国华侨出版社，2013.1

ISBN 978-7-5113-3048-2

I.① 3… Ⅱ .①邱… ②田… Ⅲ .①成功心理—通俗读物 Ⅳ .① B848.4-49

中国版本图书馆 CIP 数据核字（2012）第 265054 号

30 岁时你能赢：那些成功者 20 几岁就懂就做成的事大全集

编　　著：邱霜　田宇

出 版 人：方　鸣

责任编辑：清　霖

封面设计：凌　云

文字编辑：李　鹏

美术编辑：刘欣梅

经　　销：新华书店

开　　本：1020mm×1200mm　1/10　印张：46　字数：736 千字

印　　刷：北京中创彩色印刷有限公司

版　　次：2013 年 1 月第 1 版　 2013 年 1 月第 1 次印刷

书　　号：ISBN 978-7-5113-3048-2

定　　价：29.80 元

中国华侨出版社　北京市朝阳区静安里 26 号通成达大厦三层　邮编：100028

法律顾问：陈鹰律师事务所

发 行 部：（010）58815875　　　　传　　真：（010）58815857

网　　址：www.oveaschin.com

E-mail：oveaschin@sina.com

如果发现印装质量问题，影响阅读，请与印刷厂联系调换。

前　言

几千年前，圣人孔子给中国人下了一道"三十而立"的咒，从此，"30岁"对于中国人而言成了一道惊慌失措的坎儿。在现实与理想的对比之中，在拥有与失去的衡量之下，"年届三十"也成了如今80后尤为感慨的字眼。紧迫感，就像一场肆无忌惮的龙卷风袭向这一代人，而且，越来越多的人将被卷进来，成为一股驱动我们生活的神秘力量。

形势越来越紧迫，但有一点我们必须明白：年轻时的努力足以决定人一生的命运，经营人生的起点，20几岁还不晚。20几岁的我们要挖掘潜能，想清楚，自己到底是个什么样的人，弄明白，自己到底要成为什么样的人。因为，人生只有一次，但命运可以选择。我们只有早思考，早明白，早行动，才能早幸福。

总有人在30岁或更年长的时候感叹："如果我20几岁的时候明白这些就好了。"可是，人生只能往下翻页，却不能重读。20几岁的你，是否曾觉得自己一无是处？是否曾觉得偌大的世界竟没有自己可以施展的舞台？是否曾觉得自己做什么都不成功？是否有过站在十字路口，却不知去向何方的恐惧？你犹疑、恐惧、迷茫、失落，觉得成功和幸福遥不可及；你羡慕、嫉妒同龄人的成就，叹息、怀疑自己的未来……这些都是因为你不曾发现自身的优势，30岁时你能赢，只要你明白：那些成功者20几岁就懂就做成的事。

人们总说，人生应该在挫折里总结教训，得出经验，但挫折教育需要成本，成本还十分高昂，而借鉴前人的经验，是降低人生挫折成本的最佳途径。

20几岁是令人羡慕的年龄，拥有10多岁没有的自主，又没有30多岁该有的负担。所以大多数20多岁的年轻人活得轻松惬意，却不知道20几岁该为30几岁以及40几岁将忧虑的事情做好准备，比如财富、健康、学会情绪管理、建立生活态度等，或许有些人已经意识到了这一点，却不知道该如何做好。

在"30岁"这场特殊的考试中，谁赢得了时间、认识、勇气和信心，谁就赢得了先机，谁就可能赢得胜利。人的一生是极其短暂的，如果你对时间进行卓有成效的利用，那么你必将使自己的生命呈现耀眼的光芒；如果你对自己和外界事物有了充分的认识，那么你至少为自己迈出人生中的重要一步提供了一个理性思考的平台；如果你始终有着一往无前的勇气和对前途充满乐观的信心，那么你的一生也必将充满生机和活力。每个人的起点可以相同，但只要把握好人生的拐点，终点就会大大不同。好好把握你的30岁，生命就会发生质变的飞跃。

　　本书会告诉你，那些成功者 20 几岁就懂就做成却没有人告诉你的事：人生规划、完善性格、人情世故、心态建设、职场成长、成功法则等，教你游刃有余地去处理工作与生活中方方面面的细节。敢于面对、敢于定位，敢于挑战，给自己建立一张受益终生的成就存折。

　　30 岁时你能赢，但那也只是事业成功、人生幸福的一个起点。本书会给你提供一些重新认识自我、挖掘自身优势潜能、准确成功地定位自我的方法。发现优势，准确定位，有所行动，才能不断提升、练就自我，成就事业，从而锁定成功。

　　希望本书能给迷茫中的 20 几岁的年轻人一点启示，给还在美好幻想里的 20 几岁的年轻人一些提醒，给犹豫不前的 20 几岁的年轻人一些开导，给挫败的 20 几岁的年轻人一些鼓励，希望正在度过 20 几岁年纪的读者能够找好定位，拥有快乐、充实、无悔的20 几岁。

　　30 岁时你能赢！只要你懂得了那些成功者 20 几岁就懂就做成的事。

目 录

第二篇 要想 30 岁时赢，20 几岁可以改变什么

第三篇　要想 30 岁时赢，20 几岁不可以失去什么

第四篇 要想 30 岁时赢，20 几岁必须学会什么

第五篇　要想 30 岁时赢，20 几岁不能做什么

第六篇　要想 30 岁时赢，20 几岁必须突破的瓶颈

第一篇
要想 30 岁时赢，
20 几岁必须明白什么

第一章
年轻时的梦想决定你未来的路

年轻时的梦想，未来的路

年轻时的梦想与未来的道路息息相关，你的梦想有多大，未来的舞台就有多大。正如华兹华斯说过的："一个崇高的目标，只要不渝地追求，就会成为壮举；在它纯洁的目光里，一切美德必将胜利。"

20 几岁的年轻人，一定要坚持自己的梦想，不要怀疑梦想的力量，它能激发你潜藏的能量，让你登上成功的高峰。当然，梦想需要你尽情发挥，如果你在梦想之前就开始给自己设置障碍，不断地否定和怀疑，你的舞台也将永远没有别人的华丽。而相反，如果你坚信自己的梦想，并且为它付出足够的努力，你就会看到梦想的奇迹。

60 多年前，在美国旧金山，一位演员喜获贵子。由于父亲是演员，这个男孩从小就有跑龙套的机会，他渐渐产生了当一名演员的梦想。可由于身体虚弱，父亲便让他拜师习武以强身。1961 年，他考入华盛顿州立大学主修哲学，后来，他像其他人一样结婚生子。但在心底，他从未放弃过当一名演员的梦想。

一天，他与朋友谈到梦想时，随手在一张便笺上写下了这样一段话："我，布鲁斯·李，将会成为全美国最高薪酬的超级巨星。作为回报，我将奉献出最激动人心、最具震撼力的演出。从 1970 年开始，我将会赢得世界性声誉；到 1980 年，我将会拥有 1000 万美元的财富，那时候我及家人将会过上愉快和谐、幸福的生活。"

当时，他过得穷困潦倒。这张便笺引来的是白眼和嘲笑。然而，他却牢记着便笺上的每一个字，克服了无数常人难以想象的困难。甚至在重伤后只用了 4 个月就从病床上奇迹般地站了起来。

20 世纪 70 年代初，他主演的《猛龙过江》等几部电影都刷新票房纪录。1972 年，他主演了嘉禾公司与华纳公司合作的《龙争虎斗》，这部电影使他成为一名国际巨星——被誉为"功夫之王"。1998 年，美国《时代》周刊将其评为"20 世纪英雄偶像"之一，他是唯一入选的华人。他就是"最被欧洲人认识的亚洲人"——李小龙，一个迄今为止在世界上享誉极高的华人明星。

其实，我们每一个人都如李小龙一样，只要我们心中有梦，大胆追梦，人生将会呈现出不一样的精彩与辉煌。我们每个人都应相信自己，相信我们本身就是"梦想大厦"的设计师和建筑家。

20 几岁的年轻人，你有着怎样的梦想，你的未来就会是怎样。大胆做梦，执著追梦吧！梦想将赋予你有意义的生活，让你的人生五彩缤纷。

别把梦想丢在年少时

人类是喜欢梦想的动物。小时候，我们的梦想是有许多糖果、许多玩具……长大后，我们又梦想着能有自己的事业，能过上自己想要的生活，等等。梦想的魔力是巨大的，但梦想也是最容易被人遗忘的。稍不盯紧，梦想就退去了它的颜色。

很多人在成长的过程中丢失了自己的梦想，等到垂垂老矣才发现，梦想已被丢在青春年少时。比如，当我们询问小孩子梦想是什么时，十个中有九个会答"将来做个科学家"，但最终成为科学家的能有几个。不只是科学家的梦想，还有更多的梦想被我们遗忘了，而只有那些把梦想记一辈子的人才可能实现梦想。

有个叫布罗迪的英国教师，在整理阁楼上的旧物时，发现了一叠作文簿，它们是皮特金中学 B（2）班 31 位孩子的春季作文，题目叫《未来我是……》。他本以为这些东西在德军空袭伦敦时被炸飞了，没想到它们竟安然地躺在自己家里，并且一躺就是 25 年。

布罗迪随便翻了几本，很快被孩子们千奇百怪的自我设计迷住了。比如，有个叫彼得的学生说，未来的他是海军大臣，因为他擅长游泳；还有一个说，自己将来必定是法国总统，因为他能背出 25 个法国城市的名字；还有一个叫戴维的盲学生，认为将来自己必定是英国的一个内阁大臣。总之，31 个孩子都在作文中描绘了自己的未来，五花八门，应有尽有。

布罗迪读着这些作文，突然有一种冲动——把这些本子重新发到同学们手中，让他们看看现在的自己是否实现了 25 年前的梦想。当地一家报纸得知他这一想法，为他发了一则启事。没几天，书信从四面八方向布罗迪飞来。他们中间有商人、学者及政府官员，更多的是普通人，他们都表示，很想知道儿时的梦想，并且很想得到那本作文簿。布罗迪按地址一一给他们寄去了。

后来布罗迪收到内阁教育大臣布伦克特的一封信，信中说："那个叫戴维的就是我，感谢您还为我们保存着儿时的梦想。不过我已经不需要那个本子了，因为从那时起，我的梦想就一直在我的脑子里，我没有一天放弃过；25 年过去了，可以说我已经实现了那个梦想。今天，我还想通过这封信告诉其他 30 位同学，只要不让年轻时的梦想随岁月飘逝，成功总有一天会出现在你的面前。"

布伦克特始终把自己的梦想牢记在心中，这份力量使他最终实现了自己的梦想，但他的很多同学则忘记了当初的梦想，过上了与梦想中截然不同的生活。

正如布伦克特在信的最后所说的，"只要不让年轻时的梦想随岁月飘逝，成功总有一天会出现在你的面前。"因此，20 几岁的年轻人，别把你的梦想丢在年少，时时刻刻牢记着你的梦想，为之努力奋斗，终有一天你会过上自己想要的生活。

你给自己定位是什么，你就是什么

20 几岁是人生的关键时期，步入 20 几岁的年轻人不能再像上学时那样浑浑噩噩地过日子了，要认清自己的能力，知道自己适合做什么，不适合做什么；长处是什么，短处是什么，找准自己的位置。

寸有所长，尺有所短。20 几岁的年轻人可以长时间卖力工作，创意十足，聪明睿智，才华横溢，屡有洞见，甚至好运连连——可是，如果你无法在生活和工作中给自己准确定位，不知道自己的方向是什么，一切都会徒劳无功。

可以说，你给自己定位什么，你就是什么，定位能改变人生。

汽车大王福特自幼帮父亲在农场干活，12 岁，他就在头脑中构想能够在路上行走的机器代替牲口和人力，而父亲和周围的人都要他在农场做助手。但福特觉得自己的兴趣在机械方面，成为一名机械师才是自己应该走的路。于是他用一年的时间完成别人需要 3 年才能完成的机械师培训，随后他花了两年多时间研究蒸汽原理，试图实现自己的梦想，但没有成功。之后，他又投入汽油机研究，每天都梦想着制造一部汽车。他的创意被发明家爱迪生所赏识，邀请他到底特律公司担任工程师。经过 10 年努力，他成功地制造了第一部汽车引擎。

福特的成功，归功于他的正确定位和不懈努力。如果当初他听从家人的意见去农场做了助手，也许历史都要改写了。

少年戴维的爸爸是木匠，妈妈是家庭主妇。这对夫妇准备送儿子上大学，所以节衣缩食，一点一点地存钱。

戴维读高中二年级时，一天，学校聘请的一位心理学家把这个 16 岁的少年叫到了办公室，对他说："戴维，我看过你各学科的成绩和各项体格检查，仔细研究了你各方面的情况。虽然你一直很努力，但你进步不大，你的各科成绩都远远落后于其他同学，你对高中的课程有点力不从心，再这样学下去，恐怕你就是在浪费时间了。"

戴维用双手捂住脸："啊！那样我爸爸妈妈会难过的。他们一直希望我能上大学。"

心理学家抚摸着他的肩膀，"人的才能各种各样，戴维，"心理学家说，"工程师不认识简谱，画家背不全九九乘法表，这都是可能的。但每个人都有自己的特长——你也不例外。终有一天，你会发现并发挥自己的特长。到那时，你的爸爸妈妈就会为你骄傲了。"

戴维从此没再去上学，而是在外找工作谋生。那时，城里的工作很难找，戴维替人修建园圃、修剪草坪。因为勤勉，所以总是有很多人找他干活。不久，他的手艺开始受到雇主们的注意，他们称他为"绿拇指"——因为凡经他修剪的花草无不出奇的美丽繁茂。

一天，他又进城来，凑巧来到市政厅后面，一位市政参议员就在他眼前不远处，戴维看到这是一块满是垃圾、污泥浊水的场地，便向参议员鲁莽地问道："先生，你是否能答应我把这个垃圾场改为一个美丽的花园？"

"市政厅没有这笔钱。"参议员说。

"我不要钱，"戴维说，"只要允许我去做就行。"

参议员大为惊异，他还不曾碰见过哪个人办事不要钱呢！于是他把这孩子带进了办公室。当戴维步出市政厅大门时，满面春风，因为他有权清理这块被长期搁置的垃圾场地了。

当天下午，他拿了几样工具，带上种子和肥料来到目的地。一位热心的朋友给他送来一些树苗，一些相熟的雇主请他到自己的花圃去剪玫瑰枝条，有的则提供做篱笆用的木料。消息传到了本城一家最大的家具厂，厂长立刻表示要免费承做公园里的条椅。

不久，这块垃圾场地就变成了一个美丽的公园：曲幽幽的小径，绿茸茸的草坪，因为戴维没有忘记给小鸟安家，所以人们在条椅上坐下来还能听到鸟儿在唱歌。全城的民众都在谈论，说有一个人办了一件了不起的事。人们通过它看到了戴维的才能，公认他是一个天生的风景园艺家。

如今的戴维已经是美国闻名的风景园艺家了。虽然他不会说拉丁文，也不懂法语，微积分对他更是个未知数，但园艺和色彩是他的特长。他使年迈的双亲感到了骄傲，这不仅是因为他在事业上取得的成就，而且还因为他能把人们的住处弄得无比舒适和漂亮！

正如例子里的戴维一样，每都人会有自己擅长与不擅长的地方，而有些人之所以成功，就是因为他们自始至终能够给自己准确定位，找到自己的位置，看到自己身上的缺点和不足，然后付诸行动，不断改进和完善自己，使自己更加积极向上、充满活力。因为他们心中明白这样的道理：人最怕不能给自己定位，找不到自己的位置。

富兰克林曾经说过："宝贝放错了地方便是废物。人生的诀窍就是找准人生定位，定位准确能发挥你的特长。"所以，20 几岁的年轻人，如果你还没有给自己准确定位的话，那么就应该抓紧时间，坐下来分析一下自己，根据自己的特点，寻找真正适合自己的位置了。

找对方向才会走对路

20 几岁的年轻人只有找到了自己的方向，才能在人生的路途上越走越顺。

比塞尔是西撒哈拉沙漠中的一颗明珠，每年有数以万计的旅游者来到这儿。可是在肯·莱文发现它之前，这里还是一个封闭落后的地方。这儿的人没有一个走出过大漠，据说不是他们不愿离开这块贫瘠的土地，而是尝试过很多次都没有走出去。

肯·莱文不相信这种说法。他用手语向这儿的人问原因，结果每个人的回答都一样：从这儿无论向哪个方向走，最后还是转回到出发的地方。为了证实这种说法，他做了一次试验，从比塞尔村向北走，结果三天半就走了出来。

比塞尔人为什么走不出来呢？肯·莱文非常纳闷，最后他只得雇一个比塞尔人，让他带路，看看到底是怎么回事？他们带了半个月的水，牵了两峰骆驼，肯·莱文收起指南针等现代设备，只拄一根木棍跟在后面。

10天过去了，他们走了大约800英里的路程，第11天早晨，果然又回到了比塞尔。

这一次肯·莱文终于明白了，比塞尔人之所以走不出大漠，是因为他们根本就不认识北斗星。在一望无际的沙漠里，一个人如果凭着感觉往前走，他会走出许多大小不一的圆圈，最后的足迹十有八九是一把卷尺的形状。比塞尔村处在浩瀚的沙漠中间，方圆上千公里没有一点参照物，若不认识北斗星又没有指南针，想走出沙漠，确实是不可能的。

肯·莱文在离开比塞尔时，带了一位名叫阿古特尔的青年，就是上次和他合作的人。他告诉这位汉子，只要你白天休息，夜晚朝着北面那颗星走，就能走出沙漠。阿古特尔照着去做了，三天之后果然来到了大漠的边缘。阿古特尔因此成为比塞尔的开拓者，他的铜像被竖在小城的中央。铜像的底座上刻着一行字：新生活是从选定方向开始的。

正如上述例子中的最后一句话，人生也同样如此。人生自然有自我存在的价值，选择一个目标，也等于明确了人生的方向，这样才不至于迷失。

一个人没有自己的人生观，没有人生的方向，没有确定自己活着究竟要做一个什么样的人、做什么事，只是盲目地进行，这就犯了庄子所说的"所存于己者未定"的毛病。一个人对于自己人生的方向都没有确定，那是人生最悲哀的事。

辉煌的人生在很大程度上取决于人生的方向，个人的幸福生活也离不开方向的指引。确立人生的方向是人一生中最值得认真去做的事情。你不仅需要自我反省、向人请教"我是什么样的人"，还需要很清楚地知道"我究竟需要什么"，包括想成就什么样的事业、结交什么样的朋友、培养和保留什么样的兴趣爱好、过一种什么样的生活。这些选择是相对独立的，但是在一个系统内的，彼此是呼应的，从而共同形成人生的方向。

摩西奶奶是美国弗吉尼亚州的一位农妇，76岁时因关节炎放弃农活，这时她又给了自己一个新的人生方向，开始了她梦寐以求的绘画事业。80岁时，到纽约举办画展，引起了意外的轰动。她活了101岁，一生留下绘画作品600余幅，在生命的最后一年画了40多幅。

摩西奶奶的行动也影响到了大作家渡边淳一。渡边淳一从小就喜欢文学，可是大学毕业后，他一直在一家医院里工作，这让他感到很别扭。马上就30岁了，他不知该不该放弃那份令人讨厌却收入稳定的职业，以便从事自己喜欢的写作。于是，他给耳闻已久的摩西奶奶写了一封信，希望得到她的指点。摩西奶奶很感兴趣，当即给他寄了一张明信片，她在上面写下这么一句话："做你喜欢做的事，上帝会高兴地帮你打开成功之门，哪怕你现在已经80岁了。"

人生是一段旅程，方向很重要。只有掌握了自己人生的方向，每个人才可以最大化地实现自己的价值，正如例子中的摩西奶奶和渡边淳一。

找到人生方向的人是快乐的。他们的生活与他们所向往的人生方向是相一致的，这样的生活也让他们的生命更加有意义。

起点低不要紧，有梦想就有成就

不可否认，因为出生背景、受教育程度等各方面原因，每个人的起点有高低之分。但是起点高的人不一定能将高起点当做平台，走向更高的位置。即使起点低，只要20几岁的年轻人有梦想，肯上进，同样可以达到很高的位置。

"打工皇后"吴士宏第一个成为跨国信息产业公司中国区总经理的内地人，她的传奇也在于她的起点低——只有初中文凭和成人高考英语大专文凭。她认为"没有一点雄心壮志的人，是肯定成不了什么大事的"。

吴士宏年轻时命途多舛，还曾患过白血病。战胜病魔后她开始珍惜宝贵的时间。她仅仅凭着一台收音机，花了一年半时间学完了许国璋英语三年的课程，并且在自学高考英语专科毕业前夕，以对事业的无比热情和非凡的勇气通过外企服务公司成功应聘到IBM（国际商用机器公司），而在此前外企服务公司向IBM推荐过好多人都没有被聘用。她的信念就是："绝不允许别人把我拦在任何门外！"

在IBM工作的最早的日子里，吴士宏扮演的是一个卑微的角色，沏茶倒水，打扫卫生，完全是脑袋以下肢体的劳作。在那样一个先进的工作环境中，由于学历低，她经常被无理非难。吴士宏暗暗发誓："这种日子不会久的，绝不允许别人把我拦在任何门外。"后来，吴士宏又对自己说："有朝一日，我要有能力去管理公司里的任何人。"为此，她每天比别人多花6个小时用于工作和学习。经过艰辛努力，吴士宏成为同一批聘用者中第一个做业务代表的人。继而，她又成为第一批本土经理，第一个IBM华南区的总经理。

在人才济济的IBM，吴士宏算得上是起点最低的员工了，但她十分"敢"想，想要"管理别人"。而一个人一旦拥有进取心，即使是最微弱的进取心，也会像一颗种子，经过培育和扶植，茁壮成长，开花结果。

一纸文凭好比一块最有力的敲门砖，可能会有很多人质疑这一点，但是如果你知道人事部经理怎样处理成山的简历，你就会后悔当初没有上名牌大学了。他们往往首先从学校中筛选，如果名牌大学毕业的应征者其他条件都符合，他就不会再翻看其他的简历了。

但是，名牌大学就只有那么几所，独木桥实在难以通过。很多人在这一点上就落后了不少，于是在真正踏上社会，走入职场时，就会有起点差异。不过值得庆幸的是，很多成功者都是从低起点开始做起的，他们之所以能在落后于人的情况下后来居上，梦想的支持力不可忽视。

因此20几岁的年轻人，即使你起点低也不要气馁、自暴自弃，只要有梦想并坚持为之努力，同样可以攀登成功的高峰，获得令他人羡慕的成就。

确立你的人生目标

研究一些成功者的成功轨迹，就会发现他们走向成功之前大都有自己的明确目标。美国成功学家拿破仑·希尔在《一年致富》中有这样一句名言：一切成就的起点是渴望。希尔认为，所有成功，都必须先确立一个明确的目标，当对目标的追求变成一种执著时，你就会发现所有的行动都会带领你朝着这个目标迈进。目标就是力量，奋斗才会成功。

古今中外凡在智能上有所发展、事业上有所成就的人，无不有着明确而坚定的目标。英国前首相本杰明·迪斯雷利原本是一名并不成功的作家，出版数部作品却无一能给人留下深刻印象。后来迪斯雷利涉足政坛，决心成为英国首相。他克服重重阻力，先后当选议员、下议院主席、高等法院首席法官，直至1868年实现既定目标成为英国首相。对于自己的成功，在一次简短的演说中迪斯雷利一言以蔽之："成功的秘诀在于坚持目标。"

正是明确而坚定的目标使他赢得了最终的成功。

可以说，一个人之所以伟大，首先在于他有一个伟大的目标。目标能够指导人生，规范人生。目标之于事业，具有举足轻重的作用。忽视目标定位的人，或是始终确定不了目标的人，他们的努力就会事倍功半，难以达到成功的彼岸。

日常生活中，你一定会先确定目的地，并且带好地图，才会出远门。然而，只有极少数人清楚自己一生要的是什么，并且有达到目标的可行计划。这些人都是各行各业中的领导者——没有虚度此生的成功者。如果你确定知道自己要什么，对自己的能力有绝对的信心，你就会迈向成功。如果你还不知道自己的一生想要追求什么，现在就开始，思考自己要什么，你有几分的决心，何时会做到。

20几岁是人生的一个新阶段，也是规划人生的最好时期，在这个阶段要明确未来的生活方向，才会让人生绚丽多彩。

20几岁的年轻人可以确定心中想要的生活，利用以下四个步骤，认清你的目标：

第一，把你最想要的东西或想达成的目标用一句话清楚地写下来。

在表述这个目标时，一定要以你的梦想和个人的信念作为基础。这是为了让你更加明确自己想要什么，同时写在纸上，也可以时时地提醒你。

第二，写出明确的计划，如何达成这个目标，清楚地写出你要怎么做。

这会让你更清楚要完成自己的目标，需要付出多少努力，会遇到哪些困难，做好战胜一切阻碍的心理准备。

第三，制订完成既定目标明确的时间表。

这会让你了解这个目标是太急了，还是太慢了。如果时间太短，达不成目标时会挫伤你的积极性，这时候你就需要给自己更多的时间；如果时间太长了，会滋生你的惰性，这时候你需要把时间缩短点。

第四，牢记你所写的东西，每天复述几遍。

这四个步骤会让你时刻牢记自己的目标，当你想懈怠的时候，可以通过这个方法激励自己。

遵照这几个步骤，你很快会惊讶地发现，你的人生愈变愈好。这套模式将引导你与无形的伙伴结合，让他替你除去途中的障碍，带来你梦寐以求的有利机会。持续进行这些步骤，你就不会因为别人的怀疑而动摇。

记住，任何事情都不会偶然发生，都是有一定原因的，包括个人的成功。成功都是下定决心，相信自己会做到的人，以切实的行动、谨慎的规划及不懈的努力而达到的结果。

不妨把目标定得稍高一些

生活中的你一定不能因为暂时的困境而萎靡不振，你需要在困顿中明确自己的定位，因为定位不仅能改变你的人生目标，更能改变你对人生的看法和对生活的态度。把你的定位再提高一些，你的人生就会有所不同。

一个人在河边钓鱼，一条接着一条，收获颇丰。奇怪的是，路人注意到那个人钓到大鱼就把它放回河里，小鱼才装进鱼篓里去。他感到很好奇，就走过去问那个钓鱼的人为什么要那么做。钓鱼翁答道："老兄，你以为我喜欢这么做吗？我也是没办法，我只有一个小煎锅，煎不下大鱼啊。"

很多时候，我们就像例子里钓鱼的人，虽有一番雄心壮志，但会习惯性地告诉自己："算了吧。我想的未免也太迂了，我只有一个小锅，煮不了大鱼。"我们甚至会进一步找借口来劝退自己："更何况，如果这真是个好主意，别人一定早就想过了。我的胃口没有那么大，还是挑容易一点的事情做就行了，别累坏了自己。"

戴高乐说："眼睛所到之处，是成功到达的地方，唯有伟大的人才能成就伟大的事，他们之所以伟大，是因为决心要做出伟大的事。"教田径的老师会告诉你："跳远的时候，眼睛要看着远处，你才会跳得更远。"

一个人要想成就一番大的事业，必须树立远大的理想和抱负，有广阔的视野，不追求一朝一夕的成功，耐得住寂寞和清贫，按照既定的目标，始终坚持下去，到最后，他一定会获得成功。

有一次，任国的公子决心要钓一条大鱼，他做了一个特大的钩，用很粗的黑丝绳做钓线，用 50 头牛做钓饵。一切准备完后，他蹲在会稽山上，开始了等待。整整一年过去了，他却一条鱼也没有钓到。但他并不泄气，每天照旧耐心地等待。

终于有一天，一条大鱼吞了他的鱼饵，大鱼很快牵着鱼线沉入水底。过了不大一会儿，又摆脊蹿出水面。几天几夜后，大鱼停止了挣扎，他把大鱼切成许多块，让南岭以北的许多人都尝到了大鱼肉。

那些成天在小沟小河旁边，眼睛只看见小鱼小虾的人，怎么也想不通他是如何钓到大鱼的……

任国的公子之所以能钓到大鱼，在于他一开始就把目标锁在了大鱼上。而其他人的目光只能放在小沟小河旁，所以永远钓不到大鱼。

孔子说："取乎上，得其中；取乎中，得其下。"就是说，假如目标定得很高，取乎上，往往会得其中；而当你把定位定得很一般，很容易完成，取乎中，就只能得其下了。

20 几岁的年轻人不妨把自己的定位定得高一些，因为愿景所产生的力量更容易让人在每天清晨醒来时，不再迷恋自己的床榻，而会抱着十足的信心和动力去面对新的挑战。

了解自己，给梦想一个支点

现在的人喜欢进行人生规划，但是人生规划不是事业规划，不是你要挣多少钱，要买多大的房，而是你怎样一步一步接近自己想要的生活；在人生的每一个阶段，要达到一种什么样的自我满足——这才是人生规划的真正内容和目的所在。要实现这个规划，20 几岁的年轻人首先要做的就是找出自己的潜能，全面地了解自己，正确地定位自己，这个定位将是我们实现梦想的一个支点。

生活中有很多人抱怨工作不尽如人意，不遂心愿，太累，没有成就感，这是一件很可惜的事情。因为他们没有在适当的位置展现自己的才华，甚至还有些人根本就不知道自己适合做什么。找对了位置，20 几岁的年轻人才可以充分展现自己的才华，作出一番成就。找到自己的优势所在，给自己一个正确的定位，才能以此为基础实现自己的梦想，更好地经营自己的人生。

给自己一个定位首先要考虑的是自己的兴趣。有一句被人们说了无数次的话："兴趣是最好的老师。"荣膺"世界十大知名美容女士"、"国际美容教母"称号的蒙妮坦集团董事长郑明明就是一个找出自己的兴趣和潜力所在，正确定位自己，从而走向成功的典范。

在印尼的华人圈子里，郑明明的父亲很有名望。郑明明读小学时，有一天父亲特地将中国香港作家依达的小说《蒙妮坦日记》推荐给她。这是依达的成名作品，描写了一个叫蒙妮坦的女孩子经过爱情、事业的挫折之后，最终实现了自己的梦想的故事。按照父亲的设想和愿望，女儿以后应该也是个"高等知识分子"。然而，从小就喜欢把自己打扮得漂漂亮亮的郑明明对美的事物更感兴趣。当她在街上看到印尼传统服装——纱笼布上那精美的手绘图案时，被艺术的无穷魔力深深吸引住了，被那些给生活带来美丽的手工艺人的精湛技艺感动了，从此她便萌发了从事美容事业的念头。

郑明明坚持要为自己负责，走自己想走的路。于是，她瞒着父亲到了日本，在日本著名的山野爱子学校开始了美容美发学习。那所学校里都是些富家女，大家每天的生活就是相互攀比，比谁的衣服好看，谁打扮得漂亮等。但郑明明不是这样，因为她留学不是为了和她们攀比、斗艳，况且她也没有闲钱攀比。由于得不到父亲的支持，来到日本的她当时身上只有 300 美元，这些钱在交完学费、住宿费后就所剩无几了。冬天的时候，她的同学都穿着各式各样的皮衣，而她只有一件破旧的黑大衣御寒。平时下了课，郑明明还要到美发厅打工。打工一是为了挣钱，二是为了学习人家的经验。在打工期间，她仔细观察每个师傅的技术、顾客的喜好、店里的管理等，以绘制自己未来的事业蓝图。

从日本毕业以后，郑明明来到了中国香港，租了间店铺成立了蒙妮坦美发美容学院。万事开头难，创业初期，她一人身兼数职，既是老板，又是工人；既要迎宾，又要洗头。坚信"时间就像海绵，要是挤总会有的"，郑明明每天晚睡早起，至少工作 11 个小时。忙碌之余，她还有个雷打不动的习惯，就是到了晚上把白天顾客留的姓名、特征、发型等资料建成档案经常翻阅，便于下次和顾客沟通。

经历了很多的磨难，郑明明终于成功了。她成立了一个又一个的分店，从中国香港到中国内地。从此，人们知道了蒙妮坦，也知道了郑明明。

如果郑明明按照父亲的意愿走上那条中规中矩的道路，凭借她的资质，说不定现在也会很成功，但是绝对不会比现在的她更辉煌。正因为她选择了自己兴趣所在的道路，所以才会激发出自己的潜力，并甘愿付出更多的努力和坚持。

20 几岁的年轻人要找到自己的定位，必须首先了解自己的性格、脾气，了解了自己才能对自己有一个合适的定位，才能把自己的优势发挥得淋漓尽致，从而获得成功。

第二章
有想法的人有未来

带着超前意识生活，眼光着眼未来

你是否经常会不知所措，认为找不到人生的方向，觉得一切都十分渺茫，不知道现在应该做些什么，该怎样解决这个困扰呢？让我们读一下下面这则故事，你可以从中得到一个很好的答案。

这则故事以自叙的方式描绘了主人公在茫然迷惑的境地如何决定自己的人生线路。

那时主人公 19 岁，在美国某城市的一所大学主修计算机，同时在一家科学实验室工作，繁忙的学习与工作让他一天的 24 小时几乎没有任何空余，但他一有时间便从事其所钟爱的音乐创作。

他酷爱作曲，出于对音乐共同的热爱，他结识了一位与他同龄的作词的女孩，也正是这位聪慧的女孩让他在迷茫中找到了事业的起步点。

她知道主人公对音乐的执著，然而，面对那遥远的音乐界及整个美国陌生的唱片市场，他们没有任何渠道和办法。某一天，两人又是静静地坐着，若有所思，但又一无所获，他甚至不知道目前的自己应该做些什么。突然间，她很严肃地问了他一个问题，想象一下，5 年后的你在做什么？他愣了，不知该如何回答。她转过身来，继续给他解释："你心目中'最希望'5 年后的你在做什么，你那个时候的生活是一个什么样子？"

主人公沉思过后，说出了自己的期冀：第一，5 年后他希望能有一张广受欢迎的唱片在市场上发行，得到大家的肯定；第二，他要住在一个有丰富音乐的地方，天天与一些世界上顶级的音乐人一起工作。

下面女孩的话对主人公意义重大，她帮助他做了一次时光推算：如果第五年，他希望有一张唱片在市场上发行，那么，第四年他一定要跟一家唱片公司签上合约。那么，第三年他一定要有一个完整的作品能够拿给多家唱片公司试听。第二年，一定要有非常出色的作品已经开始录音了。这样，第一年，他就必须要把自己所有要准备录音的作品全部编曲，排练就位，做好充分准备。第六个月，就应该把那些没有完成的作品修饰完美，让自己从中逐一作出筛选，而第一个月就是要把目前手头的这几首曲子完工。因此，第一个星期就是要先列出一个完整的清单，决定哪些曲子需要修改，哪些需要完工。话说到此，她已经让他清楚自己当下应该做些什么。

对于主人公的第二个未来畅想是，她继续推演，如果第五年他已经与顶级音乐人一起工作了，那么第四年他应该拥有自己的一个工作室。那么，第三年，他必须先跟音乐圈子里的人在一起工作。第二年，他应该在美国音乐的聚集地洛杉矶或者纽约开始自己的音乐旅程。

主人公在这番时光推演中，找到了自己的人生路线，他让未来决定自己当下应该做的事情。第二年，他辞掉了令人美慕的稳定工作，只身来到洛杉矶。大约第六年，他过着当年畅想的生活。

这个故事读来意味深长。当你在感到困惑时，学学这位主人公，静静想想，5 年后你"最希望"看到自己在做什么？

如果你自己都不知道这个答案的话，你又如何要求别人为你作出选择或开辟道路呢？多想想"未来将是什么样，如何变为那个样子"，而不是一直在痛苦"路该怎么走"。

人常常想得很多，做得很少，为了不造成遗憾，要及早把握成功的机会，让未来的你决定现在要做的事。

冷静思考，成功不走弯路

人类最有力的武器就是思考。在每个人的一生中，思考无时无刻不在左右人的行为，影响人的人生轨迹。一个不善于进行理性思考的人，往往就会在行动中失去方向，走上歧途，越努力则错得越多。而只有在正确思考的基础上，我们才能拥有思考带来的益处，成功才能不走弯路。

史威济非常喜欢打猎和钓鱼，他最喜欢的生活是带着钓鱼竿和猎枪步行 50 里到森林里，过几天以后再回来，精疲力竭，满身污泥而快乐无比。

美中不足的是，他是个保险推销员，打猎钓鱼太花时间。有一天，当他依依不舍地离开心爱的鲈鱼湖，准备打道回府时，突发异想：在这荒山野地里会不会也有居民需要保险？那他不就可以边工作边打猎钓鱼了吗？结果他发现果真有这种人：他们是阿拉斯加铁路公司的员工，他们散居在沿线五百里各段路轨的附近。他可不可以沿铁路向这些铁路工作人员、猎人和淘金者售保呢？

史威济在想到这个主意的当天就开始积极计划。他向一个旅行社打听清楚以后，就开始整理行装。他没有停下来让恐惧乘虚而入，过多的疑虑只会使自己认为自己的主意很荒唐，可能失败。但他不左思右想找借口，而是勇往直前。

史威济沿着铁路走了好几趟，那里的人都叫他"步行的史威济"，他成为那些与世隔绝的家庭最欢迎的人。同时，他也代表了外面的世界。不但如此，他还学会理发，替当地人免费服务。他还无师自通地学会了烹饪，由于那些单身汉吃厌了罐头食品和腌肉之类，他的手艺当然使他变成最受欢迎的贵客。同时，他也正在做自己想做的事：徜徉于山野之间、打猎、钓鱼，并且像他所说的——"过史威济的生活"。

在史威济的故事中，最不平常而使人惊讶的是：在他把突发的意念付诸实行以后，在动身前往阿拉斯加的荒原以后，在沿线走过没人愿意前来的铁路以后，他不仅做成了生意，而且可以过自己一直梦想的生活。假使他在突发奇想时，对于自己的想法有半点迟疑，这一切都不可能发生。

冷静思考之所以一直被我们所推崇，是因为冷静思考者不会意气用事，他们以理性而准确的方式处理问题，不会受情绪的左右。

瑞德没有受过正式的学校教育，但他是一个冷静思考的人，这使他成为世界上最富有的人之一。他不浪费时间争辩琐碎或不重要的事情。他根据事实，迅速地作出决策。有一天他遇到一位老朋友斯曼，斯曼听说瑞德准备开一千家食品连锁店，感到非常惊讶。"我的合伙人和我，"斯曼说，"只开了一家店就忙不过来了，你还想开一千家！这是错误的想法，瑞德。"

"错误？"瑞德说，"我的一生都在犯错。但是，如果我犯了错，绝对不会停下来讨论。我会继续下去，犯更多的错。"

瑞德继续他食品连锁店的计划。后来，每个星期瑞德连锁店的营业额都高达数百万美元。

冷静思考者在做事时扮演着先锋者的角色，在理性、睿智的思考中，他们能够不断创新。

爱默生曾经说过："当上帝释放一位思想家到这个星球上时，大家就得小心了，因为所有事物都将濒临危险，就像在一座大城市里发生火灾一样，没有人知道哪里才是最安全的地方，也没有人知道火什么时候才会熄灭。科学的神话将使人类发生变化；所有的文学名声以及所有所谓永恒的声誉都可能会被修改或指责；人类的希望、人类的思想、民族宗教以及人类的态度和道德都将受下一代摆布。普遍化将成为神力注入思想的新汇流口，因此悸动也跟随而来。"

爱默生生动地指出冷静思考的重要性，当一个人开始思考的时候，他已经开始与众不同了。因为每个人有每个人不同的想法。尤其在面临困境的时候，思考更是让我们摆脱困境的关键因素。培养自己冷静思考的能力，让自己无论在什么情况下都能淡定自若。

思考是成功的来源，只有当我们渴望成功的时候，我们才会得到成功。如果我们从未想过要成功，那么是很不容易成功的。信仰是脑子里的真理，意念是心中的火焰，成功就来自于思想，思想能够掌握人生。

眼光有多远，成功的路上我们就能走多远

成功，有时候仅仅靠机会也是不够的，还需要有把握未来的长远目光。你的眼光有多远才能决定你能走多远。

从前，三个年轻人一同结伴外出，寻找发财的机会。在一个偏僻的小镇，他们发现了一种又红又大、味道香甜的苹果。由于地处山区，信息、交通等都不发达，这种优质苹果仅在当地销售，售价非常便宜。

第一个年轻人立刻倾其所有，购买了10吨最好的苹果，运回家乡，以比原价高两倍的价格出售。这样往返数次，他成了家乡第一个万元户。

第二个年轻人用了一半的钱，购买了100棵最好的苹果苗运回家乡，承包了一片山，把果苗栽种。整整3年时间，他精心看护果树，浇水灌溉，没有一分钱的收入。

第三个年轻人找到果园的主人，用手指指着果树下面，说：我想买些泥土，主人一愣，接着摇摇头说：不，泥土不能卖。卖了还怎么长果树？他弯腰在地上捧起满满一把泥土，恳求说："我只要这一把，请你卖给我吧，要多少钱都行！主人看着他，笑了："好吧，你给一块钱拿走吧。"他带着这把泥土返回家乡，把泥土送到农业科技研究所，化验分析出泥土的各种成分、湿度等。接着，他承包了一片荒山，用3年的时间开垦、培育出与那把泥土一样的土壤。然后，他在上面栽种了苹果树苗。

现在10年过去了，这三位结伴外出寻求发财机会的年轻人命运迥然不同。

第一位购苹果的年轻人现在还在做苹果的生意，但是因为当地信息和交通已经很发达，竞争者太多，所以赚的钱越来越少，有时甚至不赚钱反而赔钱。

第二位购买树苗的年轻人早已拥有自己的果园，因为土壤的不同，长出来的苹果有些逊色，但是仍然可以赚到相当的利润。

第三位购买泥土的年轻人，他种植的苹果果大味美，和山区的苹果相比不相上下，每年秋天引来无数购买者，总能卖到最好的价格。

有时候，我们并不缺少机会，但要拥有敏锐的眼光，就需要有创新精神。

用梦想为生活着色

梦想是我们在感觉自己的人生色彩单调时，需要用到的调色剂，将我们灰白或是黑白的生活调得丰富多彩、五彩斑斓；梦想是我们生活遇到坎坷时，需要用到的垫脚石，让我们顺利地通过一条条道路；梦想是我们不知道下一步走向哪里时，给我们指路的灯塔，为我们指明道路。梦想有种种好处，但它毕竟是梦想，我们可以天天做梦，但我们不能每天都活在梦中。我们每一个普通的和聪明的人都爱做梦，我们也常常被人说是在做白日梦。但聪明的人知道梦和现实的距离，每天在丈量着这个距离，并且每天都在采取行动缩小这个距离。

只有沉浸在梦想中，你才会明白自己想要什么，这样就能抓住机遇或机会。奇妙的机会总是藏在最不起眼之处，只有强烈地感受到自己目标的人才能看得见。呆滞无神的眼睛、

飘浮不定的目光，是无法看到人生的绝佳机会的。

一开始，我们有成就某件事的梦想，当我们追逐着这个梦想时，一切都变得越来越清楚、仔细、多彩，慢慢地梦想就变成了我们具体的目标。只要我们每天沉浸在梦想中，心里的这种图像就会越来越清晰，目标就越来越明确，然后我们就知道怎样达到目标，怎样将梦想变为现实。

有一天兄弟两人在村里找到了一份卖水的工作，就是将离村民居住地较远的河里的水用水桶装着再挑到村里卖，第一天结束后，兄弟两人在聊天，哥哥很满意这份工作，说他的梦想实现了，每天这么挑水卖，再过几天，他可以买一双新鞋，再过一个月，他可以买一头驴，再过一年，他可以盖新房子，然后有自己的家庭。

弟弟很不满意，说天天这么挑水，肩膀又酸腿又疼，他觉得他应该跟哥哥合作，修一条管道，将水引到村里，再卖给村民。哥哥听了哈哈大笑，说弟弟在做白日梦，以他们俩的能力，现在这样差不多了。然后哥哥第二天又开始挑水，而弟弟却开始张罗挖管道。几天过去了，哥哥买到了鞋，几个月过去了，哥哥又买了驴，而弟弟还在挖管道，过了一年，哥哥的房子也盖好，而弟弟还是在哥哥和村民的嘲笑下满身泥巴地挖管道。

直到后来，在政府乡村居民生活改善的工程中，弟弟的工作得到了政府的大力支持和帮助，最终管道通了，水通过管道引进村里，村民都使用自来水，再也没人去买哥哥的水，哥哥失业了。

看完这个故事，你是不是在为哥哥感到悲哀，但是往往一到现实生活中，我们很多人还是默默地生活在"提桶"的世界里，没有梦想，就是偶尔做做梦，也是自己把自己否定了，认为是白日梦，更别说是做"建造管道"的梦。是想继续"提桶"还是想通过梦想"建造管道"？这需要我们深思。

沉浸在梦想中能让我们产生对工作和生活的热情。而热情能使我们充满活力和干劲，进而发光发热。在这种状态下工作，又能产生新的梦想。一生不断地重复这样的梦想、热情，可以激发出极大的信心、加强你努力工作的意志力、鼓舞他人，并引导大家走向成功，使我们最终见到生动而灿烂的色彩。

成功是"想"出来的

1926 年的一个傍晚，哈佛大学一年级的学生，17 岁的兰德走在繁华的百老汇大街上，从他面前驶过的汽车车灯刺得他眼睛都睁不开。他突然灵机一动：有没有办法既让车灯照亮前面的路，又不刺激行人的眼睛呢？他觉得这是很有实用价值的课题。兰德说干就干，第二天便去学校办了休学手续，专心研究偏光车灯的创造发明。

1928 年，兰德的第一块偏光片终于制成了。他匆匆赶去申请专利，不料已有四个人申请了此项专利。他辛辛苦苦作出的第一项成果就这样白费了。3 年后，经过改进的偏光片研制成功，专利局终于在 1934 年把偏光片的专利权给了兰德，这是他获得的第一项专利。1937 年，兰德成立了拍立得公司。有人把他介绍给华尔街的一些大老板，他们对兰德的才能和工作效率十分赏识，向他提供了 37.5 万美元的信贷资金，希望他把偏光片应用到美国所有汽车的前灯上，以减少车祸，保证乘车人的安全。

1939 年，拍立得公司在纽约的世界博览会上推出的立体电影更是轰动一时。观众必须戴上该公司生产的眼镜才能入场，这又为公司赚了一大笔钱。

有一次，兰德给他的女儿照相。小姑娘不耐烦地问："爸爸，我什么时候才能看到照片？"这句话触动了兰德。经过多年的研究，他终于发明了瞬时显像照相机，取名为"拍立得相机"。这种相机能在 60 秒钟洗出照片，所以又称"60 秒相机"。拍立得公司 1937 年刚成立时，销售额为 14.2 万美元。1941 年就达到 100 万美元，1947 年则达到 150 万美元。"拍立得相机"投入市场后，使公司销售额从 1948 年的 150 万美元猛增至 1958 年的 6750 万美元。

然而兰德并未就此停步，后来他又制造出一种价格便宜，能立即拍出彩色照片的新相机。兰德说："一个公司，不仅要不断地推出新产品，改善人们的生活，给人们带来方便，而且要考虑下一步该怎么办。这样，公司就不会停滞不前，将永远充满活力。"

爱默生曾说："我们的生命是什么？不过是长着翅膀的事实或事件的无穷的飞翔。"

生活中很多"司空见惯"的日常现象看似平常，却隐藏着许多发明创造的契机。只要你善于联想，积极思考，就能发现它。

如果我们能够抓住问题尚未显露时的好机会，你就是懂得正确思考之要义的人。如果我们能形成一种有效的想法，并积极付诸实践，就能把失败转变为成功。问题来了，主动思考。只有敢"想"、会"想"，思考成功、思考未来的人，才会是成功者的候选人。有着善于思考的习惯、敢于思考未来的人，才是社会的希望，才是未来的主人。所以有人说，成功是"想"出来的。

盖茨博士是美国的大教育家、哲学家、心理学家、科学家和发明家，他一生中有许多发明。

拿破仑·希尔曾带着介绍信前往盖茨博士的实验室去造访他。

当拿破仑·希尔到达时，盖茨博士的秘书对他说："很抱歉，这个时候我不能打扰盖茨博士。"

拿破仑·希尔问："要过多久才能见到他呢？"

秘书回答："我不知道，恐怕要 3 小时。"

拿破仑·希尔继续问："请你告诉我为什么不能打扰他，好吗？"

秘书迟疑了一下，然后说："他正在静坐冥想。"

拿破仑·希尔忍不住笑了："那是怎么回事呢——静坐冥想？"

秘书笑了一下说："最好还是请盖茨博士自己来解释吧！我真的不知道要多久，如果你愿意等，我们很欢迎；如果你想以后再来，我可以留意，看看能不能帮你约一个时间。"

拿破仑·希尔决定等待。

当盖茨博士终于走出实验室时，他的秘书给他们进行了介绍。拿破仑·希尔开玩笑地把他秘书说的话告诉他。在看过介绍信以后，盖茨博士高兴地说："你不想看看我静坐冥想的地方，并且了解我怎么做吗？"

于是，他带着希尔到了一个隔音的房间。这个房间里唯一的家具是一张简朴的桌子和一把椅子，桌子上放着几本白纸簿、几支铅笔以及一个开关电灯的按钮。

在谈话中，盖茨博士说，每当他遇到困难而百思不解时，就走到这个房间来，关上房门坐下，熄灭灯光，让全副心思进入深沉的集中状态。他就这样运用"集中注意力"的方法，要求自己的潜意识给他一个解答，不论什么都可以。有时候，灵感似乎迟迟不来；有时候似乎一下子就涌进他的脑海；更有些时候，得花上两小时那么长的时间它才出现。等到念头开始澄明清晰起来，他立即开灯把它记下。

盖茨博士曾经把别的发明家努力钻研却没有成功的发明重新加以研究，使它尽善尽美，因而获得了 200 多项专利权。

由这个小故事，我们可以看到思考的魅力，它对个人的发展产生多么大的影响。创造性思维是大脑思维活动的高级层次，是智慧的升华，是大脑智力发展的高级表现形态。有人总是说："思考？那是科学家、发明家和伟人的专利，我们可没有机会。"甚至有人说："现在太忙，我哪有多余的时间和精力去思考。"

事实真的如此吗？当然不是。思考并不是科学家、发明家和伟人的专利，像你我这样的普通人同样有思考的权利，因为脑子是自己的，思考之权应该掌握在自己手里。毕竟，我们的一切活动，包括人际交往、对目标追求的手段和方式以及对更高层次生活的向往等，都是由思考决定的。

所以，从成功这个意义上说，人的成就首先是"想"出来的，是在正确思考后，并采取行动作出来的。想就是思考。思考虽然看不见、摸不到，但它真实地存在着。有什么样的思考方式，就会有什么样的命运。如果你的思考和自信、成功、乐观联系在一起，那么你会有一个圆满的人生；如果你总是想到自卑、失败、忧愁，总是小心翼翼、蹑手蹑脚，那么你的命运也不会好到哪里去。

前途比"钱"途更重要

工作没有大小，每一项工作就是一个机遇，每一个任务就是一次才能的考验，只有用事业的心做工作的事，我们才能激发出最大的积极性，将事情努力做到尽善尽美。

著名管理大师德鲁克认为，那些只注重过程，不重视结果，只注重权力，不重视业绩的管理者，都是公司的配角，因为他们的行为说明他们不能站在公司的高度，为公司的整体业绩负责。相反，那些注重贡献，对绩效负责的人，无论其职位多低，都是公司的主角，因为他们能从公司的角度出发，能对公司的整体业绩负责，他们才是真正意义上的"高级管理者"。

把自己定位为高级管理者，站在老板的角度思考问题，这样才能自动自发地去工作，才能积极有效地去执行，才能站在更长远的角度去谋划公司的未来。

世上没有可以藐视的工作，也没有毫无价值的工作，只要勤恳地劳动和创造，每一份工作都蕴藏着改变命运的因素，关键在于你如何对待自己的工作。那些只注重高薪却不知道自己还应承担责任的人，无论对自己，还是对老板，都是没有益处的。

吉姆在一家五金商店做售货员，最初每周只能赚 2 美元。他刚开始工作时，老板就对他说："你必须掌握这个生意的所有细节，这样你才能成为一个对公司有用的人。"

"一周 2 美元的工作，还值得认真去做？"与吉姆一同进公司的年轻同事不屑地说。

对于这个简单得不能再简单的工作，吉姆却干得非常用心。

经过几个星期的仔细观察，年轻的吉姆注意到，每次老板总要认真检查那些进口的外国商品的账单。由于那些账单使用的都是法文和德文，于是，他开始学习法文和德文，并开始仔细研究那些账单。一天，老板在检查账单时突然觉得特别劳累和厌倦，看到这种情况后，吉姆主动要求帮助老板检查账单。由于他干得非常出色，以后的账单就由吉姆接管了。

一个月后的一天，他被叫到一间办公室。老板对他说："吉姆，公司打算让你来主管外贸。这是一个相当重要的职位，我们需要能胜任的人来做这项工作。目前，在我们公司有 20 名与你年龄相当的年轻人，只有你工作踏实、认真、一丝不苟。我在这一行已经干了 40 年，你是我见过的三位真正对工作认真负责的年轻人之一。其他两个人，现在都已经拥有了自己的公司，并且小有建树。"

吉姆的薪水很快就涨到每周 10 美元，一年后，他的薪水达到了每周 180 美元，并经常被派驻法国、德国。他的老板评价说："吉姆很有可能在 30 岁之前成为我们公司的股东。他已经在工作中经过一步步的努力，积累了大量的知识，并以自己的实力得到可以升迁的机会。"

员工为老板打工，老板付给员工报酬，这是员工价值的一种体现。但是，除了工资之外，工作中还蕴涵着许多对个人有用的知识。我们在工作中获得的报酬除金钱外，最大的收获就是经验，还有就是良好的培训、职业技能的提高和个人品德的完善。如果我们能沉住气，好好地历练自己，让自己在获取知识、运用知识中成长，将会受益一生。这些无形的东西，都是为自己的未来做准备的，再多的金钱都买不来。

那些拥有了巨额财富的人，不但每天工作，而且耐得住寂寞与辛劳，工作也相当卖力。在他们看来，薪水只是工作带来的很少一部分报酬，个人乐趣与价值的实现才是更为激动人心的事情。事实上，也恰恰是他们这种超越金钱的积极态度，推动着他们越来越得心应手地调动自我潜能，去创造一个个更为辉煌的成就。

20 岁时把自己当成 30 岁

"20 岁时把自己当 30 岁，30 岁时把自己当 20 岁"，这是一种与时间作战的智慧。20 岁的人往往缺乏 30 岁的人的冷静与沉稳，也不像 30 岁的人那样充满忧患意识，因此在 20

岁时把自己当30岁，会让年轻人具有危机意识与稳重的架势。

不怕做不到，就怕想不到。对于忧患也是如此，生活中总是有很多突如其来的事，如工作的变更和职位的不稳定。对于这些，年轻人需要有一颗感知忧患的心。

有一天，啄木鸟在树林里意外发现了有些树木分泌出一种黏性很强的粘胶。啄木鸟在捕食时差点被黏住。于是，啄木鸟号召附近的鸟儿，想尽快将这树种的种子全部吃掉，以绝后患。可是附近的鸟儿们并没有把啄木鸟的话当一回事。

春天来了，小树苗开始生长，啄木鸟又对鸟儿们说："赶紧在树苗长大前把它们全部拔掉，等它长成大树，你们将失去这片树林，无家可归。"然而，鸟儿们依旧没有理睬啄木鸟的话。

随着时间的推移，一株株小树苗长成了一棵棵的大树，它们分泌出清香的粘胶，引来了许多虫子。看到这些，鸟儿们开始嘲笑啄木鸟说："愚蠢的预言家、糊涂的先知，幸亏当初没有听你的谣言，不然就吃不到这么美妙的佳肴了！"啄木鸟听了，叹道："难道你们还不了解吗？难道你们真的不知道灾难就要发生了吗？"在一片嘲讽声中，啄木鸟离开了这里。望着树上那些美味的食物，鸟儿们欢呼雀跃，它们成群结队地飞进树林，最后一只只都被黏在树上做最后的垂死挣扎。

对于二十几岁的年轻人来说，最怕的就是跟那些鸟儿一样，无法感知危险的临近，被眼前美味的食物迷惑，最后莫名其妙地葬送了自身的性命。拥有一颗具有忧患意识的心，保持平稳的步伐，我们成长的脚步才能从容不迫。

除了具有危机感，20岁的人还应该学会30岁的人的沉稳持重。古语说："轻则失本，躁则失君。"可见，急躁往往不利于事情的发展，因此，与其让急躁影响我们正常的思维，不如放开胸怀，静下心来，默享生活的原味。心情浮躁就像水温不够，水温够了茶香自会飘散而出。人只有沉稳下来，才能体会到生活的乐趣。

泡一杯好茶，一定要用开水。只有开水才能够将茶的味道全部浸出来。人也一样，做事要沉稳。如果心浮气躁，那么就像用温水泡茶，总也不到火候，此时想处处得力、事事顺心当然很困难。浮躁就是种种杂念惑乱了我们的心，蒙蔽了我们对事物整体的理智见识，从而忽视或排斥了理性而任由感情发泄。言轻则招扰，行轻则招辜，貌轻则招辱，好轻则招淫，轻忽浮躁乃为人之大忌。如果想取得成功，就必须放开胸怀，静下心来，看清目标，一步一个脚印地走下去。只有这样，才能达到自己的目的，最终走上成功的道路。

把每一天当成最后一天

爱默生说过："只有把每天都当成是生命的最后一天，人才能真正学有所获。"是的，当我们展望未来时，总认为自己手中拥有太多的时间，于是我们毫不珍惜，挥霍无度。待到我们即将失去时间的时候，却又总是痛心疾首，悔恨至极。那么，我们为什么不能进行生命的倒计时，把自己的每天当成最后一天来过呢？

生活中，我们常会产生这样一种错觉，认为日子长着呢！于是，我们懒惰，我们懈怠，我们怯懦……无论做错什么，我们都可以原谅自己，因为来日方长，不管什么事放到明天再说也不迟。

直到有一天，死亡的阴影笼罩着我们时，我们才悚然而惊：糟了，总以为将来还长着呢，怎么死亡说来就来了！那些未尽的责任怎么办？那些未了的心愿怎么办？那些未实现的诺言怎么办？……还能怎么办？面对死亡通知书，人类只能踏上那条不归路。追悔也罢，遗憾也罢，那个早已写好的结局无人能更改。临终之前，也许人们会在模糊中想起"譬如朝露，去日苦多"的感叹，想起"少壮不努力，老大徒伤悲"的教诲，可一切都悔之晚矣。

非洲有一个民族，以婴儿刚生下来就获得60岁的寿命计算，以后逐年递减，直到零岁。人生大事都得在这60年内完成，此后的岁月便可颐养天年了。

这真是个绝妙的计岁方法。从某种意义上说，人生不过是我们从上苍手中借来的一段岁月而已，过一年还一岁，直至生命终止。

生命倒计时常使人想起电话磁卡。当我们将磁卡插入电话机时，显示器立刻显示出卡中数值，随着通话时间的延长，卡中数值不断减少。面对不断缩小的数字，下意识地，你会提醒自己：长话短说，别浪费钱。因为那些变化的数字如同一双眼睛，提醒着你，最终让你三言两语结束通话。

生命不也如同一张小小的电话磁卡吗？所不同的只是，我们常会忘了，在我们大脑中也有台显示器，告诉我们有限的时光还剩多少。而当生命倒着计时，那年年减少的数字便会提醒我们——来日不多，该做的事情得赶紧去做。

每一个人迟早都会被医生通知："准备一下后事吧，所剩时间不多了。"我们与其让医生通知自己快到生命的尽头了，还不如每天提醒自己："这是生命的最后一天。"这种自我提醒，是抓紧"今天"有效工作的最好办法。假如我们能把"每一天"当成"生命的最后一天"来对待，我们的精神状态、工作方法、办事效率，等等，就会与往常大不一样。

我们应该抓住今生今世要实现的宏伟目标的最关键的一件事去努力拼搏，不再为一些细枝末节的事分散精力和浪费时间。

我们要以极其和蔼的态度对待周围一切人，不再计较以往的恩恩怨怨，把名誉置之度外，把利禄弃之脑后，就会豁然大度地处理一切事务。

具备了这两点，我们才能成为真正摆脱了精神枷锁的人，才能一身轻松，无所顾忌地去为自己的理想奋斗。这时工作效率之高，成就事业之大，事业开拓之快，就非常人所能比的了。

时光对于每个人来说都是弥足珍贵的，我们一定要好好地珍惜和利用时间。进行生命的倒计时，会让我们更好地善待今天。我们在度过每一天时，不妨问问自己：假如今天是我们生命中的最后一天，我们该如何办呢？

假如今天是我们生命中的最后一天。我们该怎么办呢？

忘记昨天，也不要痴想明天。明天是一个未知数，为什么要把今天的精力浪费在未知的事上？想着明天的种种，今天的时光也白白浪费掉了。企盼今早的太阳再次升起，太阳已经落山；走在今天的路上，不可能做明天的事；我们能把明天的金币放进今天的钱袋里吗？明日瓜熟，今日能蒂落吗？不能，全都不能，我们能做的是把明天和昨天一样埋葬，永远活在今天。

我们都会憎恨那些浪费时间的行为，并誓言要摧毁拖延的习性。我们以真诚埋葬怀疑，用信心驱赶恐惧。我们不听闲话，不游手好闲，不与不务正业的人来往。我们终于醒悟到，若是懒惰，无异于从我们所爱之人手中窃取食物和衣服。我们不是贼，我们有爱心，今天是我们最后的机会，我们要证明我们的爱心和伟大。

生命只有一次，而人生也不过是时间的累积。我们若让今天的时光白白流逝，就等于毁掉人生的最后一页。因此，我们必须珍惜今天的一分一秒，因为它们将一去不复返。我们无法把今天存入银行，明天再来取用。时间像风一样不可捕捉。每一分每一秒，我要用双手捧住，用爱心抚摸，因为它们如此宝贵。垂死的人用毕生的钱财都无法换得一口生气。

我们应当下定决心，去努力改善与维护好我们现在所住的房子，把它装扮成为世界上最快乐、最甜蜜的处所，那些幻梦中的亭台楼阁、高楼大厦，在没有实现之前，还是请我们迁就些，把我们的心神仍旧贯注于现有的茅屋中。让我们先去享受现在所有的安乐、幸福，不要幻想明年不一定能得到的汽车、洋房；让我们先去享受今年流行的衣服，不要妄想明年不一定可得的锦绣狐裘。我们不应当将我们的目光和心力过度集中于"明天"，不应当过度沉迷于"将来"的梦中，以免将"今天"丧失，丧失掉当前的一切欢愉、幸福与机会！

我们应将全部的生命灌注于当前的"现实"中。我们应先尽自己的努力，试着从"今日"取得1%的幸福。假使我们从今天中只能得到1%的幸福，那我们也不必打算从"明日"中取得90%的幸福。

我们不应该常常生活于预期与幻想的世界中，幻想过度，会使生活趋于枯燥、乏味。预期、幻想会使我们对现在的地位与工作不感兴趣，甚至产生厌恶。它会削弱人们享受"现在"的能力。

我们经常有这样一种心理，想摆脱现在不好的地位与职务，而指望在渺茫的未来寻得快乐与幸福。其实这是一种错误的见解，假使我们有享乐的本能而不去使用，谁知道这种本能会不会在日后失去作用呢？试问有谁可以担保，一旦脱离现有的地位，就可以得到幸福呢？有谁可以担保，今日不笑的人，明日就一定会笑呢？

假使我们能够觉悟到，只有"现在"是真实的，只有"现在"是存在的，并能彻底觉悟到世间实际上无所谓"昨天"与"明天"，而只有"今天"是可靠的，所谓年、月、日、小时、分、秒不过是对整个永恒的"现在"的生硬而勉强的划分。假使我们能够意识到这一点，我们生命中所享有的欢乐和工作的效率，真不知要增加多少呢！

想掌控未来，就要对未来有所预见

1910年，28岁的他只是一个从耶鲁大学中途辍学的木材商人。有一天，他在观看了一场飞行表演后突发奇想：为什么不把飞机改造成经济实用的交通工具呢？自此，他对飞机产生了浓厚的兴趣，并不断研究飞机的构造。因为那时飞机只处于启蒙时期，驾乘飞机只是少数人用以娱乐、运动的一种昂贵消费，所以当时科学界对他提出的所谓"发展航空事业"嗤之以鼻。但他并未就此放弃，而是开始了十几年如一日的飞机制造。

20世纪20年代，他觉得替美国邮政运送邮件将会是一桩赚钱的生意，于是决定参加"芝加哥—旧金山邮件路线"的投标。为了赢得投标，他把运输价格压得非常低，反而引起了专家们的怀疑，他们认为他的公司必倒无疑，甚至邮政当局也怀疑他能否撑得下去，要求他交纳保证金才肯签约。但他自信满满，对公司所研制的飞机重量进行了严格要求，不出所料，他的邮件运送业务开始获利，很快，他从运送邮件发展到载运乘客。

第二次世界大战结束后，航空工业空前萎靡，他的公司也停产了。为谋生计，他不得不转为制作家具，但仍想方设法供养着公司里的几个重要骨干，以保证飞机研发计划能继续进行。他身边传来各种各样的声音，大部分人认为他太过狂热，不切实际，但他坚信，航空业终究会柳暗花明，他说："我可以预见未来……"

他就是这样特立独行、我行我素。今天，这个"自以为是"的人所创立的飞机制造公司成为全世界最大的商用飞机制造公司之一，他便是闻名全球的波音飞机制造公司的创始人——威廉·波音。

"除了事实之外，再也没有权威，而事实来自正确的认知，预见只能由认知而来。"这是古希腊哲人希波克拉底的话，它也曾被作为座右铭挂在威廉·波音办公室的门上。

要想比别人看得远，我们就要比别人站得高些；要想比别人走得远，我们就要比别人想得远些。一个想掌控未来的人，就应该像威廉·波音一样对自己的未来有所预见，否则，只会陷入眼前的困惑中，想不开，走不出，不仅会减缓成功的速度，也容易多走弯路，甚至遭遇险情。

培养自己预见未来的能力，要先从培养细致准确的观察力和超前思考的能力入手。众多杰出人士的共同点就是善于观察和思考，通过这两项能力，他们才能看到别人看不到的前方，才能高瞻远瞩地看清时代的发展方向。他们的思维总是超前的，所以他们能够引领时代的潮流。

生活中，那些对自己的未来没有预见的人，往往会被眼前的利益所蒙蔽，看不到远方的危险。所以，要学会高瞻远瞩，培养自己预见未来的能力，拥有开阔的眼界，只有这样才能拓宽人生的平台，找到最适合自己的路。

在预见未来的时候，人非常容易犯想当然的毛病，许多认识上的错误都是想当然造成的。事实上，貌似理所当然的事情往往并非必然，这是因为世界上的事物是错综复杂的，一个条件可得出多种结果，一果亦可能多因，影响事物变化发展的，除了必然性，还有偶然性。

想当然的猜测不是科学的预见，它会将我们的人生规划和行动引向歧途，所以我们要尽力减少想当然的错误，时时提醒自己不要轻易下结论，时时问自己："我的判断充分吗？

我的预测合理吗？"只有这样，才能作出理性的判断和有价值的预见。

"要是我早点开始就好了！"这是很多人到了一定年龄后的感叹。为了避免将来后悔，最好及早开始。当然，人的预见不可能永远正确，也会有失误的时候。能够弥补这种失误的方法，就是多观察、多思考，用理性的头脑分析问题。要知道，人生中有很多事情，不是靠你有意愿如此就能成功的，还需要智慧来慢慢实现。

清晰的远见是成功的入场券

一个成功的经营者要有清晰的远见，稻盛和夫在经营过程中，每当遇到困境，清晰具体的远见总能带他和他的公司找到脱离困境的路。市场瞬息万变，甚至你都无法想象明天是什么样子。但即使如此，要成就人生，成就事业，就不能不去规划明天，策划未来，而且要策划得清晰可见。这就是远见，没有远见的人只看到眼前的东西，当遇到困难时就手忙脚乱，灰心丧气。相反，有远见的人心中装着整个世界，无论做什么事都成竹在胸，即使遇到萧条的寒冬也能信心百倍。

一个人要想成就大事，不能没有远见，要把目光盯在远处，只有这样才能有大志向、大决心和大行动，当然，肯定收获大成功。

1979 年，法国施耐德电气公司就看到了自己未来在中国的机会所在，迫不及待地来到中国。

当时中国刚刚改革开放，该企业在平顶山签订了投资在中国的第一个项目，由于当时的市场环境不佳，这笔投资未结果实。

施耐德认准了中国市场的巨大潜力，坚信一定会成功，1983 年，施耐德第二次来中国，但又一次无功而返。

然而，施耐德公司领导层远见卓著，并没有放弃继续在中国寻找投资的机会。1992 年 6 月，施耐德公司国际部成立，安德贺当上了国际部总裁，他的眼光又瞄准了中国市场。

安德贺当年 10 月第一次来到中国，并取得满意的收获，在天津建了一家公司。

几年后，当记者询问他当时为何对中国市场不离不弃时，安德贺不无得意地向记者炫耀自己当初的远见："当年，中国的浦东还是一片沼泽地，但我从东方明珠只露出的那一个角上，看到了在中国投资的希望。中国之行坚定了我在中国投资的信心，于是果断地决定与中国合资，在天津成立了合资公司，这就是今天的梅兰日兰公司。"

如今的施耐德已在中国大地扎根开花结下累累硕果，并在多元化经营中成为国际知名的电气公司。其业务取得了长足进展，效益一年比一年高。

一个缺乏远见、不能洞察未来的人，常常会眼睁睁地看着机会溜走，到头来一无所获。幸运之神不会偏袒任何人。那些善于洞察一切、善于发现商机的经营者就像撒下了自信的种子，终有一天，这份自信就变成实实在在的经济利益。比尔·盖茨向我们提出的忠告是：其实未来的成功之路向所有的人敞开，关键是要有备而来，谋划长远，并知道如何把握机会。

一个有远见的人，能在面对困难时从容以对，因为远见，他们预见到了自己的美好前景，有了远见，做事就有了目标，因为我们知道做这件事有什么意义，能够从努力奋斗之中获得成就感，获得乐趣和信心。即使是在完成一件枯燥的事情也不会觉得辛苦而是充满激情和动力；即使是最单调的事情也能给予我们满足感。

霍英东先生最初进行投资活动时本来想进军金融业和房地产业，因为当时，在香港最红火的是金融业和房地产业。

但是经过周密的考虑，他认为这两个行业已经接近饱和，好景不会太长，一旦自己进行大规模的投资，不但无法获利，反而会血本无归。那些跟风加入这些行业的人，只不过是目光短浅为眼前房地产和金融业的虚假繁荣所迷惑，最终将会为此付出代价。所以，应该寻找一个新的增长点作为自己的立足之地。

霍英东先生经过仔细的市场调查，发现了挖沙业的商机和潜力。经过周密的分析，他认为这个行业的利润之所以少，不是因为这个行业缺少利润，而是因为生产模式落后，只要经过合理的调整，一定会创造出大量的利润。何况，香港的地产业发展必然会拉动建筑业的大规模兴起，到了那个时候，挖沙就可以作为建筑业的原料来源而财源滚滚。

当时很多高管还不理解他的远见决定，霍英东顶住压力，毅然决定在挖沙业发展，如其所愿，不久就获得自己在香港经济中的一席之地。他为了提高劳动效率，引进了先进的设备，从欧洲购买了现代化的挖沙机船，通过使用新设备，霍英东节省了人力，提高了劳动生产率，获利可观。

后来，他所预见的香港建筑业的大发展果然如期而至，他又靠着提供沙土原料而连连获利，一跃成为香港商界的巨人。

一切都在变化，一切都在发展，目标也应该随着时代而前进！一个成功的人，最出色的地方不在于在今天取得的成就大小，而是他今日的行为能够为他自己日后的发展带来多大的帮助。

缺乏远见的人会被未来弄得惊惶失措，失去信心，变化不定会让他们无所适从，随处飘荡。他们不知道等待他们的会是什么，也不知道自己会落到哪个角落，对未来充满了迷茫和恐惧，丧失了成功的机会不说，还会使自己陷入泥潭。其实未来是没有办法保证的，但是有了清晰的远见，就有了面对未来的信心，就有了成功的入场券。

埋头苦干，更要抬头看路

有两只蚂蚁想翻越一段墙，寻找墙那头的食物。

一只蚂蚁来到墙脚就毫不犹豫地向上爬去，可是当它爬到大半时，由于劳累、疲倦而跌落下来。可是它不气馁，一次次跌下来之后，又迅速地调整一下自己，重新开始向上爬去。另一只蚂蚁观察了一下，决定绕过墙去。很快地，这只蚂蚁绕过墙来到食物前，开始享受起来。

第一只蚂蚁仍在不停的跌落中重新开始。

简单的故事却向我们昭示了一个深刻的道理：并不是勤奋就可以成功。第一只蚂蚁毫不气馁的勇气值得我们借鉴，但是在不断努力、不断失败之后，它是否该停下来想想，寻找一个更好的解决问题的方法，这样或许远比它拥有勤奋的态度要来得有效。失败告诉它的不仅仅是要继续努力，更多的是该从中获得些什么，改善些什么。没有对失败的反思，只是一次次重复失败，最后只能白费力气。

职场中我们也经常见到类似于第一只蚂蚁那样的人，他们工作很勤奋，每天都忙不停，但是由于工作方法不正确，效率很低，还常常加班加点来完成工作，工作绩效平平；有的人平时很少加班，但因为工作方法正确，也能用较少的时间来完成工作，绩效相当好。对于前者，或许最初上司会因为你的刻苦努力而欣赏你，但是长期下来，由于工作获得的结果始终不佳，你的努力几乎都是白费。

在工作中要定期进行总结，可能困扰你很久的难题就能在总结中找到解决方法。现实中，很多单位也会要求员工每月或者每季度交一份总结报告。但是，很多人觉得这是多此一举，工作做好就行了，有什么好总结的。这样带来的结果就是只知道埋头苦干，却找不到提高工作效率、解决工作问题的更好方法。

在工作中，勤奋笃实的作风固然没错，但是一味埋头苦干，不懂得总结经验和方法只能让你付出大量辛苦却没有太多的收获。

这是一个重视结果的年代，艰苦的过程与漂亮的结果之间，人们更欣赏的是后者。所以，在工作中要善于边想边干，带着思想去工作，或者每工作一段时间就停下来做一个总结，看能否找到更好的工作方法，这样你的工作能力才能得到实质性的提高。

第三章
不行动就什么都实现不了

可以没有天赋，但不能没有勤奋

勤奋的道理每一个人都懂，但是却不是每一个人都能做到的，而那些真正能做到的人，往往会获得成功。

在公司中，晋升到重要职位的人，通常都是最努力工作、最投入的人。他们会不断物色公司里像自己这样的人，所谓物以类聚。所以，想得到胜出的机会，最快、最有效的做法莫过于勤奋工作。

不幸的是，生活中，大多数人都好逸恶劳，只求做好分内的工作，不被开除就好。根据调查，一般人拿了薪水，却只花了 50％的时间在工作上。管理阶层的人甚至在私下接受访问时也承认，大概有整整 50％的上班时间，根本是在处理与工作甚至与公司完全无关的私事。另据调查，上班族每天有 37％的上班时间浪费在和同事无聊的闲聊上。另外 22％则是浪费在迟到、早退上。有些则是浪费在休息和延长午餐时间上，又有些时间是因为私事和打私人电话而消耗掉了。如果这些被浪费的时间能够被利用到工作中去，那么一个人的工作效率和工作成果会有多大的提升，其结果就可想而知了。

想要在 35 岁之前超越他人，成为一个卓越者，天赋固然重要，但是比天赋更重要的是勤奋，是对时间争分夺秒的运用。

勤奋是到达卓越的阶梯。勤奋的人会得到更多的机会，如果你是一名懒惰者，那么，你就永远不会和卓越有任何关系。勤奋是一种美德，是一个人热爱工作、热爱生活的体现。勤奋地学习可以帮助你攀到知识的顶峰，勤奋地工作可以换来职位的晋升和领导的器重。总之，勤奋是前进路上必不可少的因素，也是一个人能否有所成就的重要指标。

有所决定就要立刻行动

人们喜欢做经常做的事情，而拒绝改变。所以，很多时候，我们没有抓住机会，并不是因为我们没有能力，也不是因为我们不愿意抓住机会，因为我们恐惧改变，只是一味地在口头上说说，却从不采取实际行动。

一个人若想求取功名，如果他连考场都不进，就不可能获得功名。同样，一个人若想成为人人羡慕的成功者，如果只是一味地幻想，而不采取行动让自己更加优秀，那成功永远不可能降临到他头上。

有人说，100 次心动不如 1 次行动。把理想与行动二者合一，才有可能让梦想实现。

亲鸾 9 岁时，就已立下出家的决心，他要求慈镇禅师为他剃度，慈镇禅师就问他说："你还这么年少，为什么要出家呢？"

亲鸾："我虽年仅 9 岁，但父母已双亡，我不知道为什么人一定要死亡，为什么我一定要与父母分离，为了探究这些道理，我一定要出家。"

慈镇禅师非常赞许他的志愿，说："好！我明白了。我愿意收你为徒，不过，今天太晚了，待明日一早，再为你剃度吧！"

亲鸾听后，非常不以为然地说："师父！虽然你说明天一早为我剃度，但我不能保证自己出家的决心是否可以持续到明天，而且，师父！你那么年长，你也不能保证你是否明早起床时还活着。"

慈镇禅师听了这话以后拍手叫好，并满心欢喜地说："对！你说的话很对。现在我就为你剃度吧！"

很多时候，我们都没有亲鸾这样的勇气，不能当机立断，习惯于明日复明日，或者找出众多理由来辩解为什么事情无法完成。许多良好愿望原本可以实现，却在这样的迟疑中被消磨掉了。止于口舌的认知毫无用处，一切认知和计划不能仅仅停留在口头规划上，更重要的是付诸实践。

你知道著名品牌肯德基是怎样打入中国市场的吗？

刚开始肯德基公司派了一位代表来中国考察市场，他来到首都北京，看到街道上人头攒动的场面，内心激动不已，尽情地畅想着肯德基一旦在中国站稳脚跟后的美好未来。在我们看来这位代表的工作也算得上是尽职尽责了，但回到公司后总裁还没等听完他的"美好遐想"就停止了他的工作，另派了一位代表来北京。

新代表与上一次不同的是，他先是在北京几条街道测出人流量，进行了大量的实地走访，然后又对不同年龄、不同职业的人进行品尝调查，并详细询问了他们对炸鸡的味道、价格等方面的意见，另外还对北京的油、面、菜甚至鸡饲料等行业进行广泛的摸底研究，并将样品数据带回总部。

不久，那位代表率领团队又回到北京，"肯德基"从此打入了北京市场。

第一位商业代表之所以被解雇，并不是因为他没有好的创意，而是他的创意只是停留在空谈上。后来的这位代表是一位想到就做、马上行动的人，他不但胸怀让"肯德基"驻足中国市场的美好创意，还通过行动来立即着手实现这一创意。

曾有心理学家探索成功人士的精神世界，发现成功的本质有两点：一种是在严格而缜密的逻辑思维引导下艰苦工作；另一种是在突发、热烈的灵感激励下立即行动。

成功者大都能将理想转化为自己的目标，并毫不犹豫地行动。他们最大的才能之一，就是他们在审时度势之后能及时迅速地付诸行动，这是他们出类拔萃、获得成功的秘诀。

在人的思想、愿望里潜藏着成就大事业的能力。如果这种思想、愿望是高尚、纯粹而美好的，并且能一以贯之，那么，它将会发挥出最大的力量，帮助人们实现计划、目标、梦想。

我们很多时候不是不想付诸行动，而是怕自己行动之后做不好，所以犹豫不决。不要问自己行不行，只要问自己想不想。永远记得自己想要的，而不是所担忧的。以积极的心态面对所有事，想好了，决定了，马上去做，立即行动。

你是否有超越别人的强烈欲望，你是否有做成功者的雄心大志？如果答案是肯定的，在你下决心的同时，请赶快付诸行动吧！

智者永远比别人早一步

智者和愚者的差别就在于采取行动的时机——智者早一步，愚者晚一步。

比尔·盖茨是一个永远先行一步的人。他最令人敬佩之处，就是能看到一般人看不到的东西，将洞察力与策略相结合，描绘出一个独一无二的远见，并实现它。

在业界，微软以善于把握"未来的力量"而为人所称道，而微软又唯盖茨马首是瞻。历史上，盖茨曾两次凭借先行一步的远见而令对手胆战心惊。

盖茨的第一大远见在 1975 年，他预言要使电脑进入每个家庭。微软第一个远见计划的标志性产品是 Windows95；盖茨的第二个远见计划起始于 1998 年，他认为，在未来的新世纪里，网络会变得越来越重要，PC 不再只是孤立的存在，而将变成连贯网络的一系列设备中最重要的一种。2000 年，盖茨提出了战略性的 NET 战略。2005 年，盖茨又抛出了"长角牛"新视窗——被视为视窗系统中近年来最具雄心、最令人震惊的进步。

微软的发展壮大证明了一条真理：永远比别人早走一步，就能永远走在别人的前面。只有早迈出一步，敢想、敢做，用好的心态去迎接挑战，才能成为真正的"智者"。

有一位聪明的商人，听说西方有一个奇怪的国度，那里的人们从没见过大蒜。于是商人运了几车大蒜，经过艰苦跋涉，终于抵达目的地。他果然猜对了，人们想不到世界上还有味道这么奇妙的东西，因此，他们用当地最热情的方式款待了这位商人，临别还赠与他几袋珍珠宝石作为酬谢。

另外一位商人听说了这件事后，不禁为之动心，他想：大葱的味道不也很好么？于是他带着葱来到了那个地方。那里的人们同样没有见过大葱，甚至觉得大葱的味道比大蒜还要好！他们更加盛情地款待了商人，并且一致认为，用珍珠宝石远不能表达他们对这位远道而来的客人的感激之情，经过再三商讨，他们决定赠与这位朋友几袋大蒜！

生活往往就是这样，你抢先一步，占尽先机，得到的是成功和财富；而你步人后尘，东施效颦，就只能得到一些毫无价值的东西。

要想在竞争中获得发展，要想在行动中实现成长，就需要不断开拓未来的道路。不要坐等机会的到来，也不要以为平坦的阳光大道会一直铺在你的脚下——即使机会已经来到你的身边，即使阳光大道已经铺在你的脚下，如果你不抓住机会，如果你不迈步向前，那你永远也不会前进一步。永远要比竞争对手更先采取行动，永远要比自己原先期望的做得更好，这样你才能够永远走在别人的前面，当然，你也将早一步问鼎成功。

不同的今天兑换不一样的明天

人人都渴望成功，但真正成功的人却很有限，很多人都是碌碌无为地度过一生。仔细想想，不难发现，热情和脚踏实地的努力是重要原因。人在年轻的时候，往往心高气傲，但常常由于眼高手低，不能脚踏实地做人做事，而与成功擦肩而过；人到中年，虽然已经奠定了一定的基础，但往往又得过且过，由于缺乏继续向前的热情，从而永远无法感受到成功的喜悦与满足。有些人能有所作为，是因为他们从不轻易选择快捷方式，而是日复一日地持续努力，认真又脚踏实地地用坚持实践着自己的梦想，让明天比今天更好。因此，成功不是一蹴而就的瞬间辉煌，而是每一个平凡的"今天"的不断累积，脚踏实地的努力，只有充实每一天的生活，才能兑换出更灿烂的明天。

司马迁含辛茹苦，埋头十几年，才一字一字地写出千古名篇《史记》；刘翔从小起步、不顾寒暑，勤学苦练，才一步一步地跑出 110 米跨栏世界冠军。这些事例生动形象地说明一个道理：成功没有捷径可走，追求的脚步必须扎扎实实。

英国剧作家莎士比亚曾向世人发出忠告："要想登上陡峭的山峰，从一开始就需要有坚实的步伐。"一个人无论有怎样美好的追求，都不要心急火燎地去实现。而应该确定目标、探索方法、培养毅力、寻找机会，一步一个脚印地去操作去实践。

在人生追求中，有的人望梅止渴，画饼充饥，总是期待跨越发展，一夜成名，结果是偷鸡不成蚀把米。有的人投机取巧，不愿脚踏实地干，喜欢闭门造车，或者寻找旁门左道，结果是四处碰壁。还有的人把个人的追求和所从事的工作连在一起，总想三步并做两步走，一生目标一朝完，好大喜功、追名逐利，结果累得气喘吁吁、半途而废、无功而返。

一个真正为理想而追求、为事业而奋斗的人，一定懂得风物长宜、脚踏实地，埋头苦干；一定懂得不积跬步，无以至千里；不积细流，无以成江河的道理。从我做起，从当下做起，不被千难万险所吓倒，也不让声色犬马诱惑，静心屏气、沉着稳健，一步一步地向前走去。在实现人生追求的路途中有毅力、有耐心，脚踏实地、任劳任怨、破釜沉舟、坚持到底。

人生就像爬坡，恒心架起通天路，勇气吹开智慧门。如果心旌摇荡，必将前功尽弃。春播、夏锄、秋收、冬储，是农业上的一个过程，如果从春天一步就迈进初冬的门槛，那么储存的也只能是一堆堆枯黄的叶子。即便你驾着汽车，在高速公路上行驶，也会被限制速度，因为超速预示着危险，也会受到惩罚。起点再美好，如果没有一个脚踏实地的过程，终点也将因此而黯然失色。

马克思曾经说过："在科学上面没有平坦的大道，只有不畏劳苦沿着陡峭山路攀登的人，才有希望到达光辉的顶点"。每个梦想的实现，都需要脚踏实地。我们要善于积累，循序渐进，善于总结工作中的点点滴滴，善于学习积累成功经验，循序渐进开展工作。充实每一个今天，日复一日地积累，你才能换来梦想成真的明天。

用行动为成功蓄势

人生如茶，水温够了，时间够了，茶香自然会飘散出来。无论从事什么样的工作，都需要慢慢积淀，当时机成熟，风力充足，有了一定的能力才智作为本钱，定能一飞冲天。

一个人想要最终获得一个圆满、成功、幸福的人生，一定需要一个成功势能积累的过程，正如《庄子·逍遥游》所言："风之积也不厚，则其负大翼也无力，故九万里则风斯在下矣。而后乃今培风，背负青天而莫之夭阏者，而后乃今将图南。"如果风积聚的不大，那么它就没有力量承负巨大的翅膀，所以鹏飞上九万里的高空，风就在它的下面，然后才能乘风。背负青天，没有什么能阻碍它，然后才打算往南飞。

因此，做大事者必须点滴积累，步步成形。这就要求我们永远不能中止对自己的要求与衡量。每天都比前一天多一点点知识，多一点点勇气，多一点点智慧，点滴成江河，行远必自迩。

约翰·布勒起初只是美国通用汽车公司整车装配线上的一名杂工，他的成功，就始于工作中一次次平凡的积累。正是抱着积累平凡就是积累卓越的工作理念，他在30岁就擢升为公司总领班的职位，成为通用公司最年轻的总领班。

约翰是在20岁时进入工厂的。工作一开始，他就对工厂的生产情形做了一次全盘的了解。他知道一部汽车由零件到装配出厂，大约要经过13个部门的合作，而每一个部门的工作性质都不相同。

他当时就想：既然自己要在汽车制造这一行做一番事业，就必须对汽车的全部制造过程都能有深刻的了解。于是，他主动要求从最基层的杂工做起。杂工不属于正式工人，也没有固定的工作场所，哪里有零活就要到哪里去。因为这项工作，约翰才有机会和工厂的各部门接触，因此对各部门的工作性质有了初步的了解。

在当了一年半的杂工之后，约翰申请调到汽车椅垫部工作。不久，他就把制椅垫的手艺学会了。后来他又申请调到点焊部、车身部、喷漆部、车床部等部门去工作。在不到5年的时间，他把这个厂的各部门工作都做过了。最后他又决定申请到装配线上去工作。

约翰的一位朋友杰克对约翰的举动十分不解，他问约翰："你工作已经5年了，总是做些焊接、刷漆、制造零件的小事，恐怕会耽误前途吧？"

"杰克，你不明白，"约翰笑着说，"我并不急于当某一部门的小工头。我以能胜任领导整个工厂为工作目标，所以必须花点时间了解整个工作流程。我正在把现有的时间做最有价值的利用，我要学的，不仅仅是一个汽车椅垫如何做，而是整辆汽车是如何制造的。"

当约翰确认自己已经具备管理者的素质时，他决定在装配线上崭露头角。约翰在其他部门干过，懂得各种零件的制造情况，也能分辨零件的优劣，这为他的装配工作增加了不少便利。没有多久，他就成了装配线上最出色的人物。很快，他就晋升为领班，并逐步成为15位领班的总领班。

约翰的晋升缘于他不断地学习，无论他处于何种位置，都从未停止对自己的要求。要在人生的道路上积累更多的知识与智慧，就不要放松自己在任何一件事上的要求，将小事放大一百万倍，将今天放大一百万倍，成就的就是我们的明天。

不付出一定没有收获

经常听到别人说这样一句话：努力不一定成功，但是不努力一定无法获得成功。这是关于成功最简单的道理。世界上所有的收获都是以付出为前提的，想要收获成功，就必须付出努力。

电报业巨子萨尔诺夫小时候家里十分清贫，没有机会读书。上小学的时候，他就不得不利用课余时间及假日做工，挣点钱贴补家用。在他小学快毕业时，父亲又因为长年辛苦而积劳成疾，过早地去世了。他没有办法继续他的学习了，只好辍学做了童工。

15 岁时，他就开始步入社会，并挑起了全家生活的重担。他一边赚取微薄的工资补贴家用，一边开始自学。几经周折，他在一家邮电局找到了一份送电报的工作。他工作异常辛苦，每天要送 20 份电报，有时为了一份电报，要跑上几英里路。当他回到家里的时候，已经是深夜两三点了，他又累又饿，几乎不能再多走一步路了。经常是他赶紧吃完饭就睡觉，为了多送几份电报，他又不得不在早晨五六点钟赶到电报大楼。

但将来要做一番事业的愿望一直在他心中。他开始学习当时几乎没有几个人掌握的国际摩尔斯电码操作方法。当时只有初中文化程度的他，要学习这样的先进技术，其难度是可想而知的，但他用惊人的毅力学会了这项高难度的技术，于是他被破格提升为报务员。

后来，他完成了电气工程学学业，成为当时世界功率最强的电台——马可尼无线电公司的收发报员。在 1912 年 4 月的震惊世界的大型豪华客轮"泰坦尼克"号遇难的时候，他是世界上第一个收到沉船信息的人。他经常连续 72 个小时守在电报机旁，不间断地收传信息。长期的电报工作让他敏锐地发现，无线电技术的市场化具有广阔的前景，公司也认为他具备了经理人的思维，于是他在 30 岁那年，被提拔为无线电公司的总经理。他这样卓越的成绩，在当时是绝无仅有的。当然，所有的这一切都要完全归功于他那种顽强坚韧的工作态度带给他的好运。

从萨尔诺夫的奋斗史可知，一个人或一个公司的发迹赚钱既容易又不容易，关键在他肯不肯付出自己的努力，想在 35 岁之前收获更大的成就，就必须具有积极进取的精神，并要认真学习、不畏困难，这样就有成功的希望。请年轻人谨记这一点：付出即会获得，没有人可以不劳而获。

有知识，更要在行历中锤炼见识和胆识

关于知识、见识和胆识，字典里给出的解释是：知识是人们在改造世界的实践中所获得的认识和经验的总和；见识是见闻、知识；胆识是胆量和见识。

知识大部分是书本上得来的，基本上属于理论范围；见识是在知识的基础上有一定的实践；而胆识则是人的能力和魄力，是才华和知识的集合。知识的内容包罗万象，所涉及的范围广泛。而见识是平时我们对身边周围社会和事物的观察、思考和积累的程度，是一个人通过参与社会实践所获得的认识和经验的积累。所谓见多识广的多是那些有着丰富经验的人。此外见识还意味着一个人对事物认识的维度，即深度、高度和广度。

人常常在不知不觉中，以目前仅有的见识来企求自己所希望得到的东西。人生仅有一次，如果只相信自己的见识，得到的将会只是一个狭窄的人生。应该发散思维，开放心中的格局，拓展更为宽广的人生。

一个人对事物的洞悉能力和感知能力常常来源于他的见识。常言道，读万卷书不如行万里路，行万里路不如阅人无数，阅人无数不如重叠成功人的脚步。见识是一般人想不到的办法。接受教育、不间断的学习是先进行知识积累的过程；把学到的知识直接或间接地在实践中去运行阐释，借鉴正反两方面的经验，遇事多分析、多总结，自然减少了无知的盲目举动和不知所措的愚蠢行为，这就是见识，是充满了聪明和智慧的。学习的知识通过实践逐渐变得厚重起来，那么具有个人风格的见识便于实践中形成了。见识是知识在实践中淬炼的美丽结晶。

胆识是将胆量和见识合二而一的综合体。不管是作出一个重要决定，还是在舞台上面对观众，无论是在工作中还是生活中，每个人都会经受这样的考验：关键时刻，有没有胆量站在一个崭新的高度，迎接某些原本自己能力达不到的挑战。最后使你坚定并坚持下来的力量，是一种犀利的眼光、坚强的意志以及明智的选择，这便是胆识。胆识是人的一种

勇气和能力。

哲人说过，所谓"君子"者，在何种事态下都能随机应变，如鱼在水中，灵活自如，游刃有余。也就是说，通过修养自身的品行，获得出众的见识，面对何种局面都能将自己的见解付诸实施得来去自如，其实这一切都需要之前做出万全的准备。

稻盛和夫先生认为，胆识的母亲是勇气。倘若没有排除万难、坚忍不拔、坚持奋斗到底的勇气，那么一切知识便立刻灰飞烟灭，没有勇气做支撑的知识是一盘散沙，无用武之地。

然而很多人知道这个道理，却在困难面前犹豫踌躇，关键在于他们缺乏勇气作为后盾。过分在意"自我"会导致勇气的丧失。很多感性的小烦恼，以及一些对别人的责难或厌烦的担心，会成为勇气的杀手。没有了勇气，自然更谈不上胆识，最终导致自己裹足不前。

许多人都聆听过先贤的教诲，也读过圣贤书。然而，倘若仅仅停留在"知"的层面还不够，应当把知识通过实践提升为见识、把见识通过勇气升华为胆识。

"几历辛酸志始坚"这是日本江户时代的政治家西乡隆盛的一句话。历经磨难，饱受辛酸，造就了他的见识和胆识。其实杰出者与平庸者的差距，并不简单地在于知识的多寡、专业的优劣，而在于谁的经历丰富，见多识广，遇事不慌，有一种运筹帷幄的胆识和气度，对于任何情况都能应对自如。

为了更好地生活，人们就要掌握各种各样的知识。然而，知识本身是很单薄的，几乎承担不起任何的实际作用。要将知识进一步转化成具有强大实践能力的见识。当然，这还是不够的，要用真正的勇气把见识打造成不为任何事所动的胆识，这才是成就大事业的支撑点。

有胆量才会有突破，有突破才会有创新。然而倘若没有知识和见识给勇气打底，那勇气只是匹夫之勇或意气用事。而只有知识和见识，那么只能纸上谈兵或望梅止渴。有了知识和见识的勇气才是胆识，"有胆无识狂为勇，有识无胆多空谈"。做一个有胆有识的人，不但要积累知识、增长见识，更要有必胜的勇气和决心，有敢于挑战的胆量。

惯性逃避解决不了任何问题

在一棵干枯的桑树上住着一只蜗牛，这只蜗牛自出生以来，就一直住在这棵树上。

一天，风和日丽，蜗牛小心翼翼地伸出头来看了看，慢吞吞地爬到地面上，把一节身子从硬壳里伸到外面，懒洋洋地晒太阳。

这时，蚂蚁正在紧张地劳动，一队接着一队急速地从蜗牛身边走过。看见蚂蚁在阳光下来回走动的样子，蜗牛不觉有些羡慕起来，于是，它放开嗓门对蚂蚁说："喂，蚂蚁老弟，看见你们这样，我真羡慕你们啊！"

一只蚂蚁听到了，就停在蜗牛旁边，仰着头对蜗牛说："来，朋友，咱们一起干活吧！"蜗牛听了，不由自主地把头往回缩了一下，有点惊慌地说："不，你们要到很远的地方去，我不能跟你们一起去。"

蚂蚁奇怪地问："为什么啊？走不动吗？"

蜗牛犹豫了半天，吞吞吐吐地说："离家远了，要是天热了怎么办呢？要是下雨了怎么办啊？"

蚂蚁听了，没好气地说："要是这样，那你就躲到你的那个硬壳里好好睡觉吧！"说完，匆匆追赶自己的大部队去了。

对蚂蚁的话，蜗牛倒也不怎么在乎。不过，蜗牛实在想到远处看看。经过深思熟虑之后，蜗牛终于大着胆子把自己的另一节身子也从硬壳里伸了出来。正在这时，几片树叶落在地上，

发出轻微的响声，蜗牛吓得像遭遇了雷击一样，一下子就把整个身子缩回硬壳里去了。

过了好久，蜗牛才小心翼翼地把头伸到外面，外面仍然像先前一样的晴朗和宁静，并

没有发生什么事情。只是蚂蚁已经走得很远了，看不见了。

蜗牛悠悠叹了一口气说："唉！我真羡慕你们啊！可惜我不能和你们一起走。"说完，依旧懒洋洋地晒太阳。

蜗牛羡慕蚂蚁远行，可没有胆量和蚂蚁结伴同行，因为它担心路上会遇到种种困难，比如天气热了怎么办，要是下雨怎么办……对困难的畏惧使蜗牛始终蜷缩在自己的壳里，即使偶尔伸出头，也会被飘落下来的树叶吓到。最后，它只能对蚂蚁的离去表示羡慕。

人类的心理有时和蜗牛的心理差不多，对于挫折总是惯性地逃避，就好像手碰到火、触到电会缩回去一样。

逃避是一种怯懦的表现，从心理学角度来讲它是指不想去面对遇到的事情，而选择消极的方式来避开与事情的冲突。逃避根本不能解决事情，只是在表面上看来舒缓了问题。逃避者很可能是因为是自卑，认为自己没有能力去解决，或者害怕去解决，所以采取这样一种方式。

解决这一问题就需要逃避者认真思考问题的本质原因，改变自己做事的方式，提高自己的自信心，多暗示自己：自己完全可以勇敢地面对问题，也能顺利地解决问题，没有什么大不了的。

"躲得了初一，躲不了十五。"既然躲不过，为何不在事情还没有发展到很严重地步的时候勇敢地面对，让问题及早地解决呢？

与其在等待中枯萎，不如在沉默中绽放

古希腊哲学家德谟克利特说："只靠一张嘴来谈理想而丝毫不实干的人，是虚伪和假仁假义的。"唯有做到理想与行动二者合一，才有可能让梦想全部实现。

心中有好的想法却不愿或不敢行动起来，只是一味地幻想和等待，类似的事情在你身上也可能发生。我们身边有很多人嘴上说有减肥的想法，却每天重复同样的话"从明天我就开始减肥"。想想你是不是常常渴望达成某个目标，却没有作出过一丝一毫的努力？要取得成就，光有梦想是不够的，还要拥有要达到目标的决心，配合确切的行动，坚持到底，方能成功。

行动是实现梦想的捷径，一张地图，无论内容多么翔实，比例多么精确，也永远不可能带着主人周游列国；凝结智慧的宝典，永远不可能缔造财富。只有行动才能使地图、宝典、梦想、计划、目标具有现实意义。

艾玛是大学里艺术团的歌剧演员。在一次校际演讲比赛中，她向人们展示了一个最为璀璨的梦想：大学毕业后，先去欧洲旅游一年，然后要在纽约百老汇中成为一名优秀的主角。

当天下午，艾玛的心理学老师找到她，尖锐地问了一句："你今天去百老汇跟毕业后去有什么差别？"艾玛仔细一想：是呀，大学生活并不能帮我争取到去百老汇工作的机会。于是，艾玛决定一年以后就去百老汇闯荡。

这时，老师又冷不丁地问她："你现在去跟一年以后去有什么不同？"艾玛苦思冥想了一会儿，对老师说，她决定下学期就出发。老师紧追不舍地问："你下学期去跟今天去，有什么不一样？"艾玛有些眩晕了，想想那个金碧辉煌的舞台和那双在睡梦中萦绕不绝的红舞鞋……她终于决定下个月就前往百老汇。

老师乘胜追击："一个月以后去跟今天去有什么不同？"艾玛激动不已，她情不自禁地说："好，给我一个星期的时间准备一下，我就出发。"老师步步紧逼："所有的生活用品在百老汇都能买到，你一个星期以后去和今天去有什么差别？"艾玛终于双眼盈泪地说："好，我明天就去。"老师赞许地点点头，说："我已经帮你订好明天的机票了。"

第二天，艾玛就飞赴到世界最高的艺术殿堂——美国百老汇。当时，百老汇的制片人正在酝酿一部经典剧目，几百名各国艺术家前去应征主角。按当时的应聘步骤，是先挑出10个左右的候选人，然后，让他们每人按剧本的要求演绎一段主角的对白。这意味着要经过百里挑一的两轮艰苦角逐才能胜出。艾玛到了纽约后，并没有急着去漂染头发、买靓衫，

而是费尽周折从一个化妆师手里要到了将排的剧本。这以后的两天中，艾玛闭门苦读，悄悄演练。正式面试那天，艾玛是第 48 个出场的，当制片人要她说说自己的表演经历时，艾玛粲然一笑，说："我可以给你表演一段原来在学校排演的剧目吗？就一分钟。"制片人首肯了，他不愿让这个热爱艺术的青年失望。当制片人听到传进自己鼓膜里的，竟然是将要排演的剧目对白，而且面前的这个姑娘感情如此真挚，表演如此惟妙惟肖时，他惊呆了！他马上通知工作人员结束面试，主角非艾玛莫属。就这样，艾玛顺利地进入了百老汇，穿上了她人生中的第一双红舞鞋。

艾玛下定决心马上行动，摘下了成功的甜美果实。而我们大多数人，在开始时都拥有很远大的梦想，却很难行动起来。缺乏决心与实际行动，梦想于是开始萎缩，种种消极与不可能的思想衍生，于是过着随遇而安、乐于知命的平庸生活。

这也是为何成功者总是占少数的原因。所以，马上行动是一种好习惯。认准了，就去做，实现梦想的概率才会更高。奥里森·马登说过："把梦想变为现实，最好做三件事：第一，使目标具体化；第二，集中精力，全力以赴；第三，付诸行动。"凡拥有人生大智慧的成功者，都善于当机立断，一旦决定就全力以赴，因为他知道：唯有行动，才能赢在人生的第一回合。

第四章
人生要经得起碰撞

人生大多是迂回曲折前行的

要想成就一番事业，就必须拥有一颗经得起挫折和考验的心，这正是成功者必备的心理品质，对于保持成功心理和继续创新活动也发挥着重要的作用。

古老的阿拉比国坐落在大漠深处。多年的风尘肆虐使城堡变得满目疮痍，国王对四个王子说，他打算将国都迁往据说美丽而富饶的卡伦。卡伦离这里很远很远，要翻过许多崇山峻岭，要穿过草地、沼泽，这要过很多大河，但究竟有多远，没有人知道。于是，国王决定让四个儿子分头前往探路。

大王子乘车走了 7 天，翻过三座大山，来到一望无际的草地边，一问当地人，得知过了草地，还要过沼泽，还要过大河、雪山……便马上往回走。

二王子策马穿过一片沼泽后，被那条宽阔的大河挡了回去。

三王子过了那条大河，却被那又一片辽远的大漠吓退了。

一个月后，三个王子陆陆续续回到国王那里，将各自沿途所见报告给国王，并都再三特别强调，他们在路上问过很多人，都告诉他们去卡伦的路很远很远。又过了 5 天，小王子风尘仆仆地回来了，兴奋地报告父亲到卡伦只需 18 天的路程。

国王满意地笑了："孩子，你说得很对，其实我早就去过卡伦。"几个王子不解地望着国王为什么还要派他们去探路？国王一脸郑重道："我只想告诉你们四个，想要到达目的地，就必须经历迂回曲折。"

年轻人，请你坚信，经历过迂回挫折之后就会成功，你的热情会促使你把理想付诸行动。但热情并不代表成功。任何人都会有热情，所不同的在于，有的人只有 30 分钟的热情，有的人热情可以保持 30 天，只有对认定的事物保持长久的热情，才能产生非凡的成就。

威廉·怀拉是一名美国职业棒球明星，40 岁时因体力不济而告别体坛另找出路。他琢磨着，凭自己的知名度去保险公司应聘推销员，不会有什么问题。可结果出乎意料，人事部经理拒绝道："怀拉先生，吃保险这碗饭必须笑容可掬，但您做不到，无法录用。"面对冷遇，怀拉的热情未受丝毫影响，而是像当年初涉棒球场那样从头开始苦练笑脸，由于天天要在客厅里放开声音笑上几百次，因此使邻居产生误解——失业对他的刺激太大，以致发起神经来了。为此，他只好把自己关进厕所里练习。

过了一个月，怀拉跑去见经理，当场展开笑脸。然而得到的是冷冰冰的回答——"笑得不够！"怀拉没有悲观失望，他到处搜集有迷人笑脸的名人照片，然后粘在居室的墙壁上，随时进行揣摩模仿，还购置了一面与自己的身体一样高的镜子，摆在厕所里，以便训练时更好地检查自己。一段时间之后，怀拉又来到经理办公室，露出了笑容。"有进步，但缺少吸引力。"经理说。怀拉生来就有一股倔脾气，回到家里继续苦练起来。一次，他在路上遇见一个熟人，一边自然地笑着，一边打招呼。对方惊叹道："怀拉先生，一段时间不见，您的变化真大，和以前相比真是判若两人！"

听完熟人的评论，怀拉充满信心地再去拜见经理，笑得很开心。"您的笑是有点意思了，"经理指出，"但还不是真正发自内心的那一种。"他不气馁，再接再厉，最后终于如愿以偿，被保险公司录用，这位昔日棒球明星严峻冷漠的脸庞上，绽放出发自内心的婴儿般的笑容。他的笑脸天真无邪，令客户无法抗拒。就是靠这张并非天生而是苦练出来的笑脸，怀拉成了全美推销寿险的高手，年收入突破百万美元。

生活处处有磨难，成功之前的路大多是曲折迂回的，关键在于人的心里是否承受得起，无论身处何种境地，都要经受起成功之前的考验，你将会获得这个世界上最高的奖赏。

大成功是大痛苦磨砺出来的

很久很久以前，有一个养蚌人，他想培养一颗世上最大最美的珍珠。他去海边沙滩上挑选沙粒，并且一颗一颗地问那些沙粒愿不愿意变成珍珠。那些沙粒都摇头说不愿意。养蚌人从清晨问到黄昏，他都快要绝望了。就在这时，有一颗沙粒答应了他。旁边的沙粒都嘲笑起那颗沙粒，说它太傻，去蚌壳里住，远离亲人、朋友，见不到阳光、雨露、明月、清风，甚至还缺少空气，只能与黑暗、潮湿、寒冷、孤寂为伍，不值得。可那颗沙粒还是无怨无悔地随着养蚌人去了。斗转星移，几年过去了，那颗沙粒已长成了一颗晶莹剔透、价值连城的珍珠，而曾经嘲笑它傻的那些伙伴们，依然只是一堆沙粒，有的已风化成土。

沙粒要变成珍珠，需要经历几年痛苦的磨砺。成功更是如此。想要获得成就，就先要经历痛苦。正如中国古语所云：天将降大任于斯人也，必先苦其心志，劳其筋骨，饿其体肤，空乏其身，行拂乱其所为，所以动心忍性，增益其所不能。

美国前总统克林顿并不算是天才人物，但他能登上美国总统的宝座，与他个人的勤奋和磨炼不无关系。

克林顿的童年很不幸。他出生前4个月，父亲就死于一次车祸。他母亲因无力养家，只好把出生不久的克林顿托付给自己的父母抚养。童年的克林顿受到外公和舅舅的深刻影响。他自己说，他从外公那里学会了忍耐和平等待人，从舅舅那里学到了说到做到的男子汉气概。他7岁随母亲和继父迁往温泉城，不幸的是，双亲之间常因意见不合而发生激烈冲突。继父嗜酒成性，酒后经常虐待克林顿的母亲，克林顿也经常遭其斥骂。这给从小就寄养在亲戚家的克林顿的心灵蒙上了一层阴影。

坎坷的童年生活使克林顿形成了尽力表现自己，争取别人喜欢的性格。

他在中学时代非常活跃，一直积极参与班级和学生会活动，并且有较强的组织和社会活动能力。他是学校合唱队的主要成员，而且被乐队指挥定为首席吹奏手。

1963年夏，他在"中学模拟政府"的竞选中被选为参议员，应邀参观了首都华盛顿，这使他有机会看到了"真正的政治"。参观白宫时，他受到了肯尼迪总统的接见，不但同总统握了手，而且还和总统合影留念。

此次华盛顿之行是克林顿人生的转折点，使他的理想由当牧师、音乐家、记者或教师转向了从政，梦想成为肯尼迪第二。

有了目标和坚强的意志，克林顿此后30年的全部努力都紧紧围绕这个目标。上大学时，他先读外交，后读法律——这些都是政治家必须具备的知识修养。离开学校后，他一步一个脚印：律师、议员、州长，最后达到了政治家的巅峰：总统。

"自古雄才多磨难，从来纨绔少伟男"，克林顿的人生经历正是对这句话最好的诠释。成大事者必有大敌。一个人如果能在挫折中坚持下去，挫折实在是人生不可多得的一笔财富。有人说，不要做在树林中安睡的鸟儿，要做在雷鸣般的瀑布边也能安睡的鸟儿，就是这个道理。逆境并不可怕，只要我们学会去适应，那么挫折带来的逆境反而会给我们以进取的精神和百折不挠的毅力。

挫折让我们更能体会到成功的喜悦，没有挫折我们不懂得珍惜，没有挫折的人生是不完美的。世事常变化，人生多艰辛。在漫长的人生之旅中，尽管人们期盼能一帆风顺，但在现实生活中，却往往令人不期然地遭遇逆境。逆境是理想的幻灭、事业的挫败；是人生的暗夜、征程的低谷。就像寒潮往往伴随着大风一样，逆境往往是通过名誉与地位的下降、金钱与物资的损失、身体与家庭的变故而表现出来的。逆境是人们的理想与现实的严重背离，是人们的过去与现在的巨大反差。每个人都会遇到逆境，以为逆境是人生不可承受的打击的人，必不能挺过这一关，可能会因此而颓废下去；而以为逆境只不过是人生的一个小坎儿的人，就会想尽一切办法去找到一条可迈过去的路。这种人，往往能成大事。

世事艰辛，不如意者十有八九，不必因不平而泄气，也不必因逆境而烦恼，只要自己努力，机会总会有的。人生来都希望在一个平和顺利的环境中成长，但上帝并不喜爱安逸的人们，他要挑选出最杰出的人物，于是他让这些人历经磨难，千锤百炼终于成金。

一个人若想有所成就，那么苦难就成为一道你必须超越的关卡。鲤鱼必须跳过龙门，才能超越自我，人生又何尝不是如此。超越人生的苦难，幸福就在彼岸。

泅渡苦海，成为强者

困境好比是一片苦海，对于一筹莫展只会叹息的人来说，这片苦海是没有边际的，而对那些勇敢地航行的勇士来说它又是一笔财富。把困境当做一种历练，它会助你成长。

亨利的父亲过世了，他还有一个两岁大的妹妹，母亲为了这个家整日操劳，但是赚的钱难以让这个家的每个人都能填饱肚子。看着母亲日渐憔悴的样子，亨利决定帮母亲赚钱养家，因为他已经长大了，应该为这个家贡献一份自己的力量了。

一天，他帮助一位先生找到了丢失的笔记本，那位先生为了答谢他，给了他 1 美元。亨利用这 1 美元买了 3 把鞋刷和 1 盒鞋油，还自己动手做了个木头箱子。带着这些工具，他来到了街上，每当他看见路人的皮鞋上全是灰尘的时候，就对那位先生说："先生，我想您的鞋需要擦油了，让我来为您效劳吧？"他对所有的人都是那样有礼貌，语气是那么真诚，以至于每一个听他说话的人都愿意让这样一个懂礼貌的孩子为自己的鞋擦油。

就这样，第一天他就带回家 50 美分，他用这些钱买了一些食品。他知道，从此以后每一个人都不需要再挨饿了，母亲也不用像以前那样操劳了，这是他能办到的。当母亲看到他背着擦鞋箱、带回来食品的时候，她流下了高兴的泪水，"你真的长大了，亨利。我不能赚足够的钱让你们过得更好，但是我现在相信我们将来可以过得更好。"就这样，亨利白天工作，晚上去学校上课。他赚的钱不仅为自己交了学费，还足够维持母亲和小妹妹的生活了。

其实，生活中有许多人与亨利一样，有着不幸的生存环境，但是有很多人却被环境的困难和阻碍击倒了。然而，有许多人，因为一生中没有常同"阻碍"搏斗的机会，而又没有充分的"困难"足以刺激起其内在的潜伏能力，于是默默无闻，真是可惜。阻碍不是我们的敌人，而是恩人，它能锻炼我们"战胜阻碍"的种种能力。森林中的大树，如果不曾同暴风猛雨搏斗过千百回，树干就不能长得十分结实。同样，人不遭遇种种阻碍，他的人格、本领是不会得到提高的，所以一切的磨难、忧苦与悲哀，都可以锻炼我们。

缺乏坚韧与自信的人，在自身遇到困难时，使自己陷于悲观与沉沦，往往干不成大事，也得不到别人的依赖与敬佩。唯有那些有坚定的决心、有十足忍耐力的人，才能创造一切，为他人所敬佩。以一颗富有坚韧的心，坚持自己的意志，并发挥自己的天才，便会获得成功。

有成就的人，他们的成功大部分是因为苦难激发了他们的潜能。他们深陷困境，反而会激发他们一种出乎意料的助力，促使他们加倍地努力而得到更多的报酬。正所谓："苦难对我们有意外的帮助。"

陀思妥耶夫斯基和托尔斯泰的生活不是那么充满折磨，永远写不出不朽的文学巨著；达尔文，这位改变人类科学观点的科学家说，如果他不是那么"无能"，他就不可能完成所有这些辛勤努力完成的工作。坚毅的人总会成功。

一个大无畏的人，愈为环境所困，反而愈加奋勇，胸膛直挺，意志坚定，敢于对付任何困难，轻视任何厄运，嘲笑任何阻碍。因为忧患、困苦不损他毫末，反而可以加强他的意志、力量与品格，而使他成为人上人——这才是世间最值得敬佩、最值得羡慕的人物。困难和阻碍不能阻挡这种人成为强者！

越早失败就越早成功

"跌倒了再站起来，在失败中求胜利"这是历代伟人的成功秘诀。要想真正战胜失败，关键是要学会昂首挺胸，正视失败，从中吸取教训，下次不再犯同样的错误。否则就会在同一个地方被同一块石头绊倒两次，这样的人也无法从失败中把握未来，实现命运的转折。

坚信失败乃成功之母，若每次失败之后都有所"领悟"，把每一次失败当做成功的前奏，那么就能化消极为积极，变自卑为自信。

一个人要成就事业，就要具备百折不挠的精神，不能因为害怕失败就放弃努力、放弃追求，对于所做的，不论怎样不遂心也不放松、不罢手，抱定恒心去做，才能获得成功。在这个世界上，每一个人都经历过无数次的失败。当然，也包括成功人士在内，他们的成功也并非是一帆风顺的。

1958年，富兰克·卡纳利在自家杂货店对面经营了一家比萨饼屋，以筹集他的大学学费。19年之后，卡纳利卖掉了3100家连锁店，总值3亿美元。他的连锁店叫做"必胜客"。

用卡纳利的话，必胜客的成功归因于他从错误中学得的经验和教训。在俄克拉何马州的分店失败之后，他知道了选择地点和店面装潢的重要性。在纽约的销售失败之后，他作出了另一种硬度的比萨饼。当地方风味的比萨饼在市场出现后，他又向大众介绍芝加哥风味的比萨饼。

卡纳利失败过无数次，可是他把失败的经验变为成功的基础，除了失败，他获得更多的是教训。卡纳利给创业人的忠告是："你必须学习失败。"他的解释是这样的："我做过的行业不下50种，而这中间大约有15种做得还算不错，那表示我大约有30%的成功率。可是你总是要出击，而且在失败之后更要出击。你根本不能确定自己做什么会成功，所以就必须先学会失败。"

卡纳利的成功告诉我们，不要害怕失败，财富的获得总是在失败中一点点积累的，很少有人一夜暴富，而且一夜暴富的财富也总是不长久的。这便是拥有财富的人们不怕失败的原因，失败也是一种财富。

失败不仅是结果，还是态度。当事情搞砸的时候，不要立刻为自己挂上"失败者"的标签。你如何想象自己糟糕，你很可能就会变成那个样子。反复多次地自称为失败者，不但在心理上承受着巨大的压力，还会限制自己潜能的发挥。

如果失败了，不妨对自己说："没有什么了不起，失败中包含着走向成功的因素。""假如生命给了我一次失败的机会，它同时也会给我面对失败的勇气和信念，使我走出失败陷阱。"

在伦敦的一家科学档案馆里，陈列着英国物理学家法拉第写的一本10年的日记。这本日记非常奇特：

第一页上写着："对！必须转磁为电。"

以后，每一天的日记除了写上日期之外，都是写着同样的一个词："不。"从1822年直到1831年，整整10年，每篇日记都如此。

只是在这本日记的最后一页，才改写上了一个新词："是的。"

这是怎么回事？

原来，1820年丹麦物理学家奥斯特发现：金属线通电后可以使附近的磁针转动。这引起法拉第的深思：既然电流能产生磁，那么磁能否产生电流呢？法拉第决心研究磁能否生电的课题，并决心用实验来回答。

10年过去了，经过实验——失败——再实验……法拉第终于成功了。他在历史上第一次用实验证实了磁也可以生电，这就是著名的电磁感应原理。正是这个著名的原理，为发电机的诞生奠定了基础。

爱迪生曾经说："失败也是我所需要的，它和成功一样对我有价值。只有在我知道一切做不好的方法以后，我才知道做好一件工作的方法是什么。"其实只有我们完全拒绝失败的时候，才是彻底失败的到来之日。

多次的失败并不表明你是一个失败者，而表明你正在用失败铺路、一步一步地接近辉煌的成功。多次的失败并不表明你是一个屡战屡败、经不起挫折的懦夫，而表明你是一个屡败屡战、勇往直前的勇士。

法拉第的那本日记，表面看起来似乎显得那样的单调和乏味，可是换个角度看失败，给人的启发又是那样的丰富和深刻。

多次的失败并不表明你一无所获，而是表明你得到了宝贵的经验，表明你也许要变换方式另辟蹊径。多次的失败并不表明你必须放弃，永远无法成功，而是表明你要坚持不懈，表明你还要花些时间。多次的失败并不表明你浪费了时间、生命，而是表明你在集中精力攻破具有非凡价值的难关，表明你在尝试和探索中获得快乐。

法拉第面对十年来的失败，没有气馁，而是选择了用坚持不懈的努力回击了一次次的失败。他用自己的行动给"失败乃成功之母"这句名言作了绝妙诠释。

成功不怕迟，失败要趁早。越早失败，积累的经验教训越多，成功来得越早。成功总是需要艰辛的付出的。想一想那些卓越的人，他们为什么能够有所成就？当然和他们持之以恒的努力是分不开的。他们并不是每一次都会成功，但每一次的失利都会成为他们进取的动力，为他们下次的成功积淀力量。真正的成功是需要我们一步一步地进取才能够获得的。

没有轻而易举的成功

生活中经常会听到同事或朋友如此抱怨——我的工作太差，没意思，没前景，遇到的都是挫折和打击，成天都是鸡毛蒜皮的小事。要是我能找到一份好工作，我当然会好好干。

外企、IT业、设计师、精算师、演员、作家……如今很多年轻人一毕业，刚踏入社会就眼盯着那些热门行业和高薪体面的工作。事实上，那些在世人眼中拥有无限光环的职业，"看上去很美"，又有哪一个不是要经过几番磨砺和辛苦经营才能得到？

莎莉·拉斐尔是美国著名的电视节目主持人，曾经两度获奖，在美国、加拿大和英国每天有800万观众收看她的节目。可是她在30年的职业生涯中，却曾被辞退18次。

刚开始，美国大陆的无线电台都认定女性主持不能吸引观众，因此没有一家愿意雇她。她便迁到波多黎各，苦练西班牙语。有一次，多米尼亚共和国发生暴乱事件，她想去采访，可通讯社拒绝她的申请，于是她自己凑够旅费飞到那里，采访后将报道卖给电台。

1981年她被一家纽约电台辞退，无事可做的时候她有了一个节目构想。虽然很多国家广播公司觉得她的构想不错，但碍于她是女性，最终还是放弃了她的构想，最后她终于说服了一家公司，但她只能在政治台主持节目。尽管她对政治不熟，但还是勇敢尝试。1982年夏，她的节目终于开播。她充分发挥自己的长处，畅谈7月4日美国国庆对自己的意义，还请观众打来电话互动交流。令人想不到的是，节目很成功，观众非常喜欢她的主持方式，所以她很快成名了。

当别人问她成功的经验时，她发自内心地说："我被人辞退了18次，本来大有可能被这些遭遇所吓退，做不成我想做的事情。结果相反，我让它们鞭策我前进。"

正是这种不屈不挠的性格使莎莉在逆境中避免了一蹶不振、默默无闻的一生，走向了成功。

任何成功的人在达到成功之前，没有不遭遇失败的。失败是正常的，没有谁不曾失败。

出身医师的渡边淳一在他的作品中谈到他当年的一位同事S医生。在日本的医院中，年轻医生被前辈呵斥是司空见惯的事情，S医生的指导教授更是异常严厉。每当S医生被教授大声斥责的时候，大家都觉得他十分可怜。可不管教授如何批评，S医生似乎从不颓唐，而是默默地接受，并认真观察老师如何治疗病人。教授的训斥和 S 医生忠厚的回应，一唱一和，好像捣年糕的人和捣年糕的棒槌一样，配合得非常默契。后来，S 医生成为医疗部最出色的外科医生，并在很年轻的时候就当上了院长。

渡边淳一回忆起当年走文学之路的情景："当初还是文学新人的时候，经常遭编辑退稿，并受到严厉的批评。如果当时因为挫折而消沉下去，也就不会再写小说了。"

未来社会的竞争只会越来越激烈，压力和挑战也不会随时间流逝而消失。要想在竞争中独占鳌头，赢取主动，就要有不抛弃、不放弃的精神，唤醒自己内心坚韧的力量，摒弃敏感脆弱的"小儿女心态"，勇敢面对工作中的每一次磨炼，把每一个困难当成自己成长的机会，那些在磨砺中败下阵来的人，永远无法品尝到成功的滋味，因为人生没有轻而易举的成功，只有那些在碰撞中选择继续坚持前行的人，才能成就卓越。

命运的玩笑不可怕，屈从命运才是最大的不幸运

幸福的人生是类似的，不幸的生活各有各的不幸。命运不是早就调整好的精密仪器，它偶尔也会犯错。这个时候，苦难就降临到了我们头上。生活不如意时，有种人只以眼泪当武器，结果淹死在自己的眼泪之中。而另外的一种人，启用了"不屈"的武器，顽强地与命运做抵抗。

经过多年的勤学苦练，青年贝多芬逐渐成长为一名优秀的音乐家，创作了数以百计的音乐作品。但从 1816 年起，贝多芬的健康状况越来越差，后来耳病复发，不久就失聪了。作为一个音乐家，失去了听觉，就意味着将要离开自己喜爱的音乐艺术，这个打击简直被判了死刑还要痛苦。

他又开始了与命运的抗争。除了作曲外，他还想担任乐队指挥。结果在第一次预演时弄得大乱，他指挥的演奏比台上歌手的演唱慢了许多，使得乐队无所适从，混乱不堪。当别人写给他"不要再指挥下去了"的字条时，贝多芬顿时脸色发白，慌忙跑回家，痛苦得一言不发。

在困厄中，贝多芬没有自暴自弃，他以极大的毅力克服耳聋带给他的困难。耳朵听不到，他就拿一根木棍，一头咬在嘴里，一头插在钢琴的共鸣箱里，用这种办法来感受声音。这样，他不仅创作出了比过去更多的音乐作品，还能登台担任指挥了。

1824 年的一天，贝多芬又去指挥他的《第九交响乐》，博得全场的一致喝彩，一共响起了五次热烈的掌声。然而，他却丝毫没有听到，直到一个女歌唱家把他拉到前台时，他才看见全场纷纷起立，有的挥舞着帽子，有的热烈鼓掌，这种狂热的场面，让贝多芬激动不已。

1827 年 3 月 26 日，贝多芬在维也纳病逝。他一生创作了九部交响乐，其中以《英雄交响乐》《命运交响乐》《田园交响乐》《合唱交响乐》最为著名，此外还有 32 首钢琴奏鸣曲，以及大量的钢琴协奏曲、小提琴协奏曲等。他一生为音乐的繁荣发展作出了巨大贡献。

贝多芬以一生的波澜壮阔，传达着这样一句撼天动地的宣言："我将扼住命运的咽喉，它绝不能使我屈服！"

不屈的精神，是一种品性，是千锤百炼磨砺出来的结果，是每一个人在不幸中支撑身心的精神支柱，是命运出错时最重的砝码。那些不屈从命运的人，在接受命运女神挑战的时候披荆斩棘，他们一定会赢得最终的胜利！

一位身患癌症的人，正是依靠坚强的信念，战胜了病魔，走出了困境。

"多年以前，医生宣告我将不久于人世，会很慢、很痛苦地死去。国内最有名的医生也证实了这个诊断。我走投无路，死亡就要扑向我。我还很年轻，我不想死，绝望之余，我打电话找到了我的医生，告诉他我内心的绝望。他有点不耐烦地拦住我说：'怎么回事，奥尔嘉？难道你一点斗志也没有吗？你要是一直这样哭下去的话，毫无疑问，你一定会死。不错，你碰上了最坏的情况，但总会有办法的！'朋友的话激励了我，那一天，我对自己说，

我不会再哭泣，如果还有什么需要我常常想的，那就是我一定要赢！我一定要继续活下去！

"在不能用镭照射的情况下，一般的人每天只能用 X 光照射 10 分半钟，连续照 30 天。但医生每天为我照了 14 分半钟的 X 光，照了 49 天。虽然痛苦，但我却面带微笑。

"我不会傻到以为只要微笑就能治疗癌症。可是我的确相信，愉快的精神状态有助于抵抗身体的疾病。总之，我经历了一次治愈癌症的奇迹。在过去这些年里，我再也没有像现在这么健康过。"

这位癌症病人，在苦难面前所现出来的坚强让所有人崇敬。抱怨人生不公、感叹自己是上帝的"弃儿"的人，在这样的人面前会感到惭愧不已。生活不是设定好的旅途，在你的人生道路上可能存在着挫折甚至灾难，你是选择软弱地承受，还是坚强地面对？命运出错，你不能错，选择坚强，你才能为自己的人生天平选择最重的砝码。

物竞天择，只有强者才能在竞争激烈的自然界中生存下去。人生之路是漫长的，面对困难险阻，我们不应该灰心丧气、怨天尤人，而应该充分发挥自己的主观能动性，变不利、被动为有利、主动。面对困境，不畏惧，不退缩，坚定自己的信念，勇于拼搏与冒险。

没有绝望的处境，只有对处境绝望的人

人的潜力是惊人的，很多时候，你认为你承受不了的事，往往却能够不费气力地承受下来。其实，人生没有承受不了的事，要相信你自己。

面对困境，有些人会灰心丧气，一蹶不振；有一些人却能在困境中看到希望，并依靠这样的信念生活下去。这些人用事实证明：没有绝望的处境，只有对处境绝望的人。

你还在为即将到来或正发生在自己身上的不幸而担忧吗？其实，这些困难并不像你想象的那样可怕。只要勇敢面对，你就能够承受得了。等你适应了那样的不幸以后，你就可以从不幸中找到幸运的种子了。

帕克在一家汽车公司上班。很不幸，一次机器故障导致他的右眼被击伤，经过抢救后还是没有保住，医生摘除了他的右眼球。

帕克原本是一个十分乐观的人，现在却成了一个沉默寡言的人。他害怕上街，因为总是有那么多人看他的眼睛。

他的休假一次次被延长，妻子艾丽丝负担起了家庭的所有开支，而且她在晚上还做兼职。她很在乎这个家，她爱着自己的丈夫，想让全家过得和以前一样。艾丽丝认为丈夫心中的阴影总会消除的，只是时间问题。

但糟糕的是，帕克的另一只眼睛的视力也受到了影响。在一个阳光灿烂的早晨，帕克问妻子谁在院子里踢球时，艾丽丝惊讶地看着丈夫和正在踢球的儿子。在以前，儿子即使到更远的地方，他也能看到。艾丽丝什么也没有说，只是走近丈夫，轻轻地抱住他的头。

帕克说："亲爱的，我知道以后会发生什么，我已经意识到了。"

艾丽丝的泪就流下来了。

其实，艾丽丝早就知道这种后果，只是她怕丈夫受不了打击而要求医生不要告诉他。

帕克知道自己要失明后，反而镇静多了，连艾丽丝也感到奇怪。

艾丽丝知道帕克能见到光明的日子已经不多了，她想为丈夫留下点什么。在帕克面前，不论她心里多么悲伤，她总是努力微笑。

几个月后，帕克说："艾丽丝，我发现你新买的套裙旧了！"

艾丽丝说："是吗？"

她奔到一个他看不到的角落，低声哭了。她那件套裙的颜色在太阳底下绚丽夺目。

她想，还能为丈夫留下什么呢？

第二天，家里来了一个油漆匠，艾丽丝想把家具和墙壁粉刷一遍，让帕克的心中永远有一个新家。

油漆匠工作很认真，一边干活还一边吹着口哨。干了一个星期，他终于把所有的家具和墙壁刷好了，他也知道了帕克的情况。

油漆匠对帕克说："对不起，我干得很慢。"

帕克说："你天天那么开心，我也为此感到高兴。"

算工钱的时候，油漆匠少算了 100 元。

艾丽丝和帕克说："你少算了工钱。"

油漆匠说："我已经多拿了，一个等待失明的人还那么平静，你告诉了我什么叫勇气。"

帕克却坚持要多给油漆匠 100 元，帕克说："我也知道了原来残疾人也可以自食其力，生活得很快乐。"油漆匠只有一只手。

哀莫大于心死，只要自己还持有一颗乐观、充满希望的心，身体的残缺又有什么影响呢？人的潜力是无穷的，世界上没有任何事情能够将人的心完全压制。只要相信自己，人生就没有承受不了的事。

面对挫折，请保持积极

成功学大师卡耐基告诫人们，挫折是在所难免的，重要的不是绝对避免挫折，而是要在面对挫折时采取积极进取的态度。

1938 年，本田宗一郎还是一名学生，为了研究制造心目中理想的汽车活塞环而变卖了所有家当。他夜以继日、废寝忘食、一心一意地期望早日把产品制造出来，卖给丰田汽车公司。为了继续自己的工作，他甚至变卖了妻子的首饰。功夫不负有心人，最后产品终于研制出来了，并且被送到丰田公司，但却被认为品质不合格而打了回来。为了获取更多的知识，以便能制造出合格产品，他重回学校苦修了两年。终于在两年之后，他赢得了丰田公司的购买合同，实现了他长久以来的心愿。但是此后一切并没有一帆风顺，他又碰上了新问题。第二次世界大战时期日本物资紧缺，政府禁卖水泥给他建工厂。

本田宗一郎没有怨天尤人，也没有抱怨上天的不公平，他相信他一定会成功。与其把时间浪费在找理由和抱怨上，不如加紧行动，以寻求解决问题的新办法。最后他决定另辟蹊径，和工作伙伴一起来研究新的水泥制造方法，终于建好了工厂。战争期间，这座工厂遭到美国空军的轰炸，大部分制造设备被毁。然而对于本田宗一郎来说，灾祸并没有结束，在此后，他们又碰上了地震，整个工厂被夷为平地。这时，本田宗一郎不得不把制造活塞环的技术卖给丰田公司。遭到一系列的打击，他仍很清楚迈向成功的路该怎么走，那就是除了有好的制造技术，还得有对所做的事深具信心与毅力，一味地抱怨和忧伤、自暴自弃，只会减少自己前进的动力，因此他始终不屈不挠。

战争结束后，日本的汽油短缺，大多数日本人根本无法开着车子出门买家里所需的食物。这时，本田宗一郎又一次看准商机，决定建一家工厂，专门生产用脚踏车改装的摩托车，但是又遇到一个让人头痛的问题：没有资金。

他决定无论如何都要想出办法来，最后他求助于日本全国 18000 家脚踏车店。他给每一家脚踏车店用心写了一封言辞恳切的信，最终说服了其中 5000 家，凑齐了所需资金。经本田宗一郎改装的摩托车一经推出便赢得热烈欢迎，他为日本战后经济复苏作出了巨大的贡献。他也因此获颁"天皇赏"，随后他的摩托车又外销欧美，同样获得了一致好评，本田宗一郎终于成功了。

英国有一名谚语是这样的："一个人如果有自己系鞋带的能力，那么他就有上天摘星星的机会。"与之对应，我国也有一句古语叫做"功夫不负有心人"。无论我们遇到什么样的困难，都应当学习本田宗一郎百折不挠的精神。坚持到底，面对困难永不气馁，这样才能为自己赢得机会。

被解雇也许是你碰到过的最好的事

很多时候，艰难挫折并不足以将我们击倒，可是我们自己却首先撑不住，倒下了。如果我们不计较得失与成败，而是以一种良好的心态去面对，坏事也能变成好事。

在人的一生中，每个人都不能保证工作顺利，被解雇是一件很正常的事，面对失业，很多人往往是痛苦不堪，为失去工作而烦恼。其实，被解雇不一定是坏事，对于无法预知的未来，谁都不能肯定地说，当下发生的这件事是好还是坏，说不定被解雇也许是你碰到过的最好的事。只要树立信心，便能重新找到施展才华的舞台。

史蒂夫·乔布斯是在被苹果公司开除后，创立了一家名叫 NeXT 的公司和一家叫 Pixar 的公司，Pixar 制作了世界上第一部用电脑制作的动画电影《玩具总动员》，并成为全世界最成功的动画工作室。后来在一系列机缘巧合之下，苹果公司收购了 NeXT，乔布斯又重回苹果公司。而他在 NeXT 开发的技术成了今天苹果公司复兴的关键。并且乔布斯还遇到了他心爱的女孩，和她组建了幸福的家庭。乔布斯说："被苹果公司解雇可能是我这辈子发生的最好的事情。"

不仅仅是乔布斯，有很多人正是由于被解雇才使自己获得更大的发展空间。

这一天，一位中年人像往常一样，拎着心爱的公文包去公司上班。在二十几年的职业生涯中，他勤勤恳恳、兢兢业业，才升到部门经理的位置上，其中充满了艰辛困苦。他只要再这样工作几年，就可以安安稳稳地拿到退休金了。可是，他万万没有想到，这将是他在公司工作的最后一天。

"你被解雇了！"

"为什么？我犯了什么错？"他惊讶、疑惑地问。

"不，你没有过错，公司发展不景气，董事会决定裁员，仅此而已。"

是的，仅此而已。他在一夜之间，从一名受人尊敬的公司经理成了一名在街上流浪的失业者。

和所有的失业者一样，繁重的家庭开支迫使他必须找到生活来源。他的精神几乎承受不了这样的打击，他有时在街头呆坐，看着来来往往的人群，脑中一片空白。

有一天，他遇到了自己的一位朋友，这个朋友和他一样是经理，现在也同样遭到解雇的命运。两个人互相安慰，一起寻求解决的办法。

"为什么我们不自己创办一家公司呢？"

这个念头像火苗一样，在他心中一闪，点燃了他压抑在心中的激情和梦想。于是，两个人就开始策划建立家居仓储公司，两位失业的经理为公司制定了一份发展规划和一个"拥有最低价格、最优选择、最好服务"的制胜理念，并制定出使这一优秀理念在公司发展中得以成功实践的一套管理制度；然后，就开始着手创办公司。

他们创办的就是后来拥有极高知名度的"宜家"家居仓储公司。如今他们的公司已经成为拥有 775 家店、16 万名员工、年销售额 300 亿美元的世界 500 强公司。

奇迹始于 20 年前的一句话：你被解雇了！

是的，"你被解雇了"是我们每个人在人生旅途中最不愿听到的一句话，但正是这句话，改变了两个人的一生。如果不是被解雇，他们无论如何也不会想到要创办自己的公司；如果不是被解雇，他们俩现在只是靠领退休金度日的垂暮老人。

挫折是一把双刃剑，能把弱者削平，也能造就一个千锤百炼的强者。

当挫败来临时，用雪莱的诗勉励自己："冬天来了，春天还会远吗？"只要我们能重燃信心之火，就能找到崛起的机会。失败不代表人生的终结，它或许就是下一次成功的开启之门，关键在于你有没有勇气站起来推开它。

其实路就在脚下，被解雇了，我们不用去计较太多，走过去，前面也许有更光明的一片天在等着我们。也许换一个地方，会有更好的明天，树挪死，人挪活，只有多挪几步，才能知道哪里是自己最佳的生存空间。所以只要摆正心态面对，就会看到更美的风景。

在我们的人生旅途中，每个人遇到的困难和挫折不尽相同，但是每个人都会遇到，既然是不可避免的，我们何不以积极向上的心态去看待，把每一个坎坷与挫折都看做是我们前进的阶梯，摆正心态，不去计较是与非，解脱了自己，我们就可以顺利过渡到下一个全新的人生阶段。

在碰撞中释放内心的能量

有哲人说："伟大、高贵的人物最明显的标志，就是他坚定的意志，不管环境变化到何种地步，他的初衷与希望，仍然不会有丝毫的改变，而终将克服障碍，以达到所企望的目的。"

要测验一个人的品格，看他失败之后的行动是最好的方法。失败能否激发他的更多的计谋与新的智慧？激发他内心潜在的力量？是让他有更强的决断力，还是使他变得心灰意冷呢？

"跌倒了再站起来，在失败中求胜利。"无数伟人都是这样成功的。

让我们来看一下一个美国人曾遭遇的挫折：

1832 年，他失业了，这显然使他很伤心，但他下决心要当政治家，当州议员。糟糕的是，他竞选失败了。在一年里遭受两次打击，这对他来说无疑是痛苦的。

接着，他着手自己开办公司，可一年不到，这家公司又倒闭了。

在以后的 17 年间，他不得不为偿还公司倒闭时所欠的债务而到处奔波，历尽磨难。

随后，他再一次决定参加竞选州议员，这次他成功了。他内心萌发了一丝希望，认为自己的生活有了转机："可能我可以成功了！"

1835 年，他订婚了。但离结婚还差几个月的时候，未婚妻不幸去世。这对他精神上的打击实在太大了，他心力交瘁，数月卧床不起。

1836 年，他得了神经衰弱症。

1838 年，他觉得身体状况良好，于是决定竞选州议会议长，可他失败了。

1843 年，他又参加竞选美国国会议员，但这次仍然没有成功。

他虽然一次次地尝试，却是一次次地遭受失败：公司倒闭、情人去世、竞选败北。要是你遇到这一切，你会不会放弃——放弃这些对你来说重要的事情？

但他是一个聪明人，他具有执著的性格，没有放弃，也没有说："要是失败会怎样？"1846 年，他又一次参加竞选国会议员，最后终于当选了。

两年任期很快过去了，他决定要争取连任。他认为自己作为国会议员表现是出色的，相信选民会继续选举他。但结果很遗憾，他落选了。

因为这次竞选他赔了一大笔钱，他申请当本州的土地官员。但州政府把他的申请退了回来，上面指出："做本州的土地官员要求有卓越的才能和超常的智力，你的申请未能满足这些要求。"

接连又是两次失败。在这种情况下你会坚持继续努力吗？你会不会说"我失败了"？

然而，作为一个聪明人，他没有服输。1854 年，他竞选参议员，但失败了；两年后他竞选美国副总统提名，结果被对手击败；又过了两年，他再一次竞选参议员，还是失败了。

他尝试了 11 次，可只成功了 2 次，但他一直没有放弃自己的追求，一直在做自己生活的主宰。1860 年，他当选为美国总统。

这位美国人就是阿伯拉罕·林肯。

在这无数次失败与挫折面前，他没有气馁，而是让自己不断地向高处攀登。

过去的奋斗史，在很多人眼中是一部极痛苦、极失望的伤心史。因此，回想过去时，尤其有些不断追求成功的男人会觉得自己处处失败、碌碌无为，自己衷心希望成功的事情竟然失败了，他们至亲至爱的亲属朋友离他而去。在他们眼中，自己的前途似乎暗无天日。然而即便有各种不幸，如果你不向命运屈服，胜利就会向你招手。

真正的伟人，面对种种成败，从不介意，正所谓"不以物喜，不以己悲"。无论遇到多么大的失望，他们绝不灰心。在狂风暴雨的袭击下，心灵脆弱者只有坐以待毙，但意志坚定的人却仍旧充满自信。因此他们能够克服外在的一切境遇，获取成功。

正如一位哲人所说："失败，是走上更高地位的开始。"许多人之所以获得最后的胜利，只是受恩于他们的屡败屡战。一个没有遇见过大失败的人，根本不知道什么是大胜利。事实上，只有失败才能给勇敢者以果断和决心。

拿一手坏牌并不注定就是败局

四个人相约一起打牌。于是，正襟危坐，定下玩牌的规矩：谁的牌先出完谁就赢。当然，任何人可以在揭完牌之后选择弃权，不过，在起初选择弃权的人不是输牌者，最终的输牌者是最后出完牌的人。

揭完牌后，打牌者表情各异。甲偷看别人的反应，乙面无表情，丙自言自语地念叨，而丁则是满脸笑容。

经过一番思忖之后，甲放下了手中的牌，选择弃权。因为他认为自己既没有关键时刻发威的王牌，也没有一下子可以出去好些张的串牌，细观其他三人的神情，他判断出：别人的状况一定比他好，倒不如选择保险做倒数第二。

于是，四个人的角逐立马成了三个人的"游戏"。起初的出牌没有任何"刀光剑影"。看样子三人静候出绝招的时刻的到来。于是，当丁连续出几次小牌的时候，乙和丙都面带诡异之色地表示放他一马。但最后的结局让其余三人都大跌眼镜。

当不断出小牌的丁甩出最后一把牌的时候，乙和丙手中握着满手的好牌惊呼：不可能！

原来，乙一直想着丁一定有能够出奇制胜的王牌，所以不敢轻易放出自己的王牌，担心王牌被浪费。而丙靠自己的经验：王牌一定要在别人出王牌的时候去压过他，这样更有赢牌的可能。所以他们都在等待。最终都等到了失败。

摊开四个人原来拿到手的牌，最坏的牌竟然在打牌者丁手里，但是他却成了最后的赢家。

其实，人生有时候就如这场牌局一样，结果看似不可思议，但是确实千真万确地存在。一个满手坏牌的人，竟然能够在这么多的强者中遥遥领先，谁敢说他凭借的只是运气？假如甲不弃权，假如乙不犹豫，再假如丙不受经验的束缚……人往往总是会设想出无数种假如，假如不这样，假如不那样，否则自己就是赢家。输牌的时候总是有很多的借口，但有没有问过自己是否有这份拿到坏牌时的淡定？是否有拿到坏牌时决心将它打好的勇气？能否全力以赴地在困境中寻找出口？都没有。

人生犹如牌局，当你翘首以盼满手的好牌时，却常常失望而归。于是开始伤心、失落，一蹶不振，甚至放弃，于是次次失落，甚至开始怀疑风水不好。拿着满手的牌，人总是觉得别人的牌好，所以总难以释怀。等到摊开牌之后惊呼：别人连我的牌的一半也不如！但胜利的表情已经洋溢在别人的脸上。

人生犹如牌局，扑朔迷离，不到最后一刻谁也猜不出究竟哪一个是赢家。可能你觉得肯定会赢反而会输得很惨，你觉得输得很惨，到后来大获全胜。获胜的关键不在于拿到手的牌的好坏，而在于打得好不好。

在通往赢牌的道路上，每一个人、每一个公司都是黑暗中的舞者，在不断的摸爬滚打中匍匐前进，每一次迈步都是艰难的。在艰难之中，我们可以做的就是坚持，很可能，下一刻就会见到胜利的曙光。

生活反复无常，每一个人和每一个公司都有抓到坏牌的时候，或者是因为本身所拥有的条件不好，或者只是在行走的过程中遇到了阻挠：辍学、失业、失恋、公司资金短缺、人才匮乏、缺乏核心竞争力等，但这些并不意味着牌局就已经定了，相反地，满手坏牌依然可以成功。

实际上，制约一个人发展的关键根本不是目前所持牌的好坏，而在于我们每个人能否继续打牌，因为，很多人只是在成功即将到来的那一刻放弃了。成功在于坚持不懈地努力，否则一切只能是镜花水月。

面对挫折，只有自强者才能战胜困难、超越自我。如果一味地想着等待别人来帮忙，只能落得失败的下场。要相信，凭着自己的努力可以解决任何问题，永远可以依赖的人只有自己！

没有绝对公平

在这个世界上，不少人认为公平合理是生活中应有的现象。要求着公平合理的年轻人，每当发现不公平时，心里便不高兴。应当说，要求公平并不是错误的心理，但是，如果因为不能获得公平，就产生一种消极的情绪，这个问题可就要注意了。

实际上绝对的公平并不存在，年轻人若要寻找绝对公平，就如同寻找神话传说中的宝物一样，是永远也找不到的。这个世界并不是根据公平的原则而创造的，譬如，鸟吃虫子，对虫子来说是不公平的；蜘蛛吃苍蝇，对苍蝇来说是不公平的；豹吃狼、狼吃獾、獾吃鼠……只要看看大自然就可以明白，这个世界并没有公平。飓风、海啸、地震等也都是不公平的。人们每天都过着不公平的生活，快乐或不快乐，是与公平无关的。

但这并不是人类的悲哀，而是一种真实情况。

每个人在成长、面对现实、做种种决定的过程中都会遇到不同的难题，每个人都有感到成了牺牲品或遭到不公正对待的时候，承认生活并不总是公平这一事实并不意味着我们不必尽己所能去改善生活，去改变整个世界；恰恰相反，它正表明我们应该这样做。

当我们没有意识到或不承认生活并不公平时，我们往往怜悯他人也怜悯自己，而怜悯自然是一种于事无补的失败主义的情绪，它只能令人感觉更糟。但当我们真正意识到生活并不公平时，我们会对他人也会对自己怀有同情，而同情是一种由衷的情感，所到之处都会散发出充满爱意的仁慈。同时，它让我们知道让每件事情完美并不是"生活的使命"，而是我们自己对生活的挑战。

许多不公平的经历年轻人是无法逃避的，也是无从选择的，我们只能接受已经存在的事实并进行自我调整，学会接受它、适应它，这样才会让我们不再伤感、活得更轻松。

第五章
要拔出身上的"刺"

不做虚荣的"囚犯"

不少 20 几岁的年轻人在面对别人对自己的轻蔑时，会极力用虚荣来维护，其实，这种行为是极其愚蠢的。在这种情况下，化轻蔑为动力，完善自身才是最重要的。这样，你一定会受到人们的尊敬。

卡耐基指出："解决人类的虚荣问题，根本不在如何破坏它的问题，而是在如何改善它，诱导它走向有用的方面。过去的说教者，不明白这一层，所以总是失败。因为破坏虚荣，就等于破坏了整个人类！人类被破坏到即使只剩最后一个人，他或许还会为了他的独存而虚荣！"

所谓控制虚荣，只是让一个人能正确地认识虚荣，合理地加以改造和利用，把不利的转化为有利的。控制了虚荣这种人性缺陷的人，是不会被表面上的赞美和奉承所蒙蔽的，因而在生活中，他也不会轻易上当，不会因为别人的赞美而失去自我，而会成为一个魅力无穷、拥有真正荣誉的人。

那么 20 几岁的年轻人怎样才不会被虚荣所桎梏？

1. 正确认识你自己

只要正确认识了自己，并严格对自己作出实在、客观的评价，就不会因别人的赞美、恭维或者批评而失去方向。事实上每个人都对自己有一定认识，并在这个认识的基础上产生一种自我评价。清醒地看到自己的成绩和缺陷，发现自身的不足，并加以理性的克制和改正，却不是那么容易的。虽说不容易，但一定要尽力做到对自身条件、自我性格有清醒的认识。

2. 正确地接受自我

一个人认识自我固然不易，接受自我则更难。

接受自我就是对自己的本来面目抱认可、肯定的态度。乍看起来，似乎没有人不喜欢自己，其实不然。一些不能接受自我的人，由于对自身的某个方面不满意，会有可能拒绝承认自己本来的面目，不能如实地表现自己，竭力想把自己装扮成另外一个形象，把真正的自我隐藏起来。

有时这可能并非是完全有意识的，但使自己不能自然地表现自己，必然带来沉重的心理负担。例如有个人，她的牙齿长得不整齐，为了不让别人发现，就成天紧紧闭着嘴，说话和笑的时候，也努力做到不露齿，试想这样的生活该有多么沉重。

所以 20 几岁的年轻人，不要因为虚荣心，造成对自己的过分关注，从而让缺点成为自己的心理负担。

虚荣，很像是一个玫瑰色的美梦。当人们沉浸梦中的时候，仿佛拥有了许多，可当美梦醒来的时候，就会发现原来什么也没有。因此要学会把握一些实实在在的东西，这样你才会散发出自然的魅力，为你的形象加分。

抱怨让你一无所有

在生活中，经常有这样一些 20 几岁的年轻人，他们总是抱怨他人、抱怨自己人生的不如意，生不逢时，并由此而产生了一系列的矛盾与烦恼。

比如说，有的人对自己目前的工作不满意，认为职位低、赚钱少，比不上别人，于是就不断地抱怨，工作常常出错，上司也不喜欢他，同事也觉得他没出息。这样，他越来越孤独，越来越被单位排挤，越来越远离快乐和成功。下面的案例中，张莹就是其中一位。

张莹的抱怨往往从一大早就开始了。一天的工作才刚开始没多久，就听到张莹在一旁"烦死了，烦死了"地抱怨。一位同事皱了皱眉头，不高兴地嘀咕着："本来心情好好的，被你一吵也烦了。"

张莹现在是公司的行政助理，事务繁杂，是有些烦，可谁叫她是公司的管家呢，事无巨细，不找她找谁。

其实，张莹性格开朗，工作起来认真负责，虽说牢骚满腹，该做的事情，一点也不曾拖延。设备维护、办公用品购买、交通信费、买机票、订客房……张莹整天忙得晕头转向，恨不得长出 8 只手来。

张莹刚替公司交完电话费，财务部的小李来领胶水，张莹不高兴地说："昨天不是来过吗？怎么就你事情多，今儿这个、明儿那个的？"抽屉开得噼里啪啦，翻出一个胶棒，往桌子上一扔，说："以后东西一起领！"小李有些尴尬，又不好说什么。

这时，销售部的王娜风风火火地冲进来，原来复印机卡纸了。张莹不耐烦地挥了挥手说："知道了。烦死了！和你说一百遍了，先填保修单。"张莹单子一甩，接着说："填一下，我去看看。"张莹边往外走边嘟囔："综合部的人都死光了，什么事情都来找我！"对桌综合部的小李气坏了："这叫什么话啊？我招你惹你了？"

虽然张莹尽心尽职地把自己的工作做好了，可是那些"讨厌""烦死了""不是说过了吗"……实在是让人不舒服。特别是同办公室的人，张莹一叫，他们头都大了。

年末的时候公司民主选举先进工作者，大家暗地里都希望自己能榜上有名。奖金倒是小事，谁不希望自己的工作得到肯定呢？领导们认为先进非张莹莫属，可一看投票结果，50 多份选票，张莹只得 12 票。

张莹十分委屈，觉得自己累死累活的，却没有人体谅。殊不知，不是大家不体谅她，而是她从不间断地抱怨把自己的"先进"逼走了。

我们应该让自己远离抱怨，因为抱怨会使自己的情绪恶化，看什么都不顺眼，使自己陷入一种自己制造出来的消极情境之中，最终让自己与成功无缘，就如例子里的张莹一样。而且经常抱怨也会变成一种习惯，遇到压力或不如意之事，便先抱怨一番，这是最可怕的事。

20 几岁的年轻人该如何拔掉抱怨的"刺"，让大家愿意靠近你呢？下面的行动计划可以帮到你。

行动 1：写出发生在你身上的五件事，写下其中你的抱怨。

对照自己写的内容，看看你的抱怨是否可以帮你解决问题。显而易见，抱怨不但不能解决任何事情，相反会阻碍成功。

行动 2：找出一直困扰你的一件事，你要像看电影一样回忆其中每一个细节，然后通过想象把这段过程转化为滑稽的形式。

你找一把高高的椅子坐在上面，然后气定神闲地进行这一过程。如果有个人对你说了什么坏话，你就像录像带倒带一样，在想象中让那个人说话的速度变快很多，如果不过瘾，你还可以给那个人安上米老鼠的鼻子和唐老鸭的耳朵，再配上一些古怪的音乐。这样来来回回十遍，再看这个困扰你的过程，你会发现这一切变得非常滑稽，同时也失去了抱怨的意义。

行动 3：找一个值得信赖的真挚友人作为倾诉的伙伴，把所有的抱怨、牢骚、不满都发泄出来。

行动 4：在一张纸上尽快地写下你所有的感觉，把你的每一个意见、思想和感觉尽情发泄在纸上；当你全部发泄完之后，把纸撕掉，最好撕得粉碎，换一张再写出来，再撕掉，直到你感觉不到激烈的情绪为止。

当你克服了抱怨的弱点后，你会发觉你的内心充满阳光，形象越来越好，朋友也会越来越多，成功也就不远了。

把自私踩在脚下

自私的人心里永远只有自己，他们只会顾及自己的利益，容不得自己的利益有一丝一毫的损害。"各人只扫自家雪，哪管他人瓦上霜""事不关己，高高挂起"是他们内心的真实写照。这样的人，得不到他人的喜欢，形象也会大打折扣。

贝尔太太是美国一位有钱的贵妇，她在亚特兰大城外修了一座花园。花园又大又美，吸引了许多游客，他们毫无顾忌地跑到贝尔太太的花园里游玩。

年轻人在绿草如茵的草坪上跳起了欢快的舞蹈；小孩子扎进花丛中捕捉蝴蝶；老人蹲在池塘边垂钓；有人甚至在花园当中支起了帐篷，打算在此过他们浪漫的盛夏之夜。

贝尔太太站在窗前，看着这群快乐得忘乎所以的人们，看着他们在属于她的园子里尽情地唱歌、跳舞、欢笑。她越看越生气，就叫仆人在园门外挂了一块牌子，上面写着：私人花园，未经允许，请勿入内。可是这一点也不管用，那些人还是成群结队地走进花园游玩。贝尔太太只好让她的仆人前去阻拦，结果发生了争执，有人竟拆走了花园的篱笆墙。

后来贝尔太太想出了一个绝妙的主意，她让仆人把园门外的那块牌子取下来，换上了一块新牌子，上面写着：欢迎你们来此游玩，为了安全起见，本园的主人特别提醒大家，花园的草丛中有一种毒蛇。如果哪位不慎被蛇咬伤，请在半小时内采取紧急救治措施，否则性命难保。最后告诉大家，离此地最近的一家医院在威尔镇，驱车大约 50 分钟即到。

这真是一个绝妙的主意，那些贪玩的游客看了这块牌子后，对这座美丽的花园望而却步了。

可是几年后，有人再往贝尔太太的花园去，却发现那里因为走动的人太少而真的杂草丛生，毒蛇横行，几乎荒芜了。孤独、寂寞的贝尔太太守着她的大花园，她非常怀念那些曾经来她的园子里玩的快乐的游客。

贝尔太太用一块牌子为自己筑了一道特别的"篱笆墙"，随时防范别人的靠近。这道看不见的"篱笆墙"就是自我封闭，而这道"篱笆墙"正是因为贝尔太太的自私才存在。

20 几岁的年轻人应该充分发挥个人的主观能动性来克服自私的性格，可以用以下方式加以调试：

1. 内省法

这是构造心理学派主张的方法，是指通过内省，即用自我观察的陈述方法来研究自身的心理现象。自私常常是一种下意识的心理倾向，要克服自私心理，就要经常对自己的心态与行为进行自我观察。观察时要有一定的客观标准，这些标准有社会公德与社会规范和榜样等。加强学习，更新观念，强化社会价值取向，对照榜样与规范找差距。并从自己自私行为的不良后果中看危害找问题，总结改正错误的方式方法。

2. 多做利他行为

一个想要改正自私心态的人，不妨多做些利他行为。例如，关心和帮助他人、给希望工程捐款、为他人排忧解难等。私心很重的人，可以从让座、借东西给他人这些小事情做起，多做好事，可在行为中纠正过去那些不正常的心态，从他人的赞许中得到利他的乐趣，使自己的灵魂得到净化。

3. 回避训练

这是以心理学上操作性反射原理为基础，以负强化为手段而进行的一种训练方法。通俗地说，凡下决心改正自私心态的人，只要意识到自私的念头或行为，就可用缚在手腕上的一根橡皮筋弹击自己，从痛觉中意识到自私是不好的，促使自己纠正。

4.学会节制

私欲这种东西，能否连根铲除呢？不能。世界上还没有这种一劳永逸的良方。如何防止私欲的发作呢？有人说，只能节制。苏东坡给自己立下一条规矩："苟非吾之所有，虽一毫而莫取。"他给自己订下明确的原则：君子爱财，取之有道；不义之财，分文不取。这一条对遏止自私心理较为有效。

20几岁的年轻人要知道，我们在社会中，就是社会性动物，没有谁能够独立生活。人与人之间少不了交往，我们也总有用到别人帮忙的时候。所以请记住，把自私踩在脚下，让你愈发地受他人喜欢。

拔掉内心的冲动之苗

没有一种胜利比战胜自己和自己的冲动情绪更伟大，因为这是一种意志的胜利。它是避免麻烦的明智之途，也是获得他人尊重与追随的途径。易怒不会给你带来任何好处，而忍耐和克制往往助人成事。

1076年，德国皇帝亨利与教皇格里高利争权夺利，斗争日益激烈，发展到了势不两立的地步。亨利想摆脱罗马教廷的控制，教皇则想把亨利所有的自主权都剥夺殆尽。

亨利首先发难，召集德国境内各教区的主教们开了一个宗教会议，宣布废除格里高利的教皇职位。格里高利针锋相对，在罗马拉特兰诺宫召开全基督教会的会议，宣布驱逐亨利出教，不仅要德国人反对亨利，也在其他国家掀起了反亨利浪潮。

一时间，德国内外反亨利力量声势震天，特别是德国境内的大大小小封建主都兴兵造反，向亨利的王位发起挑战。

亨利面对危局，被迫妥协。1077年1月身穿破衣，骑着毛驴，冒着严寒，翻山越岭，千里迢迢前往罗马，向教皇忏悔请罪。

格里高利故意不予理睬，在亨利到达之前躲到了远离罗马的卡诺莎行宫。亨利没有办法，只好又前往卡诺莎拜见教皇。

教皇紧闭城堡大门，不让亨利进来。为了保住皇帝宝座，亨利忍辱跪在城堡门前求饶。

当时大雪纷飞，天寒地冻，身为帝王之尊的亨利屈膝脱帽，一直在雪地上跪了三天三夜，教皇才开门相迎，饶恕了他。

亨利恢复教籍、保住帝位并返回德国后，集中精力整治内部，曾一度危及他王位的内部反抗势力逐一告灭。在阵脚稳固之后，他立即发兵进攻罗马，以报跪求之辱。在亨利的强兵面前，格里高利弃城逃跑，客死他乡。

中国有句俗语"大丈夫能屈能伸"，说的便是忍辱负重。假如亨利放弃信念，控制不住自己的冲动而"破罐子破摔"，就不可能拥有以后的至尊和荣耀。

凭一时的冲动而行事，最终导致严重的后果，必然令人后悔莫及。尤其是血气方刚的年轻人，最容易冲动，在事后又追悔莫及。

因此，20几岁的年轻人应该时刻提醒自己，一定要改掉冲动的毛病。在此提供一些方法，希望对性格冲动的人能有一定的帮助。

1.用理智战胜冲动

理智者遇上不顺心之事，一般都能三思而后行。除了那些丧失理智和法律意识淡薄的人外，正常人都有一时激愤或消沉的时候，这是个危险时段，很多不正确的判断常常是在这个不冷静的时刻作出的。判断失误必然导致行为欠妥，如果人们能在最短的时刻内让头脑降温，就会掐掉一根危险的导火线。

2.提高文化素养

一般来说，能否理智行事与文化程度的高低成正比。众所周知，法律对一些欲铤而走险的人能起警示作用，可是，如果文化程度低下，加之法律意识淡薄，"无知无畏"，那就极其容易经不起旁人的撺掇而走向犯罪的深渊。

3.用外人的眼光看问题

"当局者迷，旁观者清"，这话不无道理。在日常生活中，我们每个人都曾做过局外人观看过别人吵架，这时候，无论是哪一方的言行，其失当和偏颇之处你大多能觉察。因此，如果人们能以局外人的头脑，观察自己，则善莫大焉。

"冲动是魔鬼"，20几岁的年轻人应该时刻谨记这句话，并在情绪失控的时刻以此来加以制止，任何事情三思而后行，就能降低不好的事发生的频率。

远离暴躁

一个人性格暴躁的最直接表现就是非常容易愤怒，愤怒是一种很常见的情绪，几乎在不少人身上都可以寻到它的影子。

性格暴躁的人不仅会让大家望而却步，而且经常发火还是诱发心脏病的致病因素，同时还会增加患其他病的可能性，它是一种典型的慢性自杀。因此，无论是从优化人际关系的角度，还是为了确保自己的身心健康，都必须学会控制自己，克服暴躁的坏毛病。

一般来说，性格暴躁的人都有如下的一些表现：

1.情绪不稳定。他们往往容易激动，别人的一点友好的表示，他们就会将其视为知己；而话不投机，就会怒不可遏。

2.自尊心脆弱，怕被否定，以愤怒作为保护自己的方式。有的人希望和别人交朋友，而别人让他失望了，他就给人家强烈的羞辱，以挽回自己的自尊心。这同时也就永远失去了和这个人亲近的机会。

3.有不安全感，怕失去。

4.多疑，不信任他人。暴躁的人往往很敏感，把别人无意识的动作，或轻微的失误，都看成是对他们极大的冒犯。

5.将别处受到的挫折和不满情绪发泄在无辜的人身上。

应当说，脾气是一个人文化素养的体现。大凡有文化、有知识、有修养的人，往往待人彬彬有礼，遇事深思熟虑，冷静处置，依法依规行事，不会轻易动肝火。而大发脾气者，大多是缺乏文化修养的人，他们似干柴般遇火便着，任凭自己的脾气脱缰奔驰，直至撞墙碰壁，头破血流，惹出事端。

所以，容易暴躁的人，提高自己的素质修养刻不容缓。下面的六条措施将帮助你完成改变暴躁性格的过程，让你的性格臻于完善。

1.承认自己存在的问题。请告诉你的配偶或亲朋好友，承认自己以往爱发脾气，决心今后加以改进，希望他们对你支持、配合和督促，这样有利于你逐步达到目的。

2.保持清醒。当愤愤不已的情绪在你脑海中翻腾时，要立刻提醒自己保持理性，这样你才能避免愤怒情绪的爆发。

3.反应得体。受到不公平对待时，任何正常的人都会怒火中烧。但是无论发生什么事，都不可放肆地大骂出口。而该心平气和、不抱成见地让对方明白，他的言行错在哪儿，为何错误。这种办法给对方提供了一个机会，在彼此不受伤害的情况下改弦更张。

4.推己及人。把自己摆到别人的位置上，你也许就容易理解对方的观点与举动了。在大多数场合，一旦将心比心，你的满腔怒气就会烟消云散，至少觉得没有理由迁怒于人。

5.诙谐自嘲。在那种很可能一触即发的危险关头，你还可以用自嘲解脱："我怎么啦？像个3岁小孩，这么小肚鸡肠！"幽默是改掉发脾气的毛病的最好手段。

6.贵在宽容。学会宽容，放弃怨恨和报复，你随后就会发现，愤怒的包袱从双肩卸下来是多么轻松和幸福。

一位哲人说："谁自诩脾气暴躁，谁便承认了自己是一个言行粗野、不计后果者，亦是一个没有学识，缺乏修养之人。"细细品味，煞是有理。愿20几岁的年轻人都能远离暴躁脾气，做一个有知识、有文化、有修养、受欢迎的人。

别让多疑困住了你

有一个寓言，说的是"疑人偷斧"的故事：

一个人丢失了斧头，怀疑是邻居的儿子偷的。从这个假想目标出发，他观察邻居儿子的言谈举止、神色仪态，无一不是偷斧的样子，思索的结果进一步巩固和强化了原先的假想目标，他断定贼非邻子莫属了。可是，不久他在山谷里找到了斧头，再看那个邻居的儿子，竟然一点也不像偷斧者。

这个人从一开始就自己先下了一个结论，然后走进了猜疑的死胡同。猜疑似一条无形的绳索，会捆绑住我们的思路，使我们远离朋友。如果猜疑心过重的话，那么就会因为一些可能根本没有或不会发生的事而忧愁烦恼、郁郁寡欢，使我们不能更好地与身边的人交流，其结果可能是无法结交到朋友，变得孤独寂寞。

该怎么矫正自己的猜疑心理，让 20 几岁的年轻人能够主动大方地结识到更多的人呢？

1. 自信最重要

相信自己，相信他人。在自己的心理天平上增加"自信"和"他信"这两块砝码。首先是"自信"。"自疑不信人，自信不疑人。"猜疑心理大多源于缺少自信。其次是"他信"，即相信别人，不要对别人抱以偏见或者是成见。当你怀疑别人的时候，一定要想想如果别人也这样怀疑你，你会是什么样的感受，这样去将心比心，换位思考就能真正去信任别人了。

另外，还要注意调查研究。俗话说："耳听为虚，眼见为实。"不能听到别人说什么就产生怀疑，不要听信小人的谗言，不能轻信他人的挑拨，要以眼见的事实为据。况且，有时眼见的未必是实。因此，一定要注重调查研究，一切结论应产生于调查的结果。否则就会被成见和偏见蒙住眼睛，钻进主观臆想的死胡同出不来。

2. 坚持"责己严，待人宽"的原则

猜疑心重的人，大多对自己的要求不严、不高，对别人的要求却很苛刻，总是要求别人做到什么程度，没有想一想自己能不能做到。因此克服疑心必须从严格要求自己做起，对别人过高的要求，别人达不到，就认为人家存在问题，必然会妨碍你对别人的信任。所以，坚持宽以待人，严于律己的原则，是克服猜疑心的一条重要途径。

3. 采取积极的暗示，为自己准备一面镜子

平时不要总想着自己，想着别人都盯着自己。要对自己说，并没有人特别注意我，就像我不议论别人一样，别人也不会轻易议论我。只要自己行得正，站得直，又何必怕别人议论呢？有时不妨采用自我安慰的"精神胜利法"，别人说了我又能如何呢？只要我自己认为，或者感觉绝大多数人认为我是对的，我的行为是对的，就可以了，这样疑心自然就会越来越小了。

4. 抛开陈腐偏见

记得一位哲人说过："偏见可以定义为缺乏正当充足的理由，而把别人想得很坏。"一个人对他人的偏见越多，就越容易产生猜疑心理。我们应抛开陈腐偏见，不要过于相信自己的印象，不要以自己头脑里固有的标准去衡量他人、推断他人。要善于用自己的眼睛去看，用自己的耳朵去听，用自己的头脑去思考。必要时应调换位置，站在别人的立场上多想想。这样，我们就能舍弃"小人"而做君子。

5. 及时开诚布公

猜疑往往是彼此缺乏交流，人为设置心理障碍的结果，也可能是由于误会或有人搬弄是非造成的。因此如若出现猜疑，与其自己去想，不如开诚布公地和对方谈一谈，这样才能消除疑云，彻底地解决问题。

英国思想家培根曾说过："猜疑之心如蝙蝠，它总是在黄昏中起飞。这种心情是迷惑人的，又是乱人心智的。它能使你陷入迷惘，混淆敌友，从而破坏你的事业。"

总之，别让猜疑困住了你，试着信任我们的朋友，相信我们身边的人，你会发现朋友越来越多，生活也越来越美好。

自大的人离成功最远

不少 20 几岁的年轻人总是把自己看得很重要，但事实上，少了你一个，地球照样可以运转，事情一样做得好。所以，狂妄自大的人经常是成事不足败事有余，输了自己，也远离了成功。

狂妄自大往往不是空穴来风，狂妄自大的人总有一些突出的地方。这些突出的特长，使他们有一种优越感。这种优越感达到一定程度，便目空一切，不知天高地厚。

深究其原因，则大致可以归纳为以下几点：

1. 过分娇宠的家庭教育

家庭教育是一个人自负心理产生的第一根源。对于青少年来说，他们的自我评价首先取决于周围的人对他们的看法，家庭则是他们自我评价的第一参考系。父母宠爱、夸赞、表扬，会使他们觉得自己"相当了不起"。

2. 生活中的一帆风顺

人的认识来源于经验，生活中遭受过许多挫折和打击的人，很少有自负的心理，而生活中一帆风顺，则很容易养成自负的性格。现在的学生大多是独生子女，父母的掌上明珠，如果他们在学校出类拔萃，老师又宠爱他们，就会养成过分自信、自傲和自负的个性。

3. 片面的自我认识

狂妄自大者缩小自己的短处，夸大自己的长处。缺乏自知之明，对自己的能力评价过高，对别人的能力评价过低，自然产生自负心理。这种人往往好大喜功，取得一点小小的成绩就认为自己了不起，成功时完全归因于自己的主观努力，失败时则完全归咎于客观条件的不合作，过分地自恋和以自我为中心，把自己的举手投足都看得与众不同。

4. 情感上的原因

一些人的自尊心特别强烈，为了保护自尊心，在挫折面前，常常会产生两种既相反又相通的自我保护心理。一种是自卑心理，通过自我隔绝，避免自尊心的进一步受损；另一种就是自负心理，通过自我放大，获得补偿。例如，一些家庭经济条件不很好的学生，生怕被经济条件优越的同学看不起，便会假装清高，在表面上摆出看不起这些同学的样子。这种自负心理是自尊心过分敏感的表现。

当然，自负并非不可克服。只要 20 几岁的年轻人自己努力，再加上正确的方法，就可以避免自大：

首先，接受批评是根治狂妄自大的最佳办法。自大者的致命弱点是不愿意改变自己的态度或接受别人的观点，接受批评即是针对这一特点提出的方法。它并不是让自大者完全服从于他人，只是要求他们能够接受别人的正确观点，通过接受别人的批评，改变过去固执己见、唯我独尊的形象。

其次，与人平等相处。狂妄自大者视自己为上帝，无论在观念上还是行动上都无理地要求别人服从自己。平等相处就是要求狂妄自大者以一个普通社会成员的身份与别人平等交往。

再次，提高自我认识。要全面地认识自我，既要看到自己的优点和长处，又要看到自己的缺点和不足，不可一叶障目，不见泰山。抓住一点不放，未免失之偏颇。认识自我不能孤立地去评价，应该放在社会中去考察，每个人生活在世上都有自己的独到之处，都有他人所不及的地方，同时又有不如人的地方，与人比较不能总拿自己的长处去比别人的不足，把别人看得一无是处。

最后，要以发展的眼光看待自大，既要看到自己的过去，又要看到自己的现在和将来。辉煌的过去可能标志着你过去是个英雄，但它并不代表着现在，更不能完全主导将来。

生活中，20 几岁的年轻人应该学会把自己的意念先放下来，以虚心的态度去倾听和学习，你会发现，狂妄自大不再拖累你，成功也不是遥不可及的事。

自闭限制你的发展

自我封闭是指个人将自己与外界隔绝开来，很少或根本没有社交活动，除了必要的工作、学习、购物以外，大部分时间将自己关在家里，不与他人来往。自我封闭者大多都很孤独，没有朋友，甚至害怕社交活动。

自我封闭的心理现象在各个年龄层次都可能产生。儿童有电视幽闭症，青少年有因羞涩引起的恐人症、社交恐惧心理，中年人有社交厌倦心理，老年人有因"空巢"（指子女成家）和配偶去世而引起的自我封闭心态。

有封闭心态的人不愿与人沟通，很少与人讲话。他们不是无话可说，而是害怕或讨厌与人交谈。他们只愿意与自己交谈，如写日记、撰文咏诗。自我封闭行为与生活挫折有关，有些人在生活、事业上遭到挫折与打击后，精神上受到压抑，对周围环境逐渐变得敏感，变得不可接受，只能以自我封闭的方式来回避环境，降低挫折感，于是出现回避社交的行为。

比如，有些人生活中犯过一些"小错误"，由于道德观念太强烈，导致自责自贬，甚至辱骂、讨厌、摒弃自己，总觉得别人在责怪自己，于是深居简出，与世隔绝。有些人十分注重个人形象的好坏，总是觉得自己长得丑。这种自我暗示，使得他们非常注意别人的评价，甚至别人的目光，最后干脆拒绝与人来往。有些人由于幼年时期受到过多的保护或管制，内心比较脆弱，自信心也很低，只要有人一说点什么，就胡乱对号入座，心里紧张起来。

自闭总是给我们的生活和人生带来无法摆脱的沉重阴影，让我们关闭自己情感的大门，没有交流和沟通的心灵只能是一片死寂。因此，有自闭倾向的20几岁的年轻人一定要打开自己的心门，并且要从现在开始。

自闭之人该从哪些方面改变自己呢？

第一，要乐于接受自己，有时不妨将成功归因于自己，把失败归结于外部因素，不在乎别人说三道四，"走自己的路"。

第二，要提高对社会交往与开放自我的认识。交往能使人的思维能力和生活机能逐步提高并得到完善；交往能使人的思想观念保持新陈代谢；交往能丰富人的情感，维护人的心理健康。一个人的发展高度，往往决定于自我开放、自我表现的程度。克服孤独感，就要把自己向他人开放。既要了解他人，又要让他人了解自己，在社会交往中确认自己的价值，实现人生的目标，成为生活的强者。

第三，要顺其自然地生活。不要为一件事没按计划进行而烦恼，不要对某一次待人接物做得不够周全而自怨自艾。如果你对每件事都精心设计以求万无一失的话，你就不知不觉地把自己的感情紧紧封闭起来了。

应该重视生活中偶然的灵感和乐趣，快乐是人生的一个重要标准。有时让自己高兴一下就行，不要整日为了预定的目标，为解决一项难题而奔忙。

第四，不要刻意掩饰自己的情感与价值。如果你和你的挚友分离在即，你就让即将涌出的泪水流下来，而不要躲起来。为了怕别人道短而把自己身上最有价值的一部分掩饰起来，这种做法没有任何意义。

一个人，只有开放自己，走出去与他人交流交往，融入社会，才能得到更好的发展。

消除自卑的心理

自卑，就是自己轻视自己，看不起自己。自卑心理严重的人，并不一定就是他本人具有某种缺陷或短处，而是不能容纳自己，自惭形秽，常把自己主观地放在一个低人一等，不被自己喜欢，别人也看不起的位置，并由此陷入不能自拔的境地。

自卑的人心情低沉，郁郁寡欢，常因害怕别人瞧不起自己而不愿与别人来往，只想与人疏远。他们缺少朋友，甚至自疚、自责、自罪；他们做事缺乏信心，没有自信，优柔寡断，毫无竞争意识，享受不到成功的喜悦和欢乐，因而感到疲劳，心灰意懒。

征服畏惧，战胜自卑，不能夸夸其谈，止于幻想，而必须付诸实践，见于行动。建立自信最快、最有效的方法，就是去做自己害怕的事，直到获得成功。

1. 认清自己的想法

有时候，问题的关键是我们的想法。人的自卑心理来源于心理上的一种消极的自我暗示，即"我不行"。正如哲学家斯宾诺莎所说："由于痛苦而将自己看得太低就是自卑。"这也就是我们平常说的自己看不起自己。悲观者往往会有抑郁的表现，他们的思维方式也是一样的。所以先要改变带着墨镜看问题的习惯，这样才能看到事情乐观的一面。

2. 正确认识自己

对过去的成绩要作分析。自我评价不宜过高，要认识自己的缺点和弱点，充分认识自己的能力、素质和心理特点。要有实事求是的态度，不夸大自己的缺点，也不抹杀自己的长处。特别要注意对缺陷的弥补和优点的发扬，将自卑的压力变为发挥优势的动力，从自卑中超越。

3. 放松心情

努力放松心情，不要想不愉快的事情。或许你会发现事情并没有原来想的那么严重，会有一种豁然开朗的感觉。

4. 与乐观的人交往

与乐观的人交往，他们看问题的角度和方式，会在不知不觉中感染你。

5. 尝试一点改变

先做一点小的尝试。比如，换个发型，画个淡妆，买件以前不敢尝试的比较时髦的衣服……看着镜子中的自己，你会觉得心情大不一样，原来自己还有这样一面。

6. 寻求他人的帮助

寻求他人的帮助并不是无能的表现，有时候当局者迷，当我们在悲观的泥潭中拔不出来的时候，可以让别人帮忙分析一下，换一种思考方式，有时看到的东西就大不一样。

7. 要增强信心

只有自己相信自己，乐观向上，对前途充满信心，并积极进取，才是消除自卑、促进成功的最有效的补偿方法。自卑者缺乏的，往往不是能力，而是自信。他们往往低估了自己的实力，认为自己做不来。记住一句话：你说行就行。事情摆在面前时。如果你的第一反应是我能行，那么你就会付出自己最大的努力去面对它。反之，如果认为自己不行，自己的行为就会受到这个念头的影响，从而失去太多本该珍惜的好机会，因为你一开始就认为自己不行，最终失败了也会为自己找到合理的借口："瞧，当初我就是这么想的，果然不出我所料！"

8. 客观全面地看待事物

具有自卑心理的人，总是过多地看重自己不利、消极的一面，而看不到有利、积极的一面，缺乏客观全面地分析事物的能力和信心。这就要求20几岁的年轻人努力提高自己透过现象抓本质的能力，客观地分析对自己有利和不利的因素。

自卑并不是什么可怕的事，只要20几岁的年轻人有改变的决心，终有一天你会成为一个自信、积极的人。

拒绝内心的狭隘

有的20几岁的年轻人遇到一点点委屈或很小的得失便斤斤计较、耿耿于怀；有的学生听到老师或家长一两句批评的话就接受不了，甚至痛哭流涕；有的人将学习、生活中一点小小的失误认定为莫大的失败、挫折，长时间寝食不安；有的人人际交往面窄，追求少数朋友间的"哥儿们义气"，只同与自己立场一致或不超过自己的人交往，容不下那些与自己意见有分歧或比自己强的人。

这些，都是内心狭隘的表现。狭隘的人，不仅生活在一个狭窄的圈子里，而且知识面也往往非常狭窄。不仅如此，其心胸、气量、见识等都局限在一个狭小的范围内，不宽广，不宏大。

狭隘的产生同家庭中不良因素的影响有很大关系。父母狭隘的心胸、为人处世的方法、不良的生活习惯等对子女有潜移默化的影响。另外，优越的生活环境、溺爱的教育方法往往易形成子女任性、骄傲、利己主义等品质，受点委屈便耿耿于怀，对"异己"分子不肯容纳与接受。尤其是一些年轻人，阅历浅、经验少，遇到问题后，容易把事情想得过于困难、复杂，加之对自己的能力估计不足，对事情感到无能为力，因而容易紧张、焦虑。这些都是不可取的。

有狭隘倾向的20几岁的年轻人怎样才能克服狭隘的毛病呢？

1. 拓宽心胸

陶铸同志曾经写过两句诗："如烟往事俱忘却，心底无私天地宽。"要想改掉自己心胸狭隘的毛病，首先要加强个人的思想品德修养，破私立公，遇到有关个人得失、荣辱之事时，经常想到国家、集体和他人，经常想到自己的目标和事业，这样就会感到犯不着计较这些闲言碎语，也没有什么想不开的事情了。

2. 充实知识

人的气量与人的知识修养有密切的关系。一个人知识多了，立足点就会提高，眼界也会相应开阔，此时，就会对一些"身外之物"拿得起、放得下、丢得开，就会"大肚能容，容天下能容之物"。当然，满腹经纶而气量狭隘的人也有的是，但这并不意味着知识有害于修养，而只能说明我们应当言行一致。培根说："读书使人明智。"经常读一些心理学方面的书籍，对于开阔自己的胸怀，裨益不小。

3. 缩小"自我"

你一定要不断提醒自己，在生活中不要期望过高，来点阿Q精神降低你的期望。如果你坚持抱着一成不变的期望，不愿做任何改变以平衡与现实之间的差距，那么你就会很快被激怒，让事情变得更糟。

降低你的期望不但可以减少你的生气次数和生气的强烈程度，还可以减少生气的时间。随时调整你的期望，时刻保持清醒的头脑，你才会在自负的乌云之中看到阳光。这样做也就使心胸开阔了许多。

因此，善待自我有利于我们走出狭隘。

4. 自然陶冶法

人们在学习工作之余，在庭院花卉、草坪旁休息，在绿树成荫的大道上散步，在风景秀丽的公园里游玩，往往心旷神怡，精神振奋，利于忘却烦恼，消除疲劳。

自然风光对人的心理有积极作用，早已被古人所认识。唐诗曰："清晨入古寺，初日照高林。曲径通幽处，禅房花木深。山光悦鸟性，潭影空人心。万籁此俱寂，唯闻钟磬音。"大自然确能使人缓冲紧张心理，陶冶人的情操。

总之，狭隘的人应有意识地克服自己的缺点，多与人接触，使自己对不同的人有不同的认识，从而积累经验，这样会从中明白许多对与错的道理，心胸也会渐渐开阔起来。

频繁的抑郁要引起注意

抑郁是一种感到无力应付外界压力而产生的消极情绪，常常伴有厌恶、痛苦、羞愧、自卑等情绪。它不分性别年龄，是大部分人都有的经验。对大多数人来说，抑郁只是偶尔出现，历时很短，时过境迁，很快就会消失。但对有些人来说，则会经常地、迅速地陷入抑郁的状态而不能自拔。

抑郁是一种很常见的情绪障碍，长期抑郁会使人的身心受到损害，无法正常地工作、学习和生活，但不需要过分担心。经过妥当的调适后，大多数人都可以恢复正常、快乐的生活。

具体应该如何改善频繁的抑郁状态呢，20几岁的年轻人可以参考以下的一些方法：

1. 自己调节情绪，逐步改善心境，从而使生活重归欢乐

抑郁者要想消除抑郁情绪，首先应该停止对自身及周围世界的埋怨，明确自己的认知错误来源于错误的感觉。因为感觉不等于事实。每当你焦虑、抑郁时，切记以下几个关键步骤：

第一步，记录。瞄准那些消极的想法，并把它们记下来，别让它们占据你的大脑。

第二步，反思。准确地分析你是怎样曲解事实的，一定要击中要害。

第三步，改变思维方式，调整心态。用更为客观的想法取代扭曲的认知，彻底驳斥那些让你瞧不起自己、自寻烦恼的谬论。

2. 扩大人际交往

抑郁的人周遭大都是抑郁者，而乐观的人身边亦多为乐观者，要想改变抑郁的状态，你必须要和乐观者学习。不要拘泥于自我这个小天地里，应该置身于集体之中，多与人沟通，多交朋友，尤其多和精力充沛、充满活力的人相处。这些洋溢着生命活力的人会使你更多地感受到事物的光明和美好。

3. 学会宣泄

要善于向知心朋友、家人诉说自己不愉快的事。当处于极度的痛苦中时，要学会哭泣。另外，参加文体活动、写日记、写不寄出的信等方式，都可以帮助消除紧张心理，避免过度抑郁。

4. 良好的生活习惯——尽可能地使生活有规律

规律与安定的生活是忧郁症患者最需要的，早睡早起，按时起床、按时就寝、按时学习、按时锻炼等有规律的活动会简化你的生活，使你有更多的精力去做别的事情，保持身心愉快。而多完成一件事，就会使人多一份成就感和价值感。

5. 阳光及运动

多接受阳光与多运动对于忧郁症病人有很好的作用，多活动活动身体，可使心情得到意想不到的放松，阳光中的紫外线可或多或少改善一个人的心情。

6. 饮食疗法

糖类食品有安定的作用，蛋白质则可提高警觉性。要多吃含有必需脂肪酸和（或）糖类的食物。鲑鱼和白鱼等鱼类都富含蛋白质。避免进食富含饱和脂肪的食物，脂肪会抑制脑部合成神经冲动传导物质，并造成血球凝集，导致血液循环不良。

尽量让自己的饮食可以综合糖类和蛋白质这两种营养素，让脑部活动达到平衡。比如，选用全麦面包制作火鸡肉三明治就是一种很好的综合食品。

偶尔的抑郁是正常的，但是如果过于频繁地出现抑郁的情绪，20几岁的年轻人就应该采取以上这些措施，调节自我。

冷漠的人没有人缘

有人说人与人之间本来没有那么多的仇恨和误解，之所以纷争不断大部分是由冷漠造成。没有一个人喜欢与冷漠无情的人交往，因为从他们那里既得不到快乐与安慰，也无法获得什么有利的建议。冷漠的人对别人不信任，总是爱怀疑他人，因此把自己的心隐藏好，住在一个叫做冷清的高墙内。

其实这就和照镜子是一样的，你站在镜子前面，如果你微笑，镜子里的人也是跟着你微笑的；如果你皱眉头，那么镜子里的人也是对你皱眉头的；如果你面带愁容，那么就不要指望镜子里的那个人对你笑容满面……将这个道理应用于社交，就是我们对待别人采用什么样的态度和行为，别人往往也会以同样的态度和行为反馈。这就是所谓的"照镜子效应"。

在与别人的交往中，如果总是受人冷落，20几岁的年轻人就应该检讨一下自己，是不是你一直对别人也十分冷漠，让自己的形象一落千丈，对方才不愿意与你来往。

一位老人，每天都要坐在路边的椅子上，向开车经过镇上的人打招呼。有一天，他的

孙女在他身旁，陪他聊天。这时有一位游客模样的陌生人在路边四处打听，看样子想找个地方住下来。

陌生人从老人身边走过，问道："请问大爷，住在这座城镇还不错吧？"

老人慢慢转过来回答："你原来住的城镇怎么样？"

游客说："在我原来住的地方，人人都很喜欢批评别人，邻居之间常说闲话，总之那地方很不好住。我真高兴能够离开，那不是个令人愉快的地方。"摇椅上的老人对陌生人说："那我得告诉你，其实这里也差不多。"

过了一会儿，一辆载着一家人的大车在老人旁边的加油站停下来加油。车子慢慢开进加油站，停在老先生和他孙女坐的地方。

这时，父亲从车上走下来，向老人说道："住在这市镇不错吧？"老人没有回答，又问道："你原来住的地方怎样？"父亲看着老人说："我原来住的城镇每个人都很亲切，人人都愿帮助邻居。无论去哪里，总会有人跟你打招呼，说谢谢。我真舍不得离开。"老人看着这位父亲，脸上露出和蔼的微笑："其实这里也差不多。"

车子开动了。那位父亲向老人说了声谢谢，驱车离开。等到那家人走远，孙女抬头问老人："爷爷，为什么你告诉第一个人这里很可怕，却告诉第二个人这里很好呢？"老人慈祥地看着孙女说："不管你搬到哪里，你都会带着自己的态度；那地方可怕或可爱，全在于你自己！"

没错，别人对你的态度，首先取决于你对别人的态度。可是在现实生活中，人们并不注意自己的态度，而是习惯于在别人的身上找毛病，觉得受到了别人的冷落，就是因为别人对自己看不起，或者是对方不懂得礼貌。其实这样的想法是不对的。受到了他人的误解和冷落，我们首先要检讨自己对别人的态度。如果你一直是挑剔的、冷淡的、苛刻的，那么别人自然不会对你热情；可是如果你用一颗热情、宽容、充满关爱的心去对待别人，相信别人也会逐渐向你展露微笑的。

20几岁的年轻人，当你觉得自己越来越受到冷落时，好好想一想，是不是因为你对待他人太冷漠，让自己的形象大打折扣，所以他人才不乐意与你交往的呢？

悲观的人要懂得自拔

20几岁的年轻人都或多或少地会经历一些小的失意，有的人遇到这些失意时，觉得一切都不尽如人意，忧郁不安，悲观自怜，结果更加失意，以致失去了幸福和欢乐。有的人却能寻找出产生沮丧、悲观心理的原因，让自己得以解脱。

多数沮丧、悲观者对未来的担忧，正为自己建立越来越狭窄、有限的世界。假如你做些与他人合作的工作，受到他人的约束，你就得考虑自己以外的事情，生活也就会出现新的意义。愉快的社交活动对人们情绪的影响是任何一项奖赏都不能比拟的。当人们掌握了处理人际关系的技巧后，自重感增加，也会慢慢地赶走沮丧心情。

一个沮丧悲观的人老待在屋子里，便会产生禁锢的感觉。然而，当他离开屋子，漫步在林荫大道，就会发现心绪突然变了，怒气和沮丧也消失了，心中充满了宁静，自然的色彩给人带来阵阵快意。另外，体育锻炼有助于克服沮丧，经常参加体育锻炼会使人精神振奋，避免消极地生活下去。

因此，转换自己的悲观情绪，其实并不难。

人类的所有行为，无论乐观，还是悲观，都是"学"到的。因而悲观者的悲观性格，并非"命中注定"，而是"后天养成"的。悲观者可以学成乐观。

那么，哪些办法能帮助20几岁的年轻人正确地克服悲观性格所带来的负面影响呢？

1. 明白越担惊受怕，就越容易遭受灾祸。因此，一定要懂得积极心态所带来的力量，要相信希望和乐观能引导你走向胜利。

2. 即使处境危难，也要寻找积极因素。这样，你就不会放弃取得微小胜利的努力。你越乐观，克服困难的勇气就越会倍增。

3. 以幽默的态度来接受现实中的失败。有幽默感的人，能轻松地克服厄运，排除随之而来的倒霉念头。

4. 既不要被逆境困扰，也不要幻想出现奇迹，要脚踏实地，坚持不懈，全力以赴去争取胜利。

5. 当你失败时，你要想到你曾经多次获得过成功，这才是值得庆幸的。如果 10 个问题，你做对了 5 个，那么还是完全有理由庆祝一番，因为你已经成功地解决了 5 个问题。凡事学会往好的方面看。

6. 在闲暇时间，你要努力接近乐观的人，观察他们的行为。通过观察，你能培养起乐观的态度，乐观的火种会慢慢地在你内心点燃。

悲观会让 20 几岁的年轻人远离一切美好的事物，同时也远离了成功，因而，有悲观倾向的年轻人一定要学会自拔。

把嫉妒从内心移除

看过《三国演义》的人都知道，东吴大都督周瑜具有大将之才，文韬武略，运筹帷幄。赤壁之战，覆没曹军 83 万人马，曹操仅剩 27 人，败走华容道。然而，周瑜无大将度量，心胸狭窄，嫉妒贤能，对才能高过自己的诸葛亮始终耿耿于怀，并屡次设计陷害。但周瑜的阴谋诡计，被诸葛亮一一识破。周瑜害人不成反害己，在诸葛亮"三气"之下，恼羞成怒，叹罢"既生瑜，何生亮"后，吐血而亡。

嫉妒的危害，我国传统医学早有论述，《黄帝内经·素问》中明确指出："妒火中烧，可令人神不守舍，精力耗损，神气涣失，肾气闭塞，郁滞凝结，外邪入侵，精血不足，肾衰阳失，疾病滋生。"

可见，嫉妒是一种不健康的情绪状态，在嫉妒心理的影响下，人的身心健康会受到损害。特别是那些心理素质较差的年轻人，一旦受到嫉妒心理的冲击，内心便充满了失望、懊恼、悲愤、痛苦和抑郁，有的甚至陷入绝望之中，难以自拔。

现代医学研究证明，有嫉妒心理的人，往往处于焦虑不安、怨恨烦恼之中。这种消极不愉快的情绪，会使人的神经机能严重失调，从而影响到心血管的机能，进而导致心律不齐、高血压、冠心病、胃及十二指肠溃疡、神经官能症等疾病的发生。

嫉妒的受害者首先是嫉妒者自己。德国有句谚语说得很贴切："嫉妒是为自己准备的屠刀。"翻一翻历史，因为嫉妒而招致杀身之祸的例子不胜枚举：隋炀帝因嫉才妒能，招致群臣离心离德而隋朝覆亡；太平天国的杨秀清因权欲熏心，嫉妒洪秀全和众亲王，想夺天王之位，最后被杀；水泊梁山的第一任寨主王伦因嫉妒晁盖、吴用而丧命……

嫉妒者记恨别人，竭力贬低、败坏别人，对别人的进步和成就总是不屑一顾，看不到自己和别人之间的差距，不思考如何奋力赶上。这样，自己与被嫉妒者之间，必然拉开更大的距离，到头来自己只能是越来越落后。嫉妒人家，无非是怕人家比自己强。但是，怕也无济于事，嫉妒不能给自己增加什么好处，反而更加显示出自己的落后、狭隘。既然如此，何必嫉妒别人呢？

那么，20 几岁的年轻人要怎样才能消除嫉妒心理呢？

从心理学角度来说，一个人的嫉妒心理并不是天生就有的，而是后天形成的。所以，应通过自身的道德修养、自我控制、自我调节来修正。

1. 将压力变为动力。将不服气变为志气，使自己有一种竞争意识，促使自己努力向上。你比我好，我要比你更好。通过自强不息的努力超过别人，这本身就是一种健康意识。这种意识表现得恰当，就会使自己的想法成为达到目标的动力，使自己的追求具有良知和道义。相反，总是想自己不如别人，就只会嫉妒，并造成精神负担，对自己和他人都可能起到不好的作用。

2. 要看到自己的长处，发现自己的价值，这是培养自尊心、消除自卑感和嫉妒心理的有效方法。

3. 不妨站在对方的立场上考虑问题。人人都希望得到他人的精神支持，所以当你对一个人产生嫉妒情绪的时候，不妨大度地站在对方的立场上诚恳地赞扬他。因为信任和友谊会使你感到充实，你也可以感受到"心底无私天地宽"的境界。

忧虑让人远离快乐

忧虑是一种过度忧愁和伤感的情绪体验。正常人也会有忧虑的时候，但如果是毫无原因的忧虑，或虽有原因，但不能自控，显得心事重重、愁眉苦脸，就属于心理性忧虑了。

忧虑在情绪上表现为强烈而持久的悲伤，觉得心情压抑和苦闷，并伴随着焦虑、烦躁及易激怒等反应。在认识上表现出负性的自我评价，感到自己没有价值，生活没有意义，对未来悲观。还表现在对各种事物缺乏兴趣，依赖性增强，活动水平下降，回避与他人交往，并伴有自卑感，严重者还会产生自杀想法。

忧虑会使一个人老得更快，摧毁他的容貌，甚至对其健康产生严重威胁。所以说，过度忧虑不可取。

黄昏时刻，一个旅行者在森林中迷了路。天色渐渐暗了，黑暗的恐惧和危险，一步步逼近。他心里明白：只要一步走错，就有掉入深坑或陷入泥沼的可能。还有潜伏在树丛后面饥饿的野兽，正虎视眈眈注意着他的动静，一场狂风暴雨般的恐怖正威胁着他。

这时，凄黯的夜空中，几缕微弱的星光，似乎带来了一线光明，却又消失在黑暗里，留给人迷茫。

突然间，旅行者眼前出现一位流浪汉，他不禁欢欣雀跃，上前叫住，探询出去的路。这位陌生的流浪汉很友善地答应帮助他。可他发现这位陌生人和他一样迷路了。于是他失望地离开了，再一次回到自己的路线上来。不久，他又碰上了第二个陌生人，那人肯定地说他拥有逃出森林的地图，他跟随这个人走，终于发现这是一个自欺欺人的人，其地图只不过是其自我欺骗情绪的结果而已。

于是他陷入深深的绝望之中。他漫无目的地走着，一路的惊慌和失误，使他由彷徨、失落变成恐惧。无意间，当他把手插入口袋时，他找到了一张正确的地图。

他若有所悟地笑了：原来它始终就在这里，只要从自己身上寻找就行了。他忙着询问别人，却忽略了最重要的事——回到自己身上找。

同样的道理，每个人都有一份引导情绪的地图，指引自己离开忧虑和沮丧的黑森林。一个总是被忧虑困扰的20几岁的年轻人需要的是：

1. 不要把忧虑和恐惧隐藏在心中

许多人感到忧虑与不安时，总是深藏在心里，不肯坦白说出来。其实，这种办法是很愚蠢的。内心有忧虑烦恼，应该尽量坦白讲出来，这不但可以给自己从心理上找一条出路，而且有助于恢复理智，把不必要的忧虑除去，同时找出消除忧虑、抵抗恐惧的方法。

2. 不要怕困难

人遇到困难，往往是成功的先兆，只有不怕困难的人，才可以战胜忧虑和恐惧。

当然，消除忧虑的办法是始终存在的，但是人需要靠自己的能力消除恐惧，不能随便听信他人。如保罗·泰利斯博士所言："在每个令人怀疑的深坑里，虽然感到绝望，但我们对真理追求的热情，依旧存在。不要放弃自己而依赖别人，纵使别人能解除你对真理的焦虑。不要因诱惑而导入一个不属于你自己的真理。"

生活中不如意之事很多，只要你善于把握自我，控制好自己的情绪，远离忧虑，自然就可以以最好的状态迎接阳光灿烂的每一天。

第六章
20 几岁，获得经验比赚钱更重要

工作本身不是奋斗目标

小时候，大人们常对我们说，"好好读书，将来才能找份好工作。""没有工作，看你以后怎么活下去！"等等，这些话无一不向我们传达着这样的思想：我们现在努力读书是为了找份好工作。

的确，为了生存必须得好好工作，但是工作的意义并不是仅仅为了生存。有的人工作是为了积累经验，将来可以自己创业；有的人工作是为了赚更多的钱；还有的人工作是为了将来可以养老……不论最终目标如何，工作本身并不是奋斗的目标，而是实现目标的一种途径、一种手段。

20 几岁的年轻人不能将工作与事业、理想混淆了。20 几岁的时候，不要太看重工作能带给你的经济效益，而应该将工作看成增加工作经验、学会为人处世、培养技能等有利于你长期发展的一个平台。别总想着"你给我多少钱，我就做多少事""一个月工资那么少，还总想着让我加班，想得美"，这样是不利于自己的长期发展的。

裴浩澈与聂强毕业后应聘到一家酒店工作。由于是新人，没有经验，于是经理打算让他们从最底层开始。

裴浩澈被安排去客服部门工作，专门整理客户的投诉，然后进行汇总。每天，他都要笑脸面对那些投诉客户的抱怨，有的客户一上来就破口大骂，他也不能反驳，只能忍着，还得赔笑脸。这份工作对于一个有远大抱负的大学生来说，简直难以忍受，但是苦于就业压力，他不得不苦苦忍受，他盘算着只要一有机会就马上离开。

由于他心思不在工作上，有一次接到客户的投诉电话时，忍不住对客户吼了起来，为此被经理狠狠地训了一顿，还扣了不少钱。

聂强分到的任务也不比裴浩澈好多少。经理安排他到洗手间当待应生，为客人递擦手纸巾。他每天要在洗手间待至少 8 个小时，而且还要对客人笑脸相迎。

刚开始的时候，聂强也无法忍受。有时他一听到冲厕所的声音，就觉得直反胃。但是他很快就想开了：这只是目前的工作，如果连这么简单的工作都做不好，连这点困难都无法忍受的话，以后还能做什么。

于是，他把这份工作当成了一个新起点，他对工作也孜孜不倦。当有行为不方便的老人和小孩进来时，他会主动去帮助他们；洗手间脏了而清洁工还没来打扫的时候，他会主动清理干净；为客人递擦手纸巾时，他会露出真诚的笑容。

3 个月的试用期过后，总经理对聂强认真的工作态度很满足，把他调到客服部做经理助理，薪水也比以前高了一倍。而裴浩澈因为敷衍的工作态度，被总经理辞退了。

多年以后，聂强已经成为了这家公司的经理，而裴浩澈在一家酒店做着前台接待员的工作，而这，正是他最不喜欢的工作。

一样的起点，却成就了不一样的未来。虽然刚开始从事的工作都不是他们喜欢的，但是聂强能够把它当成一个锻炼自己、积累经验的机会，裴浩澈却只知道埋怨工作差，没有把握好这次机会，好好工作，最终还是在原地打转，一直做着自己不喜欢的工作。

20几岁的年轻人，或许你现在所从事的工作不是你想要的，它的薪水不符合你的要求，你觉得自己在这样的岗位上大材小用了，但请别把它仅仅当做一份单纯的工作来做。而应该明白你现在的工作是在为将来积累更多的经验，现在你认为的"失"也许会成为你最后的"得"。

带着一颗事业心去工作

拿破仑说过："不想当将军的士兵不是好士兵。"在职场上，老板也更喜欢敬业负责，把工作当成自己的事业来对待的员工。这样的员工不仅是老板事业上的合伙人，也是工作中追求卓越，不断超越老板期望，最具领导潜质、最优秀的员工。

有一个人，生下来就双目失明，为了生存，他开始种花。他从未见过花是什么样子，只听别人说花是娇艳多姿的。他闲暇时就用手指尖触摸花朵、感受花朵，或者用鼻子去闻花香。他用心灵去感受花朵，用心灵描绘花的美丽。

他比任何人都热爱花，每天定时给花浇水、拔草、除虫。下雨时，他宁可自己淋着，也要给花挡雨；盛夏时，他宁可自己晒着，也要给花遮阳；刮风时，他宁可自己顶着狂风，也要用身体为花遮挡……

不就是花吗，值得这么呵护吗？不就是种花吗，值得那么认真吗？很多人对此都不理解，甚至认为他是个疯子。"我是一个种花的人，种花就是我的工作，就是我的事业！"他对不解的人说。正因为如此，他的花比其他花农的花开得都好，备受人们欢迎。

这个人全心全意、尽职尽责地对待自己的工作，才种出了比别人都好的花。一个人无论从事何种职业，都应该全心全意、尽职尽责，这不仅是工作的原则，也是人生的原则。用做事业的心做工作是一种精神状态，是整个灵魂与所从事的工作全部融合的境界。

优秀的员工就像这个种花人一样，是对工作负责敬业的人，他们有把每一份工作当成事业来做的认真态度，而不仅仅把它当成赚钱的工具，这样的员工将离成功越来越近。

李嘉诚14岁时，被生活所迫，不得不肩负起家庭的重担。

起初，李嘉诚在一家茶楼当跑堂，他每天必须在凌晨5时左右赶到茶楼，准备茶水、茶点。于是，李嘉诚每天天不亮就得起床，赶往茶楼。他在茶楼每天工作15个小时以上，晚上是茶客最多的时候，茶楼打烊时，已是夜深人静了。李嘉诚经常累得两眼发黑，双腿发软。李嘉诚后来对儿子谈起他少年的这段经历时，感慨地说："我那时最大的希望，就是美美地睡三天三夜。"

尽管这样想，但他不敢有丝毫懈怠。经营钟表公司的舅父送给他一只小闹钟，让他掌握时间。李嘉诚每天都把闹钟调快10分钟定好响铃，最早赶到茶楼。后来，他将这一习惯保留了大半个世纪。而在今天，大家都知道李嘉诚的手表永远比别人的快10分钟，这早已成了商界交口赞誉、津津乐道的美谈。

正因为知道找工作的艰辛，李嘉诚更加珍惜这份来之不易的工作。他真诚敬业、勤勉有加，很快便赢得了老板的赏识，也成了加薪最快的堂倌。

在茶楼工作的两年中，李嘉诚见到了形形色色的人和各种各样的事，学到了许多书本上学不到的东西。

17岁时，李嘉诚离开茶楼，到一家塑胶厂当了推销员。推销产品需要到处跑，十分辛苦，但他对此早已习惯。他善于动脑，能够根据不同的对象，灵活地推销产品。由于工作刻苦，他的成绩显著，年仅20岁就被提升为业务经理，后来很快升为总经理。在随后几十年的创业中，他始终保持着兢兢业业的工作态度，最终开创了属于自己的事业，成为华人首富。

20几岁的年轻人都应该具有李嘉诚这种把工作当成自己的事业来对待的敬业精神和事业心。事实上，如果你能够以对待事业的态度来对待你工作中的每一件事，并把它们当成使命，你就能发掘出自己特有的能力，即使是烦闷、枯燥的工作，你也能从中感受到价值，在完成使命的同时，你的工作就会变成一项事业。

多问我能做什么，而非能得到什么

在现代职场中，许多 20 几岁的年轻人最关心的往往不是工作，而是薪酬的多寡和职位的高低。在他们眼中，这些是自己身价的标志，绝不能低于别人。一旦发现自己的薪酬和职位不如当初的预期，他们就会在工作中敷衍塞责、应付了事，能偷懒就偷懒，能逃避就逃避，并且振振有词地为自己开脱："拿得多干得多，拿得少就干得少，这很公平！"这些人的眼中永远没有好工作，他们只知道向老板和企业索取，只记得自己能够得到什么，却忘了问一下自己能做什么，能够给企业带来什么。

在一个聪明的员工看来，先问付出，再问回报才是正确的顺序，否则所付出的对不起所拿的薪酬与职位，自己在这个职位上也是干不长久的。员工只盯着自己的薪酬和职位，往往会被短期利益蒙蔽了心智，使自己看不清未来的发展道路。要知道，老板是根据员工做了什么才决定给员工发多少工资，而不是员工看老板给了多少工资，才决定自己要做什么。

美国总统肯尼迪说："不要问国家为你做了什么，要问你为国家做了什么。"同样，面对手头的工作，我们也应该不时地问一下自己：你的贡献是什么？

汤姆在一家广告公司工作了一年，由于不满意自己的工作，他愤愤地对朋友说："我在公司里的工资是最低的，老板也不把我放在眼里，如果再这样下去，总有一天我要跟他拍桌子，然后辞职不干。"

"你对那家广告公司的业务都清楚吗？对于公司运营的窍门完全弄懂了吗？"他的朋友问道。

"没有！"

"大丈夫能屈能伸。我建议你先冷静下来，认认真真地对待工作，好好地把他们的一切经营技巧、商业文书和公司组织完全搞通，甚至包括如何书写合同等具体事务都弄懂了之后，再一走了之。这样做岂不是既出了气，又有许多收获吗？"

汤姆听从了朋友的建议，一改往日的散漫习惯，开始认认真真地工作起来，甚至下班之后还留在办公室研究商业文书的写法。

一年之后，那位朋友又遇到他。

"你现在大概都学会了，可以准备拍桌子不干了吧？"

"可是我发现近半年来，老板对我刮目相看，最近更是委以重任，又升职又加薪，说实话，现在我已经成为公司的红人了！"

"这是我早就料到的！"他的朋友笑着说，"当初你的老板不重视你，是因为你工作不认真，又不肯努力学习，没问自己能做什么，却总想着自己能够得到什么。但后来，你痛下苦功，能力增强了，也给公司带来了效益，当然会令老板刮目相看了。"

我们中的许多人不也像起初的汤姆吗？因为薪酬不高而满腹牢骚，却忘了先问自己能够做什么、给企业带来了什么。这样，永远也找不到理想的工作，也无法在工作中实现自我。只有懂得付出、认真踏实做事的人才能真正"找"到理想中的好工作。

为自己而工作，别让努力的价值变了味

20 几岁的年轻人可能曾经有这样的经历，明明辛劳地工作了却得不到相应的酬劳，努力作出了成绩却没有得到老板的重视，因此牢骚满腹。我们之所以会有这样的抱怨，是因为我们没有搞清楚自己在为谁工作。

正如一位哲人所说："工作中收获最大的就是自己。"对于搞不清为谁而工作的人来说，为公司干活，只是得到一份报酬的等价交换，仅此而已。他们看不到工资以外的东西，没有了热情，缺少了激情，每天只是忙忙碌碌机械地工作。

不可否认，在一个单位或组织中，会存在着这样或那样不尽如人意的地方，付给员工的薪水或其他奖励也有不公允之处，这是难免的。但薪水并非是工作的全部酬劳，你也并非只是为了薪水和老板而工作。如果一个人努力干一件事情是为了获得回报，或某种私利，那么他努力的价值就变了味，永远也得不到自己所期望的成绩。

有的人一提到敬业就立刻"条件反射"到企业为他提供的福利待遇，他们以"拿一分钱报酬干一分钱工作"的理论为自己工作的平庸和失误进行开脱；有的人经常有意夸大自己的劳动和价值，一旦工作有了一点点成绩便开始向领导邀功，甚至居功自傲。在这些人眼里，工作是为他人而做，努力的价值也已经变了味。

在一处建筑工地上，工人们正在勤劳地工作着。

一个路人经过此地，好奇地问第一位工人："请问您在做什么？"

工人没好气地回答："在做什么，你没看到吗？我正在用这个重得要命的铁锤，来敲碎这些该死的石头。而这些石头又特别硬，害得我的手酸麻不已，这真不是人干的活儿。"

他又问第二位工人："请问您在做什么？"

第二位工人无奈地答道："为了每天 500 美元的工资，我才会做这件工作，若不是为了一家人的温饱，谁愿意干这份敲石头的粗活儿？"

路人问第三位工人："请问您在做什么？"

第三位工人眼中闪烁着喜悦的光芒："我正参与兴建这座雄伟华丽的大教堂。落成之后，这里会有许多人来做礼拜。虽然敲石头的工作并不轻松，但当我想到将来会有无数的人来到这儿，在这里接受上帝的爱，心中就会激动不已，也就不感到劳累了。"

同样辛勤的工作，却有如此截然不同的态度。

第一种工人，他对自己的工作没有任何的热情，甚至没有找到一个将其做好的理由，在不久的将来，他可能不会得到任何工作的眷顾，甚至可能是生活的弃儿。这样的人做不成任何事情。

第二种工人，没有责任感和荣誉感。他们抱着为薪水而工作的态度，为了工作而工作。他们不是可信赖、可委以重任的员工，必定得不到升迁和加薪的机会。而且由于他们的生活需求没有得到最大程度的满足，或多或少地，他们失去了部分的生活乐趣。

第三种工人，充分享受着工作的乐趣和荣誉，同时，因为他们的努力，工作也带给了他们足够的尊严和实现自我的满足感。他们真正体味到了工作的乐趣、生命的乐趣，他们才是最优秀的员工，才是社会最需要的人。

这三种工人，其实代表了我们工作的三种态度。我们究竟为谁而工作？第一种是茫然无目的的；第二种是找错工作方向的；第三种则是真正认识到工作的意义，得到工作乐趣的。三种不同的工作态度，决定了勤奋所能达到的深义。

但是世界上大多数人都低着头为了薪水匆匆忙忙工作，在琐碎的事情中消磨了生命，在许多人看来，工作只是一种简单的雇佣关系，做多做少、做好做坏对自己意义并不大。这种想法是完全错误的。他们没有认识到工作其实是为了自己。洛克菲勒说过："我们努力工作的最高报酬，不在于我们所获得的，而在于我们会因此成为什么。"也就是说，努力工作表面上看起来是有益于公司、有益于老板的，但最终的受益者却是自己。

工作所给予你的，要比你为它付出的更多。公司支付给你的工作报酬固然是金钱，但你在工作中给予自己的报酬则是珍贵的经验、良好的训练、才能的表现和品格的历练。这些东西与金钱相比，其价值要高出千万倍，这也是 20 几岁的年轻人正应该积累的东西。

20 几岁的年轻人，学会为自己工作，利用一切工作机会来完善自己，提高自己，这样你的努力才是真正值得的！

基层是最容易积累工作经验的地方

在华为的《致新员工书》中，向每一位入职的新员工表明了公司是多么重视脚踏实地的工作作风。"您想做专家吗？一律从工人做起，进入公司一周以后，博士、硕士、学士，以及在公司外取得的地位均已消失，一切凭实际才干定位。您需要从基层做起，在基层工作中打好基础、展示才干。公司永远不会提拔一个没有基层经验的人来做高级领导工作。遵照循序渐进的原则，每一个环节、每一级台阶对您的人生都有巨大的意义。"

基层是最容易积累工作经验的地方，也是最容易锻炼人的地方。基层的工作给了年轻人一个熟悉业务、掌握业务的机会，是一个积累经验的平台。

20 几岁的年轻人，沉住气，从基层做起，可以锻炼你的能力，更好地磨炼自己。

有一家公司，老板对下属非常厉害，从不给一个笑脸，但也是个说一不二的人，该给你多少工资、奖金，不会少你一分，因此下属都拼命地工作。

公司有个规定，不准相互打听谁得多少奖金，否则"请你走好"。虽然很不习惯，员工还是一直遵守着。

有一个月，大家都发现自己的奖金少了一大截，虽然不说，但情绪总会流露出来。一天中午，吃工作餐的时候，大家见老板不在公司，就有人摔盆碰碗发脾气，很快得到众人的响应，一时抱怨声满室。

有一位到公司不久的中年妇女，一直安安静静地吃饭，与热热闹闹的抱怨太不相称了，引起了大家的注意。

他们问她，难道你没有发现你的奖金被老板无端扣掉一部分吗？

她吃惊地看着问他话的人，没有说话。她的反应让整个餐厅一下子安静下来，每个人都以为她没有被扣奖金，大家在心里揣摩：人人都被扣了，为何她得以逃脱？

不久，她被提升了，不仅工资高出一大截，还有奖金。其他人又嫉妒又羡慕。

很久以后，大家才知道当初她是被扣得最多的一个。她之所以吃惊，是因为她是这样分析的：这个月我一定做得不好，所以才只配拿这份较少的奖金，下个月一定努力。她不明白为何别的人没有这样的想法呢？

后来，许多人离开了那家公司，跳了几次槽，却都没有得到一份满意的工作。但是，她一直固守在那儿，已经当上了经理助理。

例子里中年妇女的经历告诉 20 几岁的年轻人：把自己放在最低处，脚踏实地地爬坡，终有一天会登上人生的顶峰。而这样的人生也更容易获得成功。

周润发在成名之前也曾从事过不少现在年轻人嗤之以鼻的工作，但他从没有看轻过一份工作。他说："工作无分贵贱，我做过信差、门童与杂工，日薪 8 元我都做过。电视台第一份合约月薪 500 元、第二年 700 元，最红时拍电视剧《狂潮》，月薪也只是 700 元。那又怎么样？有工作寄托起码有奋斗心，不要说'贡献社会'那么伟大，但可以证明自己的存在价值。工作是人生经历，我的工作经历，对演艺生涯十分有帮助，每个行业的人都要靠经验摸索成长。"

职场永远不会有一步登天的事情发生，不管你的能力有多强，你都必须脚踏实地，从最基础的工作做起。正如老子说："轻则失本，躁则失君。"把自己的姿态放低，你才能爬到更高的位置。

先让付出超过回报

著名成功学家拿破仑·希尔有一句话："提供超出你所得酬劳的服务，很快，酬劳就将反超你所提供的服务。"

在微软公司，有这样一种现象：一个软件工程师的薪水居然比副总裁还高，这是其他公司没有的。

一个在微软作了 12 年的非常优秀的软件工程师鲍勃，他的工资比微软当时许多副总裁的工资高。因为鲍勃能力突出，公司本来想让他当领导，但是鲍勃拒绝了。别人问他原因，他说："第一，我对管理没有兴趣，我管不好人；第二，我就想把我的所有时间都花在技术上。"按照我们的传统观念，一个人不做管理，就只能算一个兵，不是将，兵的薪水肯定比不上将的薪水，但是，微软公司的价值观是"看贡献，不看职位""看价值，不看职位"。也正是因为这样的观念，让鲍勃一个"兵"的薪酬高过了"将"的薪酬。

看到这个事例，我们得出一个结论：只有能为公司创造更多价值的人，得到的报酬才会更多。

中国有句古话叫"无功不受禄"，为企业创造价值你才能有资格接受公司给予你的回报，倘若你碌碌无为或者业绩甚微，你又凭什么苛求企业给你高薪呢？

企业的正常运转是建立在每一名员工都能担负应有的责任，创造相应的价值的基础之上的，作为一个高素质、有觉悟的员工，应该沉住气，用切实的业绩积累自己生存发展的资本。你积累的经验多了，你创造的价值也会增多，老板自然会相应付给你更多的报酬。

一家小公司招聘业务人员，在前来求职的人中有一位资历很高，对于这个公司来说，有点"小庙容不了大和尚"，因此公司老总与他面谈时，很诚实地对他说："依据公司规定，目前给不出太高的薪水。"老总的意思是不想浪费彼此的时间，没想到他竟然接受了公司给出的条件，其实这个公司给的工资只有他原来薪水的三分之一，这让公司感到很奇怪。

上班后，他从来都是准时上班，勤跑客户。不久后，他的"功力"便显现出来，业绩远远超出老总原本的预期，为公司创造了很多利润。

于是老总对他破格晋升，而且大幅度地加薪。在庆功宴上，他道出了原委。原来，之前他在原单位已做到主管，工作很顺手，薪水也很丰厚，可是没想到公司的一次海外投资失败，老板远逃国外，他只得另找门路。

在找工作期间，他碰了好几次壁，也曾经因为薪水无法与自己所要求的相符而痛苦，总认为自己怀才不遇，老板不识才。但突然有一天，他看到了一句话："价格是别人给的，随时可以拿走；价值却是自己创造的，任谁也无法带走。"在这句话的激励下，他选择了重新出发。

"价格由老板决定，价值由自己创造"这句话让人受益匪浅，他也用实际行动证明了自己的价值。

一个人能否创造出价值，创造多少价值，其实老板心中是有数的。老板根本不怕你拿高薪，关键是你能否把自己的工作做得富有成效，为公司创造更大的价值。

获得高薪是所有20几岁的年轻人所希望的。但是，如果你不努力付出，积累经验，又如何能为公司创造价值呢？公司又凭什么给你高薪呢？因此，20几岁的年轻人，与其整天抱怨，倒不如立足行动，先让付出超过回报，再求回报超过付出。

打好基础，创造平台

职场中有这样一句流行的话语叫"选择大于努力"，说的是一个好的平台比努力拼搏更容易成功。这句话说得固然有理，但是天下没有免费的午餐，若无金刚钻，难揽瓷器活，与其"高不成，低不就"，临渊羡鱼，蹉跎光阴，不如退而结网，先立业、再发展，只要能磨砺好才能这把锋刃，又何愁没有过关斩将的机会呢？而如若一味怨天尤人，随波逐流，即使你真有什么过人之处，也必定因为你糟糕的态度及工作表现而消磨殆尽。

希望自己的工作舒适、待遇丰厚，这些都无可厚非，但是在任何时候，我们都要清楚自己的实力，根据自己的实际情况确定奋斗目标。如果盲目攀比，自己能干的工作不想干，想干的工作又没有能力去完成，结果处于一种尴尬的境地，这样是很难得到发展的。时间一长，现有的工作也会丢掉，手中的饭碗也没有了，失去了最基本的生活保障，那些长远的发展就无从谈起了。

刘勇是一家公司的打字员，中专毕业后就到了这家公司。同学们都很羡慕他："毕业后就找到工作，能先养活自己。""不用再花家里的钱了。"但是他总感觉自己是"怀才不遇"，应该有更好的发展。工作时也不专心，出现好几次错误。不仅领导对他颇有微词，同事们也说他经常走神，有时候叫他好几次还没有反应。看到领导和同事都对自己很有意见，刘勇认为这些人是不明白自己的"鸿鹄之志"。

看到他这样，朋友很担心，劝他："你看现在咱们同学里面就你赚钱最早，能解决自己的温饱问题，好好干吧！路是一步一步走出来的，现在咱们最大的问题就是基本生活保障，你已经找到了生活的面包，还烦恼什么？"刘勇对于朋友的这番话根本没有听到心里去。

终于有一天，刘勇收到了公司的辞退信。他并没有懊恼，反而认为自己终于可以"大展拳脚，有一番作为"了。结果，跑过几场招聘会，投了许多简历，也有几次面试，都是以"你的能力与我们的要求还有一定差距，希望以后有机会合作"而告终。

刘勇非常后悔，没有做好打字员的工作，不仅没有找到更好的工作，就连最基本的生活来源都成了问题。现在刘勇对朋友们说得最多的一句话就是："好好工作，打好了基础，才能得到更大的发展啊！"

刘勇的事例告诉 20 几岁的年轻人，虽然每个人都有远大的理想，但是一定要从最底层开始。做好目前的工作，珍惜现有的工作机会，脚踏实地地工作，这样才会得到老板的赏识，你才会获得更多的工作机会，才能开拓更广阔的发展空间。

许多时候，我们感叹自己运气不济。但其实这个世界天上掉馅饼的事是少之又少，我们光惦记着有人买彩票中 500 万，却忘了其背后千百万彩民"血本无归"。这个社会幸运的人终究是少数，不要抱怨自己机遇不佳，是金子总会闪光，摆正心态，潜心进取，终会有梦想成真的一天。

这种低姿态打好基础、谋求发展的精神，以及一丝不苟的工作态度，是值得每一个 20 几岁的年轻人学习的。无论身处何处、置身何境，都要能够沉得住气，不断进取，这样你一定能乘风破浪，铸就属于自己的辉煌。

挑战高难度的工作

有不少 20 几岁的年轻人在工作中具备种种优秀能力，却只愿做谨慎的"安全专家"。他们对不时出现的困难工作，不敢主动发起"进攻"，而是一躲再躲，拖延逃避。他们认为：要想保住工作，就要做好熟悉的工作，对于那些颇有难度的事情，还是躲远一点好，否则，就有可能撞得头破血流。正是这种消极的心态，使得他们无法从挑战高难度的工作中获得更多经验，无法积累成功的资本。

西方有句名言："一个人的思想决定一个人的命运。"不敢向高难度的工作挑战，是对自己潜能的画地为牢。

一位知名企业的老板在描述自己心目中的理想员工时说："我们所急需的人才，是具有奋斗进取精神，勇于向'不可能完成'的工作挑战的人。"具有讽刺意味的是，世界上到处都是谨小慎微、满足于现状的人，而老板所说的"理想员工"，犹如"稀有动物"一样，始终供不应求。

如果你是一个"安全专家"，那么，在与"勇士"的竞争中，你就永远不要奢望得到机会的垂青。那些从事你所羡慕的"好工作"的"幸运儿"，很大程度上取决于他们勇于挑战"不可能完成"的工作。正是坚持这一原则，他们不断地磨砺生存的利器，不断力争上游，最终脱颖而出。

于丽是一家大型建筑公司的设计师，有一次，老板安排她为一个大客户做一个可行性设计方案，时间限定为三天。三天？这根本不可能！从来没有人能在这么短的时间内完成这样大的工程。于丽不禁暗暗惊呼，但她还是决定接受这个挑战。她在第一时间看完现场后，就开始工作。她夜以继日地到处查资料，向资深员工请教。这其间，不少同事都劝她放弃，一再提醒她：这么短的时间里不可能完成这项任务的。但她只是笑笑，并拼尽全力继续努力。三天后，她将一份颇富创意的设计方案交给了老板，并得到了老板的高度赞扬。一周后，老板提升了她，并把几个重大项目全交给她做，她的职业生涯由此跨入了一个崭新的阶段。

在竞争激烈的社会中，做一头安分守己、只想守着固定工资的"老黄牛"当然可以，但是当富有挑战力的"猎豹"和你竞争时，赢家肯定不会是你。要想把自己变成"猎豹"，就必须用积极、乐观的态度去面对挑战，充分发挥自己的能力，出色地完成任务，就像例子里的于丽一样。

要想取得工作的进步和事业的成功，要想勇敢地迎接挑战，就必须拿出勇气，用不怕失败的精神支撑自己完成在别人眼中不可能完成的任务。

"不可能完成"的工作之所以"不可能"，在很大程度上是因为它的表面像一块"烫手山芋"，让人不敢碰它。但实际上，那些看似"不可能完成"的工作往往并没有想象的那样复杂。所以，当一项颇具挑战性的工作放在你面前时，你一定要牢牢地抓住它，让"不可能完成"的任务成为可能，为自己积累更多成功所需的经验。

脚踏实地，干好每一件事

有不少20几岁的年轻人刚入职场时，觉得自己有高学历高文凭，不愿做一些简单琐碎的事情。这种想法是错误的，这时候，他的高学历和高文凭反而成了限制其发展的首要障碍。而如果能摆脱这种浮躁的心态，在一开始就脚踏实地地把每件事情都做好，以后的职场之路会顺利很多。

一个职场规划师讲过这样的故事。一个著名的女导演大学毕业后的第一份工作就是做场记。她这个新人场记其实就是打杂的。而第一天接到的第一个任务竟然是抄写电话簿。导演让她把一本厚厚的电话簿抄写到一个新的本子上。

一个大学毕业生干上了抄写员的工作，这好像离她的导演梦太遥远了一点。但她没有多想，而是花了好几天时间工工整整地把活干完，然后交到导演手里。结果她在剧组不长时间就被导演提拔为副导演。而此后她的导演路开始一帆风顺起来。

多年后，她有一次问起带她入门的导演，为什么当年对她这么信任，没多久就能把副导演的工作交给她。导演告诉她，就是她抄写的电话簿让他对她的看法有了质的突破。当初让她抄电话簿，因为觉得她是个新人什么都干不了。可是当一本工工整整的新电话簿交到自己手里时，导演知道这是个认真仔细的人——这样的人工作上值得信赖。

这个事例告诉20几岁的年轻人，踏实地做好手中的工作，积累经验，总会为自己争取到更多的发展机会。

职场规划师由此给大家的建议是：无论如何，要把第一份工作做好。每个人初入职场时都会有这样那样的困惑，觉得跟当初的理想违背，觉得没有前途。由此便陷入了郁闷的心境中。我们很容易就能在身边找到这样的人。

杂志社编辑张小玉，刚入职不久，新环境的各个方面都让她有着诸多不适，她对朋友抱怨说："我后悔来工作，我后悔没有考研究生。""我天天都不想去上班，每天早上起来想到要去公司，我就觉得恐惧，我讨厌去那里，真的很害怕去公司。我每天劝说自己、鼓励自己去接受，但是我真的很不开心，我讨厌这份工作，我讨厌工作……"

原来张小玉入职好几个月了，对业务还一点都不熟悉，心里非常着急。但是没有办法——领导给她分配的工作非常少，并且都是些别人不愿意写的东西。她觉得"乏味又出不了彩的版面"才会安排给她。更多的时候是让她帮别人修改稿子，无非就是改改错字，调调句式，毫无技术含量。而且那些老编辑还总说她改得不对，把他们的稿子改坏了。直到现在，她在办公室里还只是个跑腿打杂的角色，每个人都可以指示她，热午饭、买电话充值卡、拖地、擦桌子、给广告商送杂志……

张小玉的状态，恐怕很多职场新人都经历过。有不少人表示，刚入职场的时候，"仿佛做了插班生"，不能融入工作团队，找不到工作归属感。如果同事态度不友好，领导不重视其发展，精神上的压力就更大了。张小玉的情况就是这样，她希望自己能尽快地进入工作状态，但是领导安排的事情，在她看来根本得不到锻炼和成长。

刚刚入职的年轻人，往往非常在意自己在工作中的表现，希望尽快崭露头角，但是作为公司领导和老员工，却希望能磨一磨新人身上的锐气，让他们学会服从，能够脚踏实地，不要太浮躁。职场新人如果不能看透领导和同事的用意，或者性格过于敏感和孤僻，往往会把整个事情想得非常灰暗，给自己带来很大的烦恼和困扰。张小玉就因为这些事情没有处理好而产生了厌职情绪。但是厌职并不能解决问题，反而会影响自己的职业发展。

初入职场的 20 几岁的年轻人首先要调整好自己的心态，如果对业务还不熟悉，对自己所在的行业没有足够的了解，最好多做事、少说话。关键是要把手边的每一件事都干好，只有任劳任怨，坚持从这些小事做起，才能让上级和同事看到你对待工作和环境的态度，谦卑的人更容易被人接受，从而快速融入新环境，工作也会逐渐进入状态，很多情绪上的问题也就迎刃而解了。

适时加班，为自己加价

现在的职场中，加班是再正常不过的事儿了，甚至成为很多单位的一种不成文的规定，有人戏称"朝九晚五"。从法律意义上来讲，加班的确不是员工的义务，却是积累经验、职场成功的重要途径。从表面上来看，主动加班是一种"吃亏"，因为它占用了你的私人时间。但是，对于公司来说，加班却是一种贡献，而你贡献得越多，那么得到的回报也会越多。

《杜拉拉升职记》中的拉拉正是在工作需要时任劳任怨地加班，圆满完成任务从而得到老板的欣赏。

杜拉拉接受 DB 中国总部上海办的装修任务之后，工作任务大大地加重了。她一会儿找供应商谈判，一会儿找 IT（信息技术）经理研究装修事宜，一会儿又黏着采购部的同事去采购相应的物品。杜拉拉每天都要加班到 11 点以后，基本上都是最后一个离开办公室的人。乐于加班的杜拉拉，终究没有白白地付出努力，最后终于出色地完成了任务。

杜拉拉乐于加班，对工作不辞劳苦，她不但不抱怨上司李斯特强加给她的艰巨的任务，反而以满腔的热忱投入到工作当中。勤劳苦干，是她成功的关键因素之一。反之，如果杜拉拉没有充分利用起"业余时间"，则很可能完不成这次意义重大的装修工程，那么，当然就不可能被总裁何好德、上司李斯特重视起来，也不会得到其他同事的赞赏，如此一来，升职路上的坎坷就该更多了。

但是很多年轻人比较重视自我，讲究生活品位和质量，他们认为工作只是生活的一部分，生活中不应该只有工作。如果在工作时间之外还要加班，就属于无理要求了，他们往往不能接受。

韩梅是一家公司的行政助理，工作已经两年了。最近一段时间，公司的业务突然多了起来，大家都忙得焦头烂额。这天，人事处的小李提醒她，现在工作紧急，希望她不要一下班就走，需要加班的时候还是要加班的。韩梅不以为意地说她的工作都完成了，为什么还要加班啊？然后就走了。

韩梅觉得自己在 8 小时内又没有偷懒，该做的她也都做了，又不是卖给这个公司了，下班都不能回去。所以每天一下班，她还是按时回家，尽管办公室里大家都还没有走。后来，韩梅的上司也对她说，下班之后大家都没有走，希望她最好能留下来继续工作。韩梅当时就觉得很荒唐，她说如果下班之后还要留下来继续工作，那还要下班干什么？所以，她仍然不愿意加班。

然而，过了一段时间，公司要搬迁，韩梅负责与业主谈判、订合同，通过招标确定家具商和装修商，还要负责平面设计方案的选择等，事情简直多得成堆。根据以往的经验，完成搬家至少需要 5 个月的时间。上司却让韩梅在两个月内办好公司的搬迁事宜，如果不能完成，就要解雇她。可事实上，光是室内装修就需要两个月，还有那么多其他的事情，韩梅就是有三头六臂也没办法在两个月内完成。韩梅想找上司沟通一下，好争取多一点时间，可上司执意坚持自己的想法，如果做不到就请韩梅走人。韩梅这才明白上司是故意在刁难自己，没办法，只好主动辞职了。

韩梅的个性比较突出，很注重自我的感受和自我的生活。当别人都在加班时她一个人悠闲自在地先走了，让老板认为她是个不尽责的员工，认为她对工作没有热忱，以至于最后给她安排了不切实际的工作，用这种悄无声息的方式将她逼走了。

20几岁的年轻人在职场，凡事不要太多地考虑自己的感受，加班，可能不是你所愿意的，但在加班的过程中，你可能会学到更多有用的东西，进而积累经验，不断提升自己的实力，也为以后的成功埋下了基础。

主动补位，不放过锻炼自我的机会

企业里并不是每件事情都能够安排得有条不紊。有时候，有些事情还没来得及找到合适的人做，或者负责该事的人因故离职了，这时候，企业就需要员工及时地替补上去，做好企业需要的事。懂得时刻锻炼自我，把获得经验比赚钱看得更重要的人，碰上这种情况，自然会主动地补位。在这个补位的过程中，员工不仅得到了锻炼，而且承担起了更重要的责任。当你的能力越来越强、责任越来越重的时候，企业也会越来越离不开你了。

张良是一家合资公司的普通职员，就是负责收发和传送文件。当公司里出现一些无人料理的事情时，张良总是及时补上去。因为他愿意多做事，从来不叫苦叫累，所以公司对他的指派也越来越多，有些本来不在他的工作范围内的事，老板也会常常分派给他去做。

同事们开始笑他，干那么多事也不增加薪水。可是，张良对此一笑置之。他认为做事多，自己就能学到更多，能够得到更多的锻炼。至于薪水，等到自己有更多的经验时，自然也会增加。

后来，老板对他的工作表现十分满意，就给了他一些更为重要的事，例如，拜访重要客户或者是陪老板参加重要谈判。终于有一天，公司成功上市，而张良则以董事会秘书的身份成为公司的一名重要员工。

能够主动补位的人，知道别人的缺位会对该岗位造成损失，甚至伤害到其他员工乃至企业的利益，需要及时补上。而当企业得到了良好的发展时，自己也会从中受益，正如例子里的张良。

看足球的人都知道，那些优秀的射手都是最善于捕捉战机的人。他们能够把握住最恰当的时机，出现在对自己最有利的位置上，然后射出漂亮的一球。他们并不是死守在自己的位置上等待机会到来，而是能够积极跑位去捕捉机会。其实，在职场中也一样，那些在职场中获得成功的人都是善于把握时机提升自己的人。

维斯康公司是美国20世纪80年代最为著名的机械制造公司。詹森在该公司的招聘会上被拒绝了，但詹森决意要进入这家公司。于是，他找到公司人事部，请求公司分派给他任何工作，他将不计任何报酬来完成。公司人员被他的真诚打动，于是便分派他去打扫车间。詹森勤勤恳恳地做了一年，并得到了老板及同事们的一致好评。

1990年年初，由于产品出现质量问题，公司的订单纷纷被退回。于是，公司董事会召开紧急会议，寻找解决方案。当会议进行半个多小时还未见合理方案提出时，詹森闯入会议室。在会上，他就产品出现问题的原因作了令人信服的解释，并且就工程技术上的问题提出了自己的看法，随后拿出了自己的产品改造设计图。这个设计非常优秀，既恰到好处地保留了原来的优点，又克服了已经出现的弊病。

董事会觉得这个编外人员很在行，便询问他的背景及现状。于是，詹森将自己的意图和盘托出。之后经董事会决定，将詹森聘为公司的副总经理。

原来，詹森在这一年里，细心察看了整个公司各部门的生产情况，发现了所存在的技术问题并想出了解决办法。他花了一年时间搞设计，做了大量的统计数据，终于设计出了科学实用的产品改造设计图。

詹森在做好自己本职工作的同时，不计报酬地努力学习其他的知识以提升自我。在公司出现问题的时候又主动提出解决方法，为自己赢得了一个良好的职业生涯。

积极补位的背后是无数成长锻炼的机会，做得越多，学到的也就越多，这些对20几岁的年轻人以后的发展是极为有利的。

没有最好，只有更好

在职场中，普遍存在着这样一种人，当任务完成得不理想时，他们习惯说："我已经做得够好了。"工作中习惯于说自己"做得够好了"的人是对工作的不负责任，也是对自己不负责任的人。每个人的身上都蕴涵着无限的潜能，如果你能在心中给自己定一个较高的标准，激励自己不断超越自我，那么你就能摆脱平庸，走向卓越。

任何事情，只要你用认真的态度去对待，就能更好地完成它。有些事老是做得不完美，只是因为你没有真正用心而已。

对于员工来说，拥有不满足于"够好了"的态度能帮助他在自己的职业生涯中获得成功。老板往往并不会因为他"想要成为将军"而拒绝或冷淡他，只有那些不求上进的下属，才是令老板最反感的。

张涛和王雷同时进入一家开发、销售电子产品的公司。张涛是一所电子工业大学的毕业生，学历是本科；王雷学的是贸易专业，学历是专科。两年后，王雷升为销售部的主管经理，张涛却仍然是一名普通员工。

在元旦的宴席上，一位老员工小声问身边的总经理："张涛是本科毕业，所学专业又对口，你为什么提拔了王雷而不提拔他？"

总经理微微一笑："虽然王雷的学历没有张涛高，但他身上有一种强烈的成功欲望。无论交给他什么任务，他总是完成得尽善尽美。"

是的，一个总是以为自己做得够好的员工，会觉得只要能保住现在的饭碗，即使工作和人生毫无意义也无所谓。这样的员工忽略了一个事实，那就是不敢挑战自我，不敢接受新任务，只会做自己力所能及的事情，到头来得到的却是老板给自己的解聘书。

"无论耗费自己多少精力与时间，都是值得的。"优秀的员工会这么说，因为每天工作所带来的成就感与满足感是金钱无法买到的。那种干好工作的强烈愿望实现后的喜悦，是那些做一天和尚撞一天钟的员工永远也领略不到的。

只要你相信你可以做得更好，你就一定能做到，关键在于，你一定要改变态度！

当员工将"做得更好"变成一种习惯时，就能从中学到更多的知识，积累更多的经验，就能从全身心地投入工作的过程中找到快乐。这种习惯或许不会有立竿见影的效果，但可以肯定的是，当"做得更好"成为一种习惯时，势必会影响个人前途的发展。

"没有够好，只有更好。"这是一句值得每个 20 几岁的年轻人铭记一生的格言。有太多人因为养成了轻视工作、马马虎虎的习惯，以及对手头工作敷衍了事、糊弄的态度，终其一生都觉得自己从事的不是理想的工作，从而碌碌无为，处于社会底层。

在平凡的岗位干出大成就

在我们的工作中，总是有这样的现象：相同的工作环境、相同背景的员工却走出了完全不同的职业轨迹。有的人成为老板最器重的人，薪高位重，而有的人却一直碌碌无为。

是什么原因造成了这样的现象呢？有的员工认为是人本身的差异造成的。其实，人与人之间的天分相差无几，最大的差别就在于对待事情态度的不同。

"如果一个人是清洁工，那么他就应该像米开朗琪罗绘画、像贝多芬谱曲、像莎士比亚写诗那样，以同样的心情来清扫街道。他的工作如此出色，以至于天空和大地的居民都会对他注目赞美：'瞧，这儿有一位伟大的清洁工，他的活儿干得真是无与伦比！'"

这是著名黑人领袖马丁·路德·金说过的一段话。

这世上没有卑微的工作，也没有所谓的"好工作"。所有正当合法的工作，都是值得尊敬的。20 几岁的年轻人，只要沉得住气，认真地劳动和创造，不只为了薪水而工作，那么再平凡的工作岗位也会因为你的存在而光彩奕奕。

如果你认为现在从事的是一份卑微的工作，短时间里也没有改变的能力，那么，正确的做法应该是改变自己的心态，沉住气，抱着化腐朽为神奇、化卑微为高尚的精神去做。

源太郎原本是在化学工厂工作，因为公司倒闭而失业。一个偶然的机会，他从一位美国军官那里，学会了擦鞋的技巧，而且还迷上了这份工作。每当他听说哪里有好的擦鞋匠，都会跑去请教，并虚心学习。

日子一天天地过去，源太郎的技术也越来越精湛，他的擦鞋技巧独树一帜，不用鞋刷，而用木棉布擦拭，鞋油也是他自己调制的。那些早已失去光泽的旧皮鞋，经他用心擦拭之后，无不焕然一新，而且光泽持久。观察入微的源太郎也训练出特殊的功力：每当他与人们擦肩而过时，就能知道对方穿的鞋种；从鞋子的磨损部位和程度，便能说出这个人的健康与生活习惯。

如此精湛的技艺，让东京的一家四星级饭店相中，他们请源太郎到饭店，专职为饭店里的顾客擦鞋。自从源太郎来到饭店之后，许多名人来到东京，全都指定要住这间饭店，只是为了让他们的鞋能有"五星级的服务"。当他们脚下踩着修整后焕然一新的皮鞋时，心中也记下了"源太郎"的名字与他服务的地方。

随着时间的推进，源太郎的名声也越来越大，甚至还有国外的顾客，来到日本指定要找源太郎擦鞋。

工作不分贵贱，即使在平凡的岗位上，也可以干出大成就，这正是源太郎的事例所告诉我们的道理。

《福布斯》杂志的创始人 B.C. 福布斯说："做一个一流的卡车司机，比做一个不入流的经理更为光荣，更有满足感。"

20 几岁的年轻人，只要能沉住气，踏实工作，努力进取，以积极的态度全身心投入工作，便会发现，工作没有贵贱难易之分，区分这些的只是人的态度，只要用心对待，多么不起眼的工作，也会因你的付出而绽放光彩。当然，更重要的是，如果能够一直保持这样积极的工作态度，不只为了薪水而工作，终有一天你会收获你想要的精彩，实现你梦想的成功。

第七章
成功不是奋斗的唯一目标

不要仅仅为了成功而努力

努力是为了什么，是为了成功？获得所谓金钱与物质上的回报，击败竞争对手，获得他人的肯定，地位的提升？或者成为明星和众人羡慕的对象？还是为了成长？

周国平在《碎句与短章》中对成功有一段很精彩的评述：

"在确定自己的人生目标时，'成功'一词出现的频率最高。人人都向往成功，没有人愿意自己一生事业无成，碌碌无为，这无可非议。但是，把成功作为首选，却是值得商榷的。我认为，首要的目标应该是优秀，其次才是成功。

"所谓优秀，是指一个人的内在品质，有高尚的人格和真实的才学。一个优秀的人，即使他在名利场上不成功，他仍能有充实的心灵生活，他的人生仍是充满意义的。相反，一个平庸的人，即使他在名利场上风光十足，他也只是在混日子，至多是混得好一些罢了。

"事实上，一个人倘若真正优秀，而时代又不是非常糟，他获得成功的机会还是相当大的。即使生不逢时，或者运气不佳，也多能在身后得到承认。优秀者的成功往往是大成功，远非那些追名逐利之辈的渺小成功可比。人类历史上一切伟大的成功者都出自精神上优秀的人之中，不管在哪一个领域，包括创造财富的领域，做成伟大事业的绝非钻营之徒，而必是拥有伟大人格和智慧的人。"

这段阐述正说明了不能仅仅为了成功而努力，而应该为了成长、为了变得优秀而努力。

凌志军在《成长比成功更重要》一书中写道，最重要的事情不是"打败别人"，而是"成为最好的你自己"。

一个人能否成为优秀的人，基本上是可以自己做主的，能否在社会上获得成功，则在相当程度上要靠运气。所以，应该把成功看做优秀的副产品，不妨在优秀的基础上争取它，得到了最好，得不到也没有什么。在根本的意义上，作为一个人，优秀就已经是成功。

适时放弃，轻装前行

弘一法师出家前的那天晚上，与自己的学生话别。学生们对老师能割舍一切遁入空门既敬仰又觉得难以理解，一位学生问："老师何为而出家？"

法师淡淡答道："无所为。"

学生进而问道："忍抛骨肉乎？"

法师给出了这样的回答："人世无常，如暴病而死，欲不抛又安可得？"

世上人，无论学佛的还是不学佛的，都深知"放下"的重要性。可是真能做到的，能有几人？如弘一法师这般放下令人艳羡的社会地位与大好前途、离别妻子骨肉的，可谓少之又少。

"放下"二字，诸多禅味。我们生活在世界上，被诸多事情拖累，事业、爱情、金钱、子女、财产、学业……这些东西看起来都那么重要，一个也不可放下。要知道，什么都想得到的人，最终可能会为物所累，导致一无所有。只有懂得放弃的人，才能达到人生至高的境界。

孟子说："鱼，我所欲也；熊掌，亦我所欲也，二者不可得兼，舍鱼而取熊掌也。"当我们面临选择时，不得不学会放弃。弘一法师为了更高的人生追求，毅然决然地放下了一切。

一个青年背着一个大包裹千里迢迢跑来找无际大师，他说："大师，我是那样的孤独、痛苦和寂寞，长期的跋涉使我疲倦到极点，我的鞋子破了，荆棘割破双脚；手也受伤了，流血不止；嗓子因为长久的呼喊而喑哑……为什么我还不能找到心中的阳光？"

大师问："你的大包裹里装的是什么？"青年说："它对我可重要了。里面是我每一次跌倒时的痛苦，每一次受伤后的哭泣，每一次孤寂时的烦恼……靠了它，我才能走到您这儿来。"

于是，无际大师带青年来到河边，他们坐船过了河。上岸后，大师说："你扛了船赶路吧！""什么，扛了船赶路？"青年很惊讶，"它那么沉，我扛得动吗？""是的，孩子，你扛不动它。"大师微微一笑，说："过河时，船是有用的。但过了河，我们就要放下船赶路。否则，它会变成我们的包袱。痛苦、孤独、寂寞、灾难、眼泪，这些对人生都是有用的，它能使生命得到升华，但须臾不忘，就成了人生的包袱。放下它吧！孩子，生命不能太负重。"

青年放下包袱，继续赶路，他发觉自己的步子轻松而愉悦，比以前快得多。原来，生命是可以不必如此沉重的。

痛苦、孤独、寂寞、灾难、眼泪，这些对人生都毫无帮助，它能在一定条件下使生命得到升华。但是如果不把它们放下，就会成为人生的包袱。人生只有不断总结经验，才能得到不断的提高。

人生在世，当鱼和熊掌不能兼得的时候，继续为了"兼得"而不作舍弃，就不是智者的行为。有只狼被猎人用套夹夹住了一只爪子，它毫不迟疑地咬断了那条小腿，然后逃命。放弃一条腿而保全一条性命，这是狼的哲学。人生亦应如此，在生活强迫我们需要付出惨痛的代价以前，主动放弃局部利益而保全整体利益是最明智的选择。智者曰："两弊相衡取其轻，两利相权取其重。"趋利避害，这也正是放弃的实质。

人生的目的不是面面俱到，不是多多益善，而是把已经掌握的东西得心应手地去运用，它跟宝剑一样，剑刃越薄越好，重量越轻越好。现在的你如果带着过多包袱上路，注定不会走得快，只有卸下身上的包袱才可能走得更快，我们总是让生命承载太多的负荷，这个舍不得丢掉，那个舍不得丢掉，最终被压弯腰的是我们自己。放下太多的虚荣，放下太多的功利，放下金钱的压力，为我们自己的肩膀减负。

天空广阔能盛下无数的飞鸟和云，海湖广阔能盛下无数的游鱼和水草，可人并没有天空般开阔的视野，也没有大海般广阔的胸襟，要想能有足够轻松自由的空间，就得抛去琐碎的繁杂之物，比如无意义的烦恼、多余的忧愁、虚情假意的阿谀、假模假式的奉承……如果把人生比做一座花园，这些东西就是无用的杂草，我们要学会将这些杂草铲除。

20几岁的年轻人，学会适时放弃，轻装前行。只要在追逐的过程中我们成长了，我们获得了经验，就足够了。

量力而行，尽力而为

有些20几岁的年轻人在为自己设定目标时，喜欢好高骛远，觉得一定要达到哪样的成就才能算真正的成功，却忽略了自身能力的极限，忘记了奋斗的真正意义，没有体会到幸福感和满足感，最后弄得自己身心俱疲。

在一座深山中藏着一座千年古刹，有一位高僧隐居在此。听到他的名声，人们都千里迢迢来寻找他，有的人想向大师求解人生迷津，有的人想向大师学一些武功秘籍。

他们到达深山的时候，发现大师正从山谷里挑水。他挑得不多，两只木桶里的水都没有装满。按他们的想象，大师应该能够挑很大的桶，而且挑得满满的。

他们不解地问："大师，这是什么道理？"

大师说："挑水之道并不在于挑多，而在于挑得够用。一味贪多，适得其反。"众人越发不解。大师从他们中拉了一个人，让他重新从山谷里打了两满桶水。那人挑得非常吃力，摇摇晃晃，没走几步，就跌倒在地，水全都洒了，那人的膝盖也摔破了。

"水洒了，岂不是还得回头重打一桶吗？膝盖破了，走路艰难，岂不是比刚才挑得更少吗？"大师说。

"那么大师，请问具体挑多少，怎么估计呢？"

大师笑道："你们看这个桶。"

众人望去，桶里画了一条线。

大师说："这条线是底线，水绝对不能高于这条线，高于这条线就超过了自己的能力和需要。起初还需要画一条线，挑的次数多了，就不用看那条线了，凭感觉就知道是多是少。有这条线，可以提醒我们，凡事要尽力而为，也要量力而行。"

众人又问："那么底线应该定多低呢？"

大师说："一般来说，越低越好，因为低的目标容易实现，人的勇气不容易受到挫伤，相反会培养起更大的兴趣和热情，长此以往，循序渐进，自然会挑得更多、挑得更稳。"

无论是大师，还是普通人，在能力上都会有一个底线，如果超过了这个底线，去做力不能及的事，那么再强健的人也要跌跤。

20 几岁的年轻人在为目标奋斗时也是如此。奋斗的目的不一定是为了成功，更多的是在这个过程中所收获的经验与体验。所以量力而行、尽力而行即可。觉得目标太高无法实现时，不妨适当地降低，如果一味地追求高目标，做力所不能及的事，即使最终侥幸获得了成功，也会让自己失去比成功珍贵许多的东西。

学会在人生的直行道上转弯

人们常常执著于某种念头，不到黄河心不死，却往往忽视了人生的道路上本就有很多的岔路口，适当地转弯也许能够带来更加美丽的风景。

"方便有多门，归元无二路"，在星云大师看来，人生路上，只要能达到目的，何必非要执著于一条路不可呢？

有两个不如意的年轻人，一起去拜望一位禅师。"师父，我们在办公室被欺负，太痛苦了，求您开示，我们是不是该辞掉工作？"两个人一起问道。禅师闭着眼睛，隔半天，吐出五个字："不过一碗饭。"然后挥挥手，示意年轻人退下了。

回到公司，一个人递上辞呈，回家种田，另一个却没动。日子过得真快，转眼 10 年过去。回家种田的，以现代方法经营，加上品种改良，居然成了农业专家。另一个留在公司里的也不差，他忍着气、努力学，渐渐受到器重，后来成为经理。

有一天两个人相遇了，互相谈论过自己的近况之后，不由得感叹起来。

"奇怪！师父给我们同样'不过一碗饭'这 5 个字，我一听就懂了，不过一碗饭嘛！日子有什么难过？何必非待在公司？所以辞职。"农业专家问另一个人："你当时为什么没听师父的话呢？"

"我听了啊！"那经理笑道，"师父说'不过一碗饭'，多受气、多受累，我只要想'不过为了混碗饭吃'，老板说什么是什么，少赌气、少计较，就成了！师父不是这个意思吗？"

大惑不解中，两个人又去拜望禅师，禅师已经很老了，仍然闭着眼睛，隔半天，答了五个字："不过一念间。"然后，挥挥手……

在相同的指引下，两个年轻人各自寻找到了不同的生活方式，一个选择继续直行，在原来的公司得到升职，成为经理；而另一个则选择了在原来的道路上转个弯，从别处寻觅自己生命的价值所在。

"不过一念间"，看上去他们都摆脱了原来不如意的状态，获得了快乐，但是细细品味，两人的心境仍旧有着很大的差别：农业专家彻底从原来"难过"的日子中解脱了出来，重新给自己作出了定位；另外一个年轻人看似洒脱，实则仍然处于被动中，只不过他自己也已将那种无奈的心情屏蔽在了个人意识之外。

转弯是一种高妙的艺术。所谓殊途同归，若都是为了寻找生命中的快乐与生活的意义，又何必非要走那一条路呢？适当转个弯，虽不是绝处逢生，却也能在陌生的地方领略到更美的风景。

"在战场上，有时候要勇敢地向前冲锋，有时也要采取迂回战术；开山辟路，想要达到峰顶，必得有九弯十八拐，不经迂回，不能直上。"在人生的直行路上转个弯，纵然道路崎岖，前路难卜，但曲径通幽处，总是别有洞天。

追逐的过程最幸福

快乐的人生不在山珍海味，而在清和淡雅；不在盲目追求，而在真诚相待；不在别人的施舍，而在自己的努力；不在遥远的未来，而在于当下的获得。追求快乐的人生不在于快乐二字，而在于快乐的过程。

人们苦苦追求，苦苦寻觅，只为了得到一个结果，但当你得到了那个果时，常会变得失望，反而是在争取的过程中，你尝遍了各种快乐和心酸，那种滋味才令人回味无穷。不要因为在人生过程中失去了那些得到的东西而忧心忡忡，因为已经得到，就不怕失去。否则，在你不断为失去而感叹时，你会错过大好的时光，而说不定你错过的时光，会让你得到更好的事物。

有位孤独者倚靠着一棵树上晒太阳，他衣衫褴褛，神情萎靡，不时有气无力地打着哈欠。

一位僧人由此经过，好奇地问道："年轻人，如此好的阳光，如此难得的季节，你不去做你该做的事，懒懒散散地晒太阳，岂不辜负了大好时光？"

"唉！"孤独者叹了一口气说，"在这个世界上，除了我自己的躯壳外，我一无所有。我又何必去费心费力地做什么事呢？每天晒晒我的躯壳，就是我要做的所有的事了。"

"你没有家？"

"没有。与其承担家庭的负累，不如干脆没有。"孤独者说。

"你没有你的所爱？"

"没有，与其爱过之后便是恨，不如干脆不去爱。"

"你没有朋友？"

"没有。与其得到还会失去，不如干脆没有朋友。"

"你不想去赚钱？"

"不想。千金得来还复去，何必劳心费神动躯体？"

"噢。"僧人若有所思，"看来我得赶快帮你找根绳子。"

"找绳子干吗？"孤独者好奇地问。

"帮你自缢。"

"自缢？你叫我死？"孤独者惊诧道。

"对。人有生就有死，与其生了还会死去，不如干脆就不出生。你的存在，本身就是多余的，自缢而死，不是正合你的逻辑吗？"

孤独者无言以对。

"兰生幽谷，不为无人佩戴而不芬芳；月挂中天，不因暂满还缺而不自圆；桃李灼灼，不因秋节将至而不开花；江水奔腾，不以一去不返而拒东流。更何况是人呢？"僧人说完，拂袖而去。

这个事例告诉20几岁的年轻人，有目标的人才是活得有意义的人，能看重人生本身这一过程并把握住过程的人是活得充实而真实的人。"没白活一辈子"，应该是目的和过程两方面都有质量。许多人活了一辈子，到头来，还没有得到人生过程的乐趣，没有享受人生，这是一种生命自觉与自省的缺乏。沉浮动静皆人生，体悟每种境遇，不以物喜，不以己悲，得失沉浮皆是人生所获的赐予。

沉浮动静皆人生。如果我们总用一种效益坐标来判定人生的状况，前进为正，后退为负，上升为优，下沉为劣，那么，我们就永远不能读懂人生。

20 几岁的年轻人，在追逐成功的过程中，才是最幸福的。只有好好享受这个过程，才能实现真正的成长。

享受一路的奋斗

《幸福的方法》的作者泰勒·本·沙哈尔曾经为他的同学们介绍过一种理论模型：完美者的实现方案有两种，一种是直线的，而另一种则是曲线的，是类似于螺旋式上升的实现方案。这两种方案之间，有什么区别呢？

并不是每一个人都仔细考虑过自己究竟想要过什么样的生活。这两种模型的起点和终点都是一样的，但是区别就在于中间的过程。有的人很成功，但是在奔向成功的过程中会感到很痛苦；而有些人则不然，他们在奋斗的过程中依然很享受这样的一个过程，这就是二者的差别。

沙哈尔老师有一位交情很好的大学同学，现在是一位投资银行家。那位同学从上大学的时候就一直很努力，毕业的时候以优异的成绩得到了很多单位的聘请，工作多年后又和朋友们一起开办了自己的公司。这位同学最大的特点就是把工作当成一种享受，每每当他和别人谈论起自己工作的时候，讲起话来总是富有感染力。他很期待每天的工作，每天都会工作很长的时间不知疲倦。在沙哈尔老师的眼中，他简直成为了追求完美人生的典范。生活中的起起伏伏都是很正常的，关键是懂得享受过程比得到结果更重要。

这位同学后来说道，但凡是完美主义者大多都惧怕失败。曾经在很长一段时间里他感到自己无法丢弃完美主义思想，因为与完美相联系的就是成功，所以在潜意识里会紧紧抓住完美主义不放。但是现在，他对于完美主义有了新的理解，那就是不能恐惧失败，因为即便是失败了仍然可以雄心勃勃，仍然可以享受一路奋斗的过程。

18 世纪末 19 世纪初，英国著名的哲学家塞缪尔是一个完美主义者的杰出范例。他曾经在写作的时候，经历了完美主义带来的痛苦。因为对于塞缪尔来说，写作是他生命中最重要的事情，由于他太过于担心自己写不出好文章，所以就真的写不出好文章了。后来，塞缪尔对自己许下诺言：在我生命的最后时刻，我一定要写出属于自己的巨著，之前所写的全部都是草稿。这个想法让他得到了解放，因为他不用再为自己写不出东西而担心了。在塞缪尔看来，他从来都还没有开始写自己的巨著，但是这段时间里他写下了无数对后世有影响力且充满了华丽辞藻的文章。塞缪尔把这些只当成了"最初的草稿"，所以这些对他没有任何压力。

沙哈尔老师从塞缪尔那里学到了这个"独门秘籍"，所以后来，每当他要考虑做某件事情的时候，他就会对自己说："好吧，就让这个故事变成完美主义的一部分吧。"

沙哈尔老师在 10 年前就对自己说："好吧，在 20 年之后我会在一个学校里开设很棒的研习班，进行专题讨论以及讲座，在这之前所做的都是草稿。"从表面上看来，这更像是一个智力游戏，更像是自欺欺人，但是在 20 年后，这个目标却真的实现了。于是，沙哈尔老师也更有信心为自己设定下个 20 年的目标了。

如果不是这样，而是被"每天都要让自己做个完美者，没有缺陷"这样的思想所禁锢，那么，所有的目标都将难以实现。

所以，在追逐自己目标的过程里，与其被"一定要成功"这样的想法所束缚，不如让自己轻松地享受这一过程，也许结果会更好。

第二篇
要想 30 岁时赢，
20 几岁可以改变什么

第一章
出众源自 1% 的改变

影响大局的往往是一些小事

年轻人往往会遇到一些看似无关痛痒的细节，实际上，这些细节很可能会影响大局。

有三个人去一家公司应聘采购主管。他们当中一人是某知名管理学院毕业的，一名毕业于某商学院，而第三名则是一家民办高校的毕业生。在很多人看来，这次应聘的结果是很容易判断的，然而事情却恰巧相反。应聘者经过一番测试后，留下的却是那个民办高校的毕业生。

在整个应聘过程中，他们经过一次次测试后，在专业知识与经验上各有千秋，难分伯仲，随后这家公司的总经理亲自面试，他提出了这样一道问题：假定公司派你到某工厂采购 4999 个信封，你需要从公司带去多少钱？

几分钟后，应试者都交了答卷。第一名应聘者的答案是 430 元。

总经理问："你是怎么计算的呢？"

"就当采购 5000 个信封计算，可能要 400 元，其他杂费就 30 元吧！"答者对应如流。但总经理却未置可否。

第二名应聘者的答案是 415 元。对此他解释道："假设 5000 个信封，大概需要 400 元。另外可能需用 15 元。"

总经理对此答案同样没有发表看法。但当他拿第三个人的答卷，见上面写的答案是 419.42 元时，不觉有些惊异，立即问："你能解释一下你的答案吗？"

"当然可以，"那名民办高校的毕业生自信地回答道，"信封每个 8 分钱，4999 个是 399.92 元。从公司到某工厂，乘汽车来回票价 10 元。午餐费 6 元。从工厂到汽车站有一里半路，请一辆三轮车搬信封，需用 3.5 元。因此，最后总费用为 419.42 元。"

总经理不觉露出了会心一笑，收起他们的试卷，说："好吧，今天到此为止，明天你们等通知。"

等到录用通知书的正是那个民办高校的毕业生。

为什么那个不起眼的民办高校毕业生会被录取了呢？其关键原因就在于他没有应付总经理在意的事。他们三个都是来应聘采购主管的，而对于采购主管这个职位的责任，总经理最关心的就是能否做到精打细算而又恰到好处。前两个应聘者对于具体的花销都没有一个确切的数字，模糊的费用概念很难让人信服他有把握做好采购工作，比如说是否做到节约了公司费用的一分一毫，或者能否计算出足够的、合理的费用来进行采购。而那个民办高校的毕业生则把具体花销计算得准确无误。这样的人当然是采购主管的最佳人选。

当宝洁公司刚开始推出汰渍洗衣粉时，市场占有率和销售额以惊人的速度飙升，可是没过多久，这种强劲的增长势头就逐渐放缓了。宝洁公司的销售人员非常纳闷，虽然进行过大量的市场调查，但一直都找不到销量停滞不前的原因。

于是，宝洁公司召集了很多消费者开了一次产品座谈会，会上，有一位消费者说出了汰渍洗衣粉销量下滑的关键，他抱怨说："汰渍洗衣粉的用量太大。"

宝洁的领导们忙追问其中的缘由，这位消费者说："你看看你们的广告，倒洗衣粉要倒那么长时间，衣服是洗得干净，但要用那么多洗衣粉，算起来更不划算。"

听到这番话，销售经理赶快把广告调出来看，发现广告中倒洗衣粉的时间为3秒钟，而其他品牌的洗衣粉广告中倒洗衣粉的时间仅为1.5秒。

1.5秒的时间差距，也就是在广告上这么细小的一点疏忽，对汰渍洗衣粉的销售和品牌形象造成了严重的损害。差不多其结果却差多了，这是一个细节制胜的时代，对于自己的工作无论大小，都要了解得非常透彻，数据应该非常准确，这样才能脚踏实地完成宏伟的目标。

追求零缺陷

胡适先生的《差不多先生传》深刻地描绘了国人的差不多心理。我们可以回味一番，看看里面有没有自己的影子：

他常常说："凡事只要差不多就好了，何必太精明呢？"

他小的时候，妈妈叫他去买红糖，他却买了白糖回来。妈妈骂他，他摇摇头道："红糖和白糖不是差不多吗？"

他在学堂的时候，先生问他："直隶省的西边是哪一个省？"他说是陕西。先生说："错了。是山西，不是陕西。"他说："陕西同山西不是差不多吗？"

……

后来，他的名声越传越远，越传越大。无数人都以他为榜样，于是人人都成了一个"差不多先生"——然而，中国从此就成了一个懒人国了。

现实中，诸多的"差不多"所造成的结果却不是我们希望看到的：建设用料"差不多"，导致豆腐渣工程层出不穷，桥梁倒塌、未竣工的大厦倒塌，留下了一片片残破的瓦砾与噩梦一般的回忆；医生用药"差不多"，导致病人留下了难以抹平的痛苦，同时也抹杀了医生的道德和社会责任感。

公司也是一样，一个由许多人组成的公司是经不起连续差一点点的"差不多"的，哪怕只有1%。由上到下布置一项任务，如果一个人差1%，下一个人又差1%，如此下去，等到真正执行任务的人接到这项任务的时候，恐怕这项任务已经变得面目全非了，而他执行任务的结果也就可想而知了。同样，当由下向上传递一项建议或报告的时候，如果每一层的人都抱着"传递得差不多就行了"的心理，那么最后传递到最高管理者那里，这项建议或报告就可能变成了一项对你的惩罚措施。

在工作中，你可能觉得自己做的和别人做的比起来差不多，以为那样就足够了，但你的上司、你的老板心中有数，你的客户心中也有数，你一定会因为你的勤奋或懒惰而赢得或失去晋升的机会。同样，你也会因为你态度的好坏而赢得或失去客户。

在职场中"差不多"心理是坚决要不得的，我们每个人、每个公司，都要努力避免陷入到这个误区当中去。无论做什么事情，一定要多问自己几次："真的可以'差不多'吗？差的那一点会给自己、给公司、给客户带来什么不利影响？"

当然，消灭"差不多"心理，完善自己的责任意识系统，并不是一件难以办到的事。有时，我们所缺少的不是技术、设备、流程和理念，而是决心，消灭这种"差不多就可以了"的心理的决心。

有位医学院的教授，在上课的第一天对他的学生说："当医生，最要紧的就是胆大心细！"说完，便将一只手指伸进桌子上一只盛满尿液的杯子里，接着再把手指放进自己的嘴中，随后教授将那只杯子递给学生，让这些学生照着他的做法做。每个学生都像教授一样把手指伸进入杯中，然后再塞进嘴里。教授看着学生的狼狈样子得意的要命，最后他微笑着说："哈哈，不错，不错，你们每个人都够胆大的。"紧接着教授又难过起来："只可惜你们看得不够仔细，没有注意我伸进尿杯的是食指，放进嘴里的却是中指啊！"

这位教授，其本来的意思是教育学生的科研要注意细节，相信尝过尿液的学生应该终生难忘这次"教训"。其实员工做事也需要养成注意细节的习惯。

"魔鬼存在于细节之中。"为什么细节会成为"魔鬼"的栖身之地呢？因为人们在工作和生活当中，经常会忽略了细节的存在，从而让"魔鬼"有机可乘。公司只有重视细节，并从细节入手，才能取得有效的创新。

渴望成功的员工，一定要注意细节，也许你不经意间犯下的小错误，对你的前途有着致命的伤害。在工作中，许多小小的不起眼的细节你都要注意，否则它会影响你事业的成败。

刚刚好的下一步就是极致

不管是在校学生、大学毕业生还是职场上的员工，他们中有不少人都有这样的念头：希望一切能"刚刚好"。具体点说，就是考试刚好及格，工作中只求达到自己认为最好的状态。有人说，这个比例竟高达90%。

"零缺陷管理"是荣事达借鉴国外公司"无缺点运动"经验并结合本公司实际的再创造的成果，而"无缺点运动"最早发端于美国佛罗里达州的马丁·马里塔公司。1962年，该公司与美国军事部门签订了一项生产供货合同，合同规定的交货期限很紧，对质量要求很严。可是军令如山，不容耽搁，马丁公司为形势所迫，打破常规，开展了一场"无缺点运动"，这一运动包括：

第一，打破传统的"人总要犯错误"的理念，改换成"只要主观尽最大努力，就可以不犯错误"的理念，以此动员全体员工追求无缺点目标，自觉避免工作中的失误。

第二，打破以往的生产与质检的分离格局，要求每个操作者同时也是质检者，规定上道工序不得向下道工序传送有缺陷的产品。

第三，打破过去对错误只有事后发现和补救的常规，讲求超前防患，事先找出可能产生缺点的各种原因和条件，提前采取措施，做到防患于未然。

第四，打破生产过程中各工序的员工各自为战、各行其是的习惯状态，要求树立全局观念，主动配合、密切合作，从总体上保证实现无缺点结果。马丁公司实行"无缺点运动"果然一举成功，合同期限一到便交出了无可挑剔的百分之百合格的产品。

荣事达吸收其中的精华，形成了自己的"零缺陷生产"模式，将"用户是上帝""下一道工序是用户""换位思考""100%合格"等质量意识转变为员工的自觉行动。与此相关的一系列制度纷纷出台，从而实现分散与集中、全员自控与专门控制、内在质量控制与系统信息反馈相结合的"零缺陷生产"质量管理体系。零缺陷供应是零缺陷生产的前提和保证，通过严把质量关，确保提供"零缺陷"的零配件或可辅助件。

从此，荣事达建立了"零缺陷"的公司文化。

精益求精是对结果最好的诠释。一位公司经营者说过："如今的消费者是拿着'显微镜'来审视每一件产品和提供产品的公司。在残酷的市场竞争中，能够获得较宽松的生存空间的公司，不只是'合格'的公司，也不只是'优秀'的公司，而是'非常优秀'的公司。你要求自己的标准，必须远远高于市场对你的要求标准，才可能被市场认可。"

美国总统麦金莱在得州的一所学校演讲时，对学生们说："比其他事情更重要的是，你们需要尽最大努力把一件事情做得尽可能完美。"只有不满足于平庸，才能追求最好。没有人可以做到完美无缺，但是，当你不断增强自己的力量、不断提升自己的时候，你对自己的要求会越来越高，你所取得的成就也会越来越大。

若一个人只是满足于"刚刚好"的状态，不思进取，成功永远是遥不可及的事情。更为重要的一点是，没有人应该对自己感到心满意足。

对小事负起责任

人们从来不会指望一个游手好闲、没有责任感的人能给他们带来福音。人只有真正懂得了责任的意义和内涵，并付诸行动，才能得到他人的认同，在社会上自由行走。崇高的责任心是生命的脊梁，是保证我们坚实安稳地站立在大地上的东西。缺乏责任感的人，必将无处安身立命。

责任，是最根本的成功智慧。让我们来看一段卡菲瑞先生回忆起比尔·盖茨小时候写下的文字：

1965年，我在西雅图景岭学校图书馆担任管理员。一天，有同事推荐一个四年级学生来图书馆帮忙，并说这个孩子聪颖好学。

不久，一个瘦小的男孩来了，我先给他讲了图书分类法，然后让他把已归还图书馆却放错了位的图书放回原处。

小男孩问："像是当侦探吗？"我回答："那当然。"接着，男孩不遗余力在书架的迷宫中穿梭，小休时，他已找出了三本放错地方的图书。

第二天他来得更早，而且更不遗余力。干完一天的活后，他正式请求我让他担任图书管理员。又过两个星期，他突然邀请我上他家做客。吃晚餐时，孩子母亲告诉我他们要搬家了，到附近一个住宅区。孩子听说转校却担心："我走了谁来整理那些站错队的书呢？"

我一直记挂着他。但没过多久，他又在我的图书馆门口出现了，并欣喜地告诉我，那边的图书馆不让学生干，妈妈把他转回我们这边来上学，他爸爸用车接送。"如果爸爸不送我，我就走路来。"

其实，我当时心里便应该有数，这小家伙决心如此坚定，又浑身充满责任感，将来必能成大事。不过，我可没想到他会成为信息时代的天才、微软电脑公司大亨——比尔·盖茨。

从卡菲瑞先生的这段回忆中，我们看出，许多伟大或杰出人物身上，总有优于常人之处。比尔·盖茨对待图书馆工作这样的小事，就已经表现出一种超出同龄人的责任感，难怪他能在信息时代叱咤风云。

其实，一个人有没有责任感，并不仅仅体现在大是大非面前，而是大多体现于小事当中。一个连小事都不能负责任的人，又怎能在大事面前担当责任呢？

美国曾有一位年轻的铁路邮递员，和其他邮递员一样，也用陈旧的方法干着分发信件的工作。大部分的信件都是凭这些邮递员用不太准确的记忆来分类发送的，因此，许多信件往往会因为记忆出现差错而被耽误几天，甚至几个星期。很多人对此不以为然，认为这是邮递过程中允许的失误，但是这位年轻的邮递员却不敢苟同，他开始寻找新办法来减少这个误差。

"嗨，我说，你干吗要想这些事情。你的薪水会因此而提高吗？我们不过是送信跑腿的人，干吗这么较真呢？"他的同事几次问他。看到这个小伙子蹲在地上思考，很多人开始笑话他："我们伟大的邮递员要改变地球！"他也跟着傻笑，但从来没有放弃找方法。

其实，方法也并不像发明一个人造卫星那么困难：他把寄往某一地点的信件统一汇集起来，这样就容易多了。"天哪，这么简单？"可能有人会问，是的，就是这么简单。这位邮递员就是西奥多·韦尔，就是这一件看起来很简单的事，成了他一生中意义深远的事情。他的图表和计划吸引了上司的注意。没多久，他就获得了升迁的机会。5年以后，他成了铁路邮政总局的副局长，不久又被升为局长，后来成为美国电话电报公司总经理。

从西奥多·韦尔的例子中，我们可以看出，再微不足道的工作，只要用心去做，就会有回报，而以认真负责的态度走好每一步，就能拥有一个不一样的人生。

如果你对自己的生活采取一种敷衍的态度，那么生活也会敷衍你；如果你以一种积极认真、负责任的态度去对待它，那么它也会让你大有收获，并助你登上人生更高的山峰。

自信是改变命运的蝴蝶效应

德国哲学家谢林曾经说过："一个人如果能意识到自己是什么样的人，那么，他很快就会知道自己应该成为什么样的人。但他首先得在思想上相信自己的重要，很快，在现实生活中，他也会觉得自己很重要。"对一个人来说，重要的是相信自己的能力，如果做到这一点，那么他很快就会拥有巨大的力量。

有一天，著名的成功学专家安东尼·罗宾在自己的办公室里接待了一个走投无路、风尘仆仆的流浪者。

那人进门打招呼说："我来这儿，是想见见这本书的作者。"说着，他从口袋中拿出一本名为《自信心》的书，那是安东尼许多年前写的。

安东尼微笑着示意流浪者坐下。流浪者激动地说："一定是命运之神在昨天下午把这本书放入我口袋中的，因为我当时决定跳到密西根湖，了此残生。我已经看破一切，已经绝望，我什么事情都做不成，没有人能够接纳我。但还好，我看到了这本书，使我产生了新的看法，为我带来了勇气及希望，并支持我度过昨天晚上。我已下定决心，只要我能见到这本书的作者，他一定能帮助我再度站起来。现在，我来了，我想知道你能替我这样的人做些什么。"

在他说话的时候，安东尼从头到脚打量了流浪者许久，发现他眼神茫然、满脸皱纹、神态紧张，一切都在向安东尼显示，他已经无可救药了。但安东尼不忍心对他这样说。

听完流浪者的故事，安东尼想了想，说："虽然我没有办法帮助你，但如果你愿意的话，我可以介绍你去见这座大楼里的一个人，他可以帮助你东山再起，重新赢回原本属于你的一切。"安东尼刚说完，流浪者立刻跳了起来，抓住他的手，说道："看在上帝的份上，请带我去见这个人！"

于是安东尼拉着他的手，引导他来到进行个性分析的心理试验室里，和他一起站在一块看来像是挂在门口的窗帘布之前。安东尼把窗帘布拉开，露出一面高大的镜子，流浪者可以从镜子里看到自己的全身。安东尼指着镜子说："就是这个人。在这个世界上，只有一个人能够使你东山再起，除非你学会信任他，并且觉得他能够做成任何事情。否则，你只能跳进密西根湖，因为如果连你自己都不能相信自己，那么这个世界上将不会再有人相信你，你也就不能再做成任何事情。这样一来，无论是对于你自己还是这个世界，你都将是一个没有任何价值的废物。"

流浪者朝着镜子走了几步，用手摸摸他长满胡须的脸孔，对着镜子里的人从头到脚打量了几分钟，然后后退几步，低下头，开始哭泣起来。过了一会儿，安东尼领他走出电梯间，送他离去。

几天后，安东尼在街上碰到了这个人，而他已不再是一个流浪汉形象。他西装革履，步伐轻快有力，头抬得高高的，原来那种不安、紧张的神态已经消失不见。他说，他感谢安东尼先生，是安东尼让他找回了自信，让他有勇气面对生活中的一切，并且很快找到了工作。

后来，他果然东山再起，成为了芝加哥的一个大富翁。

自信心成了流浪者改变自己命运的蝴蝶效应。既然自信心对一个人的命运有着如此重要的决定性作用，那么，35 岁之前的年轻人该如何建立强大的自信心呢？关于这个问题，卡耐基在多部著作中都提到了。他认为，任何人只要做到以下八个诀窍，那么他就可以获得成功。

第一，在心中描绘一幅希望自己达成的成功蓝图，然后不断地强化这种印象，使它不致随着岁月流逝而消退模糊。此外，相当重要的一点是，不可怀疑此蓝图实现的可能性。因为怀疑将会对实现构成危险性的障碍。

第二，当你心中出现怀疑本身力量的消极想法时，要驱逐这种想法，必须设法发掘积极的想法，并将它具体说出。

第三，为避免在你的成功过程中构筑障碍物，所有可能形成障碍的事物最好不予理会，最好忽略它的存在。至于难以忽视的障碍，就下工夫好好研究，寻求适当的处理良策，以避免其继续存在。不过，最好彻底看清困难的实际情况，做到心中有数。

第四，不要受他人的威信影响，而试图仿效他人。须知唯有自己方能真正拥有自己，任何人都不可能成为另一个自己。

第五，每天重复说十次这句强而有力的话："谁也无法抵挡我成功。"

第六，寻找对你了如指掌、且能有效提供忠告的朋友。你必须了解自己自卑感或不安感的所在。虽然这问题往往在少年时期便已发生，但了解它的来源将使你对自己有所认知，并帮助你获得帮助。

第七，每天大声复诵这句话十次："人生的信念给了我无穷的力量，凡事都能做。"这句话对于治疗自卑感而言可称得上是最有效的良方。

第八，正确评估自己的实力，然后多加一成，作为本身能力的弹性范围。切忌形成本位主义，但是适度地提高自尊心也是相当重要的事。

美国哲学家罗尔斯曾说过："信心是我们能从自己的内心找到一种支持的力量，足以面对生或死所给我们的种种打击，而且还能善加控制。"信心的力量就是能够让我们的内心逐渐强大的动力和源泉，凡是能找到这种力量的人，必定能够在 35 岁之前超越他人。

从依赖到独立的转变

很多时候我们羡慕在天空中自由自在飞翔的雄鹰，人其实也该像雄鹰一样，飞于九天之上，与白云为伴，立于悬崖之巅，与狂风为伍，无拘无束，无羁无绊。这，才是雄鹰应有的生活，才是人类应有的生活。

但是，这世上终究还有一些鸟儿，因为无法独立于白云之上，转而依赖他人，自愿钻进别人为它准备的遮风挡雨的笼子，从而成为笼中鸟，永远失去了独立与自由，成为人类的玩物。与人类相比，鸟儿的依赖要简单得多，而人类却要面对生活中的种种磨难。于是，人们在这些磨难中迷失了自己，从而跌进了依赖的牢笼。

这，是鸟儿的悲哀，也是人类的悲哀。

然而，鸟儿被囚禁于笼中，被人玩弄于股掌之上，仍欢呼雀跃，放声高歌，甚至于呢喃学语，博人欢心；而人类置身于依赖牢笼的包围中，仍自鸣得意，唯我独尊。这，应该说是一种更深层次的悲哀。

人，要靠自己活着，而且必须靠自己活着，在人生的不同阶段，尽力达到理应达到的自立水平，拥有与之相适应的自立精神。这是当代人立足社会的根本基础，也是形成自身"生存支援系统"的基石。缺乏独立自主个性和自立能力的人，连自己都管不了，还能谈发展成功吗？即使你的家庭环境所提供的"先赋地位"是处于天堂之乡，你也必得先降到凡尘大地，从头爬起，以平生之力练就自立自行的能力。因为不管怎样，你终将独自步入社会，参与竞争，你会遭遇到比学习生活要复杂得多的生存环境，随时都可能出现或面对你无法预料的难题与处境。你不可能随时动用你的"生存支援系统"，而必须靠顽强的自立精神克服困难，坚持前进！

有很多人始终躲在父母的羽翼下，让别人为他遮风挡雨，这种人是不会有大出息的。但是，一旦他们不得不依靠自己，不得不动手去做，或是在蒙受了失败之辱时，他们通常就能在很短的时间内发挥出惊人的能力来。

飞出"金丝笼"变成独立的"雄鹰"，这是所有成功者的做法。其实，当一个人感到所有外部的帮助都已被切断之后，他就会尽最大的努力，以最坚忍不拔的毅力去奋斗，结果他会发现：自己可以主宰自己的命运！

完全依靠自己、绝没有任何外部援助的处境是最有意义的，它能激发出一个人身上最重要的东西，让人全力以赴。就像十万火急的关头，一场火灾或别的什么灾难会激发出当事人做梦都没想到过的一股力量，危急关头，不知从哪儿来的力量为他解了围。他觉得自己成了一个巨人，完成了危机出现之前根本无力做成的事情。当他的生命危在旦夕，当他被困在出了事故、随时都会着火的车子里，当他乘坐的船即将沉没时，他必须当机立断，采取措施，渡过难关，脱离险境。

一旦人不再需要别人的援助，自强自立起来，他就踏上了成功之路。一旦人抛弃所有外来的帮助，他就会发挥出过去从未意识到的力量。如果我们决定依靠自己，独立自主，就会变得日益坚强，距离成功也就越来越近。

从平凡到非凡，只需加一点雄心

为什么世界上做同样事情的人有很多，但有人失败有人成功，那些失败的人唯一缺少的，往往就是"雄心"。因为，有了雄心你才会有气场有干劲，不断地开拓和寻找，即使身处逆境，也仍不丧失奋斗的热情，这样的人才能不断开创人生，获取成功！

雄心是成就梦想的第一步。一个人要想成就一番事业，首先必须有成大事的雄心。只有"雄心"可以让一个人拥有足够的力量脱颖而出。

现代社会是一个到处充满竞争的社会，也是一个需要"雄心"的社会。多元化的社会竞争决定了多元化的可能与不可能。在这个没有任何定数的世界里，只要是人类能触及的领域都存在着无限多的创新和机遇。这对一个具有"雄心"的人来说，无疑是一个创造自我价值的最好时机。

希拉里全身心地投入到了马不停蹄的竞选活动中去，以便在国会中期选举中为岌岌可危的民主党赢得一个席位。她开始周游美国，足迹遍及全美 20 个州，参加了大约 50 场募捐会议，在 34 场群众集会上发表演说，募得了成百上千万美元。这看起来有点疯狂，但却是英雄般的疯狂。

这就是希拉里，从来不惧怕暴露自己对于政治权力的雄心，她不仅敢于去"拼"，还敢放开自己的心大胆地"想"。她怀有强大的雄心，就像一位勇士一样，全力以赴，勇往直前，去实现自己的政治梦想，这种精神使她身上透露出强大的气场和强劲的魅力，成为政坛上一颗耀眼的明星。

事实上，要想把事情做得出色都是需要很强大的内心欲望的，没有"雄心"则动力不足，只会沦为人群中的平庸角色。

所以，一个人若想成功，一定要有雄心，否则就不易在这个社会上有所作为。在这样的年代里，没有雄心，也就不会有卓越的成就。一个人在生活中寻求的"变"的机会越大，就越有可能成功。"每一个成功的人都是一个伟大的梦想家"一说便由此而来。所以，我们只有先有梦想，才可能有以后的辉煌和成就。

释放自己内心的欲望，大胆去追求，相信，你会是人群中光彩夺目的人！

成败取决于最后 1% 的努力

成功与失败之间，有时相隔不到一米的距离。这个道理就好像樵夫砍伐大树，即使砍击次数高达 1000 次，但使大树倒下的往往是最后的一击，关键就看他能否坚持到砍最后那一斧头，不管你从事什么样的工作，也不管你做的是什么样的事，只要放弃了就没有成功的机会。不放弃，就会一直拥有成功的希望。如果你有 99% 想要成功的欲望，却有 1% 想要放弃的念头，这样也没有办法成功。

当年，当哥伦布的船在怒涛汹涌、漫无边际的大西洋航行时，他并不知道自己将到何处。他曾经绝望地想，他将永远无法抵达目的地了，他可能要永无止境地在怒涛中挣扎，也可能将永远地消失于这个世界。然而这仅仅只是一瞬间的想法，哥伦布仍然没有放弃……

情况危急的时刻，船破了，水手们威胁着要叛变。所有这一切，都没有阻碍哥伦布对航向正确性的怀疑。他在私人航海日记上这样写着："今天我们继续往西航行。"正是他的坚持不懈，终在历经千辛万苦之后发现了"新大陆"。

许多人之所以与成功无缘，主要原因就是在最需要下大力气、花大工夫、毫不懈怠地坚持下去时，停止了努力，彻底让成功在自己眼前一晃而过。人们经常在做了 99% 的工作后，放弃最后让他们成功的 1%。这不但会输掉开始时的投资，更会丧失经由最后努力而发现宝藏的喜悦。

约在一个半世纪以前，一艘英国商船沉没于马六甲海域，这艘从广州驶出的船，上面载满古老中国的丝绸、瓷器及珍宝。10年前，一位名叫鲍尔的人偶然从相关资料上获此信息，便下决心打捞这艘沉船，他在深黑的海底摸索了漫长的8年，探求了70多平方公里的海域，终于找到了海底的宝物。耗资是巨大的，工作刚进行了30天，就用去几万元，两位最初的合伙人认定无望而离去。之后没有一个合伙人能坚持下去，其中还有一位是鲍尔的好友，几次加入又几次离去，并一次次劝说鲍尔放弃这"疯子"般的念头。事后鲍尔说他其实一直有放弃的念头，每次精疲力竭地从海底潜回时他都想永远不再下去了，他甚至怀疑早年的记载有误，而且8年来他已耗尽巨资，债台高筑，好在他终于坚持到了成功的这一天。

倘若鲍尔在他债台高筑的时候放弃了继续搜寻宝物，那他可能输得很惨。而恰恰是因为他在最关键的时刻坚持住了，多做了1%的努力，他才获得了最后的成功。

获得成功的过程无异于一件完美艺术品的制作过程，某个环节的差错会导致整体的不完美，甚至严重的会使这件艺术品轰然垮塌。如果说100%是成功的代名词的话，那么最后的那1%便承载着之前99%的努力，把它合成100%的成功。1%是成功的一部分，没有这一点，成功便不称其为成功。

想真正地做成一件事情，需要你有锲而不舍的精神。不管我们想在哪个领域取得成就，一旦你认准了目标，就一定要坚持不懈地做下去。要想获得成功，必须拥有积极的心态、必胜的信心。在每一个人的人生旅途中，在每一个人积极行动的过程中，一定会遇到许多问题和困难，只有坚持永不放弃的精神，不断自我鞭策，自我激励，才能战胜自己，战胜困难，最后达成自己的目标。

再努力一点，就是卓越

微软公司的面试通知，像一缕阳光照亮了剑桥学子爱德华焦急期待的心。面试那天，爱德华精心地梳洗打扮了一番，又换了一条新领带。上午10点钟，他走进了微软公司人力资源部。等秘书小姐向经理通报后，爱德华静了静心，提着手提包来到经理办公室门前，轻轻地敲了两下门。"是爱德华先生吗？"屋里传出问询声。

"经理先生，你好！我是爱德华。"爱德华慢慢地推开门。

"抱歉，爱德华先生，你能再敲一次门吗？"端坐在沙发转椅上的经理悠闲地注视着爱德华，表情有些冷淡。

经理先生的话虽令爱德华有些疑惑，但他并未多想，关上门，重新敲了两下，然后推门走进去。

"不，爱德华先生，这次没有第一次好，你能再来一次吗？"经理示意他出去重来。

爱德华重新敲门，又一次踏进房间。

"先生，这样可以吗？"

"这样说话不好——"

爱德华又一次在敲门之后走进去："我是爱德华，见到你很高兴，经理先生。"

"请别这样，"经理依然淡淡道，"还得再来一次。"

爱德华又作了一次尝试："抱歉，打扰你工作了。"

"这回差不多了，如果你能再来一次会更好，你能再试一次吗？"

当爱德华第十次退出来时，他内心的喜悦和憧憬已消失殆尽，开始有些恼火，对方分明是在刁难戏弄人。爱德华生气地转身离开，可刚走几步又停了下来。他想起了教授的谆谆教诲，决定再试一次。

于是，爱德华稍稍地舒了一口气，第十一次敲响了门。这次，他得到的不是难堪，而是热烈欢迎的掌声。爱德华没有想到，第十一次敲门，叩开的竟是一扇成功之门。原来，微软公司此次是打算招聘一名市场调查员。而一名优秀的市场调查员，不仅要具备学识素质，更要具备耐心和毅力等心理素质。这十一次敲门和问候，就是一道考查一个人心理素质的考题，而爱德华用自己的坚持赢得了这个职位。

"行百里者半九十"，最后的那段路，往往有一道难以跨越的门槛。在我们历尽艰辛、心力交瘁的时候，即使一个小小的变故或者障碍都有可能把我们击倒，而这个时候，胜利往往来自于"再坚持一下"的努力。

比别人多做 1%

100 件事情，如果 99 件事情做好了，一件事情未做好，而这一件事就有可能对某一公司、单位及个人产生 100% 的影响。在数学上，"100-1"等于 99，而在公司经营上，"100-1"却等于 0。

水温升到 99℃，还不是开水，其价值有限；若再添一把火，在 99℃的基础上再升高 1℃，就会使水沸腾，并产生大量水蒸气来开动机器，从而获得巨大的经济效益。工作也是同样的道理，成功与失败往往源自 1% 的不同，有的人多做了那 1%，就接近了成功，有的人少做了 1%，就注定了失败。

1% 的差别也许微乎其微，但将这些 1% 进行汇总，得到的将是一个大的改观，所取得的成就及成就的实质内容，也常常有天壤之别。

在很多人眼里，子敏的运气特别好。

她的专业在这个行业里并不占什么优势，长相一般，能力也并不出类拔萃，但她在进入公司后短短的两年时间里，在每一个部门都做得有声有色，每一次调动都令人刮目相看。关于她的升迁，有各种各样的说法，却有一点是一致的，那就是大家都觉得是好运气眷顾了她，给了她得天独厚的机会，否则她凭什么从人事部文员到营销部经理，一路凯歌呢？

只有她自己清楚机会是怎么得来的。

进这家大公司的时候，专业优势不明显的她先被分到人事部，做一个并不起眼的文员。那个部门，能言善道、八面玲珑的女孩子和深谙权术、势利平庸的男人比比皆是。她不惹是非，只是恪尽职守。不过偶尔露露峥嵘，比如发现别人输错了数据，她悄悄地修改了，并不大肆渲染。领导让她做什么，她就竭尽所能，总是在第一时间做到让人无可挑剔。别人扎堆抱怨工作百无聊赖、老板苛刻、地铁太挤时，她在悄悄熟悉公司的各个部门、产品以及主要客户的情况。

有一次营销部经理偶尔经过她的办公室，看到她处理一件小事情时表现出的得体和分寸，就打报告要求她去顶他们部门的一个空缺。

营销部令她的世界骤然广阔起来。同原先一样，她的特色就是默默地努力。半年后，她的几份扎实的调查分析报告，为她赢得了一片喝彩。一年后，她已经是营销部公认的举足轻重的人物了，看到她在会议上气定神闲、无懈可击的发言，原来行政部的同事都大跌眼镜。

刚刚荣升营销部经理不久，老板请她喝茶，问她愿不愿意接受挑战，去情况并不乐观的北方公司。

子敏选择了库存积压最厉害的第一销售处，开始了她的第一步工作。寒风凛冽的冬天，她一个人借了一辆自行车，找代理公司产品的代理商，了解产品滞销的原因。几个月后，情况就开始明显改善了。

不知情的人，当然以为她这两年走红运，哪里知道她一天下来腰酸背痛的艰辛。

子敏去拜访某局长时，偶然听到他同业内另一位局长在打电话，谈论第二天去某景点开会的消息。子敏回公司后做的第一件事情，就是了解他们在那里入住的酒店。第二天傍晚，一身旅行装束的子敏与局长们相遇在酒店大堂里，她是来自助旅行的，虽然醉翁之意不在酒，但谁也没有看出来。

后来的几天，他们邀请她一起参加活动——唱歌、打牌、聚餐。再后来，认识她的人同她关系更密切了，不认识她的人也慢慢接纳了她，她的客户名单上增加了强势的一群人。第一张大单子就在半年后出现在这群人中。

关于机会，子敏最有感触：机会来的时候，并不会同你打招呼，不疏忽平时的每一个点滴，做好每一件不起眼的小事，就是在为自己创造最佳的机会。

和子敏不同，有些在职场中的人，只是被动地应付工作，为了工作而工作。他们在工作中没有投入自己全部的热情和智慧，只是在机械地完成任务，而不愿多付出那1%，自然离成功越来越远。

"1%"虽少，但有无这1%对我们的生活和工作影响巨大。思考多加1%，激情多加1%，主动多加1%，创造多加1%，你就会发现你的收获不只是多加了1%。

成功与失败的距离其实并不遥远

每天挤出一点点时间，让自己进步一点点，让自己总比别人好一点，是走向成功的重要方式。这就要求我们不得不放弃一些诱惑，也许放弃那些应该放弃的诱惑并不是一件容易的事情，但是，如果想要成功，必然要放弃一些普通人能够享受的人生乐趣。

总比别人好一点的原则，是成功的人生战略，无论对精神生活的追求、对物质生活的追求、对事业成功的追求都是如此。我们可以追求短期效应，但目光却应放得更长远些，不要计较一城一池的得失，不要让急功近利蒙住了我们的双眼。

音乐大师们每天都必须拿出时间进行练习，为了保持现有水平，他们不得不付出大量的时间。一位古典音乐家坦言："一天不练，自己知道。两天不练，妻子知道。三天不练，听众知道。"

威尔福莱特·康前半生奋斗了40年，成了全世界织布业的巨头之一。尽管事务十分忙碌，他仍渴望有自己的兴趣爱好。他说："过去我很想画画，但从未学过油画，我曾不敢相信自己花了力气会有多大的收获。可我最后还是决定了，每天一定要抽出一小时来画画。"

威尔福莱特·康所牺牲的只能是睡眠了。为了保证这一小时不受干扰，唯一的办法是每天清晨5点前就起床，一直画到吃早饭。他说："其实那并不算苦。一旦我决定每天在这一小时里学画，每天清晨这个时候，渴望和追求就会把我唤醒，怎么也不想再睡了。"

他把顶楼改为画室，几年来从不放过早晨的这一小时。后来时间给他的报酬是惊人的。他的油画大量地在画展上出现了，他还举办了多次个人画展，其中有几百幅画被高价买走。他把用这一小时作画所得的全部收入变为奖学金，专供给那些搞艺术的优秀学生。他说："捐赠这点钱算不了什么，只是我的一半收获。从画画中我获得了很大的快乐，这是另一半收获。"

威尔福莱特·康每天挤出一点时间画画，终于成为一个业余画家。人们或许觉得他这样起早贪黑地画，一定比较"痛苦"，但谁又能知道他乐在其中的欣喜呢？更何况，他把卖画所得用来帮助别人。

他得到的是技艺的长进和两份快乐。

那么，怎样做到每天提高1%，总比别人好一点呢？

第一，将起床时间提前1%。你想寻求一种能提高个人办事能力的简便有效的方法吗？那么就请你每天提前一个小时起床上班。提前的这一个小时不会使你感到困倦，相反只能为你带来意想不到的良好效果。

第二，少浪费1%的时间。尽力避开浪费时间的活动，比如参加那些专业协会、社区联防队、志愿者团体等，你一定要肯定其确有价值而且自己感兴趣才行。不要去参加那种自始至终你都是一个盲目的跟从者的会议，即使你在该组织中担任领导职务，那样只会浪费你和别人的时间。

第三，让思考速度提高1%。像其他任何事情一样，思考也是一个不断进步的过程，它可以被传授，被学会，可以被实践和发展。

第四，多获取1%的能量。在实施全套提升体能计划之前，工作中注意以下两点：午饭不要过饱，否则会使你恹恹欲睡；应试着"少食多餐"。

第五，较高的工作效率只能保持一两个小时，这是集中精力工作的最佳时间长度。研究表明，全神贯注于某种活动90～120分钟后，精力便难以继续集中。这时你需要休息一会儿，以便于体内进行生化反应，恢复体能。

第六，在工作时不要饮酒。酒精会使你睡眼惺忪，影响思维能力。工作午餐时，可以要一杯柠檬汽水或冰茶，而非葡萄酒或鸡尾酒。

每天提高 1% 的威力是无穷的，只要我们有足够的耐力，坚持到"第 28 天"以后，你进步的程度会让自己都感到惊讶。

一个人，如果每天都能提高 1%，就没有什么能阻挡他抵达成功，成功与失败的距离其实并不遥远，很多时候，它们之间的区别就在于你是否每天都在提高你自己，假如今天的你与昨天的你相比没有进步的话，那么你就会被竞争无情地淘汰。

其实何止是事业，生活中也可以每天挤出一点时间来，干自己有兴趣的事情，自得其乐，在幸福的疲倦中每天进步一点点，最后收获意想不到的成功。

做得比别人的期待更多一点

无论你从事什么工作或活动，只做到全心全意、尽职尽责是不够的，还应该多做一点，比别人期待的更多一点，这样你就可以吸引更多的注意，给自我的提升创造更多的机会。而且你所付出的额外服务会为你带来更多的回报。

如果你是以不心甘情愿的心态提供服务，那你可能得不到任何回报，如果你只是从为自己谋取利益的角度提供服务时，则可能连你希望得到的利益也得不到。

卡洛·道尼斯先生最初为杜兰特工作时，职务很低，现在已成为杜兰特先生的左膀右臂，担任其下属一家公司的总裁。之所以能如此快速升迁，秘密就在于"每天多干一点"。

有人曾经拜访道尼斯先生，并且询问其成功的诀窍。他平静而简短地道出了个中缘由："在为杜兰特先生工作之初，我就注意到，每天下班后，所有的人都回家了，杜兰特先生仍然会留在办公室里继续工作到很晚。因此，我决定下班后也留在办公室里。是的，的确没有人要求我这样做，但我认为自己应该留下来，在需要时为杜兰特先生提供一些帮助。"

"工作时杜兰特先生经常找文件、打印材料，最初这些工作都是他自己亲自来做。很快，他就发现我随时在等待他的召唤，并且逐渐养成招呼我的习惯……"

因为道尼斯自动留在办公室，使杜兰特先生随时可以看到他，并且逐渐养成召唤道尼斯先生的习惯。道尼斯没有因此获得任何报酬。但是，他获得了更多的机会，使自己赢得老板的关注，最终获得了提升。

身处困境而拼搏能够产生巨大的力量，这是人生永恒不变的法则。如果你能多做一点，那么，不仅能彰显自己勤奋的美德，而且能为自己赢得更多的发展机会。

社会在发展，公司在成长，个人的职责范围也随之扩大。不要总是以"这不是我分内的工作"为由来逃避责任。当额外的工作分配到你头上时，不妨视之为一种机遇。想要成功既要学习专业知识，也要不断拓宽自己的知识面，一些看似无关的知识往往会对未来起巨大作用。而"每天多做一点"则能够给你提供这样的学习机会。

多付出一点点的意义还在于强化自己的工作能力，并在工作上精益求精。如果你能抱着最佳心态，执行你的任务，便能更进一步提高你的技术。

付出就有回报，这是一个众所周知的因果法则。也许你的投入无法即刻让你得到相应的回报，也不要失望和沮丧，应该一如既往地付出。回报可能会在不经意间，以出人意料的方式出现。

永远做最最 20% 的人

一位成功大师曾经说过这样一段话："无论在任何组织或团体中，成功者永远是少数，他们大约只能占到这个组织总人数的 20%，而剩下的 80% 都是普通人，都是默默无闻之辈。比如在这个课堂上，如果你敢于上台讲话，你已经成为我们这所有学员中那 20% 行列里的人了；如果你是前几名讲话的，那就是所有讲话的人中的 20%；如果你既是前几名讲话，同时又是讲得最受欢迎的，那就是 20% 中的 20% 了。只有当你成为最最 20% 的人的时候，你才有可能成为一个成功者。"

有一个学习计算机的年轻人，大学毕业后四处求职，暑假过去了，他依然没有找到理想的工作，眼看身上的钱就要用完了。有一天，报纸上登出一则招聘启事，一家新成立的电脑公司需要招聘各种电脑技术人员 20 名，但需要经过考试。年轻人报了名，之后就潜心复习，终于在 200 多名报名者中脱颖而出。

刚成立的公司，又是试用期，这个年轻人的待遇自然不怎么样。但在走上工作岗位后，他才真正认识到自己的知识欠缺太多。公司每晚要留值班人员，家住本市的同事都不愿意值班，他就索性搬到单位住，包揽了所有值班任务。每晚 9 点关门后，他就在办公室拼命钻研电脑知识，比读大学的时候还勤奋十倍，工作两个月后，他就已经成为公司的技术骨干了。

小有成就的年轻人自然留在了这家公司，他继续每天学习，两年后，他考取了国际和国内网络工程师资格证书，成为一名网络工程师，已经有一些猎头开始给他打电话，向他推荐不错的工作。

几年过去，随着公司的发展壮大，不到 30 岁的他就凭借出色的业绩在这家公司拥有了高薪高职位，并有一定股份。当年一起试用的朋友，有的还在卖电脑。

故事中的年轻人意识到了自己知识上的欠缺，通过不断的学习，超越了别人，成为了自己领域内的最最 20% 的人，这时，好的机遇也悄然而至。

做最最 20% 的人，把自己拉到最高点，站在山顶俯瞰生命全景，这样不但能够更好地掌控全局，也是对自我格局的一种扩大，能够让自己的人生观与价值观处于高广的人生视点上，使自己成为拥有较高生命品质的人。

抓住偶然的灵感

格德纳是加拿大一家公司的普通职员。一天，他不小心碰翻了一个瓶子，瓶子里装的液体淹湿了桌上一份正待复印的重要文件。

格德纳很着急，心想这下可闯祸了，文件上的字可能看不清了。

他赶紧抓起文件仔细察看，令他感到奇怪的是，文件上被液体浸染的部分，其字迹依然清晰可见。

当他拿去复印时，又一个意外情况出现了，复印出来的文件，被液体污染后很清晰的那部分，竟变成了一团黑斑，这又使他转喜为忧。

为了消除文件上的黑斑，他绞尽脑汁，但一筹莫展。

突然，头脑中冒出一个针对"液体"与"黑斑"倒过来想的念头。自从复印机发明以来，人们不是为文件被盗印而大伤脑筋吗？为什么不以这种"液体"为基础，化其不利为有利，研制一种能防止盗印的特殊液体呢？

格德纳利用这种逆向思维，经过长时间艰苦努力，最终把这种产品研制成功。但他最后推向市场的不是液体，而是一种深红的防影印纸，并且销路很好。

格德纳没有放过一次复印中的偶然事件，由字迹被液体浸染后变清晰，复印出的却是黑斑这一现象，联想到文件保密工作中的防止盗印，由此开发了防影印纸。不可不说这是在偶然中获得成功的一个典型案例。

衣物漂白剂的发明与此有异曲同工之妙，也是源于一次意外的发现。

吉麦太太洗好衣服后，把拧干的洗涤物放到一边，疲倦地站起来伸伸腰。这时，吉麦下意识地挥了一下画笔：蓦地，蓝色颜料竟沾在了洗好的白衬衣上。

吉麦太太一面嘀咕一面重洗。但雪白的衬衣因沾染蓝色颜料，任她怎么洗，仍然带有一点淡蓝色。她无可奈何地只好把它晒干。结果，这件沾染蓝颜料的白衬衣，竟更鲜丽，更洁白了。

"呃！这就奇怪啦！"

"是呀！的确比以前更白了，奇怪！"他太太也感到惊异。

第二天，他故意像昨天一样，在洗好的衣服上沾染了蓝颜料，结果晒干的衬衣还是跟上次一样，显得异常明亮、雪白。第三天，他又试了一次，结果仍然一样。

吉麦把那种颜料称为"可使洗涤物洁白的药"，并附上"将这种药少量溶解在洗衣盆里洗涤"的使用法开始出售，竟出乎意料的畅销。凡是使用过的人，看着雪白得几乎发亮的洗涤物，无不啧啧称奇，赞许吉麦的"漂白剂"。

一经获得好评后，这种可使洗涤物洁白的"药"——蓝颜料和水的混合液，就更受家庭主妇的欢迎。

吉麦发明这种漂白剂出于偶然的灵感，但如果能抓住它，就能获得不凡的创意。

事物是有规律的，偶然中蕴涵着必然，对生活中的偶然不能轻易放过，擦亮你的创新慧眼，也许你会获得一些意外的发现。

不要为自己的缺点遮羞

很多年轻人都喜欢追求完美，喜欢在一种唯美的思绪里畅想自己的未来。但是，人没有完美的，总会有这样或那样的缺点。缺点是否成为成功路上的障碍，关键是要看成就什么样的事业。想成为万人瞩目的政治领袖吗？就需要具有富兰克林那样的勇气，检视自己的缺点，并与之进行坚持不懈的斗争，直到胜利为止。

克劳兹是美国某公司总裁，他奋斗了 8 年让公司的资产由 200 万美元发展到 5000 万美元。2005 年他去华盛顿领取了本年度国家蓝色公司奖章。这是美国商会为奖励那些战胜逆境的中小公司而颁发的，那年只颁发了 6 枚奖章。

克劳兹可以算是一个成功的公司家了，可他的心中却有一个难言之隐，他将它深深藏在心里已经很多年了。白天克劳兹应接不暇地处理对外事务，好像是忙得没有时间去阅读邮件和文件。很多文件由公司的管理人员白天就处理好了，白天遗留下来的文件，到了晚上，由他的妻子莱丝帮助他处理，他的下属对他无法阅读这件事一直一无所知。

克劳兹的痛苦起源于童年。当时他在内华达的一个小矿区里上小学。"老师叫我笨蛋，因为我阅读困难。"他说。他是整个学校里最安静的小孩，总是默默地坐在教室的最后一排。他天生有阅读障碍，老师又责骂他，他在学校的学习变得更艰难了。1963 年，他从高中勉强毕业，当时他的成绩主要是 C、D 和 F（A 是最高等级）。

高中毕业后，克劳兹搬到了雷诺市，用 200 美元的本金开了一家小机械商店。经过不懈的努力，1997 年他已经成功开了 5 个分店，资产超过了 200 万美元。今天他的公司已经成为所在行业的佼佼者，公司每年至少有 1500 万美元的利润。

克劳兹害怕受到那些大多是大学毕业的首席执行官们的嘲笑和轻视。但是，他没想到他得到的是更多的支持和鼓励。"这使我更加佩服他获得的成功，这加深了我对他的敬意。"约斯特说。另外，当克劳兹告诉他的雇员他不会阅读的时候，也赢得了雇员们的尊重。克劳兹说："自从我下决心让每个人都知道这件事以来，我心里轻松了许多。"

从那以后，克劳兹聘请了一名家庭教师为他做阅读辅导。克劳兹最近正在读一本管理方面的书。他在所有他不认识的单词下面画线，然后去查字典，读得很慢。他希望有一天他能像他妻子那样可以迅速地读完办公桌上所有的文件和信函。更重要的是，他希望他的故事能鼓励其他正在学习阅读的人。

"有缺点没有什么可羞愧的，然而，如果明知自己有缺点却不做任何改进，那就变成一种耻辱了。"自己不去正视缺点，它将永远是缺点。克服它、战胜它的过程也是优点凸现的过程。

做到出色才最具竞争力

只有做到出色，你才有竞争力，你才有打败你的竞争对手的可能。

而无论是做最好的球员，还是做最出色的员工，你要拥有最好的思想，进行最好的实践，用最有效的做事方法，追求高品质、高效率。因为只有这样，你才能在竞争中不被对手打倒。

NBA那些优秀的球员，之所以能在球队安身立命，往往是因为他们身怀绝技，有自己的竞争优势。

以乔丹为例，如果他仅以天生的身体素质，或许会成为一流球星，但绝不会成为一个伟大的人物。他打起球来是那么流畅、那么自然，又是那么活跃、那么富于变化，你永远无法预期他下一个动作会是什么。他的每一场球，都在争取发挥出自己的最佳实力，打出最漂亮的球。

乔丹是一个全能球员，场上五个攻防位置都能打，而且能示范多种出色的打法。他练就了最精彩的动作：从三分线外飞身跃起，高举着球，在众人仰视中，划过一道美丽的弧线，扑近篮筐扣篮，或者空中旋转360度反身灌篮，使所有在场的球迷如痴如狂。他的三分球命中率达到30%，有时更高，令对手防不胜防。

他的球技出神入化，当他需要显示弹跳的时候，他可以跳到2米以上的巨人的肩膀上，并隔着两个人灌篮；当他需要显示飞行的时候，他可以从罚球线起跳，把球塞入篮筐——历史上只有三个人能进行这种表演，但唯有他轻松而舒展；当他想娱乐观众的时候，他可以在空中跨步、转体，用各种花样扣篮。他曾在1987年、1988年连夺两次花球扣篮大赛的冠军。

他在空中的灵感无穷无尽，在空中的姿态无与伦比，能达到随心所欲的境界。他最为得意的是空中躲闪和滞留技巧。他的对手"魔术师"约翰逊说："乔丹跟你一块儿跳起来，他会把球放在腹下，等你落地了，他再投篮。"更绝的是，他可以在空中任意改变方向，把防守者引诱到这边来封阻，而他却突然把球转到那一边上篮，把你耍够了后，他再心满意足地上篮得分。

虽然乔丹自己的优势很明显，他也总会巧妙地配合自己的队员，帮队友助攻，也给他们创造投篮得分的机会。他的球品在整个球队里也是有口皆碑的。

乔丹带给球队的，不仅是无与伦比的球技，更包括他对篮球打法的深入了解。他具有无与伦比的身体控制能力，好像魔术一般，能够变幻出各式各样的控球、投篮技巧，总能在较低的位置运球。他的姿势总是如在弦之箭，一触即发！他身高只有1.98米，在高人林立的NBA中并不出众，但他善于使用整个身体的力量，一种和谐的力量，在球场上穿梭。

乔丹的球技是出色的，身高虽然只有1.98米，但仍然能够在众多"高人"中最具竞争力。

像篮球比赛一样，商业竞争往往也是速度的竞争。许多名列全球500强的公司，一个关键理念就是领先对手半步。

美国邮政服务公司、美国包裹邮递服务公司、爱默里全球邮递公司都曾经问过他们的客户这样一个问题："如果我们提供速递服务，你们愿意多付一点费用吗？"

"不愿意！"回答是异口同声的，"我们不愿为快速邮递多付费用，哪怕是1美分！"

三家公司都放弃了这一努力，只有美国联邦速递公司的总裁弗雷德·史密斯不相信这一点，他认为这项革新一定要付诸实施，而且要通过联邦速递公司来证明这一点。

作为全球500强公司，联邦速递公司始终坚持领先对手一步的理念。公司刚成立时，几乎无法生存下去，正是由于一群有共同梦想的人，坚持为他们的服务建立一种需求欲望，联邦速递公司才坚持下来，并不断发展壮大。他们扩展服务项目，将他们在全美及全球速递时间定为最多两天。他们不仅仅建立了一种市场需求渴望，而且还最先将这种理念引进了市场。它之所以保持在该行业的唯一性，正是靠迈出第一步并在竞争中领先，做到更出色。

做到出色才能最具竞争力。一支球队只有领先，才能夺得冠军；一个公司只有领先，才能获得成功；一个员工只有领先，才能拿到高薪，获得更多的发展机会。公司员工要培养这种始终领先对手半步的意识，只有每一个员工都坚持这一理念，每一步都坚持这样做，公司才能真正保持业界第一，成为本领域的龙头。

第二章
培养自己的核心能力，不断充实自我

成为本行业的专家

"无论从事什么职业，都应该精通它！"这句话标示了让工作成为专业的重要意义。作为一名从业者，如果你想让自己有更好的发展，就要努力提升自己的专业技能，使自己成为本行业的专家，如此才能创造非凡业绩。

张毅翔毕业于苏州技师学院，当过操作工、维修人员，做过基层管理，当过班组长、线长、课长。不管在哪里，张毅翔始终立足本职岗位，把工作做得比昨天更好、比别人更好。他当操作工的时候，每天面对同样的产品生产，尽管工作简单枯燥，但他总是力求完美。张毅翔开始从事的几个岗位，工作难度都不大，难的是对待每一份工作都能保持一样的敬业精神和认真态度，难的是能把每件小事都做到极致，张毅翔做到了。在当维修工的时候，公司涉及的维修项目，他没有完不成的，松下系统公司的领导赞赏地说："对于张毅翔来说，我们公司没有他修不了的东西。"他多次被评为公司优秀员工，成为企业的骨干力量。

别人问他什么东西都能修是怎样做到的？他说：."这得益于在技校学的理论知识，得益于在技校养成的勤动手的习惯和不怕脏、不怕累的精神。"他说，当维修工时自己经常琢磨各种设备、零部件，了解它们的构造和性能特点，由于有理论知识做基础，他动起手来就心中有数，能很快发现问题出在哪里。那些设备、零件在他手中翻来覆去几十回，熟能生巧，当然不成问题。

2000年他当了班长，负责组织完成班上的生产任务，保证质量和品质。松下公司在苏州生产的产品有一部分要返销日本，产品进入日本时，日方要进行检查，验证产品质量，程序非常严格。2001年上半年，返销日本的产品中出现6起不良品事件，这已经达到了公司规定的全年不良品上限。产品在国内检查时是合格的，为什么到了日本就不合格了呢？张毅翔着手解决这个问题。

凭着多年对生产过程、质量管理以及控制过程的熟悉，他判断问题应该出在动态管理的漏洞上，也就是说，产品存在一个变化点管理的问题，只有实现了变化点的合理、完善管理，产品品质才不会因为空间、时间以及其他外在因素的变化而改变。他对症下药，完善了变化点管理程序，改善了动态管理过程，顺利解决了问题。

2002年他升任制造部科长，达到了技能岗位的高层。很多人羡慕他走上了管理岗位，但张毅翔认为，没有人生来就懂管理，管理其实是对过程的熟悉，而对过程的熟悉，不仅是时间的积累，更是技术的不断完善和提高。

张毅翔的故事给20几岁的年轻人的启迪就是：干一行，爱一行，精一行，无论我们做什么工作，必须对自己所从事的事业精益求精，刻苦钻研业务知识，做本行业的尖兵，做业绩的榜样。这是职场上追求卓越、立于不败之地的一大法宝。

在英国赛马界，有一位声望很高、极有权威性的人物亨利·亚当斯，他既不是名声显赫的老板，也不是技能出众的赛手，而是一位钉马掌的铁匠。亨利钉的马掌可以说是骏马蹄上最合适的马掌。他说："我给它们钉了一辈子的掌，这就是我的工作，也是我最关心的事，我看到一匹马，首先想到的就是该给它钉一副什么样的掌最合适。"

他一辈子给人家钉马掌，为自己赢得了极高的荣誉。现在他年事已高，但找他钉马掌的赛手们仍络绎不绝，甚至要排队等候，因为在赛手们眼中，他是无人可替代的。

钉马掌的工作看起来微不足道，亨利·亚当斯却做成了这个行业的专家。

由此可见，业精于专，与其诸事平平，不如一事精通，这才是取得业绩、成就伟业的关键，也是职业人士攀登职业高峰的秘诀。

美国前总统老布什在得克萨斯州一所学校做演讲时，对学生们说："比其他事情更重要的是，你们需要知道怎样将一件事情做好；与其他有能力做这件事的人相比，如果你能做得更好，那么，你就永远不会失业。"

在这个世界上，各行各业的技术高手、才华横溢的人才不胜枚举，可是真正成功的人有几个？要想成为本行业的专家，就要专注自己的优势，将优势发挥到极致。一个拥有一项专业技能的人，要比那种样样不精的多面手更容易取得骄人的业绩和获得辉煌的成就。

建立排名前五名的专业水平

现代社会已经成为一个专业化的时代，专业人才受到了社会的推崇。而对个人来讲，专业水平已经成为自己的立身之本，构成了自己立足职场的关键因素。只要你认准了自己的专业发展前景，就要坚持自己的选择，这是通向成功的必由之路。不管对于企业，还是个人，都同样适用。当你进入了前五名的排名，就会得到社会的认可、肯定。

如今，很多企业都意识到了专业的至关重要，注重在某个领域内努力提升自己专业的水平、能力、技能和经验。

零点调查公司目前在国内调查行业中是发展较好的一家。成立于1992年，它的创办人袁岳当时从稳定的国家机关辞职下海成立了这家专业性调查研究公司。当时，国外的市场调查行业如火如荼，国内却鲜有人了解这个行业，袁岳清醒地认识到了这个行业发展的潜力巨大。经过十多年的发展，零点一直在走一条专业化的发展方向，在市场调研的领域里，进行很多的探索，为客户提供更加专业的服务。诸如将调查的领域分门别类地细分为房地产汽车研究组、快速变动消费品与金融研究组等，并探索相应的调查分析技术。如今的网络调查随处可见，零点公司是在1997年就开始尝试进行网络调查。在追求专业化发展的进程中，就能够密切关注本领域的发展趋势，敏锐地捕捉先进的调查技术，才在行业内站住脚。

零点公司经历了一个厚积薄发的过程。起初，专注于国内很少人知晓的市场调查行业。到如今，这个行业如雨后春笋般遍地开花时，它已经做大做强，使自己的品牌影响力在行业内享有很高的声望。

那么，对于个人来讲，努力提升自己的专业水平的过程固然艰辛。但是，只要自己能够坚持下去，一切的付出都会得到加倍的回报。试想，即使一个资质再平庸的人，如果他能够在自己的专业领域几十年如一日地学习、探索，日复一日、年复一年地积累与沉淀，他的专业水平一定是非常高超的。坚持不懈的力量是非常强大的。

古南在大学期间学习的是英语专业，他本人也非常喜欢英语，专业能力也比较强，所以在毕业找工作的时候，他如愿以偿地进入了一家外企从事英文翻译工作。他的工作很出色，受到了公司上上下下的肯定和认可。但是，他认为在外企的发展不如在国企好。工作了两年后，他看到周围在银行工作的同学收入不错、工作也很稳定，就萌发了跳槽的念头。后来，他通过一些关系，进入了一家银行工作，分配给他的工作岗位是人力资源管理。他对这个工作完全不了解，只能是摸着石头过河。由于没有专业能力，他在银行的晋升机会也很渺茫，自己本来擅长的英语专业也就此荒废掉了。

古南仅看到了眼前银行的工资、福利待遇较好，却轻视了自己的专业优势。在竞争如此激烈的情况下，难以发挥自己的专业优势，就失去了与别人竞争的基石。当然，古南的案例并不少见，我们很多人在面临选择的时候，都很可能忽视了专业的重要性。最终，在不知不觉中放弃了远大的志向，安享当前的安逸生活。

因此20几岁的年轻人千万不能忽视专业的重要性，努力建立排名前五名的专业水平，那么你的核心竞争能力也会不断提升。

好的阅读与写作能力让你如虎添翼

"工欲善其事，必先利其器。"职场人士都非常注重提升自己有形、无形的能力，来满足事业长足的发展。谈起工作能力，我们往往会列举出来很多，诸如人际交往能力、组织管理能力、计算机运用能力等。常常会把阅读、写作这些基本功忽略不计，似乎这些能力都不值得一提了。岂不知，真正优秀的阅读、写作能力是并非轻而易举就能具备的。好的阅读、写作能力看似简单、平常，却能够让我们的专业如虎添翼、锦上添花。

刘冰是一个善于学习的人。他就职于一家会展公司的策划部门，他的策划方案主题鲜明、新颖独特，富有时代感，经常会被公司采纳。他的才华和工作能力颇受领导的赏识，工作两年后他就升为部门的项目主管。他之所以升迁如此快的原因，就在于善于通过阅读、写作的方式学习新东西。每次遇到会展举办的时候，其他的同事都是完成自己分内的工作就万事大吉，而他在完成自己工作后，总是把其他会展公司的宣传单页、会展材料收集好。他把这些材料分门别类地整理好，并且经常对别家公司的创意进行点评，并且，对国外的会展策划的前沿设计非常感兴趣。时间长了，他的办公室抽屉里，井井有条地整理出了几大本材料，仅他密密麻麻整理的资料就有很多本。

刘冰的阅读、写作习惯让他在自己的专业上不断吸取先进的技术和方法，不断总结完善自己。他的方式是值得20几岁的年轻人效仿的。要知道，在当今的社会上，离开大学校园，并不意味着学习的结束。只要留心，处处都有值得我们学习的地方。在繁忙的工作中，也要积极思考通过何种方式来学习。阅读、写作就是一种非常好的学习方法。

阅读、写作的内容可以是关于自己的专业建设，也可以是自己的人生感悟。其实，重要的不是形式本身，而是我们的思维方式。

李菲供职于一家大型的民营企业，主要负责产品的销售工作。部门规定每个员工在每个月都超过一定额度业绩的情况下，才能发放奖金。同事们为了完成业绩，每天都要想方设法来推销产品，吃闭门羹、遭受白眼，甚至被别人赶出来都是常有的事情，因此销售部门的员工大多数都是一副眉头紧锁、苦大仇深的模样。而李菲的销售业绩一直名列前茅，虽然也偶有下滑，但是她一直看起来精神饱满、神清气爽。大家纷纷想向她询问秘诀，李菲说自己的秘诀就是每天坚持做两件事：一件事每天记日记，记下自己的销售情况，也写下自己的心得；另一件事就是睡前读一些人生哲理之类的书。

李菲的成功不能说没有好的阅读与写作能力的功劳。她通过记住自己的销售情况与心得，让自己不再犯以前的销售错误，找到更好的办法来推销。同时通过阅读人生哲理之类的书，让自己的心境平静，坦然面对各种挫折。

阅读、写作都是需要细品慢嚼、精雕细琢的，需要充分调动我们的思考力。当我们全身心投入的时候，很容易就会忘掉不快和烦恼，使我们心境平和、宁静，带给我们精神世界的愉悦和升华，是其他方式难以企及的人生境界。

当然，很多人工作一天下来，往往会觉得筋疲力尽，阅读、写作会成为额外的负担。其实，二者并不是仅仅增加了生活、工作的负担，也会净化我们的心灵、增添我们生活的动力。如果不阅读、不写作，或者是应付地阅读、写作，那么我们对事物的分析、洞察能力，就会不可避免地走向衰弱。浮光掠影、敷衍了事的阅读、写作也只是过眼烟云。

写作、阅读都是一个厚积薄发的过程，需要经过长期地积累、不断地磨炼才能够有所成就。积累越深厚，功底才能越深厚。其实，这本身就是一个磨炼意志、提升自我的过程。20几岁的年轻人想要提高自己这方面的能力，就一定要能够坚持下去！

掌握一门外语

外语成了很多职场人士的拦路虎。尽管不少逐渐成为职场中流砥柱的80后从小学、中学就开始与英语接触。但是，无可奈何的是，我们的哑巴英语已经落伍了。虽然在外语考试中，取得了高分。但是，一拿起专业的外文材料仍然一筹莫展。遇到与老外交流的时候，就感到相形见绌。

蹩脚的英语水平会使得职场人士的专业能力大打折扣。要想取得长足的发展，就要不断接触专业领域的前沿信息。要知道，即使自己一只脚已经迈进了心仪已久的公司，也要有长远的职业发展规划，弥补自己的薄弱环节。千万不可忽视外语的学习，否则这只拦路虎将会成为20几岁年轻人职业发展的绊脚石。

毕业于名牌大学的苏淼，进入一家美国驻京的市场调查公司工作。刚开始工作的时候，她的工作内容是整理公司总部下发的各种文件。在学校里，她的英语已经通过了大学英语六级。但是，学校的学习仅仅练就了她炉火纯青的应对考试的能力。真正要阅读、理解专业的材料还是有很大的距离。自信满满的她，拿到那些上司交给她的外文材料时就傻眼了。但是，她又不愿意直接向上司说明，只好硬着头皮做，结果漏洞百出。不久，苏淼就调离了公司关键性的工作岗位。

苏淼的例子从反面反映了掌握一门外语的重要性。

一度热播的电视剧《杜拉拉升职记》的职场经历成为人们津津乐道的话题。其实，电视剧总归是虚构的，现实生活中要想在世界500强企业里崭露头角，远没有片中的杜拉拉那样轻松。在电视剧的剧情中，杜拉拉能够进入DB（杜邦公司）可说是相当幸运。她在高手如云的DB招聘会上，非常拗口地用英语报出了自己的名字"My name is Du Lala"，就轻而易举地争取到了面试的机会。

众所周知，外企一般会对员工有很高的英语能力要求。尤其是作为秘书的职位更是有超高的要求。而电视剧中，杜拉拉在外企的职位是销售助理，在剧中的对话却很少用到外语。也让很多人感到脱离实际的情况。现实生活中，像杜拉拉那样操着蹩脚的外语居然能够幸运地跨进外企的人毕竟是少数的。大部分人的外语能力不够好，就只能吃尽苦头了。

仅仅固守眼前一亩三分地的时代已经过去了，当前所处的时代，意味着20几岁的年轻人必须要以开阔的视野不断汲取新鲜的养分。如果因为自己蹩脚的外语，连基本的专业资料都无法搞懂的话，就要意识到自己的危机了。

精通一门外语，在第一时间掌握本行业内的前沿信息，才能让你不错失发展的良机。

即使是临危受命，仍能游刃有余

职场如战场，风云变幻，当你所在的公司处于风雨飘摇，几乎无人有足够的专业水平独撑大局的时刻，老板希望你能够力挽狂澜、临危受命，你是后退拒绝呢，还是以足够的勇气迎接挑战呢？摆在你面前的是两难的选择，克敌制胜只能凭借自己过硬的专业水准。

某会展策划公司承接了一个大型会展的项目，老板非常高兴，要知道这个项目做成了，在业内就会很快占领一席之地了。正当公司上上下下都为即将到来的会展而忙碌的时候，负责项目策划的张经理突然病倒了，住进了医院。这下公司里就像炸开了锅，离展览会举行只剩下一个月的时间了，能否按期完成任务就成了疑问。这时，老板任命张经理的助理林凤负责接替项目策划部门经理工作，带领大家做最后的冲刺。林凤接到任命后，心情颇为复杂。本来林凤进行会展策划的水平是部门最强的，这是一个展示自己能力再好不过的时机，但是在高兴之余又担心部门复杂的人际关系难以把她下达的命令执行下去。

会展策划是一个高度依赖团队协作的项目，必须要求团队的每个成员群策群力，把握好每个细小的环节才能最终完成。林凤提出的会展策划方案已经得到了老板的肯定，接下来就是要协调各方面的关系，着手实施了。然而，事实果然如她所料，进展非常不顺利。先是，负责采购原料的小张，对于林凤的设计方案不仅公开表示不满，而且并没有按照要求采购。接下来，其他员工也跟着起哄，提出设计方案存在种种漏洞。林凤本来非常清晰的思路一下子被搅乱了，根本无法应对大家的挑衅。将近 10 天下来，他们部门几乎没有任何进展，这使老板非常不满，愤然之下，免去了林凤的经理职务。

之后，老板又重新任命了另一位员工张伟暂时出任经理，继续完成这个项目。张伟也只能迎着头皮上了。但是，他的工作思路与林凤的有所不同。他并没有首先在部门颁布自己的约法三章，而是请老板出面公布了几条工作原则，并明确提出了惩罚的措施。大家畏惧老板，自然不会对这些规定提出异议。接着，张伟也没有自己先入为主地提出会展的策划方案，而是要求部门的员工都各自提出方案。等大家按时交上来之后，张伟综合大家的思路确定了最终要提交老板的方案。得到老板肯定后，立即分工明确，采取责任到人的方式将展会布置的各项工作落实到每个人的头上。半个月后，会展如期顺利地举行。

由于各项工作精心布置、安排周密，得到了老板以及部门员工的赞赏。而张伟也正是因为在这次临危受命中的不俗表现被正式任命为部门经理。

临危受命的确面临着很大的挑战，危急之中不仅充分考验着你的业务能力，还有对团队的组织管理、沟通协调能力。例子里的林凤，即使空有不错的创意，最终还是因为没有驾驭好一盘散沙的团队被免去了职务。而张伟则不同，他从全局出发，先是在对自己的团队有清醒分析的基础上，有针对性地采取措施化解矛盾，顺利地使自己得到了晋升。他善于借助老板、集体的力量，在取得老板的支持的前提下，集中大家的智慧作出的方案，自然在实施的过程中就减少了大家的质疑和责难。

两者相比较，林凤与张伟的项目策划水平都不相上下，林凤就输在缺乏化解危急的能力，不能采取有效地措施把大家的力量集中到一点上来。她在尚没有对如何协调复杂的人际关系作出安排的情况下，就着手项目的策划、实施，效果自然不佳。

社会分工越来越细，横跨多个领域的高手毕竟只是少数，那么，为自己设定一个目标，这个目标就是努力提升你的专业能力。这个专业能力不只是专业技能，还包括决策能力、组织能力、交际能力等。

临危受命，信心、勇气是必不可少的。但是也要明白，只有信心、勇气还是不够的，专业能力的提升至关重要。要充分、周密地对整个事情有通盘的规划，善于取得同事的支持，认真把关每个环节的实施，才能让自己摆脱困境、游刃有余。

比别人多会一点，多做一点

20 几岁的年轻人，当你选择了一个行业，并且进入一家公司开始你的事业之路时，你就应该知道自己要以什么样的高度开始自己的事业，并且需要哪些知识来开拓自己的发展空间。而且，随着知识更新速度的加快，就业竞争的日趋激烈，人们赖以生存的知识、技能也会随着岁月的流逝而不断地折旧。在这个知识与科技发展一日千里的时代，只有不断地学习，才能充实自己，才能获得成长，才能使自己在职场上始终立于不败之地，自己所在的团队才会成为一直走在最前列的精英团队。

大学毕业生张吉和杜明同时被招聘到某物流公司。张吉按部就班，认认真真地完成经理交办的每项工作，没出什么差错，他自己也比较满意。但杜明却并没有自我满足，在工作中他不断地学习运输行业的有关知识，很快提高了自己解决问题的能力。在对客户的分析中，他发现华北地区的货物运输常有滞期现象，经分析发现多是由于修路原因造成。于是，他通过电脑交通网络，对北京周边地区各交通干线的路况进行了一系列的调查摸底，并于每天列出一份动态的路况交通图送给经理参阅。就是这份动态的路况图，对公司的货物运输起了重要的疏导作用，不但缩短了有效运输时间，而且减少了因堵车、绕行而产生的运输费用，受到公司领导的重视和奖励。当然，3 个月后，公司继续聘用的是善于不断进步、能力不断提高的杜明。

例子里的张吉和杜明之所以后来职场发展截然不同，就因为杜明能自主学习，坚持比别人多会一点，多做一点。

无论我们在什么行业，无论我们的职位高低，多会一些，多做一些的做法会使我们成为公司中不可或缺的角色。

比别人多会一些，多做一点，就要求20几岁的年轻人看得比别人更远一点，动力比别人更足一点，行动比别人更快捷一点，做得比别人更多一点，坚持的时间比别人更久一点，做事比别人更自觉一点，态度比别人更认真一点，方法比别人更灵活一点……

一个拥有很多财富的人讲述了自己成功的经历：

"50年前，我开始踏入社会谋生，在一家五金店找到了一份工作，每年才挣75美元。有一天，一位顾客买了一大批货物，有铲子、钳子、马鞍、盘子、水桶、箩筐，等等。这位顾客过几天就要结婚了，提前购买一些生活和劳动用具是当地的一种习俗。货物堆放在独轮车上，装了满满一车，骡子拉起来也有些吃力。送货并非我的职责，而完全是出于自愿——我为自己能运送如此沉重的货物而感到自豪。一开始一切都很顺利，但是，车轮一不小心陷进了一个不深不浅的泥潭里，我使出吃奶的劲儿都推不动。一位心地善良的商人驾着马车路过，用他的马拖起我的独轮车和货物，并且帮我将货物送到顾客家里。在向顾客交付货物时，我仔细清点货物的数目，一直到很晚才推着空车艰难地返回商店。我为自己的所作所为感到高兴，但是老板并没有因我的额外工作而称赞我。第二天，那位帮我的商人将我叫去，告诉我说，他发现我工作十分努力，热情很高，尤其注意到我卸货时清点物品数目的细心和专注。因此，他愿意为我提供一个年薪500美元的职位。我接受了这份工作，并且从此走上了致富之路。"

事情往往就是这样的，你愿意多付出一点点，你得到的回报就会更多一点。从故事中我们可以看出，这个的成功只因为一点——比别人多付出一点点。

多会一点，多做一点，不是语言上的自我表白，而是行动上的真正体现。也许你的投入无法立刻得到相应的回报，但不要气馁，应该一如既往地多付出一点，回报可能会在不经意间以出人意料的方式出现。

在工作中学习，一步步靠近成功

大专毕业后的小林应聘到北京一家中药养生机构工作，他在大学学的是金融专业，和养生一点都没关系，就是心里喜欢。进入工作岗位以后，他跟着师傅认真地学习，师傅帮顾客推拿，他就认真地默记推拿手法；休息的时候，他就用心地背诵人体的穴位图；有时候师傅忙不过来时，他也帮顾客先做做放松，这时他也不忘询问顾客自己的手法怎么样。努力好学的他，不仅深受师傅的喜欢，进步也是神速。1年以后，小林已经能够自己接待顾客了，因此，也成了同时进入公司中最早正式上岗的一个。

毫无医学知识的小林，凭借一腔热情在工作中刻苦学习、认真钻研，终于慢慢变成了行家。工作岗位就是一个学习的平台，在工作中学习，就能一步步靠近成功。

社会上许多知名的企业家、一些优秀的职场精英，他们也许没有上过大学，却作出了非凡的贡献，甚至取得了超出常人的成就。原因就在于他们在工作中不断发现问题、解决问题，进而取得进步。对他们来说，工作岗位就是大学，岗位正是自己获得不断进步和提高的支点。就是对于现代大学毕业的学生来说，岗位同样是另一所大学。因为在学校学习的多为理论性知识，缺乏实践的指导性，参加了工作才知道一切还需从零开始。每一个岗位都是一个学习的良好机会。美国戴尔公司创始人、董事会主席兼首席执行官麦克·戴尔曾经说过："无论我在企业处于什么位置，无论我自己身处何处，我都对自己说：你是永远的学生。"

上海宝钢集团的工人发明家孔利明，就是一个立足本职工作、把岗位当做大学的员工。他凭借不断学习和钻研的精神，为宝钢解决了各类设备的疑难杂症340个，创造经济效益1400余万元，拥有专利53项，连续4年摘取中国专利新技术、新产品博览会金奖，被评为全国劳动模范、全国十大杰出职工、全国十大自学成材标兵。

现代科技发达，工作设备比较先进，不会使用电脑显然已经落后了。为此孔利明在工作期间，先拜儿子为师，从基本的打字开始。为了掌握电脑软件、硬件的设置、调试和修理，他干脆买了一台电脑开始"研究"，拆了装，装了拆，直到弄明白为止，现在电脑已经成了他离不开的工具。

在孔利明的车间里，并排放着24个大文件柜，里面分门别类地装满了各种电气、机械的书籍、文件；他还把客厅辟为实验室，在自己的家里进行技术创新实验。孔利明利用业余时间完成了电气自动化的大专学业，又继续攻读了本科；他还常常去宝钢的教育培训中心取经……

孔利明没能进入高等学府，实现继续深造的梦想，但是他立足本职，同样走出了一条成功之路。

其实，在工作中学习是很好的方法。在实践中带着问题学习，不仅能够解决问题，还能够弄清问题背后的原因。这样，久而久之便会得到很大的提升。公司是员工实现自己人生目标的舞台，立足岗位，学会在岗位上学习，努力地提升自己，让自己在工作岗位上大放异彩。

工作岗位是最好的学习平台。每个人都要学会在学中干、干中学，时时刻刻做一个有心人，做一个善于学习的人。只要立足本职，努力学习，不断充实自我，提升自我，就能实现个人的人生价值。

以老板为榜样，是老板更是老师

在优秀的企业里，老板本身便是最优秀的员工。对于员工来说，他们不仅是老板，更是老师。在他们身上，有许许多多的品质值得我们学习。例如，沃尔玛的创始人山姆·沃尔顿本身便是节俭的典型；松下电器的松下幸之助便是无私奉献的模范；中国的李嘉诚更是艰苦奋斗的突出代表……在这些成功者的身上，有着太多太多优秀的品质，值得20几岁的年轻人细细品味和认真学习。

哪怕是在一些相对平凡的企业里，老板也有着其过人之处，或雷厉风行，或赏罚分明，或平易近人，或认真负责。员工要善于观察和思考他们与众不同的地方，从他们身上学习自己尚不具备的品质。

杭州奥普电器有限公司的董事长方杰当初就是一个善于向老板学习的人。早在澳大利亚留学的时候，方杰就有意识地到澳大利亚最大的灯具公司 LIGHT UP 公司打工。当时他还不懂商业谈判，他知道自己的缺陷，很希望学会谈判的本领。他知道他当时的老板是一个谈判高手。

每当有机会与老板一起进行商业谈判的时候，方杰总是在口袋里偷偷揣上一个微型录音机。他将老板与对方的谈判内容录了下来，然后回家偷偷地听，揣摩学习，看老板是怎样分析问题的，对方是怎样提问的，老板又是怎样回答的。

方杰就这样向老板学习，几年后也成了一个商业谈判高手。最后老板退休了，把位子让给了他。到了1996年，方杰已经成了澳大利亚身价第一的职业经理人。后来，方杰回国创业，他的奥普浴霸就是在这样的基础上创立成功的。

方杰并不是一个天生的生意人，他的成功，就是虚心向他的老板学习的结果。

优秀的员工知道：老板作为企业的负责人，是整个企业里最值得我们自己的对象。一个胸怀大志的人必定是一个懂得向老板看齐、向老板学习的员工。

学会发现老板身上的优点，向老板学习，对于自己的成长是大有裨益的。当你试着待人如己，多替老板着想，多向老板学习的时候，你就会自然而然地变得谦卑、好学，而老板也会变得可亲可敬起来。员工要怀着一颗谦卑的心，经常自我省察地想一想：如果是我碰到这样的问题，我会怎么做？上司为什么能够处理得这么完美？为什么他能够提升到这个位置，而我暂时还有哪些不足？"三人行，必有我师焉"，我们要善于从上司身上发现优点，学习我们尚不具备的能力。

老板之所以是老板，肯定有他独特的地方。他的勤奋，他的方法，他的变通，他的果敢……总有值得我们学习和借鉴的地方。善于向老板学习的员工能够取得优秀的业绩和长足的进步，也最受老板的爱惜和重用。

争取每一次进修的机会

许多白领，尤其是年近不惑的白领大多安于眼下的稳定工作，上班来人，下班走人，不思上进。但也有些职场新人，迫于工作的压力，朝九晚五，忙忙碌碌，无暇再去顾及他事。这两种人，本可以用公司的财力物力充实自己，比如去接受新技术的培训、参加讲座、参加同行会议等，却浪费了大好时光。而公司也是肯掏这个腰包的，因为员工的素质提高，加上公司员工的交际范围广，这些都是公司的无形资产，这其实是一件两全其美的事。

某公司的女秘书小丽，平时的工作就是整理文件、接听电话，总也没有长进。这时公司要实行电脑化管理，需要派人去进行培训，公司的其他同仁都千方百计想理由推辞，这时小丽却主动请缨要求去参加学习。不久小丽学成回来，立刻成了这一方面的权威，同时她的履历表上又多了一项新技能，为她今后另谋高就打下了良好的基础。

像例子里的小丽一样，短时间辛苦，换来一技傍身，这才是聪明人打的算盘，再加上用的是公司的钱、公司的时间，更是划算得不得了。

某公司要派人去参加同行的年度会议，因这一类会议内容枯燥无味、沉闷冗长，使得众员工望而却步、退避三舍，令公司老板伤透了脑筋。这时员工小文主动提出去参加会议，众人都笑他傻到家了。但是小文自己又怎么想呢？他认为这类会议虽沉闷，但正是同行人士的一大聚会，趁这个机会，多结交一些同行，多联络一下感情，这对充实自己的人际关系网是大有裨益的。

例子里的小文绝对是聪明的。有的老板根本不懂这些情况，而且也不关心，这时就要你主动去打探哪里有这类会议，时间地点内容俱全，才能去向上级提出参加会议的要求，以公司的名义委派出去。再有一类情况是老板虽然内行，但是个吝啬鬼，口水都磨干了，还是不肯掏腰包。这时你就要从大局考虑，如果这次会议对你的前途、你的人际关系网真的那么重要，那就是自己掏腰包也要去，这才叫深谋远虑，才叫有战略眼光。更有一类研讨会是在国外召开，老板考虑到经费，通常是很难批准的。这时自己不妨想开点，向老板声明自出路费，这样出一次国既长了见识，又学到了许多在岗位中学不到的东西，岂不更好。

一般的公司都会有教育开支和科研开支，只是需要你有正当的理由加以利用。所以，20 几岁的年轻人要善于利用它，争取进修的机会，学业技能。因为你学到的技能说不定在什么时候就会派上用场，而且你学到的知识不是其他任何人的，也不是公司的，而是你谋生的本钱。

主动争取进修的机会，每一次都会带来不小的收获，既增长见识，又积累了经验。学习，在工作中是有百利而无一害的，能够抓住一切机会提升自己的人，任何一家公司都欢迎。

培养高效处理信息的能力

在信息社会里，随着传播渠道的发达，信息传递的速度大大提高。谁能以最快的反应把握商机，谁就能立于不败之地。

信息的快速传递缩短了空间距离，把世界各地的市场信息紧紧地联系在一起。信息就是机会，就是财富。但是，信息所提供的机会稍纵即逝，谁能快速掌握，谁就能把握市场供需，就能获得财富，成为时代的佼佼者。对此，美籍华裔企业家王安博士提出了有名的"王安论断"，他认为要在瞬息万变的时代大潮中力争上游，就要在速度上下工夫，唯有速度提高了，效率才能得到提升。

1983 年，时任中国光大实业公司董事长的王光英看到工作人员为他准备的一份报告。他从报告中得知，智利一家倒闭的铜矿由于急于还债，需要处理一批二手矿车。这批矿车都是倒闭前不久矿主为加快工程进度采购的，几乎没怎么用过，而且均为名牌车，有 1500 辆。

王光英认为机会来了。他火速派人与矿山老板取得了联系，表示愿意买车。与此同时，一个负责购车的专家与工作人员派遣组火速成立。临行前，王光英告诉他们，要有勇气，要相信自己的判断力，不要事事请示，只要他们认为可以，就果敢拍板成交。

这位矿主虽说已破产，可他对即将出手的 1500 辆车保护得很好。这些卡车载重 7 吨到 30 吨不等，矿主包租了一个体育场，将这些车整整齐齐地摆放着，而且让工人将所有的车都细心地涂抹了防锈油。专家组人员看到这些车时，不禁齐声赞叹。他们一丝不苟地验车，各项指标确实令人满意，派遣组人员马上开始与矿主讨价还价。矿主由于还债心切，最后双方很快以原价八折的价格成交了。协议刚达成，一位美国商人就来到了铜矿。

王光英的这次果敢决策，为国家净赚了 2500 万美元。

试想，要是王光英面对信息犹豫不决，瞻前顾后，那批车肯定就被那位美国商人捷足先登了，2500 万美元也会进了别人的腰包。

可见，快速地对信息作出反应，高效地利用信息，才能为企业赢得先机。速度就是效率，速度决定成败！

信息对于企业来说，有着至关重要的作用。这就要求企业员工时刻保持对信息的敏感度，并具备高效搜集、消化信息的能力。

凡是忽视信息的企业，终将被日新月异的信息变化所抛弃；相反，能够高效地占有、利用信息，就能为企业创造良好的机遇。如果 20 几岁的年轻人对信息有着极高的敏感度，能快速地搜集与消化，为企业的发展提供重要的信息，这样的员工，老板还离得开吗？

第三章
改变你的形象，为人生加分

让自己看起来就像个成功者

"人靠衣装，马靠鞍。"一个人若有一套好衣服配着，让自己看起来就像个成功者，他的身价可能就提高了一个档次，而且在心理上和气氛上也增强了自己人际交往的信心。

着装艺术不仅给人以好感，同时还直接反映出一个人的修养、气质与情操，它往往能在对方尚未认识你或你的才华之前，向别人透露出你是何种人物。因此，在这方面稍下一点工夫，是会事半功倍。

美国商人希尔在创业之初，就意识到了服饰对人际交往的作用。他清楚地认识到，商业社会中，一般人是根据一个人的衣着来判断对方的实力的，因此他首先去拜访裁缝。靠着往日的信用，希尔定做了三套昂贵的西服，共花了 275 美元，而当时他的口袋里仅有不到 1 美元的零钱。然后，他又买了一整套最好的衬衫、衣领、领带、吊带及内衣裤，而这时他的债务已经达到了 675 美元。

每天早上，他都会身穿一套全新的衣服，在同一个时间里，同一个街道，同某位富裕的出版商"邂逅"相遇，希尔每天都和他打招呼，并偶尔聊上一两分钟。这种例行性会面大约进行了一星期之后，出版商开始主动与希尔搭话，并说："你看起来混得相当不错。"

接着出版商便想知道希尔从事哪种行业。因为希尔的衣着所表现出来的这种极有成就的气质，再加上每天一套不同的新衣服，已引起了出版商极大的好奇心，这正是希尔盼望发生的情况。希尔于是很轻松地告诉出版商："我正在筹备一份新杂志，打算在近期内争取出版，杂志的名称为《希尔的黄金定律》。"出版商说："我是从事杂志印刷及发行的。也许，我也可以帮你的忙。"

这正是希尔等候的那一刻，当他购买这些新衣服时，他心中已想到了这一刻，几乎分毫不差。后来，这位出版商邀请希尔到他的俱乐部，和他共进午餐，在咖啡和香烟尚未送上桌前，已"说服了希尔"答应和他签合约，由他负责印刷及发行希尔的杂志。希尔甚至"答应"允许他提供资金并不收取任何利息。

发行《希尔的黄金定律》这本杂志所需要的资金至少在 3 万美元以上，而其中的每一分钱都是从漂亮衣服所创造的"幌子"上筹集来的。

希尔的成功很有力地证明了衣装对一个人在人际交往中所起的巨大作用，如果当初他根本不注重衣装，让自己看起来与成功无缘，那么那位出版商或许连看都不愿看他，更不会帮他出版杂志了。

20 几岁的年轻人要让自己看起来就像个成功者，有以下三条最基本的原则不可忘记：

1. 根据自己的角色需要选择合适的穿着

每个人都有他特定的社会角色，这种角色又有与其相适应的服饰。例如，社会地位较高的人常常外表端庄、衣着整洁。如果不顾形象就会影响到交际效果。

2. 在不同的环境选择不同的衣着

不同的环境需要穿着不同风格的衣服，例如接到商务酒会的邀请，你就不可能穿休闲装去赴宴。特定的环境会要求人们不惜牺牲个性风格进行独具匠心的选择。

3. 着装要体现出个性风采

在符合角色的要求下，可以适当提倡衣着的个性化。除了警察等要求统一着装的职业外，其他人在衣着上有广泛的选择余地。可以根据自己的爱好、气质修养、审美情趣进行选择，以展现自己与众不同的风采。

衣着对一个人的外表影响非常之大，大多数人对别人的认识，可以说是从其衣着开始的。它就像是一种无声的语言，不但能给对方留下一定的审美观感，而且它还能反映出你个人的气质、性格和内心世界。相反，不讲究衣着、对衣着缺乏品位，势必影响到人际关系的效果。

20 几岁的年轻人若想获得成功，从现在起，首先让自己看起来像个成功者吧！

健康的体魄是良好形象的首要条件

如果没有健康的身体，所有的内涵和美好形象就失去了根本的载体。得体的仪容、优雅的举止、恰当的谈吐、内在的修养都要依附健康的体魄才能得以展示，如果没有了健康，再靓丽的容颜、再卓越的能力都成了无根之木，人就会像一朵几近枯萎的鲜花，没了让人心动的生命力。健康使人充满生机与活力，让皮肤光洁而有弹性，使动作潇洒而稳健，所以，保持好形象，拥有一个健康的体魄绝对是必要条件。

古希腊哲学家赫拉克利特曾这样指出："如果没有健康，智慧就难以表现，文化无从施展，力量不能战斗，财富变成废物，知识也无法利用。"

试想，一个病快快的人，谁能相信他有能力胜任一项重要的工作，更不可能作为领导者去带领一个团队。现代社会需要的是精壮强干的人才，美丽的"病西施"并不受青睐。当人们面对你时，希望看到的是一个脸色红润，面容中透着健康的活力与神采的人，这样别人才会信赖你，才会对你寄予成功的希望与信心。

伟大的人物往往更重视健康的作用，他们身体中焕发出的生命力是巨大的。这种力量是布瑞汉姆领主连续工作 176 个小时的狂热；是拿破仑 24 小时不离马鞍的精神；是富兰克林 70 岁高龄还露营野外的执著；是格莱斯顿 84 岁的高龄还能紧握船舵，每天行走数公里，到了 85 岁时还能砍倒大树的力量……凡此种种，无不依赖于健康的身体。

而现在，英年早逝的现象已经不再少见。有些年轻人还不到 30 岁，就已显得老态龙钟。他们毫无顾忌地挥霍着宝贵的健康，还不到中年，他们已经把自己的身体弄得像年久失修的机器。他们动不动就发怒、烦躁、苦恼、忧郁，这些心理与其他的坏习惯比起来，对生命的损害不知道要厉害多少倍！

有一个非常有名的比喻，名利、金钱等都是 0，而健康是 1，有了这个 1，后面的 0 才会有价值、有意义，而如果没有这个 1，即使再多的 0 也是一无所有。

那么，保持健康体魄需要何种条件呢？

良好的营养和充分的休息对健康都是很重要的。有句话说"会休息的人才会工作"，拥有健康的体魄，你才能以最大的热忱投入工作，你才会有创造的激情与欲望。

健康状况，会从他的眼神、气色、嗓音以及肌肉运动中显示出来。如果健康状况不佳，缺乏生气，就会给人一种衰弱无力，或者似有隐疾而烦躁不安的印象。

20 几岁的年轻人，要想使你的形象更富有吸引力，保持健康是必不可少的。

选择合适着装应注意 TPO 原则

TPO 是西方人提出的服饰穿戴原则，是英文中时间（Time）、地点（Place）、场合（Occasion）三个单词的缩写。

1. 时间原则

时间既指每一天的早、中、晚三个时间段，也包括每年春、夏、秋、冬的四个季节，以及人生的不同年龄阶段。时间原则要求着装考虑时间因素，做到随"时"更衣。

通常，早晨人们或在家中或进行户外活动，着装应方便、随意，可以选择运动服、休闲服。

工作时间的着装，应根据工作的性质和特点，以服务于工作、庄重大方为原则。晚间诸如宴会、舞会、音乐会之类的正式社会活动居多。人们的交往距离相对缩小，服饰给予人们视觉和心理上的感受程度相对增强。因此，晚间穿着应讲究一些，以晚礼服为宜。

服饰应当随着一年四季的变化而更替变换。

夏季以凉爽、轻柔、简洁为着装格调，在使自己凉爽、舒服的同时，让服饰色彩与款式给予他人视觉和心理上的好感受。夏天，层叠皱褶过多、色彩浓重的服饰不仅使人燥热难耐，而且一旦出汗就会影响女士面部的化妆效果。

冬季应以保暖、轻便为着装原则，避免臃肿不堪，也要避免要风度不要温度，为形体美观而忽视保暖。应该注意，即使同是裙装，在夏天，面料应是轻薄型的，冬天要穿面料厚的裙子。春秋两季可选择的范围会更大更多一些。

2. 地点原则

地点原则即地方、场所、位置不同，着装应有所区别，特定的环境应配以与之相适应、相协调的服饰，才能获得视觉和心理上的和谐美感。

3. 场合原则

在不同的时间和地点穿衣有不同的要求，而从场合看，大致可以分为三类，即公务场合、社交场合和休闲场合。

（1）公务场合

公务场合是指执行公务时涉及的场合。在公务场合，本身的着装不可以强调个性，突出性别，过于时髦，或是显得过于随便。应当是既端庄大方，又严守传统。最为标准的是深色的毛料套装、套裙或制服。

具体而言，男士最好是身着藏蓝色、灰色的西装或中山套装，内穿白色衬衫，脚穿深色袜子、黑色皮鞋。穿西装套装时，必须打领带。女士的最佳衣着是：身着单一色的西服套裙，内穿白色衬衫，脚穿肉色长筒丝袜和黑色高跟鞋。有时，穿着单一色彩的连衣裙亦可，尽量不要选择以长裤为下装的套装。公务场合不宜穿过于肮脏、残破、暴露、透视、短小、紧身服装。

（2）社交场合

社交场合是指工作之余在公共场所里与同事、商务伙伴友好地进行交际应酬的场合。在此场合中着装要重点突出"时尚个性"的风格，既不宜保守从众，也不宜随便、邋遢。在参加宴会、酒会和舞会时，可以穿时装、礼服、具有本民族特色的服装以及个人缝制的服装。

需要特别加以说明的是：在许多国家，人们出席隆重的社交活动时，有穿礼服的习惯。在西方国家参加这样的宴会时，男士常穿着最正式的大礼服，女士则穿着袒胸、露背、拖地的单色连衣裙式服装。而在我国目前最广泛的是男士穿黑色的中山套装和西装套装，女士则是旗袍或是下摆过膝的连衣裙。其中中山套装和旗袍最具中国特色。

（3）休闲场合

休闲场合，此处所指的是人们在公务、社交之外，置身于闲暇地点进行休闲活动的场合。居家、健身、旅游、娱乐、逛街等等，都属于休闲活动。休闲场合对于服装款式的基本要求是：舒适、方便、自然。

符合这一要求，适用于休闲场合的服装款式为：家居装、牛仔裤、运动装、沙滩装，等等。不适合在休闲场合穿着的服装款式则有：制服、套裙、套装、工作服、礼服、时装，等等。

商务场合着装的黄金法则

古希腊"和谐就是美"的美学观点在服饰美中得到了最充分的体现。既然服饰的美在于和谐统一的整体视觉效果，那么，服饰穿戴基本原则也许会使你从中得到某些启示，从而能正确地穿着西装，在商务场合尽情展现迷人的魅力。

1. 男士西装礼仪

西装在许多场合都会应用，尤其在正式、隆重的商务洽谈等场合，更是必需的着装，而男士穿西装是有许多注意事项的，如：

（1）西服上衣袖子应比衬衫袖短 1~3 厘米，千万不要忘记摘除袖口的商标。

（2）西服的上衣、裤子口袋不能鼓鼓囊囊。

（3）西裤不能太短，标准的西裤长度为裤管盖住皮鞋。手不能常插在裤袋内。

（4）衬衫不能放在西裤外。

（5）衬衫领子不能太大，佩戴领带时一定要扣好全部的衬衫扣子，衣领与脖子之间不能存在空隙。

（6）领带的颜色不应太刺眼。

（7）领带不能太短，一般领带长度应是领带头盖住皮带扣。

（8）不能不扣衬衫扣子就打领带。

（9）西服不能配运动鞋。

（10）皮鞋和鞋带颜色应协调。皮鞋和鞋带、袜子颜色应协调，袜子的颜色应比西服的颜色深。

2. 女士穿西装的注意事项主要有：女士西装礼仪

（1）女子着西服，比较正规的场合，宜穿成套西装以示庄重；比较随便的场合，则西装与不同质地、颜色的裙子、裤子搭配更显潇洒、亲切。

（2）与其他女时装追求宽松或紧身的着装效果不同，西装十分强调合体，过小了显得拘谨，局促；过大了则松垮、呆板，毫无风度。

（3）要讲究服饰搭配效果。不打领带时，可选择领口带有花边点缀或飘带领的衬衫；内穿素色羊毛衫时，还可在领口佩戴精巧的水钻饰件。

（4）不能因为内衣好看就将领子层层叠叠地翻出来；穿西装时鞋袜、皮包或手袋要配套，要有主题，不凌乱。

（5）职业女性挑选西装时，选择基本色最好，不需要流行的颜色，黑、褐、灰或者条纹、碎点的图案比较好。面料质地要以讲究质量为先。

（6）西装的肩要平直、对称，领是直线 V 字形，高低适中，胸围和腰身都不要有紧绷感。前襟不翘，后身不撅，前后身处在一个水平线上，收腰时看起来要漂亮。

（7）选择西装时，还应根据年龄、体形、职业、气质等特点区别对待。年纪较大、身材较丰满的女性应穿一般款式的西装，而年轻女性应穿新潮些的西装，以突出青春美。

（8）无论男女西装，西服的面料以纯毛和混纺为宜，它四季皆宜而且不易起褶。棉和灯芯绒等质地的西服可以在较冷的季节穿。

3. 其他注意事项

决定要买一件西装之前，20 几岁的年轻人必须要想到：

（1）这件衣服到底适不适合你的个人风格与气质。

（2）款式、色彩和面料的软硬薄厚能否修饰你的体型。

（3）你准备什么场合穿。

（4）你真的喜欢这件衣服吗？是否真的如你所愿。

在商务场合穿对了衣服，能使 20 几岁的年轻人的气质与形象瞬间提升。

出门前，理好"头"

你的头发是你仪表中最重要的部分之一。事实上，我们经常根据头发来定义一个人。你是不是经常听见别人在喊"那个红头发的"或是"那个黄头发的"？可见头发在一个人形象构成中的地位有多重要了。

当汉尼森在人力资源部门工作的时候，最深也是最不好的印象是来自一位35岁的男士。他完全有能力胜任公司实验室的工作，并且有着很好的性格，但可怕的是，他来面试时候，头发凌乱地扎成一束马尾辫。

主管向他解释这份工作会经常和客户打交道，而他大手一挥，语出惊人："我的打扮没得商量，老兄！我是一位科学家。"

汉尼森一直想知道这个人后来如何，不过不管怎样，他的那次面试失败了。

这个例子告诉20几岁的年轻人，一个人的发型是他仪表美的一部分，头发整洁、发型得体是发型美的最基本要求。整洁、得体的发型易给人留下神清气爽的印象，而披头散发则会给人以萎靡不振的感觉。

发型美是构成社会生活美的一部分。随着人类审美能力的不断提高，对发型美的要求也就越来越多样化、艺术化。一般来说，发型本身是无所谓美丑的，只有一个人所选的发型与自己的脸形、肤色、体形相匹配，与自己的气质、职业、身份相吻合时，方能显现出真正的美。决定发型美的许多因素是人所无法随意改变的，但通过对发型的选择，可以充分展现自己美的部分而隐藏起自己的缺陷，从而起到扬长避短的作用。

发型是令人直接感受到一个人的精神及其个性的地方。不同的发型，可以塑造出不同的视觉效果，发型设计可以使人活泼年轻，也可以让人变得端庄文雅，起到修饰脸型、协调体形的作用。

对一个男性艺术家来说，在脑后梳一条马尾或者是长发拂面，人们会觉得他特有艺术家的气质（当然，头发整洁清爽是首要的）；相反，对一般的男性来说，如果头发过长，就会让人感到这个人的修养不高、气质不雅。这样的人在工作中自然也不会一帆风顺，试想有哪个领导愿意一位男士甩着长发在自己面前晃来晃去呢，更不用说让他出席一些高级商务场合或参加公司的一些重大活动了。对于职场女性来说，在发型这方面的限制就相对少很多，但是也要千万注意，不可盲目跟随时尚，这样很容易让人把你往坏的方面想。

发型在形象中是一种独特的语言，它更能直观地体现人的身份、年龄、个性、气质等特征。一个适合你的漂亮发型将会为你增添无限魅力，相反，不论男女，如果你的面容、服饰都很美，唯独发型不适合就会使你顿失光彩。

给自己选一双美观又舒适的鞋

干净整洁是对鞋子的基本要求，然而要想借助鞋子成功地展现出良好的品位和风度，还需要注意很多细节。

首先，鞋子的款式和色彩要与所穿的服装式样相协调。轻柔飘逸的裙衫配造型粗犷的皮鞋就会感觉脚太笨重，身着端庄的西服脚蹬玲珑的高跟舞鞋，也会使人觉得不伦不类。在正式或半正式场合，男性一般着没有花纹的黑色平跟皮鞋，女性一般着黑色半高跟皮鞋。露脚趾的皮凉鞋是绝对禁止在礼仪场合穿着的。旅游鞋、布鞋、各式时装鞋与正规的礼服也是不相配的。

其次，要注意的是鞋跟的高度。很多女士都爱穿高跟鞋，但不要穿太高太细的高跟，鞋跟一般不宜超过1.5英寸（即3.81厘米），以免走路时东摇西摆，步履不稳，影响形象。高跟鞋从来不是为走远路而发明的。有的女士因为鞋跟过高，走路时胯部的姿势极不自然，像踩跷跷板似的在街上走着。即便是你不喜欢穿着旅游鞋走在城市的街道上，穿上一双行走轻便舒服的半高跟鞋也应当是个聪明的主意。尤其是当你需要走很长的路，或者要在公众场合站立相当长的一段时间时，一双漂亮的矮跟鞋子比性感时尚的高跟鞋实用得多。

再次，鞋子切忌成为全身颜色最鲜艳之处，中性色（如黑色、灰色、米色、咖啡色、土黄色）等，可与大多数颜色的服装相配，永远是上班族的最佳拍档。男士的皮包、皮带和皮鞋应该颜色一致。

第四，皮面、皮里加皮底的真皮皮鞋无疑是职业人士的上上之选。真皮皮鞋吸汗、透气，曲张度好，能给脚部足够的呼吸空间，穿起来舒适自在，看起来也非常有质感，款型绝对优于布面、人造革等材质。

另外还有一些需要注意的就是：穿拖鞋参加社交或公共活动是极不礼貌的，即使上街闲逛或休闲，也不应该穿拖鞋。除了进入专门场所等需要脱鞋外，不要当人面把脚从鞋里伸出来。不管穿哪一种鞋子，既不应该拖地，也不应该跺地，这样不仅制造噪音、影响别人，也会给别人造成不好的印象。

适当的淡妆是对个人形象负责的表现

对于女人来说，在正式场合甚至是每天的工作中，都应该适当地化一些淡妆，这不仅是对个人形象负责的态度，也是尊重别人的表现。

化妆的至高境界是自然精致，没有明显的雕琢痕迹，却有着完美无瑕的面容。如今很流行的裸妆看上去就很自然，下面就来看一看裸妆的化妆技巧吧。

1. 底妆

这是自然妆容的重点，清透、自然是它的基本要求。选择与皮肤颜色最接近的粉底，肌肤颜色偏黄的人可以选择带有紫色或是粉红色的饰底乳，肤色偏红的人可以选择绿色的饰底乳。用手轻拍推匀，最好不要使用化妆海绵，否则容易产生厚重感。在 T 区用稍亮的粉底提高亮度。

如果你的肌肤上有瑕疵，一定要用遮瑕产品遮盖，否则就很难给人清透无瑕的肌肤感觉。

2. 眼妆

眼线要紧贴睫毛根部，画出细细一条，若隐若现即可。后眼角处可适当向后延伸拉长，可以提亮眼神。跟其他彩妆式样相比，裸妆不求睫毛乌黑浓密，它所看重的是根根分明的自然感。取少量睫毛膏，轻刷上睫毛就可以了。同样，裸妆的眼影不宜选用夸张的颜色，可以先用淡咖啡色的眼影分层次打出眼部的立体感，再用米白色提亮眉骨和眼头。

3. 眉妆和唇妆

描画眉毛的重点是让眉头处尽可能保持原有的形状，以看起来自然为佳。至于嘴唇也是一样，选择与唇膏或唇彩颜色相近的唇笔，画出自己喜欢的唇形，再用唇刷沾上唇膏或唇彩填满双唇。

确定了以上妆容，裸妆就大体完工，最后扑点散粉定妆。至于腮红，可有可无，若是觉得气色不太好，用浅粉色系腮红轻轻打一下即可。

一个清透自然的妆容可以很好地提升女性形象，让整个人看起来神采奕奕，还能遮盖一些皮肤上的小缺点，呈现完美肤质。

让饰品为你的形象加分

虽然首饰仅用于装扮而没有任何实用价值，但人们对首饰的热爱却是从远古时期就开始了。特别是到了现代，饰品已经成为个人形象必不可少的修饰，起着画龙点睛的作用。佩戴一款合适的首饰，会提升个人的形象品位甚至是身价，即使是作为比较严肃的商务人员，也不能完全远离首饰。因此了解不同场合、不同条件下如何选戴首饰很有必要。

人们最经常佩戴的首饰当属戒指、项链和耳环。

1. 戒指

戒指是爱情的信物、富贵的象征、吉祥的标志。在西方国家，戒指是希望、快乐的象征。琥珀或玉石戒指象征着幸运；钻石戒指戴在男性手指上象征着勇敢与坚定，戴在女性的手指上则象征着高贵。

戒指就质地而言，有钻石、金、银、玉等；就造型来分，有对称式与不对称式两种。

选戴戒指，不同年龄、不同性别、不同身份的人应有所不同。老年人可戴有"寿"字的戒指；男士可选戴方戒、圆戒、名字戒等线条简洁、款式粗犷的戒指；女士可选择款式多变、线条柔美、做工精致、小巧的戒指。若要参加高雅的社交活动，应选择与时装、礼服相配套的珠宝镶嵌的戒指。

戒指是一种无声的语言，戴在食指上表示想结婚和已经求婚；戴在中指上表示正在恋爱中；戴在无名指上表示已订婚或结婚；戴在小指上则表示是独身者。结婚戒指不能用合金制造，必须用纯金、纯银或白金制造，以示爱情的纯洁。

2. 项链

项链是女性最常佩戴的饰品之一。它大致可分为金属项链和珠宝项链两大类。商界女士在选择项链时，应选择庄重、雅致、不过分粗大的为好，质地较好、小巧精致的金属项链可为理想的选择。若参加社交活动，则可选择色泽亮丽、造型美观的珠宝项链。

项链的佩戴要因人而异。脖子细长的人应选戴短项链，其长度为40厘米左右；而脖子粗短的人，应选戴细长项链，其长度为60厘米左右；一般人可选戴中长项链，其长度为50厘米左右。老年人宜选择质地上乘、做工精细的项链，中年人宜选择工艺性强、质朴典雅的项链，青年人则以颜色好、款式新颖的项链为佳。

选择项链，还应与穿着的服装相和谐。衣服轻柔飘逸，项链应玲珑精致；衣服面料厚实，项链要粗大些；衣服颜色素雅，项链可选择鲜艳、醒目之色，如天蓝宝石项链、红玛瑙项链等；衣服色彩艳丽，可选择色泽古朴、典雅的项链，如景泰蓝、玛瑙、珐琅等项链。

3. 耳环

传统的中国女性最注重的首饰就是戒指与项链，而对于西方女性来说，也许更看重戒指与耳环。因为她们感觉耳环最能显示她们的脸孔。一副简洁的耳环能把一件普通的衣服衬托得更有特色。

耳环的选择主要考虑佩戴者的脸形：圆脸适宜戴各种款式的长耳环或垂坠、耳珠；瓜子脸是最为可人的脸形，应该说几乎所有造型的耳环都适于选戴，尤以扇形耳环、奶滴形耳环尽显秀丽妩媚；方脸形的女性可选用富有弧线、线条流畅的圆形、纽形、鸡心形、螺旋形耳环，衬托出脸孔的曲线之美。方脸形具有阳刚之气，因此应选用精致细巧、造型柔和的中小型耳环。

一般肤色白皙的女性适宜戴红色、绿红、翡翠绿等色彩较为鲜艳的耳环；皮肤偏黑的女性，宜选用色调柔和的白色、浅蓝、天蓝、粉红色耳环；金色耳环适合于各种肤色的人佩戴。

耳环的佩戴必须与整体服饰协调一致，服饰色调鲜艳的，耳环色泽宜淡雅或同色调。

在各种比较正规的社交场合，如参加宴会、婚礼或庆典仪式，应选用高档的耳环，如用钻石、翡翠、宝石镶嵌的耳环。

20几岁的年轻人在佩戴首饰时，最重要的就是要与你的整体搭配协调统一，从而提升你的形象。需要注意的是，首饰贵在精不在多，不要把自己的身上挂满首饰或者佩戴造型很夸张的首饰，那样只会使你看上去像个暴发户。

不经意的细节会破坏你的形象

牙齿是口腔的门面，牙齿的清洁是仪表、仪容美的重要部分，而不洁的牙齿被人认为是交际中的障碍。保持牙齿清洁，首先要坚持每天早晚刷牙，消除口腔细菌、饭渣。刷牙时不要敷衍，应该顺着牙缝的方向上下刷，牙齿的各部位都应刷到。如果牙齿上有不易去除的牙垢，或是牙齿发黄，可以去医院或专业洗牙机构洗牙，以使牙齿看起来更加洁白、健康。此外，不吸烟、不喝浓茶是防止牙齿变黄的有效方法。

口腔有异味，是很失风范的事。与人交谈前最好不吃生葱、生蒜等带刺激性气味的食物。每日早晨，空腹饮一杯淡盐水，平时多以淡盐水漱口，能有效地消除口腔异味。必要时，嚼口香糖可减少异味，但在他人面前嚼口香糖是不礼貌的，特别在与人交谈时，更不应嚼口香糖。

人人都明白护理牙齿是件简单的事，然而，人们在牙齿卫生上犯的错误可能要比在其他方面犯的错误更多。社会上不少人，他们衣着考究，有着上佳的仪表，但他们唯独忽视了自己的牙齿。他们没有意识到，人的仪表中没有比脏牙、蛀牙，或是缺了一两颗门牙更糟糕的缺陷了，呼吸当中的恶臭更令人无法忍受。如果知道有这种后果，就没有人会忽视他的牙齿了。

我们身体的各个部位都可能向外散发出一些"异味"，其中又以腋下、足部、阴部等部位的味道最为浓烈。以腋下为例，即便不是狐臭，在夏天或者运动后，腋下的汗腺大量分泌汗液，分泌物被细菌分解后产生不饱和脂肪酸，异味就产生了。此外，人的性别、年龄、种族、饮食习惯，甚至情绪等，都有可能影响到自身的"体味"。正常情况下，这种体味很微弱，无伤大雅，但如果你身体上的异味非常强烈，就会为你的形象减分很多。

有以下方法可以消除身上各部位的异味：

1. 腋下异味

如果你天生就有狐臭，但是味道不浓烈，或者仅仅是因为容易出汗而导致腋下有异味的话，可以经常换洗衣服，剔除过多腋毛，保持腋下的清爽。饮食上注意少吃或者不吃辛辣类的食物。因为这类食物容易发汗，而且刺激性味道也能通过汗液排出。同样，能发汗的咖啡、茶等饮品也要少喝，它们含有的咖啡因也会加快排汗。另外，一些止汗喷雾也对消除异味有一定的作用。

但是，如果你的狐臭很浓烈，可以考虑手术去除腋下大汗腺。不过这需要承担一定的风险，如果腋下异味没有严重影响你的正常社交生活，建议你以清洁为主。

2. 足部异味

足部异味也与汗腺分泌有关，脚气、脚癣等疾病也会导致异味。如果你的汗腺发达，经常承受脚臭之苦，就要在细节上多下工夫。选择纯棉材质的袜子，不要选择化纤等材质的，因为它们不透气，更容易诱发出汗。鞋子的选择也是一样，以透气为主。经常保持脚部干爽，勤换鞋袜等也是消除脚部异味的基本方法。

3. 私密处异味

一般来说，女性的私密处更易产生异味。因为女性的私密处是尿道、阴道和肛门的聚合地，更易滋生病菌。而且阴道分泌物多，会使得局部湿度偏高，容易产生异味。

私密处异味有可能是疾病原因，这些情况要找专业医生咨询。女性平常也要注意保持私密处的清洁，每天用温水清洁外阴。不要穿过紧的内裤，经期更要每日更换内裤，并用开水烫煮消毒。

另外一个可能产生异味的地方是——肚脐眼。这个部位经常被人们忽略，其实肚脐与身体内部相连，里面很容易堆积污物，把它清洗干净十分必要。不过，因为肚脐周围的肌肤比较细嫩，所以清洗时动作要轻柔。沐浴后，用干净的干毛巾把肚脐内残留的水分蘸干，就能避免肚脐发出难闻的异味了。

20 几岁的年轻人在平时应多多注意这样的小地方，这样你的形象才更健康、更受人喜爱。

第四章
把自己做成品牌

创造出色的个人品牌

可口可乐的老板曾经说，如果一大早上醒来，可口可乐公司被大火烧了，但仅凭"可口可乐"这四个字，一切马上就可以重新开始。这就是品牌的力量。著名篮球运动员姚明，由于自己的精湛球艺而被选入 NBA，2003 年全明星首发阵容，姚明的出现为火箭队带来了空前的商机和人气，火箭队在姚明身上获得了巨大利益。姚明在 NBA 的生涯中，个人实际收入将达到或超过 1.8 亿美元，相当于 6 万工人一年的工业增加值。若用于投资，可创造 5 万多个就业机会，而围绕姚明的产业开发，将会超过 11 亿美元。这就是个人品牌的价值。

个人品牌体现价值观也体现影响力。人人都有价值观，人们正是因为按照自己的价值观才取得成功。只有保持真实的自我，只有恪守自己基本的价值观，才能创造出自己的品牌。

无论对于公司还是个人，成功品牌都是其创造者内在核心的准确、真实的反映。为了以现实赢得信誉（认可、接受、赞许），创造者必须每天积极地体现出品牌的价值观，并在个人和专业"市场"中进行检验，观察他人是否接受这些价值观。

你需要将自己的价值观融入生活中，塑造品牌要从这里开始，最后也是到这里结束。正如我们强调的，这么做的目的不只是用价值观作为出色的个人品牌的基石，而且还是为了获得信誉，为了让周围的人认可你。如果你没有为自己的价值观树立起信誉，别人就无法通过你的品牌认识到你为这些价值观付出的努力。周围的人也无法通过观察你与他人的关系，看到这种内在的联系，最终也就无法认识"真正的你"。

个人品牌是一种提升影响力的途径，你要取得成功，就必须提升自己的影响力，所以，你有必要创造出自己的个人品牌，成功的个人品牌定位都有这些共性：

1. 定位必须明确

定位的目的是让个人品牌在人们心中占据一个有力的竞争地位，只有明确、清晰的定位，才有利于人们铭记于心，才会有影响力。

2. 定位必须区别于竞争对手

只有区别于竞争对手的定位，才能为雇主找到雇用你的理由，才能提供给雇主判断个人品牌的依据。

3. 定位必须适合雇主需求

个人品牌定位的根本目的是提高你的影响力，有利于你的就业和职业发展，因此个人品牌的定位一定要以雇主的需求为根基。若你的个人品牌定位是一个农业专家，肯定没法吸引一个汽车制造商的兴趣。

你应该将自己放在可以取得成功的位置上，把自己拉出注定要遭遇失败的地方（或者必须牺牲价值观才可通过的地方），坚持树立自己的个人品牌，要知道，出色的个人品牌比华而不实的表面形象深刻得多。因为品牌反映了影响力。

所以，创造并活出一个出色的个人品牌，这是你能够做得最好的投资。世界需要有影响力的品牌，并且尊重、依靠有影响力的品牌。如果你能够成就一个有影响力的品牌，你会因此更加成功。

巧妙推广你的"个人品牌"

《成功地推销自我》的作者 E. 霍伊拉说："如果你具有优异的才能，而没有把它表现在外，这就如同把货物藏于仓库的商人，客户不知道你的货色，如何叫他掏腰包？各公司的董事长并不能像 X 光一样可以透视你大脑的组织。"

巧妙地推销自己，是变消极等待为积极争取、加快目标实现的不可忽视的手段。常言道："勇猛的老鹰，通常都把它们尖利的爪牙露在外面。"精明的生意人，在销售自己的商品之前，总得想办法先吸引客户的注意，让他们知道商品的价值。人，何尝不是如此呢？积极的自我推销，才能吸引他人的注意，从而判断你的能力，助你成功。推销自己既是一种能力，也是一门艺术。学会下面的几点，能够帮助你更好地推广你的"个人品牌"。

1. 要确定交往的对象

想要在公司里推广自己，你就要考虑一下，你在公司里喜欢与哪些人交谈，他们对你抱有什么期望，你有哪些特点能够对你的"对象"产生影响？同时，注意观察卓有成效的同事的行为准则，并吸取他们的优点。

2. 利用别人的批评

许多公司或公司的销售部门利用调查表来了解消费者对自己产品好坏的评价。你也应了解别人对你的意见和指责，应该坦诚地接受批评，从中吸取教训，另外，应当注意言外之意。例如，如果你的上司说，你工作效率很高，那么在这背后也可能隐藏着对你的批评。

3. 要善于展示自己的优点

在人际交往中，要善于展示自己的优点。例如，你的语调是否庄重、胆怯或令人讨厌。语调与身体姿势、行走、握手和微笑一样可以说明一个人的许多特性。

如果表现不好，就容易给人一种夸夸其谈、轻浮浅薄的印象。因此，最大限度地表现你的美德的最好办法，是你的行动而不是你的自夸。成功者善于积极地表现自己最高的才能、德行，以及各种各样处理问题的方式。这样不但表现了自己，也参与吸收别人的经验，同时获得谦虚的美誉。学会表现自己吧，在适当的场合、适当的时候，以适当的方式向你的领导与同事表现你的优点，这是很有必要的。

4. 要善于包装自己

超级市场的货架上灰色和棕色的包装很少，为什么呢？这是因为没有人喜欢这些颜色的包装。你要不想成为滞销品，也应当检查自己的"包装"——服装、鞋子、发型、打扮等。要敢于经常改变自己的"包装"，给人耳目一新的感觉。

在推销自己的时候，外表非常重要，而且永远不可忽视。生活中有很多人，虽然相貌平平，但在事业上也能获得很大的成功，关键是他们懂得包装自己。因此，对你的外表，你要加以注意，以充分挖掘、利用自己的优势。例如，如果你是个女人，你可以每天精心地装扮自己，梳一个漂亮的发型；可以减掉 10 斤体重，让自己更苗条些等，总之，你想尽一切办法，也要变成一个讨人喜欢、让人愿意和你待在一起的那种人。

5. 适当表现你的才智

一个人的才智是多方面的，假如你是想表现你的口语表达能力，你就要在谈话中注意语言的逻辑性、流畅性和风趣性；如果你要想表现你的专业能力，当上司问到你的专业技能时就要详细一点说明，你也可以主动介绍，或者问一些与你的专业相符的新工作单位的情况；如果你想要让上司知道你是一个多才多艺的人，那么当上司问到你的爱好兴趣时就要趁机发挥，或主动介绍，以引出话题。至于表现自己的忠诚与服从，除了在交谈上力求热情、亲切、谦虚之外，最常用的方式是采取附和的策略，但你要尽量讲出你之所以附和的原因。总之，在表现你的才智时，要注意适时、适当的原则，避免引起上司的猜忌。

6. 推销自己应自然地流露

会推销自己的人都是自然地流露而不是做作地表现。成功者从不夸耀自己的功绩，而是让其自然地流露出来。例如，在你向领导汇报工作时，不妨说："我做了某事……但不知做得怎么样，还望您多多指点，您的经验丰富。"这样，你好像是在听取领导的意见，而实际上你已经表现了自己，又充分体现了你谦虚的美德。如果你以请功的口气直接向您的领导说，我做了某事，这事很不简单，做起来真不容易。这样有损你在领导心目中的形象，也降低了你在领导心目中的地位。

7. 占领"市场"

在公司里要尽量使自己引起别人的注意，例如，在夏天组织一次舞会或与同事们一起外出旅游。同时，要与以前的同事和上司们保持联系，建立一张属于自己的人际关系网。

8. 不要害怕错误

工作中出现错误在所难免，关键是你应为应对出现严重的情况做好准备。如果一个项目真的遭到失败，不要惊慌失措，应勇敢地承担责任，提出解决问题的办法。在紧张状态中表现得头脑清醒、思路敏捷的人会得到同事和上司的器重。

还有，在就业面试时推销自己，绝不可表现出害怕、畏惧的样子。就算你这次不能被雇用，还有别的工作机会。但是，你要有信心，最重要的是，你要认为你有资格担任那项职务。如果你被雇用的话，你认为你会做得很好。此外，当你在推销自己的时候，别担心做错事，人总是要不断地从错误中获得教训、得以成长的。

9. 另辟蹊径，与众不同

这是一种显示创造力，超人一等的自我推销方式。

款式新颖、造型独特的东西常常是市场上的畅销货；见解与众不同，构思新奇的著作往往供不应求。独特、新颖便是价值。人也一样，他人不修边幅，你不妨稍加改变和修饰；他人好信口开河，你最好学会沉默，保持神秘感，时间越长，你的魅力越大；他人若总是扬长避短，你就可试着公开自己的某些弱点，以博得人们的理解与谅解，等等。如果你愿意尝试用这些方法来表现自己，就一定可以收到异乎寻常的效果。

打造你的品牌知名度

很多人为什么不想打造个人的知名度呢，这其中一个很重要的原因是，他们认为影响力品牌打造只局限于社会名流或那些工作在全国或世界范围内的人，像政治家或记者。其实这种想法是不正确的。个人知名度打造的原则适用于任何一个阶层，人人都需要打造自己的知名度，扩大自己的影响力。

要拥有出色的知名度，你大可不必是活动家、鼓动者。个人品牌有三个不同层次的状态，每一个层次都可以从不同的角度打响自己的知名度：

1. 潮流倡导者

个人品牌的知名度与一种潮流或一种文化相关——在这个层面上，你的个人品牌不会影响一种潮流或文化，而是融入其中，利用它的流行提高人们对你的品牌的认识度和接受度。

潮流可能会也确实会过时，因此把你的个人品牌的知名度与一种潮流联系得过于紧密是很危险的。你最好能在品牌中包含自己职业文化中最强的方面，从创造性到注意力再到细节，这样更可能持久。当然，如果你能保持最新的潮流并取得更多的财富，那么抓住机会！

2. 潮流开拓者

个人品牌影响文化——个人品牌的知名度促使或者鼓励其文化中新思想的传播，例如一个室内设计师成为他所在地区第一批尝试新风格的设计师之一。潮流开拓者不但有能力在自己的文化中识别并发扬新思想，而且能与这种文化保持强有力的联系。潮流在变，他们却始终是众人瞩目的焦点，同时他们的知名度也在不断地扩大。

3. 偶像

个人品牌深深地铭刻于文化中——我们大部分人达不到偶像的知名度，因为这不仅需要个人品牌的打造技能，而且还要靠运气和媒体的宣传。

不要为成为偶像这件事担心。即使你想成为偶像，这也不是你能控制的。成为偶像会带来很多优势，也会带来同样多的问题，比如你的知名度就会被无限放大。其实做到潮流开拓者这一步就能带来你所想要的成功了。

打造个人的知名度不一定是成功人士才能拥有的，平凡的人们也可以拥有自己的知名度。

百门通不如一门精

许多人的通病是：总想成为掌握多种技能的多面手，最后却往往什么也不精。一个成功的经营者曾经说过："如果你能专注地制作好一枚针，应该比你制造出粗陋的蒸汽机赚到的钱更多。"对一个领域百分之百地精通，要比对 100 个领域各精通百分之一强得多。面对外界的干扰，你的抗御力决定了你成功的概率；抗御力越强，你成功的概率就越大。

重庆煤炭集团永荣电厂的罗国洲，是一名有 30 年工龄的普通而不平凡的员工，从烧锅炉到司炉长、班长、大班长，至今他仍深情地爱着陪伴他成长并成熟的锅炉运行岗位。就是在这个岗位上他当上了锅炉技师，成为国内远近闻名的"锅炉点火大王"和锅炉"找漏高手"；就是这个岗位，让他感受到了一名工人技师的荣耀和自豪。

罗国洲有一副听漏的"神耳"，只要围着锅炉转上一圈，就能在炉内的风声、水声、燃烧声和其他声音中，准确地听出锅炉受热面是哪个部位管子有泄漏声；往表盘前一坐就能在各种参数的细微变化中，准确判断出哪个部位有泄漏点。

除了找漏，罗国洲还练就了一手锅炉点火、锅炉燃烧调整的绝活。在用火、压火、配风、启停等多方面，他都有独到见解。锅炉飞灰回燃不畅，他提出技术改造和加强投运管理建议，实施后使飞灰含碳量平均降低到 8% 以下，锅炉热效率提高了 4%，为公司年节约 32 万元。

专注是通往成功路上的敲门砖，我们在追求成功、实现理想的道路上，必须学会舍弃一些东西，只有这样，才能避免无谓的精力浪费，从而更能集中才智，将一件事情做大、做精、做强。

鼯鼠掌握了五种技能：飞翔、游泳、攀树、掘洞和奔跑。它为此感到非常自豪：在动物世界里，有谁像我这样多才多艺？雄鹰飞得高，但它会游泳、掘洞、攀树、奔跑吗？老虎跑得快，但它会飞翔、游泳、攀树、掘洞吗？海豚是游泳能手，但它会其他四种技能吗？鼯鼠把自己和各种动物都比了个遍，越比越觉得自己的本领高，越比越觉得自己了不起。在它看来，老虎当兽中之王，雄鹰为鸟中之王，都是徒有虚名而已。真正的动物首领，非它莫属。

然而，人们还是把它与老鼠并列，划入啮齿目；又将它与弱小动物排在一起，归进松鼠科。

鼯鼠为此愤愤不平："胡闹，胡闹！老鼠、松鼠算什么东西？我可是动物中的通才、全才啊！"

有一天，鼯鼠正在向几只老鼠炫耀自己的五种技能，突然，一只老虎出现在它面前："小兄弟，你在说什么？"

鼯鼠吓得魂飞魄散，撒腿就跑。但是，它用尽力气跑了半天，老虎几步就追上来了。没办法，它慌忙爬上一棵树，这时，一只金钱豹又蹿了过来，三下两下就蹿上了树顶。情急之中，鼯鼠张开四肢飞到空中。但是，它的"翅膀"并不能像鸟一样扇动，只能滑翔。一只雄鹰轻轻扇了两下翅膀，眼看就要抓住它。无路可走了，鼯鼠"扑通"一声钻进水里。它刚想喘口气，一只水獭已箭一般地向它扑来。鼯鼠狼狈地爬上岸，伸出利爪掘洞藏身。水獭跟踪追来，没费吹灰之力，就扒开了它的洞穴，把它抓在手中。

"兄弟，我想领教领教，你还有什么招数吗？"水獭讥讽地问。

鼯鼠浑身像筛糠一样颤抖不止，后悔不迭地说："拥有一身平庸的本领，不如掌握一件过硬的技巧啊！"

人都喜欢贪多，却不明白一个道理：贪多而"消化不良"反而会一无所获。"业广不如业专。"与其掌握许多平庸的本领，不如精通一门过硬的技术。

在我们塑造个人品牌的过程中，不妨记住这样一个道理：百门通不如一门精。高级技工在现在社会十分抢手，这是因为技术密度越来越大的工作需要精通一门技术的人去做。

巴黎一家五星级大酒店有个小厨师，长得憨憨的。他没有什么特别的长处，只能在厨房里打下手。但是他会做一道非常特别的甜点：把两个苹果的果肉都放进一个苹果中，而那个苹果会显得特别丰满，从外表上看，一点也看不出是两个苹果拼起来的，就像是自然生长的，果核也被他巧妙地去掉了，吃起来特别香甜。

这道甜点被一位长期包住酒店的贵妇人发现了，她品尝后，十分喜欢，并特意约见了做这道甜点的小厨师。贵妇人虽然长期包了一套最昂贵的套房，一年中也只有不到一个月的时间在这里度过，但是，她每次到这里来，都会点那道小厨师做的甜点。

酒店年年都要裁去一定比例的员工，但不起眼的小厨师一直在原来的岗位上，工作如初。后来，酒店的总裁告诉小厨师，那位贵妇人是他们最重要的客人，而他是酒店里不可或缺的人。

刺猬面对强敌，任何时候都只有一招，那就是缩成一团来防御和抵抗，这仅有的一招保证了刺猬在残酷的生存斗争中获得生存的权利。这对于我们获得业绩有很大的启示：那就是，一技之长是创造业绩不可缺少的一项本领。

与其诸事平平，不如一事精通，这是职业人士攀登职业高峰的秘诀。掌握一项真正过硬的本领才能够在职场上成就卓越，使自己立于不败之地。在竞争日益激烈的职场上，你想占有一席之地，并拥有名誉和地位，你就必须选择一项你喜欢的工作作为目标，然后全力以赴，付诸行动。分散精力、摇摆不定、犹豫不决的员工是不可能在职场中获得成功的。

专注于某一个领域，把一件事情做到极致是你在构建个人品牌中最重要的。

拥有自己的特色，做不可替代的人

西班牙著名的智者巴尔塔沙·葛拉西安在其《智慧书》中告诫人们说，在生活和工作中要不断完善自己，让自己成为一个团体的"限量商品"，使自己变得不可替代。让别人离了你就无法正常运转，这样你的地位就会大大提高。一个人拥有了别人不可替代的能力，就会使自己立于不败之地。在生活和工作中，不断地完善自己，使自己变得无可替代，你便会受到别人的重视。

生物学家研究发现，在成群的蚂蚁中，大部分蚂蚁都很勤快，寻找食物、搬运食物争先恐后，少数蚂蚁却东张西望地不干活。

为了研究这类懒蚂蚁如何在蚁群中生存，生物学家做了一个实验：他们把这些懒蚂蚁都做上标记，断绝蚂蚁的食物来源，并破坏了蚂蚁窝，然后观察结果。

这时，发生了令生物学家意想不到的情况。那些勤快的蚂蚁只会一筹莫展，而懒蚂蚁则"挺身而出"，带领伙伴向它早已侦察到的新食物源转移。接着，他们再把这些懒蚂蚁全部从蚁群里抓走，实验者马上发现，所有的蚂蚁都停止了工作，乱作一团。直到他们把那些懒蚂蚁放回去后，整个蚁群才恢复到繁忙有序的工作中去。

大多数蚂蚁都很勤奋，忙忙碌碌，任劳任怨，但它们紧张有序的劳作往往离不开那些不干活的"懒"蚂蚁。"懒"蚂蚁在蚁群中的地位是不可替代的，他们能看到事物的未来，能正确地把握了当前的行动，他们是蚁群中的"限量商品"。

人生总会遇到各种各样的挫折与挑战，有时候也会面临着淘汰与恐惧。一个人只有不断储存自己的能力基金账户，使自己变得无可替代，才能具备砥砺磨难的勇气，才能具备迈向成功的资本。

米开朗琪罗是这样巩固自己的地位的。据说在欧洲文艺复兴时期，涌现了一大批著名的艺术家，当时的艺术家们要想出人头地还要取决于能否找到一个好的赞助人。教皇朱里十二世是米开朗琪罗的赞助人，一次，在关于大理石柱的雕刻问题时，两人产生了分歧，他们发生了激烈的争吵。米开朗琪罗觉得自己的作品没有得到教皇的充分重视，所以很愤怒，并且扬言要离开罗马。

很多人认为米开朗琪罗触犯了教皇，教皇必定要怪罪他。但事实证明，他们的担心是多余的，教皇非但没有怪罪他，还极力请求把他留下。因为教皇清楚地知道，像米开朗琪罗这样的天才艺术家会有很多人愿意主动成为他的赞助人，而他永远无法再找到一个米开朗琪罗。

米开朗琪罗身为一个艺术家，其卓越的才能是他雄厚的后盾，如果自己让任何人都不能替代，自己的地位也就自然变得坚不可摧。拥有特殊才能的人不需要依赖特定的上司或者特定的工作场所来巩固自己的地位。因此，让一切在自己的掌握之中，让自己的技能无可替代，便会立于不败之地。

打造闪光点，摆脱谁也不是的状态

很多人都恐惧生活在社会的底层。对大多数人来说，要改变自己的生活必须要努力工作。但是现在拥有一份工作并不意味着万无一失。很多公司因为各种各样的原因不断裁员。如何才能不让自己成为下一个被裁的对象呢？与其被动等待，不如积极行动，打造自己的闪光点。打造闪光点，可以从自己的强项开始。每个人都有自己独特的能力，从自己独特的能力开始，是最容易打造闪光点的方法。

丹丹是一家饮料公司的业务主管，因为她平易近人，说话随和，所有的客户都喜欢和她谈话。每逢碰到同事和客户谈崩的时候，就会让她出马。只要她一去，不管什么冰山都会融化成一江春水。她个人的闪光点就是"化解矛盾的专家"。

每个人都应像丹丹一样及早找到自己的强项，尽量发挥，这是快速脱颖而出的秘诀！你的表现是你的"最佳简历"。

如果年轻人能够拥有自己的闪光点，摆脱谁也不是的状态，那他还愁得不到老板的青睐、不能取得成功吗？比如在公司里你能勤动脑，以战略的眼光去思考公司的发展，不断寻求公司新的增长点，不断开发新产品，开拓新市场，把握住公司的目标，努力让公司"做对的事"，那你一定会成为公司里的顶梁柱，那时不会有随时被炒的忧虑，更不会愁没有升职加薪的机会。

一位成功学家曾聘用一名年轻女孩当助手，替他拆阅、分类信件，支付女孩的薪水与相关工作的人相同。有一天，这位成功学家口述了一句格言，要求她用打字机记录下来："请记住，你唯一的限制就是你自己脑中所设立的那个限制。"

她将打好的文件交给老板，并且有所感悟地说："您的格言令我大受启发，对我的人生很有价值。"

这件事并未引起成功学家的注意，但是在女孩的心目中却烙上了深刻的印象。从那天起，她开始在晚饭后回到办公室继续工作，不计报酬地干一些并非自己分内的事，譬如，替代老板给读者回信。

她认真研究成功学家的语言风格，使这些回信和老板的一样好，有时甚至会更好。她一直坚持这样做，并不在乎老板是否注意到自己的努力。终于有一天，成功学家的秘书因故辞职，在挑选合格人选时，老板自然而然地想到了这个女孩。

在没有得到这个职位之前，女孩就已经身在其位了，这正是她获得这个职位的最重要原因。当下班的铃声响起之后，她依然坐在自己的岗位上，在没有任何报酬承诺的情况下，依然刻苦训练，最终使自己有资格接受这个职位。

故事并没有结束。这位年轻女孩的能力如此优秀，引起了更多人的关注，其他公司纷纷提供更好的职位邀请她加盟。为了挽留她，成功学家多次提高她的薪水，与最初当一名普通速记员时相比已经高出了四倍。因为她不断提高自我价值，打造了自己的闪光点，成为了不可多得的人才。

对于年轻人而言，如果希望求得个人的不断发展，提高自己的身价，只有不断地给自己充电，提高自身的竞争力。让自己在一群"普通人"中显出卓越不凡的一面来，更要不断地学习，以非凡的能力巩固自己傲然独立的地位，展示自己的闪光点，成为有用的人才。

我们必须做到处处打造自己的闪光点，让每个见过你的人都能记住你，认为你果真有自己的能力和风格，那样，在 35 岁之前你就能轻松超越别人了。

投资自我，多角度提升能力

世界金融投资界享有"投资骑士"声誉的吉姆·罗杰斯说过："一生中毫无风险的投资事业只有一项，那就是——'投资自我'。"

的确如此，最合适、最有把握、收益率最高的正是投资自己。

具体说来，怎么投资自己，从哪些方面入手呢？

1. 不要放弃学生时代所学

大概很多人会说："大学里学的东西，对现在的工作一点帮助都没有。"如果因此就将从前所学抛诸脑后，是很可惜的。人不太可能一辈子都做同一份工作，持续花费心力在学生时代所学的学科上，非但不是浪费，在转职时反而能增加选择的机会。

2. 柔性思考，多角度阅读

现今职务有细分化的趋势，在高度专业化之下，大家都竭尽所能地加强专业知识，结果造成不少人除了自己的专业之外，对其他的事都不了解。

3. 每个星期给自己一个新的挑战

长期处于相同的环境下，年轻人也会加速僵化衰老。所以，每个星期给自己一个新的冒险吧！买本新书，或到从来没去过的地方逛逛，给自己新鲜的刺激与活力。

4. 接触热门商品，思考其畅销的理由

现代社会的发展速度惊人，若跟不上潮流，只能面临被淘汰的命运。对于畅销的产品，并不一定要购买，但应该要实际去感受，思考其为什么会畅销。公司并不是图书馆，成天待在办公桌前，那真的就像在养老了，多出去走动走动吧！

5. 放假时到热闹的地方去感受时代的脉动

据统计，居上班族休闲娱乐首位的就是看电视，占五成以上，剩下三成的人则是选择睡觉。当然，在辛苦工作一周后，适当的休息是必要的，但休闲生活的品质也应该兼顾。趁休假时到百货逛逛、听听音乐会等，能够看到许多平常没有机会看到的各形各色人物，说不定还会启发新商品的构想。

6. 利用上班路上的时间做定点观察

对于广大的公交车族、地铁族来说，合理运用上班路上的时间也是一大学问。大部分的人可能都是发呆或打盹，要不然就是默默忍受拥挤之苦，到公司时已经筋疲力尽。其实，花一点心思，也能在上班的途中获得不少意外的收获。尤其每天相同的通车路线，刚好可以做定点观察，一样的区域、固定时间的观察，很容易察觉到一个地方的改变。

7. 在星期天阅读一周的报纸

报纸中有相当多实时性的消息，是吸收情报的重要渠道，但每天一部分一部分地阅读，只是"点"的层面，利用星期天翻阅当周的报纸，对一个议题可以连接起"线"的层面，了解整个事情的来龙去脉。

8. 看报道不要只看财经新闻

对于上班族而言，财经新闻当然是必读重点，但如果只阅读单一报纸，视野难免会过于狭隘，因此多翻阅几份，对磨炼自己对新闻的敏锐度绝对有帮助。而其他的版面，如体育版、文艺版也应该浏览一番，往往会有意想不到的收获。

9. 每周阅读一本书

要培养良好的阅读习惯，以帮助你在知识爆炸的年代，提高信息取舍的能力，在滚滚情报洪流中获得最有利的信息。古典文学、世界名著、伟人传记、学生时代喜爱的读物，这些看来和工作不相干的书籍，能扩展视野，在人格培养及思考能力的提高上会有很大的帮助。

10. 多和不同领域的人接触

大体而言，我们和能谈论相同话题的朋友比较处得来。但事实上，多接触不同领域的人，听听各行各业的工作概况和甘苦，能给予头脑新鲜的刺激，活化思考，是培养情报搜集力的绝佳机会，对刚开始工作的新人相当重要。

11. 至少学习一门外语

有不少上班族从学校毕业之后就和语言学习绝缘，尤其是在非国际性的公司工作，常常会疏于外文上的进修。就未来的趋势而言，有潜力的公司一定会朝向国际化发展，不趁年轻储备实力，等三四十岁成为公司的中坚分子时才来学习，不但费力，也失去了竞争力。

12. 每周给自己一点私人时间

上班认真值得嘉奖，不过一味埋首于工作可是会出现危机的。每天反复于相同的工作中，是否有想到要停下来为这些日子的工作绩效、人际相处、家庭关系等问题做检讨与规划呢？习惯忙碌可能会让你变得盲目，每周给自己一些独处的时间，让心灵沉淀。

13. 不要吝惜自我投资

市面上有所谓"在三十岁前致富"的书籍，或"二十五岁之前成为百万富翁"的报道，让一般年轻上班族也开始流行以金钱的累积作为工作的目标，对于进修或旅游增广见闻的投资就相对减少。年轻时代需要储存的应该是智能、知识资产，"无形财产"的累积才能创造人生最大的财富。

14. 自己购买书籍杂志

书籍是用来"查"的，并不只是用来"看"的。在有限的时间里，很难将一本书仔细读完，但总有些浏览过的信息将来在工作上会有所帮助，在需要时能立即取得，才不枉费花时间阅读。

提升自我，增强各方面的知识，这样你还怕在这个以知识、本领为资本的时代里无法生存吗？

成为某方面不可多得的人才

拥有一项关键的能力，能使自己成为某个领域里的"行家"和"核心人物"，更容易获得成功。从内地到深圳寻梦的张强，用亲身经历告诉我们这一点。

在家乡印刷厂，我在辅机上已做了近五年，技术一流，辅机上其他人员无人能比。但厂里老师傅大有人在，升上主机的可能性一则极小，二则就是有，辅机上另外年龄和工龄都长过我的人肯定排在我的前面。听不止一个去过深圳的人说，深圳是个年轻的城市，在那里人才真的可以不拘一格。于是我雄心勃勃地背起了行囊。

深圳的印刷在全国都有名，我也很快就找到了工作，为了给随后的尽快提升打基础，我仍从辅机干起，并很快成为骨干，厂里的许多重要活似乎只有安排我做老板才放心。

如是坚持了 11 个月，临近一年时，趁公司制订次年的工作计划之机，我找到老板，向他表达了我想上主机学习的愿望。他问为什么，我说我在辅机上再干下去已没有什么潜力与前途，并且也不可能几年如一日地一直干辅机不思进取呀，另外我盼望公司能给我进取的机会，否则我不是白来深圳了吗？

老板是位 60 岁的坏脾气、黑脸膛的老头，那天他出乎意料地很有耐心地听完我的话，他说他做老板 11 年，这 11 年来，公司招收新职员时，他们关心的问题大多是薪资、福利，只有少数人问过公司会怎样培养他们成为一个能长足进步的技术人员。他说在这少数人中，我属更特别的一个。他说你能有上进心固然应该，但为什么不能换个思路来考虑这个问题呢？比如潜心做好现在的工作，拥有一项关键能力，成为这个方面不可多得且不可或缺的人物。他说公司随后还要扩大生产，添加辅机，如果我能真正成为这方面的权威，不仅在这个公司，就是将来出去在这个行业也将是独领风骚的，也会得到相应的地位与报酬。他说在当今的社会，年轻人所缺乏的不是广泛的经历，而是真正的技术。

我到深圳本是为了离开辅机，结果却决定继续在辅机上做下去。我写信将此事告诉了父母，母亲说那不是和在家乡没区别嘛，我说有，这区别就是深圳有人会有力度地告诉你你为什么还应该在辅机上干。

迄今为止我都视这位老板为我的恩师，尽管他没有教过我哪怕一个螺丝的位置，但仅凭"拥有一项关键能力，成为这个方面不可多得且不可或缺的人物"一句话，他就会恩泽我一生，因为它带给我的是一种不会过时的思维方式和认真投入的行事态度。

拥有一项关键能力，成为某个方面不可多得且不可或缺的人物非常重要，更为重要的是拥有一种不会过时的思维方式和认真投入的行事态度，那将成为我们每个人一生的财富。

美国是一个十分注重效率和功利的国家，你要对美国的社会经济发展有益，美国才会接纳你。在美国拿绿卡，只有两种人可以：一种是来美国投资或消费；还有一种人，就是有技术专长。

王刚在美国移民局看到一位在申请绿卡的中年妇女，从她被晒成古铜色的皮肤看，可以断定她是一位户外工作者。出于好奇，王刚上前和她搭话，一问才知，她来自中国北方农村，因为女儿在美国，才申请来美国，她只读完小学，连汉语表达都不太流利。

可就是这样一位英语只会说"你好"、"再见"的中国农村妇女，也在申请绿卡。她的申报理由是有"技术专长"。移民官看了她的申请表，问她："你会什么？"她回答说："我会剪纸画。"说着，她从包里拿出一把剪刀，轻巧地在一张彩色亮纸上飞舞，不到3分钟，就剪出一些栩栩如生的各种动物图案。

美国移民官瞪大眼睛，像看变戏法似的看着这些美丽的剪纸画，竖起手指，连声赞叹。这时，她从包里拿出一张报纸，说："这是中国《农民日报》刊登的我的剪纸画。"美国移民官一边看，一边连连点头。旁边和她一起申请而被拒绝的人又羡慕又嫉妒。

这就是美国。你可以不会管理，你可以不懂金融，你可以不会电脑，甚至，你可以不会英语。但是，你不能什么都不会！你必须得会一样别人所不会的，你要竭尽全力把它做到极限。这样，就会永远被肯定了！

在别人看来再一无是处的人，也有自己拿得出手的东西，所以我们要满怀信心地努力发掘自己身上最有价值的部分，培养一项人无我有的能力，打造一生成功的"芯片"。

人生并不只是像它表现出来的一般光华夺目，这背后有着你无法轻易领略的风景。对于那些不停地抱怨现实恶劣的人来说，不能称心如意的现实，就如同生活的牢笼，既束缚手脚，又束缚身心；因此常屈从于现实的压力，成为懦弱者；而那些成大事的人，则敢于抗争现实，在现实中磨炼自己的生存能力，能人所不能，这就是强者！

在这个世界上，没有谁能够抵挡一个足够卓越的人崛起的头颅，许多人流于平庸的原因无非是自己并没有做到出类拔萃，动辄便淹没在汹涌的人海之中。因此，只有不断地提高自己的能力，做到人无我有，扩大自身的影响力，能人所不能，才能在35岁之前超越他人。

在自我介绍中传播个人价值

个人介绍和名片是传播自我价值的重要途径，当我们与一个新朋友初次见面，总是要自我介绍一番，然后互相交换名片。心理学研究发现，我们留给别人的第一印象主导着别人对我们的评价，在以后的时间里也不容易改变。因此，结识新朋友时，个人介绍和名片就显得至关重要。如果你不能够在第一次见面时就引起别人的兴趣，那么别人可能就会把你当成无关紧要的人物，不会再有继续深入了解的想法了。

通常，我们做自我介绍的方式是"我在××公司担任××职务"。这样的介绍方式，看起来好像没什么问题。其实这样的介绍方式等于没有介绍，试想，如果和你同在一家公司，担任同一职务的人，是不是也会这样介绍自己呢？那么你和他有什么区别呢，没有区别就意味着你可以被他取代，在你的自我介绍中没有体现出自己独有的价值。因此，别人也很难对你感兴趣，可能根本就记不住你。

为了让初次见面的朋友愿意认识你，你需要在自我介绍中加入你的"个人标签"，也就是突出自己与众不同的地方。《人脉力》一书的作者冈岛悦子女士对于自我介绍颇有一番心得。她从大学本科时期就开始探索"最有效的自我介绍方式"，在构建自身品牌的过程中，她尝试了很多种自我介绍方式，最终她发现，最具吸引力的自我介绍是："我有分布在 43 个国家的朋友，可以向他们请教任何问题。"原来，冈岛悦子女士的家庭曾经作为接待外国留学生的"寄宿家庭"，这使她认识了来自各个国家的外国朋友。这种介绍方式让别人一下就记住了她，并产生了想要认识她的冲动。

除了富有特色的自我介绍之外，你还需要一张能够引起别人兴趣的个人名片。和自我介绍相似，如果你的名片和别人一样，只是印着姓名、公司、职位和电话，那么，除非你是个大人物，否则别人完全不会对你感兴趣。让我们来看看高手的名片是如何传播个人价值的：

英国的十大推销高手之一约翰·凡顿的名片与众不同，每一张上面都印着一个大大的"25%"，下面写的是约翰·凡顿，英国 ×× 公司。当他把名片递给客户的时候，几乎所有人的第一反应都是相同的："25%，什么意思？"约翰·凡顿就告诉他们："如果使用我们的机器设备，您的成本就将会降低25%。"这一下子就引起了客户的兴趣。约翰·凡顿还在名片的背面写了这么一句话："如果您有兴趣，请拨打电话 ××××××。"然后将这名片装在信封里，寄给全国各地的客户。结果把许多人的好奇心都激发出来了，客户纷纷打电话过来咨询。

约翰名片上的一个大大的"25%"引起了别人的兴趣，毕竟人人都有好奇心，人人都想知道名片上的这个"25%"究竟代表着什么意思，这也就引起了别人进一步了解和询问的想法，不失为塑造自己品牌的一个好方法。

从现在开始探索最有效的自我介绍方式、为自己的名片加上引人注目的特色，把自己塑造成为别人眼中有个性的人。

推销自己，让伯乐看到

人生有许多机会是要靠自己去争取的，如果有能力，就应该自告奋勇地去争取那些许多人无法胜任的任务，千万不要把自己淹没在人群中，或者躲在被人们遗忘的角落里。年轻人应学会站出来，让自己闪耀夺目，像磁铁一样吸引他人的注意，这样才可能让伯乐找上门来。

有这样一个故事，讲的是一个多次失业者在面试时推销自己的妙招：

某大公司招聘人才，应聘者云集。其中多为高学历、多证书，有相关工作经验的人。经过三轮淘汰，还剩下 11 个应聘者，最终将留用 6 人。因此，第四轮总裁亲自面试，将会出现十分"残酷"的场面。可奇怪的是，面试现场出现了 12 个考生。

总裁问："谁不是应聘的？"

坐在最后一排的 20 几岁的男子一下子站了起来："先生，我第一轮就被淘汰了，但我想参加一下面试。"

在场的人都笑了，包括站在门口闲看的老人。总裁饶有兴趣地问："你连第一关都过不了，来这儿又有什么意义呢？"

男子说："我掌握了很多财富，我本人即是财富。"

大家又一次笑了起来，觉得此人不是太狂妄，就是脑子有毛病。

男子接着说："我只有一个本科学历，一个中级职称，但我有 11 年的工作经验，曾在 18 家公司任过职……"

总裁打断了他的话："你学历、职称都不算高，工作 11 年倒是很不错，但先后跳槽 18 家公司，太令人吃惊了。我不欣赏。"

男子站起来说："先生，我没有跳槽，而是那 18 家公司先后倒闭了。"在场的人第三次笑了。一个考生说："你真是倒霉蛋！"

男子也笑了："相反，我认为这是我的财富！我不倒霉，我才 20 几岁而已。"

这时，站在门口的老人走了进来，给总裁倒了杯茶。男子继续说："我很了解那18家公司，我曾与大伙努力挽救那些公司，虽然不成功，但我从那些公司的错误与失败中学到了许多东西。很多人只是追求成功的经验，而我，更有经验避免错误与失败！

"我深知，成功的经验大抵相似，而失败的原因各不相同。与其用11年学习成功的经验，不如用同样的时间去研究错误与失败；别人成功的经历很难成为我们的财富，但别人的失败过程却是！

"这11年经历的18家公司，培养和锻炼了我对人、对事、对未来的洞察力。举个例子吧，真正的考官不是您，而是这位倒茶的老人。"

全场11个考生哗然，惊愕地盯着倒茶的老人。老人笑了："很好！你第一个被录取了，因为我急于知道，我的表演为何失败。"

例子中，该男子的面试过程可谓一波三折，他的所作所为都是在展示自己，从而让老板在了解他的过程中录用了他。

因此，要想使别人接纳自己，并重用自己，年轻人在推销自己时必须有创意且竭尽全力，给对方留下鲜明的印象，让用你之人因佩服而接纳你。

推销自己是一种才能，也是一门艺术。有了这种才能，人们才可能安身立命，才能吸引众人的目光，才能抓住机遇使自己处于不败之地。

或许人们常说的"王婆卖瓜，自卖自夸"早已沦为了最初级的推销方式，但至少王婆对自我推销的领悟却先于很多人。一个真正能吸引大家注意、引起大家兴趣的人，不仅要有能力、会做事，还要会表现自己、推销自己，这样才能让伯乐看到你，才能让你在人生的舞台上占据主角的位置，取得成功。

主动曝光自己的能力

也许你是一个聪明绝顶的人，有着足够的胆识和谋略，但是，如果你不展示出来，你的一切努力也许只有你自己清楚。当今时代是一个追求效益的时代，默默无闻的人再优秀也无法得到赏识，让别人看到你的存在，看到你的成绩，才能吸引更多人的关注，得到意想不到的收获。

巴纳斯是大发明家爱迪生生前唯一的合伙人，他是一个意志坚强、勤奋努力的人。起初他一无所有，他在爱迪生那里谋到了一份普通的工作，做设备清洁工和修理工。当时爱迪生发明了口授留声机，但是公司的销售人员不能把它卖出去，巴纳斯这时主动申请做了留声机的销售员，但工资依然是清洁工的薪水。当时这种机器不是很好卖，巴纳斯跑遍整个纽约城，才卖了7部机器，应该说已经是一个不错的业绩了。他通过总结这段时间的销售经验，冥思苦想制订了留声机的全美销售计划，然后把计划拿到爱迪生的办公室。爱迪生看过后，非常高兴，很欣赏他的计划，也为他的努力和细心而感动，同意巴纳斯成为他的合伙人。从此，巴纳斯成了爱迪生一生中唯一的合伙人。

巴纳斯向老板主动展示了自己创造性的工作，因此得到了老板的赏识，进而从一名小小的清洁工雇员成为爱迪生的合作者。

做事、立事，谁不希望自己能够一帆风顺，一夜之间成名得利？巴纳斯本来是一个小人物，如果他没有展示自己的能力，那么他再有才能，再努力奋斗，在一个竞争激烈的商品社会中，也很难达到如此成就。

盛唐时期，诗人王维想参加科举考试，请岐王向当时权势大的一位公主疏通关节，事先向主考官打声招呼，照顾一下第一次参加科考的自己。可是公主早已答应别人，为另外一位叫张九皋的人打过了一次招呼。岐王也感到十分为难，他对王维说："公主性情刚强，说一不二，想强求她改变主意给你打招呼，实在不容易，我来给你出个主意。你将你旧诗中写得最好的抄下十来篇，再编写一曲凄楚动人的琵琶曲，五天以后你再来找我。"五天后王维如期而至。岐王找出一身五颜六色的衣服，将王维打扮成一名乐师，携了一把琵琶，一同来到公主的府第。岐王事先对公主说："多谢公主予以接见，今日特地携了美酒侍奉公主。"说罢便令摆上酒宴，乐工们也都依次进入殿中。年轻的王维容貌秀美，风度翩翩，引起了公主的注意，她便问岐王："这是什么人？"

岐王道："他是一个在音乐方面颇有造诣的人。"王维演奏了一首琵琶曲，曲调凄楚动人，令人击节叹息。这首曲子是王维新近创作的，他演奏起来自然得心应手。公主非常喜欢这首曲子，于是迫不及待地向王维发问："这首曲子叫什么名字？"王维马上立起身来回答："叫《郁轮袍》。"公主对王维更感兴趣了。岐王乘机说道："这个年轻人不仅曲子演奏得好，还会写诗，至今在诗歌方面没有人能够超得过他！"公主越发好奇了，赶忙问道："现在手里有你写的诗吗？"王维赶忙将事先准备好的诗从怀中取出，献给公主。公主读后大惊失色，说道："这些诗我从小经常诵读，一直认为是古人的佳作，怎么竟然是你写的呢？"于是，让王维换上文士的衣衫，入席。王维风流倜傥，谈吐风趣幽默，在座的皇亲国戚纷纷向他投去钦佩的目光。岐王趁热打铁，说道："如果这个年轻人今年科举考试得以高中，国家肯定又会增添一位难得的人才。"公主问："为什么不让他去应试？"岐王道："这个年轻人心高气傲，如果不能得到最为尊贵的人推荐考中榜首，宁愿不考。可闻听公主已推荐张九皋了。"公主连忙笑道："这没关系，那个人也是我受他人所托才办的。"接着她又对王维说："你如果真的想考，我必定为你办成这件事。"王维急忙起身道谢。公主立刻命人将主考官招来，派奴婢将自己改荐王维的意思告诉了他。于是，王维一举成名。

试想，如果王维终日隐居深山，纵然有再大的能力，也难以得到公主的提携。如果你认为你是一颗珍珠，就不要只是默默无闻地埋藏在沙滩里；如果你认为你是一颗钻石，那么就擦亮自己，骄傲地绽放光彩；只有充分展示你的能力，才能够引起人们的重视，一步步走向成功。

自抬身价把自己武装成"绩优股"

有句俗话叫："王婆卖瓜，自卖自夸。"虽然其中蕴涵了一些对自吹自擂者的讽刺意味，但这种自吹在某些情况下还是很有必要的。

社会就如同一个大丛林，有许多机会都是要靠自己去争取的。有能力的人更要学会自己推销自己。

有一匹千里马，身材非常瘦小，它混在众多马匹之中，默默无闻。主人不知道它有与众不同的奔跑能力，它也不屑表现，它坚信伯乐会发现它的过人之处，改变它的命运。

有一天，它真的遇到了伯乐。伯乐径直来到千里马面前，拍了拍马背，要它跑跑看。千里马激动的心情像被泼了盆冷水，它想，真正的伯乐一眼就会相中我，为什么不相信我，还要我跑给他看呢？这个人一定是冒牌的。千里马傲慢地摇了摇头。伯乐感到很奇怪，但时间有限，来不及多作考察，只得失望地离开了。

又过了许多年，千里马还是没有遇到它心中的伯乐。它已经不再年轻，体力越来越差，主人见它没什么用，就把它杀掉了。千里马在死前的一刻还在哀叹，不明白世人为什么要这么对待它。

客观而言，千里马的一生是悲惨的，可以说是"怀才不遇"。它终年混迹于平庸之辈中，普通人不能看出它的不凡之处，伯乐也错过了提拔它的机会。但是谁导致了这悲剧呢？是它的主人，还是伯乐？都不是。怪只怪千里马自己，假如它当初能够抓住机遇，勇敢地站出来，在伯乐面前不顾一切地奔跑，表现出自己与众不同的优秀品质来，用速度与激情证明自己的实力，恐怕它早就离开那个狭窄的空间，到属于自己的广阔天地尽情施展才能了。

人们过去总说"酒香不怕巷子深"，但事实并非如此。试想，要有多么浓郁的芳香才能从深巷里传入人们的鼻中呢？又有多少人能够静下心来寻找这芳香的源头呢？再香的酒，只怕最终也不过落得个"长在深巷无人识"的结局。许多人常慨叹怀才不遇，却不知道，能力是需要表现出来的，有本事就要发挥出来，不吭声、不动作，谁会知道你胸中的万千丘壑，谁会将你这匹千里马从马群中挑选出来呢？

不少人总是满怀希望地等待着，期待伯乐发现自己，提拔自己。只可惜千里马常有，而伯乐不常有，并不是所有领导、上司都独具慧眼，将机会拱手送上。在你做白日梦的时候，别的马，早已迎风驰骋，令众人瞩目，获得了充分展示自己的舞台。而默不作声的你，自然只能被淹没在无人问津的平庸者当中。

现实终究是现实，成功的机会不会自动跑到你面前来，一切都要靠你自己去争取。要知道，就算天上掉下馅饼，也要主动去捡，而且必须抢先别人一步。金子如果被埋在土里，就永远不会闪光，想要闪光只有两种可能：一种是被矿工侥幸发掘，这个可能性自然很小；另外一种是凭借自己的力量破土而出。

因此，即便是实力再强的人，也要学会表现自己，要善于表现自己，才能让自己的优势展现于世人面前，才能使自己成为抢手货。

以现代职场为例，默默无闻、埋头苦干的人，往往不一定能够得到重用。我们不仅要拥有雄厚的实力，还要善于表现自己，这样才有机会脱颖而出。

正如卡耐基所言："你应庆幸自己是世上独一无二的，应该把自己的禀赋发挥出来。"在如今这个凸显自我价值的时代，实力已不是成功的唯一条件，聪明的人要学会把自己"捧红"，把自己"炒热"，这样才能扩大自己的影响力。

让人脉成为宣称自己品牌的"喉舌"

作家冈岛悦子在其《人脉力》一书中，为大家提供了一种宣传自己的有效方式：通过人脉宣传自己。在《人脉力》一书中，她首先提出了"人脉螺旋模型"这一概念。

"人脉螺旋模型"的五个阶段：

第一，给自己贴上标签（明确自己在哪一方面胜人一筹，清楚地亮出自我推销的重点）。

第二，作出内容（用成果证明自己，让别人对你刮目相看："哇！以前没看出来他竟然这么厉害啊！"）。

第三，扩展朋友圈（相互试验自己的内容，相互切磋琢磨，共创下一个阶段）。

第四，散播自己的信息（把自己的信息巧妙地传递给他人，他人会在意想不到的时候想起你来）。

第五，积极争取机会（挑战超出自己实力的工作，提高人脉层次）。

在这个程序中，第一步"给自己贴上标签"这一步十分重要，如果你给自己所贴的标签够精彩，使得与你有过交流的人，能够不自觉地想把你的关键词告诉其他人，这样一来，你就通过人脉巧妙地宣传自己。

在这个模型中，只要按照上面的阶段顺序付诸实践，任何人都可以在建立人脉的同时，通过人脉达到宣传自己的目的。需要大家注意的一点是，这五项的顺序很重要，必须要一步一个台阶稳扎稳打才能水到渠成，达到预期目的。

冈岛悦子本人就严格按照以上五个步骤，建立有益的人脉关系。她时刻注意自己能在哪一方面比别人高出一筹，在课堂之外还率先参加别人做不了的事情，比如学校庆典、活动委员等。如此一来，她开始得到各种各样的推荐，比如有人邀请她加入某个项目，还有人来询问她对商业计划的亚洲战略的意见等。因此在她自己身上也储备了多种"标签"。

并且，不知什么时候冈岛悦子的"标签"自己会走路了。在一次成员集会中，她们研究的主题是关于"Incubator（为风险投资公司的创业者提供支援的公司）"的，在讨论过程中有人指名要她发表意见，当冈岛悦子问他叫自己的原因时，他说："因为从朋友那里听说，你对日本的风险投资公司很有见解"。

在各种各样的人聚集参与的交流中，要做到"个性鲜明"就要考虑应该给自己贴上什么样的"标签"才能使自己与众不同，而且如果能制作出一个让别人"禁不住想告诉某个人的标签"，人脉自然就成了宣传自己的"喉舌"。

第五章
打造你的人格魅力

快乐的人永远受欢迎

快乐的人是带给我们笑声和好心情的朋友。在生活中，这些能给我们带来欢乐的朋友尤其珍贵。没有他们，生命的光芒似乎减弱了不少。想一想，是不是有时候你原本在因为一点小事心情郁闷，看什么都不顺眼，然而就是因为朋友的一个玩笑让你心头的阴暗一扫而空，开开心心地笑了？

小刘有一位在医院工作的朋友老吴，此人 30 岁才谈了一个在郊区工作的女朋友。

他原籍农村，父母均靠种地为生，两人工资也不高，照理那本生活的"经"是相当难念的，可他的情绪没一天不好。

有一次，小刘去参观他的小屋。一进门，一只金身弥勒佛首先敞怀对他们，手一碰便咯咯笑个不停。墙上条幅自撰自书，竟称"日进斗金"。玻璃台板下压一张合影，以大簇樱花为背景，边上有行小字，既点题又造趣："樱花与当代四大美人。"小刘见四人虽然五官端正，但都并不标致，偷问："四位何许人也？"笑曰："俺娘，俺两个姐姐，还有一个是俺的准夫人，这不是四大美人？"

与老吴这样的人在一起，你想不快乐也很难啊！他们往往是朋友的开心果，最能让人获得身心的愉悦。

快乐的人由于自己内心充溢着快乐，所以他们也有能力给身边的人带来快乐，成为朋友的开心果。其实，在我们每个人身边都存在着这样的开心果，他们在不利与艰难的困境中百折不挠，设法把每一件不幸的事情都看成是获得快乐的机会。

杰里是饭店经理，他的心情总是很好。当有人问他近况如何时，他都回答："我快乐无比。"

如果哪位同事心情不好，他就会告诉对方怎么去看事物好的一面。他说："每天早上，我一醒来就对自己说，杰里，你今天有两种选择，你可以选择心情愉快，也可以选择心情不好，我选择心情愉快。每次有坏事情发生，我可以选择成为一个受害者，也可以选择从中学些东西，我选择后者。人生就是选择，你要学会选择如何去面对各种处境。归根结底，由你自己选择如何面对人生。"

有一天，他被 3 个持枪的歹徒拦住了，歹徒朝他开了枪。幸运的是，杰里很快被送进了急诊室。经过 18 个小时的抢救和几个星期的精心治疗，杰里出院了，只是仍有小部分弹片留在他体内。

6 个月后，他的一位朋友见到了他。朋友问他近况如何，他说："我快乐无比。想不想看看我的伤疤？"朋友看了伤疤，问当时他想了些什么。杰里答道："当我躺在地上时，我对自己说，有两个选择：一是死，一是活，我选择了活。医护人员都很好，他们告诉我，我会好的。但在他们把我推进急诊室后，我从他们的眼神中读到了'他是个死人'。我知道我需要采取一些行动。"

"你采取了什么行动？"朋友问。

杰里说："有个护士大声问我有没有对什么东西过敏，我马上答'有的'。这时，所有的医生、护士都停下来等我说下去。我深深吸了一口气，然后大声吼道：'子弹！'在一片大笑声中，我又说道：'请把我当活人来医，而不是死人。'"乐观的杰里就这样活下来了。

一个乐观的人总能够看到事物的积极方面，所以他永远是满足而快乐的。杰里就是一个乐观的人，在生死关头他还有心情开个玩笑，为自己舒缓压力，给医护人员的救治以希望。对于生死这样的大事，他尚能保持乐观的心态，还有什么能让他失去快乐呢？同时，乐观的人由于自己内心充溢着快乐，所以他们也有能力给身边的朋友带来快乐，成为朋友的开心果。

快乐的人总是受欢迎的。大家愿意和这样的人在一起，愿意和他交谈，因为他的快乐可以给大家带去欢乐，让大家舒心。因此，20 几岁的年轻人，在生活中也努力做一个能给他人带去快乐的人吧！这样你会更有魅力，也会更受他人的喜爱。

热情让你的魅力深入人心

热情是驱使一个人永远向上的动力。凭借着热情产生的巨大能量，你能获得更多的朋友，你的人生也将变得更加绚丽多彩。

世界上从来就有美丽和兴奋的存在，它本身就是如此动人，如此令人神往，所以我们必须对它敏感，永远不要让自己感觉迟钝、嗅觉不灵，永远也不要让自己失去那份应有的热忱。

塞克斯是美国马萨诸塞州詹森公司的一位推销员，凭着高超的推销技艺，他叩开了无数经销商壁垒森严的大门。一次他路过一家商场，进门后先问候了店员，然后就与他们聊起天来。通过闲聊，他了解到这家商场有许多不错的条件，于是想将自己的产品推销给他们，却遭到了商场经理的严辞拒绝，经理直言不讳地说："如果进了你们的货，我们是会亏损的。"塞克斯岂肯罢休，他动用了各种本领试图说服经理，但磨破嘴皮都无济于事，最后只好十分沮丧地离开了。他驾着车在街上溜达了几圈后决定再去商场。当他重新走到商场门口时，商场经理竟满面堆笑地迎上前，不等他开口，经理马上决定订购一批产品。

这一出乎意料的结局使塞克斯惊诧莫名，在他的一再追问下，最后商场经理道出了缘由。他告诉塞克斯，一般的推销员到商场来很少与营业员聊天，而塞克斯首先与营业员聊天，并且聊得那么融洽；同时，被他拒绝后又重新回到商场来的推销员，塞克斯是第一位，他的热情影响了经理，因此也征服了经理。对于这样的推销员，谁能忍心拒绝呢？

塞克斯的成功，正缘于他的热情。20 几岁的年轻人，保持一颗热情的心，你就会像一只火炬，感染身边的每一个人。

成功学的创始人——拿破仑·希尔指出，若你能保有一颗热忱之心，那是会给你带来奇迹的。热忱是富足的阳光，它可以化腐朽为神奇，给你温暖，给你自信，让你对世界充满爱。热情的人是极具吸引力的，热情的人在社交的舞会上，必然是全场的焦点。

如果你没有足够的热情，下面的"热忱训练四部曲"，将会对你有所帮助：

1. 要对某件事十分在乎，随时要有某事可以寄托你的热忱，可以是一个目标，也可以是某个想法。这就是为培养热忱而暖身。

2. 把你的兴奋大声地表现出来。早晨醒来，告诉自己："要快乐哟！"你就会真的变得很快乐。因为上天给了你一个很棒的礼物——全新的一天，你要让今天过得比昨天更好。

3. 利用"充电器"。找一个能让你"充电"的对象，他 / 她必须是天生的赢家，是个强者。在你能量不够时，他 / 她能给你力量。

4. 以童心看世界。不管你处在什么年龄，都要用童心看待整个世界，要随时保持热切期待的心态。孩子们总是抱着渴望、好奇的态度，觉得这个世界充满了惊奇和未知。每一天对他们来说都是探险，所以，他们总是全身心地投入每一天。这种态度值得成年人学习。

锻炼你的热情，和你每天的体能运动一样重要。20 几岁的年轻人，如果你想打造你的人格魅力，想让陌生人喜欢你、尊敬你、接受你，就热情地对待他人吧！

自尊才能得到尊重

伟大的思想巨匠卢梭，曾在他的一篇著名演讲词中高昂地诠释自尊的力量，他说："自尊是一件宝贵的工具，是驱动一个人不断向上发展的原动力。它将全然地激励一个人体面地去追求赞美、声誉，创造成就，把他带向他人生的最高点。"

苏瑞是某保险公司重要的成员之一。她回忆起她的成功经历时说，她所卖出的数额最大的一张保单不是在她经验丰富后，也不是在觥筹交错中谈成的，而是在她第一次出门推销的时候。

星际电子是当地最大的一家外资电子企业，苏瑞对这样的企业有些敬畏，不太敢进去，毕竟那是她第一次推销。犹豫很久之后她还是进去了，整个楼层只有外方经理在。

"你找谁？"外方经理冷漠地问。

"是这样的，我是保险公司的业务员，这是我的名片。"苏瑞双手递上名片，并没有抱多大的希望。

"推销保险？今天已经是第十个了，谢谢你，或许我会考虑，但现在我很忙。"老外毫无表情地说。

苏瑞本来也不指望那天能卖出保险，所以毫不犹豫地说了声"sorry"就离开了。如果不是她走到楼梯拐角处下意识地回了一下头，或许她就这么走了，以后也不会有任何事情发生。

苏瑞回了一下头，看见自己的名片被那个老外一撕就扔进了废纸篓里，她感到非常气愤。于是她转身回去，用英语对那个老外说："先生，对不起，如果你不打算现在考虑买保险的话，请问我可不可以要回我的名片？"

老外微微一愣，旋即平静了，耸耸肩问她："Why？"

"没有特别的原因，上面印有我的名字和职业，我想要回来。"

"对不起，小姐，你的名片我不小心洒上墨水了，不适合还给你。"

"即使洒上墨水，也请你还给我好吗？"苏瑞看了一眼废纸篓。

过了一会儿，老外仿佛有了好主意："OK，这样吧，请问你们印一张名片的费用是多少？"

"5 毛，问这个干什么？"苏瑞有些奇怪。

"OK，OK。"老外拿出钱夹，在里面找了片刻，抽出一张一元的，说："小姐，真的很对不起，我没有 5 毛零钱，这张是我赔偿你名片的，可以吗？"

苏瑞想夺过那一块钱，撕个稀烂，告诉他自己不稀罕他的破钱，告诉他尽管他们是做保险推销的，可也是有尊严的。但是她忍住了。她礼貌地接过一元钱，然后从包里抽出一张名片给了他："先生，很对不起，我也没有 5 毛的零钱，这张名片算我找给你的钱。请您看清我的职业和我的名字，这不是一个适合进废纸篓的职业，也不是一个应该进废纸篓的名字。"说完这些，苏瑞头也不回地走了。

没想到第二天，苏瑞就接到了那个外方经理的电话，约她去他办公室。苏瑞气乎乎地去了，打算再次和他理论一番。但是他告诉苏瑞的是他打算从她这里为全公司职工购买保险。

正是苏瑞的自尊赢得了外方经理的敬佩，最终促成了这份保险推销。

自尊的人最具魅力。它是对自己的一种敬意，它教会 20 几岁的年轻人要肯定自己，要将自立放在重要位置，而不是依靠他人，接受他人的施舍。

鄙视自己，轻视自己的结果，只能是失去健康、独立的人格，让自己变成一个自私自利的小人。

20 几岁的年轻人一定要记住：自尊的人才能得到他人的尊敬。这要求我们不要觉得自己矮三分，如果你仰着头看别人，人家当然要低着头看我们。而如果我们与对方平视，他也自然会把我们放在与他平等的位置上。

诚信的人能得人心

诚是一个人的根本，待人以诚，就是信义为要。精诚所至，金石为开。荀子说："天地为大矣，不诚则不能化万物；圣人为智矣，不诚则不能化万民；父子为亲矣，不诚则疏；君上为尊矣，不诚则卑。"诚能化万物，也就是所谓的"心诚则灵"，这正说明了诚的重要性。相反，心不诚则不灵，行则不通，事则不成。一个心灵丑恶、行事虚伪的人根本无法取得人们的信任。

因此，20几岁的年轻人在打造自己的人格魅力时，"诚信"一定不能少。

1835年，摩根成为一家名叫"伊特纳火灾"的小保险公司的股东，因为这家公司不用马上拿出现金，只需在股东名册上签上名字就可成为股东。这符合摩根没有现金却能获益的设想。

就在摩根成为股东不久，有一家在伊特纳火灾公司投保的客户发生了火灾。按照规定，如果完全付清赔偿金，保险公司就会破产。股东们一个个惊慌失措，纷纷要求退股。

摩根斟酌再三，认为自己的信誉比金钱更重要，他四处筹款并卖掉了自己的住房，低价收购了所有要求退股的股东们的股票。然后他将赔偿金如数付给了投保的客户。

这件事过后，伊特纳火灾保险公司有了信誉的保证。

已经身无分文的摩根成为保险公司的所有者，但保险公司已经濒临破产。无奈之中他打出广告，凡是再到伊特纳火灾保险公司投保的客户，保险金一律加倍收取。

不料客户很快蜂拥而至。原来在很多人的心目中，伊特纳公司是最讲信誉的保险公司，这一点使它比许多有名的大保险公司更受欢迎。伊特纳火灾保险公司也从此崛起。

过了许多年之后，摩根的公司已成为华尔街的主宰，而当年的摩根先生正是美国亿万富翁摩根家族的创始人。

其实成就摩根家族的并不是一场火灾，而是比金钱更有价值的信誉。

著名实业家李嘉诚先生也曾经就自己多年经营长江实业的经验总结道："做事先做人，一个人无论成就多大的事业，人品永远是第一位的，而人品的要素就是诚信。"因为诚信是一种长期投资，唯有长期遵守诚信的原则，才能建立和维护你的信誉、品牌和忠诚度，也才有可能得到可持续的成功。

有的人在人际交往过程中，凭借一两次蒙骗而使自己的阴谋得逞，但这种伎俩绝对不可能长远。俗话说，"群众的眼睛是雪亮的"，这种只能蒙骗一时的行为迟早会被人们发现。如果你是一个不讲信誉的人，只要有一个人知道，用不了多长时间，所有的人就都会知道。那时候，你就会陷入一个非常难堪的境地中，没有谁会主动来和你交往，甚至还会故意冷落你、躲避你。这样，无论你办什么事情，走到哪里，四面八方都会是厚厚的一堵墙，更别希望别人帮你办事了。

信誉就是财富，而重信誉的人，往往会在众人的帮助中站起来，不会陷入孤立的绝境，只要我们20几岁的年轻人能够做到用诚信打造自己的人格魅力，它会像一个磁力场一样吸引更多的人来与我们交往，进而获得更多的支持。

自信的人更受他人推崇

德国哲学家谢林曾经说过："一个人如果能意识到自己是什么样的人，那么，他很快就会知道自己应该成为什么样的人。但他首先得在思想上相信自己的重要，很快，在现实生活中，他也会觉得自己很重要。"

世人都欣赏那种具有胜利者气度的人，那种给人以必胜信心的人和那种总在期待成功的人。自信的人，总给人以朝气蓬勃、能力超凡的印象，与那种胆小怕事、自卑怯懦、总表现得软弱无能、缺乏勇气与活力的人截然相反。

一个人越自信，他就会越迷人。一个充满自信心的人之所以与众不同，就在于他能有意识地追求和表现人格的魅力以及有令人折服的坚定自信；就在于他能够在复杂的处境之中，胜负未卜之前，有积极的自我意识、明确的价值观念和良好的自我状态。

他是英国一位年轻的建筑设计师，很幸运地被邀请参加了温泽市政府大厅的设计。他运用工程力学的知识，根据自己的经验，很巧妙地设计了只用一根柱子支撑大厅天顶的方案。一年后，市政府请权威人士进行验收时，对他设计的一根支柱提出了异议。他们认为，用一根柱子支撑天花板太危险了，要求他再多加几根柱子。

年轻的设计师十分自信，通过详细的计算和相关实例的列举，拒绝了工程验收专家们的建议。他说："只要用一根柱子便足以保证大厅的稳固。"

他的固执惹恼了市政官员，年轻的设计师险些因此被送上法庭。

在万不得已的情况下，他只好在大厅四周增加了 4 根柱子。不过，这四根柱子全都没有接触天花板，其间相隔了无法察觉的两毫米。

时光如梭，岁月更迭，一晃 300 年过去了。

300 年的时间里，市政官员换了一批又一批，市政府大厅坚固如初。直到 20 世纪后期，市政府准备修缮大厅的天顶时，才发现了这个秘密。

消息传出，世界各国的建筑师和游客慕名前来，观赏这几根神奇的柱子，并把这个市政大厅称做"嘲笑无知的建筑"。最为人们称奇的是这位建筑师当年刻在中央圆柱顶端的一行字：

自信和真理只需要一根支柱。

这位年轻的设计师就是克里斯托·莱伊恩，一个很陌生的名字。今天，能够找到的有关他的资料实在是少之又少，但在仅存的一点资料中，记录了他当时说过的一句话："我很自信。至少 100 年后，当你们面对这根柱子时，只能哑口无言，甚至瞠目结舌。我要说的是，你们看到的不是什么奇迹，而是我对自信的一点坚持。"

克里斯托·莱伊恩的故事令人折服，也让我们体会到了自信的伟大力量。

自信是获得成功至关重要的因素。你不必妄自尊大以及言行莽撞——无声的自信同样能给人留下深刻的印象。如果你自己表现得不自信，那么其他人也不会对你有信心。不管怎样，你应该明白自己在做什么，这样别人才能信任你。你会看到人们总是愿意信赖身边那些信心十足的人，他们有时甚至说不清为什么如此信赖这些人。

《简·爱》中，家财万贯、性格孤僻的庄园主罗杰斯特，怎么会爱上地位低微而又其貌不扬的家庭教师简·爱呢？答案很简单：因为简·爱自信、自尊，富有人格的魅力。

当主人罗杰斯特向她吼叫"我有权蔑视你"的时候，历经磨难的简·爱用超人的自信和自尊以及由此带来的镇静语气回答："你以为我穷，长得不漂亮，就没有感情吗？……我们的精神是平等的，就如同你和我将一样经过坟墓，同样地站在上帝面前一样。"

正是这种自信的气质，使她获得了罗杰斯特由衷的敬佩和深深的爱恋。

简·爱的艺术形象，之所以能够震撼和感染一代又一代读者的心灵，正是因为她以自信和自尊为人生的支柱，这使她的人格魅力得以充分展现。

对一个人来说，重要的是相信自己，如果能做到这一点，那么他很快就会拥有巨大的气场，这个巨大的气场会吸引越来越多的人。

宽容更能收获众人的力量

中国一直流传着"水能载舟，亦能覆舟"的古训。它告诉我们，水的力量可以载你远航，也可以将你倾覆；众人的力量可以助你成事，也可以将你毁灭。

生活中，有很多事仅靠我们自己的力量是无法完成的，必须密切联系各种各样的人，充分发挥他们的力量，使他们成为我们步入成功之旅的依靠，这样事业才能蒸蒸日上。

那么，如何才能赢得众人心、收获众人的力量这笔无形的财富呢？其实，答案很简单，就是宽容。

人非草木，孰能无情。20 几岁的年轻人可以对身边的众人投入诚挚的感情，用宽容仁德赢取大家的支持，以大展宏图。

某公司一位部门经理在一次去外地出差时，手提包被盗。包里面除了常用的钱物外，还有公司的公章。

事后，这位部门经理又内疚又担心，但还是要硬着头皮去见总经理。到了总经理面前，他心虚地讲完了所发生的事情后，头都不敢抬地等着挨骂。可出人意料的是，总经理不但没有骂他，反而笑着说："我再送你一只手提包好吗？你前段时间的工作一直非常出色，公司早就想对你有所表示，但一直没有机会，现在机会终于来了。"一头雾水的他不知如何是好，内心却充满了感激。

后来，他非常努力地工作，兢兢业业，为公司赚了不少利润。同时，也有不少公司看中了他，用非常优厚的待遇聘请他，可是他始终不为所动，一直留在了这家公司。

不难看出，正是那位总经理用宽容的态度赢得了这位部门经理的感激，使之决心为公司鞠躬尽瘁，任凭其他公司有多么优厚的待遇都不改初衷。

这就是宽容的伟大力量。它既是人与人之间必不可少的润滑剂，也是对他人的一种尊重、一种接受和一种爱心。当我们身边的人做错了什么时，一味地指责、批评，甚至谩骂，真的就会起作用吗？倒不如放下愤怒，学会宽容，给人一个反思和感恩的机会，这样能让彼此的感情更加牢固。

麦金利任美国总统时，任命某人为税务主任，但遭到许多政客的反对，他们派遣代表进谒总统，要求总统说出任命那个人为税务主任的理由。为首的是一国会议员，他身材矮小，脾气暴躁，说话粗声恶气，开口就给总统一顿难堪的讥骂。如果换成别人，也许早已气得暴跳如雷，但是麦金利却视若无睹，不吭一声，任凭他骂得声嘶力竭，然后才用极温和的口气说："你现在怒气应该可以消了吧？照理你是没有权力这样责骂我的，但是，现在我仍愿详细解释给你听。"

这几句话把那位议员说得羞惭万分，但是总统不等他道歉，便和颜悦色地说："其实我也不能怪你。因为我想任何不明究竟的人，都会大怒若狂。"接着他把任命理由解释清楚了。

不等麦金利总统解释完，那位议员已被他的大度折服。他私下懊悔刚才不该用这样恶劣的态度责备一位和善的总统，他满脑子都在想自己的错。因此，当他回去报告抗议的经过时，他只摇摇头说："我记不清总统的全盘解释，但有一点可以报告，那就是——总统并没有错。"

无疑，在这次交锋中，麦金利占了上风。为什么他能占上风？就是因为他的宽宏大量。

在事业上建功立业、取得成就的，绝非是那些胸襟狭窄、小肚鸡肠之人，而是那些和麦金利一样襟怀坦荡、宽宏大量、豁达大度者。

所以，20几岁的年轻人要学会宽容别人，得到众人的理解和支持。

谦虚是提升形象的一种大智慧

西方哲学家卡莱尔说："人生最大的缺点，就是茫然不知自己还有缺点。"因为人们只知道自我陶醉，一副自以为是、唯我独尊的态度，殊不知，这种态度会遭到多数人的排斥，使自己处于不利地位。

老子曾用"水"来叙述处事的哲学："上善若水，水善利万物而不争。"意思是说，上善的人，就好比水一样，水总是利万物的，而且水最不善争。水总是往下流，处在众人最厌恶的地方，注入最卑微之处，站在卑下的地方去支持一切。它与天道一样恩泽万物，所以水没有形状，在圆形的器皿中，它是圆形；放入方形的容器，则是方形。它可以是液体，也可以是气体、固体。这正是我们必须学习的"谦逊"。

在人际交往中，保持谦逊的人，会受到大家的喜欢，这样你就可能有和他人相互学习的机会。因为谦逊使我们相互之间敞开心扉，并使我们能够从他人的角度看待事物；谦逊让我们坦诚地与他人交换意见；让我们可以避免傲慢与褊狭。

另外，谦逊永远是一个人建功立业的前提和基础。不论你从事何种职业，担任什么职务，只有谦虚谨慎，才能保持不断进取的精神，才能增长更多的知识和才干。因为谦虚谨慎的品格能够帮助你看到自己的差距，让你能冷静地倾听他人的意见和批评，谨慎从事。

肖恩是一个刚刚毕业的大学生，不但面貌英俊，而且热情开朗。他决定找一份与人交往的工作，以发挥自己的长处。很快，他就得到一个好机会——一家五星级宾馆正在招聘前台工作人员。

肖恩决定去试试，于是第二天就去了那家宾馆。主持面试的经理接待了他。看得出来，经理对肖恩俊朗的外表和富有感染力的热情相当满意。他拿定主意，只要肖恩符合这项工作的几个关键指标的要求，他就留下这个小伙子。

他让肖恩坐在自己对面，并且开门见山地说："我们宾馆经常接待外宾，所有前台人员必须会说四国语言，这一指标你能达到吗？"

"我大学学的是外语，精通法语、德语、日语和阿拉伯语。我的外语成绩是相当优秀的，有时我提出的问题，教授们都支支吾吾答不上来。"肖恩回答说。事实上，肖恩的外语成绩并不突出，他是为了获取经理的信赖，才自己标榜自己。但显然，他低估了经理的智商。事实上，在肖恩提交自己的求职简历时，公司已经收集了有关的详细信息，其中包括肖恩的大学成绩单。

听了肖恩的回答，经理笑了一下，但明显地不是赏识的笑容。接着他又问道："做一名合格的前台人员，需要多方面的知识和能力，你……"经理的话还没说完，肖恩就抢先说："我想我是不成问题的。我的接受能力和反应能力在我所认识的人中是最快的，做前台绝对会很出色的。"

听完他的回答，经理站了起来，严肃地对他说："对于你今天的表现，我感到很遗憾，因为你没能实事求是地说明自己的能力。你的外语成绩并不优秀，平均成绩只有 70 分，而且法语还连续两个学期不及格；你的反应能力也很平庸，几次班上的活动你都险些出丑。年轻人，在你想要夸夸其谈时，最好给自己一个警告。因为每夸夸其谈一次，诚实和谦逊都要被减去十分。"

在我们的生活中，像肖恩这样的人并不少见。很多人只知吹嘘自己曾经取得的辉煌，夸耀自己的能力学识，以为这样可以博得别人的好感和赞扬，赢得他人的信任。但事实上，他们越吹嘘自己，越会被人讨厌；越夸耀自己的能力，越受人怀疑。

谦逊基于力量，高傲基于无能。夸耀自己和自我表扬并不会为我们赢得好的机会，反而会断送我们的前程。因为一个喜欢标榜自己的人，往往会失去朋友——没有人喜欢和一个自我表扬的人在一起，失去他人的信任——别人不但对你的能力产生怀疑，更严重的是你的品德和灵魂也会遭人批评。而一个没有好的人缘、不受他人信任的人是永远也不会与成功邂逅的。

俄国作家契诃夫曾说："人应该谦虚，不要让自己的名字像水塘上的气泡那样一闪就过去了。"如果你自己拥有广博的知识、高超的技能、卓越的智慧，但如若没有谦虚镶边，你一样不可能取得灿烂夺目的成就。

把责任看得像生命一样重要

在浮躁的、急功近利的社会风气下，人们的责任感似乎正在缺失。但是我们又不难发现，那些能获得大家尊重与敬佩的人，无一不是把责任看得像生命一样重要的人。他们对每一件事兢兢业业，尽力做到最好。当出现错误时，他们不会去想如何隐瞒错误或推卸责任，会勇敢地承认错误并采取一切可能的措施去弥补自己的过失，将错误造成的负面影响降到最低点。

乔治到钢铁公司工作还不到一个月，就发现很多炼铁的矿石并没有得到充分的冶炼，一些矿石中还残留着没有被冶炼好的铁。这样下去的话，公司就会有很大的损失。

于是，他找到了负责这项工作的工人，跟他说明了问题，这位工人说："如果技术有了问题，工程师一定会跟我说，现在还没有哪一位工程师向我说明这个问题，说明现在没有问题。"

乔治又找到了负责技术的工程师，对工程师说明了他看到的问题。工程师很自信地说："我们的技术是世界上一流的，怎么可能会有这样的问题。"工程师并没有把他说的看成是一个很大的问题，还暗自认为，一个刚刚毕业的大学生，能明白多少，不会是因为想博得别人的好感而表现自己吧。

但是乔治认为这是个很大的问题，于是拿着没有冶炼好的矿石找到了公司负责技术的总工程师，他说："先生，我认为这是一块没有冶炼好的矿石，您认为呢？"

总工程师看了一眼，说："没错，年轻人你说得对。哪来的矿石？"

乔治说："是我们公司的。"

"怎么会？我们公司的技术是一流的，怎么可能会有这样的问题？"总工程师很诧异。

"工程师也这么说，但事实确实如此。"乔治坚持道。

"看来是出问题了。怎么没有人向我反映？"总工程师有些发火了。

总工程师召集负责技术的工程师来到车间，果然发现了一些冶炼并不充分的矿石。经过检查发现，原来是监测机器的某个零件出现了问题，才导致了冶炼的不充分。

公司的总经理知道了这件事之后，不但奖励了乔治，而且还晋升他为负责技术监督的工程师。许多员工也被乔治这种责任心所折服，在他的带领下更加认真地做事，为公司创造了不少的价值。

乔治靠责任安身立命，这种责任感不仅感染了他人，也为自己和公司创造了不少的效益，可见责任的重要性。

前美国总统杜鲁门，曾在桌子上摆着一个牌子，上面写着：Book of stop here（问题到此为止）。这就是责任。总统有总统的责任，员工有员工的责任。在工作中，没有责任感的员工不可能成为一名优秀的员工；在生活中，没有责任感的人不会博得大家的敬重，更不会得到大家的追随。

对工作和自己的行为百分之百负责的人，他们更愿意花时间去研究各种机会和可能性，显得更值得信赖，也因此能获得别人更多的尊敬。与此同时，他也获得了掌控自己命运的能力，这些将加倍补偿他为了承担百分之百责任而付出的额外努力、耐心和辛劳。

成熟稳重的人深受喜爱

一个优秀的、深受他人喜爱与追随的人一定是一个成熟稳重的人。稳重是褪去稚气后的成熟，稳重的人办事的时候有着严谨认真的态度，踏踏实实、不浮不躁。成熟、做事沉稳的人，在工作和生活中更容易得到重用，一展自己的才华。这是因为稳重的人更容易得到别人的信任。

三国时期鼎鼎大名的谋士诸葛亮便是一个十分稳重的人。翻开《三国演义》，我们便不难发现，诸葛亮从来都不打没有准备的仗，也从来不过早地妄下结论。他做任何事情、作任何决定，都是经过深思熟虑，并在对当时的形势有一定的了解和掌握后才开始行动的。他稳重的性格让他事必躬亲，也难怪刘备放心将军中大小事务——交予诸葛亮管理，甚至在自己弥留之际，将自己的儿子刘禅与蜀国一并托付于他。

可见，性格稳重的人往往能获取别人的信任，甚至担负起别人的重托，这样的人更容易受到他人的追随。因此，我们要凡事深思熟虑，彰显自己沉稳的做人、做事风格，稳妥地将事情做好。

稳重是理性的沉淀，生活需要稳重。稳重能让我们远离诱惑，远离厄运，稳重能让我们拥有智慧。赛场上，稳重是一面旗；遇到困难时，稳重是希望的曙光。可以说，稳重是人生的一种生存智慧，得到它，我们的人生就能少有挫折，多有收获。

但有的时候，我们觉得稳重很难把握，掌握不好就会变成默默无闻。那么，应如何培养自己的稳重性格呢？下面几点 20 几岁的年轻人应该注意。

第一，给心灵一个沉淀的机会。生活中的烦心琐事就如同水中的灰尘，慢慢地，静静地，它们就会沉淀下来。

第二，保持冷静，从容镇定。生活中，总会有许多让人事情经常使人手忙脚乱，结果，越急越糟糕。所以，我们要保持冷静，戒除急躁。无论何时，保持冷静、从容镇定都能使我们更好地洞悉局面，从而作出正确选择。

第三，培养宠辱不惊的心态。洪自诚著的《菜根谭》中有这样一句名言："宠辱不惊，闲看庭前花开花落；去留无意，漫随天外云卷云舒。"著名人口学家马寅初也曾将这句名言书于自己的书房，以润泽自己的心胸，这也成为他对任何事情都宠辱不惊的心态的写照。我们也应保持宠辱不惊的心态，从容镇静。

第四，俯视人生。俯视，可以让我们看透生活的琐碎、人生的匆忙、世事的变化。同样，俯视，也可以让我们的性情变得更加稳重。

第五，给烦躁的心情一些转变的时间。当我们遇到烦恼的事情，不免焦虑不安，心浮气躁，这时给心灵一个转变的时间，才能让自己渐渐地摆脱困扰，镇静下来，达到心如止水的境地。

第六，学会独处养生。独处，可以养生；独处，可以让疲惫的身心得到休息；独处，可以解脱自己。学会独处，有利于培养我们的稳重型性格。

当你有心成为一个稳重的人，又在行动上积极往稳重靠拢，自然就变成了一个更成熟、理性的人了，有了让你信任的稳重气质，你的形象会越来越好，愿意追随你的人也会越来越多了。

忠诚：吸引他人的磁力场

忠诚，是一种真心待人，忠于人、勤于事的奉献情操，它是发自内心的，它包含着付出、责任，甚至牺牲精神。当一个人失掉忠诚时，连同一起失去的还有一个人的气场、尊严、诚信、荣誉、人脉以及前程，反过来，也一样。

克里丹·斯特是美国一家电子公司很出名的工程师。这家电子公司只是一个小公司，时刻面临着规模较大的比利孚电子公司的压力，处境很艰难。

有一天，比利孚电子公司的技术部经理邀斯特共进晚餐。在餐桌上，这位经理问斯特："只要你把你公司里最新产品的数据资料给我，我会给你很好的回报，怎么样？"

一向温和的斯特一下子就愤怒了："不要再说了！我的公司虽然效益不好，处境艰难，但我绝不会出卖我的良心做这种见不得人的事，我不会答应你的任何要求。"

"好，好，好。"这位经理不但没生气，反而颇为欣赏地拍拍斯特的肩膀，"这事儿就当我没说过。来，干杯！"

不久，发生了令斯特很难过的事，他所在的公司因经营不善破产了。斯特失业了，一时又很难找到工作，只好在家里等待机会。没过几天，他突然接到比利孚公司总裁的电话，让他去一趟总裁办公室。

斯特百思不得其解，不知"老对手"公司找他有什么事。他疑惑地来到比利孚公司，出乎意料的是，比利孚公司总裁热情地接待了他，并且拿出一张非常正规的聘书——请斯特去公司做技术部经理。

斯特惊呆了，问总裁："你为什么这样相信我？"

总裁哈哈一笑说："原来的技术部经理退休了，他向我说起了那件事并特别推荐你。小伙子，你的技术水平是出了名的，你的正直更让我佩服，你是值得我信任的那种人！"

斯特这才明白过来。

后来，斯特凭着自己的技术和管理水平，成了一流的职业经理人。

一个不为诱惑所动、经得住考验的人，他不仅不会失去机会，相反会赢得更多的机会。此外，他还能赢得别人对他的尊重，对他的青睐，正如例子里的斯特一样。

现在的社会变得越来越群体化，我们工作、生活在一个又一个或大或小的集体里。既然是集体，我们如果想成为集体的核心人物、拥有令他人追随的气场，那么忠诚必不可少。忠诚不仅能使集体得到健康的发展，我们个人的价值也能得以体现。

莎士比亚曾说："忠诚你的所爱，你就会得到忠诚的爱。"

付出总有回报，忠诚于别人的同时，你会获得别人对你的忠诚。忠诚的人容易获得别人的信任和支持，也值得别人对他委以重任，因此忠诚的人更容易获得提升自己气场的机会。

同时，我们待人接物，不要因为他人的背叛而放弃了自己的忠诚，要记住阿尔伯特·哈伯德说的这句话："如果能捏得起来，一盎司忠诚相当于一磅智慧。"

20 几岁的年轻人，如果你渴望改善自己的形象，那就保持忠诚的美德，让它成为你工作的一个准则，并在此基础上逐步培养正确的道德观，发展好的品格。

保持一颗仁爱之心

儒家思想以"仁"为核心，孔子教人学为人，就是要学为"仁"。"己所不欲，勿施于人""君子成人之美，不成人之恶""躬自厚而薄责于人"等，都是孔子为"仁"的准则。孔夫子还不无感慨地说道："里仁为美。择不处仁，焉得知？"这句话的意思是说，同仁德的人住在一起，是最好不过的事。人最重要的是爱人，能同胸中有大爱的人在一起，是最幸福快乐的了。

曾经有一位少年去拜访一位智者。

少年问智者："我如何才能成为一个让自己愉快，同时也能给别人带去快乐的人呢？"

智者看着他说："孩子，在你这个年龄有这样的愿望已经很难得了，我送你四句话。第一句话，把自己当成别人。你能说说这句话的含义吗？"

少年回答说："是不是说，在我感到痛苦忧伤的时候，就把自己当成别人，这样痛苦就自然减轻了；当我欣喜若狂之际，把自己当成别人，那些狂喜也会变得平和中正一些？"

智者微微点头，接着说："第二句话，把别人当成自己。"

少年沉思一会儿，说："这样就可以真正同情别人的不幸，理解别人的需求，在别人需要的时候给予恰当的帮助。"

智者微笑着继续说道："第三句话，把别人当成别人。"

少年说："这句话的意思是不是说，要充分地尊重每个人的独立性，在任何情况下都不可侵犯他人的核心领地？"

智者哈哈大笑，说："很好，很好，孺子可教也！第四句话是，把自己当成自己。这句话理解起来太难了，留着你以后慢慢品味吧。"

少年说："这四句话之间有太多矛盾之处，我如何才能把它们统一起来呢？"

智者说："很简单，用一生的时间。"

少年沉默了很久，然后叩首告别。

后来少年变成了壮年人，又变成了老人，再后来他离开了这个世界。很久以后，人们还时时提到他的名字。人们都说他是一位智者，因为他是一个愉快的人，而且也给每一个见过他的人带来了快乐。

仁爱是福，爱以无穷的光照亮他人。能给别人带来大爱的人，必会得到别人的爱心和尊重，正如例子中那位少年。

在英国有位孤独的老人，无儿无女，又体弱多病，他决定搬到养老院去，并宣布出售他漂亮的住宅。因为这是一所有名的住宅，所以购买者闻讯蜂拥而至。住宅的底价是 8 万英镑，但人们很快就将它炒到 10 万英镑，而且价钱还在不断攀升。老人深陷在沙发里，满目忧郁。是的，要不是健康状况不好的话，他是不会卖掉这栋陪他度过大半生的住宅的。

一个衣着朴素的青年来到老人面前，弯下腰低声说："先生，我也想买这栋住宅，可我只有 1 万英镑。""但是，它的底价就是 8 万英镑，"老人淡淡地说，"而且现在它已经升到 10 万英镑了。"青年并不沮丧，他诚恳地说："如果您把住宅卖给我。我保证会让您依旧生活在这里，和我一起喝茶、读报、散步，相信我，我会用整颗心来照顾您！"

老人站起来，挥手示意人们安静下来："朋友们，这栋住宅的新主人已经产生了，就是这个小伙子。"

世界上最强大的不是坚船利炮，而是一颗仁慈的爱心。故事中的小伙子正是拥有一颗善良仁慈的心，因而得到老人的青睐，成为住宅的主人。

生活中，20 几岁的年轻人应该保持一颗仁爱之心，保持对真、善、美的追求。地位、财富固然重要，但真正能使人获得永久尊重和帮助的还是那颗善良的心。把你的仁爱献给周围的人——父母、同学、朋友以及那些陌生人，你所付出的无私的爱，不仅会给周围的人带来欢乐，也会使自己在仁爱中得到心灵的宁静和快乐。

第六章
随时表现你的修养

面带三分笑，礼仪已先到

微笑是人间最美的表情，是人际关系中最好的润滑剂，是极富影响力的社交武器，拥有如沐春风的微笑胜过千言万语。在这个世界上，人人都希望别人喜爱自己、尊重自己、对自己友好，而微笑就是你对人对己的不错选择。因为微笑能拉近人与人之间的距离，能融化人与人之间的坚冰，消除已经产生的矛盾或仇怨；能给你的形象增添光彩，让他人感受到你的友好、你的修养。

从 1919 年到现在，希尔顿旅馆从一家扩展到 70 多家，遍布世界五大洲的各大都市，成为全球规模最大的旅馆之一。几十年来，希尔顿旅馆生意如此之好，财富增加得如此之快，其成功的秘诀之一，依赖于服务人员"微笑的影响力"。

希尔顿旅馆总公司的董事长康纳·希尔顿在几十年里向各级人员（从总经理到服务员）问得最多的一句话是："你今天对客人微笑了没有？"

他谆谆告诫员工，无论旅馆本身遭遇的困难如何，希尔顿旅馆服务员脸上的微笑永远是属于旅客的阳光。他说："请你们想一想，如果旅馆里只有第一流的设备而没有第一流服务员的微笑，那些旅客会认为我们供应了他们全部最喜欢的东西吗？如果缺少服务员的美好微笑，就好比花园里失去了春天的太阳与微风。假若我是顾客，我宁愿住进虽然只有残旧地毯，却处处见到微笑的旅馆，而不愿走进只有一流设备而不见微笑的地方……"

如今，希尔顿的资产已从 5000 美元发展到数十亿美元，名声显赫于全球的旅馆业。希尔顿旅馆的服务人员总是会想到的就是他们的老板可能随时会来到自己面前，再提问那句名言："你今天对客人微笑了没有？"

微笑是一笔财富。希尔顿酒店因为一个看似不起眼却十分重要的"微笑"，取得了今天如此巨大的成功。

在一次商务谈判中，甲乙双方为了各自的利益稳住阵脚，互不相让，形成了僵持的局面。这时只见甲方的谈判代表，面含微笑地对大家讲了一次自己撞车的经历。

那是一个浓雾弥漫的上午，公路上的汽车由于能见度有限，只好头尾相接地慢行。突然，前面的车踩刹车，后面的车顶上了它的屁股。那位司机跳下来就和他吵："这么大的雾，怎么能紧急刹车？"而他却不慌不忙地说："老弟，你都跟着我开到车库里来了，还不倒回去呀？"

在场的人听完都不禁笑起来，紧张的气氛缓和了，双方最后都退让了一步，"倒车"使谈判取得了皆大欢喜的圆满结局。

这就是微笑的影响力。真诚微笑，让对方产生愉快的心情，然后一点点地把问题提出，让他在快乐轻松的心情中不再设防，这样的办事效果要比板起面孔一本正经地谈判许多轮不知要好上多少倍。

瑞士诗人、小说家卡尔·施皮特勒说："微笑乃是具有多重意义的语言。"它能减轻伤痛，也能化解尴尬，真正懂得胜利微笑的人，会在关键时刻调整自己，即便没有微笑的心情,也会以真诚的、善意的笑脸迎人。

微笑更是一张通行证,它能给别人留下温暖、亲切、自信的印象,笑着同别人谈话,能使每一句话显得轻松,让自己的魅力在微笑中尽显无遗,让彼此的关系在微笑中越发亲密。

熟知握手礼仪

握手是现代社会交际中一种最普通的礼仪,也是世界上最通行的常用礼节。在各类商务、公务及普通的社交场合,握手礼是使用最频繁的礼节形式,不同的握手方式会展现不同的形象。

握手,按字面理解为手与手的结合,这种状态能发展成为心与心的沟通,人们能够更多地从中感到一种强烈的连带关系。握手时有力、持久,对方就能感觉到你的诚意、热情,你给对方留下的印象就会很深刻。

紧握对方的手还会令对方感到一种压力,尤其是与竞争对手第一次见面时,用力握手往往是一件很有效的武器。当然这并不是说你得像运动员或摔跤手那样去握别人的手,那样别人会吃不消的。

当与高层的领导人握手时,他们的手是松松地伸出给你握的,不能用力去握高层领导人的手。

握手还可以表现出一个人是否饱含真诚。真诚的人握着你手的时候是暖暖的,虽然他手的实际温度或许并不高,但他的真诚通过两只手热情地传递过来,让人对他产生一种信赖和好感。

有些人跟别人握手时显得很不真诚,做做样子,往往只轻握一下便松开,软绵绵的,没有力气。

有些人跟人握手时,轻轻一碰就松开,而且是一面与人握手,一面斜视其他地方,或东张西望,这也是极不尊重对方的表现。这些缺乏真诚,不尊重对方的毫无活力的握手对形象是有百害而无一利的。

通过社交场合的握手礼,常常能折射出一个人的礼仪修养。如果与人握手时左手还插在口袋里,那显然毫无诚意;如果眼睛东张西望,或是伸出的手给对方一种有气无力的感觉,或是握得太紧叫人难堪,或是生硬地摇动,都会令人不悦,印象不佳。恰到好处、优雅、自然的握手应是简短有力地一握,两眼愉快地凝视对方,表达出你温和、友善的心意和渴望进一步交往的美好愿望。

行握手礼时,应距离对方约一步左右,上身稍向前倾,一脚稍迈向前一点,伸出右手,四指并齐,拇指张开与对方握手。手要上下略用力摆动,然后与对方的手松开。年轻者对年长者、身份低者向身份高者施行握手礼时,则应稍稍欠身表示态度谦恭,用双手握住对方的手,以示尊敬。男士与女士握手时,往往轻握女子的手指部分,但较熟的人或朋友可例外。关系十分亲近又久未见面的人,可边握手边问候,两人的手长时间握在一起,以表示双方的心情。注意不要轻握男人的手指或是将女士的手握痛了,也不要骑在自行车上或在公交汽车上与人握手。

另外,伸手也有先后顺序。如果说介绍双方时,先介绍地位低的,地位高的人先伸手;男士和女士握手,女士先伸手;长辈和晚辈握手,长辈先伸手;上级和下级握手,上级先伸手。如果是客人和主人握手,客人到来时,一般主人先伸手,表示欢迎;而客人离开的时候,一般是客人先伸手,是让主人留步。

熟知握手的礼仪可以让20几岁年轻人的形象加分,让你显得有修养、受到他人的喜爱。

善于运用手势语

在人际交往中,人们经常会用各种手势来传达不同的信息,比如友好、真诚、自信、高傲、专横、焦虑等。手势是构成个人形象的重要部分,你可以根据需要选择不同的手势增强你在别人心目中的形象。

手势按动作意义的不同可分为拱手、招手、挥手、摆手、摇手、握手等动作。按作用的不同，手势还可分为下面四种：

1. 情绪性手势

即用手势表达思想情感。比如，高兴时拍手称快；悲痛时捶打胸脯；愤怒时挥舞拳头；悔恨时敲打前额；犹豫时抚摸鼻子；急躁时双手相搓；而用手摸后脑勺则表示尴尬、为难或不好意思；双手叉腰表示挑战、示威、自豪；双手摊开表示真诚、坦然或无可奈何；扬起手掌用力往下砍或往外推常常表示坚决果断的态度、决心或强调某一说法。情绪性手势是说话人内在情感和态度的自然流露，往往和表露出来的情绪紧密结合、鲜明突出、生动具体，能给听者留下深刻的印象。

2. 表意性手势

即用手势表明具体内容，表达特定含义。这些手势大多数是约定俗成的，含义比较明确。如招手，表示让对方过来；摆手，表示不要或禁止；挥手，表示再见或致意；竖大拇指，表示第一或称赞；伸小指，表示最小或蔑视；用手指指自己的胸口，表示谈论的是自己或跟自己有关的事情；伸出一只手指向某个座位，是示意对方在该处就座等。手势的表意动作也属于人的一种自觉动作，也有特定场合、特殊情况下的手势表意，如聋哑人的哑语主要通过手势表意，还有交通指挥、体育裁判等。在某些公众场合，语言不便使用，人们往往借助手势表示特定的含义。

3. 象形性手势

即用手势来摹形状物。如说东西很大时，用双手合成一个大圆，说某人个子很矮时手往下一压。象形性手势能使所表达的内容更形象、更生动。

4. 象征性手势

即用手势表达某一抽象的事物或概念。如说"我们一定要取得这次谈判的胜利"时，手掌用力向前方劈去；说"迎接更加美好的明天"时张开双手，徐徐向前；说"我们成功了"时双手握拳，用力向上挥动。

除此之外，不同的手势还能表现不同人的性格特征。

有些人在发言时，常常会有一些手部动作，摊双手、摆动手、相互拍打掌心，等等，是对他说话内容的强调。这种人无论在什么场合都习惯于把自己塑造成一个领导型人物，做事果断、自信心强，很有表现欲，性格大都属于外向型。

一些人在讲话时，会将手掌猛地往下一砍，表明他已经决断或在特别强调自己说的某句话、某个词。

会谈时，特别是在会谈陷入僵局时，有人会两手不停地搓动，表明他已经没有主意而陷于山穷水尽的地步了。

一些人在与人交谈时习惯于时不时地抹一抹头发，他们一般都性格鲜明、个性突出、爱憎分明，疾恶如仇。

一些人在说话时与别人拍拍打打，这种人通常修养不高，或者是故意与对方套近乎。

当别人讲话时，一些人以手在桌上叩击出单调的节奏，或者用笔杆敲打桌面，同时脚跟在地板上打拍子，或抖动脚，或用脚尖轻拍，这种节奏并不中途停止，而是不断地嗒嗒作响。这种现象就是在告诉人们，他已经对对方所讲的话感到厌烦了。一些人顺手拿过或摸出一张纸来，在纸上乱涂乱画之余，还会欣赏或凝视自己的"作品"。这也是一种对别人的讲话缺乏兴趣的表现。

在社会交往中，谁都希望展现自己美好的形象，给别人留下一个好印象。但是一些不经意的小动作经常会为我们的形象抹黑。以上这些手势语就是交往中的细节，它们通常对语言有巨大的辅助作用，有时甚至独立起着表情达意的重要作用，足以引起我们的关注。

接打电话也要讲礼仪

打电话看似简单，人人能拨，人人会打，但千万别忽视了电话那一端的人对你的感受。具体到打电话、接电话、拨错了电话号码和通话后挂机的先后等细节，都是很有学问的。

注意一些打电话的礼节和打电话时的声音、用语，是相当重要的，因为电话那一端的人能"听出"你的魅力。

20几岁的年轻人应把常用的电话号码记在电话簿上并放在电话机旁或随手能拿到的地方，这样可在你需要时及时找到它。

接通电话后，应首先确认一下是否是你要找的个人或单位，如果对方说不是，那就是电话打错了，你得马上向对方道歉："对不起，打错了。"然后把话筒放回，再重新拨号。如果对方说是，你就主动问候对方或请他帮你找接听者。

打电话找到要找的人，应尽量减少无关的客套话，重点谈正事。如果你邀请某人赴宴，即应明确说出"××先生，这个星期日下午有空吗"，而不是"星期日晚上您干什么"。因为后者，对方不明白你的意图，不好回答。如果对方提出的是"星期六晚上您干什么"之类意图不明的问题，你可以既不肯定也不否定的回答，请对方先把意图亮明，如可以回答："星期六晚上是有些安排，不过，您是不是有什么提议？"当对方明确说出他的建议后，你便可以回答。如果一时不便作答，不必在电话中沉吟、犹豫，可以说："让我考虑一下再给您回电话，好吗？"如果对方在电话中啰唆闲聊，你又不愿听，可以礼貌地提议："××先生，要是您还有好些话要说，我们是不是约个时间再谈，我现在正忙！"

通话完毕，应友善地感谢对方："打搅您了，对不起。谢谢您在百忙中接我的电话。"或者说："和您通话我感到很高兴。谢谢您，再见！"然后，等对方挂机后再将电话轻轻放下，而不能摔电话或重放电话。

总之，开头的"你好"和"请""劳驾""麻烦你"之类的客气话是必不可少的，绝不能用命令式语气或不客气的语气，如："喂，我找×××"或"叫×××接电话"等。

关于接电话，也有许多学问。女人在家里接到电话时，只需要说："你好。"在公司里时，就要答："××公司。"懂得电话礼节的人就会自报姓名（或连同身份），同时说出要找的人来。如果你本人就是对方要找的人，只要说一声"我就是"，就可以转入正题。

在正式的商务交往中，接电话时拿起话筒所讲的第一句话，也有一定的要求，常见的有三种形式：

1. 以问候语加上单位、部门的名称以及个人的姓名，这最为正式，例如，"您好！××公司财务部吴语。请讲。"

2. 以问候语加上单位、部门的名称，或是问候语加上部门名称，这适用于一般场合，例如，"您好！××公司人事部。请讲。""您好！人事部。请讲。"后一种形式，主要适用于由总机接转的电话。

3. 以问候语直接加上本人姓名，仅适用于普通的人际交往，例如，"您好！金士吉。请讲。"

需要注意的是，在商务交往中，不允许接电话时以"喂，喂"或者"你找谁呀"作为"见面礼"。特别是不能一张嘴就毫不客气地查对方的"户口"，一个劲儿地问人家"你是谁"或"有什么事儿呀"。

电话铃一旦响起，应立即停止自己所做之事，尽快予以接答。接听电话是否及时，实质上反映了一个人待人接物的真实态度。

如有可能，在电话铃响以后，应亲自接听，轻易不要让别人代劳，尤其不要在家中让小孩子代接电话。不要铃响许久，甚至连打几次之后才去接电话。这不能说明你派头大，只能说明你妄自尊大。不过，铃声才响过一次就拿起电话也显得操之过急。有时，还会令对方没反应过来而大吃一惊，最好在铃声响过两声后再接听。

生意场上，电话是与顾客沟通交流的有效途径，接听电话需要讲究礼仪。有些20几岁的职场人士，这方面的知识相当欠缺。往往在接听电话时，还没等对方说"再见"，就重重地挂上电话。不管你手头有多少工作需要尽快处理，也不可粗鲁地挂断电话，这会让对方感到你不懂礼貌，素质太低，对你产生坏印象。弄不好还会影响你与对方的沟通与交流，影响生意。

打错电话的情况常有，这是机械的错误，谁都没有责任。如果怀疑打错，就说出自己要打的电话号码，不然，误会将越来越深。

按照常规，电话交谈结束后一般都是由打电话的那一方先挂，因为他有事情找别人，那么事情说完自然是由他挂电话，这样才算是有始有终。

不过，假如对方是一位长者，可就不能照搬常规了。不管是你打过去还是他打过来，都应该在他挂了电话后，你才轻轻放下手中的话筒，以表示你对长辈的尊重。其次，温和谦虚、合宜得当的尊敬语，是电话交谈中不可或缺的，它就像一把钥匙，能够帮助你开启对方的心扉。

在不恰当的时间打电话是很失礼的，尤其是打给长辈及年长者时，更应该注意时间是否恰当。现代社会，晚睡的人很多，但也有许多人由于工作关系，作息时间并不一致，不要以自己的作息来规范别人。初次认识交换名片或互留电话时可先询问对方方便接听电话的时间。若对对方的作息不了解，那么一般而言，早上 9 点之前与晚上 9 点以后打电话是较不恰当的。就算是打给熟识的亲友，也最好先询问对方是否方便接听。

懂得电话礼仪，别让细节破坏了自己的形象，是每个 20 几岁的年轻人应该注意的。

电话交谈应注意什么

随着现代通信技术的发展，20 几岁的年轻人如果不懂得电话交谈的技巧，会直接影响人际关系的建立。而作为一个员工、领导，则更应该掌握电话交谈的技巧，从而有效地与人沟通，给自己树立良好的个人形象。

一般而言，电话交谈的技巧主要有以下几点：

1. 注意对个人或公司的礼貌称呼

平常我们称呼别人时，都会在名字后面加上先生或小姐作为尊称。对方如果是公司时，常常省略同样会造成对方的不愉快。因此，无论对方是个人或是公司，我们都应秉持尊敬的态度称呼他，不嫌麻烦地把对方公司的全名都说出来，才不至于让对方认为我们没有礼貌。

2. 音量适中

有活力的声音最美，与人电话交谈时更要保持活力和热情，否则你的声音会显得十分疲倦、消极和颓丧。

这里有个小窍门：如果你打电话时声音变得愈来愈高，可以采用"铅笔法"：手握一支铅笔，举到距离你约 25.4 厘米的地方，然后对着它说话。如果感到你的声音在这个距离内显得过高，就把铅笔放在低于电话听筒，或与茶几同高的位置，并提醒自己降低音调，运用共鸣。

3. 注意"喂"的声调和感情

某些鸟类在它们对异性发生兴趣时，会改变身体颜色来传达爱意，萤火虫则是用闪动的荧光表示求偶时刻的到来。你是否想过你在电话中说的"喂"传递了什么样的信息？它很可能包容了你电话交谈中的全部基调，它能表现出你的情绪：可能是随意而松弛的，说明你正闲着；也可能是友好而活泼的；表面似乎是说："我很忙，不得不立刻挂掉电话。"其实可能非常粗鲁无礼，预示着接下来是一场暴风骤雨。

要让这声"喂"真正传递出你所希望传递的意思。有些人说这个字时，显得十分傲慢、冷淡，甚至带有敌意，其实他们自己并不知道会这样。因此，我们在电话中要特别注意"喂"的声调和感情。

4. 以应答促成电话交谈成功

面对面交谈与电话交谈时，听者所注意的重点显然不同。以前者而言，纵然说话失礼，也可以表情弥补。只要谈话气氛和乐，大致不会有什么问题。

但电话交谈则不然。往往会由于一句无心的话而招致误解或得罪对方。无论以任何表情表示，也无法消除对方的怒气，因为对方看不见你的表情。

工作正忙碌时，却接到客户的电话，对方只是闲话家常，而且越谈越起劲。虽然你想马上结束谈话，但又担心得罪人，只好勉为其难地应付。随着你的心情越来越焦急，语气从恭恭敬敬的"是"，改成"嗯""哦"。

渐渐地，对方会察觉你的态度不恭，而对你感到不满，但其实，对方根本不了解实情。因此，碰到这种情形时，不妨主动说明事实，以委婉的语气结束交谈。

电话交谈纯粹是语言沟通，应避免敷衍了事。此外，若是沉默时间太久，必然引起对方误解，以为你没有专心听讲。所以须趁对方说话告一段落时，插上一句"不错"或"是啊"，促成谈话顺利进行。

通电话时看不见面部表情，因此须特别注意声音，因为声音也能反映表情。倘若感到不耐烦，对方照样能从声音中感应出来。

电话应以让对方感到受尊重为最重要。20 几岁的年轻人要尽量避免一手握着电话听筒，一手按着计算机，或一面喝茶、抽烟，一面接电话的情况。虽然电话交谈彼此都看不见，但基本的礼貌是不可忽视的。

公共场合，避免"听觉污染"

西方的一些沟通专家把声音誉为"沟通中最强有力的乐器"，然而很多人却不知道自己的声音是"坏了的乐器"发出的噪音，常常令周围人深感头痛。

范娜是公司新来的员工，刚刚大学毕业，性格活泼好动。这天公司在附近餐厅举办迎新会，以便新员工与老员工的进一步交流，为以后的公事交际打下基础。范娜作为新员工代表发言，可能是性格原因，也可能是想在大家面前出出风头，范娜开始了她的即兴演讲。只见她侃侃而谈，超高分贝的声音震慑全场，甚至连玻璃杯都在隐隐颤动。或许是对自己太过自信，范娜发表了半小时的演讲后还意犹未尽，丝毫不顾主持人在一旁朝她使了半天眼色，还在那里没完没了地讲。经理看了直皱眉头，在场的其他同事碍于情面又不好捂着耳朵，临近门边的同事都借故闪出了门外。

范娜原想通过即兴发言给大家留下一个好的印象，谁知由于她的声音过于刺耳，反而让人感到不舒服，更何况她完全忘记了自己的身份和所处的场合，只顾没完没了地"自我表现"，怎么能让人不头痛呢？

语言沟通在社交场合中是必不可少的，既然如此，我们必须注意塑造自己的声音。要知道，动听的声音应该是饱满的，充满活力，能够调动他人的情感，引起他人的共鸣。如果不注意声音的塑造，以尖锐的声音去获取别人的注意力，只会在不经意间毁坏自己的形象。毕竟谁愿意让那会令自己头痛的噪音刺激自己的双耳，扰乱自己的听觉神经，破坏自己的情绪呢？

20 几岁的年轻人无论在什么样的社交场合，无论男士还是女士，都要注意在交流中以生动的声音表现自己，尽量避免自己的地方口音，力求以抑扬顿挫的声调表现自己充满激情的精神风貌。把握好音量，切忌不拘小节，以声音蹂躏在场的其他人，惹人生厌。

另外，在一些公共场合，诸如电梯里大声喧哗，在公共场所对着手机大声讲话等，行为不仅让你的形象打了折扣，也对别人构成了干扰和侵犯。

运用有风度的语言

风度是一个人涵养的外在表现，说话风度则是一个人内在气质的言语表现。增强自己形象魅力的一个重要途径就是提升自己说话的风度。一个说话有风度的人，会令人仰慕不已、倾心无比。正如德国戏剧家莱辛所说："风度是美的特殊再现形式。"

孔子说："文质彬彬，然后君子。"风度正是外在语言和内在气质的恰当配合。

首先，风度是一种品格和教养的体现。如果一个人没有高尚的道德情操，没有一定的文化修养，没有优雅的个性情趣，说话必然是粗俗鄙陋、琐碎不雅。其次，风度是一种性格特征的表现。比如性格温柔宽容、沉静多思的人，往往寥寥几句的轻声细语就能包含浓烈的感情成分；而粗犷豪放、性情耿直者，则说话开门见山、直来直去。再次，风度是涵养的一种表现。这主要表现在处理人际关系时，不卑不亢，雍容大度。最后，风度是一个人说话的遣词造句、语气腔调、手势表情等的综合表现。如法官在法庭说话时，往往会正襟危坐、不苟言笑、咬文嚼字。

说话的风度是多种多样、丰富多彩的。洋洋洒洒、侃侃而谈是风度，只言片语、适时而发也是风度；谈笑风生、神采飞扬是风度，温文尔雅、含而不露也是风度；解疑答难、沉吟再三是风度，话题飞转、应对如流也是风度；轻声慢语、彬彬有礼是风度，慷慨陈词、英风豪气也是风度。每个人在培养自己的说话风度时，应根据自己的性格特征、情趣爱好、思维能力、知识结构等有所选择。另外，同样一个人，在不同的场合、不同的环境下，其说话的风度也是有所不同的。比如教师在课堂上讲课与在家里跟家人闲聊，就会表现出两种相差甚远的风度。

说话的风度是人的一种自然特色，是与时代相吻合的。我们反对脱离时代追求风度，也反对脱离自己的个性、身份去讲究风度。任何东施效颦、搔首弄姿、没有个性的言谈举止都毫无风度可言。

培养良好的谈吐风度会让你的形象魅力大大提升，让人更多地关注你，乐意与你来往。

熟知中西宴会的礼仪

宴会作为一种交际媒介，在洽谈业务、迎宾送客、聚朋会友等方面，发挥了独特的作用，它代表了个人，乃至集体、公司的形象。因此，20 几岁的年轻人在参加这类宴会时，一定要注意相关的礼仪，以免失态。

1. 中式宴会的礼仪

中国人吃中餐是再自然不过的事情，还有什么不明白的地方？可是，真要看大场面，仔细寻思起来，也有不少礼节必须学习。

入座之后，首先将餐巾打开平放在膝上，千万要记住，那是用来擦手指或嘴唇的，可别把它挂在颈项之间。席间若奉上毛巾，多半是为了方便你擦去吃螃蟹、炸鸡等食物时手上所留的油渍，千万不能用作他途。

至于餐具的使用，须注意的原则是：能用筷子取的，应以筷子夹取，不方便用筷子的才用汤匙，但应避免用筷子或汤匙直接取菜送入口中，最好先置于自己的碗碟中，然后再慢慢吃。

用餐时，通常以右手夹菜盛汤，左手则扶碗、端碗，切忌右手拿筷，左手又持汤匙，更不可一手兼持筷子和汤匙。

在宴会中，主人敬酒时，你也必须回敬一杯。敬酒时，身子要端正，双手举起酒杯，待对方饮时即可跟着饮。如果是大规模的宴会，主人只能依次到各桌去敬酒，每一桌可派出代表到主人桌去向主人回敬。敬酒时，态度要从容大方。

用餐时，切忌狼吞虎咽，呼噜作声；骨头、鱼刺等不可吐在桌布上，而应置于盛装骨头的专用碟中；取菜时也不可拨弄盘中的食物，或是站起来取用远处的食物。

吃完之后，应该等大家都放下筷子，以及主人示意可以散席，才可离座。

向主人告辞，你照例得和主人握手，握手要用力一点，以表示诚恳。如果多人轮流与主人握手告别，你只要和主人握手道别即可，不宜耽搁主人的时间。

2. 西式宴会的礼仪

参加西式宴会，首先应该向女主人打招呼，然后才轮到男主人。

西餐宴会中还有一个特点，就是席位的安排与中国人的宴会迥然不同。中国人请客一般都用圆桌，西餐是用长桌。男女主人，一般是在长桌的两端，主宾的位子是在最接近主人的地方，女主宾坐在男主人的左边，男主宾则坐在女主人的左边。最接近男女主人右边的位子，也是属于主宾的。

宴会中的席位，主人事先大多有安排，在入席前，你要先看你的名卡在哪里，然后入席。如果没有排定座位，而你又不是主宾，那你可以坐在远离主人的席位。但是，按照规矩，应该待主人或招待员请你入席时方可入座，不可自己闯上去，否则会被人笑话。

上菜的时候，也是女性优先，第一个上菜的是男主人左手边的那位女主宾，其次是男主人右边的那位女主宾，跟着是女宾依次上菜，等到女主人上菜后，才替女主人左边的那位男主宾上菜，依顺序轮下去，最后才是男主人上菜。等到女主人招呼吃菜时，客人才可吃，这时，女主人好像是一个司令官。在非正式的场合中，你有时不必等到每个人都上了菜才吃，但必须是你左右两人的菜已经上来，才可以动手吃。这也算是一种小礼貌。

正式的宴会，通常是由服务员用大盘盛着食物托到你的面前，由你自己取食物到碟子里。在这种情况下，通常在你的前面有一张餐单，你可以看餐单内容而考虑你的食量，不要取得太多。按照西方人的习惯，如果你吃不完而把东西剩下是很不礼貌的，这表示你不喜欢主人的菜式。

在西式宴会中，如果你迟到了，所有宾客都已经就座，你要特别小心，不能惊动四座，也不能悄悄地溜入，甚至不敢望主人一眼，这样是很失礼的。你应该走近主人所指定的位置，向主人打招呼，然后坐下来，用点头方式和宾客们打招呼。这个时候，女主人招呼你时，她不必站起来，因为她一站起来所有的男宾客就必须站起来，未免太过惊动全座了。而在你的座位右边的一个男宾客，就应该站起来，替你拉开椅子，你向他致谢后再坐下。

在宴会进行中，你应该和左右两侧的人轻轻说话，不可以隔着他们和另外的客人大声说笑。

口中咀嚼食物时不要说话。如果你需要一些酱料，而它们又不在你的面前，你不能站起来伸手去取，而应该请邻座递给你。用完餐后，要等主人宣布散席才可轻轻离开座位。更重要的是，餐后必须逗留一段时间才可告辞回家，以示礼貌。

熟知中西餐的礼仪，能让20几岁的年轻人表现得更得体、更有修养。

掌握敬酒和劝酒的礼仪

酒桌上的礼仪是宴会上一个突出的问题。

据说一位老总为了表示与客户合作的诚意，一杯杯地喝那"合作酒"，结果把自己喝到桌子底下，把对方也全喝趴下了。酒醒后，客户把本来准备好的合作项目取消了，因为他们不相信合作伙伴能把工作搞好。想想这位老总的主要错误在于他没能很好掌握酒桌上的礼仪，敬酒、劝酒过度，给人留下了一种极差的印象，以至于让人误解了他的"热心肠"。

敬酒是一门学问。一般情况下敬酒应以年龄大小、职位高低、宾主身份为序，敬酒前一定要充分考虑好，分清主次。与不熟悉的人在一起喝酒，要先打听一下对方身份或是留意对方如何称呼，这一点心中要有数，避免出现尴尬或伤感情的局面。敬酒时一定要把握好敬酒的顺序。如果有求于某位客人时，在席上，对他自然要倍加恭敬，但是要注意，如果在场有更高身份或年长的人，就不应只对能帮你忙的人毕恭毕敬，而要先给尊者长者敬酒，不然会使大家都很难为情。

酒桌上不可避免地要劝酒，劝酒体现了主人的好客、热情，所以劝酒过一点也无妨。有些人自己不爱喝酒，觉得喝多了没有好处，因此席间对劝酒有顾虑，担心让人家喝多了似乎不怀好意。其实，劝酒是件热闹事，劝酒时要劝到点子上，有叫得响的理由，说得对方高兴了，喝两杯也痛快。但特别注意的是劝酒与喝酒不是对等的。作为主人，一定要热情相劝，至于客人喝不喝，喝多少并不重要，不必较真，请对方自便。但是，有的人总喜欢把酒场当战场，想方设法劝别人多喝几杯，认为不喝到量就是不实在。"以酒论英雄"，对酒量大的人还可以，酒量小的就犯难了，有时过分地劝酒，会将原有的气氛完全破坏。

虽说席上劝酒要热情，但仍要以少喝为佳，不论主客都一样。不劝不热闹，但也不能一劝就喝，喝多了也不好。劝酒人不知道你的酒量，你自己应该明白。不管对方如何劝，自己要把握分寸。他劝你喝，你也可以劝他喝。切记：酒席以劝为主，不是以喝为主，一劝就喝同没有人劝自己喝一样没有情趣。

无论是敬酒还是劝酒都少不了要说话，酒桌上的语言交流可以显示出一个人的才华、学识、修养和交际风度，有时诙谐幽默的语言，会给人留下很深的印象，使人无形中对你产生好感。所以，在酒桌上你应该知道什么时候该说什么话，语言得当，诙谐幽默很关键。

大家都记得《红楼梦》中刘姥姥进大观园那一节，在酒桌上，刘姥姥的话语诙谐幽默，以至贾府上下都很快活，因此对她就另眼相看，待她甚好。就是现在的日常礼仪也好、商务礼仪也罢，要想说笑话，就要既无伤大雅，又能活跃气氛才行。低俗下流的笑话在宴会上是很不妥当的，尤其在商务宴会中更是不可取。它会将你原本的好形象毁于一旦，根本就无助于你事业的发展。

总之，20 几岁的年轻人在酒桌上一定要注意自己的礼仪，以免失态，让自己的形象一落千丈。

关于宴会进餐的礼仪

在宴会上有一定的礼仪规范，不像在家吃饭喝茶那样随便，优雅的举止体现了你的道德修养，树立起你的好形象，也表现出你对别人应有的礼貌。

有一次，一位外国人举办一个小型宴会，宴会上有亲朋好友和几个合作伙伴。宴会开始后，在座的各位都显得彬彬有礼，但是当他们进餐时，李总不知何故，把汤喝得"吱溜"响，惹得别人都看他，他却浑然不觉。但是从此以后，这位外国人对李总就很冷淡了，生意上也不像原来那样热情。

这个事例告诉 20 几岁的年轻人，宴会中进餐礼仪给别人的印象是何等重要，因此要多多了解关于"食"与"饮"的礼仪。

1. "食"的礼仪

吃饭时，最忌讳表现出贪吃的样子。如饭前眼睛直勾勾地盯着餐桌上的菜，进餐时狼吞虎咽等，这些都是不礼貌的行为。正确的做法是：入席落座后，菜没上齐前，可与大家聊聊天；进餐时，应细嚼慢咽，这不但有利于品味和消化，而且符合餐桌上的礼仪要求。

进餐时，不要争抢和挑食。不要抢先夹菜和用力翻动菜肴，一次夹菜不要太多。吃到不合自己口味的菜，切不可吐舌等。注意可用餐巾擦嘴和手，不可用餐巾擦桌子等。

刚端上桌的菜汤很热，为了降温，有人习惯用嘴去吹，这样既不雅观，也不卫生。正确的做法是：当汤太热难以马上入口时，可将汤舀入自己的碗内，轻轻地舀一舀，待降温后再喝。

喝汤应用汤匙一勺一勺舀着喝，注意不要发出大的声响。当汤快喝完时，可用左手端碗，将碗向内倾斜，用右手持汤匙舀着喝，而不要口对碗边一饮而尽。

招待客人时，主人通常会端上水果。在涉外的活动中，禁止直接用手拿着水果吃。吃苹果和梨，应用水果刀将其切成 4~8 瓣，去掉皮、核后，再用叉子取食。还有一种吃法，是先将苹果或梨竖放在盘中，沿着纵向切下一角，先去掉核，用叉子叉住，再去皮，切成小块食用。

吃水果之前，手应洗净。不论见到多么稀罕、多么好吃的水果，也不能悄悄装入口袋拿走。吃水果时不宜一下把嘴塞满，而应一小口一小口地吃，不要边吃边谈，更不允许把果皮和果核乱吐、乱扔。

2. "饮"的礼仪

西方常以茶会招待宾客，茶会通常在下午 4 时左右开始，设在客厅之内，准备好座位和茶几就行了，不必安排座次。茶会上除饮茶之外，还可以上一些点心或风味小吃。

国内有时也以茶会招待外宾。我国旧时有以再三请茶作为提醒客人应当告辞的做法，因此在招待老年人或海外华人时要注意，不要一而再、再而三地劝其饮茶。

不少国家有饮茶的习惯，饮茶的讲究更是千奇百怪的。日本人崇尚茶道，把饮茶作为陶冶人性灵的一种艺术。以茶道招待客人，重在渲染一种气氛，至于茶则每人小小的一碗，或全体参加者轮流饮用一碗，不能喝了一碗又一碗。

到我国茶馆里去寻访民俗的外宾越来越多。在茶馆里遇上外宾同桌饮茶，应以礼相待，既不要过分冷淡，也不要过分热情，不卑不亢就行了。

此外，喝咖啡作为一种流行趋势，现在得到越来越多人的认可和喜爱，喝咖啡体现了一种优雅和温馨。

在咖啡屋里，举止要文明，不要盯视他人。交谈的声音越轻越好，千万不要不顾场合而高谈阔论。

在外交场合中，常常为女宾举办咖啡宴，作为夫人们彼此结识的一种有效的非正式方式。若咖啡宴于上午 11 时举行，则客人们应于 12 时之后离开。

在家中请人喝咖啡，通常安排在下午 4 时以前，一般不用速溶咖啡，届时应准备一些点心，女主人负责给客人们倒咖啡，坐着倒就可以了。另外，喝咖啡时常常要吃小点心，这时切不可吃一口喝一口地交替进行。饮咖啡时应放下点心，吃点心时应放下咖啡杯。

掌握了这些有关进餐的礼仪，有助于 20 几岁的年轻人塑造形象，有助于让你赢得别人的尊敬，让你在通往成功的道路上更加顺利。

离席的时候也不要忘记礼仪

当我们参加宴会时，不管是中途离席，还是宴会结束后离席，都不能悄无声息地离开。常见一些宴会进行得正热烈的时候，因为有人想离开，而引起众人一哄而散的结果，使主办人急得直跳脚。还有一些人酒足饭饱之后，连声招呼都不打就离开了，弄得主办人很不高兴。宴会上一定要注意避免这类煞风景的后果。

因此，20 几岁的年轻人，当你要离开时，一定要掌握一些技巧，以免引起主人的不快，破坏彼此的关系。

1. 中途离席的技巧

（1）选择适当时机告别

当有人中途离席时，整个气氛势必会受影响，谈话也会被迫中止，转而将视线集中在离席的人身上。所以一定要注意选择告辞时机，不要在大家聊天聊得正热烈时或重要的事情还未宣布前就离开，最好的时机是在大家都用餐完毕的时候。

（2）不可不知会一声而自行离开

客人如确有急事需先行告辞，应向主人说明原因，表示歉意；同时，为了不影响他人，可以请同桌其他的人待久一点，继续刚刚的话题，同时表示歉意，说明自己是真的有要事在身必须先告辞，不是故意要扫大家的兴。

2. 宴请结束时离席

（1）掌握宴请结束的时间

一般宴会，女主人（或男主人）把餐巾放在桌子上或者从餐桌旁站起身来——这就表明，宴会结束了。只有看到这种信号以后，宾客才可以把自己的餐巾放下，站起身来。

出席鸡尾酒会的客人应按请帖上写明的时间起身告辞。如果接到的是口头邀请（没有说明时间），则应该认为酒会将进行两个小时。如果有一位客人迟迟不走，而主人又另有晚餐之约，那主人就应该婉转说明。

如果是工作餐，更应该注意适可而止。依照常规，拟议的问题一旦谈妥，工作餐即可告终。在一般情况下，宾主双方均可首先提议终止用餐。主人将餐巾放回餐桌之上，或是吩咐侍者来为自己结账；客人长时间地默默无语，或是反复地看表，都是在向对方发出"用餐可以到此结束"的信号。只是在此问题上，主人往往需要负起更大的责任。尤其是在客人需要"赶点"去忙别的事情，或者宾主双方接下来还有其他事要办时，主人更是应当掌握好时间，使工作餐适时地宣告结束。

（2）注意离席礼节

注意先后。离席时让身份高者、年长者和妇女先走，贵宾一般是第一位告辞的人，身份同等可同时离座。

起身轻稳。离开餐桌时，不应把坐椅拉开就走，而应把椅子再挪回原处；男士应该帮助身边的女士移开坐椅，然后再把坐椅放回餐桌边。要注意，有些餐厅比较拥挤，椅背紧靠，贸然起身，或使手提包、衣服等掉在地上，或是碰到人，打翻茶水、菜肴，失礼又尴尬！所以动作要缓慢轻稳，不能猛起猛出，最好不发出声响。

自左离开。同入座一样，坚持"左入左出"，礼貌离座。

站好再走。离座要自然稳当，右脚向后收半步，然后起立，起立后右脚与左脚并齐，再从容移步。站好再走是动作稳健的体现，而匆忙离去或跌跌撞撞，则是举止轻浮的表现。

（3）热情话别

在散席时，客人要向主人表达谢意，然后握手告别，并与其他客人告别。

在离席的时候，20 几岁的年轻人也一定要切记礼仪，免得破坏了自身的形象。

"身送七步"，注重送客的礼节

俗话说："出迎三步，身送七步。"在应酬接待中，许多 20 几岁的年轻人对客户的迎接礼仪往往热烈隆重，却常常忽视了对客户的欢送礼仪，这样就常常给人以"人一走茶就凉"的悲凉感，无形中引起别人的反感，给人际交流增加了阻力。

在中国的应酬中，许多的给企业家都深知"身送七步"的重要性，也格外注意送人的礼节，中国商业的巨人李嘉诚就是其中一个绝佳的典范。

一位内地企业家在接受电视采访时谈到了他去李嘉诚办公室拜访李嘉诚的经历。那天，李嘉诚和儿子一起接见了他。会谈结束之后，李嘉诚起身从办公室陪他出来，送他到电梯口。更让人惊叹的是，李嘉诚不是送到即走，而是一直等到电梯上来，他进去了，再举手告别，一直等到电梯门合上。身为亚洲首富的李嘉诚工作繁忙，可他依旧注重礼节，严格遵循"身送七步"的礼仪，亲自送客，没有一丝一毫的怠慢之举。这位内地企业家面对着电视机前的亿万观众动情地说："李嘉诚这么大年纪了，对我们晚辈如此尊重，他不成功都难。"

"身送七步"，是商业巨人李嘉诚都不忘的待客礼仪，经常在应酬场上的人更要铭记在心，以实际行动给客户贴心之感，才能拉近和客户的心理距离，促进、促成合作。

因此，送客时 20 几岁的年轻人应注意以下几点：

1. 让客户先起身

当客户提出告辞时，要等客户起身后再站起来相送，切忌没等客户起身，自己先于客户起立相送。更不能嘴里说再见，而手中却还忙着自己的事，甚至连目光也没有转到客户身上。

2. 送客也不失热忱

当客户起身告辞时，应马上站起来，主动为客户取下衣帽，帮他穿上，与客户握手告别，同时选择最合适的言辞送别，如"希望下次再来"等礼貌用语。每次见面结束，都要以将再次见面的心情来恭送对方。尤其对初次来访的客户更热情、周到、细致。

3. 代客提重物

当客户带有较多或较重的物品，送客时应帮客户代提重物。与客户在门口、电梯口或汽车旁告别时，要与客户握手，目送客户上车或离开，要以恭敬真诚的态度，笑容可掬地送客，不要急于返回，应鞠躬挥手致意，待客户移出视线后，才可结束告别仪式。否则，当客户走完一段再回头致意时，发现主人已经不在，心里会很不是滋味。

4. 晚一步关门

许多时候，商务人士将客户送出门外，不等客户走远，就砰的一声将门关上，往往给客户类似"闭门羹"的恶劣感觉，并且很有可能因此而"砰"掉客户来访期间培养起来的所有情感。因此，商务人士在送客返身进屋后，应将房门轻轻关上，不要使其发出声响，最好是等客户远离后再轻声关上门。

心理学上不但有首因效应，也有"末因效应"——"最初的"和"最后的"信息，都能给人们留下深刻印象，"最初的"印象尚可弥补，而"最后的"信息往往无法改变——"送往"的意义大于"迎来"。做到"出迎三步"，你的商务应酬级别只能属于初步及格水准；做到"身送七步"，你才能迈入商务应酬优秀者的行列，20 几岁的年轻人要格外注意。

风尚男人的礼仪禁忌

中国是个礼仪大国，关于风尚男人的礼仪有很多，可能你记不过来。礼仪专家指出了绅士的八大礼仪禁忌，能够避免这些禁忌，接下来的礼仪就容易多了。

1. 缺乏女士优先意识

"Lady first（女士优先）！"这句漂亮的英文，有多少男士能做到呢？在《泰坦尼克号》中，当泰坦尼克缓缓下沉时，乐队的绅士泰然自若地拉着小提琴，让女士和孩子先行，那一感人至深的时刻，让人难以忘怀。"女士优先"是衡量一位男士是否风尚的重要标准。然而，现实中很多男士的做法却是不尽如人意。公共场所，例如候机室，常有男士将自己的行李占去好几个座位，即便身边站着女士依然泰然自若。而在公车或地铁里，更有男士不惜力气和女士争抢座位，这都是不可取的。

2. 不顾形象

衣冠不整，衣物或饰品上污迹点点；头发油腻，鼻毛外露，胡子拉碴；指甲存着污垢，耳朵里的边沿上掉着白花花的杂片；有体臭；长时间不洗澡，不换内衣、内裤。

3. 打扮女性化

男人应该有男人的样子，尽显阳刚之气。然而，有的男士打扮得比女士还妖艳，这就让人从心里没有好感。

4. 公共场合无约束

礼仪的一大原则是不干扰和妨碍他人。有的男士在公共场合随地吐痰，到处乱丢废物；不注意控制音量，唯恐别人不知道自己的存在。随处吸烟，殊不知，当众吸烟如同拿着毒品强行塞进别人的嘴里。

5. 不预约不守时

如果事先没有预约，最好还是不要冒昧地闯入他人的住处。如果预约，最好不要提前或迟到。提前会扰乱对方的安排，让人局促或措手不及；迟到会耽误别人的时间。提前了，要到了时间后再进入，迫不得已而迟到时，要给对方充足的理由解释。当然，随意更改约会更不礼貌。

6. 就餐时电话频繁

社交场合手机使用过频，又总在席间接听。用餐时应尽量关闭手机，或避免接听电话，重要来电应尽可能简短，稍长重要通话应和同桌人说"对不起，我接个电话"，之后离席接听。

7. 说话带脏字

有的男士说话时脏字不断，不仅不以之为耻，而且还以之为个性。实际上，爱说脏话的男士，骨子里潜伏着的是粗俗。

8. 随意超越距离

不同的男女关系，要能控制适度的距离。有的男士总习惯把脸凑到女士脸旁，身体前伸，手搭到女同事的坐椅靠背上……这都是不礼貌的举止。通常 1~1.5 米是社交距离，1 米以内是私人距离，贴近肌肤是亲昵距离。

作为男士，在与女士交往时一定要特别注意自己的言行，防止触犯这些礼仪禁忌，随时表现自己的修养，树立自己良好的社交形象。

魅力女人应注意的礼仪细节

想打造社交中魅力四射的形象，女性除了要掌握基本的礼节外，还应注意以下这些细节，从而成就自己的完美形象。

1. 要有饱满的精神状态

愁眉苦脸、心事重重的样子在社交场合是不受欢迎的；委靡不振、无精打采，别人会感到兴味索然，无法与你交往。但若是精力充沛、神采奕奕，就能使对方感到你富有活力，交往气氛自然就活跃了。

2. 要有出色的仪表、礼节

对女人来说，动人的风度和仪表比美貌更重要。

容貌姣好的人，并不代表她的仪表也美；同样的，举止仪表优美的人，也并不一定容貌漂亮。有些女人虽然容貌平凡，但由于她有优美的风度，反而更吸引人。衣冠不整，或者不修边幅的人，常会令人生厌。仪表出众、礼节周到能为女性增添无穷的魅力。

3. 要有诚恳的待人态度

端庄而不矜持冷漠，谦逊而不矫揉造作，就会使人感到你诚恳而坦率，交往兴趣也随之变浓。但如果你说话支支吾吾、躲躲闪闪，别人会感觉你缺乏诚意，从此疏远你。

4. 避免没有教养的行为

一个女人要在各种社交场合上给人留下美好印象，就一定要注意风度与仪态。

（1）不要耳语。在众目睽睽下与同伴耳语是很不礼貌的事。耳语可被视为不信任在场人士所采取的防范措施，要是你在社交场合老是耳语，不但会招惹别人的注视，而且会令别人对你的教养表示怀疑。

（2）不要说长道短。饶舌的女人肯定不是有风度教养的女人。在社交场合说长道短、揭人隐私，必定会惹人反感。再者，这种场合的"听众"虽是陌生人居多，但所谓"坏事传千里"，只怕你不礼貌、不道德的形象从此传扬开去，别人——特别是男士，自然对你"敬而远之"。

（3）不要闭口不言。面对初相识的陌生人，也可以由交谈几句无关紧要的话开始，待引起对方及自己谈话的兴趣时，便可自然地谈笑风生。若老坐着闭口不语，一脸肃穆的表情，便跟欢愉的宴会气氛格格不入了。

（4）不要失声大笑。不管你听到什么"惊天动地"的趣事，在社交场合中，都要保持仪态，顶多一个灿烂笑容即止，不然就要贻笑大方了。

（5）不要滔滔不绝。在社交场合中，若有男士与你攀谈，你必须保持落落大方的态度，简单回答几句即可。切忌忙不迭向人"报告"自己的身世，或向对方详加打探，要不然会把人家吓跑，或被视作长舌妇了。

（6）不要扭捏作态。在社交场合，假如发觉有人常常注视你——特别是男士，你也要表现得从容镇静。若对方是从前跟你有过一面之缘的人，你可以自然地跟他打个招呼，但不可过分热情，或过分冷淡，免得影响风度。若对方跟你素未谋面，你也不要太过于扭捏作态，或怒视对方，有技巧地离开他的视线范围即可。

（7）不要当众化妆。在大庭广众下打粉、涂口红都是很不礼貌的事。要是你需要修补脸上的妆，必须到洗手间或附近的化妆间去。

（8）不要大杀风景。参加社交活动，别人都期望见到一张张笑脸，因此纵然你内心有什么悲伤，或情绪低落，表面上无论如何都应表现出笑容可掬的亲切态度。

礼仪是现代女性的处世之本，是魅力女性的潜在资本。俄国作家契诃夫说过："不和男人交际的女人渐渐变得憔悴，不和女人交际的男人渐渐变得迟钝。"社交中得体的礼仪不仅可以展现女人的教养、品质和风度，还体现出女人对社会的认知水平、学识修养和价值取向。因此，在社交中，女人一定要多多注意礼仪细节。

第七章
用人情经营人脉，用真心改变世界

储蓄人情要循序渐进

做什么事情都不可能一蹴而就，经营关系，储备人情也是如此，要保持平静、持续的接触，这样拓展出来的人际关系才是可信赖的。

布朗先生参加一个社交聚会，交换了一大堆名片，握了无数次手，也搞不清楚谁是谁。

几天后，他接到一个电话，原来是几天前见过面，也交换过名片的"朋友"，因为那位"朋友"名片设计特殊，让他印象深刻，所以记住了他。

这位"朋友"也没什么特别的目的，只是和他东聊西聊，好像两人已经很熟了一样。布朗先生不大高兴，因为他和那个人没有业务关系，而且也只见了一次面，他就这样打电话来聊天，让他有被侵犯的感觉，而且，也不知和他聊什么好！

在现代社会中，这种情形常会出现，以这位"朋友"来看，他有可能对布朗先生的印象颇佳，有心和他交朋友，所以主动出击，另外也有可能是为了业务利益而先行铺路。但不管基于什么样的动机，他采取的方式犯了人际交往中的忌讳——操之过急。

拓展人际关系是工作、生活中的必然行为，但在社会上，有一些法则还是必须注意，才能达到预期的效果，而不致弄巧成拙。

这个法则为"一回生，二回半生不熟，三回才全熟"，而不是"一回生，二回熟"！"一回生，二回熟"还太快了些，"一回生，二回半生不熟，三回才全熟"则是渐进的，而且是长期的、对方不知不觉的。之所以要"一回生，二回半生不熟，三回才全熟"是因为如下两个原因：

一是每个人与他人交往都是循序渐进的，这是很自然的反应，一回生，二回就要"熟"，对方对你采取的绝对是"关上大门"的自卫姿态，心里非常疑虑、抵触，因而拒绝你的接近，名人、富有或有权势之人，更是如此。

二是每个人都有"自我"，你若一回生，二回就要"熟"，必定会采取积极主动的态度，以求尽快接近对方。也许对方会很快感受到你的热情，而给你热情的回应，可是大部分人都会有自我受到压迫的感觉，因为他还没准备好和你"熟"，他只是痛苦地应付你罢了，很可能第三次就拒绝和你碰面了。

"一回生，二回熟"的缺点还不只上面提的两点。因为你急于接近对方，所以很容易在不了解对方的情形下，以自己作为话题，以此来持续两人交谈的热度，这无疑是暴露自己，若对方另有企图，你岂不是陷于被动了吗？

在现代社会生存发展，的确需要拓展人际关系，积累人脉，但朋友是需要时间去交往的。太过心急，只会引起对方的反感而逃避。所以，搞关系也要循序渐进，一步一步慢慢接触，这样拓展出的人脉才是稳定的。

给人一份人情，收获一片心

谁都知道，有了"人情"好办事。但"人情"都是有限的，就像银行存款一样，你存进去的多，能取出来的就多，存得少，能取出来的就少。你若和别人只是泛泛之交，你困难时别人帮你的可能就很小，因为人家没有义务帮你。如果你平时多储蓄"人情"，经常对他人施于援手，自己遇到困难时就不至于犯难。

常言道"士为知己者死，女为悦己者容"，能为知己者死的，必欠下了天大的人情，因此偿还人情便成了他们矢志不渝的目标。

公元前 239 年，燕国太子丹在秦国当人质，秦国对他很不友好，太子丹对此怀恨在心，偷偷逃回燕国，于是秦国派大军向燕国兴师问罪。太子丹势单力薄，难以与秦兵对阵，为报国仇私恨，他广招天下勇士，去刺杀秦王。

荆轲是当时有名的勇士，太子丹把他请到家里，像招待贵客一样，对荆轲照顾得无微不至，终于，打动了荆轲。后来，又对逃到燕国来的秦国叛将樊於期以礼相待，奉为上宾。二人对太子丹感激涕零，发誓要为太子丹报仇雪恨。

荆轲虽力敌万钧，勇猛异常，但秦廷戒备森严，五步一岗，十步一哨，且有精兵护卫，接近秦王难于上青天。于是，荆轲对樊於期说："以我的力气和武功，刺杀秦王不难，难在无法接近秦王。听说秦王对你逃到燕国恼羞成怒，现正以千金悬赏你的脑袋，如果我能拿到你的头，冒充杀了你的勇士，找秦王领赏，就能取得秦王的信任，并可乘机杀掉他。"樊於期听罢毫不犹豫，拔剑自刎。

荆轲带着樊於期的人头和督亢地方的地图，去见秦王，这两件东西都是秦王想要得到的东西。但他未能杀掉秦王，反被秦王擒杀，只为后人留下了"风萧萧兮易水寒，壮士一去兮不复返"的悲壮诗句和"图穷匕见"的故事。

樊於期之所以能"献头"，荆轲之所以能舍命刺杀秦王，都完全是为了回报太子丹的礼遇之恩。"投桃报李""滴水之恩，涌泉相报"，足以说明"恩惠"对人心感化的巨大作用。

其实，有时给别人一些小的恩惠和人情对你来说只是举手之劳，并不费多少力气，可是对别人来说都是一种莫大的安慰，必要时他会舍命来报答你。

20 几岁的年轻人要学会有意识地积累人情，重视互帮互助的重要性，这样在你需要帮助时，也会有人积极帮忙。

主动拉人一把，把人情送出去

"患难之交才是真朋友"，这话大家都不陌生。人的一生不可能一帆风顺，难免会碰到失利受挫或面临困境的情况，这时候最需要的就是别人的帮助。一旦这个时候你伸手相助，便将让对方记忆一生，日后对方会对你加倍报答。

所以，关键时刻拉别人一把，等于为自己的人情账户存入一笔巨款。

德皇威廉一世在第一次世界大战结束时，众叛亲离。他只好逃到荷兰，许多人对他恨之入骨。这时候，有个小男孩写了一封简短但流露真情的信，表达他对德皇的敬仰。这个小男孩在信中说，不管别人怎么想，他将永远尊敬他为皇帝。德皇深深地为这封信所感动，于是邀请他到皇宫来。这个男孩接受了邀请，由他母亲带着一同前往，他的母亲后来嫁给了德皇。

这个事例说明当你主动拉对方一把时，会收获自己想不到的好处。

人情储蓄，不仅仅是在欢歌笑语中和睦相处，更要在困难挫折中互相提携。有的人在无忧无虑的日常生活中，还能够和朋友嘻嘻哈哈地相处，一旦朋友遇到困难，遭到了不幸，他们就冷落疏远了朋友，友谊也就烟消云散了。这种只能共欢乐不能同患难的人，不仅是无情的，更是愚蠢的。因为他们的自私，会让自己的人情储蓄负债，会让自己日后的人际关系道路越走越窄。

所以，当朋友遇到了困难的时候，20几岁的年轻人应该伸出援助的双手。当朋友生活上艰窘困顿时，要尽自己的能力，解囊相助。对身处困难之中的朋友来说，实际的帮助比甜言蜜语强一百倍，只有设身处地地急朋友所急，帮朋友所需，才体现出友谊的可贵，让这份交情细水长流。

当朋友遭遇不幸的时候，如病残、失去亲人、失恋，等等，我们要用关怀去温暖朋友那冰冷的心，用同情去安抚朋友身上的创伤，用劝慰去平息朋友胸中冲动的岩浆，用理智去拨散朋友眼前绝望的雾障。

当朋友犯了错误的时候，我们应该表示理解并尽可能地给予帮助。有些人会因朋友犯了错误，自己感到羞愧，脸上无光。有些人常担心继续与犯了错误的朋友相交会连累自己，因此而离开这些朋友，其实这种自私的行为很不可取。真正的朋友有福不一定同享，但有难必定同担。

当朋友遭到打击、被孤立的时候，我们应该伸出友谊的双手，去鼓励对方，支持对方。如果在朋友遭到歪风邪气打击的时候，我们为了讨好多数人而保持沉默，或者反戈一击，那我们就成了友谊的可耻叛徒。正如巴尔扎克的《赛查·皮罗多盛衰记》中所说的："一个人倒霉至少有这么一点好处，可以认清楚谁是真正的朋友。"一个好朋友常常是在逆境中得到的。假如朋友在遭到打击、被孤立的时候，你能够理解他、支持他，坚决同他站在一起，那么他一定会把你视为一生的挚友，会为找到一个真正的朋友感到高兴。有了这样真挚的友谊，将来某一天如果你需要他的帮助，甚至你有难时并没有向他求助，他都会心甘情愿地为你两肋插刀。

总之，人情的赢得往往在关键的时刻，即别人处于困顿的时刻。只要你在关键时刻主动伸手拉他一把，你就获得了他的好感，为日后储蓄了一笔人情资金。

送人情一定要恰到好处

送人情是常有的事，但不是件简单的事情，而且，送人情没有百分之百成功的，只有掌握一定的方法和技巧才能成功。一个能把人情恰到好处送出去的人，绝对是懂得处世艺术、深谙人情道理的人。

通情达理的人大都懂得送人情的艺术和分寸。比如，送什么，送多少，何时送，怎么送，都大有学问。送得恰到好处是人情，送得不当是尴尬；不管是无意中送的人情，还是有意送的人情，都有一个让对方如何感受，如何认识的问题。送人情最重要的不在于你送的情分是否轻，而在于对方感受是否重。所谓"千里送鹅毛，礼轻情义重"说的就是这个道理。通常世人最重视的人情则是雪中送炭，口渴赐水。别小看这"一炭之热""滴水之恩"，这样的人情可得倾心相送，涌泉相报。

对身处困境的人仅仅有同情之心是不够的，应给以具体的帮助，使其渡过难关。雪中送炭、分忧解难的行为最易引起对方的感激之情，因而易形成友情。比如，一个农民做生意赔了本，他向几位朋友借钱，都遭回绝。后来他向一位平时交往不多的乡民伸出求援之手，在他说明情况之后，对方毫不犹豫地借钱给他，使他渡过难关，他从内心里感激。后来，他发达了，依然不忘这一借钱的交情，常常给对方以特别的关照。

恰到好处送出去的人情才是真正的人情。而要做到恰到好处，20几岁的年轻人就要注意一些细节：

1. 送人情不要使对方觉得接受你的帮助是一种负担。

2. 送人情要送得自自然然，也就是说在当时对方或许无法强烈地感受到，但是日子越久越体会出你对他的关心，能够做到这一步是最理想的。

3. 送人情要高高兴兴，不可以心不甘、情不愿的。如果你在帮忙的时候，觉得很勉强，意识里存在着这是为对方而做的想法，人家迟早会发现，你的人情也就成了虚情假意。

4. 人情要适度，不可过小，也不可过重。过小不足以办事，过重会使人感到自卑乃至厌倦你。这样，便会逐渐疏远你。还有就是不要"自作多情"，因为这时你的人情会让对方感到多余且不可思议，甚至会认为你另有不可告人的目的或涉及对方的隐私，人家非但不能接受还会引起不安。

5. 要把送人情与增进关系融在一起，即要抱着通过送人情可以进一步加强双方的亲密关系的目的和想法，而不能让对方感到，这是有求于我，才向我送人情。

送人情把握了以上五点，才算是真正的人情高手。因此 20 几岁的年轻人在平时送人情时，一定要把握以上几点，把人情送得恰到好处。

好人做透，人情做足

当你送朋友一个人情时，朋友便因此欠了你一个人情，他是会想办法回报的，因为这是人之常情。人情就像你在银行里的存款，存得越多，存得越久，利息便越多。

所以，20 几岁的年轻人平时送人情时，一定要把人情做足，好人做到底，你就要想朋友之所想，急朋友之所急，在他最困难、最需要帮助的时候，给朋友一个人情，那这份人情的分量就会更大。

做足，包含两个含义：一是人情要做完；二是人情要做得充分。

如果朋友求你办什么事，你满口答应："没问题。"但隔了几天，你给他一个半零不落的结果，对方虽然口头上不说什么，但心里肯定会说："这哥儿们，真不够意思，做就做完，做一半还不如不做，帮倒忙。"

做人情只做一半，叫帮倒忙，越帮越忙，非但如此，还会影响信任度，说话不算数的朋友谁都不愿意结交。人情做一半，叫出力不讨好。

人情做充分，就是不仅要做完，还要做好，做得漂亮。如果你答应帮朋友办某种事，就要尽心去做，不能做得勉勉强强。如果做得太勉强了，即使事情成了，你勉强的态度也会让他在感情上受到伤害。

俗话说："在家靠父母，出门靠朋友。"多一个朋友多一条路。要想人爱己，己须先爱人。

我们当时刻存有乐善好施、成人之美的心思。这就如同一个人为防不测，须养成"储蓄"的习惯，这甚至会让各位的子孙后代得到好处，正所谓前世修来的福分。黄佐临导演在当时不会想得那么远，那么功利。但后世之事却给了他作为好施之人一个不小的回报。

钱锺书先生一生日子过得比较平和，但在上海写《围城》的时候，也窘迫过一阵。辞退保姆后，由夫人杨绛操持家务，所谓"卷袖围裙为口忙"。那时他的学术文稿没人买，于是他写小说的动机里就多少掺进了挣钱养家的成分。一天 500 字的精工细作，却又绝对不是商业性的写作速度。恰巧这时黄佐临导演排演了杨绛的四幕喜剧《称心如意》和五幕喜剧《弄假成真》，并及时支付了酬金，才使钱家渡过了难关。时隔多年，黄佐临导演之女黄蜀芹之所以独得钱锺书亲允，开拍电视连续剧《围城》，实因她怀揣老爸一封亲笔信的缘故。钱锺书是个别人为他做了事他一辈子都记着的人，黄佐临 40 多年前的义助，钱锺书多年后还报。

上述事例体现了也许没有比帮助这一善举更能体现一个人宽广的胸怀和慷慨的气度的了。不要小看对一个失意的人说一句暖心的话，对一个将倒的人轻轻扶一把，对一个无望的人赋予一个真挚的信任，虽然自己什么都没失去，而对一个需要帮助的人来说，也许就是醒悟，就是支持，就是宽慰。

20 几岁的年轻人在平时要多多注意做足人情，这样不仅提高了自己受欢迎的程度，也让自己在日后碰到困难时，能寻得他人的帮助，顺利渡过难关。

感情投资要有所保留

感情投资是必要的，很多时候，都必须将"人情做足"，但"足"也是有限度的。过度的感情投资，则会使接受帮助的友人背上沉重的心理负担。人际交往要有所保留，这样才能平衡你的人际关系。

好事几乎都被做尽了，也会给你带来不好的结果。对一个有劳动能力、心智健全的人来说，独立、付出都是内部的需要。人际关系中如果不能相互满足某种需要，那么这种关系维持起来就比较困难。在卡耐基成功人际交往思想中，很重要的就是要遵循心理交往中的功利原则。这一原则是建立在人的各种需要（包括精神的、物质的内容）的基础上，即人际交往是满足人们需要的活动。心理学家霍曼斯早在1974年就曾经提出人与人之间的交往本质上是一种社会交换，这种交换同市场上的商品交换所遵循的原则是一样的，即人们都希望在交往中得到的不少于所付出的。其实岂止是得到的不能少于付出的，如果得到的大于付出的，也会令人们心理失去平衡。

有一个耐人寻味的故事，讲述的是一位女士结婚不久就离婚了，离婚的原因听起来却像天方夜谭。用她丈夫的话说："你对我们太好了，我们都觉得受不了。"原来这位女士非常喜欢关心、照顾别人，甚至到了狂热的地步。每天除了正常的工作外，所有的家务，包括买菜、做饭、洗衣服、擦地板等，都由她一个人包办，别人绝不能插手，弄得丈夫、公公、婆婆觉得像住在别人家里一样。久而久之，全家人对其忍无可忍，终于提出要让她离开这个家庭，因为他们都感到心理不平衡。

例子里的女士本是一片好心，最后却得到了不好的结果，不能不令20几岁的年轻人深思。

初入社交中的人，和例子里的女士一样，总想着"好事一次做尽"，以为自己全心全意为对方做事，会使关系融洽、密切。事实上并非如此。因为人不能一味接受别人的付出，否则心理就会感到不平衡。"滴水之恩，当涌泉相报"，这也是使关系平衡的一种做法。如果好事一次做尽，使人感到无法回报或没有机会回报的时候，愧疚感就会让受惠的一方选择尽量疏远。留有余地，好事不应一次做尽，这也许是平衡人际关系的重要准则。

留有余地，适当地保持距离，因为彼此心灵都需要一点空间。如果你想帮助别人，而且想和他人维持长久的关系，那么不妨适当地给别人一个机会，让别人有所回报，不至于因为内心的压力而疏远了双方的关系。而"过度投资"，不给对方喘息的机会，就会让对方的心灵陷入愧疚、苦闷之中。留有余地，彼此才能自由畅快地呼吸，才能自由平等地交往。

收获人情，借不如给

当亲戚朋友向你借钱或某些物品时，是借还是不借呢？这是现代人所常常要遇到的问题，钱只要离开自己的口袋，就有回不来的可能；东西一旦借出去，既可能被对方用坏、弄丢，也可能是被对方一直用着，尤其是把财物借给自己的亲人或是朋友，上述情况就更可能发生了。

这个时候，与其整日盘算着如何把财物要回来，不如放宽心，把财物送给他们。这样，虽然在财物上蒙受损失，却收获了人情。

事实上，很多20几岁的年轻人碰到他人向自己借财物的问题时都很困扰，因为借他财物，有可能就要不回来了，或是一再拖延，到最后历经坎坷才拿回来，或只拿回一小部分。如果时间一到便去催债，好像自己太没人情味，何况也没勇气开口，更怕一开口，就伤了彼此的感情。不借，自己的财物固然是"保住"了，但他们有难，不出手帮忙，道义上似乎也说不过去，也担心二人的感情恐怕从此要变质了。

聪明人的做法是：给他钱，而不是借他钱。

所谓"给他财物"有两个层面的意义。

第一个是借给他，也言明归还期限和利息多少，但在心理上却抱着这些财物是"一去不回头"的想法，他能还就还，不能还就当做是"送给"他的。这种态度很阿Q，但这样不会影响两人的感情，你也不会因为对方还不起钱或不还物品而难过；而且也顾到了朋友间有难相助的道义；另外，这也是在对方心中播下一粒恩与义的种子，这粒种子或许会发芽、茁壮，在他日以"果实"对你作最真诚的回报。

第二个层面的意义是真的给他财物。也就是说，他虽然是向你借用的，但你表明是给他的，是要帮他解决困难的，并不希望他一定还。这样子做的话，他不大可能再来向你借，而你也可表示"我已竭尽所能"，如将对方开口的数目打折给他，万一对方真的还不起钱，或根本不还钱，你则可以降低损失。另外，与第一种做法一样，兼顾了情与义，同时也在对方心中种了一粒恩与义的种子，而这人情，他总是要担的。

事实上，不管是借还是给，财物能不能收回来都是个未知数。之所以说"借不如给"，是基于财物只要离开你的名下，就有回不来的可能，因为对方是没有钱或缺少某些东西才向你开口的，所以明知有可能回不来，干脆就不抱希望，免得催债时给双方造成不愉快，自己也难过。

如果借或给都觉得很难，那么就狠心拒绝！不过，在力所能及的情况下 20 几岁的年轻人还是不要那么斤斤计较，因为财物毕竟不等同于幸福，人生的真正幸福和欢乐是浸透在亲密无间的家庭关系及友情中的。

雪中送炭，扩大感情投资的性价比

在社会生活中需要感情投资，这个道理很多人都明白，但是如何进行感情投资却没有多少人清楚。其实，感情投资的最佳策略就是雪中送炭。

在《水浒传》中，有这样精彩的一幕：

话说宋江杀了阎婆惜后，逃到柴进庄上避难，碰上了武松。当时武松因误以为自己伤人致死已躲在柴进庄上。但因为武松脾气不太好，得罪了柴进的庄客，所以柴进也不是十分喜欢他。《水浒传》上说："柴进因何不喜武松？原来武松初来投奔柴进时，也一般接纳管待；次后在庄上，但吃醉了酒，性气刚烈，庄客有些顾管不到处，他便要下拳打他们，因此满庄里庄客，没一个道他好。众人只是嫌他，都去柴进面前，告诉他许多不是处。柴进虽然不赶他，只是相待得他慢了。"所以，武松在柴进的庄上一直被大家孤立，找不到一个可以交心的朋友，只能一个人天天喝闷酒。

宋江知道武松是个英雄，日后定可为自己帮忙，因此，他到了柴进庄上一见到武松马上拉着武松去喝酒，似乎亲人相逢，看武松的衣服旧了，马上就拿钱出来给武松做衣服。而后"却得宋江每日带挈他一处，饮酒相陪"，这饮酒的花费自然还是柴进开销的。临分别时，宋江一直送了六七里路，并摆酒送行，还拿出 10 两银子给武松做路费，而后一直目送武松远离。

正因为这样，武松一直对宋江忠心耿耿，为宋江出生入死。

宋江所费之钱可以说是小成本，他不过花了 10 两银子和饯行的一顿饭，却让英雄盖世的武松对他感恩戴德。而柴大官人庇护了武松整整一年，就算后来有所怠慢，也不会少他吃喝用度的，在武松身上的花费岂止区区 10 两银子。相对于宋江而言，柴大官人真是得不偿失。这位宋大哥在武松心目中的分量恐怕要远远超过柴大官人。为什么柴进名满江湖、出身高贵，却成不了老大，而宋江却可以？因为宋江更懂得如何通过雪中送炭收买人心。

然而，在现实生活中，人们往往热衷于锦上添花，而不屑于雪中送炭。在这种情况下交上的朋友，通常无法培育出可靠的人际关系。

对万事顺利、春风得意的人，人人都想与他结识，都想与他交上朋友。一方面他顾不过来；另一方面他也无法与巴结他的人成为真正的朋友。反之，如果与那些暂不如意的人交往，并成为好朋友，那就可能完全不同了。

在他处于困境中的时候，我们能不打折扣地给予帮助，有朝一日，他们飞黄腾达了，就会第一个要还你人情。那时找他们帮忙，他们便会毫不犹豫。

"雪中送炭"主要是在他陷入困境、失意的时候，指出他失败的原因，激励他改过向上。如果自己有能力，更应给予适当的协助，甚至给予物质上的救济。而物质上的救济，不要等他开口，要采取主动。有时对方很急着要，又不肯对你明言，或故意表示无此急需。你如果得知此情形，更应尽力帮忙。日后如有所需，他必全力回报。

锦上添花易，雪中送炭难。聪明的 20 几岁的年轻人都明白：经营人脉的诀窍之一就是要少一些锦上添花，多一些雪中送炭。那些你帮助过的人们，他们将成为你生活中忠实的朋友，事业上得力的助手。

适当地回馈他人的帮助

人与人之间的情谊，既需要真心诚意，也需要感激与适当回报。

不要认为别人的帮助是理所当然的事情，即使是好朋友之间，也应该懂得适当地回馈对方的帮忙。别人帮忙过后，送上一个温馨的小礼物，甚至是给他沏上一杯热茶，都能成功地俘获他，这样你才能更讨他喜欢，朋友也会帮忙帮得心甘情愿。

美国人杰姆曾说，他很喜欢东方的女孩子。他表示，西方女性把男士们的"绅士行为"视为"理所当然"。男士们帮女士提重物、搬东西，"理所当然"；男士帮女士开门、拉椅子，"理所当然"。同时，在西方教育背景下，男士也视这些绅士行为"理所当然"。

在中国，有一次因为扩大经营的需要，他们部门从十楼搬到八楼，每个人必须把自己的东西以及一桌一椅搬下去。杰姆搬了一张椅子，发现真的很重，他担心女孩子搬不动，于是他告诉女同事，椅子交给他们有力气的男同事去搬。结果一路上，女同事陪他们聊天，搬完了，还忙着倒开水、泡咖啡给他们喝，让男同事们很是愉快。"如果在我们国家，搬重物'理所当然'是男孩子的工作，没有人会陪你聊天，没有人会感激地倒开水、泡咖啡。也许中国人没这个观念，但是中国女孩子体恤别人的作风，真的非常可爱，我们帮她们，不但乐意，而且开心，这种受人尊重的感觉真好。"

这个例子说明了适当回馈他人的帮助会为自己赢得好人缘。

很多时候，20几岁的年轻人会把别人对自己的好视为理所当然，他人喜欢我们，当然不介意被我们"麻烦"，一些小事情，也"帮"得十分乐意。可是俗话说："滴水之恩，涌泉相报。"就是要我们常怀感恩的心，以看待朋友的好心。任何人都不喜欢自己的好心被人当做驴肝肺，一次两次也许还可以忍受，十次、二十次就会渐渐用光朋友的交情，届时我们会发现，朋友似乎不再那么"乐意"助人。

与人相处、经营人脉，20几岁的年轻人当谨记一件事，天底下没有谁帮谁是理所当然的，对于别人的帮助，我们应心怀感激。也许有人会说，找朋友帮忙，给几个钱或是请他吃顿饭，送个东西，好像把友谊给贱卖了，把朋友的交情看俗了。

其实不然，适度地表达我们的感激是必要的。也许我们不懂得比较"高尚"的做法，但吃顿饭、送个小礼物，也能表达我们的感谢。它的作用不在于"礼"的轻重，而是心意的表示，让朋友晓得他这个忙帮得多么具有"价值"，多么受你的重视，也许在他而言是举手之劳，对你来说却可能是攸关生死的大事。

最重要的是，你说出来了，他也听到了，知道你有多在乎这件事。就像杰姆的女同事，一路陪他们聊天，事后还倒开水、泡咖啡，没花什么钱，却十足表现了她们的感激之情，而杰姆他们也感受到了，同时还说"感觉真好"。其实朋友在乎的不过是这一点点回馈罢了。

天下没有谁帮谁是理所当然的，明白这一点，不论是朋友间、同事间，或是上司与下属间，都可以和谐相处，也可以为你赢得人缘。因为对方从你身上，处处得到尊重，时时获得感激，这对他而言，有了人格上的自我满足，那么他自然乐于与你共事，与你做朋友，在你有困难的时候，也会乐意帮助你了。

别让你的人情账户透支

拜托别人帮忙办事情在如今的社会已经不是什么稀罕的事情了，每个人在自己的生活中都可能找人办事，这也无可厚非。但是，对待人情的分寸却未必人人皆通，有些20几岁的年轻人在人情上过分透支，就会让别人苦不堪言，对于你下次的求助，这些人情就会避之不及。

有个人接编某份杂志，由于杂志的财源并不丰裕，不仅人手少，稿费也不高，但他又不愿意因为稿费不高而降低杂志的水准，于是他开始运用人情向一些作家邀稿。这些作家和他都有过交情，但其中一位在写了数篇之后坦白："我是以朋友的立场写稿，但你们稿费太低了，错不在你，但你这样做是在透支人情。"

例子里的人正是犯了让人情账户透支的错误。

人和人相处总是会有情分的，这情分就是"人情"。有些人喜欢用"人情"来办事，但"人情"是有限量的，好像银行存款，你存得越多，可领出来的钱就越多；存得越少，可领出来的就越少。你若和别人只是泛泛之交，你能让他帮的忙就很有限，因为他没有义务和责任帮你大忙，你也不可能一次又一次要他帮你的忙，这是因为你的人情存款只有那么一点点，如果你要求得太多，那就是透支了。

透支的结果如何？一般会造成两个结果：一是你们之间的感情转淡，甚至他对你避之唯恐不及，那么有可能进一步发展的情分就此断了。二是你在他眼中变成了不知人情世故的人，这对你是相当不利的。所以，在运用人情的度上要有讲究，使自己不透支人情，让别人下次依然能很爽快地答应你的求助。

那么，要如何动用人情才不至于透支呢？

1. 弄清楚你和对方的情分如何，再决定是不是找他帮忙。

2. 如果能不找人帮忙就尽量不找人帮忙，就好像银行存款，能不动用当然最好，宁可把这人情用在刀刃上。

3. 动用人情的次数要尽量少，以免提早把人情存款用光。

4. 要有适度的回馈，也就是"还人情"。回馈有很多种，例如，主动去帮忙对方，请吃饭、送礼物都可以。总之，不要把人家帮你忙当成应该的，有"提"有"存"，再提还有！

5. 就算对方曾欠你情，你也不可抱着讨人情的心态去要求对方帮忙，因为这有可能引起对方的不快。

如果你不了解这些，动辄找同学、朋友帮你的忙，那么你就会发现，你慢慢变成了不受欢迎的人。当然也有主动帮你忙的人，但切勿认为这是天上掉下来的，你若无适度的回馈，这也是一种透支。

20 几岁的年轻人在动用自己的人情账户时，一定要多多注意，防止自己的人情账户透支而得不偿失。

第八章
用持续学习赢得稳定的成长

注意学习能力的培养

在知识经济条件下，拥有现代知识的人才是当前的关键，要搞现代化的事业，要办现代化的工农业，要进行现代化的经营管理，舍此皆为妄谈。在人的一生中，要想树立知性的形象、要想取得成功，就必须拥有良好的学习能力。

这种学习能力，在新的形势下，具体应包括以下几个方面：

1. 熟练地使用多种工具书的能力；

2. 阅读学术书籍和科技刊物的能力；

3. 查找文献资料的能力；

4. 检索数据库的能力；

5. 在因特网上查阅信息的能力。

为此，20 几岁的年轻人应做到以下几点：

1. 要扎实掌握基础知识

素质教育不是"应试教育"，但素质教育并不是对基础知识的排斥和抵制；相反，不练好一定的基本功，就难有"功夫"的长进，就达不到学习能力提高的预期目标。处在接受义务教育阶段的青少年，绝不可浮躁冒进，急功近利，心存幻想；对业已步入社会而基础知识不牢固的人而言，趁早尽快"充电"才是上策。

2. 老师是拐杖

对于拐杖，开始要使用它，又要尽快适时地丢掉它。我们向老师学习，目的是为了超越他，为了争取个人学习的主动权，为了"青出于蓝而胜于蓝"。在接受教育的过程中，必须在心理上摆脱对老师的长期依赖性，把自学精神、自主意识贯穿到学习过程中去，保持学习的主动性，尽可能尝试着将学习进程安排在老师讲解和传授之前。

3. 多思考，多动笔，多总结

要巩固学习的成果，总结学习所得，尤其是要了解某些学习方法是否对自己最有效，就必须多动笔，以及时修正学习方法，碰撞和载录自己的思维火花与灵感，感受进步的喜悦，从而训练和提高自己的分析能力、应用能力和思维能力，并进一步激发自己的学习热情。

4. 尽可能尝试着去做

别人能做的，你也能做。改变那种把脑袋视为统计数据和堆砌知识的仓库的观念，将大脑用于思维和创新，用于贮存"怎么做"的方法论。知识经济时代更重要的是知识的应用，要大胆地尝试着独立构思，独立应用工具书，独立收集资料，甚至独立设计、独立制作，久而久之，我们在工作上就轻车熟路、游刃有余。

5. 要掌握学习的基本技能

现时代的学习，绝不仅仅是过去的"听听写写"，绝不仅仅是翻翻书本，看看报纸，听听老师的讲授。信息技术的发展，网络化进程的加快，为学习开辟了广阔的天地，但对学习的技能也提出了更高、更现代的要求。比如不懂操作电脑，就谈不上到因特网上查阅信息，获取新知识，就谈不上去网上大学随心所欲地接受教育，进行远程学习。

畅销书《学习的革命》也告诫我们："每个人必须通晓电脑。不要等待政府的行动，不要等待将来用语音控制电脑信息处理器。从学习在文字处理机上进行触摸式打字开始，尽量将电脑工业与你正在学习的其他一切结合起来，并由此开始积累你的知识。"

知识的多少永远同成功成正比，当一个人知识储备愈多，生活才能愈充实，才能持续成长，才能更加地靠近成功，因此，20 几岁的年轻人一定要注重自身学习能力的培养。

多读书，开阔视野

爬上知识的云梯，我们需要通过对书的阅读，如何让自己的阅读成为我们登上知识云梯的助力？多读好书，用好的阅读方法多读好书。朱伯特曾说："人能养成每天读 10 分钟书的习惯，20 年之后，他的知识适度就会有显著提高，前提是他所读的都是好的书籍。"

20 几岁的年轻人要做到多读书，首先就要培养随时阅读的习惯。随时阅读是除了用一整块的时间来享受阅读外，还可以用零碎的时间缝隙来翻几页书。每天的零碎时间很多，等公车的间隙，排队的间隙，等人的间隙都可以随手拈来放到我们的读书时间表里。时时与书相处，便能积累出与书的情感，自然能从书中得到更多的知识与智慧。

多读书并不意味着多而广地将书收进我们的计划里。读书就如同选择一位可与之交换心灵的朋友，自然要慎重。我们可以先从自身的兴趣或专业领域出发，让自己的阅读愉快，成为一种享受，接着便可以延伸到非专业领域了。不断地扩展，不断地延伸，我们的视野就会慢慢开阔。大量的阅读是知识和智慧的基础，是生活创意的来源。

多读书还要会读书。鲁迅先生很讲究读书方法，他博览群书，并有一套自己的读书方法，值得我们借鉴：

一是泛览，鲁迅先生提倡不管什么书，拿来先翻一下，或者看一遍序目，或者读几页内容。这样即可以开阔视野，还以防止受某些坏书的欺骗。

二是直到读懂，读透，再难懂的必读书，都要坚持读下去。但是有时难免遇到一时无法弄懂的问题，这时鲁迅认为："碰到疑问而只看到那个地方，那无论看到多久都不会懂。所以跳过去，再向前进，于是连以前的地方也明白了"。

三是专精。鲁迅先生曾说："读书无嗜好，就不能尽其多，不先泛览群书，则会无所适从或失之偏好。广然后深，博然后专。"意思就是说，读书要在"泛览"的基础上挑出自己喜欢的作品深入研究。

四是鲁迅先生读书时很活，注重独立思考。他认为读书时要对作者的观点和意图进行揣摩，如果是自己又会如何写。除此之外，鲁迅先生还很重视理论与实际相结合，即读万卷书还要行万里路。只有与实践相结合，所读的书才能活起来。

五是鲁迅先生读书时，必然会连同作者的传记、其他文集一同研习，以便了解作者所处的时代背景和地位。他认为，只有这样才能对作品有更深刻的理解。

最后，鲁迅先生每隔一段时间还会重读书中标记的重点，以获得新的体悟。

前辈的读书经验可以为我们阅读提供指导，多看书，会看书，去体会作者如何运用他们的非凡创意来为我们描绘平凡的生活，塑造心灵的花园。

在拥有了庞大的阅读网之后，我们的视野将达到一个新的高度，生命也会拓展出另一种角度。

阅读是一件需要慢慢享受的事情，读书时专注的力量非常重要，它可以增加我们的阅读吸收能力，看书时投入，把自己当成作者，当成作品中的角色，于是我们对生活的体悟将慢慢敏锐。

做到学以致用，学习才有意义

蜜蜂采花粉是要酿蜜，燕子衔泥是要筑巢，人学习知识是为了运用知识。如果一个人读书万卷，却不懂得如何运用，那么这些知识也就等于是死的知识。死的知识不能解决实际问题，那学了又有何用？所以，20 几岁的年轻人不仅要懂得学习，还要懂得学以致用，唯有如此，才能使知识更富有意义。

我们应结合所学的知识，参与学以致用的活动，提高自己运用知识的能力，使我们的学习过程转变为提高能力、增长见识、创造价值的过程。我们还应加强知识的学习和能力的培养，使知识与能力能够相得益彰、相互促进，发挥出巨大的潜力和作用。

曾有这样一个事例，讲的是近代化学家、兵工学家、翻译家徐寿与华蘅芳研制"黄鹄"号的事情，历来被作为学习致用的范例。徐寿在做这项工作时采取了十分慎重的循序渐进的科学态度。他首先试制了一个船用汽机模型，成功后又试制了一艘小型木质轮船。在此基础上，为精益求精，继续进行研究改进，最后成功制造了我国造船史上的第一艘实用性蒸汽轮船。取得了成熟的经验后，徐寿又主持研制了"惠吉""操江""测海""澄庆""驭远"等多艘轮船，为我国近代早期的造船业作出了巨大贡献。

然而，现实生活中很多人只是死读书、读死书，这样很容易产生一个结果，那就是完全地将书本中的知识应用到理论与实际当中去，从而受到一些条条框框的束缚，因此很难有所创新。

如《三国演义》里的马谡，他自称"自幼熟读兵书，颇知兵法"，但在街亭之战中，只背得"凭高视下，势如破竹""置之死地而后生"几句教条，而不听王平的再三相劝以及诸葛亮的叮咛告诫，将军营安扎在一个前无屏蔽、后无退路的山头之上，最后落得兵败失利、狼狈而逃、斩首示众的下场。

所以，想获得成长就一定要学以致用，否则生搬硬套书本上的知识，必然会给你所从事的事业带来损失。

19 世纪末，制造飞机的热潮在全世界范围内一浪高过一浪。但一些知识丰富的大科学家却纷纷表态，发表自己的看法和见解，抵制飞机的制造。比如，法国著名天文学家勒让认为，要制造一种比空气重的机械装置到天上去飞行是根本不可能的；德国大发明家西门子也发表了相似的见解；能量守恒定律的发现者、著名的物理学家赫尔姆霍茨又从物理学的角度，论证了机械装置是不可能飞上天的；美国天文学家做了大量计算，证明飞机根本不可能离开地面。但是，令人想不到的是，1903 年，连大学校门都没进过的美国人莱特兄弟凭着勇于创新的精神，将飞机送上了天，为人类作出了巨大贡献。

上述事例充分说明了"尽信书，不如无书"的道理。会学，更要会用。学习到的知识只有有效地运用到生活和实践中去，才会发挥其效用，否则就是一些死的、没有用的东西。

德国教育家第斯泰维克说："学问不在知识的多少，而在于充分地理解和熟练地运用你所知道的一切。"所以，在日常生活和工作中，我们应该把在学校里、在社会上所学到的全部知识都淋漓尽致地发挥出来。

想要做到学以致用，其实并不困难，20 几岁的年轻人可以从以下几个方面着手：

首先，将你的学习内容与目前和今后的生活、工作加以对比，以便清楚自己需要学习什么知识才能提高能力、学习什么知识才有利于全面发展。

其次，对于已经学习过的知识，可以用实际操作的方式加以验证。比如，学了物理电学后，可以去安装电灯、安装或维修半导体或电子管收音机；依据压力的定义，通过实际操作去测定某一重物对支持物所产生的压力，等等。

最后，把所学得的知识应用到社会实践中，综合地利用各门学科的知识。例如，学过化学后，参加化工厂的实际操作；或者运用物理学的力学原理去进行某种工具的改革，等等。

只有做到学习致用，学习才有意义，才能做到真正的成长。

优秀的学习计划是提高个人能力的蓝图

做任何事情要想取得成功，都必须在行动前制订一个详尽的计划，学习也不例外。学习计划是提升个人能力的蓝图，制订良好的学习计划，可以帮助我们有效地提高学习的效率，提高自身能力。

哈佛大学教授斯坦利·霍夫曼说："不管如何，要想提高学习的效率，不可或缺的是要制订详细的学习计划。"这话对于在学习中爱拖拉、爱空想的人来说，显然很有帮助。

在学习的过程中，我们时常看到一些同学东走走西逛逛，左看看右翻翻，好像没什么事可做。这实际上是一种没有明确的目标、随遇而安的学习态度，很大程度上是由于没有为自己制订一个详细的学习计划造成的。

计划性强的优秀的人，什么时间做什么事是非常有规律的，他们做完一件事后就会立刻去做另一件事，从来不会有无所事事、毫无目标的情况出现。他们对时间也抓得十分紧，轻易不会把大好时光白白浪费掉。

详细的学习计划使你的各项学习活动目标明确，在你努力争取自己的学习按计划进行时，有时也会出现一些意想不到的情况，从而影响计划的进行，如最近工作骤增、有一个比较困难需要花大把时间的项目等等，这些往往都会打乱我们的学习计划。

遇到这些情况，20 几岁的年轻人千万不能急躁，或者仍然死板地按计划进行，而是要及时调整自己的学习计划，增强计划的可行性，以适应变化了的学习情况。有时在计划实施的过程中会遇到困难，这时就需要你用坚强的意志努力克服，排除诱惑。在实施计划时，每克服一个困难，完成一项任务，你就会在享受胜利喜悦的同时，增强克服学习中困难的信心和勇气。

下面是制订学习计划时应注意的一些问题：

1. 计划要全面。计划里除了有学习的时间外，还应当有为集体服务的时间；有保证睡眠的时间；有娱乐活动的时间。计划里不能只有三件事：吃饭、睡觉和学习。

2. 长计划和短安排。在一个比较长的时间内，究竟干些什么，应当有个大致计划。例如，一个学期、一个学年应该有个长计划。有长计划，还要有短安排，否则长计划要实现的目标不容易达到。

3. 突出重点，兼顾一般。所谓重点：一是指自己学习中的弱科，二是指知识体系中的重点内容。订计划时，一定要集中时间、集中精力来攻下重点。

4. 不要脱离学习的实际。有些同学订计划时满腔热情，想得很好，可行动起来，寸步难行，这是目标定得过高，计划订得过死，脱离实际的缘故。

5. 不要太满、太死、太紧。要留出时间，使计划有一定的机动性，这样完成计划的可能性就增加了。

6. 脑力活动与体力活动结合。在安排计划时，不要长时间地从事单一活动，学习和体育活动要交替安排。比如：学习了一下午，就应当去锻炼一会儿，再回来学习。锻炼时运动中枢兴奋，而其他区域的脑细胞就得到了休息。

如果你长期按计划学习和生活，到时间就起床，到时间就睡觉，该学习时就集中精力学习，该锻炼身体时就锻炼身体。这样会使学习生活很有规律，你也能逐渐养成良好的学习习惯。这种良好的学习习惯可大大提高 20 几岁年轻人的学习效率和学习质量，增强自身的能力。

有效的学习方法为提升自我锦上添花

做什么事情都有方法，而有效的、适合自己的学习方法能使 20 几岁年轻人的学习效果事半功倍。学习的方法有多种，我们可以归结为以下几个方面：

1. 兴趣法

"好知之不如乐知之"，就是说我们越喜欢某一事物就越喜欢接近和接纳它。

兴趣是人们行动的一种动力。只要对某些知识产生了兴趣，就会主动去理解、记忆、消化这些知识，并会在这些知识的基础上总结、归纳、推广、运用，从而做到精益求精、推陈出新，推动整个社会向前发展。

因此，我们在学习某一知识之前，首先要建立对它的兴趣，以达到掌握它的目的。

2. 理解法

人都有对事物进行判断的能力，对某一事物或某一知识有认识，就会很容易地把它变成自己的知识，否则就需要花费很大的额外工夫。

比如说"井底之蛙"这一成语，我们可以想象一只健康的青蛙坐在一口深井里，眼睛直瞪瞪地望着井口发呆，而井口外面，则是白云、蓝天，井底则有青草、水、昆虫。虽然这只青蛙本身健康，不愁吃喝，然而它却呆呆的，为自己见不到外面的大好风景而发愁。这样一理解，"井底之蛙"的含义就非常清晰了。

3. 联系法

自然界中的一切事物都不是孤立的，而是普遍联系的，正如自然界的食物链一样——兔吃草，而兔又被鹰或狼吃，狼又被虎吃，而鹰和虎死后，其尸体腐败变质，供草吸收其营养成分。在这几种动植物之间，就形成了一个食物链，它们构成了互相联系的一个整体。如果草绝，则兔就会亡，反之，如果兔多，则草就会被大量食用，当草被食用过多时，兔就免不了缺少食物而亡。

知识，正是人类在长期改造自然的过程中发现的，因此，各种知识间也是相互联系的。当我们对某一事物缺乏了解和认识时，我们就可以从与其有联系的事物中来认识它。

4. 联想法

人类区别于其他动物的根本，就在于人有思维。有了思维，人在客观的自然和社会面前就不是无动于衷、无可奈何的了，而是能够积极地促成条件，来解决问题。联想正是人类充分发展的一种象征。

在我们的学习中，联想能使我们更好地掌握知识。历史课本中的数字枯燥无味，但是，有些事件是和这些数字紧密联系的。因此记数字就可以与这些历史事件联系起来记，这样既避免了数字之间的相互干扰，同时也增加了学习的趣味性，起到了双重效果。

5. 对比法

在学习中，当两个概念或事物的含义相似的时候，我们往往容易搞混淆，而在这个时候，运用对比法就能够搞清楚两者之间的明显区别。

也就是说，比较两者之间不同的地方，而这些不同的地方，正是某一事物的独特特征。理解了这些独特特征，也就抓住了这一事物的本质，从而也就能掌握这一事物的有关知识。

6. 复习法

人的大脑对知识的识记是有一定规律的，教育学家们曾用遗忘曲线做了一个形象的说明，指出如果你在知识遗忘之前去复习、巩固它，能帮助你迅速恢复并牢固记忆知识。孔子所说的"温故而知新"，也正是这个道理。

比起成功，每天都在提升自我其实更重要。根据自身的实际情况，选择最适合自己的学习方法，能更快地增强自身能力，让20几岁的年轻人稳定地成长。

好奇心是获得知识的前提

一位学者指出："人们只有在好奇心的引导下，才会去探索被表现所遮盖的事物的本来面貌。"

好奇是铸就成功和杰出的最重要的因素。因为只有好奇心才能产生兴趣，只有感兴趣才能产生探索的欲望和动力。很多高财商者成功的秘诀都在于永远保持一种好奇心。

贝时璋是我国著名细胞生物学及生物物理学的奠基者、教育家、科学活动家、中国科学院生物物理研究所名誉所长、中国科学院资深院士。他之所以能取得如此令人瞩目的成就，就是因为他一直都在为自己感兴趣的事业而努力奋斗，就是因为他永远都对未知的领域感到好奇。

贝时璋出生在农村，人很老实，很少出门，但是他对周围的事物充满了好奇心。他3岁时，被爸爸带到祠堂里去祭拜祖宗。祠堂门口石狮子嘴里的圆球引起了他强烈的好奇心：这圆球既能滚动，又不掉出来，这是怎么回事呢？他开始用好奇的眼光看待周围的一切，经常琢磨着这些"奇异的事情"。

后来，他爸爸带着他到上海。一路上，贝时璋看到了以前从未看过的"新奇"。他看见了拉纤人，看见了船老大把橹摇得飞快，看到了乡下从未有过的轮船，还有船舱里的灯居然没有灯油……贝时璋百思不得其解，一连串的"为什么"使得他对这些东西更加好奇。

到了上海后，贝时璋对看到的一些事情更感"奇怪"了：上海的黄包车是人在前面拉，而家乡的独木车却是人在后面推；上海商店橱窗里有自己会转动的"洋模特"，家乡的那些玩具既简陋又不会自己转动；上海的灯按一下"扳头"就会亮，而家乡的灯不仅要加煤油，还要用火点着才能亮……

短短的上海之行，使得贝时璋大开眼界，同时，也引发了贝时璋心中无限的遐想，勾起了他琢磨这些奇异现象的冲动。

贝时璋上学后，变得更加有好奇心起来，他非常勤奋地学习各种新鲜有趣的知识，把看到和想到的，统统记下来，然后利用学到的知识解释自己以前感兴趣、但又没有搞清楚的问题。虽然，当时主要学习的是传统的文史知识，古诗词比较多，但是，好奇的贝时璋仍然能够从中找到学习的乐趣。

凭着好奇心和求知欲，他不仅学到了不少天文、物理、化学、数学、动植物学方面的知识，还对蛋白质的生命意义有了初步的认识，开启了他研究生物的大门，为以后取得辉煌的成就奠定了良好的基础。

好奇是创造的基础和动力。只要有强烈的好奇心，持之以恒地钻研下去，任何一个普通人都有创造发明的机会。

心理研究表明，当一个人对某些事物产生好奇时，他就会充满兴趣地去研究。他就会变得愉快，精神放松，使大脑高度兴奋。他的创造性就会得到高度发挥。我们越来越意识到，在自己不感兴趣的领域里，要取得优异的成绩是很难的。是否具有强烈的好奇心和浓厚的兴趣，将在很大程度上决定着参与未来社会竞争的成败。

在我们的现实生活中，许多同学一直是被动地接受知识，一直缺乏积极主动探索世界的好奇心，再加上父母对我们的好奇心的管制和干预，使得我们很多人都技能单一、反应迟钝，遇到了能力范围之外的事情就手足无措。

所以，20 几岁的年轻人要永葆好奇心，有了好奇心才能不断去寻找问题的答案，才能学到更多的知识，从而不断进步。

向优秀者学习，让自己更加优秀

微软公司的学习理念是：70% 的学习在工作中获得，20% 的学习从经理、同事那里获得，10% 的学习从专业培训中获得。也就是说，要想提高自己的能力，必须学会随时地向他人学习。

20 几岁的年轻人要善于向身边的人学习，尤其是比自己优秀的人，借鉴他们行事的好方法，汲取他们成功和失败的经验和教训，从而完善自己，使自己变得更加优秀。

1500 年，意大利佛罗伦萨采掘到一块质地精美的大理石，它的自然外观很适于雕刻一个人像。但大理石在那里放了很久，没有人敢动手。一位雕刻师来了，但他只在后面打了一凿，就感到自己无力驾驭这块宝贵的材料而住手了。

后来雕刻家米开朗琪罗用这块大理石雕出了杰作"大卫像"。没想到先前那位雕刻家的一凿打重了，伤及了人像肌体，竟在大卫的背上留下了一点伤痕。

有人问米开朗琪罗："那位雕刻家是否太冒失？"

"不，"米开朗琪罗说，"那位先生相当慎重，如果他冒失轻率，这块材料早已不存在了，我的大卫像也就无从产生。这点伤痕对我未尝没有好处，因为它无时无刻不在提醒我，每下一刀一凿都不能有丝毫的疏忽。在我雕刻大卫的过程中，那位老师自始至终都在我的身边帮我提高警惕。"

子曰："三人行必有我师。"每个人都有自己的特长，都值得我们去学习。他们的挫折教训值得我们借鉴与学习，他们的长处同样是我们应该时刻学习的。20几岁的年轻人应该像例子里的米开朗琪罗一样，以谦虚的心态向身边每一个人学习。

在广告公司任职的宝琳，进入广告这一行已15年，拥有丰富的工作经验。宝琳最初的主管是一个要求相当严格的人，除了教会她提案、抢案的本事之外，还教会她如何与客户维持良好关系的方法。宝琳最大的收获是：工作上找一个好老师是可遇不可求的事。尤其在竞争激烈的环境里，行事更要小心。从此，宝琳每换一份新工作，先观察，再锁定目标，看看有谁在工作上，在为人处世上可供学习。

宝琳的事例告诉20几岁的年轻人，向周围的人学习，不仅能帮助你在专业领域内得到提高，还可以激发自我学习的动力。因为周围的人大多数是与你条件或目标类似的人，相似性与可比性使得他们的成绩特别具有说服力，能够达到激励自己的目的。平庸的人看不到自己的不足，同时也不愿承认别人的优秀，他们身上缺少虚心向他人学习的精神。殊不知，我们身边的人都是我们的老师。汲取他们失败的教训，可以使我们少走很多弯路，学习他们的优点与长处使我们变得更加优秀。

不要睡在暂时成功的温床上

当今社会，一切均在不断的发展变化之中，而且发展变化的速度在不断加快。扎实的专业基础和较强的学习能力已成为时代的必然要求。有必要树立终身学习的观念，不断给自己"镀金"，这样才能适应社会发展需求，应对未来的挑战。

我们所赖以生存的知识、技能和车子、房子一样，会随着岁月的流逝不断折旧。美国职业专家指出，现在职业半衰期越来越短，所有高薪者若不学习，无需5年就会变成低薪。当10个人中只有1个人拥有电脑初级证书时，他的优势是明显的；而当10个人中已有9个人拥有同一种证书时，那么原来的优势便不复存在。

20几岁的年轻人只有通过学习超越以往的表现，才能够得到发展。反之，如果我们沉溺在对昔日以及现在表现的自满中，学习以及适应能力的发展便会受到阻碍。人生如逆水行舟，不进则退，不管你曾经多么成功，你都要对自己的成长不断投注精力，如果不这么做，你自身将无法有所突破，甚至会惨遭淘汰。

在某个钟表厂，有一位工作非常卖力的工人，他的任务就是在生产线上给手表装配零件。这件事他一干就是10年，操作非常熟练，而且很少出过差错，几乎每年的优秀员工奖都属于他。

可是后来企业新上了一套完全由电脑操作的自动化生产线，许多工作都改由机器来完成，结果他失去了工作。他本来文化水平就不高，在这10年中又没有掌握其他技术，对于电脑更是一窍不通，一下子，他从优秀员工变成了多余的人。

在他离开工厂的时候，厂长先是对他多年的工作态度赞扬了一番，然后诚恳地对他说："其实引进新设备的计划我在几年前就告诉你们了，目的就是想让你们有个思想准备，去学习一下新技术和新设备的操作方法。你看和你干同样工作的小胡不仅自学了电脑，还找来了新设备的说明书进行研究，现在他已经是车间主任了，我并不是没有给你时间和机会，但你都放弃了。"

从这个故事中20几岁的年轻人可以得到一些启悟：新设备、新技术、新方法能帮助企业提高几倍速的工作效率，这种更新换代是谁也阻止不了的。如果你不注意更新自己的知识，甚至停止学习，那么最终你只能被淘汰。

职场风云变幻，善于创新、充满活力的新人或者经验丰富的业内资深人士不断地涌进你所在的行业或公司，你每天都在与几百万人竞争，因此你必须不断提升自己的价值，增加自己的竞争优势，学习新知识，并在产业当中学到新的技能。否则你将无法保持现有职位，更别提会有什么发展了。

皮特·詹姆斯现在是美国ABC晚间新闻的当红主播。在此之前，他曾一度毅然辞去人人艳羡的主播职位，到新闻的第一线去磨炼自己。他做过普通的记者，担任过美国电视网驻中东的特派员，后来又成为欧洲地区的特派员。经过这些历练后，他重新回到ABC主播台的位置。而此时的他，已由一个初出茅庐的略微有点生涩的小伙子成长为成熟稳健又广受欢迎的主播兼记者。

皮特·詹姆斯最让人钦佩的地方在于，当他已经是同行中的优秀者时，他没有自满，而是选择了继续学习，使自己的事业再攀高峰。

一名成功的人无论自己处于人生的哪个阶段，都会把不断学习当成自己的一项重要习惯。因为他们清楚自己的知识对于以后的人生路程而言是很有价值的，正因为如此，他必须好好自我监督，不能让自己的技能落在时代后头。

因此，20几岁的年轻人，当你取得一点小的成就时，要加倍地努力学习；当你觉得自己在原地踏步，没有成就时，那你更要加紧自己学习的进度，否则下一个被社会淘汰的就将是你。

不断地学习才能不断地成长

每个人从启蒙老师开始，都已拜了很多老师，从广义上说，只要能帮自己的忙，能使自我有进步者都可称为我师。那么，20几岁的年轻人为什么要不断拜人为师呢？因为我们需要成长，需要不断挖掘自我的潜能，去实现自我价值，而老师的经验及智慧又是我们尽可能赶超别人、尽快实现自我的捷径。社会是不断发展的，个人也要不断进步，才能跟得上时代的发展。

梁启超是中国近代著名的学者和社会活动家，1920年以后他退出了政治舞台，专心致力于学术研究，在社会科学的众多领域里，都取得了令人瞩目的成就。梁启超的朋友周善培直言不讳地批评他的文章。周善培说："中国长久睡梦的人心被你一支笔惊醒了，这不待我来恭维你。但是，写文章有两个境界：第一步你已经做到了，第二步是能留人。司马迁死了快两千年，至今《史记》里的许多文章还是百读不厌。你这几十年中，写了若干篇文章，你想想看，不说读百回不容易，就是使人能读两回、三回的能有几篇文章？"

梁启超听了这么刺耳的话，犹如挨了当头一棒。他毫不生气，而且很虚心地向老朋友请教："你说文章怎样才能留人呢？"周善培很认真地回答："文章要留人，必须要言外有无穷之意，使读者反复读了又读，才能得到它的无穷之意，读到九十九回，无穷的还没有穷，还丢不下，所以才不厌百回读。如果一篇文章把所有意思一口气说完了，自己的意思先穷了，谁还肯费力再去搜求，再去读第二回呢？文章开门见山不能动人，一开门就把所有的山全看完，里面没有丘壑，人自然一看之后就掉头而去，谁还入山去搜求丘壑呢？"梁启超觉得周善培分析得透彻精当，很有见地，击中了自己文章的要害，所以，他连声称谢，虚心接受。从此，梁启超写文章更加精益求精。

周善培的点拨对提高梁启超写作水平的作用十分重要。

学习如逆水行舟，不进则退。只有虚心学习，不断地充实自己，才能够精益求精，不断进步。如果只是粗通了一点皮毛就骄傲自满，只会阻碍自己前进的步伐。20几岁的年轻人必须每天补充自己所没有的学问，日积月累，持之以恒，月月温习以往的知识，不忘记所学的，这样才能学到真正的本领，才能在这个不断发展的社会始终立于不败之地。

第三篇
要想 30 岁时赢，
20 几岁不可以失去什么

第一章
圆融处世的态度

留条后路，全身而退

"不给自己留退路"，这作为破釜沉舟、一往无前的精神的表现是无可厚非的，而现实生活中往往充满了变故与无常，勇往直前固然可敬，但也可能因此被撞得头破血流，最终走到山穷水尽处。

美国田纳西州有一位秘鲁移民，在他的居住地拥有 6 公顷山林。在美国掀起西部淘金热时，他变卖家产举家西迁，在西部买了 90 公顷土地进行钻探，希望能找到金沙或铁矿，他一连干了 5 年，不仅没找到任何东西，最后连家底也折腾光了，不得不重返田纳西州。

当他回到故地时，发现那儿机器轰鸣，工棚林立。原来，被他卖掉的那座山林就是一座金矿，新主人正在挖山炼金。如今这座金矿仍在开采，它就是美国有名的门罗金矿。

一个人一旦孤注一掷地丢掉属于自己的所有东西，就有可能失去一座"金矿"。如果例子里的那位秘鲁移民留有一手，不变卖掉所有的家产，结果绝对是大不一样的。

"狡兔三窟"，为人处世留有余地，给自己保留一条退路，就不至于落得一败涂地的下场。事情做尽做绝，如同话说尽说绝一样，不是伤人就是被人所伤。当事情做到尽处，力、势全部耗尽，想要改变就难了。

《红楼梦》中的平儿是凤姐儿的心腹和左右手，但在为人处世方面，她并不唯凤姐儿马首是瞻，或者倚仗凤姐，把其他人统统不放进眼里。她始终注意为自己留余地、留退路，绝没有犯凤姐所说的"心里头只有我，一概没有别人"的错误，更不像凤姐那样把事做绝。

平儿对下人从不依权仗势，趁火打劫，而是经常私下进行安抚，加以保护。一方面缓和化解了众人与凤姐的矛盾；另一方面顺势做了好人，使众人在凤姐和她的对比之中，对她更有感激之情，为自己留出了余地和退路。凤姐死后，大观园一片败落，本是凤姐"党羽"的平儿却多次获得众人的帮助而渡过难关，终得回报。

平儿的结局告诉我们一个道理：为人处世，万不可把事做绝，要时时处处为自己留下可以周旋的余地，就像行车走马一样，一下子走到山穷水尽的地方，掉头就不容易了；留有一些余地，掉头就容易多了。正如常言所说："过头饭不可吃，过头话不可讲。"与人相处也是如此，事情做绝时，对方是善良人还好，对方若是恶人，反身一扑，自己就很可能身受其害。

杯子装满了，当然便再也倒不进去水了。在所有的事物中都有所保留，以便容纳些"意外"，给自己留后路，留下回旋的余地。

明代散文家归有光说："当得意时，须寻一条退路，然后不死于安乐；当失意时，须寻一条出路，然后可以生于忧患。"

人生变故，犹如水流；事盛则衰，物极必反。这是世事变化的基本公式。世事既然如此，为人处世也就应该处处把握恰当的分寸，永远给自己留下一条退路。把一件事情做绝，就等于自封了一条道路；把万事做绝，也就无路可走了，一旦形势转变，自己就仅剩死路一条。

所以在平时，20几岁的年轻人为人处世要灵活机动，凡事都要留个心眼儿，留条退路，防患于未然，牢牢握住对日后人生的主导权。

争一步不如让一步

人与人之间需要相互帮助和忍让，缺少这两样便什么事也干不了。不要斤斤计较、小题大做，在给对方设一道门的时候，其实也把自己堵在了门外。

两个人在一架独木桥中间相遇了，桥很窄，只能容一个人通过。两人都想着让对方给自己让路。

一个说："我有急事，您让我先过。"

另一个人说："我们谁也不愿让，那就同时侧身过桥。"

两人一想也对，就侧过身子脸贴脸地过桥。

这时一个人暗暗推了另一个人一把，另一个在挣扎中抓住了他，两人同时掉进了水里。

墨子说："恋人者，人必从恋之；害人者，人必从害之。"构建平和的心境，争一步不如让一步，这也是自己得到方便的根源。

处世是一生的学问，凡是在争来争去中度过时光的人，都算不上真正懂得为人处世底线的智者。与之相反，"求让"则是保证能够安心做事的重要的做人底线。

"争"与"让"的区别在于："争"在于不失分寸，"让"在于敢舍一切。如果用"争"的方法，你绝不会得到满意的结果；但用"让"的方法，收获会比预期的高出许多。语言的杀伤力也是巨大的，如果你非要在嘴劲上争一下，倒不如让步为好。

承认自己有错让你有些难堪，心中总有些勉强，但这样做可以把事情办得更加顺利，成功的希望更大，带来的结果可以冲淡你认错的沮丧情绪。况且大多数情况下，只有你先承认自己也许错了，别人才可能和你一样宽容大度，认为他有错。这就像拳头出击一样，伸着的拳头要再打人，必须要先收回来方有可能。

庄子曾讲，穷通皆乐；苏轼则言，进退自如。无论是庄子的穷通，还是东坡的进退，同指一种做事的策略。穷通是指人实际的境况遭遇，进退是指人主观的态度和行动。庄子认为，凡事顺应自然，不去强求，才能过着自由安乐的生活；苏轼认为，人只有安于时代的潮流，应用自然法则，才能进退自如，穷通皆乐。如此看来，进退即是做人的大道理、大智慧。

俗言道："凡事留一线，日后好见面。"凡事都能留有余地，方可避免走向极端。特别在权衡进退得失的时候，务必注意适可而止，尽量做到见好便收。

懂得适时而止

适时而止是进退的智慧，更是生存于世的一种智慧，许多事成于止，也败于止。20几岁的年轻人要想成事，一定要学会把握进退的度。

1863年，普鲁士只是松散的德意志联邦中的一个城邦，而德意志联邦本身就受制于奥地利。

俾斯麦就任普鲁士首相后不久就开始实施统一德国的计划，以此脱离奥地利的制约。他首先向微弱不振的丹麦宣战，收回本属于普鲁士的领土荷尔斯坦，而且把奥地利拉进来参战，宣称是为了他们才收复什列斯威以及荷尔斯坦的。而在战局确定后，俾斯麦并未履行诺言。

紧接着，他毫不畏缩地发动了对奥地利的战争，并取得了胜利。其他人都想乘胜追击，进军维也纳，然而俾斯麦却主张和奥地利签署和约，在他的强烈要求下，主战派终于退让了。普鲁士成了德意志的主宰，俾斯麦也成为新德意志同盟的盟主。

三年后，俾斯麦挑起对法国的战争。新组成的德意志联邦热心地加入对法战争，几个月内就摧毁了法军。一年以后，俾斯麦建立了德意志帝国，普鲁士国王成为新加冕的皇帝，而俾斯麦成为亲王，但是接下来发生的事让许多人都感到奇怪：俾斯麦不再煽动战争，而且当其他欧洲强权在世界各地疯狂地攫取殖民地时，他严格禁止德国加入这场争夺。此后，他终其一生致力于维护欧洲的和平，防止战祸再起。人们都认为他因岁月而改变了，却不曾想到：这是他原始计划的最终目标。

在俾斯麦政治生涯的起步阶段，他的目标就是统一德国。他发动对丹麦的战争，不是为了抢占领土，而是要激发普鲁士人的民族热情，为统一国家作准备；发动对奥地利的战争，只是为了争取普鲁士的独立；挑起对法战争，是为了让德意志诸王国在对付共同敌人的目标下团结在一起，为统一德国打下稳固的基石。

达到了自己的目标，俾斯麦就不再发动战争了。他头脑清醒，知道适时而止的道理。他紧紧地控制着权力，阻止了其他人发动新的战争。

大多数人不懂得适时而止的原因其实很简单：他们没有一个具体的目标。面对胜利、权势的诱惑不能控制自己，只知一味前进的人，迟早要走向衰亡。明慎的人常常能够统揽全局，事情一开始，他们就看到了结局。

知道适时而止，从而赢得更有利于己的局面。适时而止是有着深刻的内涵的，作为一种大智慧，它绝不是简单的停止无为。它是一招因时而变、出奇制胜的妙法，也是深合事理、退中求进的处世哲学。对于只知冒进、急功近利者，止的运用就尤显珍贵。综观无数失败者的症结，他们所缺的并不是智慧，而是不懂得在什么时候停止。

一个人只要清楚地知道自己要什么，并懂得适时而止，他才能在任何形势下应对自如，屹立不倒，这正是20几岁的年轻人需要学习的地方。

随机应变应对困境

这个世界，这个社会，每天都在变化，我们每个人身处的环境也每天都在改变。如果不懂得变通，就很难适应这个"变"的世界。

文学家讲："明智的人使自己适应世界，而不明智的人坚持要世界适应自己。"我们每天都会面对层出不穷的矛盾和变化，20几岁的年轻人只有以随机应变的态度面对变幻莫测的人生，时刻留心身边的变化，才能在人海中绕暗礁、避风浪，才能在身处困境时，于无声无息中化险为夷。

郭德成是元末明初人，他性格豁达，十分机敏，且特别喜欢喝酒。在元末动乱的年代里，他和哥哥郭兴一起随朱元璋转战沙场，立下了不少战功。

朱元璋做了明朝开国皇帝后，当初追随他打天下的将领纷纷加官晋爵，待遇优厚，成为朝中达官贵人。郭德成仅仅做了戏骑舍人这样一个普通的官。

一次，朱元璋召见郭德成，说道："德成啊，你的功劳不小，我给你个大官做吧。"

郭德成连忙推辞说："感谢皇上对我的厚爱，但是我脑袋瓜不灵，整天不问政事，只知道喝酒，一旦做大官，那不是害了国家又害了自己吗？"

朱元璋见他坚辞不受，内心十分赞叹，于是将大量好酒和钱财赏给郭德成，还经常邀请郭德成到御花园喝酒。

一次，郭德成兴冲冲赶到御花园陪朱元璋喝酒。眼见花园内景色优美，桌上美酒芳香四溢，他忍不住酒性大发，连声说道："好酒，好酒！"随即陪朱元璋痛饮起来。

杯来盏去，渐渐地，郭德成脸色发红，但他依然一杯接一杯喝个不停。眼看时间不早，郭德成烂醉如泥，跟跟跄跄地走到朱元璋面前，弯下身子，低头辞谢，结结巴巴地说道："谢谢皇上赏酒！"

朱元璋见他醉态十足，衣冠不整，头发凌乱，笑道："看你头发披散，语无伦次，真是个醉鬼疯汉。"

郭德成摸了摸散乱的头发，脱口而出："皇上，我最恨这乱糟糟的头发，要是剃成光头，那才痛快呢。"

朱元璋一听此话，脸涨得通红，心想，这小子怎么敢这样大胆地侮辱自己。他正想发怒，看见郭德成仍然傻乎乎地说着，便沉默下来，转而一想：也许是郭德成酒后失言，不妨冷静观察，以后再整治他不迟。想到这里，朱元璋虽然闷闷不乐，还是高抬贵手，让郭德成回了家。

郭德成酒醉醒来，一想到自己在皇上面前失言，恐惧万分，冷汗直流。原来，朱元璋少时曾在皇觉寺做和尚，最忌讳的就是"光""僧"等字眼。因此字眼获罪的大有人在。郭德成怎么也想不到，自己这样糊涂，这样大胆，竟然戳了皇上的痛处。

郭德成知道朱元璋不会轻易放过自己，以后难免有杀身之祸。他仔细地想着脱身之法：向皇上解释，不行，更会增加皇上的嫉恨；不解释，自己已经铸成大错。难道真的要为这事赔上身家性命不成？郭德成左右为难，苦苦地为保全自身寻找妙计。

过了几天，郭德成继续喝酒，狂放不羁。后来，他进寺庙剃光了头，真的做了和尚，整日身披袈裟，念着佛经。

朱元璋看见郭德成真做了和尚，心中的疑虑、嫉恨全消，还向自己的妃子赞叹说："德成真是个奇男子，原先我以为他讨厌头发是假，想不到真是个醉鬼和尚。"说完，哈哈大笑起来。

后来，朱元璋猜忌有功之臣，原来的许多大将纷纷被他找借口杀掉了，而郭德成竟保全了性命。

郭德成之所以能在朱元璋的铁腕下保住自己的性命，是因为他能够从小的祸事看到以后事态的发展。因此不贪恋官位，随机应变，提前避了祸。

俗话说，"人有失足，马有失蹄"，人的一生之中总会遇到种种困境，会有许多过失，有时某些过失可能会给自己带来大祸。如何从这些祸事中脱身非常重要，而智者善于随机应变，利用现时条件培养避祸的急智，从而使自己处于安全的境地，这是20几岁的年轻人应该学习的。

小事糊涂，大事清醒

人一生要经历的事情数也数不完，如果事事都要认真盘算，势必会使自己筋疲力尽。因此，20几岁的年轻人不妨在遇到一些小事时糊涂点，得过且过，而遇到大事不但不能糊涂，还要铆足精神去解决。

在一次宴会上，楚庄王命令他所宠爱的美人给群臣和武士们敬酒。傍晚时分，一阵狂风把灯烛吹灭了，大厅里一片漆黑，黑暗中不知是谁用手拽住了美人的衣袖。美人急中生智把那人系帽子的带子扯断，然后来到楚庄王的身边，向他哭诉被人调戏的经过，并说那个人的帽带被扯断，只要点上灯烛就可以查出此人是谁。

楚庄王听后，安慰了美人几句，便向大家高声说："今天喝酒一定要尽兴，谁的冠缨不断，就是没喝足酒。"群臣众将为讨好楚庄王，纷纷扯断冠缨，喝得烂醉如泥。等点灯时，大家的冠缨都断了，就是美人自己想查出调戏她的那个人，也无从下手了。

三年后，楚国与晋国开战，楚军有一位勇士一马当先，总是冲在前头。楚庄王很奇怪，问他为什么如此拼命。

勇士回答说："末将该死，三年前我在宴会上酒醉失礼，大王不但不治我的罪，还为我掩盖过失，我只有奋勇杀敌才能报答大王。"

在这个事件中，楚庄王听说有人调戏美人，而且他系帽子的带子被扯断，是可以查出谁犯了错的。但楚庄王在这件事上采取"糊涂"的态度，因为他认为酒醉失礼是难免的，所以不想追究下属的过错，故意让大家扯断冠缨。楚庄王的宽容大度后来得到了应有的报偿。他的这种"糊涂"其实是一种富有远见的"精明"。

鲁迅先生曾专门揭示了"难得糊涂"的真正含义，他说："糊涂主义，唯无是非观等，算来是中国的高尚道德。你说它是解脱、达观罢，也未必。它其实在固执着什么，坚持着什么……"

正如鲁迅先生所说的"坚持着什么"，其实难得糊涂的人实际上是再清醒不过了。之所以要"糊涂"，是因为将世上的一些事情看得太明白、太清楚、太透彻了，但又有某种无以言表的原因，不得不糊涂起来。生活中，人们在小事上不妨也糊涂一把。索性放下包袱，轻松、潇洒一回。

说起来容易做起来难，大凡能够做到"糊涂"的人还真的非常有限，因为他们无法达到超然的境界。因此，生活包袱里装满了大事小情，往往思想还要被那些事情所缠绕。"小事多糊涂，大事不含糊"，这句人生格言最适合这种人了。

糊涂看世界，留一半清醒，留一半醉。这就要求20几岁的年轻人在观察社会上的大事小情时，对一些不打紧的事情糊涂处之，而涉及至关重要的原则性问题时则要清醒对待。该糊涂时糊涂，该聪明时聪明，这才是灵活的处世之道。

小处妥协，大处取胜

人的一生，会面临种种的机会与选择，也会遇到许多的冲突与挑战，一个人不可能得到自己全部想要的，很多时候不得不放弃一些无关紧要的东西，不得不对自己的某些利益忍痛割爱。有时，适当地妥协，可以省掉不少麻烦。

张之洞深谙妥协之道，他不仅善于委曲求全，还深刻理解了"小不忍则乱大谋"的道理。所以他常常为了达到自己的目的，不逞一时之强，而是委屈自己适应现实的需要，等到为自己积累了坚实的基础之后，再充分发挥自己的才能来实现自己的理想，从而达到建功立业的目的。

他在与政敌打交道时，尤其如此。尽管他与李鸿章早有嫌隙，在政见上多有不同，也看不惯李鸿章一味地对外求和的为政策略，更看不起李鸿章不顾全大局，始终维护自己淮军的局部利益的做法。但他同时也明白，李鸿章始终不服自己，多次在人前贬抑自己。他认为李鸿章毕竟位高权重，如果自己一味地同他僵持下去，两个人之间就会由嫌隙转化为比较大的矛盾，那样对自己的前程将极为不利。

于是他决定在不牵扯重大问题的前提下，对李鸿章虚与委蛇，尽量不贸然得罪。所以他在李鸿章母亲八十寿辰时就送去过寿文，李鸿章本人七十寿辰时，他更是三天三夜几乎没有睡觉，写了一篇洋洋洒洒的寿文送给李鸿章。在寿文中，张之洞极尽能事地推崇李鸿章，赞扬李鸿章文武兼备，统领千军万马，还赞美李鸿章德高望重、勤于国事，美好的品性深得天下人的敬佩。这篇约5000字的寿文成为李鸿章所收到的寿文中的压卷之作，琉璃厂书商将其以单行本付刻，一时间洛阳纸贵。

张之洞正是"小处妥协，大处取胜"的典型。也正因为他的这种灵活的处世态度，才得以保全自己的实力，走向成功。

晚清名臣胡林翼说："能忍人所不能忍，乃能为人之所不能为。"能够忍，就有充分的时间、足够的弹性让自己调整步伐、修正策略。20几岁的年轻人，学会有原则地妥协一下，是为了在需要的时候不妥协。

当然，妥协总是需要付出一定代价的，这种代价有时是脸面上的，有时是物质上的，但这种代价不可能是无偿的。如果得不偿失，是没有人会去妥协的。人之所以愿意去妥协，主要还是因为这种妥协能够得到更多的利益。所以20几岁的年轻人要知道，人不能只图虚名，只有具备能在小处妥协、包容的心态，才能在大处取胜。

为人处世，无愧于心

曾子有疾，召门弟子曰：启予足，启予手。诗云："战战兢兢，如临深渊，如履薄冰。"而今而后，吾知免夫！小子！

译文：曾子患了重病，召唤门下的弟子说，"（掀开被子）看看我的脚，看看我的手（有无毁伤之处）。正如《诗经》上说的'小心谨慎，就好像站在深渊旁边，就好像踩在薄冰之上'，从今以后，我知道（我的身体）能免于祸难了，学生们！"

曾子特别提出来，一辈子做人都"战战兢兢"，好像站在悬崖边缘，脚下是万丈深潭，一不小心，就会"一失足成千古恨"。就好像走在薄冰上一样，一个疏忽，掉下去就没命。

中国有一句话叫"盖棺论定"，一个人好与坏，要在棺材盖下去的时候才可以下结论。永远保持一种谨慎的处世心态，这正是曾子要传达给他的学生的。

有一位在国内享有盛誉的名医，一位青年妇女来找他看病。他检查后发现，她的子宫里有一个瘤，需要手术割除。手术当天一切就绪，手术室里都是最先进的医疗器材，对这位有过上千次手术经验的名医来说，这只是个小手术。

当他切开病人的腹部，向子宫深处观察，准备下刀时。突然全身一震，刀子停在空中，豆大的汗珠冒上额头。他看到了一件令他难以置信的事：子宫里长的不是肿瘤，而是个胎儿！

他的手颤抖了，内心陷入矛盾的挣扎中。如果硬把胎儿拿掉，然后告诉病人，摘除的是肿瘤，病人一定会感激得恩同再造；相反，如果他承认自己看走眼了，那么，他将声名扫地。

经过几秒钟的犹豫，他终于下定决心，小心缝合刀口之后，回到办公室，静待病人苏醒。然后，他走到病人床前，对病人和病人家属说："对不起！我看错了，你只是怀孕，没有长瘤。所幸发现及时，孩子安好，一定能生下个可爱的小宝宝！"

病人和家属全呆住了。隔了几秒钟，病人的丈夫突然冲过去，抓住名医的领子，吼道："你这个庸医，我要找你算账！"后来，孩子果然安好，而且发育正常，名医被告得差点破产。

有人笑他，将错就错，只需一句话，就可让这一切免于发生。医生淡淡一笑："我骗不了自己的心。"其实，在他下定决心的那一刻，他已将自己从悬崖边缘拉了回来。

例子里的医生正是万事无愧于心的典型。

如曾子所说，人应该"战战兢兢"地走完一生，因为你将面临无数对与错的抉择，有时一个点头、一句承诺就有可能让人生的冰面坍塌。

但战战兢兢并不是要20几岁的年轻人畏首畏尾，什么事情都不敢去做，而是不怠慢、不敷衍，以认真谨慎的态度去对待生活中所遇到的人和事。临终前的那一刻，回想自己的一生可以无愧于心，可以一身轻松地为自己画上句号，也是一种幸福。

淡定处世，宠辱不惊

没有谁的一生能够青云直上，走一条顺风顺水的宽阔大道，总有遇到独木桥的时候。特别是那些欲成大事者，更是面临着人生的起起落落，风风雨雨。真正能从容地走过这些风雨的人，必然是在人生的赛场上最后胜出的人，而他们那一份淡定处世、宠辱不惊的潇洒，总能给后人许多启示。

一人名唤卢承庆，字子余，为考功员外郎，专司官吏考绩，因其秉事公正，行事尽责，广受赞誉。一次，有个官员发生了粮船翻沉的事故，应受到惩罚，于是他给这个官员评定了个"中下"的等级，并通知了本人。那位受到惩处的官员听说后，没有提出意见，也没有任何疑惧的表情。卢员外郎继而一想："粮船翻沉，不是他个人的责任，也不是他个人能力可以挽救的，评为'中下'可能不合适。"于是就改为"中中"等级，并且通知了本人。那位官员依然没有发表意见，既不说一句虚伪的感激的话，也没有什么激动的神色。卢员外郎见他这般，非常称赞，脱口称道："好，宠辱不惊，难得难得！"于是又把他的考绩改为"中上"等级。

南怀瑾大师就很推崇这种"宠辱不惊"的精神，他认为，人须能用物而不为物用，不为物累，但能利物，才能成为无为的大用。人生在世，或得意，或失意，其宠辱境界的根本症结所在，皆是因为有身而来。

宠，是得意的总表相。辱，是失意的总代号。当一个人在成名、成功的时候，若非平素具有淡泊名利的真修养，一旦得意，便会欣喜若狂，喜极而泣，自然会有震惊心态，甚至得意忘形。

古今中外，无论是官场、商场，抑或情场，都仿佛剧场，将得意与失意、荣宠与羞辱看得一清二楚。诸葛亮有一句名言鞭策我们要不因荣辱而保持道义："势利之交，难以经远。士之相知，温不增华，寒不改弃，贯四时而不衰，历坦险而益固。"所谓得意失意皆不忘形，宠辱而不惊，便是此意。

《菜根谭》里说："宠辱不惊，闲看庭前花开花落；去留无意，漫随天外云卷云舒。"为人做官能视宠辱如花开花落般的平常，才能"不惊"；视职位去留如云卷云舒般变幻，才能"无意"。"闲看庭前"大有"躲进小楼成一统，管他冬夏与春秋"之意；"漫随天外"则显示了目光高远，不似小人一般浅见的博大情怀，一句"云卷云舒"又隐含了"大丈夫能屈能伸"的崇高境界。对事对物，对功名利禄，失之不忧，得之不喜，正是"淡泊以明志，宁静以致远"。

只有做到了淡定处世、宠辱不惊方能心态平和，恬然自得，看淡生活中的起起落落和得与失，这正是20几岁的年轻人需要学习的地方。

摒弃小聪明，显示大智慧

《道德经》中说："绝圣弃智，民利百倍。"充分表明老子反对标榜圣人、反对卖弄智慧的思想。老子认为：人们如果抛弃所谓的智慧，返发本真，就会有和平安静的生活，这种生活是被一些标榜圣人、标榜智慧的"才智之士"搅乱了。世人都渴望聪明，但是他们不知道，有太多的人为聪明所累、所误。

《红楼梦》中，一曲《聪明累》暗示了王熙凤的命运和结局，人们一方面惊叹于她的治家才能、应付各色人等的技巧，一方面又感慨于她悲惨的人生结局。她就是因"机关算尽太聪明"而遭悲惨结局的典型。"聪明反被聪明误"这句话点出了很多人的失败根源。

的确，一个人太聪明必定会遭到别人的嫉恨和非议，甚至引来祸端。历史上和现实生活中的这种例子比比皆是。东汉末年的杨修就是因喜欢卖弄聪明而最终遭祸的。

杨修是曹操门下掌库的主簿。此人生得单眉细眼，貌白神清，博学能言，智识过人。但他自恃其才，竟小觑天下之士。

一次，曹操令人建一座花园。快竣工了，监造花园的官员请曹操来验收察看。曹操参观完花园之后，是褒是贬没说，只是拿起笔来，在花园大门上写了一个"活"字，便扬长而去。一见这情形，大家犹如丈二和尚，摸不着头脑，怎么也猜不透曹操的意思。杨修却笑着说道："门内添'活'字，是个'阔'字，丞相是嫌园门太阔了。"官员认为杨修说得有道理，立即返工重建园门，改造停当后，又请曹操来观看。曹操一见重建后的园门，不禁大喜，问道："谁知道了我的意思？"左右答道："是杨修主簿。"曹操表面上称赞杨修聪明，其实内心已开始忌讳杨修了。

又有一次，塞北送来一盒酥给曹操，曹操没有吃，只是在礼盒上亲笔写了三个字"一合酥"，放在案头上，自己径直出去了。屋里其他人没有，有的不明白曹丞相的意思，不敢妄动。这时正好杨修进来看见了，便走向案头，打开礼盒，把酥饼一人一口地分吃了。曹操进来见大家正在吃他案头的酥饼，脸色一变，问："为何吃掉了酥饼？"杨修上前答道："我们是按丞相的吩咐吃的。""此话怎讲？"曹操反问道。杨修从容地应道："丞相在酥盒上写着'一人一口酥'，分明是要赏给大家吃，难道我们敢违背丞相的命令吗？"

曹操见又是这个杨修识破了他的心意，表面上乐呵呵地说："讲得好，吃得对，吃得对！"其实内心已对杨修产生厌恶之感了。可杨修还以为曹操真的欣赏他，所以不但没有丝毫收敛，反而把心智用在捉摸曹操的言行上，并不分场合地卖弄自己的小聪明，不断地给自己埋下祸根。

曹操与刘备对垒于汉中，两军相持不下。曹操见连日阵雨，粮草将尽，又无法取胜，心正烦恼。这时士兵来问晚间的口令，曹操正呆呆看着碗内鸡肋思想进退之计，便随口答道：鸡肋！

当"鸡肋"这个口令传到主簿杨修那里，他自作聪明，怂恿兵士们收拾行装准备撤兵。兵问其故。杨修说：鸡肋鸡肋，弃之可惜，食之无味。今丞相进不能胜，恐人耻笑，明日必令退兵。于是大家都相信了。这件事被曹操知道后，曹操便以蛊惑军心之名砍了杨修的头。

杨修之智，实非大智慧，其修养、其境界、其为人处世之道，皆非成大事者。可见，过于卖弄聪明就会成为众矢之的，而摆正自己的位置，厚积薄发，在适当的时机表现出来，才是成事之道。正如英国著名外交家切斯特菲尔德所说的那样："要比别人聪明，但不要让他们知道。"外露的聪明远不如深藏的智慧更有实际意义。

众所周知，在音乐的世界中，技巧很重要，但不是最重要的，过多的花哨技巧只会减弱情感的表达。人生也是如此，人人都玩弄聪明才智，只会让世界繁杂凌乱，绝圣弃智，才能朴实安然地生活。20几岁的年轻人应该懂得，摒弃小聪明方才显示大智慧。

在人之上以人为人，在人之下以己为人

"在人之上以人为人，在人之下以己为人"是指，居上位时，一定要谦虚，切不可仗势欺人，人生总是盛极而衰的，一个人不可能永远风光无限，繁华过后总会凋零。居下位时，要看起得自己，学会韬光养晦，为自己积蓄反击的力量。

《圣经》里曾经提到："凡自己谦卑得像个小孩子的，他在天国里就是最大的。你们里头为大的，倒要像年幼的；为首领的，倒要像服侍人的。"而谦卑的人就是能够"在人之上以人为人"的仁者。

据《桐城县志略》和姚永朴先生的《旧闻随笔》记载：清康熙时，文华殿大学士、礼部尚书张英世居桐城，其府第与一吴姓人家为邻，中间有一条属于张家的空地，向来作为过往通道。后来吴氏建房子想越界占用，张家不服，张吴两家遂发生纠纷，闹到县衙。因两家同为显贵望族，县令左右为难，迟迟不予判决。

张英家人见有理难争，遂驰书京都，向张英告状。张英阅罢，认为事情简单，便提笔挥毫，在家书上批诗四句："千里修书只为墙，让他三尺又何妨。万里长城今犹在，不见当年秦始皇。"张家得诗，深感愧疚，毫不迟疑地让出三尺地基。吴家见状，觉得张家有权有势，却不仗势欺人，深感不安，于是也效仿张家向后退让三尺。于是，形成了一条六尺宽的巷道，名曰"六尺巷"。两家此举也成为美谈。

一条六尺巷，一封家书，一句"让他三尺又何妨"，描画出了"在人之上以人为人"的仁者的形象。张英的宽宏大量，使得邻里之间的关系得以缓和，既利他又利己，值得称道。

但有些时候，居人之下，"人为刀俎，我为鱼肉"，则需要"在人之下以己为人"的智慧，否则就自身难保。

隋炀帝是中国历史上有名的暴君，其统治时期，骄奢淫逸，民不聊生。各地农民起义风起云涌，隋朝的许多官员也纷纷倒戈，转向农民起义军。因此，隋炀帝对朝中大臣们处处防范，疑心很重，尤其对外藩重臣更是顾虑重重。

当时唐国公李渊曾多次担任朝廷和地方官，每到一处，悉心结交当地的英雄豪杰，多方树立恩德，因而声望很高，许多人都前来归附。因此，大家都替他担心，怕遭到隋炀帝的猜忌。正在这时，隋炀帝下诏让李渊到他的行宫去晋见。李渊因病未能前往，隋炀帝很不高兴，猜疑之心顿起。

当时，李渊的外甥女王氏是隋炀帝的妃子，隋炀帝向她问起李渊未来晋见的原因，王氏如实回答，隋炀帝又问道："会死吗？"王氏把这消息传给了李渊，李渊更加谨慎起来。他知道自己迟早会为隋炀帝所不容，但过早起事又力量不足，只好继续隐忍，等待时机。于是，他故意广受贿赂，败坏自己的名声，整天沉湎于声色犬马之中，而且大肆张扬。隋炀帝听到这些，就放松了对他的警惕。而这一放松，成就了日后的大唐帝国。

李渊通过隐忍达到了保全自己的目的，正所谓："尺蠖之曲，以求伸也，龙蛇之蛰，以求存也。"

生活中有很多人因为难忍一时之气，从而与人正面冲突，"伤敌一千，自损八百"，最后两败俱伤。这实在不是明智之举，毕竟牺牲是一时的，保全却是一世的。牺牲是爆发，

保全是维持；牺牲是激情，保全是平淡。浓肥辛甘非真味，真味只是淡，淡淡地融化在生活里……保全也许也是一种牺牲，牺牲狂热，牺牲内心深处的原始冲动，但是却用最小的牺牲求得更多的平和与幸福。

人生就是如此玄妙，人上人下之间也存在为人处世的大智慧，20 几岁的年轻人需要好好琢磨，细心对待。

与人无争，是最强有力的争

争与不争乃两种处世的态度：争者摩拳擦掌；不争者平淡处之。老子说："只有无争，才能无忧。"利人就会得人，利物就会得物，利天下就能得天下。从来没有听说过，独恃私利的人，能得大利的。20 几岁的年轻人要知道，善利万民的人，如同水滋润万物而又与万物无争，不求所得，所以不争的争，才是上争的策略。

与人无争，与世无争，看似一种消极的避世思想和无奈的做法，但实际上恰到好处的"与人无争"，是一种恬淡平和的心态，一种知晓进退规则之后的释然，也是一种不急功近利的心机。

王秀之从小的时候就深受家中明哲保身思想的影响。他的祖父王裕，曾任南朝刘宋左光禄大夫，仪同三司。父亲王瓒之，曾任金紫光禄大夫。

王裕当官的时候，徐羡之、傅亮是朝中权臣，王裕却不与他们往来。后来，徐羡之、傅亮因权重被皇帝所杀，王裕没有受到牵连。王裕辞官后，隐居吴兴，给他的儿子王瓒之写信说："我希望你处于与人无争无竞之地。"王瓒之遵循父亲的教导，虽然做到了工部尚书这样的官，却始终没有巴结一个朝中权贵。

此外，父祖的影响、家庭的熏陶使王秀之也养成了一种不媚上、不贪利的品格。

南朝刘宋时，王秀之任著作佐郎，太子舍人。当时褚渊任吏部尚书，深受宋明帝的信任，百官也非常敬佩他。每次朝会，公卿官僚以及外国使节，无不对他延首目送。

褚渊看到王秀之气度优雅，神情秀逸，很是喜欢他，想让他成为自己的女婿。吏部尚书在当时专管官吏的考核、奖惩、提拔，权力很大。做吏部尚书的女婿，正是一般人求之不得的事。然而，王秀之却不肯为了升迁而违背家训，因此没有答应。于是，他长期只是担任下级官吏。

后来，王秀之做了太子洗马，桂阳王刘休范想征召他任司空从事中郎。当时正值明帝刚死，刘休范自认为是宗亲长者，想要争夺到辅佐大臣这个职位。可是辅佐大臣这个职位最终落入他人的手中。刘休范心里满怀怨恨，于是在自己的驻地招募勇士，修缮器械，广罗士人，准备起兵反叛。

王秀之察觉到刘休范的反叛意图，他也知道刘休范迟早要起兵造反，于是推说自己有病，没有应召前往。

刘宋末年，王秀之担任晋平太守之职。晋平这块地盘很富裕。在这里当官的人可以得到很多好处，油水很多。可是王秀之在这里刚刚任职满一年，就对别人说："这个地方很富饶，我已经在这里得到很多好处了。我所得到的俸禄已经足够了，怎么能够长久地停留在这里做官而妨碍国家招纳贤士呢？"于是他上表朝廷，请求让别人来代替自己，被人称为"恐富求归"的太守。

南朝萧齐时，王秀之担任吏部郎，又出任义兴太守，迁职为侍中祭酒，后来又转任都官尚书。在他担任尚书时，他的顶头上司是王俭，但是王秀之从来就没有与王俭过分亲密。

身处尔虞我诈的官场之中，人人都想着如何爬得更高，王秀之却始终以一种无争的态度为官处世。乍一看，他的行径与这个纷争不断的官场是如此的格格不入，但也正是这种不争与平和，才使他的父祖、他，甚至还有他的儿子都能在"伴君如伴虎"的朝堂之上长久地屹立不倒。与那些大起大落的人相比，王秀之一家无疑已经达到了"无人能与之争"的境地了。

为人处世，最难修炼的是这种像王秀之一般的平和心态。王秀之的可贵之处在于堂堂正正做人，老老实实干事，无论是做小官还是赴重任，都不卑不亢，不媚上、不欺下，有道是"心底无私天地宽"。

中国古代著名思想家、哲学家老子说："夫唯不争，故天下莫能与之争。"争与不争，只是两种不同的姿态。与人无争者，心境坦然，得与不得的结果无异，在这种心态之下，反而所获甚多。

低姿态是最佳的自我保护之道

所谓的"低姿态"，讲的是我们在社会交往中所表现出的平和、谦逊、圆融及忍让等言行和情态。有些时候，这种低姿态对于保护自我及既得利益不受损失是必不可少的。

在秦始皇陵兵马俑博物馆，一尊被称为"镇馆之宝"的跪射俑前总是有许多观赏者驻足，他们为跪射俑的姿态和寓意而感叹。导游介绍说，跪射俑被称为兵马俑中的精华，中国古代雕塑艺术的杰作。

仔细观察这尊跪射俑：它身穿交领右衽齐膝长衣，外披黑色铠甲，胫着护腿，足穿方口齐头翘尖履。头绾圆形发髻。左腿蹲曲，右膝跪地，右足竖起，足尖抵地。上身微左侧，双目炯炯，凝视左前方。两手在身体右侧一上一下做持弓弩状。据介绍：跪射的姿态古称之为坐姿。坐姿和立姿是弓弩射击的两种基本动作。坐姿射击时重心稳，省力，便于瞄准，同时目标小，是防守或设伏时比较理想的一种射击姿势。秦兵马俑坑至今已经出土清理各种陶俑一千多尊，除跪射俑外，皆有不同程度的损坏，需要人工修复。而这尊跪射俑是保存最完整和唯一一尊未经人工修复的兵马俑，仔细观察，就连衣纹、发丝都还清晰可见。

跪射俑何以能保存得如此完整？导游说，这得益于它的低姿态。首先，跪射俑身高只有1.2米，而普通立姿兵马俑的身高都在1.8米至1.97米之间。天塌下来有高个子顶着，兵马俑坑都是地下坑道式土木结构建筑，当棚顶塌陷、土木俱下时，高大的立姿俑首当其冲，而低姿的跪射俑受损害就小一些。其次，跪射俑做蹲跪姿，右膝、右足、左足三个支点呈等腰三角形支撑着上体，重心在下，增强了稳定性，与两足站立的立姿俑相比，更不容易倾倒而破碎。因此，在经历了两千多年的岁月风霜后，它依然能完整地呈现在我们面前。

由跪射俑想到做人之道。初涉世的年轻人往往个性张扬，率性而为，不会委曲求全，结果可能是处处碰壁。而涉世渐深后，就知道了轻重，分清了主次，学会了内敛，少出风头，不争闲气，专心做事。就像跪射俑一样，保持生命的低姿态，避开无谓的纷争，避开意外的伤害，以求更好地保全自己，发展自己，成就自己。

老子说，当坚硬的牙齿脱落时，柔软的舌头还在。柔弱胜过坚硬，无为胜过有为。我们学会在适当的时候保持适当的低姿态，绝不是懦弱和畏缩，而是一种聪明的做人之道。因为有时在"显眼处"表面的荣耀和光彩之下，也许暗藏着众矢之所指的危险，此时的"高处"渗透着凛冽的寒意，只有急流勇退、及早抽身，甘于低调做人的人，才能避祸趋吉，永保平安。

因此低调为世是20几岁的年轻人步入社会必备的自我保全手段。熙熙攘攘、名来利往的社会处处风雷激荡，时时风云变幻，只有甘于低调之人才能在社会的风雨中更好地保全自己。

主动吃亏是一种大智慧

有些时候，主动吃亏，山不转水转，也许以后还有合作的机会，又能走到一起。若一个人处处不肯吃亏，则处处必想占便宜，于是，妄想日生，骄心日盛。而一个人一旦有了骄狂的态势，难免会侵害别人的利益，于是便起纷争，在四面楚歌之中，又焉有不败之理？

"吃亏"也许只是指物质上的损失，但是一个人的幸福与否，却往往是取决于他的心境如何。如果我们用外在的东西，换来了心灵上的平和，那无疑是获得了人生的幸福，这便是值得的。

不少好朋友，抑或事业上的合作伙伴，由于种种原因，后来反目成仇，双方都搞得很不开心。有个人却不一样，他与朋友合伙做生意，几年后一笔生意让他们将所赚的钱又赔了进去，剩下的是一些值不了多少钱的设备。他对朋友说，全归你吧，你想怎么处理就怎么处理。留下这句话后，他就与朋友分手了。没有相互埋怨，这叫"好合好散"。生意没了，人情还在。这个人，就是李嘉诚。

有人问李泽楷："你父亲教了你一些怎样成功赚钱的秘诀吗？"李泽楷说，赚钱的方法他父亲什么也没有教，只教了他一些为人的道理。李嘉诚曾经这样跟李泽楷说，他和别人合作，假如他拿七分合理，八分也可以，那么拿六分就可以了。

李嘉诚的意思是，吃亏可以争取更多人愿意与他合作。你想想看，虽然他只拿了六分，但现在多了一百个合作人，他现在能拿多少个六分？假如拿八分的话，一百个人会变成五个人，结果是亏是赚可想而知。李嘉诚一生与很多人进行过或长期或短期的合作，分手的时候，他总是愿意自己少分一点钱。如果生意做得不理想，他就什么也不要了，愿意吃亏。这是种风度，是种气量，也正是这种风度和气量，才有人乐于与他合作，他也才越做越大。

吃亏是福，乃智者的智慧。不管你是做老板也好，还是做合作伙伴也罢，旁边的人跟着你有好日子过、有奔头，他才会一心一意与你合作，跟着你干。

有人与朋友一旦分手，就翻脸不认人，不想吃一点亏，这种人是否聪明不敢说，但可以肯定的是，一点亏都不想吃的人，只会让自己的路越走越窄。让步、吃亏是一种必要的投资，也是朋友交往的必要前提。生活中，人们对处处抢先、占小便宜的人一般没有什么好感。占便宜的人首先在处世上就吃了大亏，因为他已经处处抢先，从来不为别人考虑，眼睛总是盯着他看好的利益，迫不及待地想跳出来占它。他周围的人对他很反感，合作几个来回就再也不想与他继续合作了。合作伙伴一个个离他而去，那他不是吃了大亏吗？

深圳有一个农村来的没什么文化的妇女，起初给人当保姆，后来在街头摆小摊儿，卖一个胶卷赚 1 角钱。她认死理，一个胶卷永远只赚 1 角。现在她开了一家摄影器材店，生意越做越大，还是一个胶卷赚 1 角；市场上一个柯达胶卷卖 23 元，她卖 16 元 1 角，批发量大得惊人，深圳搞摄影的没有不知道她的。外地人的钱包丢在她那儿了，她花了很多长途电话费才找到失主；有时候算错账多收了人家的钱，她心急火燎地找到人家还钱。听起来像傻子，可赚的钱不得了，在深圳，再牛气的摄影商，也得乖乖地去她那儿拿货。

也许有人觉得例子里的妇女"傻"，但她这种看起来"吃亏"的处世态度却是一种大智慧。

"吃亏是福"是一种哲学的思路，其前提有两个，一个是"知足"，另一个就是"安分"。"知足"则会对一切都感到满意，对所得到的一切，内心充满感激之情；"安分"则使人从来不奢望那些根本就不可能得到的或者根本就不存在的东西。没有妄想，也就不会有邪念。所以，表面上看来"吃亏是福"以及"知足""安分"会给人以不思进取之嫌，但是，这一思想也是在教导人们能成为对自己有清醒认识的人。

第二章
每一次失败的磨砺

每一次失败都是一次宝贵的经验

有人曾问一个孩子是怎样学会溜冰的。那孩子回答说："哦，跌倒了爬起来，爬起来再跌倒……就学成了。"邓亚萍的教练惠均在总结邓亚萍的成功之路时说："在不熟悉的情况下，邓亚萍有可能输在不知名的选手手下，但下次你就别想再胜她，因为她最善于从失败中吸取教训，并找到战胜对手的诀窍。"一个记者采访爱迪生时问道："在发明灯泡的过程中你失败了10000多次，为什么还有勇气继续下去？"爱迪生笑了笑说："不，我并没有失败，我只是发现了10000多种不能做灯丝的材料。"

爱迪生的话一语中的。失败是一种反馈，在你还没有找到合适的成功方法之前，吸取教训是最重要的。有人曾经把"不幸"比喻为一笔财富。其实，你对待失败也应采取这种态度。当你把教训看做财富，你在失败中会学到许多平时学不到的东西，且每一次失败都是一次宝贵的经验。

美国人戴维·迈利民说："我在事业上犯过很多错误，从自己的错误和别人的错误中吸取教训，那就是精明。"

一家商贸公司的市场部经理，在没经过仔细调查研究就批复了一个员工为国外某公司生产3万台空调的报告。等产品生产出来准备报关时，公司才知道那个员工早已被"猎头"公司挖走了，那批货如果一到目的地，就会消失得无影无踪，货款自然也会打水漂。

市场部经理一时想不出补救对策，在办公室里焦虑不安。这时老板走了进来，见他的脸色非常难看，就想问他怎么回事。还没等老板开口，市场部经理坦诚地讲述了一切，并主动认错："这是我的失误，我一定会尽最大努力挽回损失。"

市场部经理的坦诚和敢于承担责任的勇气打动了老板，老板答应了他的请求，并拨出一笔款让他到国外去考察一番。经过努力，他联系好了另一家客户。两个月后，这批空调以更高的价格卖了出去。市场部经理的努力得到了回报。

"吃一堑，长一智"不是一句空洞的口号，而是要你在犯了错误后，认真总结经验教训，以免日后工作中再犯相同的错误。每个人都不可避免地在工作中艰难地跋涉着，有失败，也有成功。但我们可以把握的是，在失败中探究我们所犯的错误，发现实质问题以警醒自我，正如例子里的市场部经理一样。

反败为胜，超越失败的重要条件，就是要善于从挫折或失败中总结经验教训。我们应当从痛苦的教训中学习如何反败为胜。从普通士兵成长为元帅的莫尔特克说过："我经常以极大的兴趣观察青年们的失败，青年的失败正是成长的标志。他如何看待失败呢？今后他又会怎样做呢？善罢甘休吗？还是更加奋勇前进呢？这些将决定他的生涯。"可以说，积累失败的教训，这正是向成功跨出的重要一步。

"吃一堑，长一智"，吸取教训是非常重要的。但是"吃一堑"不会自动地"长一智"，关键还要看你能否变"教训"为"知识"。成功来自于在错误中不断学习。只要你能从错误中吸取教训，便不会重蹈覆辙。

在逆境中绝不放弃

企业家卡尔森原是一个身无分文的穷光蛋，但是他从没对自己有一天能成为富翁产生过怀疑。

有一次，卡尔森发现了一个商机。于是他借钱办了一个制造玩具沙漏的厂。沙漏是一种古董玩具，它在时钟未发明前用来测每日的时辰；时钟问世后，沙漏已完成它的历史使命，而卡尔森却把它作为一种古董来生产销售。本来，沙漏作为玩具，趣味性不多，孩子们自然不大喜欢它，因此销量很小。但卡尔森一时找不到其他比较适合的工作，只能继续干他的老本行。

沙漏的需求量越来越少，卡尔森最后只得停产。但他并不气馁，他完全相信自己能够克服眼前的困难。

机会终于来了，一天，卡尔森翻看一本讲赛马的书，书上说："马匹在现代社会里失去了它运输的功能，但是又以高娱乐价值的面目出现。"在这不引人注目的两行字里，卡尔森高兴地跳了起来。他想："赛马骑用的马匹比运货的马匹值钱。是啊！我应该找出沙漏的新用途！"就这样，从书中偶得的灵感，使卡尔森精神重新振奋起来，把心思又全都放到沙漏上。

经过几天苦苦的思索，一个构思浮现在他的脑海：做个限时 3 分钟的沙漏，在 3 分钟内，沙漏里的沙子就会完全落到下面来，把它装在电话机旁，这样打长途电话时就不会超过 3 分钟，电话费就可以有效地控制了。

想好了后，他就开始动手制作。他把沙漏的两端嵌上一个精致的小木板，再接上一条铜链，然后用螺丝钉钉在电话机旁就行了。不打电话时还可以作装饰品，看它点点滴滴落下来，虽是微不足道的小玩意儿，却能调剂一下现代人紧张的生活。担心电话费支出的人很多，卡尔森的新沙漏可以有效地控制通话时间，售价又非常便宜。因此一上市，销量就成倍地增加，卡尔森也从一个即将破产的小业主摇身一变，成了腰缠万贯的富豪。

即使在一种十分被动和不利的条件下，卡尔森也没有放弃，依然顽强进取，积极寻找成功的机会。如果他在暂时的困难面前一蹶不振，那么他就不可能东山再起，成为富豪。

困境的存在与否，不是我们能左右的，然而，对困境的回应方式与态度却完全操之于我们。我们可能因内心痛苦而恶言恶行，也可以将痛苦转化为诗篇，从此踏上成功的旅途。

人生的那段路，往往有一道道难以跨越的门槛。在我们历尽艰辛、心力交瘁的时候，即使一个小小的变故或者障碍都有可能把我们击倒，而这个时候，胜利往往来自于"不服输"的努力。天无绝人之路，生活有难题，同时也会给我们解决问题的能力与方法。生活并非总是艳阳高照，狂风暴雨随时都有可能来临。但是每一个人都需要将自己重新打理一下，以一种勇敢的人生姿态去迎接命运的挑战。冬天总会过去，春天总会来到，太阳也总要出来的。度过寒冬，我们一定会生活得更好。

20 几岁的年轻人，学会在逆境中也绝不放弃，那么你终会遇见自己人生的春天。

把失败当新的起点

美国舌战大师丹诺在他的自传里，曾写过这样一句话："一个人要做一番非凡的事业，就不应该贪图眼前的享受，应具备百折不挠的意志，并且坚信总会有苦尽甘来的成功之日。"

要想实现自己的人生价值，每个人都不可避免地会遭遇各种各样的失败。在面临失败时，20 几岁的年轻人不能被它打倒，相反，要将失败踩在脚下，把失败当做新的起点，当做自己走向成功之路的踏脚石。

人的一生绝不可能是一帆风顺的，有成功的喜悦，也有扰人的烦恼；会经历波澜不惊的坦途，更有布满荆棘的坎坷与险阻。在挫折和失败面前，畏缩不前的是懦夫，奋而前行的是勇者，攻而克之的是英雄。唯有与失败作不懈抗争的人，才有希望看见成功女神高擎着的橄榄枝。

20 几岁的年轻人，把失败看得轻一些，低一些，把它当做新的起点，你以后就会走得更高，看得更远。

绝望时试着再给自己一次机会

在日本有一个学业优秀的青年，去一家大公司，结果没有成功。这位青年得知这一消息后，深感绝望，顿生轻生之念，幸亏抢救及时，自杀未遂。不久传来消息，他的考试成绩名列榜首，是统计考分时，电脑出了差错，他被公司录用了。但很快又传来消息，说他又被公司解聘了，理由是一个人连如此小的打击都承受不起，又怎么能在今后的岗位上建功立业呢？

在我们的周围，有很多人之所以没有成功，并不是因为他们缺少智慧，而是因为他们像例子里的年轻人一样，面对事情的艰难没有做下去的勇气，他们自认为已陷入绝境，只知道悲观失望。

其实，人生没有绝望的处境，只有对处境绝望的人。

有一位穷困潦倒的年轻人，身上全部的钱加起来也不够买一件像样的西服。但他仍全心全意地坚持着自己心中的梦想，他想做演员，当电影明星。好莱坞当时共有 500 家电影公司，他根据自己仔细划定的路线与排列好的名单顺序，带着为自己量身定做的剧本前去一一拜访，但第一遍拜访下来，500 家电影公司没有一家愿意聘用他。

面对无情的拒绝，他没有灰心，从最后一家被拒绝的电影公司出来之后不久，他就又从第一家开始了他的第二轮拜访与自我推荐。第二轮拜访也以失败而告终。第三轮的拜访结果仍与前两轮相同。但这位年轻人没有放弃，不久后又咬牙开始了第四轮拜访。当拜访到第 350 家电影公司时，老板竟破天荒地答应让他留下剧本先看一看。他欣喜若狂。几天后，他获得通知，请他前去详细商谈。就在这次商谈中，这家公司决定投资开拍这部电影，并请他担任自己所写剧本中的男主角。不久这部电影问世了，名叫《洛奇》。这个年轻人就是史泰龙，后来他成了红遍全球的巨星。

史泰龙面对被 1849 次被拒的现实，没有放弃自己，而是试着再给了自己一次机会，最终获得了成功。

其实，陷入绝望的境地往往是对今后的路没有信心，或者是对曾经得到而又失去的东西深感痛心，所以有人会因此而绝望。人们常说："绝境逢生。"很多时候，有些事情看起来没有回旋的余地，但只要不放弃，就可能会出现转机。

当我们的企业面临困境，甚至面临破产的时候，很多人开始痛心、绝望，尤其是那些带领着企业由小变大的老总们。其实，只要怀有希望，就可以东山再起，"留得青山在，不怕没柴烧"，任何时候，只要人在就有希望，遇到任何处境都不至于绝望，流过血，流过泪，付出了汗水，痛哭过后，擦干眼泪，一切都可以重新开始。一件事情真正没有希望的时候就是当你自己开始绝望的时候，当你自己放弃希望、放弃努力的时候，就真正到了绝望的境地了。

所以，不论遇到什么事情，不论事情在现在看来是如何糟糕，20 几岁的年轻人千万不要以为没有办法了，也不要因为这次真的失败了就认为自己无能，每一个人几乎都是经过不断失败，再不断爬起来，才到达成功。所以当开始绝望的时候，鼓励自己再试一次，再给自己一次机会，则很可能就让自己跨越了苦难的沼泽地，获得自己想要的成功。

挫折可以燃烧成动力

挫折是一个令人触目惊心，唯恐避之而不及的字眼。其实，这仅仅是挫折的一个面，它的另外一面则很少被人所提及，那就是挫折也可以燃烧成动力，成为一次难得的创造动力。当人们面对重重挫折时，为了寻找希望，往往会迸发出来深藏的潜力，充分发挥自己的创造力，创造出来令人难以想象的奇迹。

英国退役军官迈克莱恩，曾是一名探险队员。1976年，他随英国探险队成功登上珠穆朗玛峰。而在下山的路上，却遇上了狂风大雪。每行一步都极其艰难，最让他们害怕的是，风雪根本就没有停下的迹象。这时，他们的食品已为数不多，如果停下来扎营休息，他们很可能在没有下山之前，就会被饿死；如果继续前行，大部分路标早已被大雪覆盖，不仅要走许多弯路，而且，每个队员身上所带的增氧设备及行李等物，会压得他们喘不过气来，这样下去就会步履缓慢，他们不饿死，也会因疲劳而倒下。

在整个探险队陷入迷茫的时候，迈克莱恩率先丢弃所有的随身装备，只留下不多的食品，轻装前行。

他的这一举动几乎遭到所有队员的反对，他们认为现在离下山最快也要10天时间。这就意味着这10天里不仅不能扎营休息，还可能因缺氧而使体温下降，导致冻坏身体。那样，他们的生命，将是极其危险的。对队友的顾忌，迈克莱恩很坚定地告诉他们："我们必须而且只能这样做，这样的雪山天气十天半个月都有可能不会好转，再拖延下去，路标也会被全部掩埋，丢掉重物，就不允许我们再有任何幻想和杂念，只要我们坚定信心，就可以提高行走速度，也许这样我们还有生的希望！"最终队员们采纳了他的意见，一路上相互鼓励，忍受疲劳和寒冷，不分昼夜前行，结果只用了8天时间，就到达了安全地带。而恶劣的天气，正像他所预料的那样，从未好转过。

迈克莱恩的事例说明了挫折是可以燃烧成动力的，并最终把我们推向成功。

挫折可以是一棵毒草，会侵蚀掉我们的生命，也会是一朵含苞待放的花朵，带给我们绚烂辉煌。而主宰它的就是我们自己，学会珍惜这种磨难。一旦身处绝境，不要放弃置之死地而后生的希望，把这种挫折燃烧成动力，让自己在绝望的磨砺下迸发出难得的创造。

以最小的代价弱化失败

人生总免不了要遭遇这样或者那样的失败。确切地说，20几岁的年轻人几乎每天都在经受和体验各种失败。有时候，我们甚至会在不知不觉之间与失败不期而遇。面对失败，我们又往往会采取习惯的对待失败的措施和办法——或以紧急救火的方式扑救失败，或以被动补漏的办法延缓失败，或以收拾残局的方法打扫失败，或以引以为戒的思维总结失败……虽然这些都是失败之后十分需要甚至必不可少的，却是在眼睁睁看着失败发生而又无法抢救的情况下采取的无奈之举。任凭失败一路前行而无力改变，实在是更大的失败和遗憾。

在美国西部的一个农场，有一个伐木工人叫刘易斯。一天，他独自一人开车到很远的地方去伐木。一棵被他用电锯锯断的大树倒下时，被对面的大树弹了回来，他躲闪不及，右腿被沉重的树干死死压住，顿时血流不止，疼痛难忍。面对自己伐木史上从未遇到过的失败和灾难，他的第一个反应就是："我该怎么办？"

他看到了这样一个严酷的现实：周围几十里没有村庄和居民，10小时以内不会有人来救他，他会因为流血过多而死亡。他不能等待，必须自己救自己。他用尽全身力气抽腿，可怎么也抽不出来。他摸到身边的斧子，开始砍树。但因为用力过猛，才砍了三四下，斧柄就断了。他真是觉得没有希望了，不禁叹了一口气，但他克制住了痛苦和失望。他向四周望了望，发现在不远的地方，放着他的电锯。他用断了的斧柄把电锯弄到手，想用电锯将压着他腿的树干锯掉。可是，他很快发现树干是斜着的，如果锯树，树干就会把锯条死死夹住，根本拉动不了。看来，死亡是不可避免了。

然而，正当他几乎绝望的时候，他忽然想到了另一条路，那就是不锯树而把自己被压住的大腿锯掉。这是唯一可以保住性命的办法！他当机立断，毅然决然地拿起电锯锯断了被压着的大腿。他终于用难以想象的决心和勇气，成功地拯救了自己！

刘易斯的事例告诉20几岁的年轻人：失败时，不妨换一个角度去思考，也许就会走出所谓的失败，走向成功，所以说问题的关键不是失败，而是我们看待失败的心态。

古时候有一位国王，梦见山倒了、水枯了、花也谢了，便叫王后给他解梦。王后说："大事不好。山倒了指江山要倒；水枯了指民众离心，君是舟，民是水，水枯了，舟也不能行了；花谢了指好景不长了。"国王听后惊出一身冷汗，从此患病，且愈来愈重。一位大臣要参见国王，国王在病榻上说出了他的心事，哪知大臣一听，大笑说："太好了，山倒了指从此天下太平；水枯了指真龙现身，国王你是真龙天子；花谢了，花谢见果呀！"国王听后全身轻松，病也好了。

从不一样的角度看问题，会有不一样的解答，不一样的答案，这正是这个例子要阐述的。

所以，20 几岁的年轻人，当我们失败时，如果能够静下心来，坦然面对，那么在我们从另一个出口走出去时，就有可能看到另一番天地。在我们的生活中与工作中，遇到困难或是难以跨越的"坎"时，不妨尝试一下换一种思考的方式，你也许很快就会解决问题。人生的出口其实就是自己的人生蜕变，是自己理性地坦然面对问题的勇气和决心，是洒脱后的平静，而这条路已经离你越来越近了，很快就能看到宽广的大道，从此心将不再迷路。

失败不是结局，而是过程

失败是成功之母，这是我们从小就知道的格言，可是，当 20 几岁的年轻人把它运用到自己身上的时候，发现还是很困难的。从失败的惨痛中走出来重整旗鼓并不是件容易的事情。有这个勇气固然很好，但是仅凭着勇气，并不能够轻易地就扭转局面。因为更为重要的是冷静客观地分析原因，吸取失败的教训才能取得进步。

如今，市场经济风云莫测、信息瞬息万变，竞争非常激烈，人们常常用"商场如战场"来形容这种没有硝烟的战争。世上没有常胜的将军，能够从失败中吸取教训的人往往能够得到人们的青睐。

一家公司正在招聘销售主管，前来应聘的人很多，经过了层层淘汰，最终剩下 3 个年轻人在角逐这个职位。当然，他们 3 个人是不知情的。最后一轮中，主考官分别告诉他们说："对不起，您在面试中没有达到我们的要求，所以你不能被录用。"这 3 个人听到后，都走出了这家公司。这时候，有个满头华发的老人过来问："你们 3 个人怎么看着都有心事，在想什么呢？"

一个年轻人非常懊恼地说："我今天很倒霉，应聘又被刷下来了。"

另一个人急急忙忙地说："我着急要去再找应聘信息呢，对不起，我要赶紧走了。"

第三个人则是若有所思地说："我在考虑他们为什么不录用我？我到底哪个环节表现得不佳呢？"

这个老者哈哈大笑，指着第三个人说："年轻人，你被我们录用了。"这时，这 3 个年轻人才知道这个老者就是公司的董事长。

故事中，最后的面试问题就是看应聘者面对失败的表现。第一个是一味地沉浸在失败的烦恼中；第二个对失败的原因不加分析、考虑，就盲目地再去求职；而第三个人则是冷静地思考失败的原因，而这种应对失败的品质恰恰是这家公司非常看重的品质。

3 个人在经历了同样的失败后，对待失败的态度存在的差异。也就决定了他们今后面对困难、挑战的信心、智慧。一个意志坚强的人往往能够看得更远、站得更高，让自己的人生释放出夺目的光彩。

要善于让自己迎接挑战，只有在能够焕发斗志的环境状况中，你才能够激发奋斗的热情和动力，挖掘出蕴涵在生命之中的潜力，开创出属于自己的一片广阔天地来。

一个小姑娘看到别人溜冰很潇洒，自己也想学，可是有害怕摔倒的疼痛。在刚开始学的时候，她就小心翼翼、战战兢兢的，不敢迈出步子去学，只能扶着墙试探着往前走。但是，还是会有摔倒，她就痛恨自己还没有学会溜冰，就已经摔倒这么多次了。这时，教练轻盈地滑过来，看着教练优美的姿势，她很是羡慕，问教练溜冰的秘诀。

教练告诉她，没有秘诀可言，唯一的秘诀就是你每次摔倒后都要考虑这次失败的原因。如果用这种方法训练，你自己能够很快就学会了。小姑娘自然是将信将疑，但是她还是尝试着按照教练的方法去做，在一次次地摔倒中她都在思考原因，果然思考之后，发现动作的协调、步伐掌握的确有了很大的进步。不到 50 下的时候，她已经行动自如了。当初学者再问她溜冰秘诀的时候，她也将教练的秘诀告诉给别人。

迎接失败的挑战过程固然艰辛，但是，正是这种过程，才能够让你痛定思痛，深刻地反思自己、审视自己，才能厚积薄发，正如例子里的女孩学溜冰一样。你在经历了奋斗的过程后，会发现阳光总在风雨后，经历了风雨的洗礼，挂在天空的彩虹才更加美丽。

我们要坚信我们现在的不如意、逆境、挫折乃至苦难都是你的财富！古今中外，凡成就大事业者，无一不是从苦难中走出来的。在逆境中，我们会经受各种考验与锤炼，百炼成钢，成就我们非凡的意志品质和能力。逆境并不可怕，可怕的是你把它看成结局而不是过程。在这个过程中，20 几岁的年轻人要去接受苦难并跨越它，等待我们的是美好的将来。

失败是必需的，否则人们就不懂适时反省

尽管人人都很渴望成功，但是人生如果都是一帆风顺的，没有经历过失败的痛苦，那么这个人的人生也是有缺憾的，不完满的。因为人们只有在失败的逆境中，才能够沉静下来进行适时的反省，才能够为以后更大的成功积蓄力量。古今中外，那些取得不凡成绩的人们无不是经历了多次失败的洗礼，才到达成功的彼岸。从某种程度上，也可以说，失败是我们人生的必修课。

不可否认，成功能使我们更加自信、人生更加辉煌，但是，失败则能够磨炼人们的意志，能够让人们在挫折中变得更加理性、成熟，也能够激发人们更大的动力。很多时候，成功之路其实是由失败的经历一点点累积起来的。正是无数次的失败才铸就了成功人士的辉煌人生。如果不是失败的惨痛，也无法体会到成功的喜悦。

威廉·汤姆逊教授是一位著名的科学家，他设计了大西洋海底第一条电缆，大大加速了人类对海洋的利用水平。他如此卓著成绩的取得，也是建立在无数次失败的基础上，总结经验教训的结果。无怪乎他总结自己的前半生时说："有两个字最能代表我 50 岁前在科学进步中的奋斗，这就是——失败。"如果没有一次次失败的教训，他很难取得此后的成功。

西班牙巴塞罗那有一家已经有一千多年历史的造船厂。这个厂制造出来的船只质量上乘、做工细致，得到了国内外同行的公认。在这个厂里有一个非常当地有名的旅游景点就是工厂的船舶陈列馆，陈列馆中最引人注目的一处是对造船厂出厂的 10 万只船舶的命运记录，沉没大海 6000 只，破坏严重不可修复 9000 只，经历过 20 次灾难的船只就有 6 万多只，几乎每艘船只在下海后都要经历多次劫难。其中的一艘船舶经历最让人感慨，这个船舶经历过多次的冰川、海盗、抛锚，全身伤痕累累，但是每次都是胜利凯旋。

这个船厂把生产出来船舶的经历都一一陈列出来，是为了告诉 20 几岁的年轻人，如果没有这些沉没的船只与破损的船只，我们如何从中吸取失败的经验，提高我们的造船技术，减少以后失败的概率呢？

我们每个人的人生不也如此？你多次去做某事，遭遇到失败的可能性就越小，因为之前的失败已让你积累了经验与教训，让你在以后的路程上避免犯同类型的错误。失败的时候，其实就是在奠定成功的阶梯。因此，要学会从失败中生存，从失败中历练出自己的智慧人生。

失败是一块很高的试金石，它既可以击垮一个人，也能够激发起一个人的斗志。凡是想取得一番成绩的人，不可缺乏失败的磨炼，否则就不能够适时地反省自己，为以后的成功积淀力量。如果 20 几岁的年轻人在成长过程中遭遇到了失败，不要就此萎靡不振，而是要坚定信念，冷静下来反省自身，找到走出困境的路，成就自己辉煌的人生。

第三章
实现梦想的持久力

用骆驼精神坚守梦想

坚持就是胜利，所有人都懂得这个道理，但是要真正做到并不容易。始终记着心中的梦想，坚持就不再是盲目的举动。古人云"不积跬步无以至千里，不积小流无以成江河"，坚持不懈的努力，最终会换来丰硕的果实。

开学第一天，苏格拉底对学生们说："今天咱们只学一件最简单也是最容易的事。每人把胳膊尽量往前甩，然后再尽量往后甩。"说着，苏格拉底示范了一遍。"从今天开始，每天做 300 下。大家能做到吗？"

学生们都笑了。这么简单的事，有什么做不到的？过了一个月，苏格拉底问学生们："每天甩手 300 下，哪些同学在坚持着？"有 90% 的同学骄傲地举起了手。又过了一个月，苏格拉底又问，这回，坚持下来的学生只剩下八成。

一年过后，苏格拉底再一次问大家："请告诉我，最简单的甩手运动，还有哪些同学坚持了？"这时，整个教室里，只有一人举起了手。这个学生就是后来成为古希腊另一位大哲学家的柏拉图。

甩手的动作最简单不过了，但是再简单的事能够坚持下来也是不简单的。就像故事中讲的一样，一个月过去了还有一大部分人保持着这个习惯，一年过去了很多人都坚持不下来了，那么只有一个人还没有放弃，最终他凭着这股毅力成就了大事，成为一位伟大的哲学家。在我们的生活中不也是这样吗，万事开头难，遇到困难的时候有的人选择放弃，有的人选择继续努力。结果可想而知，突破这段障碍，云破天开，雨过天晴。就像下面故事中的主人公：

齐藤竹之助成为推销员后遭拒绝的经历实在是太多了。有一次，靠一个老朋友的介绍，他去拜见另一家公司的总务科长，谈到生命保险问题时，对方说："在我们公司里有许多人反对加入保险，所以我们决定，无论谁来推销都一律回绝。"

"能否将其中的原因对我讲讲？"

"这倒没关系。"于是，对方就其中原因做了详细说明。

"您说的确实有道理，不过，我想针对这些问题写篇论文，并请您过目。请您给我两周的时间。"

临走时，齐藤竹之助问道："如果您看了我的文章感到满意的话，能否予以采纳呢？"

"当然，我一定向公司领导建议。"

齐藤竹之助连忙回公司向有经验的老手们请教，接连几天奔波于商工会议所调查部、上野图书馆、日比谷图书馆之间，查阅了过去 3 年间的《东洋经济新报》、《钻石》等经济刊物，终于写了一篇比较有把握的论文，并附有调查图表。

两周以后，他再去拜见那位总务科长。总务科长对他的文章非常满意，把它推荐给总务部长和经营管理部长，进而使推销获得了成功。

齐藤竹之助深有感触地说："销售就是初次遭到客户拒绝之后的坚持不懈。也许你会像我那样，连续几十次、几百次地遭到拒绝，然而，就在这几十次、几百次的拒绝之后，总有一次，客户将同意采纳你的计划。为了这仅有一次的机会，销售员在做着殊死的努力。销售员的意志与信念就显现于此。"

齐藤竹之助面对客户的拒绝，如果扭头就走，也就谈不成这单生意。优秀的销售员都是从客户的拒绝中找到机会，最后达成交易的。即使你遭到客户的拒绝，还是要坚持继续拜访。如果不再去的话，客户将无法改变原来的决定而采纳你的意见，你也就失去了销售的机会。

半途而废者经常会说"那已足够了"、"这不值"、"事情可能会变坏"、"这样做毫无意义"，而能够持之以恒者会说"做到最好"、"尽全力"、"再坚持一下"。在这一点上，我们不妨从一种动物身上获取力量——骆驼。

有位哲人说过，骆驼有两种精神：一是，相信沙漠的那边是绿洲；二是，一步一个脚印，走向希望的绿洲。是啊，骆驼，不会像骏马那样激昂地嘶鸣，更不会像耕牛那样自怜地沉重叹息……它总是默默地抬起嶙峋的身躯，负荷重物缓缓地远足。没有庄重的惜别，没有亲友的挥手，没有鲜花的蜂拥。只有驼铃伴着孤影，无言地行走！它们身上透出了一种无畏、一种坚韧、一种踏实、一种气概；没有恐惧、没有厌倦、没有躁动、没有委屈、没有怨恨、没有回头，它们稳稳健健地、一步一个脚印地走向前方，走向绿洲，走向希望。生活中，我们不妨学习骆驼的踏实与坚韧，相信用骆驼精神一步一个脚印地行走，成功将不再遥远。

专一地做一件事情

这个社会，往往一个人懂得的东西越多，越受欢迎。在校园里，多才多艺的人会受到众人的追捧；在工作中，通才型员工的成功概率也要相对大得多。于是在这样的形势下，我们不再安于只做通一件事，而是希望样样都会，于是我们广泛涉猎，事事参与，出现了"提起样样行，干起样样松"的现象。

社会之大，所涉及的专业之多，恐怕不是我们用一两只手就能数得过来的。一个人的精力是有限的，我们不可能把所有的事情都做到最好。所以，与其把所有的精力分成若干等份，让自己在每个岔路口都走一段路，不如沉下心来，只朝着通往自己人生目标的一条路走下去。

法国作家莫泊桑，很小便表现出了出众的聪明才智。一天，莫泊桑跟舅父去拜访他的好友——著名作家福楼拜。舅父想推荐福楼拜做莫泊桑的文学导师。可是，莫泊桑骄傲地问福楼拜究竟会些什么？福楼拜反问莫泊桑会些什么？莫泊桑得意地说："我什么都会，只要您知道的，我就会。"

福楼拜不慌不忙地说："那好，你就先跟我说说你每天的学习情况吧。"莫泊桑自信地说："我上午用两个小时来读书写作，用另两个小时来弹钢琴，下午则用一个小时向邻居学习修理汽车，用三个小时来练习踢足球，晚上，我会去烧烤店学习怎样制作烧鹅，星期天则去乡下种菜。"说完后，莫泊桑得意地反问道："福楼拜先生，您每天的工作情况又是怎样的呢？"

福楼拜笑了笑说："我每天上午用四个小时来读书写作，下午用四个小时来读书写作，晚上，我还会用四个小时来读书写作。"莫泊桑不解地问："难道您就不会别的了吗？"福楼拜没有回答，而是接着问："你究竟有什么特长，比如有哪样事情你做得特别好的？"这下，莫泊桑答不上来了。于是他便问福楼拜："那么，您的特长又是什么呢？"福楼拜说："写作。"

原来，特长便是专心地做一件事情。最终，莫泊桑下决心拜福楼拜为文学导师，一心一意地读书写作，最终取得了丰硕的成果。

如果莫泊桑每天还在做一些不相关的事情，平均分配时间，那么也许在世界的文坛上就不会有这么一个善于写短篇小说的传奇人物了。只有沉下心来，专注于自己的目标，努力接近自己内心早就想好的事情，我们才有机会获得成功。

生活里，总是存在着这样那样的诱惑，这些诱惑扰乱着我们的思维，影响着我们的判断力。所以，如果我们要想做好一件事情，持之以恒，拒绝其他因素的诱惑、干扰，是至关重要的。

古希腊著名演说家戴摩西尼年轻时为了提高自己的演说能力，躲在一个地下室练习口才。由于耐不住寂寞，他时不时就想出去溜达溜达，心总也静不下来，练习的效果很差。无奈之下，他横下心，挥动剪刀把自己的头发剪去一半，变成了一个怪模怪样的"阴阳头"。如此一来，因为头发羞于见人，他只得彻底打消了出去玩的念头，一心一意地练口才，演讲水平突飞猛进。正是凭着这种专心执著的精神，戴摩西尼最终成为世界闻名的大演说家。

1830 年，法国作家雨果同出版商签订合约，半年内交出一部作品，为了确保能把全部精力放在写作上，雨果把除了身上所穿毛衣以外的其他衣物全部锁在柜子里，把钥匙丢进了小湖。就这样，由于根本拿不到外出要穿的衣服，他彻底断了外出会友和游玩的念头，一头钻进小说里，除了吃饭与睡觉，从不离开书桌，结果作品提前两周脱稿。而这部仅用五个月时间就完成的作品，就是后来闻名于世的文学巨著《巴黎圣母院》。

许多人才华横溢，却往往因为抵抗不住外界的诱惑与干扰而与成功失之交臂。鲁迅说过："如果一个人，能用十年的时间，专注于一件事，那么他一定能够成为这方面的专家。"成就大事的人都不会把精力同时集中在几件事情上，而只是关注其中之一。手里做着一件事，心里又想着另一件事，这只能让每件事情都做不好。黑格尔说："那些什么事情都想做的人，其实什么也不能做。一个人在特定的环境内，如果欲有所成，必须专注于一件事，而不分散他的精力在多方面。"是啊，人的精力是有限的，要取得事半功倍的成就，必须集中精力，专一地做一件事。

"专一地做一件事"，可以使我们静下神来，心无旁骛，一心一意地把那件事做完做好。倘若我们见异思迁，心浮气躁，什么都想抓，最终猴子掰玉米，掰一个，丢一个，到头来则两手空空，一无所获。

沿着同一方向，你才能走到最远的地方

如果你认准了一个发展方向，就锁定这个专业，坚持下去，不要轻言放弃。不断向该领域的高端化、纵深化方向发展，毕竟能够冲破重重阻碍、坚持不懈努力下去的人会越来越少。最终，当你成为这个领域里顶尖级的人物，你就能够感受到会当凌绝顶的境界。那么，你一路走来的艰辛、苦难，都是值得的。

新东方如今已经在外语培训领域具有很大的影响力，每年参加过新东方出国培训的学生超过 20 万。它的创办人俞敏洪也成为在英语教学上的权威人物，由于他在出国留学培训上的超强影响力，被人们誉为"留学教父"。俞敏洪就曾经说过，要赢得敬意，就要研究一个非常专业的领域，在那个领域中，你是最顶尖的，至少是中国前 10 名，这样无论任何时候你都有话说，有事情可做。的确，他在英语教学、管理方面的专业水平令人钦佩。俞敏洪在 20 世纪 80 年代毕业于北京大学西语系，对英语非常精通，尤其擅长背单词，他曾说过，他自己曾经为自己设立了一个成为中国最好的英语词汇老师之一的目标。于是，他苦心钻研、循环记忆，不仅牢牢记住了几万单词，而且在英语词汇方面主编了很多套英语教学书籍。

俞敏洪就是将自己的英语专业水平发挥到了极致，成为了知名的英语教学专家，成就了自己辉煌的人生。对于我们普通人来讲，成功人士的成就并非就是高不可攀。最后走向成功的人往往是少数的，大多数人在中途就会放弃，原因就是他们没有清醒地认识到专注的重要。在职业的规划中，目标不坚定往往是比较忌讳的，因为你很可能为了顾及其他的因素而放松了对核心专业的探索。而一旦时机成熟的时候，却往往因自己的专业水平不够而错失发展壮大的良机。

要把握时代的发展脉搏，虽然我们处于信息化的时代，技术更新换代速度非常快，但是支撑这些技术的就是专业能力，只有经过长期的积淀就会形成强有力的竞争优势，你多

年的努力就会喷薄而出。

用自己辛勤的汗水来用心地浇灌这个幼苗，只要你付出了心血，总有一天，这棵幼苗会长成参天大树，枝繁叶茂，就能为你挡风遮雨。

循序渐进能直达

速成心理是造成人们做事目的与结果不一致的一个重要原因。事情都是从量变到质变，经过一定的量的积累才能达到质的飞跃，速成是跨过量的积累直接到质变，违背了客观规律，因而速成的结果往往导致失败。只有一步一步脚踏实地，慢慢积累，才能达成自己的目的。急于求成是永远不会获得想要的效果的，只有踏踏实实才能获得持久的成功。

有一个小朋友，他很喜欢研究生物学，很想知道那些蝴蝶如何从蛹壳里出来，变成蝴蝶便会飞。有一次，他走到草原上面看见一个蛹，便取了回家，然后看着，过了几天以后，这个蛹出了一条裂痕，看见里面的蝴蝶开始挣扎，想抓破蛹壳飞出来。这个过程达数小时之久，蝴蝶在蛹里面很辛苦地拼命挣扎，怎么也没法子走出来。这个小孩看着不忍心，就想不如让我帮帮它吧，便随手拿起剪刀在蛹上剪开，使蝴蝶破蛹而出。但蝴蝶出来以后，因为翅膀不够有力，所以飞不起来。这只蝴蝶以后再也飞不起来，只能在地上爬。

那只蝴蝶在蛹里面要破开蛹飞出来的时候，在最后的几小时中，要很辛苦地挣扎，而挣扎过程实际上是锻炼它那一对翅膀的过程。如果通过它的努力，最后它将这个蛹打开裂口，飞出来的时候，它便可以一飞冲天。但是这个小孩帮助它，用剪刀剪开蛹壳，蝴蝶轻而易举地出来了，可是它的翅膀却是无力的。所以这个小孩想帮蝴蝶的忙，结果反害了蝴蝶，是欲速则不达。由此不难看出，急于求成只会导致最终的失败，所以我们不妨放远眼光，注重自身知识的积累，厚积薄发，自然会水到渠成，达成自己的目标。

蛹化蝶的例子，表面上是一个自然界生物界里很小的事实，但是放大至我们的人生，我们的社会，我们今时今日所做的事业，都必须有一个痛苦的挣扎、奋斗的过程，这个过程本身就是将你锻炼得坚强，使你成长使你有力的过程。对于"一万年太久，只争朝夕"的人来说，最容易犯的毛病就是"欲速则不达"。造成这种速成心理的主要原因是，人们急于追求眼前利益。

急于求成是许多人身上常见的败因，它的本质就是造成人们做事目的与结果不一致的一个重要原因。《论语》中有一句话："欲速则不达。"意思是说一味主观地求急图快，违背了客观规律，造成的后果只能是欲速则不达。一个人只有摆脱了速成心理，一步步地积极努力，步步为营，才能达成自己的目的；一个公司要想在市场上有所作为，必定要先经过周密的准备布置，然后按照市场规律一步一步脚踏实地地奋斗，最终才有可能取得好成绩。

古代有一个年轻人想学剑法。于是，他就找到一位当时武术界最有名气的老者拜师学艺。老者把一套剑法传授给他，并叮嘱他要刻苦练习。一天，年轻人问老者："我照这样练习，需要多久才能够成功呢？"老者答："3 个月。"年轻人又问："我晚上不睡继续练习，需要多久才能够成功？"老者答："3 年。"年轻人吃了一惊，继续问道："如果我白天黑夜都练剑，吃饭走路也想着练剑，又需要多久才能成功？"老者微微笑道："30 年。"

年轻人不禁愕然……

20 几岁的年轻人总想着用最快的速度达到成功，却不明白自己违背了自然界的客观规律，万事万物的发展都要有一个过程。正如拔苗助长的故事，所有的幼苗由于没经历成长的必经过程，最终都死了。故事中的年轻人认为学成剑法只要练习到一定时间就成了，师傅给他的回答却正与他想的相反。这说明了欲速则不达，遇事除了要用心用力去做外，还应顺其自然，成功本是持久战，不要总想着速成。

在现代社会中，效率成为最抢眼的字眼。许多人追求眼前利益，许多公司注重效率的提高来换取利益的最大化。但值得注意的是，许多人因为盲目追求效率而追求速成，任何事情的完成都是要做大量的基层工作的，把最基本的最好了，基础打牢了，才谈得上质量和效率。一味地追求速成，往往会导致失败。

朱熹云："宁详毋略，宁近毋远，宁下毋高，宁拙毋巧。"古人尚且懂得凡事都要脚踏实地，顺应客观规律，即使短暂的突击得到了瞬间的效果，但终究是不牢固的，是经不起岁月的洗礼和时间的考验的。"欲速则不达"值得细细体味。

为什么现如今许多人却无法做到这一点呢？随着科技的创新，生活水平的提高，人们所见到的东西越来越多，所能享受到的也是越来越丰富，更多人在追求的过程中丧失了自己的目的性，不追求人生最根本的目的，转而追求一些形式上的成功。虽然瞬间的成就可以使人获得短暂的名利，但如果谈起永恒，无非只是皮毛之举。放慢你的脚步，你会发现路边的风景同样也很美好，丝毫不比山顶的风光差。如果我们想要成就一番事业，就必须从现在开始静下心来，摆脱速成心理的牵制，一步一个脚印地走下去。一场马拉松才刚刚开始，你怎么知道跑在后边的你不能成为最终的冠军呢？有一句话说得好："成功贵在坚持。"唯有循序渐进，才能取得你期待的成就。

坚持不懈的乌龟快过灵巧敏捷的兔子

"登泰山而小天下"，这是成功者的境界，如果达不到这个高度，就不会有这个视野。但是，若想到达这种境界亦非易事。十八盘的陡峭与险峻曾使无数登山客望而却步。游人只有努力向前，才能登上泰山山顶，体验杜甫当年"一览众山小"的酣畅意境。

许多人盼望长命百岁，却不理解生命的意义；许多人渴求事业成功，却不愿持之以恒地努力。其实，人的生命是由许许多多的"现在"累积而成的，人只有珍惜"现在"，不懈奋斗，才能使生命焕发光彩，事业获得成功。

要成功，最忌"三天打鱼，两天晒网"。数学家陈景润为了求证哥德巴赫猜想，用过的稿纸几乎可以装满一个小房间；作家姚雪垠为了写成长篇历史小说《李自成》，竟耗费了 40 年的心血，大量的事实告诉我们：无论你多么聪明，成功都是一步一步、一年一年积累起来的。

莎士比亚说："斧头虽小，但多次砍劈，终能将一棵挺拔的大树砍倒。"

一位青年问著名的小提琴家格拉迪尼："你用了多长时间学琴？"格拉迪尼回答："20年，每天 12 小时。"

现在有一种流行病，就是浮躁。许多人总想一夜成名，一夜暴富。他们不扎扎实实地努力，而是想靠侥幸一举成功。比如投资赚钱，不是先从小生意做起，慢慢积累资金和经验，再把生意做大，而是如赌徒一般，借钱做大投资、大生意，结果往往惨败。网络经济一度充满了泡沫。有人并没有认真研究市场，也没有认真考虑它的巨大风险，只觉得这是一个发财成名的"大馅饼"，一口吞下去，最后没撑多久，草草倒闭，白白"烧"掉了许多钞票。

俗话说："滚石不生苔，坚持不懈的乌龟能快过灵巧敏捷的野兔。"如果能每天学习一小时，并坚持 12 年，学到的东西一定远比坐在学校里混日子的人学到的多。正如布尔沃所说的："恒心与忍耐力是征服者的灵魂，它是人类反抗命运、个人反抗世界、灵魂反抗物质的最有力支持，它也是《福音书》的精髓。从社会的角度看，考虑到它对种族问题和社会制度的影响，其重要性无论怎样强调也不为过。"

人类迄今为止，还不曾有一项重大的成就不是凭借坚持不懈的精神而实现的。

大发明家爱迪生也如是说："我从来不做投机取巧的事情。我的发明除了照相术，也没有一项是由于幸运之神的光顾。一旦我下定决心，知道我应该往哪个方向努力，我就会勇往直前，一遍一遍地试验，直到产生最终的结果。"

要成功，就要强迫自己一件一件地去做，并从最困难的事做起。有一个美国作家在编辑《西方名作》一书时，应约撰写 102 篇文章。这项工作花了他两年半的时间。加上其他一些工作，他每周都要干整整七天。他没有从最容易阐述的文章入手，而是给自己定下一个规矩：严格地按照字母顺序进行，绝不允许跳过任何一个自感费解的观点。另外，他始终坚持每天都首先完成困难较大的工作，再干其他的事。事实证明，这样做是行之有效的。

一个人如果要成功，就应该学习这些名人的经验，从小事入手，坚持下去，总有一天你会看到成功的阳光。

成功就是越走越近

成功与不成功之间的距离，并不像大多数人想象的那样巨大。成功与不成功之间的差别只在一些小小的动作上：每天花 10 分钟阅读、多打一个电话、多努力一点、多一个微笑、演出时多费一点心思、多做一些研究，或在实验室中多试验一次。伟大的哲学家冯·哈耶克说道："如果我们多设定一些有限定的目标，多一分耐心，多一点谦恭，那么，我们能够进步得更快且事半功倍；如果我们自以为是地坚信我们这一代人具有超越一切的智能及洞察力并以此为傲，那么我们就会反其道而行之，事倍功半。"

纽约的一家公司被一家法国公司兼并了，在兼并合同签订的当天，公司新的总裁就宣布："我们不会随意裁员，但如果你的法语太差，导致无法和其他员工交流，那么，我们不得不请你离开。这个周末我们将进行一次法语考试，只有考试及格的人才能继续在这里工作。"散会后，几乎所有人都拥向了图书馆，他们这时才意识到要赶快补习法语了。只有查宁像平常一样直接回家了，同事们都认为他已经准备放弃这份工作了。令所有人都料想不到的是，当考试结果出来后，这个在大家眼中肯定是没有希望的人却考了最高分。

原来，查宁在大学刚毕业来到这家公司之后，就已经认识到自己身上有许多不足，从那时起，他就有意识地开始了自身能力的储备工作。虽然工作很繁忙，但他坚持每天提高自己。作为一个销售部的普通员工，他看到公司的法国客户有很多，但自己不会法语，每次与客户的往来邮件与合同文本都要公司的翻译帮忙，有时翻译不在或兼顾不上的时候，自己的工作就要被迫停顿。因此，他早早就开始自学法语了。同时，为了在和客户沟通时能把公司产品的技术特点介绍得更详细，他还向技术部和产品开发部的同事们学习相关的技术知识。

这些准备都是需要时间的，他是如何解决学习与工作之间的矛盾的呢？就像他自己所说的一样："只要每天记住 10 个法语单词，一年下来我就会 3600 多个单词了。同样，我只要每天学会一个技术方面的小问题，用不了多长时间，我就能掌握大量的技术了。"

成功就是简单的事情重复去做，成功就是每天进步一点点。一个人，如果能每天进步一点点，哪怕是 1% 的进步，试想，有什么能阻挡得住他最终的成功？每天进步一点点，虽然只有一点点，可是我们仍在进步，仍在前进，怕就怕止步不前，这样你永远都成功不了。成功与失败往往只差这么一点点，每天多做一点点，慢慢地，你会发现自己离金字塔顶已经不远了。

《礼记·大学》中有句话："苟日新，日日新，又日新。"老子在《道德经》中说："合抱之木，生于毫末，九层之台，起于累土，千里之行，始于足下。"这些都说明了一个道理：量变积累到一定程度就会发生质变。一个人，只要坚持每天进步一点点，终有到达成功的那一天。

量力而行走得更稳

在通往成功的路上，人一定要逐渐走向成熟，这个时候不该再像小孩子一样说一些不切实际的誓言，这样难免会挫伤自己的勇气和信心，凡事要量力而行。

许多时候，目标与现实之间，往往有一定的距离，如果我们不根据自身的条件进行调整，难免会弄得身心俱疲，也不会有任何结果。无论如何，人不该为不切实际的誓言和愿望活着，而应该为可预见的目标而努力奋斗。

一只鹰从高岩上飞过，以非常优美的姿势急速俯冲而下，把一只羊羔抓走了。一只乌鸦看见了，非常羡慕，心想：要是我也能这样去抓一只羊羔，就不用天天吃腐烂的食物了，那该多好呀！于是，它反复练习鹰俯冲的姿势，希望像鹰一样也去抓一只羊羔。

一天，这只乌鸦觉得练习得差不多了，就"呼啦啦"地从山崖上急速俯冲而下，猛扑到一只羊羔身上，狠命地想把它抓走。尽管它不断地使劲拍打翅膀，但仍飞不起来。它想放弃羊羔飞走，然而它的脚爪却被羊毛缠住了，无论如何都拔不出来。牧羊人看到后，跑过去将它一把抓住，剪去了它翅膀上的羽毛。傍晚，他带着乌鸦回家，交给他的孩子们玩。孩子们问是什么鸟，牧羊人回答说："这是一只乌鸦，可是它却想当老鹰。"

这虽是一个笑话，但是这样的事情依然在我们每个人的身上发生，看到别人因为某方面成功就去模仿，结果什么也得不到。

一个人一定要正确地估量自我，抛弃那些不切实际的目标，从可以实现的目标慢慢开始做，做到最好。成功不是异想天开获得的，而是一步步慢慢走，直到有一天回头看，才发觉自己已经走到了非常高的地方。

坚持到底，永不放弃

德国伟大诗人歌德在《浮士德》中说："始终坚持不懈的人，最终必然能够成功。"人生的较量就是意志与智慧的较量，轻言放弃的人注定不是成功的人。坚持就是胜利这个道理，也被丘吉尔在一次演讲中精彩绝伦地演绎出来。

第二次世界大战后，功成身退的英国首相丘吉尔应邀在剑桥大学毕业典礼上发表演讲。

经过邀请方一番隆重但稍显冗长的客套之后，丘吉尔走上讲台。只见他两手抓住讲台，注视着观众，大约在沉默了两分钟后，他就用那种他独特的风范开口说："永远，永远，永远不要放弃！"接着又是长长的沉默，然后他又一次强调："永远，永远，不要放弃！"最后，他在再度注视观众片刻后蓦然回座。

场下的人这才明白过来，紧接着便是雷鸣般的掌声。

这场演讲是成功演讲史上的经典之作，也是丘吉尔最脍炙人口的一次演讲。

丘吉尔在用他一生的成功经验告诉我们：成功根本没有秘诀，如果有的话，就只是两个：第一个是坚持到底，永不放弃；第二个就是当你想放弃的时候，回过头来照着第一个秘诀去做：坚持到底，永不放弃。

古希腊哲人苏格拉底说："许多赛跑者的失败，都是失败在最后几步。跑'应跑的路'已经不容易，'跑到尽头'当然更困难。"一个人的成功往往来自于自己内心的一份坚持，虽然每个人的境遇完全不同，可是他们都没有放弃自己内心的追求！这一点点坚持使他们在竞争中成为真正的赢家！

约翰尼·卡许早就有一个梦想——当一名歌手。参军后，他买了自己有生以来的第一把吉他。他开始自学弹吉他，并练习唱歌，他甚至创作了一些歌曲。服役期满后，他开始努力工作以实现当一名歌手的凤愿，可他没能马上成功。没人请他唱歌，他只得靠挨家挨户推销各种生活用品维持生计，不过他还是坚持练唱。他组织了一个小型的歌唱小组在各个教堂、小镇上巡回演出，为歌迷们演唱。最后，他灌制的一张唱片奠定了他音乐工作的基础。他吸引了两万名以上的歌迷，金钱、荣誉、在全国电视屏幕上露面——所有这一切都属于他了。他对自己深信不疑，这使他获得了成功。

接着，卡许经受了第二次考验。经过几年的巡回演出，他被那些狂热的歌迷拖垮了，晚上须服安眠药才能入睡，而且要吃些"兴奋剂"来维持第二天的精神状态。他沾染上了一些恶习——酗酒、服用催眠镇静药和刺激兴奋性药物。他的恶习日渐严重，以致对自己失去了控制能力。他不是出现在舞台上，而是更多地出现在监狱里。到了1967年，他每天须吃一百多片药。

一天早晨，当他从佐治亚州的一所监狱刑满出狱时，一位行政司法长官对他说："约翰尼·卡许，我今天要把你的钱和麻醉药都还给你，因为你比别人更明白你能充分自由地选择自己想干的事。看，这就是你的钱和药片，你现在就把这些药片扔掉吧，否则，你就去麻醉自己，毁灭自己。你选择吧！"

卡许选择了生活。他又一次对自己的能力做了肯定，深信自己能再次成功。他回到纳什维利，并找到他的私人医生。医生不太相信他，认为他很难改掉服麻醉药的坏毛病，医生告诉他："戒毒瘾比找上帝还难。"

卡许并没有被医生的话吓倒，他知道"上帝"就在他心中，他决心"找到上帝"，尽管这在别人看来几乎不可能。他开始了他的第二次奋斗。他把自己锁在卧室闭门不出，一心一意要根绝毒瘾，为此他忍受了巨大的痛苦，经常做噩梦。后来在回忆这段往事时，他说，他总是觉得昏昏沉沉，好像身体里有许多玻璃球在膨胀，突然一声爆响，只觉得全身布满了玻璃碎片。当时摆在他面前的，一边是麻醉药的引诱，另一边是他奋斗目标的召唤，结果后者占了上风。九个星期以后，他恢复到原来的样子了，睡觉不再做噩梦。他努力实现自己的计划，几个月后，他重返舞台，再次引吭高歌。他不停息地奋斗，终于再一次成为超级歌星。

卡许的成功来源于什么？很简单，坚持。

一个人身处困境之中，不自强永远也不会有出头之日，仅仅一时的自强而不能长期坚持，也不会走上成功之路。因此，坚持不懈地自强，才是成就卓越的根本力量。

持久的力量能够把平凡变成非凡

不积跬步，无以至千里；不积小流，无以成江海。那些看起来平凡的、琐碎的工作，只要能以专注的精神、持久的态度去做，就会变得非凡。这股专注精神是一种持续的力量，是真正的能力，是事业成功的垫脚石，也是实现人生价值的最佳途径。

每个人生来都是凡人，是凡人就会做一些平凡的事情，从事着平凡的工作，但人们又常常喜欢不切实际地追求华丽的人生。专注力恰好可以满足人们的这一愿望。专注包含了创造力与生命力，如果你是平凡的，那么在专注地做某些事情之后，专注力就会创造出不平凡的你，让你的生命不断增值。当你调动生命中所有的能量去做某件事，在旁人眼里就是最富有生命力的存在。那些成功的人，无一不是靠专注力来取得成就的。他们从平凡中专心致志地提升自己的价值，最终将平凡的生命变得非凡。

一位大学刚毕业的小伙子在一家非常普通的公司工作。新员工都是从基层开始做起，很多人都在抱怨："这么没有技术含量的工作为什么要我们来做？"而这位年轻人却每天都认认真真地完成自己的分内工作，以及每一件领导交代给他的任务。此外，他还主动帮助其他同事做一些最累、最辛苦的工作。他没有厌倦工作，反而把事情做得有条不紊。他把自己的工作详细地记录下来，遇到自己不懂的地方，就虚心地请教老员工。他刚刚工作满一年的时候，就被提拔为车间主任；过了几年，他已经是部门的经理了。而和他一起进入公司的其他人，很多都还在最底层工作，每天碌碌无为。

小伙子的成功看似轻而易举，其实却有一股专注的力量在指引着他前行。开始的他也很平凡，但他拥有着无穷无尽的专注力。"每天都认认真真地完成自己的分内工作，还帮助其他同事做一些最累最辛苦的工作。"正是对工作的这种专注力，让小伙子几年后脱胎换骨，获得了巨大的成就。

其实，并没有哪个成功者在智力上比其他人强多少，但他们都有一个共同之处，那就是具有专注的精神。许多成功者最初看起来都是平凡的，甚至是毫不起眼的，但他们总会在那些平凡的岗位上认真专心地工作，让自己从平凡中脱颖而出。

难以想象，六十年的岁月，一种单调的重复劳动，这需要多么大的韧性！

古人云："锲而不舍，金石可镂。锲而舍之，朽木不折。"成功人士之所以成功的重要秘诀就在于，他们将全部的精力、心力放在同一目标上。许多人虽然很聪明，但心存浮躁，做事不专一，缺乏意志和恒心，到头来只能是一事无成。

每一滴水珠都是平凡的，但正是有了每一滴水珠，才有了浩瀚的大海；每一粒沙子都是平凡的，但正是有了每一粒沙子，才有了壮阔的沙漠。罗马不是一天建成的，理想也不是一天就能实现的，再伟大的理想也要一步一个脚印地去实现。当你学会如何在平凡中倾注专心时，你的人生名片上也必然会出现"非凡"二字。

珍视今天，成就更好的明天

钟表王国瑞士有一座温特图尔钟表博物馆。在博物馆里的一些古钟上，都刻着这样一句话："如果你跟得上时间步伐，你就不会默默无闻。"这句富有哲理的话，一定早已铭刻在许多幸福的人的心灵深处了。珍视"今天"，不放弃每天的努力，不活在过去与未来，是成功者们共同信奉的信条。

宋国大夫戴盈之曾对孟子说："现在的赋税太重了，很想按照以前的井田制度，只征收 1/10 的税，但是目前执行起来有困难，只能暂时减一点，明年再看着办，你以为如何？"孟子不置可否，只举了个例子："有一个小偷，每天都偷邻居的鸡，别人警告他，再偷就将他送官，他哀求说，从今天开始，我每个月少偷一只，明年就洗手不干了，可以吗？"

孟子通过偷鸡的事例告诉他，要改变就应该从现在开始，而不应该把时间推迟，延长等待。

其实，等待永远是美好的最大敌人。一个小偷不会因每个月少偷一只鸡而成为善良之辈，时间也不会在我们的等待之中变得漫漫无期。俄国作家赫尔岑认为：时间中没有"过去"和"将来"，只有"现在"才是现实存在的时间，才是实实在在的、最有价值和最需要人们利用的时间。在这一点上，丘吉尔无疑是我们最好的学习榜样。

英国前首相丘吉尔平均每天工作 17 个小时，还使得 10 个秘书也整日忙得团团转。为了提高政府机构的工作效率，他在行动迟缓的官员的手杖上，都贴上了"即日行动"的签条。

丘吉尔和爱因斯坦都是活在当下、利用好时间的典范。

"明日复明日，明日何其多。我生待明日，万事成蹉跎。"要想不荒废岁月，干出一番事业，就要克服拖拉，珍视今天。拖拉者的一个悲剧是，一方面梦想仙境中的玫瑰园出现，另一方面又忽略窗外盛开的玫瑰。昨天已成为历史，明天仅是幻想，现实的玫瑰就是今天。拖拉所浪费的正是这宝贵的今天。

社会上取得非凡成绩的人，往往就在于比普通人更能理解专心"活在当下"的内涵。其实，很多人都没意识到，抓住过去不放，活在对未来的幻想中却不付出实际行动，是为通往未来的路设置了重重障碍。专心让今天完美，让每一天都比昨天完美，才能成就更好的明天。

1871 年春天，一个蒙特端综合医院的医学学生偶然拿起一本书，看到了书上的一句话。这句话改变了这个年轻人的一生，它使这个原来只知道担心自己的期末考试成绩、自己将来的生活何去何从的年轻的医学院的学生，最后成为了那个时代最有名的医学家——他创建了举世闻名的约翰·霍普金斯学院，被聘为牛津大学医学院的钦定讲座教授，还被英国国王册封为爵士。他死后，他的一生用厚达 1466 页的两大卷书才记述完，他正是威廉·奥斯勒爵士，而他在 1871 年看到的那句话出自汤冯士·卡莱里："人的一生最重要的不是期望模糊的未来，而是重视手边清楚的现在。"

后来，他在给耶鲁大学的学生们做演讲时说："成功的秘诀很简单，就是活在一个'完全独立的今天'里。用铁门把未来和过去隔断。为明日做准备的最好方法是专注于今天，把今天的工作做完美，这就是你能应对的唯一有效的方法。"

人的一生中，总是会被许多过去或未来的人或事分散精力，然而，不论是在过去的废墟里搜寻再多的回忆，还是在未来的梦中播下再多的种子，也不会有丰收的喜悦。只有在今天的田野上播种，才会有收获的希望，因为只有现在属于我们，只有现在会带给我们一切。我们不知道自己的生命到底有多长，但我们却可以安排今天的生活。只要把握好现在，我们的人生就不会失色。

曾经有两位哲人游说于穷乡僻壤之中，对前来听教的人说了一句流传千古的话："不要为明天的事烦恼，明天自有明天的事。只要全力以赴地过好今天就行了。"在这个世界上，有许多事情是我们所难以预料的。你左右不了变化无常的天气，却可以调整自己的心情；我们不能控制机遇，却可以掌握自己；我们无法预知未来，却可以把握。

第四章
成就事业的“偏执”

做完美的“偏执狂”

“偏执狂”对于工作和生活的原则是：任何事情都要追求完美、精益求精。

每个人内心深处都在追求、渴望成功和快乐，都在逃避、拒绝失败和创伤，没有人希望自己是人群中可有可无的小角色，谁都想通过自己的努力，成为才华横溢、受人景仰的人。然而，要想受人敬仰并不是一件轻而易举的事，它要求你从追求完美开始。

有一天，一位罗丹的崇拜者去拜访罗丹，罗丹热情地接待了他，并带他参观自己的绘画工作室。

工作室很简朴，里面有大大小小的雕像。罗丹走到一座女神像前，对崇拜者说：“这是我近期的作品。”

“非常完美！”崇拜者赞叹道。罗丹却毫无反应，只见他皱着眉头，根本没有听到的样子。“肩部的线条粗了一些。”罗丹自言自语地说，一边说一边拿起刮刀和木刀片轻轻地修改起来，动作非常谨慎，好像他手下是一个有生命的神女，稍有不慎就可能让她受伤似的。过了好长时间，罗丹又歪着头审视，“还有这儿……这儿……”他一面自言自语，一面不停地修改，表情像一个孩子，一会儿舒心地笑，一会儿又眉头紧锁。时间慢慢过去了，崇拜者已经站得腰酸背痛了，可他没地方坐，也不好意思一个人坐下来。

两个多小时后，罗丹终于舒了一口气，满意地把杰作欣赏一番，然后盖上湿布，愉快地向门口走去。这时，他发现了他的崇拜者，先是一愣，然后猛想起是自己带他进来的，立即显得很抱歉，一个劲地说“对不起”。

这件事对那位崇拜者触动很大，他只是站着，什么也没有做，尚且感觉累得受不了，而罗丹站着工作了两个多小时，却丝毫没有倦意。

罗丹之所以感觉不到疲惫，是因为追求完美的工作态度在支撑着他。追求完美是一种观念、一种心态，也是一种作为。事实上，每个人都具备追求完美的条件，只要你愿意追求完美，并且愿意为此付诸行动。

马艳丽就是一个追求完美的女人。1995 年，在朋友的邀请下，马艳丽来到了高尔夫球场。她平生第一次挥动高尔夫球杆，球杆上挂着的风声还没有散去，球已经应声飞向了天空。居然是 250 码！

身边的朋友开玩笑劝她改行，认为她先天资质不错，再努把力就可以在高尔夫球界叱咤风云了！这一挥杆也给了马艳丽兴趣，“高尔夫给人的感受很沉稳，蛮吸引我的，它里面有一种弹性美，会让人平静。”马艳丽在打高尔夫球这件事情上，显得有些矛盾，一方面觉得高尔夫很吸引她；另一方面，因忙于家庭和工作，打高尔夫的时间少之又少，至今她对自己的成绩仍不满意。她笑称相对于接触得比较早的骑马、滑雪等运动，高尔夫还只能算个“小弟弟”级的运动。

现在马艳丽的成绩在 90 ~ 100 杆左右，可是在问到她的成绩时，她却表现出羞于启齿的样子，"成绩太差了，我都不好意思说。"她说这是没有太多时间练习的结果，但她会请个教练，把球练好。"我打算要很快地把成绩提高到80杆左右，彻底摆脱热爱却已经生疏的打球状况，况且我有制胜的三大法宝：喜欢宽阔、不怕热、能吃苦。"

以前曾做过多年运动员，吃苦是家常便饭，现在提高球技的这点小苦，对马艳丽来说更是小问题。

聊天的时候，一个朋友坐在旁边，邀请马艳丽到国外去打球，马艳丽迟疑了一下，还是拒绝了，她说人不能把自己不当回事儿，还是练一段时间后再说吧。她的潜台词很明显，要么不去，要去就得像个样子，首先得过了自己严格要求自己这一关。

"你不怕晒黑了吗？"

"要投入地做一件事情，总要有付出的，只要是自己心甘情愿的就好！"

"你对高尔夫球装备要求高吗？"

"事实上，我非常追求完美，或许这跟我的职业有关系。现在我的高尔夫球技术还很差，但是一旦投入，我会很专注，这样自己看了也会挺享受的……"马艳丽总渴望追求完美，因此也会给自己许多压力，她希望展现给人的总是一副健康积极的样子。

如果要成为公司最受欢迎的人，要想从平庸迈向完美，必须养成事事追求完美的习惯。无论做什么事情，我们都应该尽心尽力、一丝不苟，因为究竟什么才是事关真正的大局，什么才是最重要的，这一点其实我们并不清楚。也许，在我们眼里微不足道的细节，实际上却可能生死攸关。

要想让自己从平庸走向完美，我们还必须把工作的磨炼视为一种锻炼。工作总有不称心的时候，没有丝毫困难就完成的工作几乎不存在。如果你视困难为磨难，你很可能就会失去斗志；而如果你视其为一种锻炼的机会，你的心态就会平和下来，甚至可以从中找到无穷的乐趣。市场是无情的，最优秀的公司才可能在市场上生存下来，同样，最优秀、最完美的员工才可能在公司中生存下来。

细节成就完美

简单的事情做好就是不简单，平凡的事做好就是不平凡。只有注重细节、留心细节，对小事负责的人才能够在社会中担当大任。小事成就大事，细节成就完美。细节就像每一根树根，每一片树叶。没有根，没有叶，哪有大树？在竞争日益激烈、残酷的今天，任何细微的东西都可能成为"成大事"或者"乱大谋"的决定性因素。不要让细节成为身体里的那个"癌细胞"，不要让细节成为粥锅里的一粒老鼠屎，不要让细节成为成功路上的一块绊脚石。从细小处着手，致力于从细小处创新，才能达到预期的效果。

美国著名的建筑大师莱特，在他毕生许多作品中，最杰出而脍炙人口的也许要算坐落于日本东京的抗震帝国饭店。这座建筑物使他名列当代世界一流建筑师之林。1916年日本小仓公爵率领了一批随员代表日本政府前往美国聘请莱特建一座抗震的建筑。莱特随团赴日，将各种问题实地考察了一番，断定许多建筑物之所以倒塌实际上是因为地基过深，地基过厚。过深、过厚的地基会随着地壳移动，而使建筑物坍塌。

他决定将地基筑得很浅，使之浮在泥海上面，从而使地震无从肆虐。莱特决定尽量利用那层深仅八尺的土壤。他所设计的地基系由许多水泥柱组成，柱子穿透土壤栖息在泥海上面，可是这种地基究竟能不能支持偌大一座建筑物呢？莱特费了一整年工夫在地面遍去洞孔从事实验。他将长八尺、直径八寸的竹竿插进土里，随即很快抽出来以防地下水冒出，然后注入水泥，他在这种水泥柱上压以铸铁，测验它能负担的重量。结果成绩颇为惊人。根据帝国饭店的预计总重量，他算出了地基所需的水泥柱数，在各种数据准确的情况下，大厦动工了。筑墙所用的砖也经过他特别设计，厚度较常加倍。1920年帝国饭店正式完工，莱特返美。

3年之后，大地震突袭东京与横滨。当时莱特正在洛杉矶创建一批水泥住宅，闻讯坐卧不宁，等待着关于帝国饭店的消息。一连数日毫无消息，到了某天凌晨三时，莱特的旅店寓所里电话铃声狂鸣。"喂！你是莱特吗？"听筒内传来一阵令人沮丧的声音："我是洛杉矶的记者。我们接到消息说帝国饭店已被地震毁了。"数秒钟后他坚定地回答道："你若把这条消息发出去，你肯定得更正。"十天之后，小仓公爵拍来了一通电报："帝国饭店安然无恙，从此成为阁下的天才纪念品。"小仓公爵的贺电顷刻间传遍全球，莱特成了妇孺皆知的名流。

生活中我们经常会发现，那些功成名就的人，在功成名就之前，早已默默无闻地努力工作过很长一段时间。成功是一种努力积累的结果，更是苛求工作细节的最佳诠释。在实际工作中，唯有苛求细节的尽善尽美，才是走向成功的最佳途径。如果凡事你都没有苛求完美的积极心态，那么你永远无法达到成功的顶峰。

在嘈杂的环境中坚守信念

一群蛤蟆在进行竞赛，看谁先到达一座高塔的顶端。周围有一大群围观的蛤蟆在看热闹。竞赛开始了，围观者发出了一片嘘声："太难为它们了！它们根本无法达到目的。"很快，一些蛤蟆退出了比赛。可是还有一些蛤蟆在奋力摸索着向上爬去。

围观者继续喊着："太艰苦了！你们不可能到达塔顶的！"其他的蛤蟆都被说服停下来了，只有一只蛤蟆一如既往地继续向前，并且更加努力地向前。

到比赛结束时，只有那只蛤蟆以令人不解的毅力一直坚持了下来，竭尽全力到达了终点。

其他的蛤蟆都很好奇，想知道为什么它能够做到！

大家惊讶地发现——它是一只聋蛤蟆！

这个幽默故事与我们现实生活何其相似。那些最开始的退出者就像初入社会的青年，他们满腔热情，只是因为没有经历过多少风雨，而不能勇于亮出自己的剑。那些中途退出者就像那些有了一些人生阅历但不自信的人。这时的他们不会怯于行动，但是需要肯定。任何事他们都要去亲身验证一番。在验证过程中，他们的不自信就充分暴露了出来。这时只要有什么风吹草动都会导致他们半途而废。

在嘈杂的环境中坚守自己的信念，大胆迈步于专属于你自己的成功之路吧。

美国职业足球教练文斯·伦巴迪当年曾被批评"对足球只懂皮毛，缺乏斗志"。

贝多芬学拉小提琴时，技术并不高明，他宁可拉他自己作的曲子，也不肯做技巧上的改善，他的老师说他绝不是个当作曲家的料。

达尔文当年决定放弃行医时，遭到父亲的斥责："你放着正经事不干，整天只管打猎、捉狗、捉耗子。"另外，达尔文在自传里透露："小时候，所有的老师和长辈都认为我资质平庸，我与聪明是沾不上边的。"

爱因斯坦 4 岁才会说话，7 岁才会认字。老师给他的评语是："反应迟钝，不合群，满脑袋不切实际地幻想。"他曾遭到退学的命运。

罗丹的父亲曾怨叹自己有个白痴儿子。在众人眼中，他曾是个前途无"亮"的学生，艺术学院考了三次还考不进去。他的叔叔曾绝望地说："孺子不可教也。"

托尔斯泰读大学时因成绩太差而被劝退学。老师认为他："既没读书的头脑，又缺乏学习的兴趣。"

如果这些天才按照别人为他们设计的道路走，一辈子也不可能成才。只有走专属于自己的道路，不为他人的议论所左右，才能创造出辉煌的人生。

走专属于自己的成功之路，追求一种充实有益的生活，其本质是个人对自我发展、自我完善和美好幸福生活的追求。那些每天一早来到公园练武、打拳、跳健美操的人，那些只要有空就练习书法绘画、设计剪裁服装和唱戏奏乐的人，根本不在意别人对他们的姿态和成果品头论足，也不会因没人叫好或有人挑剔就停止练习、情绪消沉。他们的主要目的不在于当众展示、参赛获奖，而是自得其乐、自有收益，满足自己对生活和艺术的追求。

年轻人要懂得的是，专属于自己的人生之路不在于你所取得成就的大小，而在于你不受他人的影响、努力去实现自我，找到自己成功的最佳方式，这样，你会在你所选择的道路上步伐坚定而又快乐地前行。最后的成功者正像梦想的捍卫者，经过了岁月的磨砺，他们仍然可以在嘈杂的环境中坚守自己，直至最后的成功。

在冷嘲热讽中前行

这是一个从众的年代，快餐文化的发展，让很多人都失去了思考的能力，让很多人变得失去了自我，结果只能是随波逐流。在这个从众的年代，你的追求被同化了吗？我们年轻人只有在心中想着要掌控自己的生活，并设计出自己的生活方式，才有可能改变自己，追求属于自己的人生。

刚刚记事时，史泰龙就知道他的父亲是个赌徒，他的母亲是个酒鬼。父亲赌输了，打完母亲再打他；母亲喝醉后，同样也是拿他出气。

在拳打脚踢中，史泰龙渐渐地长大了，他经常是鼻青脸肿、皮开肉绽。好在那条街上的孩子大都与他一样，成天不是挨打就是挨骂。像周围大多数孩子一样，跌跌撞撞上到高中时，他便辍学了。接下来，街头鬼混的日子让他倍感无聊，而绅士淑女们蔑视的眼光更让他觉得惊心。

他一次次地问自己：难道自己一辈子就在别人的白眼中度过？在一次又一次的痛苦追问后，他下定决心走一条与父母迥然不同的道路。但自己又能做些什么呢？他长时间地思索着。从政，可能性几乎为零；进大公司去发展，学历与文凭是目前不可逾越的高山；经商，本钱在哪里……最后他想到了去当演员，这一行既不需要学历也不需要资本，对他来说，实在是条不错的出路。可他哪里又有当演员的条件呢？相貌平平，又没有天赋，再说他也没受过相关的训练啊！然而决心已下，他相信，即使吃遍世间所有的苦，他也不会放弃。

于是，他开始了自己的"演员"之路。他来到好莱坞，找明星、找导演、找制片，找一切可能使他成为演员的人恳求："给我一个机会吧，我一定会演好的！"但是，很不幸，他一次又一次地被拒绝了，但他并未气馁。每失败一次，他就认真反省，然后再度出发，寻找新的机会……为了维持生活，他在好莱坞打工，干些粗笨的零活。一晃就是两年，他一共遭到了一千多次拒绝。面对如此沉重的打击，他不断问自己：难道真的没有希望了吗？难道赌徒酒鬼的儿子就只能做赌徒酒鬼吗？不行，我必须继续努力！

于是，他又想到了写剧本。如今的他已不是初来好莱坞的门外汉了，每一次拒绝都是一次学习和一次进步，不久，他大胆地动笔了。

一年后，剧本写了出来，他又拿着剧本遍访各位导演："这个剧本怎么样？让我当主演吧！"剧本还可以，至于让他这样一个无名之辈做主演，那简直就是天大的玩笑。不用说，他再次被拒之门外。

在他遭到一千三百多次拒绝后，一位曾拒绝了他二十多次的导演对他说："我不知道你能不能演好，但你的精神让我感动，我可以给你一个机会。我要把你的剧本改成电视连续剧，不过，先拍一集，就让你当男主角，看看效果再说。如果效果不好，你从此便断了当演员这个念头吧。"为了这一刻，他已做了三年多的准备，机会是如此宝贵，他怎能不全力以赴？三年多的恳求，三年多的磨难，三年多的潜心学习，让他将生命融入了自己的第一个角色中。终于，幸运女神就在那时对他露出了笑脸。他的第一集电视剧创下了当时全美最高收视纪录——他成功了！

关于史泰龙，他的健身教练哥伦布曾经作出如此评价："史泰龙从来不惧怕失败，他的意志、恒心与持久力都令人惊叹。在逆境中，他善于调整自己的情绪，他是一个行动专家，从来不让自己情绪低落，从不在消极的思想中等待事情发生，他会主动让事情发生。"确实如此。看吧，谁能保证自己被拒绝一千三百多次而不灰心呢？

年轻人若想超越他人、真正掌握自己的生活，掌握自己的人生，首先必须设计出一套适合自己的生活方式掌控自己的生活，而不能随波逐流，即使是在别人的冷嘲热讽中也能坚持自己的步伐，这样的偏执才能成就你。

为目标倾注狂烈的热情

有人说：梦想其实就像一堆煤山，热情就是火种，用热情去拥抱梦想，就会使勤奋者所有的努力发挥更大效用，释放出巨大的能量。热情是一种难能可贵的品质。正如成功学大师拿破仑·希尔所说："要想获得这个世界上的最大奖赏，你必须拥有过去最伟大的开拓者所拥有的将梦想全部转化为价值的献身热情，以此来发展和销售自己的才能。"

热情不仅是一种非常珍贵的工作品质，还是我们生活快乐幸福的源泉。

拥有热情的人热爱生活，对生活充满激情，他们把爱倾注在生命中，灵魂的高度就逾越了一切障碍，只要勤奋开拓，什么样的高度都会踩在脚下！

无论发生任何事情，对于使自己痛苦的问题，不要过多地思考，不要让它再占据你的心灵，而要尽力想着最快乐的事情。要努力以快乐的情绪去感染你周围的人。这样做以后，思想上黑暗的影子，将离你远去，而快乐的阳光将照耀你一生。

迪士尼，米老鼠的创造者，便是一个用热情铸就成功的人。

年轻时的迪士尼就梦想着制造一个动画王国。他以极大的热情投入到工作当中去。为了了解动物的习性，他每周都亲自到动物园去研究动物的动作及叫声。他所制作的动画片中，很多动物的叫声都是他亲自配的音，包括那位可爱的米老鼠。

他曾想将儿童时期母亲所念过的童话故事改编成彩色电影，那就是三只小猪与野狼的故事。

但是他的助手们都摇头不赞成，结果只好取消。但是迪士尼却一直无法忘怀，屡次提出这构想都一再地被否决掉。终于，因为他坚持不懈的劝说和其中展现出的无比热情感动了大家，大家才答应姑且一试，但是对此并不抱任何希望。然而，所有的工作人员都没有料到，该片竟受到美国人民的热烈欢迎。

《三只小猪》获得了空前的成功，风靡全美国。

正是因为热情，迪士尼在一次次的反对之后仍不放弃，用自己的精神感染了别人，为自己建造了一个动画乐园。对于我们来说，工作是上天赋予的使命，把自己喜欢的并且乐在其中的事情当成使命来做，就能发掘出自己特有的能力。其中最重要的是能保持一种积极的心态，即使是辛苦枯燥的工作，也能从中感受到价值，在你完成使命的同时，会发现成功之芽正在萌发。

热情会把我们全身的每一个细胞都激活起来，完成心中渴望的事情。热情是一种强劲的情绪，一种对人、对事物和信仰的强烈情感。热情甚至可以改变历史，多少伟大的爱情故事、多少历史的巨大变革莫不与热情息息相关。

如果我们能以满腔的热情去做最平凡的工作，也能成为最不平凡的人；如果以冷淡的态度去做最不平凡的工作，也绝不可能成为不平凡的人。

热情是发自内心的兴奋，并扩充到整个身体，从一定程度上来说，热情控制着你的思维和情感。在希腊语中，热情是由"内"和"神"组成的，所以"热情"就是内心深处的神。在卡耐基的办公桌上摆着一句话：没有了热情，就会伤及灵魂。

一旦缺乏热情，军队将无法克敌制胜；艺术品也将失去核心和灵魂；震撼人心的音乐也不会出现；也不可能有无私的奉献精神来拯救和美化这个世界。热情是唤起内心深处神奇力量的魔笛，让人散发出一种炽热、神性的光辉，那就是吸引人和感染人的魅力。

热情的人具有强大的人格魅力，因为他会很自然地把他内心的感情表现出来。一个充满热情的人，他的志向、兴趣、为人和性情都能从他的走姿、眼神和活力中看出来。与此同时，热情会让人觉得和你在一起很快乐。而缺乏热情的人，他们谈话生硬而没有趣味，做起事来拖沓而没有规划，让人看不到希望。热情可以鼓舞人心，这鼓舞类似于"热传递"，直接把你的热情输送给别人，这比任何商讨、说服、威吓或责骂都要奏效得多。

有热情，再带点偏执

每个人都希望在自己的生命历程中取得令人瞩目的成绩，虽然这并不是一件容易的事，但我们并不能因此放弃追求卓越的努力。每一次对自我的超越，每一次辛勤的劳动，可能得不到最好的结果，却在一步步走向更好。其实，人生中最精彩的不是实现理想的瞬间，而是坚持理想的过程。一个人不一定做每件事情都能够取得卓越的成绩，但可以要求自己追求更好的结果。

世界上那些在某方面取得卓越的成绩、为大众所瞩目和敬仰的精英、成功人士，大多有过被人们视为一根筋的经历，但他们正是凭借自己的偏执，最终实现了自己的理想，取得了令人艳羡的成就。大多数人之所以平凡，之所以还未成功，是因为他们一遇到困难就会放弃自己的理想与目标，不够坚持，不够"偏执"。有时候，我们需要有宁为玉碎不为瓦全的气魄，甚至不妨走一点极端，要求自己追求卓越，敢于做理想的偏执狂。

偏执并不一定是性格的弊端，有时候偏执是生存的动力和成功的原因。"只有偏执狂才能生存。"英特尔董事长安迪·格鲁夫曾经这样说。他对英特尔的贡献就在于他将英特尔重新定位，使之从存储器制造商转型为计算机领袖，而他自己也成为领袖中的领袖。

英特尔最初的定位是存储器公司，但在低价高质的日本存储器市场的挤压下，英特尔面临着被挤出存储器市场的危机，而这个市场正是英特尔一手开发和领导的。公司一度出现连续 6 个季度亏损的情况，英特尔管理高层就是否放弃存储器的经营展开了激烈争执，产业界也都在怀疑英特尔面临这一危机是否能生存下去。而英特尔高层迟迟做不了新的决策，使得经济损失越来越大。

英特尔在危机之中摇摇晃晃地过了一年之后，格鲁夫与董事长兼首席执行官摩尔谈论公司的困境，格鲁夫问摩尔："如果请一位新总裁应对公司困境，你认为他会怎么做？"摩尔说新总裁会放弃经营存储器。格鲁夫听完后认为与其让他来做，为什么我们不自己做，于是下定决心转变经营策略。

格鲁夫的决策一出，引起了公司所有人的反对，在业界和消费者心中，英特尔就是存储器的品牌。英特尔不做存储器，做其他的能做好吗？不做存储器的英特尔还是英特尔吗？但格鲁夫坚持自己的决定，他在一片反对声中坚决放弃了存储器生产，而把重点放在微处理器的生产上。

事实证明，格鲁夫的转型对英特尔具有重大的意义，作为新的微型计算机公司，到1992 年时，英特尔已经成为世界上最大的半导体公司，成为行业的领头人。

正是格鲁夫的偏执，才使英特尔在危机中生存下来。

在大众的眼里，偏执是一种不被他人理解的扭曲行为，这种看法有失偏颇。理想的偏执狂更能够排除外界干扰，全然专注于自己所做的事。他们一旦认准信念，就不会轻易改变，而会集中自己全身的力量投入到自己的事业中，用一点一滴的努力换来突飞猛进的进步和质的飞跃。

要实现目标，光有理想是不够的，还要有热情，带一点偏执，并以此作为内在驱动力，激发潜能。但要注意的是，拒绝他人意见的偏执会导致自大自负，理想的偏执应当对意见和信息保持最大限度的接纳，这是保证偏执不失度的原则。

偏执更表现在不管遇到怎样的失败都能坚持自己的理想。如果失败之后还能呼吸，那就不要灰心丧气，再艰难也要振作；如果痛苦之后梦想不灭，那就继续努力地追求梦想，要知道，很多改变就在于我们下一秒的忍耐。如果我们还能承受，就别轻易说放弃，坚持虽然很累，但放弃却会造成终生的遗憾。

那些取得了伟大成就的人，他们也许并不是最聪明的，但他们却有一个共同特点，那就是他们一生都在自己强烈的理想意志驱动下保持积极乐观的精神。几番浮沉，有辉煌得志，更有艰难失意，不管最终结局如何，勇敢且执著地走在崎岖的路上，这本身就是对成功的一种诠释。

再试一次，就是成功

"骐骥一跃，不能十步，驽马十驾，功在不舍。""水滴石穿，绳锯木断。"成功贵在坚持，要取得成功就要坚持不懈地努力，很多人的成功，也是饱尝了许多次的失败之后得到的。我们经常说"失败乃成功之母"，成功诚然是失败的奖赏，却也是对坚持者的奖赏。

在黑暗中摸索，有时需要很长时间才能找寻到通往光明的道路。以勇敢者的气魄，坚定而自信地对自己说一声："再试一次！"再试一次，你就有可能达到成功的彼岸。记住这句话：再长的路，一步一步总能走完；再短的路，不去迈开双脚将永远无法到达。再多一点努力，多一点坚持，你会惊奇地发现：空气里到处都穿行着绚烂的成功之花。古今中外，哪个成功者不是依靠坚持而取得成就的呢？

日本大名鼎鼎的"推销大王"高木，当年在进入推销界的初期，他也是一切都不如意。他每天跑三十几家单位去推销复印机。在战后百业待兴的时期，复印机是一种非常昂贵的新型商品，绝大部分机关和公司都不会购买。大多数机构，连大门都不让进；即使进去了，也很难见着主管。他只好设法弄到主管的家庭地址，再登门拜访，而对方往往让他吃闭门羹："这里不是办公室，不谈公务。你回去吧。"第二次再去，口气更为强硬："你还不走，我可要叫警察了！"头三个月的业绩为零，他连一台复印机也没有卖出去。他没有月薪，一切收入都来自交易完成以后的利润分成，没有做成生意，就没有一分钱收入，他出差在外时住不起旅馆，只好在火车候车室过夜。但他仍然坚持着。

有一天，他打电话回公司，问有没有客户来订购复印机。这种电话他每天都要打，每次得到的都是值班人员有气无力的回答："没有。"但这一天，回答的口气不同了："喂，高木先生，有家证券公司有意购买，你赶快和他们联系一下吧。"简直是奇迹：这家公司决定一次购买八台复印机，总价是108万日元，按利润的60%算，高木可得报酬超过10万元。这是他的第一次成功。从此以后，时来运转，他的销售业绩直线上升，连他自己都觉得惊讶。

进入公司半年以后，高木已经是公司的最佳销售员了。他觉得，自己之所以能够成功，是因为他将整个生命都投入到这份工作中，即使挫折也不能把他打倒，他一定要坚持，成功也一定会来临。

后来，高木成为日本著名的推销界人士，成了日本的"推销大王"。

世界上最容易的事是坚持，最难的事也是坚持。能否坚持不懈，是界定一个人成功与失败的分水岭。像参加马拉松赛跑，最初参加竞赛的人可以说是成百上千。但是跑出一段路程之后，参赛的人便渐渐少起来。原因是坚持不下去的人，逐渐自我淘汰了，而且越到后面人越少，跑完全程的人更少，奖牌实际上就是在这些坚持到最后的人当中产生。

做任何事情都和比赛一样，成功与失败往往只是一步或半步之差，因而起决定作用的只是最后那一瞬间。退出比赛的人永远不会获胜。人生有限，每个经历都是珍贵的，每一次遭遇难题时，你只要告诉自己：再坚持一下，再尝试一次，你离成功就不远了！

年轻时要对自己狠一点

有人说，年轻人应对自己狠一点，因为对自己狠的"偏执狂"更容易成功。他们知道在得失中作出选择，他们敢爱敢恨，敢作敢为，即使所作出的选择要承担更多的痛苦，但是只要能够更接近自己的目标，他们就会毫不犹豫，狠下心来去做，直到达成自己的目的。

有一个出身名校的大学生，毕业时被分配到一个让人们眼红的政府机关，干着一份惬意的工作。

好景不长，她开始陷入苦闷，原来她的工作虽轻松，但与所学专业毫无关系。她可是经济专业的高才生啊，在机关里并无用武之地。

她想辞职外出闯天下，却又留恋眼下这一份舒适的工作。外面的世界虽然很精彩，可风险也大。无奈之下，她就将自己的困惑告诉了她最敬重的一位长者。长者一笑，给她讲了一个故事：

　　一个农民在山里打柴时，拾到一只样子怪怪的鸟。那只怪鸟和出生刚满月的小鸡一样大小，还不会飞，农民就把这只怪鸟带回家给小女儿玩耍。

　　调皮的小女儿玩够了，便将怪鸟放在小鸡群里充当小鸡，让母鸡养育着。

　　怪鸟长大后，人们发现它竟是一只鹰，他们担心鹰再长大一些会吃鸡。然而，那只鹰和鸡相处得很和睦，只是当鹰出于本能飞上天空再向地面俯冲时，鸡群会产生恐慌和骚乱。渐渐地，人们越来越不满，如果哪家丢了鸡，便会首先怀疑那只鹰——要知道鹰终归是鹰，生来是要吃鸡的。大家一致强烈要求：要么杀了那只鹰，要么将它放生，让它永远也别回来。因为和鹰有了感情，这一家人决定将鹰放生。

　　谁知，他们把鹰带到很远的地方放生，过不了几天那只鹰又飞回来了；他们驱赶它不让它进家门；他们甚至将它打得遍体鳞伤……都无法成功。

　　后来村里的一位老人说："把鹰交给我吧，我会让它永远不再回来。"老人将鹰带到附近一个最陡峭的悬崖绝壁旁，然后将鹰狠狠向悬崖下的深涧扔去。那只鹰开始如石头般向下坠去，然而快要到涧底时它终于展开双翅托住了身体，开始缓缓滑翔，最后轻轻拍了拍翅膀，就飞向蔚蓝的天空。它越飞越舒展，越飞越高，越飞越远，渐渐变成了一个小黑点，飞出了人们的视野，再也没有回来。

　　听了长者的故事，年轻的女孩似有所悟。几天后，她辞了职外出打拼，终有所成。

　　面对安逸的工作环境，年轻的女孩没有多余的留恋，而是坚定地选择了自己的道路，这就是"狠女孩"的作为。

　　在生活中，当我们在面临选择的时候，如果眼前已经拥有了很好的条件，那么很多人都是不愿意舍弃的。所以，人们常常被现时的条件所左右，而不能做自己最喜欢的事情。但是，肯对自己下狠手的年轻人则不一样，他们有自己的主见，并且不会被眼前的利益所迷惑。尽管所选择的道路上可能充满了荆棘，他们也会毅然决然地走下去。

　　由此可见，对自己狠一点，才能主宰自己的命运，聪明的年轻人，不妨对自己狠一点吧。

自己采摘的苹果才最香甜

　　名人的后辈做出伟大成绩的很多。父辈的指点当然是他们的优势，但是他们成功最关键的决定条件还是自身的努力。任何被人们称为"天才"的人并不是因为有一个天才老爸，而是自身的才华得到了人们的肯定。所以，年轻人应该有自己的成功之路，不要把希望寄托在父母的身上，靠父母的关系和能力为自己的成功垫脚，是永远做不出更大成就的。

　　伟大的作家大仲马得知自己的儿子小仲马寄出的稿子总是被退回，就告诉他说："如果你能在寄稿时，给编辑先生们附上一封短信说，'我是大仲马的儿子'，或许情况就会好多了。"

　　小仲马断然拒绝了父亲的建议，他说："不，我不想坐在你的肩头上摘苹果，那样摘来的苹果没味道。"年轻的小仲马不但拒绝以父亲的盛名作为自己事业的敲门砖，而且不露声色地给自己取了十几个其他姓氏的笔名，以避免那些编辑先生们把他和大名鼎鼎的父亲——大仲马联系起来。

　　他的长篇小说《茶花女》寄出后，终于以其绝妙的构思和精彩的文笔震撼了一位资深编辑。这位资深编辑曾和大仲马有着多年的书信来往。他看到寄稿人的地址同大作家大仲马的丝毫不差，便怀疑是大仲马另取的笔名，但作品的风格却和大仲马的截然不同。带着这种兴奋和疑问，他迫不及待地乘车造访大仲马家。令他大吃一惊的是，《茶花女》这部优秀的作品的作者竟是大仲马名不见经传的年轻儿子小仲马。

　　"你为何不在稿子上署上你的真实姓名呢？"老编辑疑惑地问小仲马。

　　小仲马说："我只想拥有真实的高度，希望您看重的是我创作的作品本身而不是我的姓氏。"

　　面对着这个充满自信的年轻人，老编辑不由得笑了。他对小仲马的做法赞叹不已，相信他一定可以走出名人父亲的阴影，闯出自己的一番事业来。《茶花女》出版后，法国文坛书评家一致认为这部作品的价值大大超越了大仲马的代表作《基督山伯爵》，小仲马终于获得了梦寐以求的成功。

大仲马父子的成就造就了一段文坛父子兵的佳话。我们现在提到小仲马的时候，不会以大仲马的儿子来作为开头语，而是称之为"伟大的作家，《茶花女》的作者小仲马"，这就是他的成功。用自己的双手摘到的苹果才格外美味，用自己的双手开创的人生才格外饱满、精彩。

年轻人应像小仲马一样，不要把父母当做你的优势资本，用你自己的努力与实力，闯出属于你自己的精彩天空吧！

凭一股傻劲克服困难

认真、拼命、努力工作，这些看似平凡，却是我们成功的真谛。正如龟兔赛跑当中那只傻傻的乌龟，明知道以自己的速度根本赢不了健步如飞的兔子，可就是硬凭着一股子傻劲一步一步地"跑"在了兔子前面。我们小时候唱的儿歌《蜗牛和黄鹂鸟》，蜗牛背着重重的壳一步一步地往葡萄树上爬，黄鹂鸟嘲笑它："葡萄成熟还早得很呢，现在上来干什么？"蜗牛傻傻地答道："黄鹂鸟儿啊你不要笑我，等我爬上葡萄就成熟了。"

我们身边一定有这样的例子。有的人认真学习能得到 80 分，有的人头脑聪明却不好好学，但也能拿到 60 分。后者说前者是个"只知道傻读书的呆子，我要是认真读书，拿 100 分也都不在话下"。

可是，在实际的工作和生活中，能取得成功并不是只凭聪明，那些天生愚笨却能凭着一股傻劲拼命努力的人，也大多都获得了成功。

人生是一个大舞台，人人都有自己的角色，人人也都有自己的表演方式。天生有着好形象的演员固然能够得到一时的青睐，成为"偶像派"；但是如果想要在人生的舞台上演一出精彩的戏、想成为主角，即使你天生条件好，都必须用一种不达目的绝不罢休的"傻劲"去提升自己的表演能力，将自己打造成一个"实力派"，只有这样才能不被命运这位导演赶到跑龙套的位置。

不怕万人阻挡，因为自己决不会投降

那些年轻的成功者，他们的字典里没有"不可能"，同样也没有"投降"，不向他人投降，更不会向自己投降。

丁玲说过："只要有一种信念，有所追求，什么艰苦都能忍受，什么环境也都能适应。"这种信念就是坚持到底，执著追求自己的理想。如果世界上只有一种人可以获得成功，那一定就是这样的人。

水来土掩、兵来将挡，没有什么能够阻挡成功者对理想的向往。成功者之所以成为成功者，正是因为有"不怕""不投降"的气度和魄力。而那些平凡的人在最初的意气风发中，渐渐走向生活的围城，失去追求理想的勇气。许多人做事都是半途而废，总是不能坚持到最后。似乎他们都有着这样的通病，就是凭一时冲动想干什么就立即去干，可热度还未持续多久，遇到外部因素的阻挡，就说什么也不干了。这是一个极其严重的毛病，它令人失去定性，凡事轻率鲁莽，没有耐力，最后只能导致疲惫与倦怠，所以总是在生活中苍老得太快，到头来只有空悲切："为什么成功者总是越活越激扬？"

其实，他们没有必要羡慕成功者的风光，只需要知道成功者信奉的人生哲理：逆风的方向，更适合飞翔。一个人无论面对怎样的环境，面对再多的阻挡，都不能放弃自己的信念，放弃对生活的热爱。很多时候，打败自己的不是外部环境，而是你自己。那些获得辉煌成就、幸福人生的人并非没有遇到艰难险阻，而是因为他们从来不会投降。

苏格拉夫顿女士是美国著名的侦探小说作家，她曾讲述自己的成名之路。

"如果 25 年前就有人告诉你，你将得到你想得到的一切，但是你必须等到 25 年后，你那时作何感想？而眼前的路你该如何走下去？"

1915年，苏格拉夫顿带着成为一位名作家的梦想来到了纽约，但纽约给她的第一份礼物就是失败。她寄出去的文章都被退回。但她没有投降，仍怀着梦想不停地写作，走遍了纽约的大街小巷，奔波于各个杂志社、出版社之间。当希望还是很渺茫的时候，她没有说："我投降，算你赢了。"而是说："很好，纽约，你可能打倒不少人，但是，绝不会是我，我会逼你投降。"她没有像别人那样，碰到一次退稿就放弃了，因为她决心要赢。4年之后，她终于有一篇文章刊登在周六的晚报上，之前该报已经退了她36次稿。

随后，她得到的回报更是一发而不可收拾。出版商开始络绎不绝地出入她的大门。再后来是拍电影的人发现了她。她的小说在改编后被搬上了屏幕，从此富裕起来。

成功的女人往往是那些把自己逼上一根轨道的人，她们别无选择，只有执著地往前走！而走向平庸的女人则往往是因为无法在繁重和琐碎中继续坚持，以至于"蜻蜓点水"，凡事都流于肤浅。

当你决心要做一件事的时候，可能周围的人都在嘲笑你、阻拦你，因为功成名就是如此的令人嫉妒，它太耀眼，所有人都不愿意看到别人成功，因为他们自己是平庸之辈，所以希望你和他们一样平庸。如果这个时候你自己也怀疑自己、打退堂鼓，岂不是正中他人心愿。记住，女人最大的敌人是自己，哪怕千万人阻挡，只要自己不投降，就有希望成为成功者。

全心投入生命战场

人生是一场战争，从人呱呱坠地开始，没有硝烟的战争便开始了。和疾病作战，为生存而战，为自己而战，为家人而战，各种各样的战争充满了我们的生命旅程。

战争是国家大事，人民的生死、国家的存亡都受到战争的影响，因此不能不慎重地考察。提到战争，我们会把它和暴力、毁灭、恐怖等可怕的词语联系在一起。战争带给人类的伤害比自然灾害和疾病还要大，因为它不仅夺走了生命，还让人类相互猜忌、分离、仇恨、残杀。

事实上，战争本身只是一种手段，没有所谓的好与坏。关键在于战争背后的人是怀着怎样的目的去交战。这就如同人生一样，人生就是一个过程，不在乎长短，也没有善恶，关键在于我们怎样去经历。历史上的众多战役，有的代表正义，例如武王伐纣；有的代表邪恶，就像法西斯侵略。人生也被划分成两类：成功和失败。

在美国新泽西州的一所小学，26个失足少年组成了一个特殊的班级，他们中有的吸过毒，有的偷过窃，家长和老师都对他们非常失望。当很多人都想远离这群孩子的时候，一位叫菲拉的女教师主动要求负责这个班。在第一节课上，菲拉在黑板上给出了一道选择题，让学生们通过判断选出一位长大最有可能造福于人类的人。这三个选项是：第一个迷信巫医，生活很不检点，抽烟嗜酒如命；第二个曾两次被赶出办公室，每天睡到中午才起床，每晚都要喝大约一千克的白酒，而且曾经吸食鸦片；第三个曾是国家的战斗英雄，一直保持素食习惯，从不吸烟酗酒，年轻时遵纪守法。

孩子们都选择了第三个。菲拉揭晓了答案，第一个是富兰克林·罗斯福，担任过四届美国总统；第二个是温斯顿·丘吉尔，英国历史上最著名的首相；被大家看好的第三位是阿道夫·希特勒，法西斯战争的罪魁祸首。

看到答案，所有的同学都惊呆了，这件事情完全改变了孩子们对自己的态度，并且这些孩子的命运从此改变。

孩子们认为一个人小的时候如果学习不好、经常干坏事，长大了就一定成不了英雄；相反，如果一个人小的时候学习又好、又得到大家的拥护，大了也一样能成功。然而这正是孩子们认识上的误区。对孩子们来说，人生的战争才刚刚开始，曾经取得的荣誉和犯过的错误都已经属于过去。怎样赢得未来，赢得人生的主要战役，才是我们应该学习和思考的。人类的进步史也是一场宏大的战争，在与瘟疫的斗争中，人类研究出青霉素和各种疫苗来巩固自己，把天花病毒"囚禁"在实验室。我们不仅要和疾病斗争，还面临着与贫穷、饥饿、愚昧等的挑战。人生的战争是这巨大的战场中的一小部分，赢得每一场小的战斗都是人类文明的进步。人生就像一场战争，而且是持久的战争。一个人从小到大，需要经历众多的考验和筛选，就像是要迎接一系列大大小小的战争一样，奔赴战场的有时候是一个团队、一群朋友，但更多的时候是单身一人。

人生这场战争没有硝烟，自己是自己的将军，自己是自己的小兵。从出谋划策到冲锋陷阵，都由一个人承担。战争的胜负也由自己的战略战术、气势和实力决定。如果把人生当中的困难和失败比作大大小小的战役，那么其中就有两万五千里长征、火烧赤壁、有诺曼底登陆、滑铁卢，也有卧薪尝胆、破釜沉舟、弹尽粮绝、四面楚歌……

我们都希望自己能赢得人生中的每一次战争，但是决定战争成败的天时、地利、人和却不是每一个人都能遇到的。胜利和失败都是成长路上的必需品，也是成长过程中的必然。虽然成败未知，但是很多战役，我们都应该奋力迎接。为了减少自己的损失赢得成功，我们应积极筹备，正视自己的过去，学习赢得人生的智慧和方式。

在人生这场战争里，我们每个人都是自己的指挥官，这场战争的胜负不把握在上帝或是敌人的手中，主动权就在你自己的手中。把人生看做一场战争，全身心地投入这场战斗，为荣誉而战，为尊严而战，为自己而战。

第五章
永不满足的"饥饿感"

时刻准备着获取新的信息

现代社会是一个信息时代，谁占有了信息，就等于谁找到了成功的方法。因此，高效的搜集和消化信息就成了一个优秀的人必不可少的能力。在这样一个时代，当感到自己在工作中缺乏信息时，优秀的人就会主动地去搜集资讯信息。而此时平庸的人会抱怨"公司的资讯没能很好地流通，我得不到应有的信息支持"。因为平庸的人不去主动搜集信息而是坐在那里被动地接受信息。

日本"经营之神"松下幸之助年轻时曾经在一家电器商店当学徒。同时在这家店里帮工的还有另外两个学徒，他们都是同时进入这家商店的。开始时，三人薪水很低，另两个学徒时常发牢骚和抱怨，对工作日渐马虎起来。

松下以前从来没有做过电器方面的事情，这次到这家电器商店工作，面对那么多的电子产品，他明白了自己知之甚少。他每天都比别人晚下班，用这些时间阅读各种电子产品的说明书；其他两个同事外出休假的时候，他参加了电器修理培训班。他花了大量的时间学习电器知识，因为他决心用学习让自己成为这方面的行家。此时，他的两个同事却因为这些而嘲笑他，但这一切都无法阻止他继续学习。

终于，通过不断努力，松下从一个对电器一窍不通的学徒变成了一个能够给客户清楚明了地讲解电器知识的专家，并且还可以自己动手修理与设计电器。这一切努力都没有白费，店主将这一切都看在眼里，对松下的这种学习精神非常赏识，不久便将他由普通学员升为正式员工，并且将店里的很多事情都交给他处理。这为松下以后的创业打下了坚实的基础。与之相反，他的两个同事最后因为一直没有能力上的进步，被解雇了。

相比另外两个同事牢骚抱怨，好高骛远，日后被开除，松下静下来研究电工知识，一步一个脚印、踏踏实实地在工作中随时获取新的信息，为他赢得了职位的提升，也为他以后的职业发展之路夯实了基础。

在信息社会，每一个人都在扮演着两个基本角色，即信息传递者和信息接受者。优秀的人要像盛田和夫那样，时刻保持对信息的敏感，养成高效搜集消化信息的好习惯，只有这样才能时刻领先别人一步，获得成功。

那么，我们应当从哪些方面着手培养这些好习惯呢？

1. 主动去关心信息

主动去"关心"信息是搜集信息的好方法。例如，当看到街头上围了一大群人，你要走上前挤进去，才能看得见那里发生了什么事。当然，我们还要培养自己判断有价值信息的能力，这样，才能在浩如烟海的信息世界里抓住对自己有用的信息。

2. 建立个人信息网络

建立个人信息网络，可以使你想要哪一类资讯时，就能找到提供这类信息的人。怎样来建立你的信息网呢？可以先以你的朋友、校友、同事、上各类培训班时认识的学员、业界认识的朋友为基础，逐渐扩大你的信息网络。若善加利用，它将是你一生中最为宝贵的财富之一。

3. 要善于"套"情报

就对信息的保密程度来看，人不外乎两类：缄默型和主动传播型。对于前者，你要想从他那里"套"出话来，不能开门见山，而要旁敲侧击。对后者，不用你去问，他会主动告诉你。你只要很有兴趣地听他讲完，绝不能敷衍。

4. 不要随便传播所得情报

别人告诉你内部参考、内幕消息和独家机密，是对你的信任，而且他们不希望你向外宣扬。如果告知你消息的人，知道你泄露了消息就不会再告诉你什么了。

5. 你也要适当透露情报给别人

光从别人那里得到信息情报，你不给别人透露一些他想要的资讯，这样的关系是不能长久的。你必须提供令对方满意的情报，别人才会给你需要的信息。

保持空杯心态

古时候一个佛学造诣很深的人，听说某个寺庙里有位德高望重的老禅师，便去拜访。进门后，他跟大师的徒弟说话的态度十分傲慢。老禅师却十分恭敬地接待了他，并为他沏茶。可在倒水时，明明杯子已经满了，老禅师还不停地倒。

他不解地问："大师，为什么杯子已经满了，还要往里倒？"

大师自语："是啊，既然已满了，我干吗还倒呢？"

禅师的本意是，既然你已经很有学问了，干吗还要到我这里求教？

生活中，很多人很想充实自己，但由于没有保持好心态，最终却一事无成。做事的前提是先要有好心态。如果想学到更多学问，先要把自己想象成"一个空着的杯子"，而不是骄傲自满。三十多岁的人应该让自己具备一种空杯的心态。不管自己的才能，自己所掌握的知识有多好，都必须把自己的心态放空，让自己回归到零，如此才能使自己随时处于一种学习的状态，将每一次都视为一个新的开始、一次新的体验。

乔雅是一个跨国公司的财务总监，当他感到自己的工作状态到了饱和状态的时候，他向公司请了一个月的假，然后告诉自己的家人，不要问他去什么地方，他每个星期都会给家里打个电话，报个平安。

乔雅只身一人，去了美国南部的农村，尝试着过另一种全新的生活。他到农场去打工，去饭店刷盘子。在田地做工时，背着老板躲在角落里抽烟，或和工友偷懒聊天，这些都让他有一种前所未有的愉悦。

一个月后，当乔雅重新回到自己熟悉的工作环境后，却觉得以往再熟悉不过的东西都变得新鲜有趣起来，工作成为一种全新的享受。

从某种意义上，当一个人的发展遭遇某种瓶颈时，可以以"空杯"的方式放弃从前，关上身后的那扇门，他会发现另一片美丽的后花园，找到另一番工作的激情和生活的乐趣。

人在职场，职业倦怠、激情丧失，似乎是永远也绕不开的话题。每过一段时间，每到一定阶段，当感到一种难以摆脱的压抑和烦躁后，可以向那位财务总监学习，适当地放空自己。

空杯的心态就是归零、谦虚的心态，就是重新开始。有这样一种现象：第一次成功相对比较容易，第二次却不容易了，这是为什么？

一位国内著名的集团老总曾经说过这样意味深长的话："往往一个公司的失败，是因为它曾经的成功，过去成功的理由是今天失败的原因。任何事物发展的客观规律都是波浪式前进，螺旋式上升，周期性变化。中国有一句古话，叫风水轮流转，经济学讲资产重组。"生活就是不断地重新再来。不空杯就不能进入新的资产重组，就不会持续发展。

在此之前，你可能有过很高的地位，可能拥有很多的财富，具有渊博的知识，但是当你想要达到更大成功的时候，你一定要有一个空杯的心态。只有这样，你才能快速成长，才能学到更多的成功方法。

如果你要喝一杯咖啡，就必须把杯子里的茶先倒掉，否则把咖啡加进去之后，就茶也不是，咖啡也不是。

虚心使人进步，骄傲使人落后。有句话说：谦虚是人类最大的成就。谦虚让你得到尊重，越饱满的麦穗越弯腰。

由此可见，保持一种空杯心态对于一个人长期的发展是多么的重要。海尔集团首席执行官张瑞敏说："我们主张产品零库存，同样主张成功零库存。只有把成功忘掉，才能面对新的挑战。"海尔的年销售额数百亿元，但张瑞敏从未有一丝飘飘然的感觉，相反，他却时时处处向员工灌输危机意识，要求大家面对成功始终保持一种如履薄冰的谨慎。

成功仅代表过去，如果一个人沉迷于以往成功的回忆，那他就再也不会进步。对于有远大志向的追求者来说，成功永远在下一次。保持"空杯"心态，才能不断发展创造新的辉煌。人们问球王贝利哪一个进球是最精彩、最漂亮的，他的回答永远是"下一个"！冰心说，冠冕，是暂时的光辉，是永久的束缚。一个人只有摆脱了历史的束缚，才能不断地向前迈进。

空杯心态，其实就是一种虚怀若谷的精神，有了这种精神，人才能够不断进步，不断走向新的成功。

不满现状的人才有进步的空间

20几岁的年轻人，许多人对自己现状的生活比较满意，因此就放弃了向更高目标追逐的渴望。有多少受到上天眷顾的人，因为沉溺在"满足"里而忘记了努力，进而成了上天的"弃儿"，失去了获得更多成功的机会。

"在人生的道路上，所有的人并不站在同一个场所——有的在山前，有的在海边，有的在平原，但是没有一个人能够站着不动，所有的人都得朝前走。"这是泰戈尔的名言。我们每个人都有自己的位置，也许低也许高，并不是所有的人都能有机会站在人生的最高点，但是"所有的人都得朝前走"，即不论是谁都要努力进取。我们不一定要创造丰功伟绩，但不论现在的成绩如何，我们都要不断超越现在，不断进取才有成功的机会，而安于现状被安逸生活吞噬进取心的人，则永远没有体验人生风景的机会。

有一天，沼泽向在自己身边奔流而过的河流问道："你整天川流不息，一定累得要命吧？你一会儿背着沉重的大船，一会儿负着长长的水筏，在我眼前奔流而过。你什么时候才能抛弃这种无聊的生活呢？像我这样安逸的生活，你找得到吗？我是一个幸福的闲人，舒舒服服、悠悠闲闲地荡漾在柔和的泥岸之间，好比高贵的太太们窝在沙发的靠枕里一样。"

河流回答："水只有流动才能保持新鲜，我成了伟大壮阔的河流就是因为我不躺在那儿做梦。结果，我的源源不绝的水，又多又清的水，年复一年地给人们带来了幸福，因而赢得了光荣的名誉，或许我还要世世代代地川流不息下去。那时候，你的名字就不会有人知道了。"

多年以后，河流的话果然应验了，壮丽的河仍旧川流不息，沼泽却一年浅似一年。沼泽的表面浮着一层黏液，芦苇生出来了，而且生长得很快，沼泽最终干涸了。

这个故事告诉我们，一成不变能换取一时的安逸，却得不到丝毫成长，只会慢慢退步，甚至慢慢衰亡。

而那些渴望成功的人是有雄心的，他们不会满足于自己所取得的一点点小成就。他们知道成功不仅仅是抓住机会，而是抓住更多的机会；不是获得一点满足，而是获得更多的满足；不是得到一些人的认可，而是得到更多人的认可。一次成功了，坚信下一次也能成功，要以一个阶段的成功更好地推动下一个阶段的成功，这样才能持续进步。

有一个叫达西的年轻人，他的父亲在墨西哥有一座金银小矿山。达西原本很勤奋地工作，使矿山的运营良好。但是当大量的钱财滚滚而来的时候，他竟然停止了工作，盖了一间非常奢侈豪华、带着游泳池的豪宅，里面的家具都是从巴黎空运来的，豪宅内的装修设计也是花高价找著名的设计师设计的，室内摆满了各式各样稀奇珍贵的古董。

从此以后，达西沉溺在无止境的奢华生活中，再也不过问矿山的生产。最终，他再也没有作出大的成就。

有不少 30 几岁的年轻人就像例子里的达西，取得了一点小小的成就就满足了，忘记了继续努力奋斗。

在心智成熟的基础上需要新的挑战

我们总是会被另一个自己打败，因为自己是自己最大的敌人。永远不要中止与自己的作战。赢一次后，就向更高的目标挑战。不敢挑战自我，是将自我潜能设限，无限的潜能就只能成为有限目标的附属，而勇于向自己挑战，是获得成功的基础。

奥斯·帕立舒是一个成功的公司家，但他从没有认为自己已完成了一切。他永远在向下一个目标前进，一生都走在不断自我挑战的道路上。尽管他有口吃的毛病，但他每年都会在纽约大都会饭店举办一年一度的演讲，偌大的会场总是挤满了全国各大公司的经理，屏息敛气地聆听他分析市场现状和未来趋势。这种场面对任何人来说，都值得自豪，但对他来说，这不过是他达到的众多目标中的一个而已。

他从不为取得的成绩沾沾自喜，直到晚年，他仍旧能不断产生出人意料的新构思。每当别人为他取得的某个成就向他祝贺时，他都不屑，只会兴冲冲地说："不谈那个，你现在听听我刚刚想到的一个构想。"在他 94 岁的时候，医生告诉他的朋友，他将不久于人世；朋友赶紧给他打去电话。"嗨！"他的精神状态非常好，"我又有了新的构想，是一个伟大的构想。"他简要地说明了他那令人兴奋的新目标。他根本没有提到死亡，只是尽情诉说他将如何实现这个新目标。两天后，他因病情恶化而去世。

无论奥斯的构想最后有没有实现，他的人生都不再有遗憾，因为他在生命最后的时刻都在不断地挑战自己，与自己作战使他得见了自我生命的全貌。同奥斯一样，美国棒球界著名人物里奇，也是一个喜欢给自己寻找挑战的杰出人物。

他曾任圣路易斯红衣队、布鲁克林道奇队以及匹兹堡海盗队的教练，并率领这三支球队取得了不凡成绩。在庆祝他的棒球生涯 50 周年晚会上，一名记者这样问他："在美国的重要运动之一的棒球界驰骋了半个世纪，你的最大收获是什么？"面对这个问题，里奇皱起眉头回答道："我不知道，因为我还没有退休！我还在继续！"

虽然已经成绩不凡，但他绝不以已经取得的成绩作为终点，他的语气告诉我们，只要生命不止，他将不断向新的目标挑战。

20 几岁的人，少了年少无知的莽撞，更多了些成熟与稳重，在这个基础之上，如果能够不断挑战自己，将会取得更伟大的成就。

开阔眼界，消除迷茫感

步入职场之后，我们都会埋头苦干，希望自己的专注、踏实能够为自己赢得一席之地。当然，这种做法是值得褒奖的，也是公司所推崇的。如果换个角度思考问题，是不是只顾埋头苦干就能够保证自己一定处于优势呢？答案是否定的。因为当你过分专注于眼前具体的工作时，就很难站在一个更高角度去规划自己的未来，从而错失发展的良机。所以，埋头苦干的同时，也要培养自己的眼界。开阔、长远的眼界，能够使你站在更高的角度去看问题，更好地把握前进的方向。眼界决定视界，视界决定境界。

李芳菲毕业于一所名牌大学，毕业后进入一家大型的外企工作。由于她工作一丝不苟、认真踏实，工作 4 年后已经成为公司的部门经理。在旁人看来，李芳菲有着令人艳美的生活，每个月上万的薪酬、体贴的丈夫、可爱的孩子。但是，在她自己的内心里，却经常有着莫名的恐慌。

当前，新入职的员工基本上都是研究生学历，而她还是大学本科学历，知识结构并没有更新；她现在虽然是部门经理，但是她自己已经意识到，每天的工作只是墨守成规地按照流程认真完成，并没有不可替代性。自己再这样下去的话，升迁的优势并不突出。相比其他部门经理，也没有明显的竞争力。再过一两年，等她手下的员工熟悉了业务，羽翼丰满，很有可能取代她。为了工作，她把大多数的休闲时间都用于工作，经常加班、出差，很少和家人在一起。一旦自己被裁员，收入减少，就会影响到家人的生活质量，她也产生了对家庭的负疚感。她的这种惶恐不安最近表现得尤其严重，做事打不起精神，总感觉身心疲惫，难以应对家庭和工作上的事情，担心被取代的恐惧与日俱增。

其实，李芳菲的工作苦恼是很多公司的中层都会遭遇到的。长期专注于具体的工作，经常导致难以有更高的眼界、更加开阔的视野来思考自己的发展前景。对于步入而立之年的人尤其如此。

能否在公司里继续得到升迁的机会？想要改变现状，其实也并非无章可循。其实起决定作用的不在老板，而在于自己能否开阔视野，拥有更长远的发展眼光，不能仅仅局限于把分内的事情做好就行了。如果只看到把眼前的具体工作完成，就会忽视了对自己长远职业生涯的规划。仅仅满足于现状，工作停滞不前的结果很有可能连目前的职位都无法维持。要充分掌握业内发展的资讯信息，综合衡量自己的能力，为自己设立一个不同阶段的奋斗目标，找到自己能够获得长远发展的支撑点。人到中年，褪去了年轻时期的张狂，就很有可能连年轻人的梦想也一并抛掉了。没有更长远的发展规划，就像水中的船儿四处随波逐流，找不到属于自己的航向。

当然，开阔、长远的眼界也并非凭空得来，不是轻而易举就能做到的，也是需要基石的铺垫。首先要做的就是充电，不断积累自己发展的资本，提升自己的业务能力，增加自己的竞争力。当前知识的更新换代非常迅速，专业知识也同样在不断更新。及时充电、增加自己竞争的筹码，提升自己的知识结构，就能有更加高远的眼界来展望今后的职业生涯。

其次，要扩展自己的人脉关系，扩展自己的交往范围。俗话说，听君一席话，胜读十年书。不同的人有不同的人生际遇，对事物会有不同的看法。多元化的人际关系，能让自己看到不同的人生历程。三人行，必有我师。多与不同的人交流、沟通，或多或少都能从别人的身上学到知识。一旦自己站在十字路口，左右为难之时，你的人脉关系会使你左右逢源，难题迎刃而解。

第三，开阔的眼界也要有家庭的配合。很多人在寻找前进动力的时候，会把家庭视为事业成功的羁绊。案例中的李芳菲经常把家庭、工作对立起来，她认为自己工作上的不如意就会给丈夫、孩子带来精神上的压力，却没有考虑到家庭也可以成为前进的动力来源。多与家人在一起，向他们倾诉工作上的烦恼、压力，也能够释放自己心中压抑的情绪，同时也能够得到家人的理解和支持。家人会设身处地地为自己出主意、想办法的。

最后，丰富自己的业余生活。现在，生活节奏很快。很多人都会以工作为理由，挤占业余时间。公路上疾驰的汽车也是需要停下来，休整加油。磨刀不误砍柴工，也就是这个道理。即使工作再忙，也要抽时间锻炼身体，心理上的压力是能够通过锻炼身体释放出来的，从而让自己变得神采奕奕，精神饱满。

当然，眼界的扩展也是要建立在本职工作的基础上的。一如既往地做好本职工作，做好程序化的工作，让人无可挑剔，也是至关重要的。

求知若饥，虚心若愚

我们每个人都应该时刻充满着对知识的渴望，保持着谦虚求教的态度。30岁的时候更应该如此，不要觉得学习只是20岁年轻人的事情，更不要"倚老卖老"，觉得自己已经有所成就了，就舍弃了20几岁时谦虚的态度。

一个不能时刻保持"求知若饥，虚心若愚"的态度的人，不可能形成自己的鲜明风格。每一个有影响力的人无一不是有独特风格的人，而这一切都建立在不停谦虚求教的基础上，否则，天才的灵感也会有枯竭的一天。

北宋时期，有一个名叫方仲永的人家里世代都是农民，没有一个文化人。他5岁时，还从未见过笔墨纸砚。可是有一天，方仲永突然哭着向家里人要笔墨纸砚，说想写诗。他父亲感到十分惊讶，马上从邻居那里借来笔墨纸砚，方仲永当即写了四句诗，同乡的几个读书人知道了这件事，都跑到方仲永家来看，一致认为他的诗内容深刻雅致，文采绚丽多姿。人们纷纷称赞他是一个不可多得的天才。

这件事在乡里流传开后，从此，方仲永家热闹起来，经常有人来家玩，有的当场出题要他做诗，甚至还出钱让他题诗。方仲永的父亲见有利可图，于是放弃了让方仲永上学读书的念头，而是每天带着方仲永轮流拜访县里的那些名流、富人，找机会表现方仲永的作诗天赋，以博得那些人的夸赞和奖励。

由于方仲永没有机会学习，久而久之他的才华就逐渐地消失了。到他 20 岁的时候，他已经和普通人没什么两样了。

方仲永的悲剧就在于他的自负与自满。奥文·托佛勒曾说："在这个伟大的时代，文盲不是不能读和写的人，而是不能学、无法抛弃陋习和不愿重新再学的人。"

我们要不断地学习，提升自己，为自己赢得机会，让自己始终先人一步。只有这样，才能成为生命战场上的强者，才能一路笑到最后。

进取心是不竭的动力

一块有磁性的金属，可以吸起比它重 1 倍的重物，但是如果你除去这块金属的磁性，它甚至连轻如羽毛的东西都吸不起来。同样地，人也有两类：一类是有磁性的人，他们充满了信心和信仰，他们知道自己天生就是胜利者、成功者。另外一类人，是没有磁性的人，他们充满了畏惧和怀疑。机会来时，他们却说："我可能会失败；我可能会失去我的钱；人们会耻笑我。"这一类人在生活中不可能会有成就，因为他们害怕前进，只能停留在原地。

许多人习惯于在原地不动而没有方向，他们对任何刺激都毫无反应。

那么，推动人们向着既定目标努力的巨大推动力从何而来呢？进取心又源于哪里？事实上，激励我们前进的，是我们生命中的一种最有趣而又最神秘的力量。它存在于我们每个人的生命中，就像我们自我保护的本能一样。

一位雕塑家有一个 12 岁的儿子。儿子要父亲给他做几件玩具，雕塑家只是慈祥地笑笑，说："你自己不能动手试试吗？"

为了制作自己的玩具，孩子开始注意父亲的工作，常常站在父亲旁边观看父亲运用各种工具，然后模仿着运用于玩具制作。父亲也从来不向他讲解什么，放任自流。

一年后，孩子好像初步掌握了一些制作方法，玩具造得颇像个样子。这样，父亲偶尔会指点一二。但孩子脾气倔，从来不将父亲的话当回事，我行我素，自得其乐，父亲也不生气。

又一年，孩子的技艺显著提高，可以随心所欲地摆弄出各种人和动物形状。孩子常常将自己的"杰作"展示给别人看，引来诸多夸赞。但雕塑家总是淡淡地笑，并不在乎似的。

有一天，孩子存放在工作室的玩具全部不翼而飞，他十分惊疑！父亲说："昨夜可能有小偷来过。"孩子没办法，只得重新制作。半年后，工作室再次被盗！又半年，工作室又失窃了。

孩子有些怀疑是父亲在捣鬼：为什么从不见父亲为失窃而吃惊、防范呢？偶然一天夜晚，儿子夜里没睡着，见工作室灯亮着，便溜到窗边窥视：父亲背着手，在雕塑作品前踱步、观看。好一会儿，父亲仿佛作出某种决定，一转身，拾起斧子，将自己大部分作品打得稀巴烂！接着，将这些碎土块堆到一起，放上水重新混合成泥巴。孩子疑惑地站在窗外。这时，他又看见父亲走到他的那批小玩具前。只见父亲拿起每件玩具端详片刻，然后，父亲将儿子所有的自制玩具扔到泥堆里搅和起来！当父亲回头的时候，儿子已站在他身后，瞪着愤怒的眼睛。父亲有些羞愧，温和地抚摩儿子的脸蛋，吞吞吐吐道："我……哦，是因为，只有砸烂较差的，我们才能创造更好的。"

10 年之后，父亲和儿子的作品多次同获国内外大奖。

成功的人往往都是一些不那么"安分守己"的人，他们绝对不会因取得一些小小的成绩而沾沾自喜，眼前那点小成就会阻碍你继续前行的脚步。每一个渴望出人头地的人都要谨记：只有不断砸烂较差的，你才能完全没有包袱，创造出更好的，走上成功的殿堂。

进取心是一种极为珍贵的美德，它能促使一个人做他自己应该做的事，而不是在被动的状态下接受任务。胡巴特说："这个世界愿对一件事情赠与大奖，包括金钱和荣誉，那就是'进取心'。"

所谓进取心，是指为人在世，应当不断地发展自己，不断地丰富自己。在眼界上，努力获取新的知识，思考新的问题；在事业上，努力争取年年有发展。换句话说，不满足于现状，不断否定自己，不断超越自己，不断给自己树立新的目标。简单地说，进取心就是主动地去做应该做的事情，而不是等待别人的吩咐。仅次于主动去做应该做的事情的人，就是当有人告诉他该怎么做时，立刻去做。更次等的人，只在被人从后面踢一脚时，才会去做他应该做的事。这种人大半辈子都在辛苦工作，却又抱怨运气不佳。最后还有更糟的一种人，这种人根本不会去做他应该做的事，即使有人跑过来向他示范该怎样做，并留下来陪着他做，他也不会去做。他大部分时间都在失业中，因此，易遭人轻视，除非他有位有钱的父亲。但如果是这种情形，命运之神会拿着一根大木棍躲在街头拐角处，耐心地等待着。

当一个人的进取心达到不可遏止的时候，他的成功便会具有必然性。拿破仑·希尔认为：进取心是一个成功人士首先必须具备的品质。当一个人失去进取心时，他周围的一切都将失去光泽。进取心犹如罐子里的火药，随着罐中火药数量的增加，它离引爆点也越来越近，最终将以一次巨大的爆炸释放自身的能量。所以，30几岁的年轻人一定要时刻保持一颗进取心，这样才能在成功的路上越走越远。

真正的进步是比别人进步得快

让我们先来看一个故事：

一个农夫头一年挣了十两银子，买了一头牛，他计划第二年埋头苦干，挣一百两银子，再买十头牛，那样，他就可以搞一个小型养牛场了。第二年，他果然挣到一百两银子了，可是，牛也大幅度涨价了，一百两银子连半头牛都买不到了。

这个故事告诉我们，所谓的"现状"是不存在的，整个世界是在不断向前发展的。你停下来，别人仍在前进；你前进，别人比你前进得更快。要想在激烈的角逐中占据主动，就应当比别人跑得更快。

每天当太阳刚刚升起，隔夜的露珠还没有消失时，羚羊、狼群、狮子，还有其他大草原的动物们就已经开始了一天的奔跑。最先跑起来的是羚羊。它们成群结队地跑过平缓的山岗，找到水源，在短暂的休息之后又开始新的奔跑。就在它们不远的地方，也许就在附近的草丛里，狼群也在奔跑。它们的奔跑是为了羚羊。当狼群开始奔跑的时候，狮子也开始了奔跑。它们必须赶在狼群之前找到一日的早餐，否则，今天可能又是一个忍饥挨饿的日子。

这是每天发生在大草原上的一幕，每天都在上演的奔跑比赛。没有任何外在的力量在导演这一切。它们奔跑完全是来自内心的驱使——要么生存，要么死亡。

"让自己跑起来"是自然界恒久不变的生存法则。看完上面一则简单的生物寓言，我们就会明白在职场上为了生存，人们也必须像大草原上的动物一样，要"让自己跑起来"。

社会像是一个永不闭馆的竞技场，每天都在进行着淘汰赛。就像草原上每天都要上演的追逐赛一样，只有"让自己跑起来"才能生存，也只有跑起来的动物才能获得比同类更好的生存环境，不管是主动攻击的动物还是被攻击的动物。

在当今社会，被动是很容易被淘汰的，一个人要摆脱社会的生存危机，使自己不被优胜劣汰的自然规律所打败，就要善于寻找自己能力上的突破点，快速地突破停滞，让自己尽快地优秀起来，不断进步，只有这样才能让自己保持持续的竞争力。

A公司是一家中型的广告公司，设计部是两男一女的格局。平日里，三个人总是能够在繁忙的工作中找到偷闲的机会。例如，聊聊电视剧，或者是商场里最新的打折信息，等等，就这样，三个人也过得优哉游哉。

一天，老板领着一个稚气未褪的男孩走进了他们的办公室，向他们介绍他们设计部的新同事，应届大学毕业生林。

林来到设计部上班，就像每个新人一样默默无闻、勤勤恳恳地工作着。早上，"元老"们还没到，林就开始打扫办公室。设计部有很多需要跑腿的活儿，以前设计部的人都不情不愿的，总是以猜拳的方式来选举谁是那个"倒霉蛋"。但是现在，不用言语，林早就揣起文件，送往有关部门。而当林跑前跑后的时候，"元老"们按照"惯例"，又将话题扯到美国占领伊拉克的热点新闻上去了。每当下班的时候，"元老"们都会迫不及待地奔出公司，而林则毫无怨言地收拾着遍地狼藉的办公室。"元老"们还打趣说，"新人都是活雷锋嘛"。

没多久，老总开会说设计部是公司的重心，要适当扩容，还要选出一个设计部部长。涉及各自的前途，平时人浮于事的那几个老职员，渐渐地收敛了许多，都想在老总面前留个好印象，以赢得升迁的机会。然而，不久，人选已经张贴在办公室外的公布栏了，是林。

林在上任致辞时说，你们都以为新人做什么都是应该的，新人仿佛就是活雷锋，你们错了。当今职场就是战场，没有战友，更没有活雷锋的，升迁的机会是靠自己把握的。

判断自己是在进步，还是"明进暗退"，不能老和自己的过去以及不如自己的人相比，而是应当和最优秀的人和进步最快的人相比。假如每一个竞争对手都用 9 秒跑完 100 米，你虽然比过去加速了，但你花了 10 秒，你仍然是最落后的一个。这就要求我们要树立一定的危机意识，一定要比别人进步，得更快才能在未来的竞争社会中占据主动。

生活单调时，用好书拓展视野

20 几岁的人会偶尔觉得生活单调乏味，缺少激情。由于工作、家庭的牵制，他们很少有时间外出旅游，这时候，不妨读几本好书，来开阔自己的事业。

严文井说："读书，人才更加像人。"是的，在更多的时候，读书不只是与官财光荣相连，它是人的风骨的基石；它是文明的卫士，守卫在没有瘀迹的风景线上。培根说："如果船的发明被认为十分了不起，因为它把财富、货物运到各处，那么我们该如何夸奖书籍的发明呢？书像船一样，在时间的大海里航行，使相距遥远的时代能获得前人的智慧、启示和发明。"

但是在这个快节奏的时代中，很多人在抱怨没有时间来阅读或者抱怨学习的环境太差，其实这都是非常拙劣的借口。只要你能养成阅读的习惯，读书跟环境和时间没有关系。

今天，对于年轻人来说，不该停止读与自己专业相关的书，为了使自己把手头上的活儿做得出类拔萃；也不该连一本有关生命意义的书也不看，那样我们会渐渐失去做人的深度。

总之，读书可以使人明心、清脑、益智、养气。明心指读书可以开阔人的心胸，涤荡人的灵魂；清脑指读书可以拓宽人的思路，开阔人的视野；益智指读书可以增长人的智慧和才干；养气则指读书能陶冶人的情操，提高人的自身修养和气质。

年轻的时候，必须要求自己每天阅读半小时。滋润心灵的精神食粮，永远不会嫌多。而读书，是滋润心灵、完善自我的唯一途径。读书也讲究方法的，我们在阅读的时候要注意以下几点：

1. 博采众长

读书需要广涉群科、博采众长。宽打基础窄打墙，是读书方法之一。二十几岁的我们，欲在任何一个领域中有大的建树，博通是必行之路。科学和艺术看来是相距甚远的领域，可也有许多相通之处。诺贝尔奖获得者格拉索在回答"如何才能造就好的科学家"的提问时，答道："往往许多物理问题的解答并不在物理范围之内。涉猎多方面的学问可以提供广阔的思路，如多看看小说，有空去逛逛动物园也会有好处，可以帮助提高想象力，这和理解力和记忆力同样重要。假如你未看过大象，你能凭空想象得出这种奇形怪状的东西吗？

对世界或人类活动中的事物形象掌握得越多，越有助于抽象思维。"

2. 莫做书奴

书，本应是人的奴仆，为人所用。可有时却相反，因为有的人却成了书的奴隶，这不能不令人痛惜。不顾实际、死啃书本的人，甘作书奴，他读书越多，就会变得越痴呆，使他深受书之害。因此，要善于驾驭书本，居高临下地读，而不要将自己埋进书本之中，被书淹没。你应占有书本，而不能为书本所左右。有书就要去读，达到为我所用。有了书而不去阅读，就是莫大的悲哀。

3. 择优而读

读书，需要选择。试想：一个经常在阅读沉思中与哲人、文豪倾心对语的人，与一个只喜爱读凶杀言情故事和明星花边轶闻的人，他们的精神空间是多么不同，他们显然生活在两个不同的世界中。在茫茫书海中，我们要力求寻觅上乘之作、经典之作，要多读名著，多读"大书"。所谓经典名著、"大书"，需要经过时间的沉淀和筛选。一些社会学家曾做过统计，其结论是：至少要横穿 20 年的阅读检验而未曾沉没，这样的著作方有资格称为经典、名著。择优读书，需要一种选择、琢磨功夫。我们应汲取前人的经验，将读书效率提高一个层次。关于读书择优之理，德国哲学家叔本华早就指出：要坚持宁缺毋滥的原则，拒绝坏书。"应该去读那些伟人的、或已被事实证明是好书的名著"，只有这样，才能真正称得上开卷有益。

制定更高的目标

人的能力是可以无限延伸的，要用"将来时"看待能力，而不是"现在进行时"。假设你的能力可以达到 10，而你在设定目标时只定在 9 或是 8，以此来保证自己一定能够达到目标。长此以往，你确实是可以达到预期的目标了，可是能力却止步不前，甚至会倒退：长久不去做完成 10 这个标准的目标，久而久之也就消磨了原本能够达到 10 的那些能力。反过来想，如果你的能力是 10，你在设立目标时总是比 10 高，而且付出更多的努力去达成，那么你今后的目标就可以越来越有挑战性，你的能力会随着目标的升高而提高，你自然会逐渐进步。

日本公司家稻盛和夫先生，就是利用为自己制定更高的目标这种方法，取得了更加辉煌的成就。

京瓷公司刚成立初期，最开始生产的产品是提供给松下电子工业的用于电视机显像管上的绝缘零件。为了让公司摆脱只生产单一产品的经营危险，稻盛和夫决定开拓业务范围。他多次向东芝、日立等大型电子公司进行宣传，称京瓷拥有高新技术，能够生产新型陶瓷绝缘产品。稻盛和夫的这个办法并没有奏效，因为这些大公司都有长期合作的陶瓷厂家，况且，京瓷当时还是一家名不见经传的小公司，大公司的工程师们，谁也不放心把订单交给稻盛和夫。

于是，这些工程师们就会问："既然你们有这种新型陶瓷的制作技术，那么这样的产品你们可以吗？"他们给出的都是其他陶瓷厂家不肯接受的高难度、高要求的产品订单。稻盛和夫面对这些订单都十分肯定地回答："我们可以！"

他的做法让京瓷的员工们感到十分费解，明明是不可能做到的事情，为什么要接下这样的订单？稻盛和夫自己也很清楚，以京瓷当时的技术实力确实不太可能完成这些订单的高难度要求。但是，如果说做不出来，京瓷从此就不会再有大客户，公司的前途堪忧；既然答应能做，就必须做，否则得到的也将是永远失去这些客户的结果。

京瓷当时既没有相关经验，更没有技术和设备。员工们反问稻盛和夫："连设备都没有，怎么可能做得了？"

稻盛和夫鼓励他们说："没有设备，我们可以去买二手设备；就技术来说，我们确实是难以胜任，可这是现在的情况；只要我们肯努力，只要我们全心付出，在未来，我们一定能够达到目标！打起精神来，加油吧！"

定下高目标，再想方设法、不遗余力地去为之拼搏，京瓷的技术就这样一步一步提高起来，知名度也因此而不断提升，从而成就了京瓷的"世界一流"梦想。

制定更高的目标确实是一个提高能力的好办法，根据自己现在的能力，大胆设想未来某一时间点的能力，始终把跨栏设定在比自己现有能力高两三成的高度，定下目标之后，就全力以赴，不达目标决不放弃。

当然，目标并非定得越高越好，目标远大也要有一定限度，如果目标太过遥远，会令自己望而生畏，失败次数多了势必会影响自己的激情，两三成的高度也许是比较合适的。这样的目标既能够避免绝对失败带来的消极影响，又能够促使自己努力奋进、不断进步，进而朝着更高的目标循序渐进地进发。

把远期目标定得适当高一些，然后将远期目标分解成一个一个可以分阶段完成的小目标，每当完成一个小目标的时候，就增加了一份成功的信心，也就离成功更近了。

做攀登型人才

如果说生命是一座令人敬畏的高山，能登顶的人是人生最大的赢家，那么，唯有不断攀爬，我们才能步步为营，把对手甩在身后，取得更突出的成就。

日本励志作家清水克彦提倡年轻人过一种"攀登型"的生活。他说："所谓攀登，众所周知是指爬山，不仅仅是登上山顶，更重要的是在攀登的过程中亲近自然，享受沿途的风景。另一方面，为了锻炼身体和自身的健康，我们需要登上不止一座的山峰。"

20 几岁的人，有时在工作和生活中遇到了瓶颈期，他们仿佛多了一丝老态，停止了对生命之山的攀爬，每日固步不前地守望自己平淡的生活。殊不知，这是对生命的浪费。

我们来看看清水克彦是如何在生命中不断攀爬的：

清水克彦进入广播电台后，因为想当记者，所以希望能进入纪录片制作组。但实际上被分配到的部门却是面向年轻人的娱乐节目制作组。虽然从某种意义上来讲娱乐节目制作组也是不错的地方，但这和他梦想的纪录片组还是相差甚远。虽然他在娱乐节目制作组有些迷茫，但是很快，每天都能接触到各种偶像明星、有名的艺人，也让在这里的工作变得有意思起来。

正当他快要渐渐沉湎于现状的时候，偶尔会产生类似于"等一下，我最初想干的是什么工作来着"这样的疑问。也就是说，清水克彦刚进入公司时的决心已经在不知不觉中开始动摇了。

在很长一段时间中，清水克彦的内心一直在挣扎。"反正这样也挺轻松愉快的，一直这样下去也很好啊"，"不行，做搞笑访谈不是我的本意，还是回到原点重新开始吧……"，他像许多人一样，不清楚到底应该维持现状还是坚持最初的梦想，但经过再三地思考之后，最终他还是决定选择勇敢地攀登理想中的那座山峰。

尽管当时他所从事的是面向年轻人的深夜档栏目，但也会时常找一些体育选手或文化人做嘉宾，做成有纪录片感觉的特别节目；另外他还大胆尝试做了一些反映有关逃学、校园暴力、性犯罪等社会现实问题的栏目。但是，毕竟因为不是报道部也不是体育部，所以能做的话题还是很有限的。他作为制作监督，努力尝试在一定范围之内尽可能地去挑战高峰。

在工作之余，清水克彦依然严格要求自己，努力拼搏，积极参与围绕政治、经济、时事等主题开展的各种交流会。并且还找到外教学习英语，为将来的工作打好语言基础。最终，清水克彦发现，比起制作面向年轻人的节目，果然还是纪录片组和新闻组更加适合自己。

虽然有过纠结和妥协，但最终，清水克彦还是朝着自己向往的那座山峰不停攀爬。

也许有人会觉得，享受现在的安稳远远比去攀爬不知能否登顶的高山来得轻松，但是，一旦你体会到了那种成长的充实感，你付出的所有努力就都值了。

日本公司家三木谷浩史先生曾经说过一句让年轻人心悸的话："人类只有两种类型，一种是无论用什么手段都要达成目的的人；另一种是满足于现状，觉得做到现在这样就可以的人。"20几岁的年轻人，你不妨好好问问自己，你是要做一个为了梦想而努力奋斗的人，还是甘愿做一个每天过着重复生活的默默无为之辈。

给梦想增加几分迫切感

你的抱负和梦想，是怎么化为灰烬的？是拖延，如果你打算用你的白日梦和你从没按时履行过的计划表来实现梦想，等待你的只有生命的损耗和机会的擦肩而过。当拖延成为你的习惯时，超越别人将是遥遥无期的事情。

"明天，明天，还有明天"，很多人总是在这样的自我安慰中度过了一个又一个今天，殊不知，时间滔滔不息地奔赴终点，当你把今天应该完成的事拖到明天去做时，这个"明天"会把你的生命无限拖延，直到坟墓。

李明大学毕业，在北京做过很多工作，但每个工作都没做足三个月，原因是李明自小有一个拖拉的坏习惯，干什么事都是今天推明天，明天推后天，推来推去什么事也没做成。就拿当初考大学来说，要不是他妈妈天天逼着学习，恐怕至今他还在复读呢！就因为这个毛病，李明求过职的很多公司都辞退了他，谁也不愿和一个"三天打鱼，两天晒网"、办事拖拖拉拉的人共事。

不久，李明又去一家公司求职，这家公司也觉得李明有市场策划的才能，决定经试用后再录用他。巧的是这家公司也让他用半个月的时间搞个市场策划。这次李明吸取了上次的教训，决心改掉自己办事拖延的坏毛病，他决定用一周时间搞市场调查，用5天时间写出规划，3天时间进行修改。这样，不到15天就能完成工作任务。开始几天李明不辞辛苦地奔波于各大市场进行调查，可没坚持几天，他拖延的老毛病又犯了，10天过去了材料还没动笔写，一天经理要看他写的市场策划材料，他推脱还不到交稿时间。经理见离交稿时间只有3天了，李明还没出成稿，觉得他办事拖延，对工作极不认真，就对他说："你也不用写了，从明天起你就不用来上班了。"这个公司又因为李明办事拖延把他给解雇了。

或者目前你还没到李明这样的境况，但是或许你有过这样一种经历：清晨，闹钟把你从睡梦中叫醒，想着自己所制订的计划，同时却感受着被窝里的温暖，一边对自己说"该起床了"，一边又不断地给自己寻找借口"再等一会儿"。于是，在忐忑不安之中，又躺了5分钟，甚至10分钟。

类似的情况我们在生活中经常会遇到，如果哪天你把一天的时间记录一下，会惊讶地发现，"拖延耗掉了我们很多时间"。很多情况下，拖延是因为人的惰性在作怪，每当自己要付出劳动时，或作出抉择时，我们总会为自己找出一些借口，总想让自己轻松些、舒服些。有的人能在瞬间果断地战胜惰性，积极主动地面对挑战；而有的人却深陷于"激战"的泥潭，被惰性左右……其实拖延就是纵容惰性，也就是给了惰性机会，如果形成习惯，它会很容易消磨人的意志，使你对自己越来越失去信心，怀疑自己的毅力，怀疑自己的目标，甚至会使自己的性格变得犹豫不决，养成一种办事拖拉的工作作风。

当然，有时拖延是因为考虑过多、犹豫不决造成的。比如，有一方案即使在会议上已经通过，经理还在考虑万一职工有意见怎么办，万一上级领导有看法怎么办，非要再拖几天才去实施，诸如此类的事情每一天都在我们的身边发生。

适当的谨慎是必要的，但谨慎过头就是优柔寡断，更何况很多像早上起床这样的事是没必要进行任何考虑的，所以，我们要想尽一切办法不去拖延，而不是想尽一切借口去拖延。绝不要让"我是不是可以等一等"的念头控制自己。

爱默生曾说："紧驱他的四轮车到别的星球上去的人，倒比在泥泞的道上追踪蜗牛行迹的人，更容易达到他的目标！"当你准备把今天的事情放到明天去做时，你应该想想到底有多少明天在等着你，到底有多少机会在等着你，今天的太阳明天还会升起吗？

20多岁的人已经没有拖延的资本和时间了，为你的梦想增加几分迫切感吧！改掉拖延的毛病，你不妨采取以下几种方法：

第一，为自己规定一个期限，但你不要暗地里规定一个期限，这样很容易被人忽视。

要让其他人都知道你的期限，并且期望你能如期完成。

第二，勇敢揭开自己的伤疤。你可能想减肥、戒烟、学习一门技术，与好久没联系的朋友重新联系，可是你在犹豫，迟迟不能开始你的行动。因为你认识不到问题的严重性。对美食的依赖会令你发胖；吸烟令你的肺黑得像煤炭一样，并使你早早死于肺癌；能力的欠缺让你没有养家糊口的本领，朋友也会疏远你，你会成为一个孤立的人，最后郁郁而终。

所有这些，只是因为你现在拖延，你的誓言如同垃圾一样。所以你应该在纸上写下你要做的事，把最严重的后果写出来，而不是写些无关痛痒的东西。

第三，不要等到万事俱备以后才去做，永远没有绝对完美的事。

第四，认真审视一下自己的生活。假设你今生今世还有 6 个月的时间，你还会做自己目前所做的事情吗？如果不会的话，你最好尽快调整自己的生活，现在就去做你觉得最紧迫的事情。为什么？因为相对而言，你的时间是很有限的。在时间的长河中，30 年和 6 个月是相差不多的。你的全部生命只不过是短暂的一瞬间，因而在任何方面拖延时间都毫无道理。

第五，在拖延的时候惩罚自己。例如你今天还是没有按时起床，那么你应该狠狠抽一下自己的脸或是用力扔掉你的闹铃。如果你没能按时完成你的既定工作，那么就取消一顿丰盛的午餐或晚餐作为惩罚。

第六，不要再使用"希望""但愿""或许"等词，因为这些词会促使你拖延时间。每当你发觉自己的话里又出现这几个词时，就应该改变自己的话。例如，你应该：

将"我希望事情会得到解决"改为"我要努力解决这件事"。

将"但愿我心情会好一些"改为"我要做些事情，保持心情愉快"。

将"或许问题不大"改为"我要保证没有问题"。

明日复明日，明日何其多，在时间的河流中，我们永远不要因为拖延而将人生之船搁浅，时间永远不会等着你的下一步行动，你一旦停下来，再迈步时踏上的很可能是毁灭的开端。

时刻保持危机感

智者曾多次告诉人们：要时刻保持危机意识。就像那句流传在海员中的俗语所说："水手和死亡的间隔，只有一块甲板的距离。"危机越远，越容易让人产生懈怠。曾经有这样的一个实验，把青蛙丢进滚烫的沸水中，它一下就跳了出来；但是，如果把它放进温度舒适的温水中，它不但没有跳出来，反而在水中悠然自得地游起泳来，将水慢慢加热，青蛙浑然不觉，最后被活生生地烫死。

很多公司也是如此，新创立的公司面临设备、资金、客户、市场等各方面的危机，总是能够抱着战战兢兢、如履薄冰的态度，不断去创新、提升、拓展。然而，当公司发展到一定规模，有了高级的设备、充裕的资金和稳定的市场之后，反而丧失了在危机下做事的那种拼劲和干劲，没有了力争上游的积极态度和对工作的高度热诚，这才是最大的危机。

许多成功者都认为危机意识不可少。比尔·盖茨曾经说过："我们离破产永远只有90 天。"许多知名大型公司都在增强危机意识方面下了工夫。

世界上最大的航空制造公司——著名的波音公司，为了增强员工的危机意识，别出心裁地摄制了一部模拟公司倒闭的电视片。这部片子的主要内容是：在一个天空昏暗的日子里，波音公司一派颓废景象，厂房高处挂着一个牌子，上面写着刺眼的大字"厂房出售"；扩音器中传来带着悲痛的声音："今天是波音公司时代的终结，波音公司已关闭了最后一个车间。"员工们一个个垂头丧气地离开了工厂。波音公司将这部电视片在员工当中反复播放，员工们都受到了巨大的震撼，激起了公司上下的危机感。员工们在危机意识的推动下，不断开拓创新，使波音公司一直走在世界前列。

波音公司的这个做法告诉我们，公司也好，作为个体的人也好，要想不被打垮、永远立于不败之地，就必须时刻保持危机意识，居安思危、防患于未然。

如果连危机意识都没有了，那么危机就会像潮水一样铺天盖地地向你袭来。危机并不可怕，只要准备充分、调整好心态、应对得当，危机也会变成生机；没有危机意识，才是最大的危机。

日本著名公司家稻盛和夫先生在一次讲座中谈到了"危机"这个话题。

稻盛和夫说："在豪华巨轮上的乘客和在简陋船板上的人，对危机的想法难免会有不同。但是，如果没有忧患意识，危机却不会对他们区别对待。"

在残酷的市场竞争中，如何能够使公司保持发展力、如何能够规避威胁公司的那些知名暗礁，稻盛有自己的原则和做法。

"我做事的原则就是，在晴天修屋顶，永远不等到雨天。不论市场如何变化，我都坚持在公司中储备一定的现金。有了雄厚的积累，再遇到危机，我都有体力支持下去，找到机会，转危为安。"

稻盛和夫先生的做法，其实就是中国古语中常说的"未雨绸缪"。时刻保持危机意识就会迎来"生机"，没有危机意识就会面临"杀机"。

其实，不论是国家、公司、还是个人，未雨绸缪、保持危机意识，都是规避危机的最好方法。国家如果没有危机意识，那么这个国家在世界舞台上将难以得到重视；如果一个公司没有危机意识，那么这个公司在经济全球化的浪潮中，如何经得起一次又一次的挑战呢；如果一个人没有危机意识，也将变得不堪一击。

第六章
创造财富的信仰

努力成为"脱贫"一族

著名的石油大王洛克菲勒从小就接受了财富的教育。

洛克菲勒出生于一个典型的犹太家庭。他的父亲经常用犹太人的教育方式教育几个孩子。他四五岁的时候，就通过帮助妈妈提水、拿咖啡杯，赚得一些零花钱。他们还把各种劳动都标上了价格：打扫 10 平方米的室内卫生可以得到半美分，打扫 10 平方米的室外卫生可以得到一美分，给父母做早餐得到 12 美分。再大点的时候，父亲告诉他如果想花钱，就自己挣！

后来他到了父亲的农场帮父亲干活，帮父亲挤一头奶牛，跑运输，包括拿牛奶桶。他把自己给父亲干的活都记录在自己的记账本上，到了一定的时候，就和父亲结算。每到这个时候，父子两个就对账本上的每一个工作任务开始讨价还价，他们经常会为一项细微的工作而争吵。

洛克菲勒 6 岁的时候，他看到有一只火鸡在不停地走动，也没有人来找。于是他捉住了那只火鸡，把它卖给了附近的邻居。他的母亲是一位虔诚的教徒，认为这样亵渎了神灵，而他父亲认为他有做商人的独特本领，对他大加赞赏。

有了这次的经商经历，洛克菲勒的胆子大了起来，不久他就把从父亲那里赚来的 50 美元贷给了附近的农民，他们说好利息和归还的日期之后，到了时间他就毫不含糊地收回 53.75 美元的本息。这令当地的农民觉得不可思议：这样的一个小孩居然有这么强的商业意识。

到了洛克菲勒成名之后，他还把这套办法教给他的子女。在他的家里，他让自己的妻子做"总经理"，而让自己的孩子们做家务，由自己的妻子根据每个孩子做家务的情况，给他们零花钱。他的家似乎就是一个公司。

洛克菲勒的父亲对他的教育，让他尽早培养了积极的金钱观，洛克菲勒富有之后，也继续对子女进行财富教育。

恰克是一名有着成功的事业和辉煌的人生的公司家。

有一天他家的园艺师傅对他说："社长先生，我看您的事业越做越大，而我却像树上的蝉，一生都坐在树干上，太没出息了。您教我一点创业的秘诀吧？"

恰克点点头说："行！我看你比较适合园艺工作。这样吧，在我的工厂旁有 7 万平方米空地，我们合作种树苗吧！1 棵树苗多少钱能买到呢？"

"4 美元。"

恰克又说："好！扣除走道，2 万平方米大约种 2 万多棵，树苗的成本是大概是 10 万美元。3 年后，1 棵树可卖多少钱呢？"

"大约 30 美元。"

"10 万美元的树苗成本与肥料费由我支付，以后 3 年，你负责除草和施肥工作。3 年后，我们就可以收入 50 多万美元的利润。到时候我们每人一半。"

听到这里，园艺师傅却慌忙拒绝说："哇？我可不敢做那么大的生意！"

最后，他还是在恰克家中栽种树苗，按月领取工资，始终没有脱离穷人的行列。

园艺师傅的思维就是典型的穷人思维。他也想致富，但一听说要那么多钱，他可能考虑到风险，考虑到未来的辛苦，考虑到自己将遇到的困难，考虑到……他就放弃了行动，继续过按月领取工资的生活。

为什么有些人总是贫穷依旧？大部分人认为当然是缺少钱了，有一部分人认为，穷人最缺少的是机会。还有一部分人认为，穷人缺少的是技能。其实这些都不是最主要的原因，穷人之所以穷，在于他们被自己的低财商困住了。而这样的低财商，反映在他们的思维和行动上。若不想继续贫穷，那么，穷人一定要打破自己的固定思维，并且及早对自己的后代进行财富教育。

尊重金钱，它才会朝你靠拢

"没有一道篱笆或一座堡垒会把驮着黄金的驴子阻拦"，金钱可以是很多东西的外壳。假使一个人能用理性支配金钱，这对于他就是一种荣耀，对于别人也大有裨益。

美国作家泰勒·希克斯在其所著的《职业外创收技巧》中指出，金钱可以使人们在 12 个方面生活得更美好：物质财富、娱乐、教育、旅游、医疗、退休后经济保障、朋友、更强的信心、更充分地享受生活、更自由地表达自我、激发你取得更大成就、提供从事公益事业的机会。

事实上，人类社会发展的历史也已经说明：金钱对任何社会、任何人都是重要的；金钱是有益的，它使人们能够从事许多有意义的活动。个人在创造财富的同时，也在为他人和社会作着贡献。

随着现代社会的不断发展，人们对物质享受的要求也在不断提高，我们每个人都渴望拥有宽敞的房屋、时髦的家具、现代化的电器、流行的服装、小轿车等，而这些都需要金钱去购买。人们的消费是永无止境的，当你拥有了自己朝思暮想的东西之后，你会渴望得到新的更好的东西。

如果你渴望自由，如果你渴望表现自我，那么就可以把追求金钱作为动力，这种动力也是强有力的刺激源。不能否认的是，金钱是世界前进的原动力之一。不要忘记，正是美国巨富洛克菲勒先生捐出了一块地，才使之后来成为联合国的所在地。没有巨额的财富，很难想象能做这样一件流芳百世的大事。

每个人都有成为富人的机会

100 个富翁，会有 100 个发家故事，100 种创富经历，100 条致富之路。如果你向身边的人请教到底该如何致富，那么 100 个人可能会有 100 个答案：排队买彩票的人会告诉你致富完全靠运气；银行职员会告诉你致富全靠储蓄；保险代理人会告诉你致富全靠保险；你的老师会告诉你致富全靠教育基础；珠宝店的老板会对你说致富全靠投资珠宝；期货市场的炒家会告诉你致富全靠期货买卖……

但是，你是否知道，世界上有一种致富法则可以让所有人成为富翁。

现在，你可能是世界上最潦倒的人：你没有任何家族背景，甚至没有储蓄超过万元的朋友，你没有任何的资源可以利用，没有任何影响力，甚至债台高筑、居无定所。如果有人告诉你这样穷困的你也能成为百万富翁乃至世界首富，恐怕你自己都不肯相信。但是请相信这种观点，无论你现在什么样子，就像有因就会有果一样，只要你开始按"既定的法则"做事，你就一定会逐渐富裕起来。

世间万物，包括我们已经获得的和将要获得的财富都源自一刻不停，按照规律运行的宇宙能量。宇宙有规律的运行创造了世界上所有的物质奇迹，而人类的思想是影响宇宙能量创造财富的唯一动力。所以，人的主观参与能够加大宇宙能量运行的活跃性和丰富性。

当你的思维运动与双手的创造结合在一起时，人就能从思想的动物转变为具有行动力的机器，人的想法在大脑中构思成熟，然后借助双手的力量和自然的资源转变为物质的现实。这个过程便是人类参与、影响宇宙能量运行的过程，也是创造财富的过程。

所以，不要囿于对地球上已经存在的事物的修修补补，而是激发自己更多的创造力，将自己具有创造性的思想传递给宇宙，与宇宙能量一起合作，才能丰富宇宙的财富，也充实自己的财富。这便是可以让任何人致富的既定法则。

那些成功的人，一定经受住了既定法则的考验，但有些人却偏偏将他人的成功与自己的失败都归因于所谓的命运。而美国银行大王摩根却相信，所谓的命运都是骗人的。

有人说，摩根的手掌上有条成功线，所以他才能够成为"银行界的巨子"。但摩根先生从不相信这样的鬼话。

他说："我在这 10 多年间，细细观察过自己的亲戚、朋友和职员的手掌，有这根成功线的，不下 2000 多人，但他们最后的境遇大部分都不太好。假如说，有成功线的人都可以获得成功的话，为什么这 2000 多人又是个例外呢？根据我的观察，在这 2000 多个有成功线而不能获得成功的人中，有 500 多个人是懒汉，他们懒惰得什么事也不肯动手。其中至少有 300 多人是傻子，连 ABC 也读不出正确的读音来！至少有 600 多人想奋发图强，做一点大事，但因为他们的人事关系处理得不好，或者因为他们本身根本没有学过什么专业的技能，或者因为他们刚在这项事业开了头之后受了一点点挫折，中途就放弃了，这样，他们的事业便失败了，而一生也只能在失败中度过！总之，手掌上有成功线的人未必会获得成功。其根源在于他们本身的缺陷，而并不是什么冥冥的主宰！"

所以，虽然每个人天生都拥有成为富人的机会，但若你不能遵照既定法则行事，不能够走上一条正确的创业道路，那么，你便会被这条可以让任何人致富的法则所抛弃。

即使你的手中没有那样一条成功线，但是没有资金的你一样能获得资金；入错了行的你能找到合适的行业；待错地方的你能找到合适的地方。从你现在从事的工作做起，从你现在所处的地方做起，按照能够让你成功的"既定的法则"做事，你便能一步步靠近这些生命的奇迹。

没有穷困的世界，只有贫瘠的心灵

谁也不会因大自然的供应短缺而受穷，那些穷人的窘迫并非完全是外界造就，更多是源自自己内心的贫瘠。其实，每个人都拥有一把打开财富之门的钥匙，只要你肯努力地去寻找，就会获得你想要的财富。

缔造"芭比娃娃"王国的女皇露丝·汉德勒就是一个靠思索致富的人。

1942 年，踌躇满志的汉德勒夫妇在一间车库里创办了他们的公司。最初他们公司的产品是木制画框，丈夫埃利奥特研制样品，露丝负责销售。当时，露丝已经有了一个女儿，作为一位母亲和一个玩具商人，她十分重视孩子们的想法。一天，她突然看见女儿芭芭拉正在和一个小男孩玩剪纸娃娃。这些剪纸娃娃不是当时常见的那种婴儿宝宝，而是一个个少男少女，有各自的职业和身份，让女儿非常沉迷。"为什么不做个成熟一些的玩具娃娃呢？"这让露丝看到了商机，经过无数的努力，芭比娃娃就此诞生了！而专门生产芭比娃娃的美泰公司也因此成立了。

露丝，总是能从平常的生活中发现特别的商机。1970 年，露丝被诊断患有乳腺癌，并接受了乳房切除手术。同时，美泰公司的新主管开始将公司产品多元化，不再把生产玩具作为重心，这一政策最终导致露丝和她的丈夫被迫远离他们当初创建的公司业务。1975 年，露丝辞去了总裁职务，离开了自己和丈夫创立的公司。

这一连串的不幸没有击垮露丝，眼光独到的她竟然从自己的病中获得了新的灵感。她为自己做了一个逼真的假乳房，取名为"真我风采"，并由此开始了她的第二次创业。1976 年露丝成立了一家新公司，不是生产玩具，而是生产人造乳房。她的目标是使人造乳房非常真实，以使"一个女人可以戴一般的胸罩和宽松的上衣挺胸走在路上，而且非常骄傲"。

正如"芭比"在一开始受到的冷遇，在那个时代，乳房病症仍然属于一个难以启齿的话题，露丝受到了来自各个方面的嘲笑和讥讽，即使是女人对她也不理解。露丝坚持了下来，顽强地面对种种阻碍。到了 1980 年，露丝公司人造乳房的销售额已经超过了 100 万美元。她又一次获得了非凡的成功。

类似露丝·汉德勒这样运用预见性创富的实例，在商界不胜枚举。然而，他们能够致富所依靠的难道仅仅是所谓的"机遇"吗？事实上，这样的机遇平等地摆在每一个人面前，但并不是所有人都有能力抓住，因为他们从没有进行认真的思考。

美国成功学大师拿破仑·希尔博士依赖自己所创的"心理创富学"而拥有亿万资产，他曾指出："人的心灵能够构思到，而又确信的，就可以成为财富。"他依据这种想法提出了心灵创造财富的公式：财富 = 想象力 + 信念。在这个公式中，思考是我们无法忽视的重要一环，因为它将整个公式完美地串联了起来。

像富人一样去思考

有研究表明，富人和穷人的差距就在于思维的差距。

其实作为一般人有着差不多的智力水平和能力，甚至受机会的青睐的概率也是一样的，但是贫富差异还是存在，其原因就在个人的思维方式。在富人看来商机无处不在，生意到处都是，他们总是在不断地尝试，当有新的想法他们就会付诸实践，不放过每个细微的念头，一个想法被否定，就会积极地寻找另一个，而不是因为被否定而放弃思考。因此我们发现有的人越来越富，而有的人只能原地踏步。

没有谁是天生的富人，也没有谁是天生的成功者，所有的成功者必有过人之处，其实那些过人之处是我们每个人所拥有的：多姿多彩的思维方式，永远有一个开放的思维。

无论你现在处在那种阶段，不要限制自己的胡思乱想，你刻意的遏制，其实就是让自己和成功愈来愈远的原因。

要记得每一个让自己进步的思维，要记得你才是自己人生的设计者，是掌握着自己人生的主宰者。

信念越坚定，财富越会滚滚而来

这个世界上从来不缺少任何致富的机会。穷人之所以贫穷，不是因为所有的财富都被富人瓜分完毕，而是因为他们那贫瘠的心灵荒原上长满了杂草，却没有关于致富灵感的曼妙花朵。

生命固有的内在动力总是驱使自身不断追求更加丰富多彩的生活。智慧的天性就是寻求自我的扩张，内在的意识总会寻求充分展示的机会。对于一个有智慧而又渴望致富的人来说，用信念的力量获取财富无疑是一件充满乐趣的事情。

美国人约翰·富勒家中有 7 个兄弟姐妹，他从 5 岁开始工作，9 岁时会赶骡子。

他有一位了不起的母亲，她经常和儿子谈到自己的梦想："我们不应该这么穷，不要相信那些'贫穷是上帝的旨意'的话。我们穷，但是不能怨天尤人，穷是因为你爸爸从未有过改变贫穷的欲望，家里每个人都胸无大志。"

这些话深深触动了富勒的心，他下定决心跻身富人之列，从此开始努力追求财富。

12 年后，富勒接手一家被拍卖的公司，并且还陆续收购了 7 家公司。他谈及成功的秘诀时，总是回答："我们很穷，但不能怨天尤人，虽然我不能成为富人的后代，但我可以成为富人的祖先。"

强烈的成功欲望是成功的起点，正如小火苗不能释放巨大的光和热一样，对成功的渴望仅仅停留在"想"这个层面上，永远难成伟业，唯有成功的欲望燃气熊熊大火，才能释放出无穷的能量。正是富勒对于财富的强烈欲望，他才能够从一个"穷人的后代"变成一个"富人的祖先"。

雄心和财富永远成正比

巴拉昂是一位年轻的媒体大亨，以推销装饰肖像画起家，在不到十年的时间里，迅速跻身于法国五十大富翁之列，1998 年因前列腺癌在法国博比尼医院去世。临终前，他留下遗嘱，把他 46 亿法郎的股份捐献给博比尼医院，用于前列腺癌的研究，另有 100 万法郎作为奖金，奖给揭开贫穷之谜的人。

巴拉昂去世后，法国《科西嘉人报》刊登了他的遗嘱。他说："我曾是一个穷人，去世时却是以一个富人的身份走进天堂的。在跨入天堂的门槛之前，我不想把我成为富人的秘诀带走，……谁若能通过回答穷人最缺少的是什么而猜中我的秘诀，他将能得到我的祝贺。……可以从那只保险箱里荣幸地拿走 100 万法郎，那就是我给予他的掌声。"遗嘱刊出后，《科西嘉人报》收到大量信件。

大部分人认为，穷人最缺少的是金钱。有一部分人认为，穷人最缺少的是机会。另一部分人认为，穷人最缺少的是技能。还有的人认为，穷人最缺少的是帮助和关爱。另外还有一些其他答案。总之，答案五花八门，应有尽有。

巴拉昂逝世周年纪念日，他的律师和代理人按巴拉昂生前的交代在公证部门的监督下打开了那只保险箱。在 48561 封来信中，有一位叫蒂勒的小姑娘猜对了巴拉昂的秘诀。蒂勒和巴拉昂都认为穷人最缺少的是雄心。在颁奖之日，《科西嘉人报》带着所有人的好奇，问年仅 9 岁的蒂勒，为什么想到是雄心，而不是其他的。蒂勒说："每次，我姐姐把她 11 岁的男朋友带回家时，总是警告我说不要有雄心！不要有雄心！我想，也许雄心可以让人得到自己想得到的东西。"

巴拉昂的谜底和蒂勒的回答见报后，引起不小的震动。一些好莱坞新贵和其他行业几位年轻的富翁就此话题接受电台的采访时，都毫不掩饰地承认，雄心是永恒的特效药，是所有奇迹的萌发点。某些人之所以贫穷，大多是因为他们有一种无可救药的缺点，即缺乏雄心。

真正的成功者必须抱着"我要成功，我一定要成功"的欲望，要有"我一定要"的决心，这是生命的内在动力，也是迈向成功的推动力。这个世界上很多人之所以不能成功，是因为他没有真正地想要过。有些人虽然不断地想要，但欲望并不强烈，所以一遇到困难就开始退缩。

在日常学习、生活和工作中，当我们以火一般的激情投入到自己最渴望的事情中去，用强烈的欲望填充自己的心灵深处，我们就能爆发出强大的力量，再大的困难、挫折、阻挠都会为我们让路。让我们在创造财富的路上，笃志而行。

现如今视频搜索网站 Pcpie 的 CEO（首席执行官）达贝妮，她的第一桶金是从卖房得来的。

当她还在上海交通大学读本科的时候，用自己存的钱付了首期款，在学校附近买了一套一厅一室的房子。住了一个月左右感觉挺不错，就标高价挂在网上卖，图好玩。结果一卖出去就赚了 14 万，然后她发现这是个赚钱的方法，接下来，她又尝试性地买了第二套房子，几个月后，她又把第二套房子卖了，又赚了一笔。从大二到大三短短一年多时间，达贝妮就买卖了十几间房子。

渐渐地，她觉得这样赚钱有点慢。房子的价格虽然一直在涨，但是总会有市场价格的限制。于是，她就想到了上海的旧别墅。虽然限量不多，却有一定的市场。她花了几个月的时间，终于找到了一套老房子，花了 170 万元，并花了 80 多万精心装修，结果，房子以800 多万元的高价卖给了一个对中国文化感兴趣的外国人，赚到了 500 多万元。

也许有的年轻人会觉得她的运气好，所以才赚得了如此多的财富。但是如若当初达贝妮在买卖了几套房子后，就被几十万的净赚满足了，而且害怕风险把赚来的钱又赔进去了，那么是不会有她后来的成功的。如果说她第一次赚钱是靠运气，那么接下来的成功就是因为她的雄心了。

日本直销天王中岛薰说道："我向来认为自己最大的敌人就是满足。成功永远只是起点，而不是终点。"百万富翁想当千万富翁，千万富翁想当亿万富翁，亿万富翁想角逐《财富》排行榜。一个越成功的人，自信心越强，对成功的欲望越大。成功的人已经习惯于成功，他们把成功看成是一种行为习惯，一种思维习惯，他们永远也不会满足，永远雄心勃勃。

前瞻性眼光让你获得别人无法获得的财富

在这样一个充满机遇和挑战的时代，如果一个人善于分析形势，以前瞻性眼光认识市场形势，提升自我超前思维能力和战略想象力，那么，他一定能够先人一步嗅到财富的味道。

第二次世界大战期间，美国有一家规模不大的缝纫机厂，生意萧条，眼看就要破产了。老板杰克看到战时百业凋零，只有军火生意是个热门，而自己却与它无缘。于是，他把目光转向未来市场，他告诉儿子，缝纫机厂需要转产改行。儿子问他："改成什么？"杰克说："改成生产残废人用的小轮椅。"

儿子当时大惑不解，不过还是遵照父亲的意思办了。经过一番设备改造后，一批批小轮椅面世了。许多在战争中受伤致残的士兵和平民，纷纷来购买小轮椅。该产品在本国畅销，在国外也是。杰克的儿子看到工厂生产规模不断扩大，财源滚滚，在满心欢喜之余，不禁又向其父请教："战争即将结束，小轮椅如果继续大量生产，需要量可能已经不多。未来的几十年里，市场又会有什么需要呢？"杰克成竹在胸，反问儿子："战争结束了，人们的想法是什么呢？""人们对战争已经厌恶透了，希望战后能过上安定美好的生活。"

杰克进一步指点儿子："那么，美好的生活靠什么呢？要靠健康的身体。将来人们会把健康的身体作为重要的追求目标。所以，我们要为生产健身器做好准备。"

于是，生产小轮椅的机械流水线，又被改造为生产健身器。最初几年，销售情况并不太好。这时老杰克已经去世，但是他的儿子坚信父亲的预测，仍然继续生产健身器。结果就在战后十多年，健身器开始走俏，不久便成为热门货。当时杰克健身器在美国只此一家，独领风骚。老杰克之子根据市场需求，不断增加产品的品种和产量，扩大公司规模，终于使杰克家族迈进亿万富翁的行列。

故事中的这对父子，正是拥有了前瞻性眼光，成功跻身亿万富翁的行列。那么，什么是前瞻性眼光呢？

马克思说："蜘蛛的活动与织工的活动相似，但是最蹩脚的建筑师从一开始就比最灵巧的蜜蜂高明的地方，是他在用蜂蜡建筑蜂房以前，已经在自己头脑中把它建成了。"这是对前瞻性眼光的形象化解释。前瞻性眼光是一种面向未来的眼光，是人对事物发展的趋势或未来进行的推断和估计，是对未来的一种瞻望和预测。

"石油大王"洛克菲勒的创业初期对石油行业的判断和操作，也充分体现了其卓越的前瞻性眼光。

在美国宾州，当时石油开采只有一年多，而且用途并不广泛，但洛克菲勒已十分敏锐地意识到，石油的生产与发展将有远大的前景，于是21岁的他来到了宾州，考察研究石油行业的发展行情。

洛克菲勒并不盲目蛮干，他几次去产油区实地勘察，密切注视石油的涨落行情。最后，他认为此时介入石油行业为时尚早。洛克菲勒准确预测到油市的行情，虽然油市不再暴跌，但由于供过于求，只要稍微回升就要再跌，这正如他所分析的那样：石油的需求还很有限，受往外运输条件的限制，这样盲目乐观、不加限制地开采必定会带来生产的严重过剩。所以应该找准机会再动手，那样才会赚大钱。

南北战争爆发后，石油行情继续暴跌，但洛克菲勒不为所动。南北战争结束后，洛克菲勒了解到产油地正计划修筑铁路，他觉得时机到了，便立即找人合作。随后，洛克菲勒与他的合作伙伴安德鲁斯成立了"洛克菲勒—安德鲁斯公司"，不久，他就成为这个行业的佼佼者。此时，洛克菲勒刚满26岁。

洛克菲勒很早就预见到石油行业的发展前景，但他并不急于出手，而是冷静地等待机会。

洛克菲勒具备领导者、决策者所需要的最重要的能力，即善于观察和分析形势，拥有超出常人视野的战略眼光，谨慎的决策计划和强烈的冒险精神。他的思维方法非常特别，总是能从整体出发，系统思考，那些闪烁着智慧之光的前瞻性眼光是任何值得一个追求财富者学习的。

先用小钱赚经验，再用经验赚大钱

很多人都梦想自己有朝一日能不费吹灰之力，让财富滚滚而来，潇洒自在地快活一番。但大多数人终其一生，都难以梦想成真。这是什么原因呢？因为有些人赚钱心太急了，导致了错误的致富心态。他们只想发大财、赚大钱，能赚小钱的机会看不上眼，忘了积少成多的道理。

有的人"大钱赚不到，小钱不愿赚"，结果总是发愁没钱用。事实上，赚小钱是赚大钱的必要步骤。在赚小钱的过程中，可以增长经验、见识、阅历；培养金钱意识和赚钱能力，同时积累人脉。试想，一个连小钱都赚不到的人，他能管理好资产过百万的公司吗？所以，年轻人不能指望"一口吃成个胖子"，人要想赚大钱，还得脚踏实地，从小钱赚起。

成都双流县的"李姐稀饭店"靠卖稀饭，在短短的 5 年时间里，竟拥有了百万财富。

李姐大名叫李春花，她与丈夫辜强都是重庆市仁寿县人。夫妻俩在 1992 年双双下岗。他们先是做香烟生意，但由于上当受骗进了假烟，不仅亏损了积蓄，还背上了 20 多万元的债务。

为了逃避债主，夫妇俩来到成都双流县城卖稀饭。但稀饭的确不好卖呀，开张二个月就亏本 3 万多元。结果一客户提醒了他们：开稀饭店啊，一定要改变经营理念，要不断地盘算出新花样才行。

夫妻俩决定把稀饭当成正餐做，原因有二：一是现在生活好了，人们对大鱼大肉吃腻了，变换口味喝点稀饭是一种必要；二是如果把稀饭当成正餐来吃，就必须改变一些特点，改良稀饭品种，比如鱼稀饭系列、腊肉稀饭系列、肥肠稀饭系列等。另外，还可根据稀饭的特点配置各种各样的菜品。这样，就把正餐的饮食特点结合了进来。

辜强在短短的几个月时间内，便研究出了十几种稀饭。新品稀饭正式营业那天，夫妇俩熬了 5 锅不同类型的稀饭，免费给客户品尝。客人们吃完后个个赞不绝口，都觉得稀奇，因为他们从来没见过稀饭也可以作出这么多花样来。这样一传十、十传百，没过多久，小店的客人就比原来多了好几倍，每天的营业额有时竟高达两三千元。

日趋增多的客户常使李姐夫妇忙不过来，李姐的心里又开始盘算起来：不如换个大点的地方卖稀饭，把稀饭产业做大。于是他们租下了一户面积约两亩地的农家大院，又聘请了几个工人，做各种新式稀饭。新店的生意果然更火暴，一到周末，大院前面的空地上便密密麻麻地停满了车辆。

面对喜人的局面，李姐居安思危：一定要保住这块牌子。于是，她迅速到有关部门注册了"李姐稀饭大王"的商标。

有人问李姐成功的秘诀是什么。李姐总是告诫他们："不要认为稀饭利薄就不去做，利薄总比没有强。我最瞧不起那些穷得叮当响，又总想挣大钱的人。小本生意做大了就成了大生意了嘛。"这就是李姐独到的生意经。

李姐的经历告诉年轻人可以先用小钱赚经验，然后再一步步做大。

现实中的好多富商当初就是靠赚不起眼的小钱而白手起家的。据统计，国外 90% 以上的大富豪是白手起家或靠小钱起步的，不到 10% 的人是靠继承遗产发家的。

年轻人要懂得先赚小钱累积经验，再用经验赚大钱，不急于求成，一步一个脚印踏踏实实地走好了，才能真正迈入富翁的行列。

人舍我取，垃圾变珍宝

西方有句谚语说："垃圾是放错位置的财富。"每件东西、每个人都会有其可取之处，关键就在于人们是否能发现其可用之处。愚昧者，会将别人眼中的宝，视为一文不值的草；

聪慧才，则能将别人眼中的垃圾变废为宝，这就是人舍我取的智慧。

第二次世界大战期间，一个叫斯塔克的犹太孩子和他的父亲被关在奥斯维辛集中营。

"现在，我们唯一的资本就是智慧，当别人说'1 加 1 等于 2'时，你一定要想到该大于 2。"

在第二次世界大战期间，有将近 54 万人被毒死在奥斯维辛集中营，但斯塔克和他的父亲幸运地活了下来。

1946 年，父子俩来到美国，在休斯敦做铜器生意。

有一天，父亲问斯塔克："一磅铜的价格是多少？"

"35 美分。"斯塔克说。

"是的，整个得克萨斯州的人都知道每磅铜的价格是 35 美分，但作为犹太人的儿子，你应该说每磅 3.5 美元。你试着把一磅铜做成门把看看。"

20 年后，父亲去世了，斯塔克独自经营铜器店。他做过铜鼓，做过瑞士钟表上的簧片，做过奥运会的奖牌。在他成为麦尔公司董事长之后，他曾经把一磅铜卖到 3500 美元。但让斯塔克声名远扬的，还是自由女神像的垃圾。

1974 年，美国政府给自由女神像翻新后留下一堆垃圾没法处理，不得已向社会招标。

垃圾谁喜欢啊，因此，几个月过去了，都没有人投标。

当时，正在法国旅行的斯塔克听到招标消息后，马上飞往纽约，未提任何条件，就在标书上签了字。

他这个举动遭到了很多人的嘲笑。因为在纽约，处理垃圾是一件很麻烦的事情，稍有不慎，就可能受到环境保护组织的起诉。

就在大家等着看他的笑话时，他却开始了工作。他让工人把垃圾进行分类，然后将其中的铜熔化，铸成小自由女神像，把垃圾中的木头加工成小自由女神像的底座，废铅和废铝等做成纽约广场的纪念钥匙，就连灰尘，他也把它卖给花店做肥料。

一堆垃圾能值多少钱？毫无用处的垃圾也蕴涵着巨大的财富。有些人之所以能成功，是因为他们能把别人弃之不用的垃圾变成财富，而这一切，都离不开致富的思维。成功路上，千万不要舍不得用你的头脑，从而让最可悲的事情发生——站在"垃圾"上你却没有发现财富。

"人弃我取，人取我予"是战国经济谋略家白圭的经商名言。白圭提出了一套经商致富的原则，即"治生之术"，其基本原则是"乐观时变"，主张根据丰收、歉收的具体情况来实践"人弃我取，人取我予"的规则。当时的贸易是以货易货，而白圭的高明之处就是准确掌握市场行情，在别人觉得多而抛售时，他就大量地吃进，等别人缺少货物需要吃进时，他就大量抛出。这样低进高出，必能从中获利，积累财富。

正如著名的教育家陶行知所言："在你的教鞭下有瓦特，在你的冷眼里有牛顿，在你的讥笑中有爱迪生。""垃圾"与"珍宝"于不同的人而言，各不相同。眼中看到的垃圾，只是还未发现其可用之处而已，换个角度、换种思路，或许其立刻就能变成为珍宝。

取于人舍之时，可付出较小的成本；可避免与人争抢；可正中对方下怀，使对方心怀感激。然而，人舍我取也需要胆略和眼光。

行事、用人和经商一样，趁低吸纳，收益巨大，可惜的是，少有人敢这么做。然而正因为此，趁低吸纳之人才会"轻易"成功。当然，能够做到"趁低吸纳"，需要非凡的洞察力和睿智的眼光，这要求我们在生活中多观察、多思考，多加磨炼。一旦发现机会，就要处之不疑，勇敢地将其变为现实，这既是一种勇气与魄力，也是一种创新的胆识与智慧。

让金钱流动起来

一个人的财富，必须完全靠自己聚沙成塔、积少成多，一点一滴地累积下来。试想一个人一年存 50 万元，需要多少年才能成为亿万富翁？答案是 200 年！

一个人一年储蓄 50 万元很难，一个人要活 200 岁那就更难了！因此，假如尽心尽力地开源节流，却将钱全部存在银行，我们可以预见，这个人这辈子别想成为有钱人，更糟糕的是，他连下辈子都没希望致富。

一位成功的公司家曾对资金做过生动的比喻："资金对于公司如同血液与人体，血液循环欠佳导致人体机理失调，资金运转不灵造成经营不善。如何保持充分的资金并灵活运用，是经营者不能不注意的事。"这话既显示出这位公司家的高财商，又说明了资金运动加速创富的深刻道理。

财富的积累需要储蓄，但如果一直储蓄，不思投资，那么活钱就会变成死钱。你虽然不会为没钱的生活而忧虑，但你也永远不可能成为亿万富翁，因为钱就像水一样，只有流动起来，才能创造出更多的价值。

富商凯尔拥有上亿美元的资产，但是他却很少把钱存进银行，而是将大部分现金放在自己的保险库中。

一次，一位在银行有几百万存款的商人向他请教这一令他疑惑不解的问题。

"凯尔先生，对我来说，如果没有储蓄，生活等于失去了保障。你有那么多钱，却不存进银行，为什么呢？"

"认为储蓄是生活上的安全保障，储蓄的钱越多，则在心理上的安全保障程度越高，如此积累下去，永远没有满足的一天。这样，岂不是把有用的钱全部闲置起来，使自己赚大钱的机会减少了，并且自己的经商才能也无从发挥了吗？你再想想，有哪一个人能凭着省吃俭用一辈子，光靠利息而成为世界上知名富翁的？"凯尔不慌不忙地答道。

商人虽然无法反驳，但心里总觉得有点不服气，便反问道："你的意思是反对储蓄了？"

"当然不是彻头彻尾的反对，"凯尔解释道，"我反对的是，把储蓄当成嗜好，而忘记了等钱储蓄到一定时候把它提出来，再活用这些钱，使它能赚到远比银行利息多得多的钱。我还反对银行里的钱越存越多时，便靠利息来补贴生活费。这就养成了依赖性而失去了商人必有的冒险精神。"

凯尔的话很有道理，有很多人认为只有把金钱存放在银行里，就已经尽到了理财的责任。事实上，利息在通货膨胀的影响下，实质报酬率几乎接近于零，这也就意味着钱存在银行里等于是没有理财。

对待金钱，犹太人始终持有一种观念，那就是"钱是在流动中赚出来的，而不是靠克扣自己攒下来的"，因此他们崇尚的是"钱生钱"，而不是"人省钱"。18 世纪中期以前，犹太人热衷于放贷业务，就是把自己的钱放贷出去，从中赚取高利，到了 19 世纪，甚至直至现在，犹太人也宁愿把自己的钱用于高回报率的投资或买卖，而不肯把钱存入银行。

犹太人的这种理财观念是完全正确的，因为从经济学的角度来看，资金只有进入流通领域，才能发挥其真正的价值，而躺在银行里的钱，不仅不可能增值，而且还失去了存在的价值。

45 岁的王刚移居去了美国。大凡去美国的人，都想早一点拿到绿卡。他到美国后 3 个月，就去移民局申请绿卡。一位比他早到美国的朋友好心地提醒他："你要有耐心等。我申请都快一年了，还没有批下来。"他笑笑说："不需要那么久，3 个月就可以了。"朋友用疑惑的目光看着他，以为他在开玩笑。

3 个月后，他去移民局，果然获得批准，填表盖章，很快，邮差就给他送去了绿卡。

他的朋友知道后，十分不解："你的年龄比我大，申请比我晚，钱没有我多，凭什么比我先拿到绿卡？"他微微一笑，说："因为钱。"

"你来美国带了多少钱？"

"10 万美元。"

"可是我带了 100 万美元，为什么不给我批反而给你批呢？"

"我的 10 万美元，在我到美国的 3 个月内，一部用于消费，一部分用于投资，一直在使用和流动。这个，在我交给移民局的税单上已经显示出来了。而你的 100 万美元，一直放在银行里，没有消费变化，所以他们不批准你的申请。"

人的生命在于运动，资金的生命也在于运动。作为金钱可以是静止的，而资金必须是运动的，这是市场经济的一般规律。你应该在金钱的滚动中，在资本的运动中，发挥你的才智，开启你的财商，使自己最终成为一个成功的富商。

成功投资者的必备素质

投资是既有收益，又有高风险的活动，要想投资成功必须具备一些基本的素质，下面列出了几种成功投资必备的素质，能对你有所帮助。

1. 不从众跟风

心理学家认为，每个人都存在着一定程度的从众心理，在投资方面也不例外。听说某人买的某只股票或基金最近升值了不少，于是都跟着去买进，或者看到身边不少人买了黄金，而且黄金最近有升值的迹象，于是又跟着买入不少黄金。

这种投资者的从众心理决定投资气氛，投资气氛又影响投资人行为的现象，被称为"从众效应"。"从众效应"往往使投资人作出违反其本来意愿的决定，如果不能理智地对待这种从众心理，则往往会导致投资失败，利益受到损失。有些投资人本来可以通过买入某只股票或基金而获利，由于受到市场气氛的影响，跟风买入的并不是自己之前相中了那只股票或基金，最终坐失良机；有些文物投资人虽然明知某件文物已经被投机者炒到了不合理的高度，但由于"从众效应"的作用，结果跟着人家买进，最后却只能眼睁睁地看着文物的价格一路下跌。

2. 不被贪婪迷了眼

首先，贪婪会使人失去理性判断的能力，不管投资市场的具体环境如何，都勉强入市。不错，资金不入市不可能赚钱，但贪婪使人忘记了入市的资金也可能亏掉。不顾外在条件，不停地在投资市场跳进跳出是还未能控制自己情绪的投资新手的典型表现之一。

其次，贪婪也使投资人忘记了分散风险。脑子里美滋滋地想着这只股票或基金翻两倍的话能赚多少钱，却不去想跌的话怎么办。

新手的另外一个典型表现是在追加投资额的选择上。以买入基金为例：买了 500 只基金，如果价值比买入时升了 15%，就会懊悔：如果当时我买 1000 只该多好！同时开始想象如果基金再升 5%，即刻又追涨买 2000 只，把绝大部分本金都投入到这只基金上。假设这时基金跌了 5%，利润减少了不少。这时投资者失去思考能力，希望开始取代贪婪，他希望这是暂时的反调，基金很快就会回到上升之途。他可能看到亏损一天天地加大，每天都睡不好。

其实追加投资额并不是坏事，只是情绪性地追加是不对的，特别在贪婪控制人的情绪之时，更不能随便追加。

总之，学会彻底遏制贪婪，才能获得更多的利益。

3. 不会冲动行事

规避风险的关键，就是要控制赚钱的冲动。别听说投资什么有利，也不顾投资市场是否疲弱，只想着赚钱，就冲动行事。即便没有买进，后来升值了，也不必后悔，主要考虑概率，控制风险。赚钱的欲望要用理性的缰绳来束缚，不可以没有，也不可以泛滥。

相反，投资者可以利用人性的这个弱点，在大众都容易产生赚钱冲动的时候，考虑适当售出或者退出。

4. 不会自信过了头

过分自信的投资人会作出愚蠢的投资决策，影响自己的赢利。

投资者一般总是非常自信，认为自己比别人聪明，更能独具慧眼挑选能生金蛋的投资品——或者，最差，他们也能挑中更聪明的资金经理人，这些经理人能胜过市场。

正是因为过分自信，很多投资者都作出了错误的决策。他们对自己收集的信息过于自信，而且总是认为自己比实际上更正确，因此错过了不少赚钱的机会，亏损的可能性也就更大。

5. 有足够的耐心和自制力

耐心和自制力都是听起来很简单但做起来很困难的事情。投资是极其枯燥无味的工作。有的人也许会把投资当成一件极其刺激好玩的事。那是因为他把投资当成消遣，没有将它当成严肃的工作。偶尔做做或许是兴奋有趣的事，但经年累月地重复同样的工作就是"苦工"。正因为新手们觉得枯燥乏味，于是喜欢不顾外在条件地在投资市场跳进跳出寻刺激。在算账的时候，投资者自然明白寻找这一刺激的代价是多么高昂。投资者必须培养自己的耐心和自制力，否则想在这行成功是很难的。

想拥有财富，先学会选择

好吧，如果你已经接受了既定的事实，认为你的人生已经没有更多的机会可言，那么我们来看看你对收入的选择：

选择一：你有一份稳定的工作和固定的收入。每天的生活很规律，没有过多的陷阱，不需要冒险，可是你不会有更多的机遇。你被你的工作限定住了，你不可能会有更多更好的选择，因为一旦你偏离了自己的轨道，那么这份让你为之自豪的工作，就可能保不住了。我能够说明的是，你的生活还不错，最起码要比那些找不到工作而到处流浪的人强很多。

选择二：创业。很多人厌倦了给别人打工而幻想寻找到一种新的刺激，也有人是带着自己的梦想投入到创业中来的。不可否认，这是一件十分危险的事情，因为你不知道在哪里会遇到陷阱，也不知道什么时候会赔个血本无归。但是，如果获利，你也可能跻身于富翁的行列。

几年前，戴安娜因为找不到理想的工作，而且手中的资金又十分有限，就打算自己做生意。白手起家对人生地不熟的戴安娜而言太困难，于是有人建议她购买现成的生意。

按那时的行情来看，如果想买一家每周营业额在 5000 美元左右的街角便利店，大约需要 3 ~ 4 万美元。可是当时戴安娜手中只有 1 万美元，这点钱只够她找一家现时生意不好、但有发展潜质的店。

不久，她便如愿以偿。戴安娜的眼光很独到，觉得一个小生意是否有发展潜质，关键是看其生意不好是否因经营不善所致。有些便利店因为附近有太强的对手，所以营业额无法上去。而有些店则是因为品种不对路或者太陈旧，或者店面太脏、太乱，造成生意不好，这几类店就有做好生意的潜力。另外，有些店处于正在发展中的地区，比如说周围正在造新的住宅群等，这也是将来生意额可能增加的因素。

经营了一年半以后，戴安娜便将她的街角便利店出售了。当年她买进这家店时，每周的营业额只有 1000 多美元，而经过经营整顿之后，每周的营业额已上升至 3500 美元左右，结果以 4 万美元（不计存货价）卖出。在一年半的时间内，戴安娜赚了 3 万美元，且在这一年半中，她每月还有一定的营业收入。

此事给戴安娜很大的启发，她觉得倒腾生意显然比自己经营小生意赚钱容易得多。接着她又以 3 万美元买进一家同样性质的便利店，两年后以 6 万美元卖出。期间她还用 1 万美元在一个新开发的地区开了一家街角便利店，一年后又以 4 万美元卖出。在短短的 8 年中，她共转手 6 家便利店，所取得的利润很可观。

戴安娜的经历告诉我们，创业，往往有很大的发展空间，如果眼光准确，你很可能从中获得很大程度的提升，也可能积累很多的财富。不过，虽然做生意很容易积累财富，可是如果不谨慎，也会存在一定的风险。那么我们如果不喜欢创业，是否还有其他的选择呢？

选择三：你可以做自由撰稿人或者自由职业者。这样的工作很自由，发展空间也大，可是你要具备相应的才华。

选择四：融合。自己有一份稳定的工作，将一部分积蓄拿出来与人合资做生意，可是这样会很累，赚钱的空间也有限。

可能还有更多的选择，可是每一种选择都有利有弊，关键是我们要去做。

有时候，我们羡慕别人的成功，可是别人也是一步一步走出来的。不是他的机会好，而是他懂得怎样在生活中做选择，并且怎样将自己的选择做到最好。生活同样给了我们这些选择题，那么想跻身于百万富翁行列的你，想好怎样做选择了吗？

第四篇
要想 30 岁时赢，
20 几岁必须学会什么

第一章
学会借助外力为成功加速

依靠朋友快速走向成功

"在家靠父母，出门靠朋友"，这句话已经被演绎成各种形式的奇闻趣事，但万变不离其宗，一句话：朋友多了路好走。朋友，是你生命中投缘的贵人，当你身处逆境的时候，他们会像神一样降落在你的跟前，给你温暖，给你阳光，给你希望；他们还会像盘古开天辟地的那把斧一样，帮你斩断荆棘，凿开绊脚石；他们又像你的守护神，时刻关注着你，等候着你，这就是朋友的力量——威力无穷！

靠朋友去闯天下，这绝对是一条捷径。

十几年前的刘利柱还是一个来自河北的穷小子，他的命运转机由他 20 岁那年决定进京闯荡开始，由最初的白手起家，到现在的雄厚资产，他可谓是赢得了事业上的成功。如今，他又和另外一家民营公司合作，打算拓展国外市场。有人不禁要问：一个来自河北的穷小子，是如何白手起家，取得如此的成功呢？套用他自己的话就是"我能有今天，靠的都是朋友的帮助"。的确，是人脉造就了他的成功。

刚到北京，刘利柱被朋友推荐去了一家珠宝公司任职，负责在广州筹建业务。在工作期间，他认识了第一批广州朋友，其中有很多都是在广州的香港人。在这些朋友的介绍下，他加入了广州香港商会。又经推荐当上了香港商会的副会长。利用这个平台，他认识了更多的在广州工作的香港成功人士。

后来，刘利柱在朋友的推荐下开始投资房地产。由于当时广州的房地产已经开始火热起来，有时候即使排队都买不到房子。但在朋友的帮助下，刘利柱通过一些朋友，可以很容易买到房子，而且还是打折的。几年后，在朋友的建议下，刘利柱又陆续把手上房产变现，收益颇丰。正如他自己总结的，"我之所以会这么顺利，正是得到了朋友的帮助。"

上述事例说明，朋友犹如鸟之羽翼，车之四轮，能够助你轻松飞上高空，快速驶向成功的顶峰。

一个人在外打拼实在不易，朋友的帮助就如雪中送炭，正所谓"多个朋友多条路"。因此 20 几岁的年轻人在平时的生活中，一定要注意多结交朋友，懂得依靠朋友，加速到达成功的高点。

善于借用他人的智慧

俗话说："一个篱笆三个桩，一个好汉三个帮。"还有句古话说得好："三个臭皮匠，胜过一个诸葛亮。"个体不同，就各有各的优势和长处，20 几岁的年轻人一定要善于发现别人的优势和长处，取人之长，补己之短。

一个人不能单凭自己的力量完成所有的任务，战胜所有的困难，解决所有的问题。须知借人之力也可成事，善于借助他人的力量，既是一种技巧，也是一种智慧。

《圣经》中有这样一则故事：

当摩西率领子孙们前往上帝那里要求赠予他们领地时，他的岳父杰罗塞发现，摩西的工作实在超过他所能负荷的。如果他一直这样的话，不仅仅是他自己，大家都会有苦头吃。于是杰罗塞就想办法帮助摩西解决问题。他告诉摩西，将这群人分成几组，每组1000人，然后再将每组分成10个小组，每组100人，再将100人分成两组，每组50人。最后，再将50人分成5组，每组10个人。然后杰罗塞告诫摩西，要他让每一组选出一位首领，而且这个首领必须负责解决本组成员所遇到的任何问题。摩西接受了建议，并吩咐负责1000人的首领，只有他才能将那些无法解决的问题告诉自己。自从摩西听从了杰罗塞的建议后，他就有足够的时间来处理那些真正重要的问题，而这些问题大多数只有他自己才能够解决。简单一点说，杰罗塞教给摩西的，其实就是要善于利用别人的智慧，善于调动集体的智慧，用别人的力量帮助自己克服难题。

很多事情就像上述例子里那样，当我们无力去完成一件事时，不妨向身边可以信任的人求助，也许对我们来说费力不讨好的事情，对他们来说却可能不费吹灰之力就能轻松"搞定"。与其自己苦苦追寻而不得，不如将视线一转，呼唤那些有能力解决问题的人，这样赢取胜利的过程自然会顺利不少。

一个小女孩在沙滩上玩耍。她身边有一些玩具——小汽车、货车、塑料水桶和一把亮闪闪的塑料铲子。她在松软的沙滩上修筑公路和隧道时，发现一块很大的岩石挡住了去路。小女孩企图把它从泥沙中弄出去。但是，那块岩石对她来说太重了，她手脚并用，使尽了全身的力气，岩石却纹丝不动。最后，她筋疲力尽，坐在沙滩上伤心地哭了起来。

这整个过程，她的母亲在不远处看得一清二楚。"女儿，你为什么不用上所有的力量呢？"女孩抽泣道："妈妈，我已经用尽全力了，我已经用尽了我所有的力量！"

"不，孩子，你并没有用尽你所有的力量。你没有请求我的帮助。"说完，母亲弯下腰抱起岩石，将岩石扔到了远处。

同样一块石头，对于小女孩来说是无法搬动的巨石，而对于母亲来说只是一个小石块。同样，生活和工作中很多事情，在我们看来相当困难，对另一些人来说却轻而易举，因为每个人都有自己的优势领域和劣势领域，20几岁的年轻人要懂得借别人的优势来弥补自己的劣势。

不要羞于向别人求助，有时对自己来说是天大的难事，对别人而言不过只需要动动手指头。尤其对自己所欠缺的东西，更需要多方巧借。善于借助别人的力量，善于利用别人的智慧，广泛地接受多家的意见，多和不同的人聊聊自己的构想，多倾听别人的想法，多用点脑子来观察周遭的事物，多静下心来思考周遭的一些现象，将让你受益匪浅。

正如奥地利著名作家斯蒂芬·茨威格说的："一个人的力量是很难应付生活中无边的苦难的。所以，自己需要别人帮助，自己也要帮助别人。"所谓孤掌难鸣，独木不成桥，在这个世界上没有完美的人，巧妙地借助他人的力量为我所用，自然会有事半功倍的效果。

团队合作才会成功

有一些20几岁的年轻人，只工作不合作，宁肯一头扎进自己的专业之中，也不愿与周围的人有所交流。这样的人，想靠单打独斗把自己带到事业的顶峰是不可能的。因为，当你费了九牛二虎之力在专业上有所突破的时候，人家早已遥遥领先，你的心血也就随即变成"明日黄花"了。

当今时代是市场经济时代，市场经济是广泛的交往经济，20几岁的年轻人离不开与各种类型人的合作；当今时代又是竞争时代，我们只有选择合作，才能成为最具竞争力的一族。

一家销售公司招聘高层管理人员，9名优秀应聘者经过初试，从上百人中脱颖而出，闯进了由公司老总亲自主持的复试。

老总看过这9个人详细的资料和初试成绩后，相当满意，而且，此次招聘只能录取3个人，所以，老总给大家出了最后一道题。

老总把这9个人随机分成A、B、C3组，指定A组的3个人去调查本市婴儿用品市场；

B 组的 3 个人调查妇女用品市场；C 组的 3 个人调查老年人用品市场。老总解释说："我们录取的人是用来开发市场的，所以，你们必须对市场有敏锐的观察力。让大家调查这些行业，是想看看大家对一个新行业的适应能力，每个小组的成员务必全力以赴！"临走的时候，老总补充道："为避免大家盲目开展调查，我已让秘书准备了一份相关行业的资料，走的时候自己到秘书那里去取！"

两天后，9 个人都把自己的市场分析报告送到了老总那里。老总看完后，站起身来，走向 C 组的 3 个人，分别与之一一握手，并祝贺道："恭喜 3 位，你们已经被本公司录取了！"然后，老总看见大家疑惑的表情，呵呵一笑，说："请大家打开我叫秘书给你们的资料，互相看看。"原来，每个人得到的资料都不一样，A 组的 3 个人得到的分别是本市婴儿用品市场过去、现在和将来的分析，其他两组的也类似。老总说："C 组的 3 个人很聪明，互相借用了对方的资料，补全了自己的分析报告。而 A、B 两组的 6 个人却分别行事，抛开队友，各做各的。我们出这样一个题目，其实最主要的目的，是想看看大家的团队合作意识。A、B 两组失败的原因在于，他们没有合作，忽视了队友的存在。要知道，团队合作精神才是现代企业成功的保障！"

例子里 C 组的 3 个人，就是因为彼此的合作，最后才都取得了工作的机会。

古往今来，孤立的人都无法取得成功，真正成就一番事业的人都善于与他人密切合作。因此，20 几岁的年轻人一定要着力追求和培养把个人的创造力融入集体协作的合作精神，这样才能更受成功的眷顾，让成功来得更早。

同行要竞争，更要合作

不少人觉得同领域的竞争对手就是自己的冤家，他们不仅会互相排斥竞争对手，还非要争个你死我活才肯罢休。

其实在同行业之间，竞争能够催人奋进，合作也有利于在互惠互利的基础上达成共赢，为大家创造一个良好的经营空间和利润空间。

李艾在市里一条步行街上开了一间书店，开张 3 个月后，生意还算不错。可惜好景不长，一个姓裴的商人很快就在街角也开了一间书店，一份生意两家做，自然就没有当初那么赚钱了。于是两家书店打起了"价格战"，两个老板见到对手眼睛就冒火。

两个月后，李艾拿起计算器一算账才发现，两个月来，劳心劳力却利润微薄，几乎成了赔本买卖，想来对手也好不到哪里去，不过生意可不能这样做了，他决定与同行和解。两人一商量，裴某提出了个建议：两家书店尽量避免进同类图书，这样就不会出现恶性竞争了。半年下来，两家书店都有赢利，两个老板也成了不错的朋友。

摩根说："竞争是浪费时间，联合与合作才是繁荣稳定之道。"这正是上述事例的真实写照。在现代竞争中，联合竞争对手、共同发展是一种策略，双方为了共同利益携起手来，齐头并进，达到双赢的目的。

比如，有肯德基的地方，基本都有麦当劳，他们是竞争关系，但是，我们没有看到什么时候肯德基发动过什么"战役"把麦当劳给消灭了，也没有看到麦当劳采取什么措施让肯德基站不住脚，相反，他们在互相竞争中促进彼此的进步，同样共同培育了各自的市场。

20 世纪 90 年代的彩电价格大战，在某种程度上就是大家为了争霸而起。当年的长虹举起价格屠刀，大杀四方，随后创维、TCL、康佳等企业也不甘示弱，纷纷跟进，一时间烽烟四起，最后，大家都无钱可赚。

从上面的案例中可以看出，恶性竞争是有害而无利的，要想让自己获得长久的利益，就必须掌握双赢的技巧。在这方面，犹太人是运用得最为炉火纯青的，他们信奉"互为依靠，有钱一起赚"的赢钱之道。所以，在充满竞争的现代市场中，我们要努力遵从以下经营理念：

1.现代社会，提倡竞争，鼓励竞争，但竞争的目的是为了相互推动，相互促进，共同提高，一起发展。

2.两军相争，你死我活，非胜即败。在市场竞争中，谁都想胜不想败。说市场竞争的各公司是"敌手"，因为他们在彼此竞争中带有以下性质：一是保密性，竞争者在一定阶段一定情况下，都有一定的保密性；二是侦探性，竞争者几乎都在彼此刺探情报，以制订战胜对方的策略；三是获胜性，竞争诸方无一不想胜利，都想获取一定利润，让自己的产品占领市场；四是克"敌"性，假若市场不能容纳全部竞争者，任何企业都想保存自己而"灭掉"对方，即使市场能容纳全部竞争者时，他们也还是都想以强"敌"弱。

3. 虽然竞争公司间有点像战场上的"敌手"，但就其本质来说是不一样的。这是因为：公司经营的根本目标是为社会作贡献，公司的产品是满足社会需要的，公司赚的钱也被国家、公司和员工三者所用，公司间的竞争手段必须是正当合法的，在这种意义上讲，公司之间完全可以相互帮助、支持和谅解，应该是朋友。

4. 市场竞争是激烈的，同行业公司之间的竞争更为激烈。竞争对手在市场上是相通的，不应有冤家路窄之感，而应友善相处，豁然大度。这好比两位武德很高的拳师比武，一方面要分出高低胜负，另一方面又要互相学习和关心，胜者不傲，败者不馁，相互间切磋技艺，共同提高。

5. 在市场竞争中，对手之间为了自己的生存发展，竭尽全力与对手竞争是正常的现象。但是，在竞争中一定要运用正当手段，也就是说，只能通过质量、价格、促销等方式进行正大光明的"擂台比武"，一决雄雌，切不可用鱼目混珠、造谣中伤、暗箭伤人等不正当手段。

6. 天高任鸟飞，海阔凭鱼跃。市场是广阔的，多元的，一个有灵敏头脑的老板，在已被别人挤满的康庄大道上，不必因为自己受排挤而妒火中烧，应果断地避开众人，踏上冷僻的羊肠小路，照样可以经过一番跋山涉水的艰辛，到达光辉的顶点。

7. 在现代社会条件下，市场形势是瞬息万变的，市场形势此时可能对甲企业有利，彼时又可能对乙企业有利。所以，20几岁的年轻人应"风物长宜放眼量"，不可以一时胜负论英雄，更不可以一时失利而迁怒于竞争对手。

所以说，同行之间不仅要竞争，更要合作双赢。依靠对手的力量，将眼光放远，舍小利逐大利，才能取得最大的利润。

与强者建立合作关系

西方有句古谚说："狮子和老虎结了亲，满山的猴子都精神。"这句话的意思是说，与强者建立互利的伙伴关系会产生焕然一新的新景象。

在追逐成功的过程中，这句谚语同样适用。面对强者，最聪明的做法莫过于变对手为援手，由原来的敌对变成互利。

温州的立峰集团就是其中的一个具有说服力的例子。

在温州，立峰集团一开始只是一个生产摩托车闸把座的小厂，老板张峰因开发出防腐性能超过日本标准并填补国内空白的摩托车闸把座，而得以在摩托车制造行业中占得一席之地。当这一产品成为日本进口件的替代品，得到了国内市场的认同之后，张峰争取到了中国最大的摩托车生产企业——中国嘉陵集团的合作合同。

其后，张峰凭借自己建立起来的良好的信誉，寻求与嘉陵集团更深层次的合作。1992年，双方达成协议，共同出资建立瑞安嘉陵立峰摩托车配件有限公司，该公司的注册资金为600万元，由嘉陵集团投资180万元，占总股本的30%，公司专为嘉陵集团生产摩托车闸总成零部件。

自从与中国摩托界的老大合作后，立峰集团产值在3年时间内翻了一番，规模与效益扩大了10倍。在此基础上，张峰又提出将配件生产扩大为整件生产，从而利用了嘉陵集团的技术优势与品牌优势，开发出各种类型的嘉陵立峰摩托车。这些摩托车主要用于出口。通过这种合作关系，嘉陵和立峰双方都获得了利润。

在嘉陵方面，得以降低了生产成本，取得了合乎质量要求的配件和整车；而在立峰方面，则除了获得利润外，还获得了先进的生产技术和品牌知名度，企业的壮大发展也上了快车道。它不仅拥有了摩托车整车的生产技术和经验，而且拥有了产品进入市场所不可或缺的资金和先声夺人的声势，还拥有了摩托车销售的既成渠道，可谓"一石三鸟"。

及至一切条件都已成熟，由立峰公司独立开发生产的大排量、高档次的重型摩托车"大地摩王"面世了，并迅速通过了技术鉴定，获得了摩托车生产许可证。从一家生产摩托车零件的小工厂发展成为摩托市场中的一个巨头，这其中不能说没有嘉陵的功劳。

正是与强者嘉陵建立了互利的伙伴关系，才有立峰的今天。

我们生活在这个社会上，难免要和其他人合作，一幢房子，一个人建不了；一场球赛，一个人打不了；一家企业要发展，一个人做不了……合作是成功的土壤，是人类生存的必需，而与何种人建立这种合作的伙伴关系；是强者，还是弱者，聪明的商人，当然会毫不犹豫地选择与强者建立互利的伙伴关系。

当然，与强者建立伙伴关系并不是一件容易的事，需要你找准与他们的利益交汇点，若无利可图，谁也不会和你合作。生意的本质就是在公平的基础上达到互惠互利。

随着社会的发展，每一个个体都将与其他个体建立互惠关系，这样整个经济才会大步迈进，而人均财富的差距也将开始慢慢缩小。违背市场发展规律和不适合市场发展环境的人都将被市场所淘汰。任何竞争中都不会有输家，唯一的输家将是退出竞争的人。在互惠关系确立之后，所有的个体都是赢家，互相受益。

而与强者建立互利的伙伴关系，正是这种市场互惠关系的一种。无论市场发展到何时，必须承认，相对强大和相对弱小始终是存在的，弱者要保证自身不为强者所吞食，就必须与强者建立各取所需的互惠关系。

"人的情报"胜过"铅字情报"

在这个信息发达的时代，拥有无限发达的信息，就拥有无限成功的可能。信息来自你的"情报站"，而"情报站"就是你所认识或不认识的人，多与其他人接触，你能获得的情报就更多，成功的可能性也就越大。

商场上称信息为"情报"。那么，20 几岁的年轻人应该如何获得成功路上必需的情报呢？

通常，最有效的方法有以下几种：经常看报；与人建立良好关系；养成读书习惯。其中，成功者最重要的情报来源是"人"。"人的情报"无疑比"铅字情报"重要得多。越是一流的经营人才，越重视"人的情报"，就越能为自己的发展带来更多的方便。

三洋电器的总裁龟山太一郎就是很好的例子。他被同行誉为"情报人"，对于情报的收集别有一番心得，最有趣的是他自创一格的"情报槽"理论。他说："一般汇集情报，有人和事物两个来源。我主张多从他人那里获得一些情报。如此一来，资料建档之后随时可以灵活运用，对方也随时会有反应，就好像把活鱼放回鱼槽一样。把情报养在情报槽里，它才能随时吸收到足够的营养。"

把"人的情报"比喻成鱼既有趣，又十分有智慧。一位有名的评论家也说："我每一次访问都像烧一条鱼一样，什么样的鱼可以在什么市场买到，应该怎么烹调最好，我得先弄清楚。"

对于成功者来说，如何从他人那里得到情报及处理情报，这样的工作，其实有时和记者的工作是一样的。许多记者都知道，在没有新闻时，设法找个话题和人聊聊，就能捕捉到许多新闻线索。成功者也是这样，当你没有办法随时外出时，那就利用电话来跟朋友们讨教吧！

当你获得的"人的情报"越多，你的成功之路就会越走越顺。

京城"火花"收藏家吕春穆就是很好的例子。他原是北京一所小学的美术教师。一天他在杂志上看到一位教师利用收集到的火柴商标激发学生们的学习兴趣和创作灵感的报道，他决定收集火花。于是，他展开了广泛的交际活动。他油印了 200 多封言辞中肯、情真意切的短信发到各地火柴厂家，不久就收到六七十个火柴厂的回信，并有了几百枚各式各样的精美的火花。

此后，他主动走出去以"花"为媒，以"花"会友。1980 年，他结识了在新华社工作的一位"花友"。这位热心的"花友"一次就送给他 20 多套火花，还给他提供信息，建议他向江苏常州一位"花友"索购一本"花友"们自编的《火花爱好者通讯录》，由此他欣喜地结识了国内 100 多位未曾谋面的"花友"。他与各地"花友"交换藏品，互通有无；他利用寒暑假，遍访各地藏花已久的"花友"，还通过各种途径与海外的集花爱好者建立起联系。就这样，在广泛交往中他得到了无穷无尽的乐趣和享受，也为他带来了不少财富。

他先后在报刊上发表了几十篇有关火花知识的文章，还成为《北京晚报》"谐趣园"栏目的撰稿人。他的火花藏品得到了国际火花收藏界的承认，并跻身于国际性的火花收藏组织的行列。1991 年，他的几百枚火花精品参加了在广州举办的"中华百绝博览会"……他以 14 年的收藏历史和 20 万枚的火花藏品，被誉为"火花大王"而名满京城，独领风骚。

吕春穆之所以能收藏如此之多的火花，除了他自身的喜爱外，人脉也在其中起到了十分重要的作用。他可以认识更多的"花友"，在新华社工作的朋友提供的信息很关键，此后他扩大了"花友"伙伴，彼此互换信息，运用火花的知识，写稿获得稿费，并最后还获得了"火花大王"的殊荣。

由此可见，人脉的作用在生活中各个细微的方面都影响着你的生活。所以 20 几岁的年轻人在平时的生活中，如果想得到更多的信息，就要有意识地编织自己的人脉网，并不断去丰富和发展它。

连横合纵，让天下人带你成功

唐代著名政论家赵蕤在他的《长短经》一书中说："得人则兴，失人则毁，故首简才，次论政体也。"意思是说，任何的事业，得到人才就会兴旺，失去人才就会失败。一个王朝的兴亡更替，和统治阶层是否注意收揽和重用人才有着直接的关系。所以要先注意人才的收揽，其次才能谈及制度的建立。

有"巧手大亨"之美誉的张果喜是江西果喜实业集团公司董事长兼总经理，他在开拓日本市场时照顾好方方面面的利益，善待盟友和对手，很快便成为日本佛龛市场的"龙头老大"。

张果喜在日本取得了一定的市场地位以后，就与日商建立了稳固的代理关系，全部佛龛产品都由日商代理经销。不久，新情况出现了，随着张果喜生产的佛龛在日本市场的畅销，一些颇具眼光的日本商人看到销售这种佛龛非常有利可图，为降低进货成本，一些销售商就想走捷径，绕过代理商直接从张果喜那里进货。

面对这个新情况，张果喜进行了慎重考虑，从眼前利益看，销售商的直接订货，减少了中间环节，厂方确实可以多得一些钱，捞到实惠。但从长远考虑，接受直接订货，就意味着将失去已花费了很大力气开辟的以往的销售渠道，甚至使以往的销售渠道背离自己，走到自己的对立面，这无疑得不偿失。

与此同时，张果喜清醒地看到，生产佛龛是一种利润丰厚的行业，除了他的果喜实业集团公司，韩国等地制作的产品也有相当的渗透力，更不用说在日本本土还有成千上万的同类中小企业了，如果照以前那样，单靠原有的销售网络和一两个合资的株式会社，与强大的竞争对手抗衡，只能处于劣势而被人家踩在脚底下。

于是，张果喜决定扩大"同盟军"，把一些原先的对立派拉到自己一边。为慎重起见，张果喜还与他的智囊团成员对此细细地作了分析研究，选择了一些分散在日本各地的有代表性的中小型企业。经过多方协调，于 1991 年成立了"日本佛龛经销协会"，专门经销果喜集团的漆器雕刻品。

这种变消极竞争为积极合作的方式，当年立竿见影，张果喜在日本佛龛市场的份额占到六成，取得了更大的市场主动权。

这就是张果喜的连横合纵策略，摆脱眼前利益和一己之利的束缚，开阔视野，正确处理与盟友和竞争对手的关系，最终稳住了阵地，让自己获得了更大的成就。

追逐成功的过程中，没有势，则没有利；没有利，就没有势。外力积累得多了，便成了势、成了利。因此，20 几岁的年轻人要想减少成功路上的阻碍，一定要懂得联合天下人，为己所用。

第二章
随机应变，少走弯路

办事懂得抓住时机

求人办事，把握住时机是非常重要的。当我们摸清了对方的心理，并等到一个合适的时机时，应该学会当机立断，避免犹豫不决，贻误良机，这样才可以达到自己的目的。

慈禧喜欢别人称她"老佛爷"，自然也喜欢故意摆出不杀生、行善积德的样子给人看看。特别是六十大寿之际，她更要作出一番"功德"来，好让天下人都知她慈禧有好生之德。

李莲英为了能够在众臣面前求得慈禧对自己的宠爱，以保自己的势力，绞尽脑汁地想出并试验出一些绝招来奉承慈禧。

六十大寿这一天，慈禧按预先安排好的计划，在颐和园的佛香阁下放鸟。一笼笼的鸟摆在那里，慈禧亲自抽开鸟笼，鸟儿自由飞出，腾空而去。等李莲英让小太监搬出最后一批鸟笼，慈禧抽开笼门后，鸟儿就纷纷飞出，但这些鸟儿在空中只盘旋了一阵，又唧唧喳喳地飞进笼中来了。

慈禧又惊奇又纳闷，还有几分高兴，便向李莲英说："小李子，这些鸟怎么不飞走哇？"

李莲英很是得意，知道自己做的准备已经让主子高兴了。于是，跪下叩头道："奴才回老佛爷的话，这是老佛爷德威天地，泽及禽兽，鸟儿才不愿飞走。这是祥瑞之兆，老佛爷一定万寿无疆！"

一般来说，李莲英这个马屁可谓拍得极有水平，这次却拍到马腿上了。慈禧太后虽觉拍得舒服，但又怕别人笑话她昏昧，于是脸上露出了杀气，随即怒斥李莲英道："好大胆的奴才，竟敢拿驯熟了的鸟儿来骗我！"

李莲英并不慌张，他不慌不忙地躬腰禀道："奴才怎敢欺骗老佛爷，这实在是老佛爷德威天地所致。如果我欺骗了老佛爷，就请老佛爷按欺君之罪办我。不过在老佛爷降罪之前，请先答应我一个请求。"

在场的人一听，李莲英竟敢讨价还价，吓得脸都白了。慈禧虽号为老佛爷，却是一个杀人不眨眼的刽子手，许多人因服侍不周或出言犯忌都被她处死，哪个敢像李莲英这样大胆。

慈禧听了这番话，立刻铁青了脸，说："你这奴才还有什么请求？"

李莲英说："天下只有驯熟的鸟儿，没听说有驯熟的鱼儿。如果老佛爷不信自己德威天地，泽及鱼鸟禽兽，就请把湖畔的百桶鲤鱼放入湖中，以测天心佛意，我想，鱼儿也必定不肯游走。如果我错了，请老佛爷一并治罪。"

慈禧也有些疑惑了，她随即走到湖边，下令把鲤鱼倒入昆明湖。稀奇的事情真就出现了，那些鲤鱼游了一圈之后，竟又纷纷游回岸边，排成一溜儿，远远望去，仿佛朝拜一般。这下子，不仅众人惊呆了，连慈禧也有些迷惑。她知道这肯定是李莲英糊弄自己，但至于用了什么法子，她一时也猜不透。

李莲英见火候已到，哪能错过时机，便跪在慈禧面前说："老佛爷真是德威天地，如此看来，天心佛意都是一样的，由不得老佛爷谦辞了。这鸟儿不飞去，鱼儿不游走，那是有目共睹的，哪是奴才敢蒙骗老佛爷，今天这赏，奴才是讨定了。"

李莲英说完，立刻口呼万岁拜起来，随行的太监、宫女、大臣，哪能不来凑趣，一齐跪倒。事情到了这份上，慈禧太后哪里还能发怒，她满心欢喜，还把脖子上挂的念珠赏给了李莲英。

且不论李莲英的为人如何，从这个故事我们可以看出，李莲英抓住时机讨巧的功夫实在高明至极。一个人办事的成功，机会的作用是不可忽视的。就连韩愈也在他的《与鄂州柳中丞书》中写道："动皆中于机会，以取胜于当世。"现实生活中，20 几岁的年轻人也应该抓住时机尽快办成自己要办的事。

把握住时机，最重要的是要认清时机。所谓时机，就是指双方能谈得开、说得拢的时候，对方愿意接受的时候。一个人在车祸丧子的悲痛中还没解脱出来，你却上门托他给你的儿子保媒说媳妇，无疑你会碰壁；领导正为应付上级检查而忙得焦头烂额的时候，你却找他去谈待遇的不公，那你肯定要吃"闭门羹"甚至遭到训斥。

掌握好求人办事的时机，才能提高办事的成功率。下面的这两种时机可以说是办事的最佳时机。在办事过程中，20 几岁的年轻人一定要注意把它牢牢抓住，那将会取得事半功倍的效果。

第一，在对方情绪高涨时。

人的情绪有高潮期，也有低潮期。当人的情绪处于低潮时，人的思维就显现出封闭状态，心理具有逆反性。这时，即使是最要好的朋友赞颂他，他也可能不予理睬，更何况是求他办事。

而当人的情绪高涨时，其思维和心理状态与处于低潮期正好相反，此时，他比以往任何时候都心情愉快，说话和颜悦色，内心宽宏大量，能接受别人对他的求助，能原谅一般人的过错；也不过于计较对方的言辞，同时，待人也比较温和、谦虚，能听进一些对方的意见。

因此，在对方情绪高涨时，正是我们与其谈话的好机会，切莫坐失良机。

第二，在为对方帮忙之后。

中国人历来讲究"礼尚往来""滴水之恩，当涌泉相报"。在你为他帮了一个忙后，他就欠下了对你的一份人情，这样，在你有事求他的时候，他必然要知恩图报。在不损害对方利益的前提下，他能做到的事情，一般情况下会竭尽全力去帮助你。

由此可见，20 几岁的年轻人要想办事成功，靠自己的主观努力来把握住时机也是十分重要的。

从侧面入手，间接打动对方

有时候，20 几岁的年轻人正面去求人办事胜算不大时，可以考虑从"侧面"入手，也许会有意想不到的效果。

具体来说，间接打动对方为自己办事的方法有以下三种：

方法一，找能说会道的人帮忙。

一般会说话的人大多都是会办事的人。办事必须依靠信息的交流、思想的交流和感情的交流来完成。而有人交流得好，有人交流得不好，所以说"好马出在腿上，好人出在嘴上"。如果你自己口才不好，可以请一个能说会道的人来帮忙。

历史上孟尝君是齐国的名门贵族。有一次他与齐闵王意见不合，一气之下辞去相职回到名叫薛的私人领地。

当时与薛接邻的楚国正准备举兵攻薛。与楚相比，薛不过是弹丸之地，兵力粮草等均不能相比，楚兵一旦到来，薛地后果不堪设想。

要解燃眉之急，唯有求救于齐。但孟尝君刚刚与闵王闹了意见，没有面子去求，去了也怕闵王不答应。为此他伤透了脑筋。

正当此时，齐国大夫淳于髡来薛地拜访。淳于髡不仅个人资质好，善随机应变，与王室也有密切的关系，且他与孟尝君本人也有私交。

孟尝君当即决定直言相求："我将遭楚国攻击，危在旦夕，请君助我。"

淳于髡也很干脆地答应了。

淳于髡赶回齐国进宫晋见闵王。闵王问他："楚国的情况如何？"

闵王的话题正投淳于髡的所好，顺着这个话题，淳于髡说："事情很糟。楚国太顽固，自恃强大，满脑子想以强凌弱；而薛呢，也不自量力……"

闵王一听，马上就问："薛又怎么样？"

淳于髡眼见闵王入了圈套，便抓住机会说："薛对自己的力量，缺乏分析，没有远虑，建筑了一座祭拜先祖的祠庙，咳，真不知后果怎样！"

齐王表情大变："喔，原来薛有那么大的祠庙？"随即下令派兵救薛。

守护先祖之祠庙，是国君最大义务之一。为了保护祖先祠庙就必须出兵救薛，薛的危机就是齐的危机，在这种危机面前，闵王就完全不再计较与孟尝君的个人恩怨了。整个过程，淳于髡没有提到一句请闵王发兵救孟尝君，而是抓住闵王最关心的问题，旁敲侧击，点到痛处，令闵王自己主动发兵救薛，巧妙地解决了孟尝君的难题。

由此可见，求人办事如果自己没有把握，可以找个能说会道的人从中沟通，就能使事情好办得多。

方法二，利用边缘人物疏通。

求人办事，最好是针对关键人物下工夫。但是有的时候，关键人物不好找，也可以找与关键人物密切接触的边缘人物。

一天，一位办理房地产转让的房产公司推销员来到一位客户家，带着这位客户的朋友的介绍信。彼此一番寒暄客套之后，就听他讲开了："此次幸会，是因为我的同学孙某极为敬佩您，叮嘱我若拜访阁下时，务请您在这个雕像上签个名……"边说边从公文包里取出这位朋友最近才完工的一个小型雕像。于是这位朋友不由自主地信任起他来。

在这里，孙某的仰慕和签名的要求只不过是个借口，目的是说明自己与孙某的关系。

托人办事通过第三者的言谈，来传达自己的心情和愿望，在办事过程中是常有的事。人们会不自觉地发挥这一技巧。比如："我听同学老张说，你是个热心人，求你办这件事肯定错不了"等。但要当心，这种话不是说说而已的，也不能太离谱，有时有必要事先作些调查研究。

为了事先了解对方，可向他人打听有关对方的情况。第三者提供的情况是很重要的，尤其是与被求者的初次会面有重大意义时，更应该尽可能多方收集对方的资料。

20几岁的年轻人，当你正面求对方办事有困难时，不妨从以上三个方面入手，或许可以把你送到成功的彼岸。

请将不如激将

求人办事，如果遇到正面恳求难以达成目的的情况，不妨从反方向上努力，采取激将法。求人办事者为了让对方动摇或改变原来的立场和态度，利用一些略带贬损意义的、不太公正的话给对方戴上一顶"帽子"。而对方一旦被罩上这顶"帽子"，就会激起一种极力维护自我良好形象的欲望，从而用语言或行动表示自己不是这样，自动地去改变原来的立场和态度。

在中国历史上，诸葛亮可谓是运用激将法的大师。

东汉末年，曹操率大军攻打江南。刘备为了避免灭顶之灾，派孔明去东吴游说，试图说服东吴联合抗曹。

当时掌握吴国兵马大权的是周瑜。孔明知道要想说服孙权，必先说服周瑜。但是，孔明并不了解周瑜的个性与为人，也不了解周瑜抵抗曹军的态度，于是先通过鲁肃探寻了一番。

这一天，孔明在鲁肃的陪同下去见周瑜。周瑜听完鲁肃的军情报告后，顺口说了句："应该向曹操投降。"周瑜之所以这样说，是想看看孔明的反应，摸清孔明的意图。

孔明听了微微一笑，说："将军所言极是！"之后，他又装作很诧异的样子，说："主战派的鲁肃将军，竟然不理解天下大势。"

孔明继续说："吴国有一种可不受任何损失的投降方式，那就是把大乔、小乔两名美女献给曹操，这样曹操的百万大军就会无条件撤退。"接着，他又高声朗诵起《铜雀台赋》中的一段来：

"从明后以嬉游兮，登层台以娱性；见太府之广开兮，观圣德之所营；建高门之嵯峨兮，浮双阙乎太清……"

诵完后，孔明继续说："此赋是曹植所作，当曹操在漳河之畔兴建豪华的铜雀台时，曹植特作赋来赞美，赋的意思是说：'当大王即位之后，在江河畔景盛之地建金殿玉楼，极尽庭园之美，藏江东名媛大乔、小乔于此为荣。'就吴国而言，牺牲大乔、小乔这两个美女，等于是从大树上落下两片树叶而已。所以，不如把大乔、小乔送往曹营，如此一来问题便可顺利解决，根本不必再让将军劳神。"

周瑜一听孔明此语，勃然大怒，将酒杯掷向地上，厉声骂道："曹操之老贼未免欺人太甚！"

原来所谓"二乔"是江南两大美女。大乔是孙策的遗孀，小乔是周瑜的夫人。孔明早知道却故意这样说刺激对方。孔明的这一连串的圈套，将周瑜抗曹的本意激了出来，于是孔明趁热打铁，详细分析形势，更加坚定了周瑜抗曹的决心。

上述例子正是"请将不如激将"的典型。在交谈中，正确运用巧言激将法，一定能收到积极的效果。

但值得注意的是，巧言激将，一定要根据不同的交谈对象，采用不同的激将方法，才能收到满意的效果。犹如治病，对症下药，才有疗效。如把药下错了，就或是于人无益，或是置人于死地，反而使事情向更坏的方向发展。

激将法的用法很多，20 几岁的年轻人不妨将以下几点作为参考：

1. 直激法。就是面对面地贬低对方，刺激之，羞辱之，激怒之，以达到使他"跳起来"的目的。

某厂改革用人制度，决定对中层干部张榜招贤。榜贴出后，大家都看着能力、技术俱佳的技术员大刘。然而，由于某种原因，大刘正在犹豫。一位老工人找到他，直言相激："大刘，你不是大学的高才生吗？大家巴望着你出息呢！没想到，你连个车间主任的位子都不敢接，真是个窝囊废！"

"我是窝囊废？"话音未落，大刘就跳了出来说，"我非干出个样儿来不可！"他当场揭榜出任车间主任。

2. 暗激法。就是有意识地褒扬第三者，暗中贬低对方，激发他压倒、超过第三者的决心。暗激法的巧妙，就在于它是通过弦外之音、言外之意，委婉曲折地传递刺激信息。

周丽是某校初三（2）班的拔尖学生。一段时间，她沉湎在港台言情小说中，精神恍惚，上课心不在焉，成绩直线下降。老师将她找去，并没有严厉批评，而是跟她谈了班上其他尖子生的一些情况。他说："这段时间，王雅男、李从书、蒋丽君几个同学的学习劲头越来越大，他们在暗中较劲。你知道，王雅男在市级'走进红色之旅'演讲比赛中获得了一等奖，李从书在省数学竞赛中获得二等奖，蒋丽君这两次物理测验中都得了满分，已超过了你。"听了老师的话，她意识到如此下去就会有滑坡的危险，于是，她审视自己，下定决心，改正错误，重新振作起来。

3. 导激法。激言有时不是简单的否定、贬低，而是"激中有导"，用明确的或诱导性的语言把对方的热情激起来。

某校一个调皮学生，学习成绩很差。一次，他打了一位同学，还自夸是拳击能手。老师叫住他说："打架，算什么英雄？有本事你跟他比学习。你期末考试如果赶上人家，那才是真正的英雄呢。"一句话激得这个调皮学生发奋学习，后来，他果然有了明显的进步。

"水激石则鸣，人激志则宏"说的就是这个道理。20 几岁的年轻人要知道，请将不如激将，这种求人方法往往能激发对方巨大的潜能。

声东击西，自己领悟

在这个世界上，没有人是不求人的。比如说，小时候对不会做的功课，我们求人讲解；长大后，为成家，我们求人说媒；工作时，我们求人合作，求人推销……我们需要求人的事太多了。

但求人请托要想获得好的效果也不是件容易的事，所以，要使对方心甘情愿地为你帮忙，一副铜牙铁齿是不可少的。如果你没有口才，只一味地谈自己的事，并不停地对对方说"劳你大驾，请你帮忙"之类的话，只会让人感到不耐烦。

巧妙地说服别人帮你办事有很多技巧，其中有一种很重要的方法就是声东击西。明明说得是"东"，但暗示的却是"西"，让人从中领悟到你的用意，从而接受你的意见。

春秋时期，齐景公非常喜欢打猎，于是让人养了很多老鹰和猎犬。有一次，负责养老鹰的烛邹不小心让一只老鹰逃走了。齐景公大怒，要把烛邹杀掉。晏子听说后想劝说齐景公不该杀烛邹，但他没有直接劝，而是采用了声东击西的方法，暗示景公不该杀烛邹。

晏子说："烛邹有三条大罪，不能轻饶了他。让我先数说他的罪状再杀吧！"景公点头称是。

晏子就当着齐景公的面，指着烛邹，一边扳着手指数说道："烛邹，你替大王养鸟，却让鸟逃了，这是第一条大罪；你使大王为了一只鸟的缘故而要杀人，这是第二条大罪；杀了你，让天下诸侯都知道我们大王重鸟轻士，这是你的第三大罪。三条大罪，不杀不行！大王，我说完了，请您杀死他吧！"

齐景公听着听着，听出了话中的味儿，停了半晌，才慢吞吞地说："不杀了，我已听懂你的话了。"

其实晏子列举的三大罪状表面上是在指责烛邹，实际上是说给齐景公听的，说烛邹犯了三大罪，暗示如果因此而杀死烛邹会给齐国带来不好的影响，人人都能听明白，齐景公自然也不例外。

在有些场合，相同意思的话用不同的语言来表达，效果迥异。有时言在此而意在彼，令人回味无穷。

五代后唐的开国皇帝庄宗李存勖，有一次打猎兴致来了，纵马奔驰。等到中牟县，鞭疾马快，老百姓田地的庄稼被他践踏了一大片。中牟县令为民请命，挡马劝阻。没想到引起庄宗大怒，当面斥退县令，并要将县令斩首示众，随行大臣没有一人敢进谏言。

过了一会儿，伶人中一个叫敬新磨的从背后转到庄宗马前，并立即率人追回要被砍头的县令，押至庄宗马前，愤怒地指责县令道："你身为一个县官，难道还不知道我们的天子喜欢打猎吗？你为什么纵使老百姓在田地里种庄稼来交纳国家的赋税呢？你为什么不让你们县的老百姓饿着肚子而空着地，好让天子来此驰骋打猎取乐呢？你的罪该死！"

怒斥之后，他请庄宗对中牟县令立即行刑，其他伶人也随声附和。庄宗听着、看着，然后哈哈一笑，纵马而去，遂免了中牟县令的罪，让其回府了。

敬新磨对皇帝的一段谏言，奇特新颖，他指东说西，逗乐了庄宗皇帝，又免去了中牟县令的死罪，可见敬新磨的聪明和煞费苦心。

所以，当你在求人办事遇到阻碍时，完全可以采用这种背道而驰、指东说西的方法，让对方从你的话中领悟出内在的道理，从而改变之前的决定。

求人办事要有耐心

俗话说："好事多磨，水滴石穿。"求人办事很多时候就是靠耐心，它既表现出毅力，又给对方增加压力。

"人心都是肉长的。"不管朋友之间的距离有多大，只要20 几岁的年轻人善于用行动证明自己的诚意，就会促使对方去思索，进而理解你的苦心，从固执的框子里跳出来，那时你就将得到希望。

日本"推销之神"——原一平，小时候是全村里的"混世魔王"，人见人怕。由于自己声名狼藉，23 岁那年他便只身一人来到东京开始创业。到了 35 岁的时候，他已经成为日本保险界赫赫有名的人物，阔别家乡十几年的他，终于高高兴兴地回去探家。

原一平这次回家有两个目的，一是想让家乡人都知道当年的"混世魔王"已经改好了；二是想在自己的家乡开展保险工作。所以回到家乡不久，便大力宣扬保险知识。遗憾的是村民根本不相信当年的"混世魔王"，怕吃亏，谁也不愿参加。原一平明白要想在村里开展保险工作，最重要的是要依靠村长的帮忙才能顺利进行。

现在的村长是当年和原一平一起玩的朋友，而且当时的原一平经常欺负他，如今要想得到村长的帮助，肯定很不容易。不过，原一平没有放弃，找了时间提了点礼物来到村长家，村长一看是当年的"混世魔王"回来了，不禁想起了他以前在村里做的坏事，下意识地吃了一惊。

当原一平提及让村长帮忙动员村民一起学习、参加保险的时候，村长一口回绝了。

第二天，原一平提着礼物又来了，村长好像有点不好意思，但是依然拒绝了。

第三天，原一平又来了。不过这次村长的家人告诉他说，村长到几十里外的邻县亲戚家帮助盖房。原一平得知这个消息后，明白村长是故意不肯见他。于是原一平骑车按照村长家人说的地点追了去，车子一放，袖子一挽就干活，干完活还和村长"磨"。

为了找一个长谈的时机，原一平干脆天不亮就起床，冒雨赶到村里，在村长家门外一站就是两个钟头，村长起床开门愣住了，见原一平淋得像落汤鸡，只好答应了他的请求。

村长这个堡垒一攻破，这个村参加保险工作的局面就打开了。

原一平最后之所以能达成目的，就在于他的耐心。但是，这种方法并不是人人都能做得很好的，只有控制好自己，才能充分发挥其作用，为此 20 几岁的年轻人必须掌握以下两点：

第一，要有足够的耐心。

当求人过程中出现僵局时，人的直接反应通常是烦躁、失意、恼火甚至发怒。然而，这无助于事情的解决。你应理智地控制自己，采取忍耐态度。这时，忍耐所表现的是对对方处境的理解，是对转机到来的期待。有了这种心境，你就能在精神上使自己处于强有力的地位，调动自己全部的聪明才智，想方设法去突破僵局。

第二，要能抓住时机办事。

要善于采取积极的行动影响对方、感化对方，促进事态向好的方向转化。这是一种韧劲、一种谋略。在求人办事时，谁最耐心，谁就是胜者。

先在心理上满足对方

求人办事，如果能感动别人来帮助你，这是最好的办法。但要感动别人，就得从他们的需要入手。你必须明确，要一个人帮你做任何事情，唯一有效的方法就是使他自己情愿。同时，还必须明白，人的需要是各不相同的，各人有各自的癖好偏爱。只要你认真探索对方的真正意向，特别是与你的计划有关的，你就可以依照他的偏好去打动他。

20 几岁的年轻人首先应当让自己的计划去适应别人的需要，然后你的计划才有实现的可能。比如说服别人最基本的要点之一，就是巧妙地诱导对方的心理或感情，以使他人心甘情愿帮忙。如果你特别强调自己的优点，企图使自己占上风，对方反而会加强防范心。所以，应该注意先点破自己的缺点或错误，使对方产生优越感。

此外，有些被求者，以为帮助了别人，有恩于你，心理上会不自觉地产生一种优越感，说不定还要对你数落一番。当你认为自己可能会被人指责时，不妨先数落自己一番，当对方发觉你已承认错误时，便不好意思再指责你了。

有一位年轻人是美国有名的矿冶工程师，毕业于美国的耶鲁大学，又在德国的佛莱堡大学拿到了硕士学位。可是当年轻人带齐了所有的文凭去找美国西部的一位大矿主求职的时候，却遇到了麻烦。

原来那位大矿主是个脾气古怪又很固执的人，他自己没有文凭，所以就不相信有文凭的人，更不喜欢那些文质彬彬又专爱讲理论的工程师。

当年轻人前去应聘递上文凭时，满以为老板会乐不可支，没想到大矿主很不礼貌地对年轻人说："我之所以不想用你就是因为你曾经是德国佛莱堡大学的硕士，你的脑子里装满了一大堆没有用的理论，我可不需要什么文绉绉的工程师。"聪明的年轻人听了不但没有生气，反而心平气和地回答说："假如你答应不告诉我父亲的话，我要告诉你一个秘密。"大矿主表示同意，于是年轻人对大矿主小声说："其实我在德国的佛莱堡并没有学到什么，那三年就好像是稀里糊涂地混过来一样。"想不到大矿主听了却笑嘻嘻地说："好，那明天你就来上班吧。"就这样，年轻人在一个非常顽固的人面前通过了面试。

这位年轻人之所以最后可以得到这份工作，就在于他贬低了自己，让对方在心理上得到了满足，对方高兴了，其余的事自然也更好办了。

美国著名政治家帕金斯 30 岁那年就任芝加哥大学校长时，有人怀疑他那么年轻是否能胜任大学校长的职位，他知道后只说了一句："一个 30 岁的人所知道的是那么少，需要依赖他的助手兼代理校长的地方是那么的多。"就这短短的一句话，使那些原来怀疑他的人一下子就放心了。

大多数人遇到这样的情况，往往喜欢尽量表现出自己比别人强，或者努力地证明自己是有特殊才干的人，然而一个真正有能力的领袖是不会自吹自擂的，所谓"自谦则人必服，自夸则人必疑"就是这个道理。

做事懂得随机应变的人，会先在心理上满足对方，如此事情就会变得简单、顺利多了。

引起对方的心理共鸣，办事更容易

利用"心理共鸣"法求人办事不失为一个比较好的方法。人与人之间，本来有许多地方是相同的。但是要产生共鸣，应有相当的说话技巧。

当你对另一个人有所求的时候，最好先避开对方的忌讳，从对方感兴趣的话题谈起，不要太早暴露自己的意图，让对方一步步地赞同你的想法，当对方跟着你走完一段路程时，便会不自觉地认同你的观点。

伽利略年轻时就立下雄心壮志，要在科学研究方面有所成就，为此，他希望得到父亲的支持和帮助。

一天，他对父亲说："父亲，我想问您一件事，是什么促成了您同母亲的婚事？"

"我看上她了。"父亲不假思索地答道。

伽利略又问："那您有没有娶过别的女人？"

"没有，孩子。家里的人要我娶一位富有的女士，可我只钟情于你的母亲，她从前可是一位风姿绰约的姑娘。"

伽利略说："您说得一点也没错，她现在依然风韵犹存。您不曾娶过别的女人，因为您爱的是她。您知道，我现在也面临着同样的处境。除了科学以外，我不可能选择别的职业，我对它的爱有如对一位美貌女子的倾慕。"

父亲不解地问，"像倾慕女子那样？你怎么会这样说呢？"

伽利略说："一点也没错，亲爱的父亲，我已经 18 岁了。别的学生，哪怕是最穷的学生，都已想到自己的婚事，可是我从没想过那方面的事，以后也不会。因为我只愿与科学为伴。"

伽利略继续说："亲爱的父亲，您有才干，但没有力量，而我却能兼而有之。为什么您不能帮助我实现自己的愿望呢？我一定会成为一位杰出的学者，获得教授身份。我能够以此为生，而且比别人生活得更好。"

说到这，父亲为难地说："可我没有钱供你上学。"

伽利略说："父亲，您听我说，很多穷学生都可以领取奖学金，这钱是公爵宫廷给的。我为什么不能去领一份奖学金呢？您在佛罗伦萨有那么多朋友，您和他们的交情都不错，他们一定会尽力帮忙的。他们只需去问一问公爵的老师奥斯蒂罗·利希就行了，他了解我，知道我的能力……"

父亲被说动了："嗯，你说得有理，这是个好主意。"

伽利略抓住父亲的手，激动地说："我求求您，父亲，求您想个法子，尽力而为。我向您表示感激之情的唯一方式，就是……就是保证成为一个伟大的科学家……"

伽利略最终说动了父亲，他实现了自己的理想，成为一位闻名遐迩的科学家。

这里，伽利略请求父亲帮忙，采用的是"心理共鸣"的说服方法。这种说服法一般可分为以下四个阶段：

1. 导入阶段。先顾左右而言他，以对方当时的心情来体会现在的心情。例如，伽利略先请父亲回忆和母亲恋爱时的情形，这引起了父亲的兴趣。

2. 转接阶段。伽利略巧妙地通过"我现在也面临着同样的处境"这句话把话题转到自己身上。

3. 正题阶段。提出自己的建议和想法。伽利略提出"我只愿与科学为伴"，这也正是他要说服父亲的主题。

4. 结束阶段。明确提出要求。为了使对方容易接受，还可以指出对方这样做的好处。伽利略正是这样做的，他说："……为什么您不能帮助我实现自己的愿望呢？我一定会成为一位杰出的学者，获得教授身份。我能够以此为生，而且比别人生活得更好。"

就这样，伽利略终于达到了自己的目的，为最终实现自己的理想奠定了基础。

在日常生活中，20几岁的年轻人也不妨试着用这种"心理共鸣"的方法求助别人，这可能会带来让你满意的结果。

借他人威望，迂回说服对方

狐狸是很聪明的动物，由于它没有力气，个子矮小，因此处境不利。在森林中，狐狸得不到尊敬，没人真正把它放在眼里。为了克服这一点，对于狐狸来说，其中的一个办法就是说服老虎与它做朋友。通过与力大无比、令人敬畏的老虎密切交往，狐狸可以伴随老虎左右在丛林中四处行走，而且享受众兽给予老虎的同样的提心吊胆的尊敬。即使老虎不在狐狸身边，得知狐狸与老虎交往甚密，也足以保证狐狸在旷野中得以生存。

假如一只狐狸不能够与老虎交朋友，那么这只狐狸就应该制造一种跟老虎密切交往的假象，小心翼翼地跟在老虎的后边，与此同时，大吹大擂它们之间有着笃深的友谊，这样做，它便能制造出一种它得到老虎保护的假象。

这是狐狸的生存法则，但是对于人类来说狐假虎威也是可以利用的。尤其在你求人办事的时候，如果来一招狐假虎威的把戏，借助于大人物的威力，那么事情就会很容易办成。

萨洛蒙·安德烈是19世纪末、20世纪初瑞典著名探险家，有一次，他为了得到北极圈内有关的科学数据，填补地图上的空白，组织了一次北极探险。

那是1895年，经过周密计算和安排，安德烈在瑞典科学院正式提出乘飞艇到北极探险的计划。在此之前，安德烈曾在美国学习了有关航空学的全部理论，并且制造过由气球而发展起来的飞艇，有关飞行试验在美国和欧洲曾引起轰动。随之而来的便是经费问题，由于人们对此不信任和不关心，因此也就很少有人提供经费。

安德烈整天奔波，挨家挨户去找那些大富豪和大企业家，但有谁愿意投资于一项与己毫无关系的事业呢？又有谁愿意投资于一项也许没有任何成功机会的冒险事业呢？安德烈每天总是带着失望和疲倦回到家里。

经过很长时间的奔波，总算有一位好心而开明的大企业家表示愿意提供赞助，他甚至表示愿意承担全部费用，同时他还向安德烈提了一个很重要的建议：希望这项冒险计划得到人们的关注，如果就这样悄无声息地走了，是不是削弱了这次探险的意义呢？

安德烈听完觉得很有道理，于是两人经过商量，决定让安德烈继续去募捐、扩大影响。

但是，尽管安德烈想尽办法，跑遍全城，但人们的反应仍然很冷淡。安德烈非常着急，情急生智，他想出了一个大胆的办法，就是把自己的探险计划写成一篇极其详细严谨的论文，用大量证据论证了这项计划的可行性及其意义，然后，他请那位开明的企业家想方设法把这份文章呈献给国王。

经过一番周折，国王终于见到了这篇文章，他对这个大胆的计划感到很新奇，于是召见了安德烈，并询问有关探险的一些具体情况。两个人谈得很投机，最后安德烈要求国王象征性地提供一些小小的赞助，国王慨然应允。

这个消息很快就传开了，新闻界对国王关注此事予以报道。既然国王都对这件事感兴趣，那么许多名流、富豪也都跟着对探险一事纷纷予以关心，捐赠了大笔费用。许多普通民众也因此开始对这项计划感兴趣了，大家都明白了探险的意义。安德烈的事业终于不再是他一个人苦苦奔波的事业，而是变成了一项公众的事业。就这样，安德烈终于成功了！

巧借他人的力量和威名以达到自己的目的，这是一种韬略。安德烈正是借助国王的力量，才使自己的探险事业取得了成功。

当你去求人办事时，不妨也试一下狐假虎威的办法去换取别人的帮助。可是，在现实生活中，什么东西是可以"借用"的"老虎"呢？20 几岁的年轻人可以参考下面列举的几个主要类型：

1. "老虎"可以是一位功成名就、可以提供相关帮助的人，他与你抱有同样的梦想，而且愿意帮助你的事业。

2. "老虎"也许是一个组织或者协会，它的梦想和观点与你的一模一样。通过跟别人携手合作，同心协力，你能够制造出这样一种必不可少的形势，即老虎就在你后面。

3. "老虎"或许是你的上司或工作单位。孤家寡人常常势单力薄，微不足道。然而，如果你为一位能够呼风唤雨、有权有势的雇主工作，你就不再仅仅是一位无能为力的孤家寡人了。

4. "老虎"也许是你的才智，或者是你的工作。假使艾萨克·斯特恩从来没有拉过小提琴，那么他永远也不会成为我们今天所认识的艾萨克·斯特恩。通过精通这种乐器的本领，艾萨克·斯特恩成为举世闻名的人物。由于同样的原因，不管你从事哪种行业，你的工作都能成为你的"老虎"。

由此可见，"老虎"并非仅仅指的是达官贵人、社会名流，我们应该时刻注意那些能让我们提高声誉和形象的人物及事情。他们都有可能是我们能成功地求人办事的所谓的"老虎"。

第三章
会做事，更要会做人

提供援助要以尊重对方为基础

人都是有自尊的，你尊重他就是给他一份厚礼。有朝一日你求他办事，他自然会"报之以李"，即使他感到为难或感到不是很愿意。20几岁的年轻人必须时时刻刻提醒自己不要做出任何有损他人自尊的事，即使有恩于人也不要到处张扬。只要你有心，你将会获得对方的尊重。

某位企业家讲述了他祖父的故事，对20几岁的年轻人在为人处世方面具有很好的启发作用：

当年，祖父很穷。在一个大雪天，他去向村里的首富借钱。恰好那天首富兴致很高，便爽快地答应借给祖父两块大洋，末了还大方地说：拿去开销吧，不用还了！祖父接过钱，小心翼翼地包好，就匆匆往等着急用的家里赶。首富看见平日十分坚强的祖父借钱，很是得意，于是就追出房门，冲他的背影又喊了一遍：不用还了！

第二天大清早，首富打开院门，发现自家院内的积雪已被人扫过，连屋瓦也扫得干干净净。他让人在村里打听后，得知这事是祖父干的。这位首富明白了：自己的喊声，让对方很难堪，因为村里很多人都听见了喊声。他也明白了，给别人一份施舍，只能将别人变成乞丐。

于是他前去让祖父写了一份借契，祖父因而流出了感激的泪水。

祖父用扫雪的行动来维护自己的尊严，而首富向他讨债极大地成全了他的尊严。在首富眼里，世上无乞丐；在祖父心中，自己何曾是乞丐？

把"施恩"变成了"施舍"，一字之差，效果大不一样。像那位村中首富一样，帮了别人的忙，就觉得有恩于人，四处散播，唯恐天下人不知，于是心怀一种优越感，高高在上，不可一世。这种态度是很危险的，常常会引发反面的后果，也就是给别人帮了忙，却没有增加自己人情账户的收入，而正是因为这种骄傲的态度，把这笔账抵消了。

所以，20几岁的年轻人在帮忙时不要使对方觉得接受你的帮助是一种负担，要做得自然。也就是说在当时对方或许无法强烈地感受到，但是日子越久越体会出你对他的关心，能够做到这一步是最理想的。帮忙时要高高兴兴，不可以心不甘、情不愿的。如果你在帮忙的时候，觉得很勉强，意识里存在着"这是为对方而做"的观念，那么一旦对方对你的帮助毫无反应，你一定大为生气，认为"我这样辛苦地帮你忙，你还不知感激，太不识好歹了"，如此的态度和想法都不要表现出来。

如果对方也是一个能为别人考虑的人，你为他帮忙的种种好处，绝不会像打出去的子弹似的一去不回，他一定会用别的方式来回报你。对于这种知恩图报的人，应该经常给他些帮助。

总之，20几岁的年轻人要知道，人际往来，帮忙是互相的，切不可一口一句"有事吗""你帮了我的忙，下次我一定帮你"等。忽视了感情的交流，会让人兴味索然，彼此的交情也维持不了多长时间。

不在失意人面前谈自己的得意之事

20 几岁的年轻人，当你的人生处于得意之时，千万别将得意之色在那些正处于人生低谷的人面前显露，这样才不会伤害他。反之当你把自己的得意表露无遗时，就会招来别人的怨恨。

诚然，人在得意时都会有张扬的欲望，都想及时地把得意的事和大家分享，以显示自己的优越感。但是要谈论你的得意时，要注意说话的场合和对象。你可以在演说的公众场合谈，对你的员工谈，享受他们投给你的钦羡目光，也可以对你的家人谈，让他们以你为荣，引以为豪，但就是不要对失意的人谈。因为失意的人最脆弱，也最敏感，更容易触发内心的失落感。你的每一句得意之言都会和他的心境形成鲜明的对比，你的谈论在他听来都充满了讽刺与嘲讽的味道，让他感受到你"看不起"他，无情地撕裂他的自尊心和骄傲。

当别人夫妻失和，跟你诉苦时，你与其大发宏论，教他夫妻相处之道，不如说："其实，家家如此，你看我和我的另一半，现在好像很恩爱，其实，我们以前也常吵架，甚至曾想过要离婚呢！"这样，他就会在心中想，他比你当年还要强很多，以后应该至少会和你一样好。

别人事业失败，跟你诉苦时，你与其以成功者的姿态来指导事业通畅之道，不如告诉他，你当年跌得比他更惨，现在的辉煌是一点一点慢慢做起来的。这样，他也会想，他也能东山再起，和你一样成功。

大家的婚姻都曾失和，大家的事业都曾失利，你和他不是因此有了共同语言，在感觉上走得更近了吗？

人生在世，难免会遇到各种各样的挫折，在他人陷入生活的低谷时，20 几岁的年轻人千万不要将自己的成就摆出来炫耀，不能太过张扬，否则只会引起别人的厌烦，在交往中使自己孤立无援。因此，20 几岁的年轻人要学会淡化自己的得意，善待他人的失意。

生活中，确实有些人认为自己比别人技高一筹，事事比人强。他们总喜欢把得意挂在嘴上，逢人便夸耀自己如何如何能干，如何如何富有，完全不顾及别人的"面子"，甚至没有顾及当时的听者是不是正处于人生低迷期，他们夸夸其谈后总以为能够得到别人的敬佩与欣赏，而事实上，别人并不愿意听他的得意之事，自我炫耀的效果往往是适得其反。

一次，金蓉约了几个朋友来家里吃饭，这些朋友彼此都是熟识的。金蓉把他们聚拢来主要是想借着热闹的气氛，让一位目前正陷入低潮的朋友心情好一些。

这位朋友不久前因经营不善，关闭了一家公司，妻子也因为不堪生活的压力，正与他谈离婚的事，内外交迫，他实在痛苦极了。

来吃饭的朋友都知道这位朋友目前的遭遇，大家都避免去谈与事业有关的事，可是其中一位姓吴的朋友因为目前赚了很多钱，酒一下肚，忍不住就开始谈他的赚钱本领和花钱功夫，那种得意的神情，连金蓉看了都有些不舒服。那位失意的朋友低头不语，脸色非常难看，一会儿去上厕所，一会儿去洗脸，后来他提早离开了。金蓉送他出去，在巷口，他愤愤地说："老吴会赚钱也不必在我面前说得那么神气，太不给人面子了。"

金蓉了解他的心情，因为在多年前他也有过低潮，而当时正风光的亲戚在他面前炫耀自己的薪水、年终奖金时，那种感受，就如同把针一支支插在心上，有说不出的苦楚。

金蓉那位赚了不少钱的朋友，正是不会做人。会处世的人会将自己的得意放在心里，而不是放在嘴上，更不会把它当做炫耀的资本。他们会在和朋友交谈时，多谈他关心和得意的事，这样不仅可以赢得对方的好感和认同，也可以加深彼此之间的感情。

20 几岁的年轻人要时时刻刻注意为别人保住体面和尊严，才不会被人讨厌，才能拉近与他人的距离，让自己的人生多一条坦途，少一分牵绊。

得理时也要让人三分

在生活中有些 20 几岁的年轻人会因为一件芝麻大的小事没完没了，得理不让人，无理也要辩三分。这是非常不明智的，过于"讲理"，并不能为自己赢得什么好感。苏格拉底曾经说过："一颗完全理智的心，就像是一把锋利的刀，会割伤使用它的人。"在这个世界上，没有完全绝对的事情，就像一枚硬币一样具有它的两面性。20 几岁的年轻人要想获得他人的好感，拉近与他人的距离，就要学会得理也让人三分。

在一个春天的早晨，房太太发现有三个人在后院里东张西望，她便毫不犹豫地拨通了报警电话，就在小偷被押上警车的一瞬间，房太太发现他们都还是孩子，最小的仅有 14 岁！他们本应该被判半年监禁，房太太认为不该将他们关进监狱，便向法官求情："法官大人，我请求您，让他们为我做半年的劳动作为对他们的惩罚吧。"

经过房太太的再三请求，法官最后终于答应了她。房太太把他们领到了自己家里，像对待自己的孩子一样热情地对待他们，和他们一起劳动，一起生活，还给他们讲做人的道理。半年后，三个孩子不仅学会了各种技能，而且个个身强体壮，他们已不愿离开房太太了。房太太说："你们应该有更大的作为，而不是待在这儿，记住，孩子们，任何时候都要靠自己的智慧和双手吃饭。"

许多年后，三个孩子中一个成了一家工厂的主人，一个成了一家大公司的主管，而另一个则成了大学教授。每年的春天，他们都会从不同的地方赶来，与房太太相聚在一起。

"人活一口气，佛争一炷香。"这是在被人排挤，或者被人欺侮时，人们经常说的一句急欲"争气"的话。其实也未必如此，就像古代名人张英说的那样，"万里长城今犹在，不见当年秦始皇"。"千里捎书为堵墙"，却不如"得饶人处且饶人，让他三尺又何妨"。这方面，不管是古人还是今人，都有很多值得我们学习的地方。

其实，世界上的理怎么可能都让某一个人占尽了？所谓"有理""得理"在很多情况下也只是相对而言的。凡事皆有一个度，过了这个度就会走向反面，"得理不让人"就有可能变主动为被动，反过来说，如果能得理且让人，就更能体现出一个人的气量与水平。给对手或敌人一个台阶下，往往能赢得对方的真心尊重。

一个人不仅要自己的胸怀宽广，度量恢宏，更要注意别人的自尊。一个人如果损失了金钱，还可以再赚回来；一旦自尊心受到伤害，就不是那么容易弥补的，甚至可能为自己树起一个敌人。"得理且让人"就是要照顾他人的自尊，避免因伤害别人的自尊而为自己树敌。

得理让三分，得饶人处且饶人，其实都是要 20 几岁的年轻人学会忍让和宽容，说起来简单，可做起来却并不容易，因为任何忍让和宽容都是要付出代价的。人的一生谁都会碰到个人利益受到别人有意或无意的侵害，为了给自己的未来营造和谐的生活环境，就要在生活中多几分忍让和宽容，抵御心中的愤怒，用宽容和大度来化解心中的怨恨。如果这样，自己的未来就少几分危机，多几分平和，何乐而不为？

成全他人的好胜心

人人都有自尊心，人人都有好胜心，若要巩固感情，应处处重视对方的自尊心，必须抑制你自己的好胜心，成全对方的好胜心。若能做到这一点，20 几岁的年轻人既可以在危险中保全自己，在竞争中将更容易获胜，在日常与人相处中将获得好人缘。

汉初良相萧何秦末随刘邦起兵反秦，刘邦进入咸阳，萧何把相府及御史府的法律、户籍、地理图册等收集起来，使刘邦知晓天下山川险要、人口、财力、物力的分布情况。项羽称王后，萧何劝说刘邦接受分封，立足汉中，养百姓，纳贤才，收用巴蜀二郡的赋税，积蓄力量，然后与项羽争天下。为此萧何深得刘邦信任，被任为丞相。楚汉战争中，萧何留守关中，安定百姓，征收赋税，供给军粮，支援了前方的战斗，为刘邦最后战胜项羽提供了物质保证。西汉建立后，刘邦认为萧何功劳第一，封他为侯，后被拜为相国，还派了一名都尉率 500

名士兵做相国的护卫。

一次，萧何在府中摆酒庆贺。有一个名叫召平的人进来对萧何说："相国，您的大祸就要临头了。皇上在外风餐露宿，而您长年留守在京城，您既没有什么汗马功劳，又没有什么特殊的勋绩，皇上却给您加封，又给您设置卫队，这是由于最近淮阴侯在京谋反，因而也怀疑您了。安排卫队保卫您，这可不是对您的宠爱，而是为了防范您。希望您辞掉封赏，再把全部私家财产都捐给军用，这样才能消除皇上对您的疑心。"

萧何听从了他的劝告，刘邦果然很高兴。同年秋天，英布谋反，刘邦亲自率军征讨。他身在前方，每次萧何派人输送军粮到前方时，刘邦都要问："萧相国在长安做什么？"使者回答，萧相国爱民如子，除办军需以外，无非是做些安抚、体恤百姓的事。刘邦听后总默不作声。使者回来后告诉萧何，萧何也没有识破刘邦的用心。

有一次，偶然和一个门客谈到这件事，这个门客忙说："这样看来您不久就要被满门抄斩了。您身为相国，功列第一，还能有比这更高的封赏吗？况且您一入关就深得百姓的爱戴，到现在已经十多年了，百姓都拥护您，您还在想尽办法为民办事，以此安抚百姓。现在皇上所以几次问您的起居动向，就是害怕您借关中的民望而有什么不轨行动啊！如今您何不贱价强买民间田宅，故意让百姓骂您、怨恨您，制造些坏名声，这样皇上一看您也不得民心了，才会对您放心。"

为了消除刘邦对他的疑忌，萧何只得故意做些侵夺民间财物的坏事来自污名节。不多久，就有人将萧何的所作所为密报给刘邦。刘邦听了，像没有这回事一样，并不查问。当刘邦从前线撤军回来，百姓拦路上书，说相国强夺、贱买民间田宅，价值数千万。刘邦回长安以后，萧何去见他时，刘邦笑着把百姓的上书交给萧何，意味深长地说："你身为相国，竟然也和百姓争利！你就是这样'利民'啊？你自己向百姓谢罪去吧！"刘邦表面让萧何自己向百姓认错，补偿田价，可内心里却窃喜。对萧何的怀疑也逐渐消除。

刘邦身为开国皇帝，自是不希望臣子的威信高过自己。萧何采纳了门客的建议成功地保全了自己。

人们在人际交往中也是如此，每个人都有好胜心，懂得成人之美，让自己的表现不盖过他人的风光，是一种双赢、皆大欢喜的智慧。这样的人才是真正的会做人，才会深得他人喜爱，让自己的人际关系越来越顺利。

千万不要揭他人的短

暴露别人的隐私，对任何人来说，都不是令人愉快的事。不去提及他人平日认为弱点的地方，是 20 几岁的年轻人需要做到的。

李阳龙长得高大英俊，在大学校园内有"恋爱专家"的雅号。如今他是一家外资公司的高级职员，英俊的长相和丰厚的薪水使他在众多的女友中选上了貌若天仙的林丽丽。也许是为了炫耀自己的能耐，李阳龙带着林丽丽去参加朋友聚会。

就在大家天南海北闲谈的时候，"快嘴王"换了话题，谈起了大学校园罗曼蒂克的爱情故事，故事的主人公自然是"恋爱专家"李阳龙。"快嘴王"眉飞色舞地讲述李阳龙如何引得众多女生倾慕，又如何在花前月下与女生卿卿我我。林丽丽开始还觉得新奇，但越听越不是味，终于拂袖而去。李阳龙只好撇下朋友去追林丽丽。

"快嘴王"不是有意要揭李阳龙的伤疤，但他的追忆往事确实使林丽丽难以接受，无端捅出娄子。这不仅使李阳龙要费不少周折去挽回即将失去的爱情，而且使在场的人心里也老大不高兴。在朋友聚会时，拣愉快的事说是活跃气氛的好办法，但口下留情很重要，千万不要揭别人的伤疤，否则，你就会成为不受欢迎的人。说话应该谨言慎行，给语言的刀子加上一把鞘。

在中国素有所谓"逆鳞"之说，即使再驯良的龙，也不可掉以轻心。龙的喉部之下约一尺的部位上有"逆鳞"，全身只有这个部位的鳞是反向生长的，如果不小心触到这一"逆鳞"，必会被激怒的龙所杀。其他的部位任你如何抚摸或敲打都没关系，只有这一片"逆鳞"

无论如何也接近不得，即使轻轻抚摸一下也是犯大忌的。

所谓的"逆鳞"就是我们所说的"痛处"，也就是缺点、自卑感。无论人格多高尚、多伟大的人，身上都有"逆鳞"存在。只要我们不触及对方的"逆鳞"就不会惹祸上身。所以，针对这一点 20 几岁的年轻人有必要事先研究，找出对方"逆鳞"所在位置，以免有所冒犯。

受伤的疮疤不能碰，越碰越容易发炎，难免会使伤口越大。触人痛处，犹如在他人的伤疤上晒盐，结果犯了人与人相处的大忌，得罪了别人，自己也捞不到什么好处。

他人的心事，看透别点破

人非圣贤，有时难免做一些不适当的事。在这种情况下，聪明的 20 几岁的年轻人要把握好分寸，看破别人的心思而不点破，保留对方的面子。

在交际中，20 几岁的年轻人应尽量避免触及对方的敏感区，避免使对方当众出丑。心理学的研究表明，每个人都不愿自己的错误或隐私在公众面前"曝光"，一旦出现这种情况，就会感到难堪或恼怒。

魏王的异母兄弟信陵君，在当时名列"四公子"之一，知名度极高，因仰慕信陵君之名而前往的门客达 3000 人之多。

有一天，信陵君正和魏王在宫中下棋消遣，忽然接到报告，说是北方国境升起了狼烟，可能是敌人来袭的信号。魏王一听便打算召集群臣共商应敌事宜，坐在一旁的信陵君则不慌不忙地说："先别着急，或许是邻国君主行围猎，我们的边境哨兵一时看错，误以为敌人来袭，所以升起烟火，以示警戒。"

过了一会儿，又有报告说是邻国君主在打猎。

魏王很惊讶："你怎么知道这件事情？"信陵君很得意地回答："我在邻国布有眼线，所以早就知道邻国君王今天会去打猎。"

从此，魏王对信陵君逐渐地疏远了。后来，信陵君失去了魏王的信赖，晚年沉溺于酒色，终致病死。

任何人知道了别人都不晓得的事难免会产生一种优越感，对于这种旁人不及的优点，我们必须隐藏起来，以免招祸，切不可像例子里的信陵君那样。

齐国一位名叫隰斯弥的官员，住宅正巧和齐国权贵田常的官邸相邻。田常为人深具雄心，后来欺君叛国，挟持君王，自任宰相执掌大权。隰斯弥虽然怀疑田常居心叵测，不过依然保持常态，丝毫不露声色。

一天，隰斯弥前往田常府第进行礼节性的拜访，以表示敬意。田常依照常礼接待他之后，破例带他到邸中的高楼上观赏风光。四周风景一览无遗，唯独南面视线被隰斯弥院中的大树所阻碍，于是隰斯弥明白了田常带他上高楼的用意。

隰斯弥回到家中，立刻命人砍掉那棵阻碍视线的大树。

正当工人开始砍伐大树的时候，隰斯弥突然又命令工人立刻停止砍树，他道出了其中的奥妙：

"能看透别人的秘密并不是好事。现在田常正在图谋大事，就怕别人看穿他的意图，如果我按照田常的暗示砍掉那棵树，只会让田常感觉我机智过人，对我自身的安危有害而无益。不砍树的话，他顶多对我有些埋怨，嫌我不能善解人意，但还不致招来杀身大祸。"

隰斯弥正是看透他人心事，但不点破的典型。

在人际交往中，有的事不必弄得太明白，即使心里明白，也不一定非得说出来。适时地睁只眼闭只眼，有百益而无一害。

能透视对方的内心，只不过是使你得到一种有利的武器罢了，更重要的是，你要懂得如何使用抓在手中的这把利器。如果胡言乱语，到处宣扬，很有可能伤害到自己。

所以，20 几岁的年轻人，即使看破别人的心思也不要去点破。因为你不去点破他人的心思，充其量是落得他人的埋怨，却不至于对自己造成危机。

不争口头上的胜利，让对方赢

生活中有一类人，他们反应快，口才好，心思灵敏，在生活或工作中和人有利益或意见的冲突时，往往能充分发挥辩才，把对方辩得脸红脖子粗，哑口无言。其实，这是种没"心机"的表现。口头上的赢不能叫赢，与人针锋相对，处处抬杠，无论你说得多么精彩，多么富有哲理，也很难让对方心服口服、甘拜下风。即使你胜了，其实也是败了。

有A和B两位女士，A女士的性情非常固执，不肯认错。有一天，她们俩正在闲谈，无意中谈到了一种有毒物质，而A女士偏说没毒，有时吃了还可以滋补身体。B女士反对A女士的主张。但A女士越是受到B女士的反对，越是要为自己辩护。结果，A女士为使她的主张成立，对B女士说："你不相信吗？那我们可以当场试验，我来吃给你看，到底我吃了砒霜之后会不会死。"B女士到了这时候，深恐A女士真的中毒而死，所以竭力说那种东西有毒，劝A女士不要冒险。但B女士越是劝A女士不吃，A女士越是要吃给B女士看。结果，A女士一命呜呼。A女士死了之后B女士深感悔恨，说当时不该和她那样争辩。

这个例子令20几岁的年轻人深思。毫无意义的争论能给当事人带来什么呢？答案是什么都没有，你会失去一位朋友或顾客，收获一个敌人和愤怒的心情，而且不会有人因此而大赞你知识渊博、能言善辩，因为真正能言善辩的人懂得如何让人心悦诚服。"会说话"而不是"会吵架"的人才是说话高手。

卡耐基在第二次世界大战结束后不久参加了一场宴会。卡耐基左边的一个先生讲了一个幽默故事，然后在结尾的时候引用了一句话，中国话的意思是：此地无银三百两。那位先生还特意指出这是《圣经》上说的。卡耐基一听就知道他错了。他看过这句话，然而不是在《圣经》上，而是在莎士比亚的书中，他前几天还翻阅过，他敢肯定这位先生一定是搞错了。于是他纠正那位先生说，这句话是出自莎士比亚的书。

"什么？出自莎士比亚的书？不可能！绝对不可能！先生你一定弄错了，我前几天才特意翻了《圣经》的那一段，我敢打赌，我说的是正确的，一定是出自《圣经》！如果你不相信，我可以把那一段背出来让你听听，怎么样？"那位先生听了卡耐基的反驳，马上说了一大堆话。

卡耐基正想继续反驳，忽然想起自己的老友——维克多·里诺在右边坐着。维克多·里诺是研究莎士比亚的专家，卡耐基想他一定会证明自己的话是对的，于是转向他说："维克多，你说说，是不是莎士比亚说的这句话。"维克多盯着卡耐基说："戴尔，是你搞错了，这位先生是正确的，《圣经》上确实有这句话。"随即，卡耐基感到维克多在桌下踢了自己一脚。他大惑不解，但出于礼貌，他向那位先生道了歉。

回家的路上，满腹疑问的卡耐基埋怨维克多："你明知那本来就是莎士比亚说的，你还帮着他说话，真不够朋友。还让我不得不向他道歉，真是颠倒黑白了。"维克多一听，笑了："李尔王第二幕第一场上有这句话。但是我可爱的戴尔，我们只是参加宴会的客人，而且你知道吗，那个人也是一位有名的学者，为什么要我去证明他是错的？你以为证明了你是对的，那些人和那位先生会喜欢你，认为你学识渊博吗？不，绝不会。为什么不保留他的颜面呢？为什么要让他下不了台呢？他并不需要你的意见，为什么要和他抬杠？记住，永远不要和别人正面冲突。"

只要我们稍微冷静地想一想，就会发现大多争论的结果是，没有一个人是胜利者。争论既不能为双方带来快乐，也不能带来彼此间的尊重和理解，更不能证明谁是真理的掌握者。争论所能带给我们的只是心理上的烦躁、彼此的怨恨与误解，甚至让你多一个敌人。这正是上述事例要告诉20几岁的年轻人的。

争吵发生的时候，骤然升温的情绪之火会灼烧你的头脑，使你烦闷、愤怒，甚至想与对方硬拼一场。对方的强词夺理、唾沫横飞令你愤恨不已，而在对方眼里，你又何尝不是同样可恶的形象？当不断升温的情绪之火达到足以烧毁你仅存的一点理智的时候，一股难以抑制的仇恨之火便由心底升起。这就足以解释为什么口角之争会发展到大动干戈的地步。

然而这种以为打口水仗能赢利的人，显然是大错特错了，因为一场毫无意义的争论并不能让他人从心底里佩服你。上升的级别越高、争论的时间越长，越会伤害彼此，最后还会以一败涂地而告终。

20 岁的年轻人一定要记住：口头上的胜利是做人的悲哀，与人争论时，不妨让人三分。

给别人表现的机会

威森先生从事将新设计的草图推销给服装设计师或生产商的业务。一连 3 年，他每星期都前去拜访纽约一位著名服装设计师。"他从没有拒绝会见我，但也从没有买过我所设计的东西。"威森说道，"虽然他每次都仔细地看过我带去的草图，可是最后总是说：'对不起，威森先生，今天我们又做不成生意了！'"

经过不少于 100 多次的失败之后，威森终于体会到自己过去一定是过于墨守成规了。至此，他下定决心，专门腾出一些时间来研究一下人际关系的有关学问，以帮助自己获得一些新的观念，调整一下工作方式。

后来，他再去纽约的时候，他把几张没有完成的草图挟在腋下，然后见设计师。"我想请您帮点小忙，"威森说道，"这里有几张尚未完成的草图，可否请您指点一下，以更加符合您的需要？"

设计师一言不发地看了一下草图，然后说："把这些草图留在这里，过几天再来找我。"3 天之后，威森去找设计师，听了他的意见，然后把草图带回工作室，按照设计师的意见认真加工完善。结果呢？威森说："我一直希望他买我提供的东西，这实在有点愚蠢，这是因为我没有考虑到他本身就精通设计，没有满足他自我表现的欲望。后来我要他提供意见，他就实现了自己的表现欲望。这时，我并没有要把东西卖给他，他却主动要求买下了。"

这个事例体现了满足他人表现欲望的重要性。当你给了他人表现的机会，他人反过来会对你产生好感，满足你的需求。

心理学研究表明：每个人都具有让他人认同自己发表意见的欲求，这在心理学上称为"对优越感的欲求"。当我们向他人陈述一桩对方不了解的事物时，心理上总会有一股莫名的满足感，原因就在于此。

在交往中，20 几岁的年轻人不妨让他们的这种欲求得到满足，以免破坏交谈的气氛。否则对方可能会因为欲求无法满足而紧闭心胸，使交谈无法正式展开，从而影响事情的顺利进行。

有的时候，为了满足别人表现的欲望，充分表示对他的重视，你不妨对自己知道的事情也故意装出不甚了解的样子，给他们提供一个满足其发表欲望的契机，这样会更有利于展开你们的谈话。道理是显而易见的：当你得意洋洋地说出自以为对方一无所知的事，却发现对方知之甚详，甚至还是这方面的专家时，就会感到挫折，而变得意兴阑珊。反过来说，有些事我们虽然对其来龙去脉了解得一清二楚，在别人面前却必须故意装作不知，以免破坏对方的心情。

有时候你过于展露锋芒未必是一件好事，反而让事情变得一团糟。因此要充分考虑、尊重他人的利益与见解，并把这些变成一种自觉意识，这是 20 几岁的年轻人要懂得的做人智慧。

学会自省是做人的责任

西方著名哲学家柏拉图说过，内省是做人的责任，人只有通过内省才能实现美德与道德。一个善于自省的人遇到问题往往会反求诸己，从自己的身上找原因，而不是把责任推到别人身上。

一般来说，自省心强的人都非常了解自己的优缺点，因为他时时都在仔细检视自己。这种检视也叫做"自我观照"，其实质也就是跳出自己的身体之外，从外面重新观看审察自己的所作所为是否为最佳的选择。这样做可以真切地了解自己，同时，20 几岁的年轻人审视自己时必须是坦率无私的。

有一个青年，有一天在街角的小店借用电话。他用一条手帕盖着电话筒，然后说："是贾公馆吗？我是打电话来应征做园丁工作的。我有很丰富的经验，相信一定可以胜任。"电话那头说："先生，恐怕你弄错了，我家主人对现在聘用的园丁非常满意，主人说园丁是一位尽责、热心和勤奋的人，所以我们这儿并没有园丁的空缺。"

青年听罢便有礼貌地说："对不起，可能是我弄错了。"便挂了电话。小店的老板听了青年人的话，便说："你想找园丁工作吗？我的亲戚正要请人，你有兴趣吗？"

青年人说："多谢你的好意，其实我就是贾公馆的园丁。我刚才打的电话，是想自我检查，确定自己的表现是否合乎主人的标准而已。"

在生活中，20 几岁的年轻人应该像例子里的园丁一样，不断自我反省，这样才可以令自己立于不败之地。我们每天早晨起床后，一直到晚上上床睡觉前，不知道要照多少次镜子，这就是一种自我检查，不过只是一种对外表的自我检查。相比之下，对本身内在的思想作自我检查，要比对外表的自我检查重要得多。

我们不妨问问自己：你每天能作多少次这样的自我检查呢？可以设想一下，如果某一天我们没有照镜子，那会是一种什么结果呢？也许，脸上的污点没有洗掉；也许，衣服的领子出了毛病……总之，问题没有被发现，就出了门。同样，如果我们不对内在的思想作自我检查，那么就可能出言不逊也不知道，举止不雅也不知道，心术不正也不知道……那是多么的可怕！

20 几岁的年轻人不妨养成这样一个习惯——每当夜里躺到床上的时候，都要想一想自己今天的所作所为有什么不妥当的地方；每当出了问题的时候，首先对自己作一下检查，看看有什么不对；经常对自己作深层次、远距离的自我反省。

能够时时审视自己的人，一般很少犯错，因为他们会时时考虑：我到底有多少力量？我能干多少事？我该干什么？我的缺点在哪里？为什么失败了或成功了？这样做就能轻而易举地找出自己的优点和缺点，更加客观、更加深刻地发现错误，并纠正自己。

第四章
会说话才会更受欢迎

如何轻松地创造话题

俗话说"巧妇难为无米之炊"，没有话题，谈话就没有焦点。光是空说话，没有实际意思，那陌生人终究还是陌生人，对方不会对你有深刻的印象，也不会对你产生好感。

怎样创造话题呢？那就要从具体情况出发去考虑，如果彼此完全陌生，那就要察言观色，以话试探，寻求共同点，抓住了共同点就抓住了可谈的话题。如果对方有什么顾虑，或是沉默的原因不明，那就没话找话说，随便找个话题，引起对方的兴趣，说个笑话，谈点趣闻都可以活跃气氛。

从具体情况出发，20 几岁的年轻人可以选择采取下面的方法：

1. 从简单问题出发，投石问路

与陌生人交谈，一般都可以先提一些"投石"式的问题，在略有了解后再有目的地交谈，便能谈得较为自如。如在商业宴会上，见到陌生的邻座，便可先"投石"询问："您是主人的老同学呢，还是老同事？"无论问话的前半句对，还是后半句对，都可循着对的一方面交谈下去；如果问得都不对，对方回答说是"老乡"，那也可谈下去。假如是北京老乡，你可和他谈天安门、故宫、长城，谈北京的新变化；如果是福建老乡，你可与他谈荔枝、龙眼、橘子，沿海的水产等，从而开始你与他的交谈，也许他将来就是你事业上的合作伙伴呢！

2. 就社会热点问题进行交谈

陌生的双方刚一接触，个人生活的事情不宜多谈，但可以对时下人所共知的社会现象、热点问题谈谈看法。如果对方对这一问题还不太清楚，你可以稍作介绍。例如，近期影响较大的社会新闻、电影、电视剧和报刊文章等，都可以作为谈话的题目。

3. 从工作中寻找

工作和事业是人们最关注的焦点之一，如果你们从事相似或者有关联的工作，不妨从工作上的经历谈起，相似的职业容易引起共鸣，工作中的烦恼和困惑，或者与对方分享自己的经验和心得，都是不错的话题。

4. 关注子女教育

如果双方都已为人父母，不妨谈谈子女教育。孩子是父母生活的希望，孩子的教育牵动亿万家长的心。怜子、爱子、望子成龙是家长的共同心理。谈及孩子，即使是性格内向的人，也会眉飞色舞、滔滔不绝。

有的时候如果是预约式地拜访某陌生人，可以事先作一些了解。例如，问一些你们双方都认识的朋友，打听一下对方的情况，关于他的职业、兴趣、性格之类，了解得越详细越好。当你走进陌生人的住所时，可以凭借你的观察力，看看能否找到一些了解对方性格的线索。屋内的装饰摆设，可以表现主人的喜好和情调，甚至有些物品会引出某段动人的故事。如果你把它当做一个线索，不就可以了解主人心灵的某个侧面吗？了解了对方的一些个性，不就有话题了吗？

交谈前，使用多种手段，尽可能地多了解对方，再把所获得的种种细微信息分析研究，由小见大，由微见著，作为交谈的基础。

总之，在和陌生人交往时，不妨多多寻求彼此在兴趣、性格、阅历等方面的共同之处，使双方在越谈越投机的过程中获得更多关于对方的信息，迅速拉近距离，增进感情。

别人郁闷时，多说些让他宽心的话

许多人忧郁烦恼，常常是因为心里有事想不开，或为名、或为利、或为情，自己心理不能平衡，总觉得自己吃亏倒霉。因此，20 几岁的年轻人在安慰朋友时，要尽量多说些让他宽心的话，引导他朝事情好的一面去想，慢慢走出"死胡同"，等他想开了，烦恼自然消退了。

有一对男女青年小周和小胡，交朋友 3 年多，在一起看电影、下馆子，关系挺密切。可是，当小周把结婚的东西置办齐，要小胡和他去登记结婚时，小胡却突然与他中断了恋爱关系。小周找到她家理论，又被拒之门外。他又气又恨，在门外叫骂，用头撞大门，要死在她家门外。这时，正好小周单位的领导经过，就跑过来问他："你们之间有爱情吗？"小周被问得沉默了。领导进一步开导说："光在一起看看电影，逛逛马路，吃吃喝喝，那不是爱情。真正的爱情不是用钱可以买来的。再说，'捆绑不能成夫妻'，既然人家不爱你，你何必强求呢？你今年才 25 岁，为一个不爱你的姑娘去死，多不值得？你业务能力强，工作又上进，将来事业不可限量，只要好好干，还愁找不到一个好媳妇？"一番话把愁眉苦脸的小周说得眉眼舒展开了。

男青年小周失恋，这个既定的事实已经无法改变，想办法破镜重圆恐怕也是难以实现了。此种情况下，单位领导有意把小周的视线从眼前的糟糕状况中转移开，引导他放眼未来，同时给他指出开创未来的两点优势：年轻、工作上进，强调只要充分利用这些优势，就一定能够找到顺心的人生伴侣。这样，小周的精神上有了寄托，精神状态也就好转了。

此外，当朋友遭遇困境时，对他表示肯定和鼓励也是不错的方法。

英国浪漫主义时期的大文豪斯科特，著作等身，丰硕质精，不仅对英国小说史有划时代的影响，也为当时的俄国、法国、美国文坛为激发出了新的动力。

可是，这样一个大文豪小时候并不优秀。身患小儿麻痹症的他，右脚行动不便，身体羸弱，几次重病差点丧命，本来就有些自卑，加上成绩不如人，便成了"学校怪胎"，言行常常不礼貌，爱缺课，学期末的评语总是很糟。只有一位老师知道，他虽然厌恶功课，对读书却充满兴趣，这位老师不停地给予他鼓励，而这也正是他的人生转折点。

成名后的斯科特曾回小学的母校参观，感触良多地问学校老师："现在学校成绩最差的孩子是谁？"然后，他学习当年看重他的那位贴心老师，告诉那位被称为最差的红着脸的小朋友说："你是个好孩子，我当年也跟你一样，成绩很差，不要灰心。"说完，他从口袋掏出一枚金币送给这个孩子。

"一句话改变一个人的一生"，这句话在那个小朋友的身上应验了，他最终从爱丁堡大学毕业，成了优秀的执业律师。

到底是什么让学习成绩最差的学生成了一名优秀的律师，让一个问题学生成为一个大文豪？那就是一份希望，别人给他的一份希望。这也就是鼓励的艺术。

当一个人心情落到谷底时，只要有人对他说"你一定可以渡过难关的"，或者说一句"我相信你可以做得到"，或者说"大家与你同在，会帮助你的"，都能给予人坚持下去的勇气和力量。

所以，当你安慰别人时，可以给他一个希望的目标，在这份希望的指引下，他就可以很快走出失意，重新面对新生活。

站在对方的立场上考虑和说话

当我们和别人商谈什么事情时，我们习惯将自己的想法和意见强加给别人，而不能站在对方的立场仔细想想，这种说话方式其实是有碍沟通的。

在与对方沟通时，站在对方立场上，才能让别人听着顺耳，觉得舒服。站在对方立场上，设身处地地想，设身处地地说。如此，不仅能使他人快乐，也能使自己快乐。站在对方的立场考虑问题，你会发现，你跟他有了共同语言，他所思所想、所喜所恶，都变得可以理解甚至显得可爱。在各种交往中，你都可以从容应对，要么伸出理解的援手，要么防范对方的恶招。许多 20 几岁的年轻人不懂得如何站在对方立场上思考和说话，这是导致很多事情做不成功的一大原因。

站在他人的立场上说话，能给他人一种为他着想的感觉，这种投其所好的技巧常常具有极强的说服力。要做到这一点，"知己知彼"十分重要，唯先知彼，而后方能从对方立场上考虑问题。成功的人际交往语言，有赖于发现对方的真实需要，并且在实现自我目标的同时给对方指出一条可行的路径。

某精密机械工厂生产某项新产品，将其部分部件委托另外一家小型工厂制造，当该小型工厂将零件的半成品呈示总厂时，不料全不合该厂要求。由于迫在眉睫，总厂负责人只得令其尽快重新制造，但小厂负责人认为他是完全按总厂的规格制造的，不想再重新制造，双方僵持了许久。

总厂厂长见了这种局面，在问明原委后，便对小厂负责人说："我想这件事完全是由于公司方面设计不周所致，而且还令你吃了亏，实在抱歉。今天幸好是由于你们帮忙，才让我们发现竟然有这样的缺点。只是事到如今，事情总是要完成的，你们不妨将它制造得更完美一点，这样对你我双方都是有好处的。"那位小厂负责人听完，欣然应允。

总厂厂长正是站在对方的立场上说话，从对方的角度出发，先承认了总厂的失误，然后又点明事情完成对彼此都有好处，最终消除了彼此的矛盾，让工作顺利进行。

也许你会质疑："站在对方的立场上说来容易，实际要做的时候却很难。"没错，站在对方立场来说话确实不容易，却不是不可能。许多口才不错的 20 几岁的年轻人都能做到这一点。

真正会说话的人，善于努力地从他人的角度来设想，并且乐此不疲。然而，他们也并非一开始就能做得很好，而是从一次次的说服过程中吸收经验、汲取教训，不断培养自己养成这种习惯，最后才达到这样的境界。因此，只要你愿意，这并不是件太大的难事。

一个人最大的痛苦之一就是没人理解，如果我们能站在他的立场上说话，那对于他来说是一种莫大的幸福，而且对于提高我们办事的成功率和受欢迎的程度，也会起到很大的作用。

言语失误时，智慧补救

言语失误是生活、交往、工作中常面临的一种困境，此时，20 几岁的年轻人虽然可以选择保持沉默，但这不是最好的方式，而应该智慧补救、摆脱困境。

具体来说，在与人交往中遇到言语失误的时候，有以下几个方法可供 20 几岁的年轻人参考：

1.顾左右而言他

某校某班在一次高考中，数学和外语成绩突出，名列前茅。校长在评功总结会上这样说："数学考得好，是老师教得好；外语考得好，是学生基础好。"

在座群众听罢沸沸扬扬，都认为校长的说法显得有失公正。一位李姓教师起身反驳道："同一个班，师生条件基本相同。相同的条件产生了相同的结果，原是很自然的事。不公平的对待，实在令人费解。原有的基础与以后的提高有相互联系，不能设想学生某一学科基础差而能提高得快，也不能设想学生某一学科基础好而不需要良好的教学就能提高。校长对待教师的劳动不一视同仁，将不利于团结，不能调动广大教师的积极性。"

会场上有人轻轻鼓掌，然后是一阵静默。

校长没有恼怒，反而"嘿嘿"地笑起来。他说："李老师能言善辩，真是好口才。看来，我们老师的素质都很高嘛。"

尽管别人猜不透校长说这话的真实意思，然而却不得不佩服他的应变能力：他为自己铺了台阶，而且下得又快又好。

既要撤退，就不宜进行任何辩解，辩解无异于作茧自缚，结果使自己无法脱身。

2. 巧妙转换话题

错话一经出口，在简单的致歉之后应立即转换话题，以幽默风趣、机智灵活的话语改变现场的气氛，使听者随之进入新的情境中。

有一个新毕业的大学生去某合资公司求职，一位负责接待的先生递过来名片。大学生神情紧张，匆匆看了一眼，脱口说道："藤野先生，您身为日本人，抛家别舍来华创业，令人佩服。"那人微微一笑道："我姓滕，名野丹，地道的中国人。"大学生面红耳赤，无地自容。片刻后，他诚恳地说道："对不起。您的名字使我想起鲁迅先生的日本老师——藤野先生，他教给鲁迅许多为人治学的道理，让鲁迅受益终生。希望滕先生日后也能时常指教我。"滕先生面带惊喜，点头微笑，最终录用了他。

这位大学生巧妙地转移了话题，不仅一扫自己的口误，还让接待的人对他印象深刻。

3. 将错就错

为了使错话能够及时得以补救，创造良好的人际关系和心境，最要紧的是掌握必要的纠错方法。

将错就错是一个很好的办法。这种办法就是在错话出口之后，能巧妙地将错话续接下去，最后达到纠错的目的。其高妙之处在于，能够不动声色地改变说话的情境，使听者不由自主地转移原先的思路，不自觉地顺着言者之思维而思维，随着言者之话语而调动情感。

某次婚宴上，来宾济济，争着向新人祝福。一位先生激动地说道："走过了恋爱的季节，就步入了婚姻的漫漫旅途。感情的世界时常需要润滑。你们现在就好比是一对旧机器……"其实他本想说"新机器"，却脱口说错，举座哗然。一对新人更是不满之情溢于言表，因为他们都是离异后结合在一起的，自然以为刚才之语隐含讥讽。那位先生的本意是要将一对新人比做新机器，希望他们能少些摩擦，多些谅解。但话既出口，若再纠正过来，反为不美。他马上镇定下来，不慌不忙地补充一句："已过磨合期。"此言一出，举座称妙。这位先生继而又深情地说道："新郎新娘，祝愿你们永远沐浴在爱的春风里。"大厅内掌声雷动，一对新人早已笑得面若桃花。

这位来宾的将错就错令人叫绝。错话出口，索性顺着错处续接下去，反倒巧妙地改换了语境，使原本尴尬的失语化作了深情的祝福，同时又道出了新人之间情感历程的曲折与相知的深厚。

巧妙地运用语言，会弥补言行失误造成的损失。其实这种话并不难说，20 几岁的年轻人，只要你镇定自若，一定能找到化解的办法。

委婉表达你的不满

在公众活动中，20 几岁的年轻人经常可能遇到让人尴尬而不满的情景。在这种情景下，生硬地表达自己的不满不是一种好方法，应该淡化感情色彩。

幽默，正是淡化这种感情色彩的很好的工具。

当一个人要表达内心的不满时，如果能使用幽默的语言，别人听起来会顺耳一些；当一个人和他人关系紧张时，即使在一触即发的关键时刻，幽默也可以使彼此从容地摆脱不愉快的窘境或缓解矛盾。一般说来，表达不满的幽默方式有以下几种：

1. 引人就范

一次，著名的德国作曲家勃拉姆斯参加一个晚会。在晚会上他遭到一群厚脸皮的女人的包围，他一边礼貌地应付，一边想着解脱的办法，忽然他心生一计，点燃了一支粗大的雪茄。

很快，有几个女人忍不住咳嗽起来，勃拉姆斯照样泰然地抽他的雪茄。

终于有人忍不住了，对勃拉姆斯说："先生，你不该在女人面前抽烟！"

"不，我想有天使的地方不该没有祥云！"勃拉姆斯微笑着回答。

勃拉姆斯用幽默的语言，婉转地表达了自己的不满，使自己从无奈的纠缠中解脱了出来。

2. 以退为进

齐国晏子出使楚国，因身材矮小，被楚王嘲讽："难道齐国没有人了吗？"

晏子说："齐国首都大街上的行人，一举袖子能把太阳遮住，流的汗像下雨一样，人们摩肩接踵，怎么会没有人呢？"

楚王继续说道："既然人这么多，怎么派你这样的人出使呢？"

晏子回答说："我们齐王派最有本领的人到最贤明的国君那里，最没出息的人到最差的国君那里。我是齐国最没出息的人，因此被派到楚国来了。"

几句话说得楚王面红耳赤，自觉没趣。晏子的答话就是采用以退为进之法，貌似贬自己说自己最没出息，所以才被派出使楚国，这是"退"，实则讥讽楚王的无能，这是"进"，以退为进，绵里藏针，使楚王侮辱晏子不成，反受奚落。

3. 声东击西

英国戏剧家肖伯纳的脊椎骨有病，一次去医院检查。医生对肖伯纳说："有一个办法，从你身上其他部位取下一块骨头来代替那块坏了的脊椎骨。这手术很困难，我们从来没有做过。"医生的本意是，这次手术所要收取的费用非同一般。

肖伯纳并没有与医生争论，也没有表示不满、失望，只是幽默地淡淡一笑，说："好呀！不过请告诉我，你们打算付给我多少手术试验费？"

一个很棘手的问题，被肖伯纳处理得极其巧妙。他并没有从正面回答，而是从侧面幽默地解围，从而避免了不愉快的争执。

4. 用幽默回击

蔡林在一家合资公司做设计员，她起草的一份资料因时间很久了，以为上司不再需要，就没有保存。岂知某天上司突然向她索要，她一时也记不起资料的去处，便托词"放在家里了"，想随后抽时间再重新作一份以应急。

同室的张敏因嫉妒蔡林比自己优秀，正愁没地方发泄，当她知道了这一秘密后，便忙向上司检举，惹得上司批评蔡林："丢失了资料怎么还隐瞒呢？"蔡林比较冷静而坦率地向上司承认了自己的过失。

下班后，蔡林明知张敏使绊却未向她兴师问罪，反而风趣地说："看来，我寻找资料的速度，到底赶不上老总的两只耳朵快啊。"

蔡林借说"老总的耳朵"来暗中讥刺张敏，既表达了自己的不满，也暗示了自己知道是谁告的密，给了对方一个小小的警告。

总之，20几岁的年轻人在社交场合碰到别人的不恭言行，不能发作，但憋在心里也不好受时，把表示不满的语言的感情色彩淡化一下，让对方知道你不高兴，又不至于破坏友好的气氛，是个不错的方式。

巧妙地把"不"说出口

在社交活动中，20几岁的年轻人对于一些自己不同意、不赞成、不支持的事要勇于拒绝，敢于说"不"。当然并不是直接拒绝，否则会让对方很尴尬，这时应该采取一些语言技巧，巧妙地把"不"说出口。

首先，可以通过语言或者身体动作的暗示表达你的拒绝。

美国出版家赫斯脱在旧金山办第一张报纸时，著名漫画大师纳斯特为该报创作了一幅漫画，内容是唤起公众来迫使电车公司在电车前面装上保险栏杆，防止意外伤人。然而，纳斯特的这幅漫画完全是失败之作。发表这幅漫画，有损报纸质量。但不刊这幅漫画，怎么向纳斯特开口呢？

当天晚上，赫斯脱邀请纳斯特共进晚餐，先对这幅漫画大加赞赏，然后一边喝酒，一边唠叨不休地自言自语："唉，这里的电车已经伤了好多孩子，多可怜的孩子，这些电车，这些司机简直不像话……这些司机真像魔鬼，瞪着大眼睛，专门搜索着在街上玩的孩子，一见到孩子们就不顾一切地冲上去……"听到这里，纳斯特从坐椅上弹跳起来，大声喊道："我的上帝，赫斯脱先生，这才是一幅出色的漫画！我原来寄给你的那幅漫画，请扔入纸篓。"

赫斯脱就是通过自言自语的方式，暗示纳斯特的漫画不能发表，让纳斯特欣然地接受了意见。

另外，通过身体动作也可以把自己拒绝的意图传递给对方。当一个人想拒绝对方继续交谈时，可以转动脖子、用手帕拭眼睛、按太阳穴以及按眉毛下部等，这些漫不经心的小动作意味着一种信号：我较为疲劳、身体不适，希望早一点停止谈话。此外，微笑的中断、较长时间的沉默、目光旁视等也可表示出对谈话不感兴趣、内心为难等信息。

其次，可以通过诙谐语言，愉快地拒绝对方。

有时候把拒绝的话用幽默的方式表达出来，不仅能起到拒绝的目的，还能让别人很愉快地接受。

一位演技很好、姿色出众但学历不高的女演员，对肖伯纳的才华早就敬而仰之。她平时生活在众星拱月的环境中，多少有一些高傲神气，总以为自己应该嫁给天下最优秀的男人。某次宴会中，她和肖伯纳相遇了，她自信十足，以最迷人的音调向肖翁说："如果以我的美貌，加上你的天才，生下一个孩子，一定是人类最最优秀的了！"

肖伯纳微微一笑，不疾不徐地回答："对极了。但是如果这孩子长成了我的貌和你的才，那将是怎样呢？"这位美女演员愣了一下子，终于明白了肖伯纳的拒绝之意。她失望地离开了，但一点也不恨肖伯纳，反而成了他忠实的好朋友。

肖伯纳通过用假设的方法，虚拟出一个可能的结果，从而产生一个幽默的后果，而这个后果正好是拒绝对方的理由。这样，不仅不至于引起不快，还可能给对方以一定启发。

把批评迂回地说出口

人无完人，在这个世界上，没有人不会犯错误。在错误面前，20 几岁的年轻人可能会忍不住怒目圆睁。但狂风暴雨过后，你可能会沮丧地发现，你的"善意"并没有被对方所接受，甚至，换来的结果可能与预想的结果截然相反。

那么，20 几岁的年轻人应该如何把批评说出口，既不伤害对方又能让对方接受自己的批评呢？

1. 巧妙暗示

法国飞行先锋和作家安托安娜·德·圣苏荷依写过："我没有权利去做或说任何事以贬抑一个人的自尊。重要的并不是我觉得他怎么样，而是他觉得他自己如何。伤害他人的自尊是一种罪行。"巧妙暗示的方法，使人们易于改正他的错误，又维持了人们的自尊，使他认为自己很重要，使他希望和你合作把事情办好，而不是反抗或抵触。

英国一家大超市的经理伊尔奇每天都到他的连锁店去巡视一遍。有一次他看见一名顾客站在台前等待，没有一人对她稍加注意。那些售货员呢？他们在柜台远处的另一头挤成一堆，彼此又说又笑。身为经理的他当然对这一情况很不满意，一定要纠正这种不负责任的行为。但伊尔奇并没有直接地指责那些在上班时间闲谈的售货员，他采取了巧妙暗示、保全员工面子的方法处理了这件事。他不说一句话，默默站在柜台后面，亲自招呼那位女顾客，然后把货品交给售货员包装，接着他就走开了。售货员当然看到了这个情况，自责的她们从此以后再也没有发生类似情况。

伊尔奇没有直接指责员工的不负责，而是亲自去为顾客服务，让员工自己意识到自己的失职，间接地纠正了员工的错误。有些人面对直接的批评会非常愤怒，这时，就要间接地让他们去面对自己的错误，这往往会产生非常神奇的效果。

2. 裹上"糖衣"批评他人

批评别人，直话直说容易激起别人的愤恨，而且他们往往不会被你的直言直语所打动。小孩子吃药片时，加点糖水一起送入口中，他们便会乐意服用。批评别人亦是同理，你若能给自己的语言裹上一层"糖衣"，别人将会在享受你的甜蜜的过程中，更容易改过。

亨利·汉克，是印第安纳州洛威市一家卡车经销商的服务经理，他公司有一个工人，工作效率每况愈下。但亨利·汉克没有对他吼叫或威胁他，而是把他叫到办公室里来，跟他进行了坦诚的交谈。

他说："希尔，你是个很棒的技工。你在这里工作也有好几年了，你修的车子也都很令顾客满意。有很多人都赞美你的技术好。可是最近，你完成一件工作所需的时间却加长了，而且你的质量也比不上你以前的水平。也许我们可以一起来想个办法解决这个问题。"

希尔回答说他并不知道他没有尽到职责，并且向他的上司保证，他以后一定改进。

他做了吗？他肯定做了。他曾经是一个优秀的技工，他怎么会做些不及过去的事呢？当你给对方一个美名，他会自觉地检讨自己的行为，是否符合这个美名，从而加以改进，不但不会令对方难堪，反而让他乐意作出改变。

3. 批评他人前先批评自己

人人都有自尊心，被批评的人常常因为被人伤了自尊而不愿承认错误，甚至引起口角，即使内心知道自己错了，嘴上也绝不承认，反而狡辩反击，这样的批评不但起不到应有的效果，反而使人际关系恶化，还有可能因口角而伤害自己。如果在批评他人之前先谈一谈自己从前做过的类似错事，不仅可以让对方认识到问题的严重性，而且营造出心胸开阔、坦诚相见的良好批评氛围，从而使对方更容易接受。

有个叫约瑟芬的食品店店员，在一次运货时因马虎而使食品店损失了两箱果酱。为此，老板对他进行了如下一番批评："约瑟芬，你犯了个错。但上帝知道，我犯的许多错误比你还糟。你不可能天生就万事精通，那只有在实际的经验中才能获得。而且，你在这方面比我强多了，我还曾做出那么多愚蠢的事，所以，我不愿批评任何人，但你难道不认为，如果你换一种做法的话，事情会更好一点吗？"约瑟芬愉快地接受了老板的批评，从此做事认真多了。

作为长辈或上级，把自己曾经的过错暴露在晚辈或下属面前，目的不在于自己作检讨，而在于以自己的感悟来教育对方。上述例子里老板这种借己说人的方法，让我们看到了融自我批评于批评中的魅力与力量。

顾及对方的面子，用迂回的方法把批评说出口，会让20几岁的你与他人建立起和谐的人际关系，提高你受欢迎的程度。

巧妙化解语言冲突

人际交往中，总会有一些意见不合的情况发生，这时经常会出现语言上的冲突。冲突的表现形式是多种多样的，比如说反问、责问、嘲骂、谩骂等，有时候还会表现在一些体态语中，比如说皱眉头、不屑一顾等。

人际交往中的语言冲突很容易造成一些尴尬的局面，甚至产生不可预想的后果。20几岁的年轻人要懂得巧妙地化解语言冲突，这样才能在与人交往的过程中占据优势，避免不必要的损失。

化解语言冲突，主要有以下三种方法：

1. 暂时回避

当你受到了别人的误解或者错误的评价时，不要冲动地与其争辩，最好先让自己冷静下来，想办法解除你的烦恼，直到恢复好心情为止。

有一天，亨利先生出外散步，偶然听见他的下属杰克正在对人埋怨他们公司的待遇太苛刻，而他的工作时间是那样长，上司又不肯提拔他。言辞激烈，亨利先生听得怒火上升，几乎想立刻走过去叫他滚蛋。但是刹那间他打消了自己的念头，他转身回到办公室冷静地进行了一番思考。第二天，他问杰克："杰克，近来你可是受了什么委屈吗？"

杰克看见上司突然问自己这句话，一时不知所措，忙说："没有什么，先生，我觉得很好！"

"昨天你不是在说你的工作太多，公司待你不好吗？"亨利先生仍很和悦地说。

听完亨利先生的话，杰克承认了自己的失言，并且说他感觉不快的最大问题，是由于昨天黄昏时，在泥地中换了一个汽车轮胎。问题就这样很容易地解决了。

例子里的亨利先生在听到下属杰克的怨言时，没有当初就冲出去，而是采取了暂时回避的方法，避免了一场语言冲突。

2. 一笑了之

古希腊哲学家苏格拉底的妻子是个有名的悍妇，经常对苏格拉底破口大骂，有时甚至作出一些常人无法接受的事情。有一次妻子大发雷霆，当头泼了苏格拉底一盆脏水。苏格拉底没有生气，还诙谐地说："雷鸣之后免不了一场大雨。"别人嘲笑他说："你不是最有智慧的哲学家吗？怎么连老婆都挑不好？"他回答："善于驯马的人宁肯挑选悍马、烈马作为自己的训练对象，若能控制悍马、烈马，其他的马也就不在话下了。你们想，如果我能忍受她，还有什么人不能忍受的呢？

对待那些生活中无伤大雅、争论起来也无甚意义的冲撞，不妨像苏格拉底这样诙谐对待，一笑了之。

3. 先声夺人

在你洞明对方故意耍弄手腕，欲寻衅冲撞时，就可抓住要害，先发制人，开门见山，旗帜鲜明地亮出自己的观点。这等于给对方以"当头棒喝"，给他一个下马威，制服对方，从而避免冲撞。

赵刚在某县查处一起案件，驱车返回时，突然被300多名闹事的群众拦住了汽车。在一些人的煽动下，不明真相的群众要求公布调查结果，有的甚至谩骂动手。

在这种群情激奋的情况下，一般讲理是无济于事的。于是他来了个下马威，面对乱哄哄的人群，用十分威严的口气说道："我是奉命来执行任务的，不是来发动群众的，村有村规，国有国法。法律不允许把调查的情况公开，你们的要求是无理的。你们辱骂办案人员，拦截车辆，妨碍公务，也是法律不允许的。"

接着赵刚义正词严地介绍了《民法》《刑法》，说明了妨碍公务罪等法律内容。赵刚以法律为武器，一个棒喝，把闹事群众震慑住了。

特别需要提醒的是，避免言语冲撞不能靠谩骂、翻白眼、斗殴等消极的方式，否则，不但不能避免冲撞，反而会使冲撞加剧，使势态更恶劣化。

在与人交往的过程中，20几岁的年轻人必须学会化解语言冲突的分寸，以免让情形不可收拾。

给人机会，别当"话痨"

有些20几岁的年轻人在生活中常易犯一个毛病：一旦他们打开话匣，就难以止住。其实，这种人得不偿失，因为他们自己话说得多了，既费精力，给他人传递的信息又太多，也还有可能伤害他人；另外，他们无法从他人身上吸取更多的东西，当然问题不在于别人太吝啬，而是他们不给别人机会。

与人交谈时要竭力忘记自己，不要老是没完没了地谈个人生活。你要在交谈中给对方发表意见的机会，可以尽量去逗引别人说他自己的事情，同时，你以充满同情和热诚的心去听他的叙述，一定会让对方高兴，给对方留下最佳的印象。

如果有几个朋友聚在一起谈话，当中只有一个人口若悬河，其他人只是呆呆听着，这就成为他的演讲会了，让在场的其他人感到无可奈何和愤怒。每一个人都有着自己的发表欲。小学生对老师提出的问题，争先恐后地举起手来，希望教师让自己回答，即使他对于这个问题还不是彻底地了解，只是一知半解，还是要举起手来的，也不在乎回答错误会被同学们耻笑，这就说明人的表现欲是天生的，因为小学生远不如成年人有那么多顾虑。成人们听着人家在讲述某一事件时，虽然他们并不像小学生那样争先恐后地举起手来，然而他的喉头老是痒痒的，恨不得对方赶紧讲完了好让他讲。

例如在求职就业中，大多数人常犯的最大错误就是高谈阔论，普遍缺少倾听的耐心，很可能因此就失去了工作的机会。

有一合资单位的经理到某大学去招聘职员，他对二十多名大学生进行了反复核查，从中挑选出了 3 名大学生进行最后的面试。其中有两名大学生在经理面前，夸夸其谈，提出一大堆的建议和设想。而另一名学生则与他们相反，在面试时，一直耐心倾听经理的见解和要求，很少插嘴，只有当经理询问时，他才回答，而且很简练。在面试结束时，他委婉地说道："我很重视您的要求，也非常赞同您的见解。如果我能被录用的话，还望您今后多多指导。"3 天后，这位善于倾听的大学生接到了录用通知，而那两位夸夸其谈者则被淘汰了。

上述例子则说明了别当"话痨"的重要性。

阻遏别人的发表欲，人家一定对你不高兴，你在此情况下很难得到别人的认同，为什么要做这样的傻事呢？你不但应该让别人有发表意见的机会，还得设法引起别人说话的欲望，使人家感觉到你是一位使人欢喜的朋友。

著名记者麦克逊说："不肯留神去听人家说话，这是不能受人欢迎的原因的一种。一般的人，他们只注重于自己应该怎样地说下去，绝不管人家要怎样地说。须知世界上多半是欢迎专听人说话的人，很少欢迎专说自己话的人。"

俗话说"三思而行"更要"三思而言"，没有经过自己大脑思考的话，不但是废话，而且往往会招来不必要的麻烦和灾祸。所以深谙说话之道的人不是在胸膛上"开窗口"，而是在嘴巴上"装阀门"。说话快思考慢的人多是愚蠢的，因为他们总是说了又后悔；思考快说话慢的人多是智慧的，因为他们总是非常检点自己的语言表达。说话是为了正确地表达自己的思想和意见，而不是为了自己光图个嘴巴痛快，乱去发泄自己的情绪。有些人总是批评别人没有大脑，总是爱随便说话，但是却很少检查自己有没有大脑，有没有乱说话的时候。一个人的脑袋必须学会思考，一个人的嘴巴必须知道适时关闭。

20 几岁的年轻人，在与人交谈的过程中，与其自己唠唠叨叨地多说废话，还不如爽爽快快，让别人去说话，反而会得到意想不到的成功。如果能够给别人说话的机会，你就给人留下了一个好印象，以后，别人就会更愿意与你交谈了。

说话要注意时机

孔子在《论语·季氏》里说："言未及之而言谓之躁，言及之而不言谓之隐，不见颜色而言谓之瞽。"这句话有两层意思：一是不该说话的时候说了，叫做急躁；二是应该说话的时候却不说，叫做隐瞒；三是不看对方的脸色变化，贸然信口开河，叫做闭着眼睛瞎说。

这三种毛病都是没有把握说话的时机，没有注意说话的策略和技巧。说话是双方的交流，不是一个人的单方面行为，它要受到各方面条件的制约，如说话对象、周边环境、说话时间等等，所以 20 几岁的年轻人在说话时要学会把握时机。如果该说的时候不说，时境转瞬即逝，便放走了成功的机会。同样的，如不顾说话对象的心态，不注意周边的环境气氛，不到说话的火候却急于抢着说，很可能引起对方的误解。如果信口开河，乱说一通，后果就更加严重。所以说话时机掌握好了是相当重要的。

没有掌握最恰当的时机说话，不论话的内容有多么精彩，也不会有任何意义，他人也不会接受你的意思。这就犹如一个有着强健体魄、良好的技艺的棒球运动员，没有掌握好击球的瞬间，挥棒只会落空。

某学校为两位退休老教师举行欢送会。会上，领导非常得体地赞扬了两位的工作和为人。但是，两相比较之下，其中那位多次获得过"先进"的老教师得到了更多的美誉。这让另外那位老教师感到相当难过，所以在他讲完感谢的话以后，又接着说："说到'先进'，我这辈子最遗憾的是，我到现在为止一次都没有得过……"这时，另外一位平日里与他不和的青年教师突然开口说："不，不是你不配当'先进'，是因为我们不好，我们都没有提你的名。"一时间，原本会场上温馨感动的气氛被尴尬所取代。领导看气氛不对，马上接过话说："其实，'先进'只是一个名义罢了，得没得过'先进'并不重要，没有评过先进，并不代表你不够先进，我们最重要的还是要看事实……"这位领导本来是想要缓和一下气氛，但是反而使局面更糟糕。

其实，会场的气氛之所以会如此尴尬，最主要的还是退休老教师、青年教师，以及领导他们三人没有掌握好说话的时机。就算自己心里面有多少遗憾，这位退休老教师也不应该在欢送会这样的场合上讲出来。对于那位青年教师，也不应该在这样的场合上为了图一时之快，说一些刻薄的、不近人情的话。领导在场合出现尴尬的时候，也应该及力避开这个敏感话题，而不是继续在这个话题上唠叨不休。

所以，说话要注意时机，把握说话时机非常重要。这个过程，要求我们在不同的时间、地点、人物面前说合适的话，该说话时才说话，而且要说得体的话。只要我们有充分的耐心，积极进行准备，等待条件成熟，顺理成章地表达自己的观点，不仅能使对方开心，又能令自己舒心。

具体来说，20 几岁的年轻人可以遵循以下原则：

1. 要看准时机再说话，要有耐心，积极准备，时机到了，才能把该说的话说出来。

2. 沉默是金，并不是说要一味沉默不语，该说话的时候就不要故作深沉。比如，领导遇到尴尬情况了，就需要你站出来为领导打圆场；同事有矛盾了，需要你开口化干戈为玉帛。

3. 别人在说话的时候，不要随意插嘴打断人家的话。

4. 看准时机，说不同的话。这些话都要与当时的场合、人物相吻合。

5. 该说话的时候要说话，因为有时候机会转瞬即逝，错过这个说话的时机，也许以后就不会再有机会了。

20 几岁的年轻人，学会把握好说话的时机，不仅能让他人听着舒适、宽心，也会为自己赢得良好的人缘。

打好圆场，消除阻碍

人与人之间有时难免产生隔阂或交际阻碍，这时就需要故意设置一个"第三者"或"和事老"，即消除阻碍的中介。

充当这个角色的，是一些机智和口才超出常人的人。有时候，双方陷入僵局，顾及脸面，谁也不愿做个姿态，给对方一个台阶。这时"和事老"就大有用武之地。"和事老"最高超的功夫，就是打圆场。

所谓"打圆场"，是指交际双方争吵或处于尴尬境地时，由"和事老"出面站在第三者角度进行调解。

有个理发师傅带了个徒弟。这天，徒弟给第一位顾客理完发后，顾客照照镜子说："头发留得太长了。"师傅就在一旁笑着圆场道："头发长使您显得含蓄，这叫藏而不露，很符合您的身份。"顾客听罢，高兴而去。

徒弟给第二位顾客理完发，顾客照照镜子说："头发剪得太短了。"师傅笑着圆场道："头发短使您显得精神、朴实、厚道，让人感到亲切。"顾客听了，欣喜而去。

徒弟给第三位顾客理完发，顾客边交钱边嘟囔："剪个头花这么长的时间。"师傅马上笑着圆场道："为'首脑'多花点时间很有必要。您没听说：进门苍头秀士，出门白面书生！"顾客听罢，笑笑而去。

徒弟给第四位顾客理完发，顾客边付款边埋怨："这么快就剪好了啊。"师傅马上笑着圆场道："如今，时间就是金钱，'顶上功夫'速战速决，为您赢得了时间，您何乐而不为？"顾客听了，欢笑告辞。

在这个过程中，作为师傅的，不断为自己徒弟找圆场，无论是徒弟头发剪长剪短，时间花长花短，都有很好的方式去让顾客接受，这就是做师傅的口才。很多时候并没什么大事，一两句圆场的话就能平息，但如果处理不好，就会比较尴尬，甚至给别人留下不好印象。

凡事都有诀窍，打圆场也有打圆场的学问。归纳起来，打圆场的学问主要有以下几点：

1. 说明实情，引导自省

当双方为某件小事争论不休，各执一词，互不相让时，"和事老"无论对哪一方进行褒贬，都犹如火上浇油，甚至会引火烧身，不利于争端的平息。因此，"和事老"此时只能比较客观地将事情的真相说清楚，而不加任何评论，让双方消除误会，从事实中认识到自己的缺点或错误，引导他们各自作自我批评，使矛盾得到解决，达到团结的目的。

2. 岔开话题，转移注意力

如果是非原则性的争论，双方各执己见，而这场争论又没有必要继续下去，那么作为"和事老"又该如何打圆场呢？如果力陈己见，理论一番，恐怕不会奏效。这时，不妨岔开话题，转移争论双方的注意力。

3. 归纳精华，公正评价

假如争论的问题有较大的异议而双方又都有偏颇，眼看观点越来越接近，但出于自尊心，双方都不肯服输，那么"和事老"应考虑双方的面子，将双方见解的精华归纳起来，也将双方的糟粕整理出来，作出公正的评论，阐述较为全面的双方都能接受的意见。这样，就把争论引导到理论的探讨、观点的统一上来了。但不能"各打五十大板"。因为，所谓"各打五十大板"是不分青红皂白的，那样乱批一气不利于解决问题，是不可取的。

4. 调虎离山，暂息战火

有的争论，发展下去就成了争吵，甚至大动干戈，如果双方火气正旺，大有剑拔弩张、一触即发之势，"和事老"即可当机立断，借口有什么急事（如有人找，或有急电）把其中一人支开，让他们暂时分开，等他们火气消了，头脑冷静下来，争端也就消除了。

当然，打圆场的方法还有很多，关键在于随机应变和临场发挥的能力。同时，打圆场，互不得罪是一条重要原则，只有站在公平、公正的立场上才能得人心。

巧妙道歉，获得原谅

道歉的语言技巧很多，会道歉的人不但能使自己获得对方的谅解，而且可以保全自己的面子。但是，如果致歉的方式不妥或者表达不当的话，不但会使自己颜面扫地，而且会使对方更愤怒。因而，这种发自内心的愧疚并不是"对不起"这三个字就能完全表达的，它还需要20几岁的年轻人针对不同的情况，运用不同的技巧。

1. 幽默地道歉

在某些场合，由于不小心的失误或言语不当，常常会给对方造成尴尬的情况，在这时，如能采用风趣幽默的方式进行道歉，则可以使别人感受到这份歉意，从而可以谅解你，从下面的例子便可以看出这点。

有一次，费新我先生在家中对客挥毫，写孟浩然的《过故人庄》。当写到"开轩面场圃，把酒话桑麻"一句，不留神漏掉了一个"话"字，旁观者窃窃私语，皆有惋惜之情，费老这天喝了一点酒，而酒后容易失话（言），于是费老拍拍脑袋连声说："酒后失话，酒后失话！"并在诗尾用小字补写了这四个字，以示阙如。费老的一句话情趣盎然，使气氛为之一变，在场的人都抚掌称妙，赞不绝口。

费老先生在乘兴挥毫之时不留神落了一个字，未免让人觉得可惜，然而他灵机一动，以"酒后失话"为由为自己辩解，一语双关，情趣顿生，不仅表达了歉意，弥补了缺陷，还为这幅墨宝带来了一段趣话。

2. 别致的道歉

直接道歉，在某些情况下可能会使自己和对方都会产生尴尬，造成不太好的局面，但如采用巧妙别致的方式道歉，可以使对方在惊讶感动之余，不计前嫌，欣然接受。

在一次战役期间，战争很快就要打响了，但是却有电报从前线发来说，军队虽已进入待命地域，可是有的部队已断粮了，希望总部速补给。

总司令看罢电文，怒不可遏，他派人把管后勤的副司令叫来，把电报扔给他，说："你这个副司令怎么搞的？仗还没打就让部队饿肚子，怎么得了！"

副司令却很冷静，他很有把握地表示："这个电报情况反映不准确。"他坚持说前线军队有粮，并要派人调查。

总司令到了前线，前线军长一脸歉意地解释："我们还有 3 天的存粮，电报反映的情况不准。"

总司令知道自己错怪了后勤的副司令，他包了一个梨送给副司令员，笑着说："我错怪你了，送给你一个梨，吃梨，吃梨，我给你赔个梨（礼）！"一场误会烟消云散。

总司令在没有具体了解电报反映的情况下，对管后勤的副司令大发雷霆，在了解了真实情况后，总司令以送梨的方式向对方赔礼道歉，形式别致，语意双关，既表达了自己的歉意，又驱散了对方心头的乌云。

3. 赞美的道歉

一般说来，在道歉时责备自己大家能做到，但是却常常忘了称赞对方几句。其实，赞美法是道歉的一个好方法。

在道歉的时候，称赞对方，让对方获得一种自我满足感，知道自己是正确的，别人是错误的，这样能轻而易举地获得对方的谅解。例如，当你用言语伤害了同一单位一位平常挺关心你的同事之后，你向他道歉，话可以这样说："我早就想给你作检讨，当年咱俩一块儿到单位，你对我一直很关心，像个老大哥似的，后来只怪我不懂事，做了些不恰当的事……""当初说的一些话是我不对，知道你宽宏大量，一定能原谅我的过错。"对方听了你这番话，会自然而然地原谅你了。

根据场合，巧妙地运用合适的道歉方法，能起到单纯的一句"对不起"达不到的效果，这是 20 几岁的年轻人应该学习的地方。

有所问，有所不问

与人说话时，总离不开提问。20 几岁的年轻人要学会在提问时把握好一个度，做到有所问，有所不问。

有时候该问的，要明知故问，对方会认为你很关心他，所以对你很有好感。他可能会接着你的话题，滔滔不绝地说下去，并且有可能说得心花怒放。

明知故问，就是明明知道也要问。比如，问对方最得意的事，问对方最想让大家知道的事，问对方不便说的事，只能借你的口说出的事。这样，你就可以赢得别人的好感，增进彼此之间的友谊，使双方的心彼此更贴近。

同样，有些不该问的东西，即使你想问，也不要去问，诸如："你今年多大啦？""为什么还不结婚呀？"等等，这些话题，有时对方不便作答，自然而然会对你的问话很反感，会因此而讨厌你，对你敬而远之。

有的 20 几岁的年轻人则是无事不问，他们最喜欢探问别人的私事及秘密新闻。有时为了增加他闲谈的资料，有时仅仅是为满足好奇心，即使与自己无关的事，仍然喜欢追问到底。如果是对方适当的关心，会令人觉得舒心，但若整天喋喋不休，则十分令人厌烦了。这种看似微不足道的事往往具有不可估量的杀伤力。

人到了一定的年龄而不结婚，似乎变成了"众矢之的"，经常有人关心，甚至"严重关切"。遇到认识的人时，总被问道："你怎么还不结婚？""什么时候请喝喜酒啊？"

没结婚，其实是个人的问题。但别人却表现出"极度关心"的样子，有的人还偷偷打听："他长得也不错，怎么还不结婚？是不是有什么问题，有什么毛病？"这种问题伤及了他人的自尊，往往会被毫不客气地驳斥回来。

每个人内心深处都有一种本能的维护自己内心秘密的情绪、遇到别人不得体的询问，就可能自然产生逆反心理，这就造成一种问者尚不经意，被问者常常不由心生厌烦，厌烦这种交际方法，甚至厌烦这个问话的局面。

无事不问会使自己变得浅薄庸俗，也不可能获得真正的朋友。在你打算问对方某个问题的时候，最好先在脑中过一遍，看这个问题是否会涉及对方的隐私，如果涉及了，要尽可能地避免，这样对方不仅会乐意接受你，还会因你在应酬中得体的问话与轻松的交谈而对你产生好印象，为继续交往打下良好的基础。

年轻人在提问的时候，注意以下几个问题：

首先，对方不知道的问题不宜问。

如果你不能确定对方能否充分地回答你的问题，那么你还是不问为佳。如果你问一位医生："去年发生在本市的肝炎病例有多少？"这个问题对方很可能就答不上来，因为一般的医生谁也不会去费神记这些数字。要是对方回答说"不清楚"，就不仅使答者失体面，问者自己也会感到没趣。

其次，有些问题不宜刨根问底。

比方说，你问对方住在哪里，对方回答说"在北京"，那你就不宜问下去。如果对方高兴让你知道，他一定会主动地说出，而且还会说"欢迎光临"之类的话。否则，别人不想让你知道，你也就不必再问了。此外，在问其他类似问题时，也要注意掌握问话尺度，要适可而止。

第三，不要问同行的营业情况。

同行相忌，这是一般人的心理，在激烈竞争的社会里，往往人都不愿意把自己的营业情况或秘密告诉一个可能的竞争对手。即使你问到这方面的问题，也只能自讨没趣。

在人际交往中，不该问的想问也不要问。凡对方不愿意别人知道的事情都应避免问。要时刻记住一点，交往的目的是引起对方的兴趣，不是使任何一方感到没趣。

招人反感的五种说话方式

把话说好大概是世界上最难的一件事，因为我们每天都要和不同的人说话，在不同的时间场合下说话，在不同的情绪状态下说话，因此，每个人说话都难免会出错，想要句句都动听是不可能的。但是我们可以尽量避免几种主要的招人讨厌的说话方式，让我们来看看20几岁的年轻人在说话时具体有哪些细节容易招来别人的反感。

1. 反复讲同一件事

很多年轻人喜欢翻来覆去地说一件已经说过好几遍的事，这件事情她可能觉得很有趣或者是一件可以拿来炫耀自己的事情，于是翻来覆去地讲好几遍。要知道，你感兴趣的事情别人不一定同样感兴趣，而且，再有趣的事也经不起来回来去地重复。反复讲同一件事，不但让人厌烦，还会让别人觉得你很无趣，说来说去就是那几件事。

而作为一位听众，此时，就要练一练忍耐的美德了。唯一能做的就是耐心倾听，在心中想想她可能记忆力不好，而且她说话时充满诚意，你就用同样的诚意接受她的善意。但如果说话的人滔滔不绝而你又毫无兴趣，那么就要想办法终止她继续讲下去，最好的方法是不动声色地将话题引向对方在行而自己又感兴趣的内容。

2. 胡乱恭维和炫耀

嘴巴甜是好事，但切记不要胡乱恭维，在同事、朋友面前，如果过分恭维一个人，会给人留下谄媚的印象，而且无形中让其他人觉得你瞧不起他们，当他们不存在。

20 几岁的年轻人说话时容易犯的另一个毛病是炫耀，例如和妻子（老公）去哪里度假，住的是多么豪华的酒店，男（女）朋友送了多么贵重的礼物，等等，尤其是在经济条件不如自己的朋友面前，这样的话很容易伤到别人的自尊心，即使是有口无心，也会让人觉得你是故意炫耀，故而讨厌你。

3. 无动于衷

在说话时，别人最怕对什么都无动于衷的人，所以和别人谈话时要有所反应。时不时点头微笑；时不时对别人的观点表示赞同；时不时提出自己的意见；听到别人迸发出的妙语警句时，不妨大大赞赏一番。既要善于聆听对方的意见，也要适时发表个人意见。一般不提与话题无关的事；更不要左顾右盼、心不在焉；也不要漫不经心地看手表、伸懒腰、玩东西等，表现出不耐烦。

4. 询问别人的隐私

有些年轻人的好奇心似乎天生比较强，这一点说话时要特别注意，在社交场合或与外宾谈话时，"见了男士不问钱，见了女士不问身"。不要径直询问对方履历、工资收入、家庭财产、衣饰价格等私人生活方面的问题。与女士谈话不要说她长得胖、身体壮、保养得好等，对方不愿回答的问题不要追问，也不要追根问底。不慎谈到对方反感的问题时，应及时表示歉意，或立即转移话题。

5. 说话尖刻难听

说话尖刻足以伤人情，而最终是伤自己。人都有不平之气。若觉得对方言语不入耳，不妨充耳不闻；若觉得对方行为不顺眼，不妨视而不见。不必过分计较，更不要伺机嘲弄、冷言冷语，甚至指桑骂槐。这样不仅会使对方难堪，而且也显得自己很没度量。

20 几岁的年轻人在说话时，一定要避开以上这五种招人反感的说话方式，提升自己受欢迎的程度。

第五章
学会与不同的人交往

从容应对"实干家"

实用主义者通常从很小的时候就为自己确立了远大的目标，为达目的可以付出任何努力。因此他们多半是工作狂的典型。

他们的突出能力表现在，只要是他能想到的，他就一定能做到。无与伦比的创新与独一无二的执行力让他们从来都是高效率的代表。

除此而外，他们做事情目标很明确，也是因为他们超强的目的性，让他们做事时不会盲目地随波逐流。他们一直都像斗志昂扬的战士，不肯服输，做事努力、勤奋是他们给人的印象。但是实干家也有其个性上的不足之处，有过强的目的性。

那么 20 几岁的年轻人应该如何与他们打交道呢？

1. 因为实干家总是很在意利益得失，与他们交谈时，要巧妙地避谈利益问题，以免给他们留下不好的印象。如果你想要改变他们的作风或者让他思考其他的方案，最有效的方法是：告诉他们这样做可能会有助于他们获得更好的结果。

2. 与他们交谈时，一定要突然出自己的逻辑，明确自己的目标。同时，内容也不能太空洞，要具有实践的可能性，让他们觉得有利可图。

3. 交谈中，不要轻易暴露自己真实的意图。只有在你欣喜、愤怒，对方都无从了解，将自己深深隐藏起来的时候，才能够达到迷惑对方的目的。有时，不露声色也要掌握一定的度，把握不好，过犹不及。在适当的时候也不妨"虚则虚之，实则实之"，以搅乱对方的判断。

4. 如果你喜欢他们，不妨尽量配合他们，因为当你与他们站在同一阵线时，他们也乐于保护你，与你分享他们的成就。

20 几岁的年轻人在同实干家打交道的时候，自己要保持一份从容的心态，你可以学习他们对自己梦想执著不放弃的精神。

冷静对待脾气暴躁者

在工作生活中，我们时常会遇到性情暴躁的人。他们通常好冲动、做事欠考虑，思想比较简单，喜欢感情用事，行动如急风暴雨。与这种人打交道，应该谨慎，否则稍有得罪，他便怒不可遏，甚至拳脚相见。

脾气暴躁的人，容易兴奋，容易发怒，自我控制力差，动不动就发火，但这种人往往比较直率，不会搞什么阴谋诡计，而且他们重感情、重义气，如果对他们以诚相待，他们便会视你为朋友。

那么，20 几岁的年轻人应如何对待脾气暴躁者的急躁与粗暴呢？

遇上脾气暴躁的人冒犯你时，你一定得保持头脑冷静，一笑了之是不错的办法。这种"一笑了之"的笑，可以是泰然处之的微笑，可以是表示藐视的冷笑，也可以是略带讽刺的嘲笑……当然，最好是泰然处之的微笑，它不仅可以使自己摆脱尴尬的局面，而且还可以让对方知难而退，避免事态恶化。

歌德有一次在公园散步，迎面碰到一个曾对他作品提出尖锐批评的评论家。那位评论家性格急躁，他对歌德说："我从来不给傻子让路！"

"而我相反！"歌德幽默地说。

于是一场无谓的争吵避免了。

一句幽默的话语，一个微笑，也许是与脾气暴躁的人相处的一个很好的武器。这种人一般比较喜欢听奉承话，因此，我们要不失时机、恰如其分地给予他们一些赞扬。与这类型的人交往，宜多采用正面的方式，而谨慎运用反面的、批评的方式。

1. 暂时忍让，避开锋芒。当脾气暴躁者冒犯你时，你应当压住心头的火，暂时忍让，避开锋芒。待对方锋芒锐减时，再充分地、轻言细语地说服对方，也可讲事实摆道理，消除对方的误会。

2. 开阔胸怀，宽宏大度。对他的无礼态度不加计较，你只要有温和的态度、宽广的胸怀，就会使本来发火的对方，火气消减，自感没趣，从而更加收敛。

3. 对性情暴躁者，如果可以坦率面对，以诚相待，他一定会把你当成朋友，并维护你的利益。

总之，在遇到脾气暴躁的人的时候，20几岁的年轻人应该在保持平和的心态下，略用一些社交小技巧，就能够很好地与脾气暴躁者相处。

如何与"闷死牛"的人打交道

"闷死牛"的人沉默寡言，性格又极倔强。和"闷死牛"的人相处，20几岁的年轻人总会感到沉闷和压力，特别是一些性格比较外向、活跃的人，更是觉得难受。因而，在这种情况下，有些人为了活跃气氛，打破这种局面，故意找话题。其实这是没有必要的。因为，对于沉默寡言的人来说，他们之所以这样，可能是由于有某种心事而不愿多言。在这种情况下，你应该尊重对方，不要去破坏对方的心境，让其保持内心选择的存在方式。相反，你如果故意地没话找话，并拼命想方设法与对方交谈，就会引起对方的反感和厌恶，以至于他们不愿意和你在一起。

人与人之间由于面对压力与竞争，特别是对事业成功的渴求，使自我意识和自尊心明显增强。"闷死牛"的人不仅关注自己的发展，渴望实现自己的价值，还表现出对周围人关于自己的评价异常敏感，并常常为之引起较大的情感波动。他们希望从别人对自己的态度、评论中了解自己，借助外物折射来认识自己，尤其是领导和同事对自己的态度。作为合作共事的人应持以诚心，对其言行予以客观、公正的评价，这样才会引起他内心的反思，从而产生与人交流的愿望。

例如，要想得到这类人的帮助，20几岁的年轻人可以这样说："我了解到现在你还不便让我分享你的设计，然而我想知道你是否愿意看看这个，这是在工作中都可能出现的困难。老实说，这些问题我不在行，也许你可以指点指点我。"这样的话，既指出他在业务上精通，又对他很尊重，接下来的交流自然能水到渠成。

马兰是某师范大学研一学生，其研究的方向是文字学方言学。研一的第二个学期，他们就有一个赴方言区调查的任务。"五一"过后，经导师指导，他们选择了湖南的湘西地区。那里的居民以少数民族居多，居民所用方言对古音面貌保持得相当好。但因为与现代通用普通话相差甚远，外来人几乎都听不懂。于是，他们决定找个会说普通话的当地居民来做翻译。

他们很快找到了。于是，大家都主张让马兰来与那个居民进行沟通，请他帮忙。刚开始打交道，马兰就感觉这个人很沉闷，很少说话，对人似乎一点都不热情。见他这样的态度，马兰还真不知怎么开口请他帮助，且对方似乎还真有点不情愿帮这个忙。于是，马兰决定先和他拉近一点距离，然后再提要求。

经过一番了解，马兰得知，这个人年轻时在马兰的家乡有过一段愉快而难忘的经历。因此，马兰有意挑起有关家乡的话题，讲讲这些年来那里发生的巨大变化，她生动的语言，溢于言表的喜悦之情令他感动甚深，也将他带回到年轻时期：那时的他和建筑施工队的其他强壮有力的年轻人，正在热火朝天地修公路，就是这条公路带来了那里现在的繁荣和发展……这些都应感恩于他们当初的付出。

很显然，他们之间的话题打开了，那个人与马兰越聊越起劲，似乎都有点欲罢不能了。最后，这个人居然不等马兰提出请求，就主动提出要帮忙。

之后的调查记录过程进行得很顺利，这些都源于那人的积极相助。任务期临近结束时，马兰他们都感觉硕果累累。返校之后，他们得到了导师的高度赞扬。

马兰的方法可以算是一个典型方法。

如果你是一位以相聚为乐的人，完全可以通过另外的途径去寻求解决，没必要非和这类人相伴。如果你必须得到对方对某些问题的看法和回答，应该采取非常直截了当的方式，让他明白简要地表示"行"或者"不行"，"是"或者"不是"，这样，往往可以起到较好的效果，达到交往的目的。

如何与疑心过重的人合作

20 几岁的你是否遇到过这样的人：他们处世往往非常小心谨慎，他们很少信任他人，对人和事总持怀疑的态度，甚至有的人始终认为：别人随时都会攻击、侮辱甚至伤害他。为了保护自己，他们惶惶不可终日，心里老嘀咕着，到底有哪些事情别人知道而他们不知道。他们老是担心自己失去或错过了什么就会一败涂地。

如果你的周围也有这样的人，那么他们就是疑心过重的人。这时，你应学会与他们相处的艺术，不要成了他们心中的那个"他"。

同猜疑心重的人来往不可急于求成，需以诚相待。不要奢望在短时间内取得他们的信任，你需要较长的时间去慢慢说服对方，让他们相信你的真诚，而且是不带任何个人目的的，只是为了帮助他们解决困难而已。

首先光明磊落地做人，当别人心里冒出严重猜疑的病症，开始影响到你和朋友的关系时，那就赶快寻求别人的帮助——不一定求专家，也可以找其他朋友。公开的对话有助于你们驱散交往中可能存在的阴影。这时，千万不要轻信多疑之人所说的与你有关的话，不管这类话是当着你的面还是在你背后说出来的。

相反，你可能因为一时的冲动，使误会变成了公开的顶撞，这样不管谁取胜都会使另一方感到不快或委屈。这时，你得善于调节和控制自己的情绪，别让失去理智的情感冒出来并占了上风，而应用一种理智且可行态度来应付这一切。

此外，要温和对待猜疑心重的人，避免粗暴说教，还要多鼓励他们与大家多接触、多沟通，如果他们做得好时要发自内心地给予真诚的表扬和称赞。

只要少一些猜忌和隔阂，以诚相待、宽宏大量、设身处地地去帮助他们，就会使性格多疑的人有所改变、千万不要和多疑的人斤斤计较那些毫无价值的是是非非，而应以自己光明磊落的胸怀去与他们相处。

生活中 20 几岁的年轻人应该学会与这种人交往，面对这些疑心过重的人，我们要怀着一颗宽容的心态，真诚地对待他、与他真诚地交流与沟通，相信你们的合作照样是愉快的。

如何与清高傲慢的人相处

在日常交往中，有些人往往自视清高、目中无人，表现出一副"唯我独尊"的样子。

有人说，对这种人就必须以牙还牙。他傲慢无礼，你便故意怠慢他。这种做法在适当的时候也许是必要的，但它通常更多的只是一种从感情出发的表现。似乎对方的傲慢清高对我们是一种侮辱，于是，我们也要用这种方式去回击他。可当我们理性地思考一下自己的目的和处境时，却发现应该寻求某种更适当的交往方式。因为，如果他傲慢，你怠慢，便很可能使交往无法进行下去，这显然对于双方都是不利的。所以，20 几岁的年轻人应该从有利于双方交往的角度来选择自己的行为方式。

方法一：表示信赖。

一般情况下对待清高傲慢的人，就是要相信他们，对他们表示信赖，并在适当的时候、场合给他们一点取胜的机会，让他们把自己的自信心充分建立起来。使他们养成良好的习惯，以代替那种满足自己虚荣心而表现出来的盛气凌人的傲慢态度。

方法二："当头一棒"。

有的清高傲慢者傲慢骄横，自以为自己的地位、学识、年龄等都处于优势，很可能蔑视他人，或者大肆地攻击他人。这种人无论到什么地方，都认为"人不如我"，因此总将自己的骄傲潜藏在虚伪的谦和之中。那么，怎样应对这样的人呢？有位名家说得好："有许多人，赞美他不免是件危险的事，因他自命不凡，一经抬高，他就会跌得粉碎。狠狠地当头一棒，也许是良策益方。"那就给他"当头一棒"吧！

方法三：有意为难一下。

对这种清高傲慢者，你不妨有意制造一些麻烦，将他为难一下。如你可以邀请这种人从事一些无法摆谱的活动。例如，请他去跳跳舞，聊聊家常，上卡拉 OK 厅唱唱歌等等。而当对方一旦在你面前表现出其生活的原色之后。在以后的交往中，他一般不再会对你傲慢无礼。这样你就可以从容地与他共事了。

与这种人打交道谈话时，切忌柔柔软软，拖泥带水，而应简洁明了。尽可能用最少的话清楚地表达你的要求与问题，这样让对方感到你是一个很干脆且很少有讨价还价余地的人，因而也就会约束自己。

如何与自己不喜欢的人相处

俗话说："物以类聚，人以群分。"人一般都愿意和自己喜欢的人交往，而不愿和自己不喜欢的人往来，但现实生活中却不可能完全满足人们的这个愿望。比如，你喜欢安静，但你的邻居偏偏每天都把音响的声音开得很大；你不愿被人打扰，邻居却时常到你家来借根葱、要头蒜；在单位，你不得不与你不喜欢的同事打交道……也许，你会为此而感到烦恼。

其实，这些烦恼是不必要的。人的一个主要特性就是社会适应性。马克思说过："人的本质是社会关系的总和。"我们不可能离群索居。生活中什么人都有，除了亲人、知己、朋友，我们还得学会和各种人打交道，包括我们不喜欢的人，这样才能在社会中生存。

就像明人陈继儒《小窗幽记》中的话：居家不一定非要在没有坏邻居的地方住，聚会也不一定得避开不好的朋友。关键是在"自持"，与你不喜欢的人相处，也许还能从他们那里汲取到有益的东西。

陈继儒总结了为人处世的一个重要原则，就是"自持"——自我控制欲望和情绪。能自持的人，就不怕"近朱者赤，近墨者黑"，即便生活在污浊的环境里，也能保持自己高尚的人品。再说，"恶邻"毕竟不是敌人，他们也绝不是一无是处，总有些东西是值得我们借鉴的。

另外，每一个人都有自己的生活习惯、为人处世的方式，只要不是违法乱纪，我们就要尊重别人的选择，宽容别人。当邻居在装修时，我们会为传来的刺耳噪音而心烦意乱，对邻居有意见。但我们也应该想想，自己也会有装修的时候，噪音同样会打扰别人。如果邻里之间都能相互担待，相互谅解，那么大家的关系就融洽多了。我们常常看不惯有些人身上存在的毛病，难道我们自己身上的毛病别人就看得惯吗？我们可以不喜欢他们的毛病，包括品德上的缺点，但不应该排斥他们，如果像对待脏东西一样避之唯恐不及，就容易为自己树敌，就会失去帮助他人进步的仁厚之心。

那么，20 几岁的年轻人该如何和自己不喜欢的人打交道呢？

一是"忍让"，宁可自己受些委屈或吃点亏，也不要为小事而与对方争个脸红脖子粗，甚至头破血流。

二是主动接近对方。你可以先伸出友谊之手，主动和对方打招呼。对方原来可能怀有的对你的戒备心或敌意就可能化解。你很客气地提出一些问题，他们就可能会加以注意和改进。

三是把你想象成对方。站在对方的角度考虑问题，你就可能体会他们的想法，从而修正自己的一些不正确的做法。这有助于双方关系的改善。

四是接受他人的独特个性。人人都有其特点，不要试图改变这个事实。接受他的本来面目，也会获得他对你的尊重，不要强迫别人接受你的观念。

五是去想对方做对了的事。对方也不是总是那么招你烦的，他们也有好的一面，试着去发现这一点。

六是以自己的言行去感化对方、影响对方。社交中有一种互惠效应，如果你的行动是对对方有利的，那么对方也会下意识地作出回报。

美国作家马格勒在《个性与成功生活》的书中写道："我们要容忍、谅解以及去爱别人，而不是等待他们来服侍我们，更不是给他们机会去表现他们的缺点，而是要我们自己积极主动地容忍别人和讨人喜欢……以一项对别人友善及有益的计划来发展我们自己，我们的能力以及个性，会使我们的友谊更高贵。"如果我们像马格勒说的那样去做，恶邻和"讨厌的人"也就有可能会成为善邻和好友。

当我们和志同道合的同类打交道时，也要学会和"另类"的人打交道。如果我们学会了真诚、友善地与不喜欢的人相处，或许能感受到一种新的人生体验和乐趣。

不合作的同事，顶撞对方不是良策

众所周知，同事之间的关系非常难处，在实际工作中，人们很难同各种各样的同事都搞好关系，有时还会遇到一些根本不愿意与别人合作的同事。

遇到这种情况，首先要明白同事不愿意与你合作有主观、客观上的诸多原因，且不论何种原因，对方的不合作都会大大降低你的工作效率，让你的某项工作或任务因对方的不合作而受到干扰，有时甚至还会带来非常严重的损失。

遇到这样的同事，顶撞对方并不是一个良策。因为同事之间是合作的关系，强硬的态度很容易把关系搞僵，两人结下"梁子"，日后的工作会有诸多不便。20几岁的年轻人可以先好好地与对方商量，尽量"和平"解决问题。但是如果妥协也解决不了问题，那就要采取一定的措施了。

1. 消除不合作的因素

很多时候，同事不合作不是针对某个人，而是针对某项工作，对待这样的情况，我们首先应该用实际行动帮助不合作的人消除不合作的因素。

我们应该清醒地认识到，在实际工作和生活中，要想使不合作者变为合作者，不仅仅是一个说服问题，还是一个实际行动问题，只有找到不合作的原因，消除对方不合作的原因，才能使合作顺利进行。

因此，消除不合作的因素是争取对方合作的最根本的方法。在日常相处中，你一定要善于发现这类同事不愿意合作的原因，然后通过自己的实际行动巧妙地消除这些因素，这样可以使你与同事更好地合作，在工作中共同奋斗、共同进步。

2. 欲擒故纵

欲擒故纵的本义是指为了要捉住对方，故意先放开他（她），使其放松戒备。比喻为了更好地控制，故意放松一点。如果能将这种方法巧妙地运用，效果将是十分明显的，能使不合作者变成积极的合作者。

有时这种不合作的同事，即使你苦口婆心地劝告和说服也起不了太大作用，这时你不妨采取这种比较间接且又十分有效的方法。

3. 引导对方参与你的工作

在与不合作的同事相处时，应该千方百计地想办法引导他参与你的工作，这是转变不合作者的又一重要措施。

在实际工作中，不合作的同事也许并不是主观上持有与你不合作的态度，而是他（她）从没有与你合作过，不了解你的工作，不知道与你合作的意义。如果是这种情况，你应当做的就是想办法使对方加入到你的工作中来，让对方在与你一起工作的过程中，亲身感受到与你合作的意义，这样，你就自然而然地得到了他（她）的协助了。

同事之间的关系非常微妙，同事关系融洽，心情就舒畅，这不但利于做好工作，也有利于自己的身心健康。所以，在面对不合作的同事时，一定要考虑全面，从长远出发。

倚老卖老的同事，尊重与反击并存

假如你刚刚进入一家公司，你们单位里有位年纪很大但一直没有升迁的老同事，他心里一直愤愤不平，因而总在你面前卖弄其才能。当你做完一件事时，他总是能挑出刺来，并把他的想法强加在你的身上，若你提出新的意见他便大为不满、不屑一顾。你的才华因此无法施展，心情也大为郁闷。面对这种情况，20几岁的你该怎么办呢？或者假如你是一位新上司，你有一位老下属自恃资格老，不服管束，你又该如何应付呢？

方法一：抓住机会，多向他学习。

善于从他的言谈中获取有效信息。毕竟他已经是公司的"元老"了，对公司的各种情况特别了解，你初来乍到，当然需要对公司的状况进行了解，比如各部门领导的行事风格和性格特点，各个同事的基本情况，公司的运营情况及工作日程、工作方法等等，这样对你工作的开展大有裨益。如果你在工作中遇到了一些棘手的情况无法解决，也可寻求他的帮助。这就是从别人的缺点中发掘出优点，于己是相当有益的。

方法二：原则问题上不妥协。

面对倚老卖老的同事在原则问题上不应妥协而应保留自己的意见。如果是关于工作方案的策划等原则问题，不要完全听从"卖老"同事的意见，而是要保留自己的立场和看法。当然你不可当面对他的看法进行否决，这样会引起他的不满情绪，只是要在向领导汇报意见和具体开展工作时保留自己的意见和计划。

方法三：尊重和理解。

对"卖老族"的指手画脚，我们应保持礼貌，做洗耳恭听状，可该怎么做，还得按照自己的做法去做。取得了成绩，不要忘向"卖老族"的"指点"表示一下感谢。这样可以赢得"卖老"同事的好感，使他们乐于帮助你。

方法四：保持适度距离。

平时要注意与"卖老"同事保持一定距离。不要过多地与他们接触，在公司和他们只谈工作，不谈生活。这样他们就不会对你发表太多的评论。

方法五：用业绩赢得认可。

应尽量努力工作，用自己的工作能力和业绩来使对方认可自己，减少他们对自己的成见，使他们自认理亏。

应对倚老卖老的同事，切忌对"卖老族"一味迁就或曲意讨好，要不然会让人觉得你始终是个没有主见、不能独当一面的"新手"。不过，反对"卖老族"一定要顾及其面子，讲究方式方法，不在公开场合反对，尽量避免正面的冲突，最好采用谈心的方式私底下表达不同看法。

处理好了与倚老卖老同事的关系，会让你在职场更如鱼得水，与同事的关系也更加融洽。

自以为是的同事，强化自己的立场

每个公司里，总不缺少自以为是的同事。他们做任何事只从自己的信条出发，在他们心中只有自己才是正确的，他们毫无道理地期望你完全同意他们的观点。自以为是的人确信天下唯有自己正确，只有自己才懂得推动工作的唯一正确方法。这些精力充沛的人能量很大，他们不停地宣传鼓动，直到把你改变过来才肯罢休。他们宣传自己的信条就像他们在传播福音。起初，你还能据理力争，但你丝毫不能阻止或者减少他们的"宣传鼓动"。这样，一段时间以后，你没有力气了，就再也不能说什么了。你根本不能使他们改变主意，即使让他们的思想稍微开放一点，哪怕是考虑一下另一种观点也休想做到。

与自以为是的同事打交道，20 几岁的年轻人必须强化自己的立场，绝不能因对方的执拗而让步。同他们的交往中，你要注意以下几个方面：

1. 审视自我

你的目标是要客观可行，不要因对方的自以为是而感情用事。重新考虑自己的观点，自以为是的人观察问题的方法跟自己不同，而且固执己见。那个观点有道理吗？他是否在竭力把不能接受的标准强加于人？然而，再回到你自己的立场上，考虑正反两方面意见。在陈述观点时，要清楚具体。要仔细评估自己的方案，找出与对方的异同点，是自己的还是对方的方案更合适，或者能够互补，这样在应对他们的时候，你就有理有据了。

2. 充满自信

在陈述自己的观点时，要像自以为是的同事陈述观点时一样自信。要相信自己的解决方案是切实可行的、是有大量的经验作后盾的。只要充满自信地和对方竞争，自己就一定能够取胜。

3. 善意提醒

自以为是的同事都比较自信、固执，这其间你要探明他对工作持有何种态度。如果他对这份工作十分重视，那么你在适当的时间提醒他，他就有可能对这些善意的言语有所接受。你可以讲一些巧妙的话语："你精力充沛、干劲十足，我们都很欣赏你全身心投入工作的精神。但这些记录提醒我们在哪个方面应谨慎从事……"

"这项工作不能出半点差错，这关系着大家的利益特别是你的利益，如果出现闪失，其后果对你个人前途危害很大，而这一点，正是我要向你提及的。"

"工作中一个人不可能做到滴水不漏，必要的时候和大家一起碰碰头，交流一下意见，使工作质量更高，这有什么不好呢？"

与自以为是的同事交往时，20 几岁的年轻人要学对自己有信心，强化自己正确的立场，不影响工作的进程。

第六章
学会维护你的人脉

人脉并非越多越好

生活中我们常常会被一些假象所蒙骗，以为是好的东西，常常掩藏着种种弊端，就如同对人脉的把控上。

"众人拾柴火焰高"，通常人们会认为人越多，人际关系就越充实。然而，事实并非如此。所谓关系与友谊，其实是愈充实数量愈少，最为充实的都是到了最后去除了所有糟粕，留下的少数精品，人际关系也是如此，真正的实心人脉往往只是少数。

事物的发展有多个阶段，在最初阶段必定是人数愈来愈多的时期，否则，没有一定的人数基础，人际关系是不可能充实的。然而最重要的，还是你能否有意识地增加人数，而不是盲目地将所有认识的人及其人际关系统统纳入自己的人际关系网。20 几岁的年轻人在生活中肯定也有过这样的体验，名片与电话簿上的电话号码越来越多，但是好多是用不上的。

所以，真正的人际关系不是用名片或电话号码的多少来计算的。尽管某个时期的人数不断增加，却并非意味着人际关系进入了充实期。最多，它只能算作通往充实期的准备阶段而已。

当累积的人数增加到一定程度时，你就必须进行整理了。

首先应该将仍然保持联络的和已中断联系的人际关系区分开来。经过整理，仍然保持联络的名片张数必将减少。因此，只看到名片张数增加就高兴不已的人，是根本无法建立人际关系网络的。因此，在整理名片之际，你不必因为仍然保持联络的名片张数减少而担忧。相反，这是你人际关系整体充实的证据。试想一下，当你目前的工作告一段落，展开新工作时，名片的张数也必定会随之增加，尤其你跳槽或者更换职业时，这种情形最为明显。当新工作开始步入轨道正常运转时，人际关系又会逐渐减少。中途因工作关系参加各种活动时，名片又将再度增加。这种增减的重复，在人际关系成长过程中是十分必要的。

如果只盲目追求名片张数的不断增加，你和每一个人之间的关系必定会越来越薄弱。因为比起和熟人碰面的机会，你会更热衷追求结识新人的机会。那么，在这种情况下，熟人碰面的机会都没有了，还谈什么人际关系的充实呢？

所以，20 几岁的年轻人不能盲目地追求人脉的数量，而应该拿出一定的精力维护自己的人脉，保证自己人脉圈的质量。

科学管理人脉资源

从前有一个仗义、广交天下豪杰的武夫。他临终前对他的儿子说："别看我自小在江湖闯荡，结交的人如过江之鲫，其实我这一生就交了一个半朋友。"

儿子纳闷不已。他的父亲就贴近他的耳朵交代一番，然后对他说："你按我说的去见我的这一个半朋友，朋友的意义你自然会懂得。"

儿子先去了父亲认定的"一个"朋友那里，对他说："我是某某的儿子，现在正被朝廷追杀，情急之下投身你处，希望予以搭救！"这人一听，毫不思索，赶忙叫来自己的儿子，喝令儿子速速将衣服换下，穿在这个并不相识的朋友的儿子身上，而让自己的儿子穿上朋友的儿子的衣服。

儿子明白了：在你生死攸关的时候，那个能与你肝胆相照，甚至不惜割舍自己的亲生骨肉来搭救你的人，可以称作你的一个朋友。

他又到了父亲的那"半个"朋友家里说："我是某某的儿子，现在正被朝廷追杀，情急之下投身这里，请予以搭救！"此人听了忙说："孩子啊，我这里也不保险，你还是赶快跑吧。这里是一些盘缠，足够路上吃用。我保证不会告发你。"

儿子再次明白了：在你最危急的时候，能给你提供一些帮助，但以不损害自己为前提的人，是可以称作半个朋友的。

这个故事很简洁地告诉了 20 几岁的年轻人这样一个道理：朋友是分交情和档次的。在你生死为难之际，能挺身相救的就是你最好的朋友，对这样的朋友，你能生死相托；而在你危难求助之时，先要考虑自己的利益再去帮助你的朋友，顶多也就算是半个朋友。这半个朋友也能称之为朋友。但有一种人，他只会在你荣华富贵之时巴结你，而你一旦落难，他躲你还来不及，更不会帮助你，这样的人无法称之为朋友。

由此看来，给自己的人脉过过滤，给自己的朋友分分类，就不再显得那么功利性，这也是科学管理人脉资源的好方法。

一般来说，按照与朋友交往的亲密程度，可以把朋友分为以下几个等级：

1. 知己

他们是我们人生中很难找到的极少数朋友，他们可以诚意地接纳我们的优点，也会接纳我们的缺点，处处忠诚地为我们着想。他们像一面镜子，能给予我们劝勉和鼓励。

不过，对于知己我们也有义务不断地付出，同样舍己地为对方的利益着想。去接纳、支持、聆听和帮助，是知己的责任。需要切记的是，不要滥用知己的权利——知心朋友不等于"黏身"的朋友，更不能要求对方完全同意自己、迁就自己。

2. 死党

他们多是一些来往密切，与自己的生活集体很接近的朋友，彼此有相同的思想，相同的遭遇，故而很容易谈得来。在行动上能默契地成为一伙，组成小集体活动。

但若要整个"死党"能相处愉快，就需要大家彼此迁就，不执意独行。但是 20 几岁的年轻人切不可只陶醉在这个"小集体"里，完全排斥外界朋友。否则，可能会失去很多宝贵的友谊。

3. 老友

他们是与我们很熟悉、相识多年的老朋友。虽然大家见面的机会未必很多，但彼此熟悉，每次相逢都能天南地北地亲切交谈。他们不是知己，有困难时未必会想到我们；大家的性格也未必接近，不过友谊倒是经得起考验，值得年轻人去珍惜和主动地表示关心。但是需要注意的是，切不可因为彼此来往少而让友谊中断。

4. 来往密切的朋友

因为活动圈子相同，我们可能交到一些接触密切的朋友，如上司、同事、老师、同学等。他们很熟悉我们的生活小节，但未必是互相了解，可倾诉心事的人。

对于这些朋友，虽然大家每日共事，但不能对他们要求太高，因为彼此都没有什么承诺和默契。但起码相处应不忘礼貌，言行一致，态度真诚。

5. 单方面投入的朋友

有些人可能对我们很着迷和信任，常把心事向我们倾诉，但我们没有那种共同推心置腹的感觉。也有些时候，我们对某人特别崇拜倾慕，而对方却未必有热烈的反应，这种不平衡的关系多产生于一些不同位置的朋友之间。

当受人仰慕的时候，切不可轻看和玩弄别人的友情，或显示出讨厌和高傲的态度，该尽力去助人成长，给予中肯的意见，鼓励他发展独立精神，认识其他朋友。

当我们倾慕别人的时候，也不要成为他人的累赘，不要对别人盲目崇拜，过分倚赖他人。而应该积极从他人身上学习长处。

6. 普通朋友

这类朋友占了我们朋友圈子的大部分。他们可以和我们谈些无关痛痒的话题，不过交情上可是谁也不欠谁，不会令彼此牵肠挂肚。虽说是普通朋友，也可成为游乐时的好玩伴；有难事，也可向有专门知识的个别朋友请教。这些来自不同背景的朋友能充实我们的知识，令我们感受到"相识遍天下"的温暖感觉。

7. 泛泛之交

大家的友谊仅止于认识的阶段，是点头之交，连普通话题也未必有机会聊。大家若能做到见面时打打招呼，保持礼貌距离，已是很不错的。千万别对其分信任，否则误交朋友，后悔时就太迟了。

之所以需要过滤人脉，给朋友分档次，首先是因为每个人的精力都是有限的，必然和一些朋友亲近一些，和另一些朋友疏远一些。其次，每个人性情不同，有的人能为朋友两肋插刀，有的人只有在不损害自己利益的前提下才会帮助朋友，更有的人会为了自身利益而背叛朋友。

因此，为朋友分档次，对各类朋友有了清楚的定位后，能让 20 几岁的年轻人更好地管理自己的人脉资源。

择友要慎，清除人脉中的"杂草"

有些时候，20 几岁的年轻人会因为追求广泛的人脉，一不小心，让人脉账户里生出一些"杂草"。这些"杂草"，就是我们在聚集人脉的时候交往到的一些"不良人士"。人是可塑性很强的动物，尤其对于一些意志薄弱的人，外部的环境对他生活的影响会很大。在我们的一生中，我们结交的朋友和与朋友相处的环境，会对我们的一生会产生很大的影响。可以说，有着怎样的朋友，就会有着怎样的命运。

《伊索寓言》中有一个故事：

一只虱子常年住在一个富人的床铺上，由于它吸血的动作缓而柔，富人一直没有发现它。一天，朋友跳蚤拜访虱子。虱子对跳蚤的来访目的、个性性情，一概不闻不问，热情招待。它还主动向跳蚤介绍说："这个富人的血是香甜的，床铺是柔软的，今晚你一定要饱餐一顿！"跳蚤梦寐以求，当然满口答应，巴不得天快黑下来。

当富人睡熟时，早已迫不及待的跳蚤立即跳到他身上，狠狠地叮了一口。富人大叫着从梦乡醒来，愤怒地令人搜查。身体伶俐的跳蚤一下蹦走了，不会跳跃的虱子自然成了不速之客的替罪羊，身死人手。它是到死都不清楚引起这场灾祸的根源的。

正如这个寓言所要传达的意思，在选择朋友时要有自己的准则，要努力与那些乐观进取、品格高尚的人交往，这样可以保证自己有一个良好的学习和生活环境，让自己获得丰富的精神食粮以及朋友的真诚帮助，在好的环境中潜移默化地达到更高的程度。这正是孔子所说的"无友不如己者"的意思。

相反，如果你择友不慎，结交了那些行为恶劣、思想消极、品格低下的人，你会陷入极坏的环境难以自拔，甚至受到连累，成为无辜受难的"虱子"。

假如我们已不慎交上坏朋友，应采取敬而远之的态度。

20 几岁的年轻人在择友时一定要在"良"字上狠下工夫。固然，"金无足赤，人无完人"，我们选择的朋友，尽管也会有这样那样的不足或缺点，但必须大部分是好的，能从他身上学到很多你没有的品质与实处，他能与你坦诚相处，道义上能互相勉励，当你有了成绩能与你分享，有了过错能严肃规劝你。把这样的人网络进你的人脉网，会成为你前进的动力。

筛选你的人际关系网

在工作与学习的过程中，搜集与组织自己的关系网是有可能的，但试图维持所有关系似乎是不可能的，而想要在现有的人际网络内加进新的人或组织就更加艰难。因此，20 几岁的年轻人在组建人际关系网的时候，必须学会筛选放弃。换言之，你必须随时准备重新评估早已变得难以掌握的人际网络，对现有的人际关系网重新整理，放弃已不再对你感兴趣的组织和人，等等。这是年轻人在生活中必须做的。筛选虽然不易，但仍是可以做得到的，有失才有得，才有更好的人生。

国际知名演说家菲立普女士曾经请造型顾问帕朗提帮她作造型设计。菲立普女士说："整理出来的衣服总共分成三堆：一堆送给别人；一堆回收；剩下的一小堆才是留给自己的。有许多我最喜欢的衣物都在送给别人的那一堆里，我央求帕朗提让我留下一件心爱的毛衣与一条裙子。但她摇摇头说道：'不行，这些也许是你最喜爱的衣物，但它们却不适合你现在的身份与你所选择的形象。'由于她丝毫不肯让步，我也只得眼睁睁地看着自己的大半衣物被逐出家门。我必须学着舍弃那些已不再适合我的东西，而'清衣柜'也渐渐地成为我工作与生活的指导原则。不论是客户也好，朋友也好，衣服也罢，我们必须评估、再评估，懂得割舍，以便腾出空间给新的人或物。我也常用这个道理与来听演讲的听众分享，这是接受并掌握生命、生涯不断变动的一种方法。"

你衣柜满了，需要清理与调整，以便腾出空间给新的衣服。同样的道理，你的人际关系网也需要经常清理。很多时候，当你要跟某人中断联系时，你根本无须多说什么。人海沉浮，当彼此共同的兴趣或者话题不复存在，便是分道扬镳的时候，中断联系其实是个顺其自然的过程。

清理人际关系网的道理也和清理衣柜类似。帕朗提容许菲立普女士留下的衣服，当然是最美丽、最吸引人、也是剪裁最得体的几套。"舍"永远不是件容易的事，虽然有遗憾，但从此拥有的不仅都是最好的，更重要的是也有更多空间可以留给更好的。

如果我们对自己的人际网络做同样的"清除"工作，在去粗取精之后，留下来的朋友不就都是我们最乐于往来的吗？我们应该把时间与精力放在让自己最乐于相处的人身上。在平时需要奔波忙碌于工作、社交与生活之间的我们，筛选人际关系网络是安排生活先后次序的第一步，也是简化我们生活的重要一步。

因此，20几岁的年轻人，学会筛选你的人际关系网，放弃那些对自己没有太多帮助和对自己没有多大兴趣的人，把主要的精力放在对自己未来发展有利的人身上，这样可以让你更好地掌控你的人脉、生活与事业。

定期登门问候你的朋友

有的人总怕麻烦，不愿打搅别人。所以，一年半载也不会去朋友家做客。但是，登门去拜访拜访老朋友，叙叙旧，不但能维护你们之间的关系，说不定还能碰到新的朋友呢，收获可能会很大。

登门拜访朋友虽然能给20几岁的年轻人带来很多的好处，但是拜访一定要注意时间的合适性、距离的远近性、交谈的共同性、彼此融洽性，等等。

1. 要选择合适的拜访时间

最好是在工作时间内，应尽量避免占用对方的休息日、休假日或午休时间，如果没有急事，应避免在清晨或夜间去拜访。拜访之前，最好以电话或通信方式与对方联系，约定一个时间，使被访者有所准备，不要做"不速之客"。最好讲明此次拜访需占用对方多长时间，以便对方安排好自己的事情。凡是约定的时间要严格遵守，提前5分钟或准时到达，以免对方等得不耐烦。如果因特殊情况不能前往，应及时通知对方，轻易失约是极不礼貌的。

拜访对方的时间，最合适的时间多半是在假期的下午，平日的晚饭后；避免在对方吃晚饭的时间去找他；如果对方有午睡的习惯，也不要在午饭后去找他；当然，更不要在对方临睡的时候去找他，一般在晚上9点半之后不适宜去拜访了。如果在晚上11点后还去找人，可能被认为你不礼貌。

2. 开头的客套话少不得也多不得

一见面，肯定朋友间会说一些客套话，但是客套话一般只作为开场白，不宜过长，因为过于客气会使人产生陌生感。

朋友初次见面略谈客套后，第二次、第三次的见面就应竭力少用那些"阁下""府上"等名词，如果一直用下去，不在相当时间后废去，则真挚的友谊必然无法建立。客气话的"生产过剩"，必然损害轻松的气氛。

客气话是表示你的恭敬或感激，不是用来敷衍朋友的。

如果拜访对象是熟人、老朋友，客套话过于滥用，彼此保持"过远"的距离，就会使双方都感到别扭、不舒服，甚至还可能导致相互猜疑，产生误会。长此以往，还会影响你们之间正常的友谊。

拜访比自己级别高的人，或握有某种权势、拥有某种优势的人，不宜靠得很近，至于拍拍打打之举更不可随便用。否则，对方就会认为你是与他"套近乎"，或者引起对方心理警惕，或者让对方瞧不起你，或者引起旁人的嫉妒等，影响拜访效果。

3. 尽量谈一些共同的话题

任何人都有这样一种心理特性，例如，同乡或同一公司的人往往不知不觉地因同伴意识、同族意识而亲密地联结在一起，同乡校友会的产生正是因此。若是女性，也常因血型、爱好相同产生共鸣。

如果你想得到对方的好感，利用此种方法，找出与对方拥有的某种共同点，即使是初次见面，无形之中也会涌起亲近感。一旦缩短彼此心里的距离，双方很容易推心置腹。

4. 谈话也要有一些爱好

表现出自己关心对方，必然能赢得对方的好感。

卡耐基认为：在招待他人或是主动邀请他人见面时，事先应该多少搜集对方的资料。这不仅是一种礼貌，而且可以满足他人的要求，使他感受到你的关心和热忱。

记住对方说过的话，事后再提出来当话题，也是表示关心的做法之一，尤其是兴趣、嗜好、梦想等，对对方来说，是最重要、最有趣的事情。一旦提出来作为话题，对方一定觉得开心。

5. 拜访时的寒暄不能忽视

拜访对方时要多利用寒暄，它是人们之间，尤其陌生人见面时的必要桥梁，似乎是上帝派来的隐身使者，能为人们搬走产生阻隔的山峦。寒暄，更为争分夺秒者赢得必要的准备时间、积极进攻或防守的力量，为拜访双方驱走冬日的严寒。由此可见，寒暄并不是使人"寒"，而是给人"暖"。

拜访时，20 几岁的年轻人还要注意以下几点：

1. 进门前要敲门或出声打招呼。冒昧地闯入房门会使主人措手不及，让主人觉得你没礼貌、缺乏教养。

2. 初次相见，要注重自己的仪表，不然别人会产生不悦之感。若有必要，给老人或小孩带点小礼品，礼轻情义重。

3. 做客要有时间观念，有话则长，无话则短，不要东拉西扯，废话不断；否则，会使主人不耐烦。

4. 不要乱翻乱动主人的东西，甚至乱闯主人卧室，这样并非亲热之举，而是对主人不尊重，若触及人家隐私，岂不彼此都尴尬？

5. 做客既不要过于拘束，也不要轻浮高傲，落落大方才是做客应有的尺度。

6. 告别主人时，应对主人的款待表示感谢，如有长辈在家，应向长辈告辞。

7. 若主人送出大门要及时请他们留步。切忌在门口废话太多，拖拖拉拉，使主人在门外站立过久。

20 几岁的年轻人应该不怕麻烦地定期登门问候自己的朋友，如果在拜访自己的朋友的同时又能注意到以上几点，相信你一定会给对方留下一个良好的印象，让彼此的关系更亲近。

维护人脉要在平时下工夫

很显然，人与人之间的关系会随着平时联络的增加而加深，而久不见面的朋友自然会日渐疏远。

20几岁的年轻人，虽然你身为上班族，但也不要一天到晚都埋头在办公桌前，不论多么忙碌的人，也总会有吃饭的时间和休息的时间。那些从事业务工作的人，更是整天都在外面奔跑，只有吃饭时间才会回到公司，这样更能够多利用在外面跑的机会，联络那些久疏联络的朋友。整日守在办公桌边的人，则不妨利用午餐时间，与在同一地区工作的朋友共进午餐。

与其每天一个人吃饭，不如偶尔也打个电话约其他朋友一起吃顿饭，如果没有时间一起吃饭，一起喝杯咖啡也可以。如果彼此的距离稍远，坐计程车去也没关系，反正只不过是一个月一次的联谊。那些斤斤计较这些小钱的人，很难拓展自己的人际关系。虽然上班族的收入很有限，得靠省吃俭用才能存一点钱。但是，因此而失去了所有与朋友来往的机会，那可就得不偿失了。更何况有许多人是斤斤计较这些小钱，却又对大钱毫不在乎，这实在是本末倒置的做法。

在外面奔波的人不妨利用机会顺路探访久未见面的朋友，即使是5分钟也可以；或是利用中午休息时间和对方一起吃顿便饭。虽然只有短短的5分钟，却对与对方保持长久联系非常重要。

下班后，大家一起喝杯茶。不论是迎新送旧还是大功告成，找各种理由大家一块儿聚聚，这不只是大家互相联络感情，也是松弛紧张许久的神经的好机会。人原本就有喜新厌旧的本性，比起早已熟知的朋友，新朋友更能吸引我们的好感而频频与之接触。

对人情的投资，最忌讳的是急功近利，因为这样就成了一种买卖，说难听点就是一种贿赂。如果对方是有骨气之人，更会感到不高兴，即使勉强接受，也并不以为然。日后就算回报，也是得半斤还八两，没什么好处可言。

平时不联络，事到临头再来抱佛脚也来不及了。人脉不只在建立，也要重视平时的经营，否则时间长了，人脉也变成了冷脉。

适当的距离感是维护人脉的上上策

再好的朋友如果天天见面，也未必是一件好事。保持一定的距离，才能让人脉长久。

交到好朋友难，保持友情更难。彼此是好朋友，那为何还要保持距离？这样会不会让朋友间彼此疏远，显得缺乏继续交往下去的诚意呢？你肯定会为这些问题担心。但事实证明，很多人友情疏远，问题就恰恰出在这种形影不离之中。

在文坛，流传着一个关于两位文学大师的故事：

加西亚·马尔克斯是1982年诺贝尔文学奖获得者，巴尔加斯·略萨则是2010年获得诺贝尔文学奖的西班牙籍秘鲁裔作家，他们堪称当今世界文坛最令人瞩目的一对冤家。他俩第一次见面是在1967年。那年冬天，刚刚摆脱"百年孤独"的加西亚·马尔克斯应邀赴委内瑞拉参加一个他从未听说过的文学奖项的颁奖典礼。

当时，两架飞机几乎同时在加拉加斯机场降落。一架来自伦敦，载着巴尔加斯·略萨，另一架来自墨西哥城，它几乎是加西亚·马尔克斯的专机。两位文坛巨匠就这样完成了他们的历史性会面。因为同是拉丁美洲"文学爆炸"的主帅，他们彼此仰慕、神交已久，所以除了相见恨晚，便是一见如故。

巴尔加斯·略萨是作为首届罗慕洛·加列戈斯奖的获奖者来加拉加斯参加授奖仪式的，而马尔克斯则专程前来捧场。所谓殊途同归，他们几乎手拉着手登上了同一辆汽车。他们不停地交谈，几乎将世界置之度外。马尔克斯称略萨是"世界文学的最后一位游侠骑士"，略萨回称马尔克斯是"美洲的阿马迪斯"；马尔克斯真诚地祝贺略萨荣获"美洲诺贝尔文学奖"，而略萨则盛赞《百年孤独》是"美洲的《圣经》"。此后，他们形影不离地在加拉加斯度过了"一生中最有意义的4天"，制订了联合探讨拉丁美洲文学的大纲和联合创作一部有关哥伦比亚－秘鲁关系小说。略萨还对马尔克斯进行了长达30个小时的"不间断采访"，并决定以此为基础撰写自己的博士论文。这篇论文也就是后来那部砖头似的《加夫列尔·加西亚·马尔克斯：弑神者的历史》（1971）。

基于情势，拉美权威报刊及时推出了《拉美文学二人谈》等专题报道，从此两人会面频繁、笔交甚密。于是，全世界所有文学爱好者几乎都知道：他俩都是在外祖母的照看下长大的，青年时代都曾流亡巴黎，都信奉马克思主义，都是古巴革命政府的支持者，现在又有共同的事业。

作为友谊的黄金插曲，略萨邀请马尔克斯顺访秘鲁。后者谓之求之不得。在秘鲁期间，略萨和妻子乘机为他们的第二个儿子举行了洗礼；马尔克斯自告奋勇，做了孩子的干爹。孩子取名加夫列尔·罗德里戈·贡萨洛，即马尔克斯外加他两个儿子的名字。

但是，正所谓太亲易疏。多年以后，这两位文坛宿将终因不可究诘的原因反目成仇、势不两立，以至于 1982 年瑞典文学院不得不取消把诺贝尔文学奖同时授予马尔克斯和略萨的决定，以免发生其中一人拒绝领奖的尴尬。当然，这只是传说之一。有人说他俩之所以闹翻是因为一山难容二虎，有人说他俩在文学观上发生了分歧或者原本就不是同路。更有甚者是说略萨怀疑马尔克斯看上了他的妻子。没有人能再把他们撮合在一起。

由此例可见，即使是再亲密的朋友，彼此之间也应该保持适当的距离。

朋友相处，重要的是双方在感情上的相互理解和遇到困难时的互相帮助，而不是了解一些没有必要的东西。中国古老的箴言"君子之交淡如水"便是这一道理。

20 几岁的年轻人要知道，真正的友谊，是需要保持一定的距离的。有距离，才会有尊重；有尊重，友谊才会天长地久。适当地保持距离、用心经营才是维护人脉的上上策。

你的人脉库中是否有这样的朋友

有个著名雕刻家说过，雕刻就是把不需要的部分去掉的一种艺术。这话说得十分精辟，不只是适用于艺术，也适用于人脉。交友也可以这样说，要想知道哪些人可交，关键在于要知道哪些人不可交。换一种说法，也可以表述为交友的艺术就是一种分辨哪些人不可交的艺术。那么，对于 20 几岁的年轻人来说，哪些人不可交呢？

1. 太注重个人利益的人

世界上不可能有完全不为自己打算的人，这是每个人都知道的生活常识。但一个明事理、有道德的人，不可能只想到自己，不顾脸面地为自己牟取私利。那些只考虑自己的人，只想到个人利益的人，最易伤害的不是跟他生疏的人，而是和他比较熟悉、比较亲近的人。因为生疏的人，本来就和他没有交往，他想跟人家计较是没有条件、没有基础的；而熟悉的人、亲近的人和他们有较多的接触、较多的交往。在接触和交往中，他们为了个人利益，处心积虑、想方设法占熟人的便宜。为了一点蝇头小利，他们甚至不惜背叛朋友以满足自己可笑的欲望。

2. 鸡蛋里能挑出骨头的人

有一种人，他们无论和什么人打交道，无论做什么事，都能在鸡蛋里挑出骨头。这种人的特点是看什么都不顺眼，看什么都不如意，看别人不是这里有问题，就是那里有毛病，他们能在最完美的东西中发现不完美，他们能在没有问题的地方找出问题，他们能在让人尊敬的人身上发现不能让他满意的蛛丝马迹。他们表面看来和你关系好像不错，但是只要一转身，他们马上便会伤害你。

3. 忘恩负义的人

点滴之恩，当涌泉相报，这是做人的基本常识。如果与知恩不报、忘恩负义的人为友，就等于是自掘坟墓。例如，有人收养了一个孤儿，花了几十年心血，孤儿上了大学，找到了很好的工作。收养者年老重病在身，看病住院耗尽家资，便让自己的孩子到孤儿处借钱，这个忘恩负义的人知道老人的病已经无药可医，只给了恩人的孩子一点点，且对恩人的孩子说："今后不要再来找我！"这样的人，最好不要和他交往。

20 几岁的年轻人有时候虽然知道哪些人不可交，却不能在生活中准确地作出判别。因此要分辨出哪些人不可交，关键在于 20 几岁的年轻人能在生活中理性地分清他们的行为，这样才能真正避开那些不可交之人。

第七章
学会维护各种关系

同学关系

有的 20 几岁的年轻人认为，同学之间只不过那几年的缘分，时过境迁，相互之间也就没什么值得留恋的了。其实这种想法是错误的。如果能和以前的同学保持联系、维系感情，说不定良好的同学关系能在你危急关头帮上大忙，或许还能帮助你成就一番事业。

那么，该如何维护好同学关系，在自己遇到困难时能让他们帮助自己呢？

首先，向同学袒露困难，让其主动帮忙。

王勤经营着一家小公司，虽然发不了什么大财，但每年的生意还算兴隆，家中生活殷实富足。

可是天有不测风云，由于不够谨慎，他的一家上游供应商出了问题，货款早已经打过去了，可是供应商却迟迟没有发货。等他来到那家公司探询究竟时，发现已经人去楼空了。十几万元的货款一下子没了踪影，他的生意马上陷入了困境。为了维持资金周转，他必须为他的客户马上进货，可是货款都没了，又能到哪里去进货呢？

正当一筹莫展之际，他忽然想起一个人来，那就是他大学时的同学杜涛。杜涛大学毕业后就从事了房地产行业。他从开始的一名小小的业务员，已经做成了一家建筑企业的老总。现在，杜涛在行业内享有很高的知名度。

王勤认为自己只不过是在行业内小打小闹而已，一般情况下还攀不上杜涛这个高枝。因此，他一直没有主动接近过杜涛。可是现在，进货的问题迫在眉睫，他公司的生死存亡就寄托在这一线希望之上了。

他找来杜涛的电话号码，拨通了电话。杜涛了解了王勤的情况之后，为老同学的遭遇深感不幸。杜涛那里正好有一笔存货，对于老同学的这个请求，他答应把自己的存货以较低的价格先转让给了王勤，并且对付款期限给了一定的宽限。这样，王勤的公司有了喘息的机会，后来经过一番努力，公司终于走出了困境。

在这个例子中，如果不是杜涛的帮助，王勤的公司可能早就不存在了。虽然，王勤在平时并没有与杜涛有过多的联系，但是在关键的时候他还是想办法，向同学坦露自己的困难，请求发达的老同学帮忙，这使他顺利地渡过了难关。

"家家有本难念的经。"走上社会后，昔日的同学所面临的是不同的环境、不同的机遇，难免就会出现单位不景气、不被重用的境遇，而有的同学却是意气风发、春风得意。向同学坦露困难，可以得到同学的理解和同情，或许会得到一些机会。

其次，请同学帮忙也要给予适当的回报感谢。

无论是自愿的还是求上门去的，无论事情办没办成，只要同学有试着帮助过你，都应该对同学表示感谢。

总之，20 几岁的年轻人在平时就要和同学多多联系，借用同学关系办事时也要讲究技巧、讲究策略，这样既不伤害同学关系，也会办成事。

父母的关系

对于部分 20 几岁的年轻人来说，也许父母的关系网可以帮助他们办成大事。一般来说，年轻人涉世不深，很少有成熟的社会关系。然而，从另一方面讲，他们又面临着各种各样需要解决的问题，升学、就业、创业或者婚姻大事等。要解决这些问题，除了朋友有限的帮助之外，最好的办法莫过于使用父母的关系网了。

当然，也许有的年轻人对于使用父母的关系网不屑一顾，他们认为这样做就像依靠父母一样，有些不光彩。其实，抱有这种心理完全没有必要，因为没有人可以创造出自己所需要的一切资源，也没有任何人可以单枪匹马地解决个人的任何问题。既然自己的朋友关系可以使用，那么父母的朋友关系为什么就不能使用呢？

而且，一般情况下父母的关系网要比自己的关系网有效得多。因为父母的关系网中多是父母的同龄人，他们与年轻人相比具有更深的阅历、更丰富的经验、更成熟的人际网络。因此，使用这些关系来办事，具有更强的可靠性，也更容易获得成功。

要想有效地使用父母的关系网，首先应当了解父母的关系网。

一般情况下父母的关系网也不外乎这几类：父母的朋友关系；父母的同学关系；父母的同事关系；父母的工作关系，等等。

对于父母的这些关系网，你一定要有所了解。而要了解这些信息，一是平常要多注意父母的谈话，必要时还可以向他们询问。另外，当你父母的同学或朋友到你家做客时，你一定要热情地招待他们，尽量给他们留下良好的印象。

当父母向他人介绍你时，你也一定要好好表现自己，尽量要把自己优秀的一面展现给对方，必要的时候还可以向对方请教一些问题，或者主动提出自己的愿望，希望对方多多关照等。当你遇到具体问题的时候，可以询问父母是否有这方面的朋友可以帮上忙，向父母的老朋友或者老同学求助。

你也可以把父母在相关行业的同学、同事、朋友的电话号码或其他联系方式记录下来，像为自己的朋友分类建档一样，也为父母的关系网进行分类建档。这样你就可以对父母的关系网了解得更清楚。关键的时候，这张关系网就可以成为你办事的得力助手。

其次，定期拜访父母的老朋友。

用父母的关系网办事，就要和父母的那些老朋友常联系，经常去拜访他们。这样，当你有事相求时才不会显得突兀。

同时，在办事之前我们一般要亲自到父母朋友家中拜访，紧急情况下也可以打电话向他们求助。但无论采用哪种方式，都应当安排妥善合理。因为父母的老朋友一般都是长辈，与他们交往要注意一定的礼节。

与其他关系网相比，向他们求助也有一定的优势。经验告诉我们一个真理：向专家和领导求教，比向一般人求教更容易；向长者求教，比向你的同龄人求教更有效。因为大多数的专家、领导，在被问及任何意见时，都会有一种责任感和荣誉感。甚至一般的长辈，被年轻人请教时，也非常愿意把自己的人生经验和收获得失与年青一代分享。

因此，要想靠父母的关系网办事，就先安排点时间去拜访"父母的老朋友"吧。平时多去拜访父母的老朋友，多与他们交流沟通，加深感情，关键的时候他们就会拉你一把。即便他们对你求助的事情无能为力，他们也会为你提供有效的建议，给你更多的鼓励和支持。

活用父母的关系网办事，有时也可以成为 20 几岁的年轻人成功的捷径。所以，平时一定要维护好父母的关系网，这样在用起来的时候才好用。

爱人的关系

依靠爱人的关系网办事，在现代社会中也变得越来越突出了。因此，你有必要了解爱人的关系网，或帮爱人建立起个人的比较实用的关系网。当有事需要帮忙时，在双方的关系网中很容易就能找到目标对象，然后再采取各种策略，求其帮忙。

用爱人关系网办事时，你可以以爱人的名义，这往往更有效。因为对方毕竟和你的爱人更熟悉，办起事来也就更加顺畅、自然一些。

但也需要注意，利用妻子的名义去疏通关系，通常是与妻子关系较近的人才可行。比如妻子的亲戚、朋友、同学等。亲近的关系，也就能够接受你、帮助你。

男人有男人的事情，他不需要女人插手，包括妻子。比如，商业上的合作，或者事业方面上的拓展。妻子虽是至亲的人，但还是起不到完全替代丈夫的作用，丈夫去联络会更为直接、有效。

熊芳的丈夫就是利用爱人的关系网办成事的。

利用妻子的名义去打点关系，首先要尽量详细地了解对方，可从妻子的介绍中去了解，也可从一些现象中分析种种状况。了解之后，就应想出对方可能会以什么理由拒绝，或者可能会采取什么态度，事情都想明白之后，就尽可能想出相应招数去实施。

所以，在求人办事时，不妨利用爱人的关系网来办事，这样或许会收到很好的效果。

远亲不如近邻

俗话说得好：远亲不如近邻，近邻不如对门。意思是说，居家过日子，若遇到个大事小情，邻里的帮助及时、便捷要胜过亲戚，因为亲戚离得远，远水难解近渴，远不如邻居来得迅速。这话道出了邻里友好相处的重要性。

在日常生活中，谁都免不了托付邻居帮忙办事。比如出远门了，告诉邻居帮着照看一下家；有人生病了，求邻居帮忙送到医院；有力气活，自己一个人干不了，请邻居帮一下等，在很多时候都是离不开邻居的。很多处得好的邻里关系都变成了真诚的朋友关系。

只要有人，就会有人与人的交往；只要有家，就会有家与家之间的交流；只要有邻居，就会有邻里关系。

刘家和王家是住在一个院子里的邻居。刘家三代同堂，王家只住着小两口，小王时常去刘家聊天，刘家阿姨也把他当自己家人看待，有时也不让他们做饭，到刘家聚在一起吃。有一次，小王所在的公司安排小王去外地管理分公司，时间是两年，他和妻子商量时，妻子比较赞同，也支持他去，可他又认为时间太长，不忍心丢下妻子一人。他找到刘阿姨，问自己该怎么做，刘阿姨为他能信任自己而高兴，也鼓励他干出点事业来。小王听后，认为颇有道理。最后，刘阿姨还说会帮他把他的爱人照顾好，让他放心地去做自己该做的事。

小王由于和刘家的良好邻里关系，不仅从刘阿姨那得到了不错的建议，刘阿姨也答应他照顾好他的爱人，免去他的后顾之忧。

邻里间互相帮助对生活和事业都有很大作用，处理好了邻里关系，他们会在关键时刻替你解燃眉之急。

那么，20几岁的年轻人该怎样维持与邻居的关系呢？

1. 好事同庆

好事同庆，是维系和促进邻里关系友好的最佳机会。

邻居办喜事，道一声祝贺，送一份礼；邻居的儿子考上大学，不失时机地说两句祝福的话都是十分必要的。

而当自己的家中有喜事，同样也可以请邻居小聚，让这乐融融的气氛融洽彼此的关系。

2. 主动给邻居帮忙

要求得邻里的帮助，我们就应该在适当的时候先去帮助邻居。例如，询问身体状况、事业发展、家人情况等，或是记住对方曾经说过的话，然后向对方表示"您曾说过……"，这样，邻居会感受到这种关心。

只有邻里间平时互相帮忙，在你遇到困难时才会更容易得到邻居的帮助。所以，20几岁的年轻人在平时一定要注意与邻居搞好关系，主动帮邻居的忙。

老乡关系

"甜不甜家乡水、亲不亲故乡人"，中国人自古以来就对故乡有一种特殊的感情，所以往往爱屋及乌，爱故乡，自然也爱那里的人。于是，同乡之间，也就有着一种特殊的情感关系。

具体来说，求老乡办事有以下几种方法：

1. 用"乡音"办事

既然是老乡，就必然有共同的特点存在于双方之间，其中很重要的一点就是"乡音"。清朝末代的大太监李莲英的发迹可以说是运用了此种技巧的典型例子。

李莲英出身贫苦，个子瘦小，若以当时清朝宫廷太监的标准来衡量，他是根本不够资格的。可一次偶然的机会，李莲英听说在宫廷中有一个太监是他老乡，且是同一村的。于是，他大胆地去找了这个老乡。

李莲英当时很穷，没有钱买东西去送礼。他知道这位老乡很重乡情，但怎样做才能引起老乡的注意一直困扰着他。

终于，他想出了一个办法。一天，他瞅准了这位老乡出来当值时去报名，然后用一口地道的家乡话说出了自己的姓名与籍贯。李莲英的这位老乡听了这声音，身体不由得抖了一下，遂抬头看了看眼前的这位小老乡，心里暗暗记了下来。

后来，在这位老乡的帮助下，李莲英做了慈禧太后梳头屋里的太监，以梳得一头好发型深得慈禧宠爱，最后成了慈禧太后面前的大红人。

李莲英只说了几句"乡音"就博取了对方的注意与好感。

用家乡话做见面礼，可以说是独树一帜的，它不需要物质上的东西。在这里，有一点是相当重要的，那就是运用这种方法的场合最好是在异乡，因为在异乡才会有恋乡情绪，才会"爱乡及人"，这时再来个"他乡遇老乡"，哪有不欣喜之理？对方离乡愈久，离乡愈远，心中的那份情就愈沉、愈深。因此，越是这种情况，越要运用"乡音"这种技巧，你就会得到老乡所给你的种种好处。

2. 用"乡物"办事

什么样的水养什么样的人，在一个地方长大之后，或许有许多事情都已经淡忘，但是生活习惯是不容易变化的，心中的烙印不会变化。家乡的土特产就能引起老乡的诸多感受，勾起共同话题，借以拉近彼此之间的距离，易于沟通，从而能很好地办事。

3. 用"乡情"办事

中国人自古就有着强烈的乡土观念，其主要表现就是对同乡人有一种天生的热情。因此，如果能好好利用同乡关系，不但可以多几个朋友，更重要的是办事时能得到关照。

要与一个久离家乡的老乡处好关系，有一种特别有效的技巧就是：运用你的语言技巧，与老乡谈起家乡的话题，以此来触动他的思乡情绪，达到共鸣，从而使老乡之间的关系更进一层。运用乡情办事，事情就会变得好办多了。

总之，在求老乡办事的时候，用以上三种方法，也许会事半功倍，取得不错的效果。

让同事愉快地为你办事

现代社会，同事之间更需要同舟共济，特别是在一起共事，友谊会自然而然地产生。一个人在家与家人相处和在单位与同事相处的时间几乎差不多，如果在办事时，不会利用同事关系，不但有些事办起来费劲，还会使人觉得你没有人缘。

每一个人在单位都有表现自己的欲望，求同事办事就等于为他提供了一次表现个人能力的机会。同事的事和单位的事一样，每个人都会感到自己有一份责任和义务。因此，找同事办事不用存有任何顾虑，该张嘴时就尽量张嘴。

那么，20 几岁的年轻人该怎样利用同事办好事呢？

你想求同事办事，首先就得先洞察对方的心理，看对方愿不愿意帮你，能帮到什么程度，假如对方根本无法完成此任务，你求他也是白求。

洞察同事心理最好的办法就是通过对方无意中显示出来的态度及姿态，了解他的心理，有时能捕捉到比语言表露更真实、更微妙的思想。

当然，对请托对象的了解，不能停留在静观默察上，还应主动侦察，采用一定的侦察对策，去激发对方的情绪，这样才能够迅速准确地把握对方的思想脉络和动态，从而顺其思路进行引导，这样的会谈易于成功。

其次，请求同事办事，要把握好恰当的时机。对方时间宽裕、心情舒畅时，请求他做点事得到回应的可能性很大；相反，对方心境不佳时，你的请求可能只会令他心烦；对方正忙于某项事情时，你提出请求一般很难得到确定的答复。因此要在恰当的时机提出诚恳的请求，利用情义打动同事，这是办事取得成功的一个很重要的办法。

在请求同事办事的时候，还有以下 3 点需要 20 几岁的年轻人特别注意：

1. 托同事办事要注意礼貌

说话一定要客气，而且要以征询的口气与同事探讨，使他们有被尊重的感觉，能乐意帮你办事。办完事之后，一般不要用钱来表示谢意，客气几句，说声谢谢就可以了。如果执意要拿钱来表示，容易引起同事的反感，会给大家留下坏印象。

2. 托同事办事要有诚意

同事之间了解得比较多，如果找同事办事藏藏掖掖、神神秘秘，不把事情说明白，容易使同事产生你不信任他的感觉。因此，找同事办事就要先说明究竟要办什么事，坦言自己为什么办不了，为什么要找他。这样，精诚所至，同事只要能办到的事，一般不会回绝。

3. 要注意有些事不能托同事办

自己能办的事尽量自己去办，这样的事求同事办会使人感到你以老大自居，这样既可能耽误事，又影响同事之间的感情。

如果同事不能直接办，也得"人托人"，费周折，这样的事，不如转求他人。和同事利益相抵触的事不能找同事去办，即使这利益涉及的是另一个同事。

求同事办事的过程中，只有注意这些才能既维护同事关系，又把事情很好地办成。

让客户为你办事的技巧

在工作中，20 几岁的年轻人需要与各色各样的客户打交道。如何才能说服顾客，让客户心甘情愿地与我们合作，为我们办事呢？

一般来说，有以下几种方法：

1. 用真情推倒你与客户之间的心理围墙

20 几岁的年轻人与客户之间除了业务来往之外，还要进行一些正常的人情交往，这对我们业务上的经营是大有帮助的。用一些真情推倒你与客户之间的心理围墙，便能达到意想不到的效果。

有位女推销员，每天中午休息时间便进入各公司拜访，有时是口香糖，有时是一颗酸梅，一一分送给在场的每个人。因为吃完饭后，来片口香糖或一颗酸梅，精神会格外清爽。而这种小礼物是人际关系中最好的媒介，它能将准客户与推销员之间的围墙推倒。

像例子里的推销员一样，你也可以经常送给客户一些特制的广告品，如铅笔、打火机、记事簿、烟灰缸等。礼物不需要过于昂贵，以免造成对方心理负担，只要能打动对方心弦的礼物即可。这种方法可以调节客户的思想情绪并为之创造出一个主动进行合作的气氛。但需要注意的是，赠送的态度要爽朗，这样才能使接受者愉快。

2. 抓住客户的心理，用言语暗示

同客户办事时，也要善于抓住对方心理，妙用语言暗示。

纽约有两家大公司，一是巴顿公司，一是奥思蒙公司。巴顿公司的经理约翰，想把巴顿公司和奥思蒙公司合并成一个控股公司。有一天，他不着痕迹地向奥思蒙公司的经理说了一句效力极大的话。而两个公司，竟然因他这句话合并起来，实现了约翰的愿望。

约翰说了一句什么话，竟然产生了如此大的效力？情形是这样的：

有一天，约翰对奥思蒙公司的经理说："前天晚上，我注意到，你们的经销处与我们的经销处并没有利益上的冲突，而且我们的主顾也各不相同。"

"这是什么意思？"那位经理问道。

"我只是随便说说而已。"约翰说完，就微笑着走开了。

可是，约翰已把自己的意思，也就是两家公司合并后只有好处这一观点深植在那位经理的脑海之中。

此后好几个星期，那位经理都在研究这个问题。在日后他们正式会晤的时候，第一个仔细讨论的话题，竟是规模宏大的合并事业。

约翰所采用的策略，在你与客户的办事过程中是值得借鉴的。当你在与客户办某一件事时，不要直言相告，而是要抓住对方的心理，暗示对方，这样可能会收到更好的效果。

3. 平衡你与客户间的利益

任何人在求客户办事时，都是在与对方交换着某些东西。所谓交换，可以是物质的，也可以是非物质的，你的某种能力对方认为很需要，那你的某种能力就可以作为交换条件；你的社交能力特别强，对方认为你有很好的前途，这个也可以作为你的交换条件。

求客户办事，首先要让对方知道你也有能力为他办事，他能从你这里得到好处，或者知道你有使用价值，这种情况下，你再开口，所求之事就会大功告成。

不管办什么事其实都是为了获得某种利益，而要通过别人获得这种利益，又必须保持一种相对稳定的利益平衡关系。就是说在利益问题上不能总一头大、一头小，不能让对方一味地付出，即便这种付出只有一点点，也不可以。因为，久而久之，积少成多，问题就会显现出来。

因此，找客户办事，要在客户付出之前或付出之后让他有所得，要让他心甘情愿地付出。这就需要给予他们一定的回报。在求客户办事的过程中，一定要把握好这种利益平衡关系，这样才能办好事。

在让客户为你办事时，只要多花心思、用点技巧，让客户为我们办事并不是不可能的事。

第八章
培养看穿他人真实想法的洞察力

直言自己长胖了的人往往期待否定的回答

林菲菲打算下午和男朋友一起去逛街。吃过午饭后，她开始翻箱倒柜地找合适的衣服。试了几件，她发现去年自己穿着正合身的衣服，今年都穿不下去。她郁闷万分地对男朋友说："我长胖了，好多衣服都穿不下了。"

男朋友看着电视，随口应道，"的确是胖了不少，手上和大腿都粗了几圈了。"

林菲菲非常生气地随手抓起一本书砸向男朋友，"砰"的一声关上了门，几天都没有理男朋友。

男朋友不解了：明明是你自己说自己长胖了，我又没说错什么，为什么不理我？

林菲菲的男朋友正是没有理解当林菲菲说出自己长胖了的时候，其实期待的是否定的回答。

在生活中，20 几岁的年轻人也常常会听到这样的话："哎呀，最近长胖了！""哎呀，上年纪了，都有皱纹了。"为什么他们会直言自己"长胖"或者"老了"呢？他们的心理真正是怎样想的呢？

有两种情况。一种是如果发现自己长胖了，在与久未谋面的朋友见面前，心中不免会担心对方会作何感想。这时候，为了摆脱这种忐忑的心情，有时候会"先发制人"地先说出来。另外一种情况是，他们的这种坦白其实只是希望得到对方否定的回答。因为虽然长胖了，本人的心理还是会这样想的：其实只胖了一点点，应该看不出来的。因而，如果对方如果回答，"没看出你胖了啊。"这正是他们最想要的回答。

常说错话的人表里不一

生活中，你有没有在无意识中说出奇怪的话的经历？心理学家弗洛伊德认为，说错、听错，或者是写错等"错误行为"，都是将内心真正的愿望表现出来的行为。

一般情况下，说错话的一方都会找出自己是"不小心""不是真心的"等借口，但实际上，那不小心说错的话，才是他真正想说的。这些在日常生活中，可以说是屡见不鲜。

由此可见，那些常常会说错话的人，可以推断为大部分是习惯性地隐藏真正的自己，是个表里不一的人。而且，心中很强烈地禁止自己把这些真心话说出来。

"这件事绝不能讲出来""这事绝不能弄错，非小心不可"，当你越这么想的时候，便越容易将它说出来。相信很多人在日常生活中，也遇到过类似的情形，越是被禁止的东西，越去压抑它，就越容易流露出来。

总而言之，暗藏在大家心中的许多事情，当你越想去隐瞒它、掩盖它的时候，就越容易说错话或做错事，无意间让心虚表露无遗。

从言辞看穿对方的谎言

说谎者最为留意的是说话时言辞或字眼的选择，因为他不可能控制和伪装自己的全部行为细节，他只能掩饰、伪装别人最注意的地方。由于懂得人们注意的重点是言辞，因此说谎者常常谨慎地选择字眼，对不愿出口的话仔细加以掩饰，因为他们懂得"一言既出，驷马难追"。用言辞来捏造或隐瞒一件事情是比较容易的，而且也很容易事先全部写下来进行练习。说谎者还可以通过说话而不断地获得反馈信息，以便及时修改自己的"台词"。

然而，俗话说"欲盖弥彰"，掩饰的痕迹越多，我们就越容易发现对方的破绽，并且，人在说谎时产生的紧张、恐惧的情绪必然引起某些生理变化，例如声音的改变。以下是说谎者常见的几种言谈特征：

1.口误和笔误

很多说谎者都是由于言辞方面的失误而露馅的，他们没能仔细地编造好想说的话。即使是十分谨慎的说谎者，也会有失口露馅的时候，弗洛伊德将之称为口误。

人们常会在言辞中违逆自己意思，同时在内心中潜藏着矛盾，以致稍一大意就会说出本不想说的或相反的话，从而在口误之中暴露了内心的不诚实。因此，口误的必然情形便是说话者要抑制自己不提到某件事或不说出自己所不愿说的东西，但又因某种原因而"说走了样"。口误可以说是一种自我背叛。

与口误相近的还有笔误。在很多情况下，笔误也是内心自我的一种走样的表达方式。有研究表明，人们在书写时比在说话的时候更容易发生错误，即使在一些极需庄重、严谨的情形下也概莫能外。面对书写（印刷）上的错误，人们常常难以确定谁是真正的祸首，尽管当事人多半会以"意外差错"或"技术性错误"等借口来加以解释，然而其中往往潜伏着内心冲突甚至"别有用心"。

笔误产生的原因，是人们在书写的时候，思绪常常会因为内心潜抑的思潮而游离笔端，或者联想到其他事情，只要稍不注意，这种思想就会悄然侵入笔端，造成笔误。

2.语速突然变化

通过语速也可以判断一个人是否在说谎。例如，丈夫做了亏心事，被妻子质问的时候，为了隐瞒这些事，他就会向妻子编些好听的话，不自然地套近乎，讨好妻子。人们在说谎或者隐藏不安情绪的时候，总是想转换个话题。由于心里七上八下的，所以说话的语速会发生变化。平时少言寡语的人突然做作地高谈阔论起来，我们就可以据此推测这个人藏有不可告人的秘密。平时快人快语的人突然变得沉默寡言，我们就可以据此推测这个人很可能想要回避正在谈论的话题，或者对谈话对象怀有敌意和不满之情。

3.声音特质改变

当你要判断一个人说话时的情绪和意图时，固然要听他究竟说些什么，但是在许多情况下更要听他怎样说，即从他说话时声音的高低、强弱、起伏、节奏、速度、转折和停顿中领会"言外之意"。

当说谎是为了掩饰恐惧或愤怒之情时，声音通常会比较大也比较高，说话的速度也比较快；当说谎是为了掩饰忧伤的感受时，声音就会与之相反。那种担心露馅的心理会使声调带有恐惧感；那种"良心责备"的负罪感所产生的声调效果会与忧伤所产生的极为相近。

人在说谎的时候，另一常见的言辞印迹便是停顿，如停顿得过于长久或过于频繁。

根据有关研究，说谎者说谎时流露出的各种信号的发生率，如下所示：

1.过多地说些拖延时间的词汇，比如"啊""那"等词占到40%。

2.转换话题率为25%，比如，"因为临时有事情，那天去不了。"

3.语言反复率为20%，例如，"本周的星期天吗？星期天要加班？"

4.口吃现象为9%，例如，"什，什么？"

5.省略讲话内容，欲言又止占5%。

6.说些摸不着头脑的话。

7. 说话内容自相矛盾。

8. 偷换概念。

以上信号中，如果在对方讲话时有好几处得以验证的话，那就表明他是在说谎或者是有难言之隐。

下意识的动作与谎言

一般来说，判断小孩子撒谎非常简单，只要看他们是否脸红，是否低头不语等就可以识破了，但要想判断成年人是否撒谎，就不是那么简单了。

不过再厉害的人，也难以应付自身的下意识反应，在与人交往时，要判断对方所述是否属实，就要善于观察他（她）的下意识动作。

下面几种手势在撒谎者身上经常出现，他们可能单个出现，也可能同时或者连续出现几种姿势，20 几岁的年轻人可以多多注意。

1. 捂嘴

用手掌捂住嘴，或者用几根手指或者紧握的拳头遮着嘴，这些姿势的目的都是要避免嘴巴直接暴露在外。暗示着撒谎者试图抑制自己说出那些谎话。

最常见的用捂嘴掩饰谎言的动作有两种，一是用指尖轻触一下嘴唇，一是将手握成拳头状，将嘴遮住。这些动作都是为了掩盖自己说谎的真正企图，阻止嘴的活动给人以过分明显的表示，而泄露谎言。人之所以在说谎时会有这样的动作，是因为在其内心深处会有一种愧疚和害怕的心理。为了克服这些让自己感到不舒服的心理，就用手捂住了嘴巴，希望使自己镇静下来。因而，用手捂嘴原因有两个，一是控制自己，使自己镇静；一是掩饰自己，不让别人知道自己在撒谎。

如果一个人在说话的时候遮住自己的嘴，那么他很可能是在撒谎。如果在你说话的时候，其他人遮着自己的嘴，那就表示他们认为你可能隐瞒了某些事情。

2. 摸鼻子

摸鼻子的手势比较隐晦，一般情况下大家很难注意。因为动作者通常是用手在鼻子的下沿很快地摩擦几下，有时甚至只是略微轻触，几乎令人难以察觉。

至于为什么这个动作成为著名的撒谎手势，科学家们认为当人们撒谎的时候，一种名为儿茶酚胺的化学物质就会被释放出来，从而引起鼻腔内部的细胞肿胀。血压增强导致鼻子膨胀，从而引发鼻腔的神经末梢传送出刺痒的感觉，于是人们只能频繁地用手摩擦鼻子以舒缓发痒的症状。

当然不是所有的触摸鼻子都是撒谎的标志，正常情况的鼻子发痒也会诱发触摸鼻子的动作。不过这种情况下，人们通常会比较用力地摩擦鼻子，而不像触摸鼻子的手势只是轻轻一摸那么简单。

3. 揉眼睛

我们从童年开始，当看到恐怖或者任何不想看到的东西，就会马上用手遮住自己的眼睛。是内心的不安促使我们做了这一动作。而成年后，这个动作演化为揉眼睛的动作。大脑通过摩擦眼睛的手势企图阻止眼睛目睹欺骗、怀疑和令人不愉快的事情，或者是避免面对那个正在遭受欺骗的人。所以它也成为人们在谎言时经常使用的动作，尤其是男性，撒谎的男性往往会使劲揉搓眼睛。

4. 挠耳朵

用手盖住耳朵或者拉扯耳垂来阻止自己听到那些不愿入耳的话语。我们在前面提到过，小孩为了逃避父母的责骂会用两只手堵住自己的耳朵，抓挠耳朵的手势则是这一肢体语言的成人版本。抓挠耳朵的手势也有多种变化，包括摩擦耳郭背后，把指尖伸进耳道里面掏耳朵，拉扯耳垂，把整个耳郭折向前方盖住耳洞，等等。和触摸鼻子的手势一样，抓挠耳朵也意味着当事人正处于焦虑的状态中。

5. 拉衣领

撒谎者在心理揣摩着对方的态度，而一旦他感觉到听话人的怀疑，增强的血压就会使脖子不断冒汗。这个时候他会觉得是高高的领口让他不停出汗，所以会使劲拉衣领，希望透进凉风，让自己冷静下来。

并不是所有的谎言都是坏的，如果谎言的目的是抚慰别人，不让残酷的事实冰冷了人们的心，这样的谎言是可以的。但是如果说谎的目的是为了获取非正当的利益，并且这些谎言有可能对别人造成伤害，这样的谎言就是恶意的。

笑容与谎言

谎言往往伴随着虚假的笑容，笑容具有极强的感染力，也有极大的欺骗性，虚假的笑容有时甚至比恶语相向更有杀伤力，因为它戴着善意的面具，因此很难察觉。除了观察眼部周围的肌肉之外，虚假的笑容也可以从以下几个角度来分辨：

1. 笑的幅度

笑时只运用大颧骨部位的肌肉，只是嘴动了动。眼睛周围的轮匝肌和面颊拉长，这就是假笑。因此假笑时面颊的肌肉松弛，眼睛不会眯起。狡猾的撒谎者将大颧骨部位的肌肉层层皱起来以弥补这些缺憾，这一动作会影响到眼轮匝肌和松弛的面颊，并能使眼睛眯起，从而使假笑看起来更加真实可信。

2. 笑的时长

假笑保持的时间特别长。真实的微笑持续的时间只能在 2/3 秒到 4 秒之间，其时间长短主要取决于感情的强烈程度。而假笑则不同，它就像宴会后仍不肯离去的客人一样让人感到别扭。这主要是因为假笑缺乏真实情感的内在激励，所以我们就不知道何时将其结束。其实，任何一种表情如果持续的时间超过 10 秒钟或 5 秒钟，大部分都可能是假的。只有一些强烈情感的展现，如愤怒、狂喜和抑郁除外，而这些表情持续的时间常常更为短暂。

3. 笑的对称度

假笑时，面孔两边的表情常常会有些许的不对称。习惯于用右手的人，假笑时左嘴角挑得更高，习惯于用左手的人，右嘴角挑得更高。

4. 笑的时效性

笑容来得太早或太迟都可能表明是一个欺骗的表情。例如，如果一个人说："我不是已经和你说过这件事了吗？"然后才勃然大怒，这多半是装的，他的表情是矫揉造作出来的。面部表情和身体姿势应该同时发生，而不是在其之后才发生。又如，一个人在摔完东西之后才表现出愤怒的样子，这实际上是装腔作势，是在演戏。

总之，想知道对方到底有没有说谎，20 几岁的年轻人只需观察对方的笑容就可以了解了。

频繁眨眼掩盖谎言

人们通常都认为男人比较喜欢说谎，但真实的原因是他们的谎言都比较拙劣所以更容易被识破，而女人又天生是直觉动物，所以男人的一些小细节总是可以泄露秘密。比如眨眼。不停地眨眼显然不是一种常态，而反常情况的最佳解释就是他在妄图掩盖什么异于平常的东西。

例如晚归家的丈夫接受妻子的盘问，让他说清楚这段时间都干了些什么。丈夫为了表达诚意，望着妻子地眼睛："汽车没有油了，我绕远去了加油站。"他尽力地让自己的目光显得真诚，却不停地眨眼。于是敏感的妻子知道这其中肯定有秘密。

科学家通过暗中观察记录，发现人们在正常而放松的状态下，眼睛每分钟会眨 6~8 次，每一个眨眼动作眼睛闭合的时间只有 1/10 秒。而这种间隔在非正常状况下被打破。所谓非正常状态就是说你的内心情绪有较大起伏，比如因为说谎而紧张，这个时候你眨眼睛的频率就很可能显著提升。可能的原因就是撒谎让你的内心无法平静，你承受着担心谎言被识破的巨大压力。在这种压力下，你也许可以控制自己的口头表达，却很难控制身体语言。于是你的眼睛因为巨大的紧张感而不停地收缩。

当一个人心理压力忽然增大时，他眨眼的频率就会大大增加。比如，正常条件下（职业骗子除外），当一个人撒谎时，由于害怕自己的谎言被对方揭穿，他在说完谎话后，其心理压力会骤然增大，相应地他眨眼的频率会大大增加，最高可达每分钟 15 次。所以，你在和某个人谈话时，如果你发现他老是不断地眨眼睛，说话也变得结结巴巴，你就得留心他所说话内容的真实性了。

看一个人眨眼的频繁可以分辨出他有没有说谎，20 几岁的年轻人可以在这方面多多注意。

脚上的动作会出卖你

英国的一名心理学家通过实验发现了一个有趣现象：人体中离大脑越远的部位，越有可能反映一个人内心的真实感情。手位于人体的中间偏下部位，诚实性中等，有些时候，一个人会或多或少地利用手势来撒谎。人的双足离大脑最远，相比于人体其他部位，它的诚实性最高，因而一个人脚上的动作往往会泄露其内心的真实情感。下面这个例子也正证明了这名心理学家的发现。

在某次会议上，总经理要求各部门经理分别总结一下近半年以来的工作情况。很快，就轮到销售部经理发言了。他整理了一下自己的衣领以后，便面带微笑地开始总结自己部门的工作情况。

在他发言的过程中，总经理觉得销售经理今天有点不对劲，虽然他面带微笑，但嘴角总会偶尔歪斜一下，拿文件的手也在微微地颤抖着，更为奇怪的是，他的双脚在那不停地滑来滑去。稍微想了一下，总经理顿时明白了其中的原因。

会议结束后，总经理让销售经理留了下来，说有事要单独和他谈谈。待销售经理坐下后，总经理单刀直入地问道："你为什么要在总结工作时撒谎？"一听这话，那位销售经理顿时满脸通红，连忙向总经理道歉，并请求其原谅自己。

为什么总经理知道那位销售经理在撒谎呢？很简单，因为销售经理在说谎的时候，尽管他作出了一些虚假表情，如面带微笑，并且努力控制自己的手部动作（其实还是没有完全控制住，仍旧在微微颤抖），但是他没有意识到在自己的发言中嘴角出现了歪斜，更为重要的是，他没有意识到自己下半身的动作增多了，如双脚在那"滑来滑去"，这些恰恰是一个人说谎时的经常动作。而他的这一切，正被总经理尽收眼底。这也是为什么很多企业的总裁总是喜欢坐在不透明的办公桌后面，让桌子遮住自己的下半身，他们才感到舒适自在。因为一个人在撒谎时，他虽然可以控制上半身的动作、表情，却无法有效控制下半身，尤其是腿和脚部的一些动作。

相比于不透明的桌子，透明的桌子会给发言者带来更大的压力，因为它会让发言者的双脚呈现在众目睽睽之下，这样发言者脚上的一举一动都会让人看得一清二楚。由此，人们便可以根据发言者脚上的动作来推知他的心理活动。比如，某些人在参加面试时，虽然他们貌似冷静、镇定地坐在面试官面前，并且还面带微笑，双肩自然下垂，双手动作也显得从容和谐。

但当面试官提问后，就会发现一些有趣现象。很多面试者的双脚先是紧紧扭在一起，以寻求一种安全感，随后他们会把腿迅速分开，并在那摇来晃去，这就表明他们开始打算结束自己的面试了，最后他们会把一只腿放在另一只腿上，放在上面那只腿的脚还会在那一上一下的拍动。此时，虽然他们没有动身，可能脸上还带着微笑，但他们的双脚已表明他们内心的真正想法——急切想离开了。有经验的面试官在看见面试者双脚出现此种姿势后，往往会立即结束和对方的交流，然后叫下一个人进来面试。

说谎者常用的八大方式

说谎者无疑是工于心计的人，他们也在不断地总结"经验教训"，看用什么样的交谈方式更易使人上当受骗。社会学家研究发现，说谎者经常用以下方式来赢得人们的信任。

1. 说自己不行

说自己不行的人会有许多好处，一是可降低对方的防范意识，二是可让对方产生"此人很虚心"的信任感。因此，高明的说谎者并非总是大吹大擂，而是一副谦谦君子的样子，声称自己"帮不了什么大忙，只能帮这么一个小忙……"

2. 将假话和真话放在一起说

高明的说谎者都知道，在"推销"谎言时，往往是需要讲一些真话的。真话是假话的"广告"，是引出假话的"引子"。例如，明明知道病人得的是无药可治的绝症，在讲了一些病人的真实病况后，却引出一个莫须有的"外国药"，声称此"药"可治此病。这时，病人往往容易受骗上当，掏出钱来……

3. 拉近双方的距离

要让谎言被对方接受，最好的办法之一就是让对方先接纳自己。那么，是尽一切可能去"套近乎"吗？是的，不过那只是低级骗子的伎俩，高明的骗子一般不会那么直露。据媒体报道，有一位"歌星"在面对媒体时，滔滔不绝地谈论他小时候如何受苦，他是如何奋斗挣扎的，他又是怎样受经纪人的气……一下让大家感到"他也真不容易"，不知不觉地拉近了双方的距离。而后来有人揭露，这位"歌星"所言，全是谎言。

4. 走在对方思维的前头

推销商总会走到顾客思维的前头，打消顾客的顾虑。比如一些房地产推销员会主动说："您可能会问合同会不会有假？""您肯定想知道我们的建筑质量。"……一项项打消顾客心中的疑虑，但实际上推销的仍有可能是一些伪劣产品。

5. 主动亮出自己的"私心"

高明的说谎者深谙人的心理，常常会主动亮出自己的"私心"——当然，他亮出的是一个假的"私心"或小的"私心"，而真的"私心"或大的"私心"他是不会说的。比如，一位导游会主动告诉游客，到所谓的"免税店"买东西，他是有回扣，但仅是 2%，即游客买 100 元货，他才得 2 元钱。游客们听了觉得这位导游为人"诚实"，2 元钱又的确微不足道，不由产生了信任感，到了免税店大买特买。其实，这位导游说的是谎话，真正的回扣，也许比 20% 还多。

6. 用对方不知道的信息压倒对方

县里刚调来一位新县长，说谎者在等对方谈完对这位新县长的了解后，会抛出一颗"重磅炸弹"——"你认识新来的县长夫人吧？原来我和她是同事。"一下子就在气势上压倒了对方，再往下行骗就方便多了，因为对方已对骗子产生了一种敬畏感。当然，他根本就不认识新县长的夫人，更不可能是同事。

7. 用尽量客观的语言

高明的说谎者往往会"推心置腹"地向你抛售他的谎言。他会很客观地分析这件事对你有什么利弊，对他有什么好处。在谈这件事时，他会站在第三者的角度，用一种极客观的语言，不知不觉中，就会使人如吃了迷魂药一样昏头昏脑，上当受骗。

8. 直接把没有的事说成有

这大概是最大胆、最冒险，也是最省事的一种说谎方式。比如，同一商场中有两家空调厂的产品在竞争。这时，如果甲厂的推销员直接去攻击乙厂的商品，很容易引起顾客的反感。于是，这位推销员有可能会抛出一则谎言："他们厂的产品，前几天不是给登报了吗？用户反映他们售后服务不好。"如果你想去查一查报纸，那一定会失望的，因为根本就没有这回事。

当一些精明的说谎者已可以做到"喜怒不形于色"，甚至能自如控制自己的表情、动作等肢体语言来掩盖他的意图时，我们就需要识别说谎者骗人常用的方式，从另一个角度识破他的谎言。

从语速窥探对方的内心变化

人是最高级的动物，人与其他低级动物相区别的主要特征之一就是人有自己的语言。语言系统是一套音义结合的复杂系统，是一个特别的装置。人在说话时，不是动物的怒吼，不是一种本能的释放，而是进行一种思想交流，同时也是心理、感情和态度的流露，其中，语速的快慢、缓急直接体现出说话人的心理状态。

一个人说话的语速可以反映出他的心理健康程度。一个心理健康、感情丰富的人在不同的环境下会表现出不同的语速。譬如说，面对一篇富有战斗力的激情散文时，会加快语速，借以抒发一种战斗的激情；而面对一篇优美抒情的散文时，又会用一种悠扬、舒缓的语气来表达心里的那种美感。在平时的生活、工作中，每个人也都有自己特定的说话方式、语言速度。有的人天生属于慢性子，说话慢慢吞吞，不急不慢，再急的事情，他也照样雷打不动地用他那种独有的语速来叙述给别人听；有的人天生就是个急性子，说话就像打机关枪，一阵紧似一阵，容不得旁人有插嘴的机会。大多数人介于二者中间，说话的时候语速属于中速。这些是每个人长期以来形成的性格特征，是客观固有的，而且长期存在。通常而言，说话语速较慢的人比较憨厚老实，性格内向，可能会有点木讷；而说话飞快的人，比较精明，热情外向，性格偏于张扬。

在现实工作中，我们可以更微妙地领略语速中透露出的各种人丰富的心理变化。我们可以根据一个人说话时的语速快慢，判断出他当时的心理状态。如果一个平时伶牙俐齿、口若悬河的人，当他面对某个人时，却突然变得吞吞吐吐、反应迟钝，这时候一定是他有些事情瞒着对方，或者做错了什么事情，心虚、底气不足。有些时候，也有一些特例，例如，一位男士暗恋着一个女孩，他在别人面前都能够谈笑自如、幽默风趣，保持着平常的语速，一旦面对那个他喜欢的女生，他马上变得不知所措，不知道要说什么，说起话来也仿佛嘴里有什么东西，含含糊糊，一点都不连贯流畅。这样的信号就给我们以暗示：他喜欢她。

我们经常看到这样的情况，一位平常说话慢慢悠悠、不急不缓的人，面对一些人对他说出不利的话的时候，如果他用快于平常的语速大声地进行反驳，那么很可能这些话都是对他的无端诽谤；如果他支支吾吾、吞吞吐吐，半天说不出话来，那么很可能这些指责就是事实，他自己心虚、底气不足。当一个平时说话语速很快的人，或者说话语速一般的人，突然放慢了语速，就一定是在强调什么东西，想吸引他人的注意。

辩论赛的时候，每个辩手都保持着尽可能快的语速，尽可能快速且流畅地表达自己的观点。如果能够在语速上胜对手一筹，不仅可以杀杀对方的锐气，也是增加信心的砝码。然而，当有些人在面对别人伶俐的口舌、独到的见解、逼人的语势时，或沉默不语，或支吾其词，一副笨嘴拙舌、口讷语迟的样子，很可能是这个人产生了卑怯心理，对自己没有信心，又或者被对方说中了要害，一时难以反驳。出现此类窘境，不仅有碍自身能力的发挥，也增长了对方的气焰。

语速可以很微妙地反映出一个人说话时的心理状况，留意他的语速变化，20 几岁的年轻人就能发现对方的内心变化。

从座次安排看彼此的心理距离

从座位的选择上可以很容易地看出两个人的关系和亲密的程度。

人与人面对面相处时，除了拥抱和亲吻外，会很自然地产生一种距离感，这时，两人之间有一张桌子或什么东西隔开会感觉比较舒服。否则，对方的半身或全身都将置于视野范围以内，所以很容易因视线的冲突发生"对峙"的现象。另外，这样也容易使双方的距离增大，以致说话也要提高声音，无形中增加了彼此不友好的气氛。

一个人坐在另一个人侧旁的时候，就没有如此的限制。大多数人采用亲密的距离并肩而坐，彼此朝着同一个方向，注视相同的对象，在这种情况下，很容易产生某种连带感，虽然彼此的视线始终不相遇，但是内心有所共鸣。此时最容易进行心灵上的沟通，由于大部分时间彼此都没有视线的干扰，因而双方可以畅快地交谈。

在男女关系方面也一样。中间放着一张桌子，两人面对面地坐着谈话，这也许是相当亲热的镜头，不过，这种坐式说明他们彼此间的深度还不够，表现出他们在心理上存在着一种相互理解的意愿。反之，并肩而坐的两个人，在一般情况下，他们会比面对面而坐的男女少说些话，因为他们彼此早已相互了解，甚至在某种情况下以身相许也是可能的事。

有些咖啡厅里也增设了情侣座，只有一个茶几和一条长椅，让情侣们并肩而坐。这样双方便可以小声交谈，致使将对方视为另一个个体的心理逐渐淡薄，达到亲善的目的。两情相悦的情侣通常是不会隔桌而坐的。

此外，在社交场合中，座次的安排反映着不同的意义。

如果是商务谈判，双方的主谈者应该居中坐在平等而相对的位子上，其他谈判人员一般分列两侧而坐。这种座位的安排通常显示出正式、礼貌、尊重、平等；如果是多边谈判，则各方的主谈者应该围坐于圆桌相应的位子，翻译人员及其他谈判工作人员一般围绕各自的主谈者分列两侧而坐，也可坐于主谈者的身后。

一般习惯认为面对门口的座位最具影响力，西方人往往习惯认为这个座位具有权力感，中国人习惯称此座位为"上座"；而背朝门口的座位最不具影响力，西方人一般认为这个座位具有从属感，中国人习惯称此座位为"下座"。

总之，无论是生活还是工作，人们之间的心理距离可通过座次位置反映出来。

游离的视线暴露内心的不安

在日常生活中我们经常可以遇见这样的情形，当你与一个人交谈时，对方的眼神总是闪烁不定，一旦遇见你的视线后，就会迅速将自己的眼神移开。此种条件下，你就会觉得他心中可能隐藏着某事，或者是背着你做了对不起你的亏心事。这种担心是有科学根据的，就心理学而言，回避视线的行为，往往被认为是一方不愿被对方看见的心理投射。也即，隐藏着不想被对方知道某事的可能性非常大。

视线的转移往往是人内心活动的反映。在与人交谈的过程中，多留意一下对方视线的变化，或许你从中可能了解到很多更为真实的东西。

东张西望所透露出来的内心独白是："外部环境很陌生，我需要认清它并找到安全逃跑路线。"如果你不相信，可以看看动物的反应。很多动物被带到一个陌生的环境中，它们的视线就会上下左右四处扫视。而且动作相当明显，甚至伴有头部转动的动作。而一旦受到惊吓，它们会立刻循着自己刚刚锁定的路线奔逃，一刻也不迟疑。这证明它们在东张西望里就已经安排好了逃跑路线了。人类在新的环境中的环视动作比动物隐蔽得多，但摄像机还是能记录这些不安的眼神。所以，东张西望的神情是人们对于眼前的人或事缺乏安全感的表现。

目光转向其他地方是对谈话失去兴趣的表现，会让对方感受到自己逃离的渴望。这也是一种本能，那就是不愿意面对讨厌的人和事。所以当你和一个特别讨厌的人说话时，你本能地会想要看别的地方，寻找可能摆脱这个人的办法。大多数人没有办法生硬地拒绝别人，他们处于礼貌还是要把这次谈话进行下去，但内心的厌烦就没有办法阻止了，会淋漓尽致地表现在身体语言上。

如果你的瞳孔偏到一旁，而你用这样的视线去看别人可以传达出不同的信号。

斜视的目光伴随着压低的眉毛、紧皱的眉头或者下拉的嘴角，那就表示猜疑、敌意或者批判的态度。你在公司会议上发表见解时，如果发现你的老板和同事大多用这样的视线来看你，你就得警醒了。可能是他们对你本身有意见，或者对你的说话内容表示不屑。不管是哪一种，你的主张都没有办法打动别人。而女人们通常喜欢用这种视线表达感兴趣的意思。同时伴有眉毛微微上扬或者带笑容，那就是很有兴趣的表现，恋爱中的人们经常将之作为求爱的信号。

虽然视线转移在很多时候是心虚的表现，但这并不意味着一个人在与对方发生视线接触时，一有视线转移就表示心虚。在医学上，有一类人群被称为"视线恐惧症"患者，他们在与别人发生视线接触后，往往会立即转移自己的视线。因为他们觉得对方的眼光太过于强烈，从而使自己的眼睛不由自主地剧烈眨动，这会让他们感觉非常不舒服。与此同时，他们的心理也处于一种矛盾的状态之中，一方面他们想如果与对方进行对视，会不会使对方感到不快，另一方面又想自己若是进行视线转移，对方会不会看透自己的心理。在这种进退两难的矛盾状态之中，他们越是焦急，就会更加注视对方的眼睛，更剧烈的反应便随之产生；越害怕对方会看透自己的心理，强烈不安的心理情绪就越严重。

一般来说，此种类型的人，他们之所以会产生"视线恐惧症"，归根结底，是因为他们缺乏自信心。他们往往是通过别人眼中反映出的自己来认识和确认自己的存在与价值。

眉毛的变化体现喜怒哀乐

眉毛的主要功用是防止汗水和雨水滴进眼睛里，除此之外，眉毛的一举一动也代表着一定的含义。可以说，人的喜怒哀乐、七情六欲都可从眉毛上表现出来。

眉飞色舞、眉开眼笑、眉目传情、喜上眉梢等成语都从不同方面表达了眉毛在表情达意、思想交流中的奇妙作用。每当我们的心情有所改变时，眉毛的形状也会跟着改变，从而产生许多不同的重要信号。

1. 低眉

低眉是一个人受到侵略时的表情，防护性地低眉是为了保护眼睛免受外界的伤害。

在遭遇危险时，光是低眉还不能够保护眼睛，还得将眼睛下面的面颊往上挤，以尽最大可能提供保护，这时眼睛仍保持睁开并注意外界动静。这种上下压挤的形式，是面临外界袭击时典型的退避反应，眼睛突然被强光照射时也会有如此的反应。当人们有强烈的情绪反应，如大哭大笑或感到极度恶心时，也会产生这样的反应。

2. 皱眉

一般人不会想到皱眉其实和自卫有关，而带有侵略性的、一无畏怯的脸，是瞪眼直观、毫不皱眉的。

皱眉所代表的心情可能有许多种，例如：希望、诧异、怀疑、疑惑、惊奇、否定、快乐、傲慢、错愕、不了解、无知、愤怒和恐惧。要确实了解其意义，只有回头去看原因。

一个深皱眉头、表情忧虑的人，基本上是想逃离他目前的境地，却因某些原因不能如此做。一个大笑而皱眉的人，其实心中也有轻微的惊讶成分。

3. 眉毛一条降低、一条上扬

两条眉毛一条降低、一条上扬，它所表达的信息介于扬眉与低眉之间，半边脸显得激越，半边脸显得恐惧。尾毛斜挑的人，通常处于怀疑状态，扬起的那条眉毛就像是一个问号。

4. 眉毛打结

指眉毛同时上扬及相互趋近，和眉毛斜挑一样。这种表情通常代表严重的烦恼和忧郁，有些慢性疼痛的患者也会如此。急性的剧痛产生的是低眉而面孔扭曲的反应，较和缓的慢性疼痛才产生眉毛打结的现象。

5. 耸眉

耸眉可见于某些人说话时。人在热烈谈话时，差不多都会重复做一些小动作以强调他所说的话，大多数人讲到要点时，会不断耸起眉毛，那些习惯性的抱怨者絮絮叨叨时就会这样。

6. 轻抬眉毛

人们在向距离稍远处的人打招呼的时候会迅速地轻轻抬一下眉毛，瞬间后又回复原位，这个动作可以把别人的注意力引到自己的脸上，让人家明白自己正在向他问好。

需要注意的是，当一个对他人扬起眉毛，除了有向远处的人打招呼的意思之外，它还可能向对方传达这样一些的信息："我承认你的存在"，"我很吃惊，居然在这里看见了你"，"我很害怕你"，"我知道你的存在，但请你放心，我不会威胁到你"。因而，在某种程度上来说，对他人扬眉是一种较为礼貌的招呼别人的方式。

嘴巴动作透露人的性格

人嘴部的动作是很丰富的，这些丰富的嘴部动作，从某种程度上可以折射出一个人的性格特征和心理态度。

1. 嘴唇往前撇

人的下嘴唇往前撇的时候，表明他对接受到的外界信息，持不相信的怀疑态度，并且希望能够得到肯定的回答。

2. 嘴唇往前撅

人的嘴唇往前撅的时候，表明此人的心理可能正处在某种防御状态。

3. 嘴角向后

在与人交谈中，如果其中有人嘴唇的两端稍稍有些向后，表明他正在集中注意力听其他人的谈话。

4. 嘴巴抿成"一"字形

大多数人在需要作重大决定，或事态紧急的情况下会有这样的动作。他们一般都比较坚强，具有坚持到底的顽强精神，面对困难想到的是战胜它而不是临阵退缩。他们也是倔强一族，每件事都经过深思熟虑而采取行动，这时候谁也阻挡不了他们。他们抱着不到黄河心不死、不撞南墙不回头的心理，所以获得成功的几率较大。

5. 牙齿咬嘴唇

在交谈的时候，通常的情况是上牙齿咬下嘴唇、下牙齿咬上嘴唇或双唇紧闭。这表明他们正在聆听对方的谈话，同时在心中仔细揣摩话中的含义。他们一般都有很强的分析能力，遇事虽然不能非常迅速地作出判断，但是决定一经作出，往往没有后顾之忧。

6. 嘴角上挑的人

机智聪明，性格外向，能言善辩，善于和陌生人主动打招呼，并进行亲切的交谈。他们胸襟开阔，有包容心，不会记恨曾经伤害过他们的人。有着非常良好的人际关系，在最困难的时候常常能够得到他人的支持与帮助。

此外，口齿不清，说话比较迟钝的人，可以分不同的情况来讨论：一种人是不仅在说话方面表现得不够出色，在其他各个方面的表现也都是相当平庸的。还有一种人，他们的语言表达不精彩，而且也不太经常表达自己，但一旦表达，肯定会是不凡的见解，这说明这个人具有某一方面或几方面比较出众的才能。

笑容反映人的个性

笑，我们每一个人都会，并且我们不时在笑着，但是 20 几岁的你知道吗？笑也是和其性格有着一些必然联系的。

1. 捧腹大笑的人

捧腹大笑的人多为心胸开阔者。当别人取得成就以后，他们有的只是真心的祝愿，而很少产生嫉妒心理。在他人犯了错以后，他们也会给予最大限度的宽容和理解。他们很富有幽默感，总是能够让周围人感受到他们所带来的快乐，同时他们还极富有爱心和同情心，在自己的能力范围内，对他人会给予适当的帮助。他们不势利眼、不嫌贫爱富、不欺软怕硬，比较正直。

2. 时常悄悄微笑的人

经常悄悄微笑的人，除了性格比较内向、害羞以外，还有一种性格特征就是他们的思维非常缜密，而且头脑异常冷静，在什么时候都能让自己跳出所在的圈子，作为一个局外人来冷眼看待事情的发生、进展情况，这样可以更有利于自己作出各种决定。他们很善于隐藏自己，不会轻易将内心真实的想法告诉给别人。

3. 狂声大笑的人

平时看起来沉默少语，而且显得有些木讷，但笑起来却一发而不可收，或者经常放声狂笑，直到站不稳了。这样的人是最适合做朋友，他们虽然在与陌生人的交往中表现得不够热情和亲切，甚至是有些让人难以接近，但一旦真正与人交往，他们是十分注重友情的，并且在一定的时候，能够为朋友作出牺牲。基于这一点，有很多人乐于与他们交往，他们自己本身也会营造出比较不错的社会人际关系。

4. 笑得全身打晃的人

笑的幅度非常大，全身都在打晃，这样的人性格多较直率和真诚，和他们做朋友是不错的选择，因为当朋友有了错误和缺点以后，他们往往能够直言不讳地指出来，不会为了不得罪人而视而不见。他们不吝啬，在自己能力范围内对他人的需要总是会尽自己最大的努力。基于这些，在自己遇到困难的时候，也会得到来自别人的关心和帮助。他们会使大家喜欢自己，能够营造出很好的社会人际关系。

5. 小心翼翼地偷着笑的人

小心翼翼地偷着笑的人，他们大多是内向型的人，性格中传统、保守的成分很多，而与此同时，他们在为人处世时又会显得有些腼腆。但是他们对他人的要求往往很高，如果达不到要求，常常会影响到自己的心情，不过他们和朋友却是可以患难与共的。

6. 看到别人笑，自己也会随之笑起来的人

看到别人笑，自己就会随之笑起来，他们多是快乐而又开朗的人，情绪因为事情的变化而变化，而且富有一定的同情心。他们对生活的态度是很积极的。

7. 笑的时候用双手遮住嘴巴

笑的时候用双手遮住嘴巴，表明他是一个相当害羞的人，他们的性格大多比较内向，还比较温柔。他们一般不会轻易地向别人说出自己内心的真实想法，包括亲朋好友。

8. 开怀大笑的人

开怀大笑、笑声非常爽朗的人，多是坦率、真诚而又热情的。他们是行动派的人，决定要做一件事情，马上就会付诸行动，非常果断和迅速，绝对不会拖拖拉拉。这一类型的人，虽然表面上看起来很坚强，但他们的内心在一定程度上却是非常脆弱的。

9. 笑起来断断续续的人

笑起来断断续续，笑声让人听起来很不舒服的人，其性情大多是比较冷漠和孤独的。他们比较现实和实际，自己轻易不会付出什么。他们的观察力在很多时候是相当敏锐的，能观察到别人心里在想些什么，然后投其所好，伺机行事。

10. 笑出眼泪的人

笑出眼泪来是由于笑的幅度太大所致。经常出现这种情况的人，他们的感情多是相当丰富的，具有爱心和同情心，生活态度是积极乐观和向上的，他们有一定的进取心和取胜欲望。他们可以帮助别人，并适当地牺牲一些自我利益，但却不求回报。

因此，20 几岁的年轻人想了解一个人的话，不防可以从对方的笑声进行分析，也能略知一二的。

不同手姿的不同心理活动

手姿是表情达意的有效方式。它能比表情表达出更复杂的意思。摸摸胡子表示高兴，拍拍大腿表示赞叹，捶胸脯表示悲痛，拍脑门表示悔恨。招手为来，挥手为去；握手表示友好；伸手是想要东西，背手是不想交出等等。总之，手的各种动作都能表情达意。

在公共场所和人们交往的地方，有些人站在那里，双手插入兜内，两个拇指从兜口伸出，这是一种表示高傲的手势。有些人在做这种手势的同时还经常跷起他们的脚后跟，借以传递给人一种更高傲的姿态。这些人往往追求时髦，性格强悍甚至霸道。

摊开的手掌表示真切、诚恳、忠贞和顺从。当某人向你表示真诚时，他会暴露部分或

是整只手掌在你面前。这种姿势给人一种说实话的感觉。同样地，丈夫想隐瞒他和朋友在外玩了一夜的事实时，常常会把手放在口袋里，或以双手交叉在胸前的姿势向妻子作解释。这些姿势和大部分身体语言一样，是完全无意识的，却将真实的信息完全地隐藏起来了。

有人习惯十指交叉两手钳在一起。最初，这似乎是一种信心的表现，因为使用它的人大多面带微笑，状似愉快。但据相关工作人员研究得出的结论：其实这是一种"沮丧心情"的手姿，表示此人正在压制某种反面的态度。比如当某人失去一笔好生意，当一个人失去他深深爱着情侣或失去一个"千载难逢"的好机会时，常用这手势。

该手势通常可以放在脸部，放在桌上，以及坐时放在大腿上，站时放在裆部。实际上这种十指交错的手势，是在控制他"沮丧心情"的外露。有时，也暗示一个人的敌对情绪。钳着双手的高度和一个人反面情绪的强度有对等关系。谈判时，如果你的双手把钳着的双手放在脸部前面，那情况就比较难处理。你得用语言和某些动作解开他的手指，化开他的敌意，否则将僵持下去而无法沟通。

如果一只手握住另一只手的手腕放在背后，则是表示受挫折与自我控制。这种姿势实际上暗示了他此时心神不宁的被动状态。而手愈往上移，那么就愈难受，近乎愤怒。一只手握住另一只手的手腕或手臂，好像是防止那只手乱动一样，就是这种姿势导致出"把握住自己"这句常用语。

另外，20 几岁的年轻人还可以从对方手掌的干湿了解出对方的微妙心态。潮湿的手表示此人很紧张（热天例外）。这是人体内的自然反应，医学上称之为"精神发汗"。这时人的心情处于兴奋状态中，心理上失去了平衡，正是说服对方的最好的时机。

不同坐姿洞悉对方心理动向

坐姿是心灵的暗示。从坐的方式、坐的姿态、坐的距离中，都可以窥出一个人真实的意思，了解一个人心理的动向。在日常生活中，正确地观察每个人的坐姿，各个特色，不一而足。每一种坐的方式，似乎是无意的，而就从这貌似随意的方式中，可以解读每种姿势透露出的不同性格和心理状态。

在公交车或是普通座椅上，常将左脚放在右脚之上者，通常均是患有脑出血的人，而且他们的脸色比常人要红，这是由于右脚的关节不能自由活动而导致的现象。由于右脚有毛病，很难将其置放在左脚之上。

不论哪只脚在上，大凡摆在上面的那只脚易于疲劳。当脚部出现疲劳现象时，可做脚踝部位的上下运动及扇形运动，促使毛细血管扩张，促进血液循环，将会大大有益于缓解病症。

坐稳后两腿张开，姿态懒散者，通常说来都比较胖。这种人由于腿部的肉过多，行动也不是十分方便，说得比较多而做得相对要少。这类人属于豪言壮语型，头脑中想的事情经常是被夸张了的。

坐下时左肩上耸，膝部紧靠，致使双腿呈 X 形的人，一般均比较谨慎。但他的决断力比较差，也缺少男子汉的气魄，即使是一个男性，他也是比较女性化的男性。如果你对他有过多希望的话，其结果多为失望。

坐下手臂曲起，两脚向外伸的人，其决断力十分缓慢。每天他都在不断地计划些事物，却什么也实现不了。这种人的理想与行动特别不协调，喜欢做白日梦。

坐下时两脚自然外伸，给人以一种十分沉着稳重印象的人，属直情径行类型。这些人大都身体健康，对疾病的抵抗力很强。就命运而言，他也是十分幸运的。

坐下时，一只手撑着下巴，另一只手搭在撑着下巴的那只手的手肘之上，且架着"二郎腿"的人，大都不拘小节，面对失败亦能泰然自若。

双肩端起，一脚架放在另一只脚之上，作出庄重堂皇之态的人，虽然志向远大，却缺乏具体计划，致使他的志向如空中楼阁一般，无法实现。

坐在车上两脚长伸在外，阻碍通道，同时将双手插在口袋里的人，大多是贫困潦倒之人。

如果其相貌长得不好，通常伴有恐吓或威胁他人的行为。对这种人，最好采取敬而远之的态度。

两脚弯曲，两手架在桌上伏身看书的人，容易患甲状腺异常及筋肿等疾病。如果是近视眼的人，他也可能会稍稍抬起屁股看书。

坐着看书时，脚尖竖起，同时眼睛不断向上翻的人，肯定是个急性子。这是一种天生的个性。即使他有很多看书的时间，但他还是显得非常繁忙，无法平心静气地看书。

驼着背看书的人，大多是高龄人，这种风貌是颐养天年的作风。

读书时，用手撑着下巴且姿势不良的人，其读书效率不高，同时此种姿态也是理解及记忆均有困难的人的象征。一个真正学习的人，是不会用这种不良姿态读书的。

谈话中的小动作透露性格

在与他人的交谈中，有时20几岁的年轻人会不自觉的做一些小动作，而这些小动作正好泄露了自己的性格。

1. 说话不停点头和摇头的人难以成大事

有一种人在跟别人说话时，会不停地点头，好像很明白、很认同他人的看法。其实，这种人是处事轻率大意之人，他们看似什么事都能一力承担，而结果是承诺了却往往做不到。这一方面是由于他不认真去做，另一方面也表现出他的被动性很强，有时并不是他不想做好，而是他不敢否定或惯性地认同对方，但事后又觉得很不合自己的做事方式，结果便得出一个很差的效果来。

有一种人说话时不停摇头，显然是体现出他对别人不尊重，这种人可说是心高气傲，自视过高。因此如遇到这类对手，你便不要寄太大希望于他，除非你比他更加骄傲。这类人遇到挫折，很容易一蹶不振，消极和悲观的情绪会占据他整个人。

2. 说话时腿喜爱抖动的人有点神经质

开会也好，与别人交谈也好，独自坐在那儿工作，或是看电影，有些人总喜欢用腿或者脚尖使整个腿部颤动，有时候还用脚尖磕打脚尖或者以脚掌拍打地面。这种行为举止当然不能登大雅之堂，但习惯者总是习以为常。

这种人最明显的表现是自私，很少顾及别人的感受，凡事从利己出发。尤其是对妻子的占有欲特别强，经常会无缘无故地制造一些"醋海风波"，在这个问题上说他们具有"神经质"一点也不为过。他们对别人很吝啬，据说"守财奴"——欧也妮·葛朗台就有这个"良好"的习惯。

不过，这类人很善于思考问题，他们经常给周围朋友提出一些意想不到的建议。

3. 边说话边打手势的人具有极强的说服力

喜欢边说话边打手势的人与人谈话时，只要嘴一动，一定会有一个手部动作，摊双手、摆动手、拍打掌心，等等，好像是对别人说话内容的强调。他们做事果断、自信心强，习惯于把自己在任何场合都塑造成一个领导型人物，很有一种男子汉的气派，性格大都属于外向型。这类人去演讲一定会极尽煽动人心之能事，他们良好的口才时常让你信服。他们与异性在一起时尤其兴奋，总是极欲向人表现出"护花使者"的身份。

这类人对朋友相当真诚，但他们不轻易把别人当成自己的知己。踏实肯干的性格使他们的事业大都小有成就。

4. 说话时盯住别人的人有较强的支配欲

有些人在与他人谈话时目不转睛地看着别人。在聚会上，这种人也常常盯住一个人不放，而他并不是看上了这个人。

这种人的支配欲望很强，而大多数时候他们确实又都有某种优势，因此只要有机会，他们就会向别人表现自己。总之，他们占不到天时地利就一定能占到"人和"。他们时常看起来像花花公子（很多时候是事实），但有一点值得大家肯定，他们选定了人生目标就一定会去努力实现。

这种人不喜欢受束缚，经常我行我素。另一方面，他们比较慷慨，因此他们周围总是有一些相干和不相干的人。自然，其中有真心的，也有看中"酒肉"的。

从接受表扬的反应看透对方的品性

表扬是对成绩的肯定，表示大众接受他们的行为或某种观点，是人人都期求的一种外界反应，受到表扬的人往往会得到心灵上的愉悦和满足。有的人追求表扬胜过财富，还有的人胜于生命，所以表扬对于一个人的性格有着非常大的影响。

危险处境考验的是一个人的勇气，功名利禄能够检验出一个人的德性，一个人的耐性可以从琐事缠身的时候看出来……而一个人在接受表扬的时候所产生的反应，将透露出什么信息呢？

1. 一受到表扬就害羞的人

受到表扬的时候面红耳赤，表现得很腼腆的人，他们温柔敏感、感情非常脆弱，别人的批评很容易让他们受到伤害，更经受不住意外的打击；富有同情心，关注别人的感受，不会用言语或行动主动攻击别人。

2. 不敢相信的人

听到赞扬的话，他们会用一副非常惊喜的样子来表达自己心中的高兴。他们憨厚淳朴，不喜欢与别人发生矛盾冲突，经常损失自己的利益来换得安宁；喜欢参加群体活动，交往过程中的大度和慷慨让他们与别人建立起良好的人际关系，他们与他人能够相处得非常融洽。

3. 无动于衷的人

听到表扬仿佛听到风声一样无动于衷的人，他们在工作中兢兢业业，不喜欢因为受到他人的注意而浪费时间和精力。他们对待身边的事情保持一种顺其自然的态度，不喜欢争强好胜；奉献是对他们的高度评价，他们宁愿独处一室进行研究和开发，也不愿加入吵闹的集体生活当中。

4. 相互赞扬的人

听到别人的表扬，他们立刻会用相应的表扬话语回敬，让对方有被回报的感觉；有自己的个性，不喜欢依赖他人，对自己和生活充满了自信；在人际交往过程中，很讲究平等互利，和他们交往可以毫无后顾之忧，不必担心吃亏。

5. 极力否定的人

经常用诙谐的话语回敬对方的表扬，有时否定对自己的表扬。他们不喜欢参加集体活动，不愿受到别人的干扰，将众多的精力和时间用于维护自己的独立空间；幽默含蓄，但又略显放荡不羁，其实这是他们故意封闭自己的一种手段和方式，他们通常不会和别人建立起深厚的友谊。

6. 来者不拒的人

较为公平，会在接受别人表扬的时候用适当的好话称颂对方。他们心地单纯，好助人为乐，经常设身处地地为别人着想，能够对他人的优点给予肯定，别人非常愿意和他们相处；慷慨大方，能够给予朋友及时有效的援助，和他们共渡难关。

7. 心不在焉的人

他人的表扬并不被他们所关注，他们根本没有心情为表扬浪费过多的时间，所以总是找其他的话语来改变话题。他们反应快、机智聪明而且才华横溢、富有眼光，既现实又果断。自信和狂放不羁是他们最明显的性格特征，他们对名利不过度追求，有成就宏伟计划的可能。

8. 心平气和的人

对于表扬自己的人，能恰到好处地表达出由衷的感谢，给对方彬彬有礼的感觉。他们沉着稳重，注重实际，讲究实效，富有进取心，善于韬光养晦，经常出其不意地给人以惊喜；有着独特的行事原则，能够按照预定目标坚持不懈地努力，不受外界环境的影响，更不会招摇过市、不可一世。

20 几岁的年轻人可以通过对方受表扬的反应来了解对方的性格，让你做好准备，以便让你们之间的交往更顺利。

根据习惯动作洞察对方心理

生活中，每个人的举手投足都反映了他的心态和性格特征。

心理学家莱恩德曾说过："人们日常作出的各种习惯行为，实际反映了客观情况与他们的性格间的一种特殊的对应变化关系。"

20 几岁的年轻人在日常生活中，自然而然地会产生并形成一些具有特定意义的小动作，且具有很强的稳定性，一般很难一下子改过来。改不过来，就随身携带，这就为我们通过这些习惯的小动作去观察、了解和认识一个人的心理和性格提供了方便。

1. 掰手指节的人

有些人习惯于把自己的手指掰得咯嗒咯嗒响，不管有人没人，有事还是无事。如果心烦意乱时听到这一种响声一定很不舒服。

此类男人通常精力旺盛，哪怕他得了重感冒，如果叫他去干一件他平常最喜爱的活动，他同样也会从床上爬起来。他们还很健谈，喜欢钻"牛角尖"，依靠自己较强的逻辑思维而经常把你的谈话、文章说得一无是处。

这是典型的多愁善感型，而且是出名的"情种"，只要是异性，他们可能只相处一两次就会爱上。

这种男人对事业、工作环境很挑剔，如果是他喜欢干的，他会不计较任何代价去努力帮助你；相反，他不当众出你的丑，也不会暗地里甩你的"冷板凳"。

2. 挤眉弄眼的人

喜爱挤眉弄眼的人善于运用面部的动作和表情来传情达意。一些心理学家和行为学家认为，这类人比较轻浮或缺乏内在的修养，在恋爱和婚姻上也总是喜新厌旧。

这种人特别会处理人际关系，尽管他们十有八九都略显高傲，但因为他们的处事大方为其掩盖了很多不是。在事业上他们很善于捕捉机会，深得领导的赏识。

3. 时常摇头晃脑

平常生活中人们经常看到"摇头"或"点头"，以示自己对某件事情的肯定或否定。但如果你看到一个人经常摇头晃脑的，那么你或许会猜测他不是得了"摇头病"，就是精神不正常。

我们撇开这种看法而从另一个角度来看，这种人其实特别自信，以至于经常唯我独尊。他们也会请你帮他们办事情，但很多时候你办得再好他们都不怎么满意，因为他们有自己的一套，只是想从你做事的过程中获取某种启示而已。

他们在社交场合很善于表现自己，却时常遭到别人的厌烦，对事业一往无前的精神倒是被很多人欣赏。

4. 拍打头部

拍打头部这个动作多数时候的意思是在向你表示懊悔和自我谴责，他肯定没把你上次交代的事情放在心上，如果你正在问他"我的事情你办了没有"，见他有这个动作的话，你不用再问也不用他再回答了。

如果你的朋友中有人有这样的动作，而他拍打的部位又是脑后部，那么他这种人不太注重感情，而且对人苛刻。当然，他也有很多方面值得你去交往和了解，譬如对事业的执著和开拓等，尤其是他对新生事物的学习精神，你不得不从心底真正佩服他。

时常拍打前额的人一般都是心直口快的人，为人坦率、真诚、富有同情心。在"耍心眼"方面你教都教不会他，因此如果你想从某人那儿知道什么秘密的话，这种人是最好的人选。不过这并不表示他是一个不值得信赖的朋友，相反，他很愿意为他人帮忙，替他人着想。这种人如果对你有什么得罪的话，请记住，他一定不是有意的。

5. 抹嘴、捏鼻子

这种动作略嫌不雅观，不过还没到伤大雅的地步。

习惯于抹嘴或捏鼻子的人，大都喜欢捉弄别人，却又不能"敢作敢当"。他们的唯一爱好是"哗众取宠"，眼见你气得咬牙切齿，他们却在那儿高兴得手舞足蹈。从这方面来讲，他们有点过分。

这种人最终是被人支配的人。别人要他做什么，他就可能做什么。如果他们进百货店或者商场，售货员最喜欢的就是这种人。也许他们根本什么都不准备买，但只要有人说"先生，这件可以"，他们就会买下。

一个人的习惯动作是可以透露对方的心理，20 几岁的年轻人要懂得根据对方的习惯动作分析对方的心理，做一个人际高手。

女性常常用这些动作来表达戒心

相对于男性而言，女性拥有极强的戒备心理。造成这一现象的原因很复杂，生理决定论认为女性的生理结构造成了她更强的自我保护欲望。与男性相比，女性在高度、健壮程度方面都有弱势，因此也就造成了女性的平均力量、速度等比不上男性。而对于早期的人类来说，这些素质往往决定了一个人的生存能力。所以女性会更细心地观察周遭环境，以便更早地发现危险。这样的情况一直延续下来，就造成了女性的戒备心理。事实上，在今天女性仍然是弱势群体，很多暴力伤害案例的受害者都是女性。在这种环境下，弱者自然而然会有更强的戒心。

女性表达戒备心理的方式有很多，常见的有以下几种：

1. 公共场合喜欢在手里拿点东西

身体语言学家亚伦皮斯提到过这样一个情境：英国贵族女性出席公众场合时都会随手带点什么。事实也的确是这样，安妮公主会手捧花束，伊丽莎白女王与安妮类似，也会在手上拿点什么，可能是花束，也可能是一个手袋。相比较而言，男性皇室成员就很少在手上还抓着什么别的东西。

女人随身带一个手袋在现代已经是司空见惯的现象，虽然手袋的实用性是女性使用它的一个很重要的原因，但我们也不能忽略女性的心理因素。喜爱带包往往是女性戒心的体现，她们希望通过握着一些东西来放置双手，从而稳定不安的内心世界。就像情境再现中提到的英国女王，她在公众场合露面时，并不需要一个手袋来放置化妆品或者其他杂碎，这些东西自然有随从为她准备。但是女王还是不能放弃这个手袋，因为离开了它，她不知道要把手怎样放了。

2. 习惯用手边的细小物件来缩小个人空间

大多数情况下，女性会利用手边的一切物件来缩小自己的个人空间，这样的动作就是表明：我的戒备森严，你不要想靠近。比如用双手握住茶杯。想要端起茶杯，显然只需一只手就足够了。可是，如果你用两只手捧住茶杯，你的双臂也就很自然地在胸前形成了一道屏障，将那些让你感觉不安的人或物全都拒绝于双臂之外。这样的方式既简单又最不易察觉。这种自我保护的肢体动作很普遍，几乎所有的人都曾经用到过，只不过很少会有人意识到此举的真正目的之所在。

3. 隐晦的自我拥抱

在遭受挫折或者遇到悲伤的事情时，女性通常会采取这样的姿势来安慰自己：双手抱膝，并且把头紧紧地埋在怀里，蜷缩成一团。

这种隐晦的拥抱动作其实是对童年记忆的一种回忆。在我们的幼年时期，如果遇到难过的事情，或者处于一种紧张的气氛中，我们的父母或看护人就会将我们拥进他们的怀中，用温馨的怀抱舒缓我们悲伤、不安的情绪。长大以后，当我们感到紧张不安的时候，就会模仿长辈的动作来安慰自己，但又不能作出明显的拥抱自己的动作，所以就会出现上面提到的蜷缩动作，它就像小时候妈妈的怀抱一样。

此外，单臂交叉抱于胸前的姿势，也是女性常用的一种隐晦的自我拥抱动作，女性只使用一只手臂，让它在身体前部弯曲后抓住另一只手臂，从而在自己与对方之间形成一道障碍，拒绝对方的进入，看起来就好像是在拥抱自己。

这样的动作我们在车站等候处或者电梯等场合经常见到。因为这些场合通常围绕在身边的都是陌生人，所以女性会产生更强烈的不安感。另外，在参加一些社交活动或工作会议时，也常见女性作出这种动作。因为这种姿势可以与其他人保持一定的距离，表露出动作者内心的不安与缺乏自信。

4. 拉扯衣服、捂胸、夹腿、脚踝相扣等

我们知道穿着短裙的女性，在入座时总会把双腿紧紧夹住，或者使用交叉的方式让双腿更加紧密地贴在一起。有些女性还会把随身的手袋放在膝盖上，以此来遮住短裙露出的腿部肌肤。如果你说这是因为穿着短裙的原因，但是一些并没有穿短裙的女性身上，你还是可以看见扯衣服、捂胸、夹腿等动作。其实这说明了女性较之男性更强的戒心。

此外，脚踝相扣也是女性戒备心理的表现。比如，她们会把脚踝扣在一起，双膝并拢，两只脚置于身体同一侧，双手并排或是交叠着轻轻放在位于上方的那条腿上。男性也有脚踝相扣的姿势，但此时他们更习惯让双膝敞开。而女性则尽量并拢双膝，减少两腿之间的缝隙。

因此，20几岁的年轻人，当你在社交活动中看到女性朋友有以上这些动作时，则表明了对方心里有一定的戒备。这时候你可以通过积极的态度，引导对方的情绪转向乐观，让你们的交往更顺利。

男性紧张时的信号

在大多数人眼里，男人是坚强、自信、无所畏惧的，但事实上，有些男人在遇到某些事情，或者在某种场合下也会出现内心紧张、不安的情形。与他交往时，20几岁的年轻人需要了解其内心世界，帮助他及时从不安中走出来，以便交往的顺利进行。

1. 清喉咙

男性在当着很多人讲话，或者在毫无准备的情况下在会议上被老板点名发言时，都会忍不住先清清喉咙。这里面可能有生理上的原因，但更多情况下，清喉咙是为了安抚他自己的紧张内心。比如被老板突然点名发言的人，下意识地用清喉咙来为自己赢得更多的思考时间，以便整理出一套说辞。因此基本上，说话不断清喉咙、变声调的人，排除疾病原因，就是表示他们有所不安或焦虑，正在寻求信心。

不过有些时候，清喉咙也表示另一种完全不同的意思。比如说成年男子有意地清喉咙，可能是在对小孩子或太太的举止提出一种非言辞的警告。无论是有意或无意地清喉咙，都能清楚地传达一个人的感觉。20几岁的年轻人要根据具体的场合来判断它的含义。

2. 泄露紧张感的其他动作

我们通常会有这样的看法，认为紧张感可能来自于陌生感。比如你从未参加过某类活动，当你参加时就会感觉不适。而事实上，那些所谓的见惯了大场面的名人们也都有紧张的时候。只是他们表现紧张的方式比较隐晦，你轻易感觉不到罢了。

比如电视名人、明星等，这些公众人物的一言一行都暴露在公众的眼前。而他们都希望能把自己最好的一面展现给观众，而不把内心的紧张情绪，或是不自信的心理展露给公众。我们普通人紧张时，可能会用抱臂的方式来安抚自己，但名人们是不会摆出这些显眼的紧张姿势的。他们为了不让他人窥探到自己内心的想法，他们会利用经过变化后的交叉双臂的姿势来掩饰内心的焦躁和忧虑。比如抚摸一下自己的领带，调整一下袖口。这样的姿势实际上也是用手臂给了自己一道屏障，能够让自己紧张的内心得到一丝安全感。

除此之外，当一个人感到焦虑不安，很可能也会不断地调整表带，翻查钱包，双手紧握，摆弄衣袖，或是做任何可以使双臂在胸前交叉的动作。手机成为通用品以后，我们也经常见到在公众场合摆弄手机的人。比如在地铁里，大家都会沉默地去摆弄手机，以掩盖自己的不适。

此外，公文包也是男人用来安抚内心的工具。比如，在举行商务会议时，那些缺乏安全感的职场男性通常会用手提公文包，或是将文件夹抱在胸前等方法来掩饰内心的紧张或不安情绪。公文包以及双手就像在自己的胸前构筑了一道坚不可摧的防线，他们也就从中获取了一些安全感。

20 几岁的年轻人在与人交往中，要多多观察，如果发现对方出现以往这些动作时，要试着缓解对方的紧张心理，让你们的交际顺利进行。

吃饭的方式透露真性情

吃饭是我们生活中不可缺少的一项重要内容，因此人们就会在不经意间养成一定的饮食习惯，而这些习惯又可体现出一个人的性格。

1. 喜欢站着吃饭的人

这种人并不是特别讲究吃，他们会尽力讲求方便、简单，只要能填饱肚子就可以。他们在生活中，并没有太大的理想和追求，很容易获得满足。他们的性格很温和，懂得关心别人，为人也很慷慨、大方。

2. 边做边吃的人

这类人生活节奏快，因为有许多事情要做，他们表现得也比较繁忙。但他们并不以此作为自己的烦恼，甚至还觉得很高兴。

3. 边看书边吃饭的人

这类人吃饭只是为了满足身体的需要，如果不吃饭也仍旧可以活着，他们极有可能会放弃这一件既耽误时间又浪费精力的事情。这类人雄心勃勃，并且也有具体的计划可以使自己的梦想变成现实。他们拥有积极向上的乐观精神，会把想法付诸行动。

4. 边走边吃东西的人

边走边吃东西的人，虽然给人的感觉是来也匆匆、去也匆匆，像是时间紧迫的样子，但实际不一定如此，紧张的生活状态很有可能是由于他们自己缺少组织性和纪律性造成的。这样的人大多比较容易冲动，经常会意气用事，最终使事情发展到不可收拾的地步。

5. 喜欢一边看电视一边吃饭的人

喜欢一边看电视一边吃饭的人，多是比较孤独的，电视或许是他们消除内心孤独的最好方式之一。

6. 吃饭速度比较快的人

吃饭速度比较快的人，做任何事情都重视效率，而且也追求速度，他们总是希望在最短的时间内将事情做完、做好。

7. 吃饭喜欢细嚼慢咽的人

吃饭喜欢细嚼慢咽的人，与吃饭速度快的人恰恰相反，他们属于那种慢性子的人，凡事都能以缓慢而又悠闲的方式完成，这从一个侧面也说明他们是懂得享受的人。

8. 喜欢在餐厅里吃饭的人

喜欢在餐厅里吃饭的人，多是比较懒惰而又喜欢享受的。他们不善于照顾自己，但希望别人能够体谅他们，然后来关心和照顾他们。他们不太愿意轻易付出，往往会在别人付出以后自己才行动。

9. 吃饭定时定量的人

这类人生活十分有规律，而这些规律如果没有特别意外的事情发生，是不会轻易改变的。但这并不意味着他们为人处世呆板迟钝，相反，却可能很灵活，只是无论在什么时候，都具有一定的原则性。

20 几岁的年轻人，当你想了解一个人的时候，不妨观察对方吃饭的方式吧！

从笔迹洞察性格

笔迹作为人们传达思想感情，进行思维沟通的一种手段和方式，也是人体信息的一种载体，是大脑中潜意识的自然流露。不同心境写出的字，笔迹也不一致。但在长时期内，字体的主要特征，如运笔方式、习惯动作、字体开合等是不变的。只是近期的字更能反映出最近的思想、感情、情绪变化、心理特点等。

笔迹分析的方法很多，由笔迹观察人的内心世界，可以从三个方面来观察，即笔压、字体大小、字形这三个要点来研究分析这个问题。

1. 笔迹特征为字体较大，笔压无力，字形弯曲，不受格线限制，具有个性风格，容易变成草书；有向右上扬的倾向，有时也会向右下降，字体稍潦草。

这类人和蔼可亲，容易与人相处，善于社交活动，为体贴、亲切类型的人，气质方面具有强烈的躁郁质倾向。另外，他们待人热情，兴趣广泛，思维开阔，做事有大刀阔斧之风，但多有不拘小节、缺乏耐心、不够精益求精等不足。

2. 笔迹特征为字形方正，一笔一画型，笔压有力，笔画分明，字字独立，字的大小与间隔不整齐，具有自己的风格，但笔迹并不潦草。字的大小虽有不同，但一般而言，显得较小。

这类人不善于交际，属理智型。他们处事认真，但稍欠热情；对于有关自己的事很敏感、害羞，对别人却不甚关心，反应较迟钝；气质方面具有分裂质倾向。

一般情况下，他们都有较强的逻辑思维能力，性格笃实，思考问题周全，办事认真谨慎，责任心强，但容易循规蹈矩。书写结构松散者形象思维能力较强，思维有广度；为人热情大方，心直口快，心胸宽阔，不斤斤计较，并能宽容别人的过失，但往往不拘小节。

3. 笔迹特征为字形方正，一笔一画型，但与上述类型不同，为有规则的平凡型，无自己的风格，字迹独立工整，字形一贯，笔压很有力。

这类人凡事拘泥慎重；做事有板有眼、中规中矩，但行动有些缓慢；意志坚强，热衷事务；说话唠唠叨叨，不懂幽默，不识风趣，有时会激动而采取强烈行动；气质方面具有癫痫质倾向。

他们精力比较旺盛，为人有主见，个性刚强，做事果断，有毅力，有开拓和创新能力，但主观性强，固执。书写笔压轻者缺乏自信、意志薄弱，有依赖性，遇到困难容易退缩；笔压轻重不一，则想象思维能力较强，但情绪不稳定，做事犹豫不决。

4. 笔迹特征为字形方正，稍小，有独特风格，尤以萎缩或扁平字形为多。字迹大多各自独立，无草书，笔压强劲；字的角度不固定，但字体并不潦草。

这类人气量较小，凡事都缺乏自信、不果断，极度介意别人的言语与态度。简而言之，属于神经质性格的人。

他们还有把握和控制事务全局的能力，能统筹安排；为人和善、谦虚，能注意倾听他人意见，体察他人长处；右边空白大者，凭直觉办事，不喜欢推理，性格比较固执，做事易走极端。

5. 笔迹特征为每次书写字体大小与空间大小无关，字形稍圆弯曲，有时呈直线形，有时字形具有自己的风格，有时则工整而有规则；大小、形状、角度、笔压均不固定，潦草为其显著特征。

这类人虚荣心强，极重视外表，经常希望以自己的话题为中心，因此话很多；不能谅解对方立场，缺乏同情心与合作精神；由于以自我为中心，因此容易受煽动，亦容易受影响。

另外，这类人看问题非常现实，有消极心理，遇到问题看阴暗面、消极面太多，容易悲观失望。字行忽高忽低，情绪不稳定，常常随着生活中的高兴事或烦恼事而兴奋或悲伤，心理调控能力较差。

一个人的笔迹也可以反映一个人的心路历程，20几岁的年轻人在平时的生活中可以多多注意。

端杯喝酒也有秘密

心理学家通过研究发现，通过观察一个人握酒杯的姿势，往往能知晓他大概的性格和心理特征。

一般来说，如果一个男性喜欢紧紧握住酒杯，同时用拇指紧按着杯口，这样的男性性格外向、豪爽。在与人相处时，他们非常热情、友好、直率，因此深得朋友的喜爱。做事时，他们很有魄力，常常是敢说敢做，正因为如此，他们有时显得有点莽撞。

如果一个男性喜欢用双手抓住酒杯，则说明其性格较为内向，逻辑思维严密，喜欢思考问题，冷静是他最大的特点。在与人相处时，他"信奉君子之交淡如水"的原则，所以不会与朋友走得太近，但也不会离朋友太远。可能，他的朋友不是很多，但与其交往的往往是挚友，很少有"酒肉朋友"。做事时，他喜欢三思而后行，凡事都要作好相关的计划，然后才开始行动。

如果一个男性喜欢把杯子紧握在掌中，同时用拇指扣住杯子的边缘，则表明其性格较为柔顺，为人忠厚，具有较为开阔的胸襟。在与人相处时，外表看来他可能对别人的态度不是很温柔，有一种难以接近的感觉，但如果了解了他的心理之后，你会发现他其实是一个非常有趣的人。做事时，他非常有主见，往往有自己的独到看法和做事方式。如果你试图改变他的做事方式往往是一件非常困难的事，除非你有百分百充足的理由。

如果一个男性喜欢用双手捂住杯子，则说明其城府很深，十分善于伪装自己。这类人在和他人打交道时，往往会笑容满面。他们从不肯在别人面前暴露自己半点，也从不喜欢将自己的事告诉朋友，所以，他们的朋友，尤其是知心朋友往往是寥寥可数的。

同样，观察一个女性端酒杯的姿势，也可以知晓她大概的性格和心理特征。

如果一位女性喜欢玩弄自己的酒杯，则说明其性格较为活泼、直率、爽朗，具有较强的自信心，是非观念也非常明确。与人交往时，不会斤斤计较，也不会睚眦必报，只要不是原则的问题，即使别人不小心冒犯了她，她也会一笑而过。做事时，她从不会犹豫不决，或者是拖拖拉拉，而是非常利落和干脆。

如果一个女性总喜欢把手中的空酒杯翻来覆去玩耍，则说明其有较强的虚荣心，喜欢表现和炫耀自己。有些时候，她还有点任性，甚至有点飞扬跋扈。在参加一些宴会或聚会时，她极有可能会大胆地向自己心仪的男子卖弄风情，以吸引对方注意自己的存在。

如果一个女性喜欢把杯子放在手掌上，一边喝酒，一边滔滔不绝地跟对方说话，则说明其性格外向，非常活泼、开朗，善于交际，对生活的态度也非常乐观、积极和向上。她也较为聪慧和机敏，并具有一定的幽默感，有时，她也有较强的表现欲望，常常会故意制造一些意外，给人带来耳目一新的感觉，以吸引他人注意自己。在与人交往时，无论走到哪儿，她总能将自己很快融入集体之中，所以其人际关系较好，朋友也较多。做事时，她信奉"言必行，行必果"，所以很容易取得成功。

如果一个女性习惯于一只手紧握酒杯，另一只手则无目的地划着杯沿，则说明其性格较为稳重，喜欢沉思，有比较独立的个性，不会轻易地向世俗潮流低头，具有一定的叛逆性，但表现方式不是特别恰当和明显。她也较为喜欢结交朋友，对人也比较真诚、热情，所以其人缘还颇为不错。做事时，她不喜欢张扬，更不喜欢出什么风头，仅会默默无闻地做好自己该做的事。

如果一个女性喜欢握住高酒杯的脚，同时食指前伸，则说明在她的性格中，自负的成分占了很多，喜欢妄自尊大，常常不把别人放在眼里。同时，她也较为世故，只对有钱、有势、有地位的人感兴趣，而对那些"寒士"或是比自己差的人，她往往会对其嗤之以鼻，这就使得她的人际关系较为糟糕。做事时，较为缺乏责任心，所以容易出现虎头蛇尾的状况。在遇到失败、挫折的时候，她会知难而退。但她在做事时各种准备工作往往会做得较为细致。

需要 20 几岁的年轻人注意是，以上结论仅是一个总体上的、大概的结论，而不是一个全面、准确的结论，具体到每个特殊的个体，可能会存在一定的差异。

吸烟动作显示性格情绪

通过观察一个人吸烟的特点，如吸烟的方式、喜欢抽什么样的烟等，20 几岁的年轻人也可以大概知晓他的情绪特征或性格特点。

1. 吸烟的时候吸一口烟，弹一下烟灰

吸烟者此时可能正处于心情凝重或是烦躁的阶段，再或者就是处于进退两难的尴尬境地，不知道下一步该如何做。有时，此种姿势也表明吸烟的人正处于紧张的思考阶段。当然，有时候，一些人也可能会故意摆出此种姿势，以显示自己的不凡，或是炫耀自己，以吸引别人的眼球，从而满足自己的虚荣心。

2. 烟蒂整齐地排在烟灰缸上

每次抽完烟都把烟蒂整齐地排在烟灰缸上，围成圆形，而且几乎总是在抽到某个长度的时候熄灭，这类型的人通常做事谨慎仔细、一丝不苟，然而也常常缺乏创意，因为他们按照正统的、常规的方式思考，十分理性，因而也可以在任何时候，因为某种原因而戒烟。

3. 吸烟时总会把抽口弄湿

总把抽口弄湿的吸烟者性格多变，情绪往往也是起伏不定。做事时，有时爱意气用事，缺少规划性，所以常会碰得"头破血流"。很多时候，往往会因为异性问题而与别人发生纠葛，从而损伤自己的人际关系。

4. 吸烟的速度很快

吸烟速度快的人性格较为急躁，脾气也较为火爆，容易发怒。在与人交往时，他的好恶、是非观念非常清晰，决不会因为私情偏袒和自己要好的朋友，也正因为如此，他深得朋友们的喜爱，人缘关系非常得不错。做事时，他往往有急功近利的思想，喜欢贪多求全，结果是顾此失彼。因而他如果是单纯地从事某一件工作，往往能把它做得非常出色、漂亮。当然，如果一个人偶尔出现快速、大口吸烟的情形，则说明其现在肯定处于焦虑的情绪状态之中。

5. 经常忘了弹烟灰

忘记弹烟灰的人往往对自己缺乏信心，有较强的自卑感。在他看来，整个世界都是灰色的。有些时候，很多事情他明明再努力一下就可以做到，但由于缺乏自信而放弃了，而看到别人轻易做成后，他又追悔莫及。与人交往时，他常常会显得较为谦卑，有时甚至还有点卑躬屈膝。不过，他对人却是非常真诚的，几乎不会跟人玩什么阴谋诡计。此外，如果一个人在工作或是开会的时候出现忘了弹烟灰的情形，则说明其正在专心致志思考问题。

6. 轻轻敲打熄灭自己的香烟

这类人十分注意自己在别人眼中的一言一行，做事时非常谨慎、小心，从不会莽撞行事。在与人交往时，对对方非常谦逊，显得彬彬有礼。不过，有些时候由于他太过于谨慎，以至于有时不能完全将自己的意见传达给对方，同时，在该"断"的时候显得犹豫不决，以至于错过了一些好机会，致使局面变得更复杂。

7. 将烟蒂以按压的方式将其熄灭

这往往是其发泄心中不满或是某种欲望的表现。一般来说，这样的人性格非常倔强，有时甚至有点偏激，遇事非常容易激动。这类人的体力较为充沛但无法恰当处理自己心中的各种欲望，故而常常处于焦虑、急躁的情绪状态之中。不过，他们在做事时较为积极，很少出现半途而废的情况，因而深得老板的喜欢。

8. 经常用脚踩熄烟蒂

这类人较为好强，喜欢争强好胜，具有一定的攻击性，不会轻易认输。他往往是能说会道，言语丰富，词意尖锐，喜欢讽刺、打击别人。正因为如此，他的人际关系不是很好。不过，一旦他对某人产生好感，就会积极主动地向对方表明自己的意思，他的独占欲望非常强烈，经常干涉恋人的生活。

不同的沐浴习惯表现不同的心理特征

多数人每天会沐浴，把累积了一天的尘垢洗净，以清新的状态面对新的一天。不同的沐浴习惯表现出不同的心理特征。

1. 泡泡浴

喜欢泡泡浴的人相当纵容自己。在尽可能的范围内，他们让自己享受快乐的人生。

这种人对自己的外表特别重视，经常做皮肤护理，还很小心地打理自己的头发。在穿着打扮方面，他们并不着意追赶潮流，他们最注意款式是否舒适大方，衣料是否名贵。

这种人的脾气属于温和型，但他们厌恶别人的侵犯或占便宜，遇到这种情况，他们会不顾一切地作出反击，因为保障本身利益对他们而言是很重要的。

2. 蒸汽浴

喜欢享受蒸汽浴的人，做事既彻底又有耐性。他们相信"天下无难事，只怕有心人"，他们认为只要肯去做，没有什么事是办不到的。

这种态度能够为他们的成功带来很大的把握，但在人际关系方面，有些人会觉得这种人太过专横，有点难以相处。

他们不喜欢软弱无能的人，觉得这类人不长进，但他们对成功却相当渴望。

3. 公共浴室

有些人喜欢到公共浴室洗澡，赤裸着身体，与其他人一起泡在大浴池里。

经常如此洗澡的人，是一个不甘孤独与寂寞的人，因为这种人做别人视为极度隐私的事情时，也选择有一堆人在场。

这种人未必是现代孟尝君，但他们对朋友相当乐善好施，有时宁愿先照顾朋友的需要，而忘记家人的痛苦。

4. 按摩式淋浴

喜欢按摩式淋浴的人一般会投资一笔钱，在自己的浴室里特别安装一个可以调节水流大小缓急的浴缸。

他们相当追求物质上的享受，其哲学是：既然投胎做人，就应该尽情享受这快乐的人生。虽然他们花钱不至于出手大方，但他们绝对不是个守财奴，他们认为钱是赚来用的，所以逛街购物是这种人的嗜好之一。

他们希望能够舒舒服服、快快乐乐地做人，绝少自寻烦恼，更不会涉入感情纠纷。

这种人唯一对自己稍有不满的地方就是缺乏对灵性的追求。

5. 冷水淋浴

喜欢冷水淋浴的人能够保持冷静，他们认为面对事情时，最重要的是保持头脑清醒，他们不希望被强烈的感觉左右自己的判断能力。在别人面前他们经常以自己有理性、有逻辑为傲。

这种人很少公开批评别人，因为他们觉得这样做容易树敌，是不理智的，但私下里他们对每件事、每个人都有独特的见解。

在事业方面，这种人追求专业知识及事业地位，渴望得到他人的尊重与赏识。

这种人吸引异性有些困难，因为在对方的眼中，他们属于比较冷漠的那类。如果这种人考虑一下多向别人表达他们的感受，人家会觉得他们平易近人些。

6. 热水淋浴

这种人不分寒暑，经常把水温调得较高才淋浴。他们是感受型的人。

这种人待人接物特别讲究第一感觉，如果他们第一次接触某人就对他有好感，那么就会与他一见如故，迅速发展友谊。不然的话，他们会采取避之大吉的态度。

碰见喜欢的异性，他们有时会脱离现实（例如忘记自己已婚或对方已婚），而展开热烈疯狂的追求。或者，他们认为爱得痛苦才属于真正的爱，就好像要用很热的水淋浴才能彻底把自己洗干净一样。

在吃的方面，他们也很追求味觉上的刺激，吃什么菜都要蘸点辣椒酱，喝清淡的汤也可能要撒胡椒粉。

在衣着（包括领带）方面，他们喜欢选择鲜艳的颜色，款式上亦尽可能追上潮流。

许多人都认为这种人是性情中人，喜欢跟他打交道，不过也有同样多的人被他们的热情吓跑了。他们如果能把握自己的情绪就好了，因为时时乱发脾气其实是相当令人讨厌的。

第五篇
要想 30 岁时赢，
20 几岁不能做什么

第一章
千万不能犯迷糊

现实生活跟你想的不一样

在步入社会之前，大多数 20 几岁的年轻人可能都作过这样美好的规划：现在努力学习，毕业后找一份好工作，凭着自己的能力大刀阔斧地干一场；或者先在某家公司干个四五年，积累点经验，然后再自己出来单干，用不了几年，一切就都会有了……这样的想象让 20 几岁的年轻人信心满满，觉得前途一片光明。

可是等真正进入社会后，你发现与想象中的完全不一样：凭着自己的热情努力寻找工作，却四处碰壁；拿着高学历，却得在一家名不见经传的小公司做着不需要用大脑的杂役；毕业几年后，不仅没有找到一个理想中的工作，甚至那一点微薄的薪水连自己也养不活。

你觉得自己是有能力，可是在这个社会上的种种经历都告诉着你：你没有能力。于是，你也忍不住问自己：我真的有能力吗？

你觉得自己就像一个被上帝抛弃了的孩子，一个人寂寞地行走在社会这条大道上，百无聊赖地生活着。你觉得生活总是不如你意，曾经定下的计划，看起来都不可行。你开始感到迷茫，不知所措，你想到了放弃……

这时候，你才翻然醒悟：原来现实生活和我们想象中的不一样。

有这样一个故事：

一个名牌大学的高才生，毕业后满怀信心和憧憬地找工作，当他到某高级公司应聘的时候，老板面试完，问他对工作有什么要求。

这个男孩凭着自己有几分能力，得意洋洋地说："我希望年薪 10 万，一年中有一次公费出国的机会，公司还要用公费给我租房子。"

老板微微一笑，回答他："我一年薪水给你 20 万，一年让你公费出国两次，还有公司送你一栋房子！"

男孩惊喜地说："不会吧，这么好，该不会是跟我开玩笑吧？"

老板哈哈一笑，说："是你先跟我开玩笑的！"

例子里的男孩就是不少 20 几岁年轻人的写照，当他们真正步入社会后，发现原来自己所有的期待更像是一场玩笑。

20 几岁的年轻人之所以会把未来想得如此顺利，是因为他们缺少阅历。当他们步入社会后，才发现这个世界的复杂与艰苦。这个时候，年轻人就应该抛弃以前的幻想，回到现实的生活中来，坦然地面对生活里的一切苦恼与困难。

林丹杏在上学的时候一直是老师宠爱的对象。无论是专业课还是公共课，她各科成绩都优异，还是学生会的干部。毕业前夕，学校招聘会上有几个小公司挑中了她，她却不屑一顾。她自信有学历有能力，一定能找到一份更好的工作。

可是等拿到毕业证，到招聘会和招聘网上一连投了很多份简历，也面试了很多次，都被以没有工作经验为由拒绝了。有几个小公司愿意聘用她，她还是觉得太屈才。

慢慢地，她觉得现实太残酷了，开始有些倦怠。最后，父亲让熟人帮忙给她找了份助教的工作，工资低，学不到什么东西，也没有什么展示自己的机会。她越想越觉得没有出路，整天唉声叹气。

不少20几岁的年轻人可能都会碰到上述这样的情况。这个时候，需要我们改变我们的观点，改变我们的态度，认清现实，愿意脚踏实地地从零开始做起。

生活像一条布满荆棘的小路，我们永远猜不到前面有着怎样的困难。也正因为如此，20几岁的年轻人才需要从"幻想"中清醒过来，保持一份冷静与理智，泰然地面对一切挫折。当机遇来的时候，敢于把握；当困难来的时候，敢于面对。

20几岁的年轻人，现实生活虽然与你想象的不一样，但是请不要抱怨，不管前路多么艰难，愿意踏实地从最低一步步开始，努力做好你自己，就是最好的。

社会不会等待你成长

刚刚毕业的20几岁的年轻人"独闯"一个陌生的城市时，常常觉得孤单，想念同窗的朋友，想念和同学一起打球、聚会、喝酒的日子。下班坐公交车时，看窗外美丽的夜景，总觉得一切繁华都似乎与自己无关。一个人行走在这个陌生的城市，听到的只有自己孤单的脚步声。若是遇到什么不顺利的事，便倍感失落。

但是20几岁的年轻人要知道，当你步入这个社会时，无论你是否想长大，是否已做好准备，是否能独立，从现在开始，很多事情都不得不自己去面对，譬如生活的挫折、人际关系的复杂、自身能力的局限，等等。

如果说以前在学校是被老师教育的话，那么从现在开始，你将被社会教育。

而且社会不像学校那么有耐心，它不会像学校一样让你慢慢学习，慢慢地帮助你成长。在这个人才济济的社会里，如果你成长得太慢，能力不够，极有可能被那些比你"成熟"的人替代。

金文刚毕业的时候，在一家小公司做文职工作。当时和他一起进去的另外两个新同事也都是普通大学毕业生。在公司里，基本上每次电话铃响了，都是金文起身去接，其他人根本就不动。时间长了，大家好像都习惯了金文做一些办公室"公益性"工作，电话铃一响，如果金文不起身，大家就会一直等着，直到他终于忍不住了起身去接。

公司太小，也没有专门请保洁人员，办公室的卫生就要靠大家。每天下班后，从来没人主动倒垃圾。金文是个爱干净的男孩，每天下班都把垃圾带走，而其他人根本就不做这些小事。

其实，这些事情金文在家和在学校的时候几乎很少做。但他知道，现在自己参加工作了，就要有个工作的样子。有很多事情即使公司没有明文规定，但应该做的他也尽量做到。工作后，连他的穿衣风格也变了。以前在学校的时候，他喜欢穿休闲服和运动服，现在只有周末他才会穿着运动服跟朋友们去踢球，平时则尽量穿衬衣和西裤，展示给别人一副"成人"的形象。

而和他一起进来的另外两位同事，还保留着大学时的习惯，经常穿着休闲服来上班，也不主动做事，常嚷嚷着上班累，没有在大学里清闲。

试用期过后，金文被留了下来，而其他两个同事被淘汰了。原因就在于，老板认为他比其他两个试用生更像一个社会人、一个职业人，他不仅适应了自己身份的转变，还尽力去做好了其他各项工作。

社会不会等待你成长，不要企图有多么好的差事等待着你。只有当你成长到了一定的程度，社会才会接纳你。有很多年轻人抱怨自己学有所成却总是得不到用人单位的认可；也有很多年轻人抱怨自己运气不佳，总是找不到理想的工作；更有一些年轻人终日愤愤不平：与自己同时走出校园的同学为什么能很快得到提升，而自己还在原地踏步。

一天到晚只会抱怨的人，必定是不成熟的人。当你知道自己应该如何去面对社会，如何快速地适应社会后，你就没有时间去抱怨了。因为那个时候，你把时间都用来学习、工作和拓展人际网络了。

正像例子里的金文，他明白每个人在不同的时期有不同的使命。工作的时候，无论在穿着还是在行为上都要像个"职业人"，多做事，多多磨砺自己，好好地完成这个时期的使命。

20几岁的年轻人，如果你到了一个新的时期，但你的想法却还停留在上一时期，那么说明你并没有随着时间而成长。一个永远长不大的人，只能站在他人的背后，自己无法主动争取进步，在未来的生活中将很难获得成功。

命运不是一成不变的

常常听到20几岁的年轻人有这样的抱怨：我很想做什么事情，可是我的家境不好；如果我出生在显赫的家庭，我就不会像现在这样生活了……面对生活的不如意，我们总是抱怨环境，抱怨命运，可是我们忘记了，真正决定我们生活的，并不是命运，而是我们自己。

虽然我们无法选择自己的出身、父母和家庭，但是，我们绝对有办法选择自己后半生的路、生活环境和生活方式。命运不是一成不变的，所以即使我们曾经承受了过多的苦痛，现在也可能正在经受着生活的折磨，但是如果你敢于向命运挑战，敢于寻找命运的突破口，你就能改写自己的命运。

约翰是一个汽车推销商的儿子，是一个典型的美国孩子。他活泼、健康，热衷于篮球、网球、垒球等运动，是中学里一个众所周知的优秀学生。后来约翰应征入伍，在一次军事行动中他所在部队被派遣驻守一个山头。激战中，突然一颗炸弹飞入他们的阵地，眼看即将爆炸，他果断地扑向炸弹，试图将它扔开。可是炸弹爆炸了，他重重地倒在地上，当他向后看时，发现自己的右腿右手全部炸掉了，左腿变得血肉模糊，也必须截掉了。一瞬间他想哭，却哭不出来，因为弹片穿过了他的喉咙。人们都以为约翰再也不能生还，他却奇迹般地活了下来。

是什么力量使他活了下来？是格言的力量。在生命垂危的时候，他反复诵读贤人先哲的这句格言："如果你懂得苦难磨炼出坚韧，坚韧孕育出骨气，骨气萌发不懈的希望，那么苦难会最终给你带来幸福。"约翰一次又一次默念着这段话，心中始终保持着不灭的希望。然而，对于一个三截肢（双腿、右臂）的年轻人来说，这个打击实在太大了！在深深的绝望中，他又看到了一句先哲格言："当你被命运击倒在最底层之后，再能高高跃起就是成功。"

回国后，他从事了政治活动。他先在州议会中工作了两届。然后，他竞选副州长失败。这是一次沉重的打击。但他用这样一句格言鼓励自己："经验不等于经历，经验是一个人在经历中所获得的感受。"这指导他更自觉地去尝试。紧接着，他驾驶着一辆特制的汽车跑遍全国，发动了一场支持退伍军人的事业。那一年，总统命他担任全国复员军人委员会负责人，那时他34岁，是这个机构中担任此职务最年轻的一个人。约翰卸任后，回到自己的家乡。1982年，他被选为州议会部长，1986年再次当选。

后来，约翰已成为亚特兰城一个传奇人物。人们可以经常在篮球场上看到他摇着轮椅与年轻人打篮球。

有句格言说："你必须知道，人们是以你自己看待自己的方式来看你的。你对自己自怜，人家则会报以怜悯；你充满自信，人们会待以敬畏；你自暴自弃，多数人就会嗤之以鼻。"一个只剩一条手臂的人能成为一名议会部长，能被总统赏识担任一个全国机构的要职，是这些格言给了他力量，更是他敢于向命运挑战的信念成就了他的事业。同时，他的成功也成了他自身信念的有力佐证。

我们不得不承认，约翰面对命运的不公，依靠自己顽强的意志力和坚强不屈的斗志，活出了自己精彩的人生。又如历届残奥会上的运动健儿们，他们同样没有受到命运的宠爱，但是他们通过自己的努力，通过超乎常人的付出，最后，呈现在我们面前的，同样是一种震撼人心的精彩。我们大多数人都身体健全，与他们相比，我们所面临的那一点儿困难又能算什么呢？

也许我们对生活有美好的构想，但是现实常常粉碎我们的愿望。这个时候，与其选择悲观失望，抱怨命运的不公，甚至迁怒他人，一蹶不振，甘于命运的安排，莫不如鼓起勇气，向生活挑战，向命运挑战。当我们展露出勇往直前的姿态的时候，那些曾经阻隔我们向美好生活迈进的困难与挫折，就会在我们面前丢盔卸甲，变得不堪一击了。

高学历不是成功的代名词

有人说："无知和眼高手低是青年人最容易犯的两个错误，也是导致频繁失败的主要原因。"这句话正是不少20几岁年轻人的真实写照。有的年轻人觉得自己出身名牌高校，能力自然比一般人人都强，于是常常不可一世、眼高手低。

但是，高学历其实并不代表着高成功率。对于20几岁的年轻人，学历代表过去，能力要看将来。日本西武集团主席堤义明认为，学历只是一个人受教育时间的证明，代表一个人可能有的潜质，不等于一个人真正有多少实际才干。

心理学家总结出一条非常简单但又普遍适用的规律——不值得定律。对不值得定律最直观的表述就是，不值得做的事情，就不值得做好。不值得定律反映出人们的一种心理，即如果他做的是一件自认为不值得做的事情，往往会持敷衍了事的态度。不仅成功率低，而且即使成功，也不会觉得有多大的成就感。在潜意识中，人们习惯于对要做的每一件事情都做一个值得或不值得的评价，不值得做的事情也就不去做或不努力做好。

在现实生活中，太多的人只关注有光环的大事情、能够出人头地的大事业，而将本职工作中的许多具体事情归类为不值得做的小事情，然而，正是这些小事情才是通往大事业的必经之路。基于不值得定律，心理学家告诉我们，自视越高的人，他认为不值得做的事情就越多，成为怀才不遇者的可能性越大，成功的几率也就相应越小。

如下是美国甲骨文软件公司的首席执行官，身价上百亿美元的拉里·埃里森在美国耶鲁大学2000届毕业典礼上的演讲：

耶鲁的毕业生们，我很抱歉——如果你们不喜欢这样的开场白。我想请你们为我做一件事。请你，好好看一看周围，看一看站在你左边的同学，看一看站在你右边的同学。

请你设想这样的情况：从现在起5年之后、10年之后或30年之后，今天站在你左边的这个人会是一个失败者；右边的这个人，同样，也是个失败者。而你，站在中间的家伙，你以为会怎样？同样是失败者，失败的耶鲁优等生。

说实话，今天我站在这里，并没有看到1000个毕业生的灿烂未来。我没有看到1000个行业的1000名卓越领导者，我只看到了1000个失败者。你们感到沮丧，这是可以理解的。为什么，我，埃里森，一个退学生，竟然在美国最具声望的学府里这样厚颜地散布异端？我来告诉你原因。因为，我，埃里森，这个行星上第二富有的人，是个退学生，而你不是。因为比尔·盖茨，这个行星上最富有的人——就目前而言——是一个退学生，而你不是。因为艾伦，这个行星上第三富有的人，也退了学，而你没有。

现在，我猜想你们中间很多人，也许是绝大多数人，正在琢磨："我能做什么？我究竟有没有前途？"当然没有。太晚了，你们已经吸收了太多东西，以为自己懂得太多。你们再也不是19岁了。你们有了"内置"的帽子。哦，我指的可不是你们脑袋上的学位帽。

我要告诉你，一顶帽子、一套学位服必然要让你沦落……就像这些保安马上要把我从这个讲台上撵走一样必然……（此时，拉里·埃里森被带离了讲台）

这肯定是一篇狂妄而偏激的演讲，也被称为是"20世纪最狂妄的校园演讲"。但是我们也应该认识到，拉里·埃里森演讲的主旨并不是想炫耀一个退学生的成功，而在于指出人们对高学历认识的"误区"，大学教育可能会限制许多高学历者的思维。另外，它很容易导致高学历者自视过高，自认为"不值得"做的事情太多。

20几岁的年轻人本来就有几分初生牛犊的傲气和浮躁，如果再有高学历，傲气当然就更盛了。基于这种心理，这些"吸收了太多东西，以为自己懂得的太多"的高学历者，认为自己一开始工作就应该得到重用，就应该得到相当丰厚的报酬，往往会对手头上琐碎的工作感到不满，常常抱怨"如此枯燥、单调的工作，如此毫无前途的职业，根本不值得自己去做"，动不动就有"拂袖而去"的念头。

然而作为普通人，在大部分的时间里，很显然都在做一些小事，也许过于平淡，但这些都是成就大事不可缺少的基础。在这个讲究精细化的时代，细节和小事往往能反映出你的专业水准和内在素质。当天平处于平衡状态时，在一方加入再小的砝码也会使之倾斜。当你与别人的实力不相伯仲时，在小事上下工夫就成了决定成败的关键。

所以，不要把你的学历完全当成你的能力。从点滴做起，用一个个微小的成绩铸就自己工作与事业的辉煌，不要成为那些"怀才不遇式"的悲剧人物。

过分特立独行的性格是种危险

处在 20 几岁这个朝气蓬勃的人生阶段，许多年轻人都认为个性很重要，因此常常逆潮流而行，表现自己反传统的观念和与众不同的行为方式。殊不知，社会上有很多人会认为这是哗众取宠，他们甚至会因此而轻视你，并通过各种可能的方法对你进行惩罚。所以，过分"反传统"和"特立独行"是危险的，个性只有被社会承受，你才会被社会承认，才有利于你的发展。

时下的种种媒体，包括图书、杂志、电视等都在宣扬个性的重要性，这在很大程度上给 20 几岁的年轻人带来了负面影响。张扬个性肯定要比压抑个性舒服，但是如果张扬个性仅仅是一种任性，一种意气用事，甚至是对自己的缺陷和陋习的一种放纵，那么，这样的张扬个性对你的前途肯定是没有好处的。

李佳是一个个性张扬的前卫女孩，她热爱无拘无束的生活方式，把平凡、规矩、条条框框视为死敌。

大学毕业后，她获得了一家合资企业的面试机会。当天，她的打扮令所有面试官目瞪口呆，宽松的卫衣、超短牛仔裤、运动鞋……出门时母亲一再让她穿得"正式"一点，她依然我行我素。

李佳的专业能力和外语口语能力确实不俗，面试官最后和颜悦色地说："你的条件很优秀，足以胜任这项工作。不过，我想提醒你，我们公司是一家正规企业，着装方面有一定要求，不能太随便，更不允许太暴露……"李佳立刻打断了面试官："我的能力与我的衣着没有任何关系，这么穿我觉得最舒服。如果非要穿正装上班，我会连气都喘不上来的！"面试官被这突如其来的抢白惊住了，表情严肃起来，冷冷地说："那么好吧，请你去能让你随心所欲的地方发展，我们公司不欢迎像你这么有个性的'天才'。"

李佳之所以失去这个难得的工作机会，是因为她不懂得收敛个性，或者说，是她太过叛逆。很多人热衷于特立独行，张扬自己的个性，相当一部分是一种习气，是一种希望自己能任性地为所欲为的愿望。他们不希望把自己的行为束缚在复杂的条条框框中，他们希望畅快地发泄自己的情绪。但作为社会的一员，真的能这么"洒脱"吗？答案是否定的。

社会是一个由无数个体组成的人群，每个人的生存空间并不很大，所以当你想伸展四肢舒服一下的时候，必须注意不要碰到别人。当你张扬个性的时候，必须考虑到你张扬的个性是什么，注意到别人是否能接受。如果你的这种个性是一种非常明显的缺点，最好的选择是把它改掉，而不是去张扬它。

不要使张扬的个性成为你纵容自己缺点的一种漂亮的借口。社会需要你创造价值，但首先关注的是你的工作品质是否有利于创造价值。个性也不例外，只有当你的个性有利于创造价值，是一种生产型的个性，你的个性才能被社会接受。

许多名人都有非常突出的个性，爱因斯坦在日常生活中不拘小节，巴顿将军性格极其粗野，画家凡·高是一个缺少理性、充满艺术妄想的人，但这并不代表个性就是正确的、必需的。名人因为有突出的成就，所以他们许多怪异的行为往往被社会广为宣传，有些人甚至产生这样的错觉：怪异的行为正是名人和天才人物的标志，是其成功的秘诀。我们只要仔细分析一下，就会发现，这种想法是十分荒谬的。

名人确实有突出的个性，但他们的这种个性也表现在创作的才华和能力之中。实际上，正是他们的成就和才华，才使他们的特殊个性得到了社会的肯定。社会需要的是生产型的个性，你的个性只有能融合到创造性的才华和能力之中，才能够被社会接受。如果你的个性没有表现为一种才能，仅仅是一种脾气，它带给你的只能是不好的结果。

所以，20几岁的年轻人，如果你想成就一番事业，就应该把个性表现在创造性的才能中，尽可能与周围的人协调一些，这是一种成熟、明智的选择。

权威意见是参考而不是镣铐

苏格拉底是柏拉图的老师，亚里士多德又受教于柏拉图，这三代师徒是西方哲学史上赫赫有名的人物。在雅典的柏拉图学园中，亚里士多德表现得很出色，柏拉图称他是"学园之灵"。

亚里士多德非常尊敬他的老师，但他不是个崇拜权威、在学术上唯唯诺诺而没有自己想法的人。他同大谈玄理的老师不同，他努力收集各种图书资料，勤奋钻研，甚至为自己建立了一个图书室。有记载说，柏拉图曾讽刺他是一个书呆子。在学园期间，亚里士多德就在思想上跟老师有了分歧。他曾经隐喻地说过，智慧不会随柏拉图一起死亡。当柏拉图到了晚年，师生间的分歧更大了，经常发生争吵。但这只是因为哲学观点不同而已，亚里士多德对此说道："吾爱吾师，吾更爱真理。"

亚里士多德的这句话，与孔子的思想不谋而合。孔子也曾说过："当仁不让于师。"他对弟子们说，当遇到仁义的地方，你们应该站在仁义的那一方，如果我错了，你们也不用因为我是老师而违背了道义。

就像哈佛大学的校训说的那样："与柏拉图为友，与亚里士多德为友，更要与真理为友。"20几岁的年轻人，当我们的意见与权威发生冲突的时候，我们要考虑的不是权威的地位而是真理的力量，要让自己的心永远站在真理的那一边。

1842年3月，在百老汇的社会图书馆里，著名作家爱默生的演讲打动了年轻的惠特曼："谁说我们美国没有自己的诗篇呢？我们的诗人文豪就在这儿呢！"惠特曼当时还是一个不为人知的小诗人，并没有得到多少人的赞誉。但是爱默生的激情演讲激励了他，因为爱默生是一名十分杰出的作家，有了这样的权威支持，还有什么不可能的呢？

1854年，惠特曼的《草叶集》问世了。这本诗集热情奔放，冲破了传统格律的束缚，用新的形式表达了民主思想和对种族、民族、社会压迫的强烈抗议。爱默生给予这些诗以极高的评价，称这些诗是"属于美国的诗"，"是奇妙的"、"有着无法形容的魔力"，"有可怕的眼睛和水牛的精神"。《草叶集》受到爱默生这样很有声誉的作家的褒扬，一些本来把它评价得一无是处的报刊马上换了口气，温和了起来。

1860年，当惠特曼决定印行第三版《草叶集》，并补进些新作时，爱默生竭力劝阻惠特曼取消其中几首刻画"性"的诗歌，否则第三版将不会畅销。惠特曼此时没有听从这位"权威提携者"的话，他说："删后还会是这么好的书么？"爱默生反驳说："我没说'还'是本好书，我说删了就是本好书！"

执著的惠特曼不肯让步，他对爱默生表示："在我灵魂深处，我的意念不服从任何的束缚，而是走自己的路。《草叶集》是不会被删改的，任由它自己繁荣和枯萎吧！"他又说："世上最脏的书就是被删减过的书，删减意味着道歉、投降……"第三版《草叶集》出版并获得了巨大的成功。不久，它便跨越了国界，传到世界许多地方。

爱默生可以算得上是文学界的权威，他慧眼识英雄，发现了惠特曼的才华。但这样一个大文豪也没能时时刻刻保持他的眼光，也犯下了保守而迂腐的错误，险些毁了一本巨著。但幸好惠特曼没有对这位权威人士顶礼膜拜，而是保留了自己的看法。他的坚持成就了《草叶集》的深刻。

在生活和工作中，当自己持有的某种意见和"权威意见"发生冲突时，大多数人便主动地扔掉了自己的看法。权威的确在很多时候都是正确的，但如果你没有经过自己的思考，只是习惯性地依附于他，你就永远只能是跟随者甚至盲从者，而没有办法在这个世界上发出自己的声音。一旦你所相信的权威力量坍塌时，你的精神支柱也会随之倒塌。

20几岁的年轻人一定要牢记，权威意见只是参考，自己才是命运的主宰者。所有取得了辉煌成就的人都具有这样的品质：他们尊重权威，但从不迷信权威。

过去和将来都不是最重要的

20几岁，正值人生的黄金时段，如果只是一味地回忆过去或者畅想将来，而耽搁了今天该做的事情，到时候耽搁的也只能是自己的人生。过去永不再来，未来又尚未发生，只有知足地活在现在才是最可贵的。

一位哲学家在古罗马的废墟里发现了一尊神像。由于从来没见过这样的神像，哲学家好奇地问它："你是什么神啊，为什么有两张面孔？"

神像回答道："我的名字叫双面神。我可以一面回视过去，吸取教训，一面仰望将来，充满希望。"

哲学家又问："那么现在呢？最有意义的现在，你注视了吗？"

"现在！"神像一愣，"我只顾着过去和将来，哪还有时间管现在？"

哲学家说："过去的已经逝去了，将来的还没有来到，我们唯一能把握的就是现在；如果无视现在，那么即使你对过去、未来了如指掌，那又有什么意义呢？"

神像一听，恍然大悟，失声痛哭起来："你说得没错，就是因为我抓不住现在，所以古罗马城才成为历史，我自己也被人丢在了废墟里。"

上面这则小故事告诉20几岁的年轻人，回忆昨日以及畅想未来都是一种虚幻，唯有把握今日才是实实在在的事情。

每个人都应该好好珍惜眼前的时光，在可以把握的"今天"，多做一些事情，多付出一些。正如一个诗人所写的：尽力地装点现在的房屋吧，使之成为最甜蜜、最温馨的场所，何必过多地梦想遥远的华居？这并不是让人们不为明天计划，也不是要人们不期盼明天更美好的事物，而是让人们不要过多地把心思集中在未知的事情上，沉醉于幻想之中，从而错过了今天的机会、今天的成功。

有个小和尚，每天早上负责清扫寺院里的落叶。

清晨起床扫落叶实在是一件苦差事，尤其在秋冬之际，每一次起风时，树叶总随风飞舞。每天早上都需要花费许多时间才能清扫完树叶，这让小和尚头痛不已，他一直想要找个好办法让自己轻松些。

后来有个和尚跟他说："你在明天打扫之前先用力摇树，把落叶统统摇下来，后天就可以不用扫落叶了。"小和尚觉得这是个好办法，于是隔天他起了个大早，使劲猛摇树，这样他就可以把今天跟明天的落叶一次扫干净了。一整天小和尚都非常开心。

可是第二天，小和尚到院子里一看，不禁傻眼了，院子里如往日一样满地落叶。

老和尚走了过来，对小和尚说："傻孩子，无论你今天怎么用力，明天的落叶还是会飘下来。"

小和尚明白了，世上有很多事是无法提前的，唯有认真地活在当下，才是最真实的人生态度。

小和尚所明白的事也正是20几岁的年轻人应该明白的事。

我们的身体和心灵都生活在现在，并也只能为现在而存在，为什么还要去一遍又一遍地回顾往事、忧虑未来呢？实际上，过去的事情不论多么值得留恋或是多么需要悔恨，那也只是毫无意义的心理反应，"过去"已经过去了、不存在了，而未来尚未到来，也是不存在的。人生就像爬山登高，爬在中途的时候，不必往下看，因为往下看徒增畏惧和不安的情绪；也不要过多地往上看，因为你不大可能把远方看得很清楚，那么何必还要为看不清楚的未来费神费力，分散注意力呢？

20几岁的年轻人，沉浸在回忆中，会很容易悲观或者自满；如果过多畅想将来，会变得不切实际。无论是过去或将来，都离我们很远，唯有今天才是最切近的。

最适合的才是最好的

很多时候，20 几岁的年轻人都在追求最好的，也常常因为得不到而徒生不快，但拥有最好的真的就开心吗？那么，为什么一些人在别人看来什么都拥有，而且都是最好的，却不开心呢？

有一只城里老鼠和一只乡下老鼠是好朋友。有一天，乡下老鼠请城里老鼠来家里吃东西。城里老鼠心里嘀咕乡下食物的口味是什么样的呢？于是立刻动身去乡下了。乡下老鼠看到城里老鼠真的来了，特别高兴，它把城里老鼠引到谷仓去，那里堆满稻谷、地瓜，还有花生。

乡下老鼠对城里老鼠说："城里朋友，不要客气，尽情地吃，东西多着呢！"可是城里老鼠见到这些食物一点胃口都没有。

乡下老鼠还以为城里老鼠客气，于是抓了一把花生给城里老鼠，说："朋友，这些花生味道特别好，唉，你不要这样客气嘛！"

城里老鼠觉得这些东西一点都不好吃，勉强吃了一些，最后只好对乡下老鼠说："我实在吃不下去，你们这里的东西太粗糙了。这样吧，改天你也到城里去，我让你尝尝美味可口的食物。"

乡下老鼠也想开开眼界，且特别向往城里食物的口味，于是没过几天就来到城里老鼠的住处。城里老鼠见到乡下朋友果真来了，可高兴了，它把乡下老鼠引到厨房去。哇，这里东西可丰富了，有蛋糕、汽水、苹果、香肠、蜂蜜，还有鸡、鸭、鱼、肉，看得乡下老鼠口水直流。

它们正要享用时，一个人走进厨房，它们连忙吓得躲进洞里，不一会儿那个人走出厨房。哪知它们刚刚钻出来，"喵——喵——"一只猫突然出现，吓得它们再度躲起来。

乡下老鼠胆战心惊，既怕又饿，最后，它长叹一声："唉！朋友，吃东西这样担惊受怕，实在划不来。我们乡下东西虽然粗糙点，倒是悠闲自在，我现在就回去，朋友，若不嫌弃，欢迎到乡下来玩！"

乡下的老鼠见到美味的食物时，难免会羡慕和自卑，但是发现拥有这些美食的代价是每天担惊受怕。后来，它明白了：不是所有好的东西都可以承受的，只有适合自己的才是最好的。

人也一样，守着自己的东西，却总觉得别人拥有的比自己的好，于是羡慕、嫉妒、抱怨……各种各样的情绪都产生了。终有一天，你幸运地享受到了以前让你魂牵梦萦的"美好"，才发现别人的鞋穿在自己脚上，不一定合适。回头看看自己的，其实也并非那么地不堪入目。

那些看起来很好的东西，到你用的时候不见得会很好，就如同大家都想找长相好、气质好、人品好、家庭出身好的恋人，但交往了一段时间却发现，条件好的情侣未必是自己的最佳选择。最后能和自己走到一起的还是彼此情投意合、有共同语言、脾气性格符合自己的那一个。所以说，不考虑自己实际的需求，盲目追求高、大、全，结果反而是得不偿失。

在人生的旅途中，20 几岁的年轻人不要被途中的花花草草迷住了双眼，只有找到最适合自己的，才是最重要的。

第二章
有些错误你不能再犯了

不可自命不凡，太把自己当回事

一句"是金子总会发光的"的名言曾经激励了无数人，但同时，也误导了许多人：他们每天沉醉在自恋的美梦当中，把自己想象成世界上独一无二的"金子"，等待着发光发热的那一天，但最后的结果竟是被埋没或遗弃。

他们把自己看得太重要了，认为自己不出手这件事情就办不好。在人际交往中，那些谦让而豁达的人总能赢得更多的朋友；相反，那些自尊自大、孤芳自赏的人总会引起别人的反感，最终在人际交往中走到孤立无援的地步。

安德森是个非常优秀的青年，头脑一向很聪明，在大学期间是令人羡慕的学习尖子。或许正是因为他太优秀了，所以其他人在他眼里简直不值一提。

他是一个特立独行的人，时时觉得自己是"鹤立鸡群"的。不仅周围的同学他看不上眼，连一些教授他也不放在心上，因为他们讲的课程对安德森来说实在太简单了。

学业上的优秀使安德森逐渐形成了一种优越感，因而在人际交往上常常变得极为挑剔，容不得别人有一点毛病。一次，有位同学向他借了一本书，书还回来时弄破了一点，虽然那位同学一再向他表示歉意，但安德森仍然无法原谅他。尽管碍于面子，他当时什么话也没说，然而从那以后，他再也不愿理睬那个借书的同学了。

渐渐地，安德森成了其他同学眼中的"怪人"，大家不敢再和他交往，甚至不愿意和他交往。

当然，这种"集体排斥"并没有阻碍安德森在学业上的成功。他的功课门门都很优秀，年年都获得奖学金，还曾代表学校参加过国际性竞赛并获得了奖项。许多老师和学生都一致认为，他是一个难得的"天才"。

数年寒窗苦读后，安德森以优异的成绩毕业，顺利进入一家待遇优厚的大公司。他心中对未来充满了憧憬，准备干出一番轰轰烈烈的事业来。

不过，上班后的生活远远不像在学校里那样简单，每天都少不了和上司、同事、客户等各种各样的人打交道，安德森对此感到十分厌烦。原因在于，他在与人交往时仍然抱着那种挑剔的心理，一旦与人接触就对他人的弱点非常敏感。

他总觉得没有人能够和自己相提并论。他对别人的挑剔越来越严重，逐渐发展成对他人的厌恶。他讨厌那些平庸的同事、低能的上司，有时甚至说不清对方有什么具体的缺陷，但他就是感觉不对劲。

长此以往，安德森与周围的人关系搞得很紧张，彼此都感到很别扭。他经常与同事闹得不可开交，也往往因一些微不足道的小事而与上司发生龃龉。

最终安德森变成了一个无人理睬的闲人。尽管他确实很有才干，但上司却不愿再派给他任何任务，同事们也像躲避瘟疫一样远离他。在走投无路之际，他被迫写了一份辞职书，结果马上得到批准。

随后，安德森又到别处应聘，可是一连换了四五家单位，竟然没有一处令他感到满意。这位原本前途远大的青年，心情也变得越来越苦闷，日益形单影只。在巨大的痛苦煎熬下，他的精神逐渐崩溃，最后被送入了一家精神病医院。

一个人太把自己当回事，就容易挑三拣四、忘乎所以、刚愎自用，并且在与人相处时会吹毛求疵。这样的人，即便本领再高强，也不会受人尊敬、被人重用，正如例子里的安德森。

而且，一个太拿自己当回事的人，即使不在言谈之中将这种态度表露出来，其身上那种"顾影自怜、孤芳自赏"的气质也是足以令许多人讨厌、不悦的。

俄国著名文学家列夫·托尔斯泰说："一个人就好像是一个分数，他的实际才能好比分子，而他对自己的估价好比分母，分母越大，则分数的值越小。"

因此，20几岁的年轻人要放低心态，坦然而平淡地生活，别太自命不凡；应该放平自己的心态，脚踏实地地走好每一步。如果老是惦记着自己是一块会发光的"金子"而忽视身边的其他人，那么就随时有被埋没的危险。

不可知自己的浮躁和冲动

在现实生活中，20几岁的年轻人常犯浮躁的毛病。他们内心缺乏宁静，做事情往往既无准备，又无计划，只凭脑子一热、兴头一来就动手去干。他们不是循序渐进地稳步向前，而是恨不得一锹挖成一眼井，一口吃成胖子。结果呢？必然是事与愿违，欲速不达。

生活中有些人，他们看到一部文学作品在社会上引起强烈反响，就想学习文学创作；看到电脑专业在科研中应用广泛，就想学习电脑技术；看到外语在对外交往中起重要作用，又想学习外语……由于他们对学习的长期性、艰巨性缺乏应有的认识和思想准备，只想"速成"，一旦遇到困难，便失去信心，打退堂鼓，最后哪一种技能也没学成。

这种情况，与明代边贡《赠尚子》一诗里的描述非常相似："少年学书复学剑，老大蹉跎双鬓白。"讲的是有的年轻人刚要坐下学习书本知识，又要去学习击剑，如此浮躁，时光匆匆溜掉，到头来只落得个白发苍苍一无所长。

一个屡屡失意的年轻人觉得在工作单位很没意思，单位领导并没有给他重要的岗位去锻炼，也没有提拔他的迹象……于是他决定外出寻求指点。他千里迢迢来到普济寺，慕名寻到老僧释圆，沮丧地对他说："人生总不如意，活着也是苟且，有什么意思呢？"

释圆静静听着年轻人的叹息和絮叨，末了才吩咐小和尚说："施主远道而来，烧一壶温水送过来。"

不一会儿，小和尚送来了一壶温水。释圆抓了茶叶放进杯子，然后用温水沏了，放在茶几上，微笑着请年轻人喝茶。杯子冒出微微的水汽，茶叶静静浮着。年轻人不解地询问："宝刹怎么用温水沏茶？"

释圆笑而不语。年轻人喝一口细品，不由地摇摇头："一点茶香都没有呢。"

释圆说："这可是闽地名茶铁观音啊。"

年轻人又端起杯子品尝，然后肯定地说："真的没有一丝茶香。"

释圆又吩咐小和尚："再去烧一壶沸水送过来。"

又过了一会儿，小和尚便提着一壶冒着浓浓白汽的沸水进来。释圆起身，又取过一个杯子，放茶叶，倒沸水，再放在茶几上。年轻人俯首看去，茶叶在杯子里上下沉浮，丝丝清香不绝如缕，望而生津。年轻人欲去端杯，释圆作势挡开，又提起水壶注入一线沸水。茶叶翻腾得更厉害了，一缕更醇厚更醉人的茶香袅袅升腾，在禅房弥漫开来。释圆这样注了五次水，杯子终于满了，那绿绿的一杯茶水，端在手上清香扑鼻，入口沁人心脾。

释圆笑着问："施主可知道，同是铁观音，为什么茶味迥异吗？"

年轻人思忖着说："一杯用温水，一杯用沸水，冲沏的水不同。"

释圆点头："用水不同，则茶叶的沉浮就不一样。温水沏茶，茶叶轻浮水上，怎会散发清香？沸水沏茶，反复几次，茶叶沉沉浮浮，释放出四季的风韵：既有春的幽静，夏的炽热，又有秋的丰盈和冬的清冽。世间芸芸众生，也和沏茶是同一个道理，也就相当于沏茶的水温度不够，想要沏出散发诱人香味的茶水不可能；你自己的能力不足，要想处处得力、事事顺心自然很难。要想摆脱失意，最有效的方法就是苦练内功，提高自己的能力。"

年轻人茅塞顿开，回去后刻苦学习，虚心向人求教，不久就引起了单位领导的重视。

水温够了茶自香，工夫到了名自成。历史上凡有所建树的人，往往都是很勤奋、很努力的人。任何一项成就的取得，都是与勤奋和努力分不开的，只要我们工夫做到家，自然能获得成功。

一个不浮躁而处事稳健的人，是一个不断地要求自己、完善自己，使自己不断适应时代与社会变革的人。

20 几岁的年轻人要牢记：只有不浮躁，才会吃得了成功路上的苦；只有不浮躁，才不会因为各种各样的诱惑而迷失方向；只有不浮躁，才会有耐心与毅力一步一个脚印地向前迈进；只有不浮躁，才会制订一个一个小的目标，然后一个一个地达到它，最后走向大目标。

为了稳定而不敢尝试

有很多 20 几岁的年轻人在大学毕业后，找了一份基层的、稳定的、不需要太多专业知识，薪水也不算高的工作。虽然自己偶尔也会有"大材小用"的感觉，但总是无法下定决心抛弃这份稳定的工作，害怕尝试新的工作。

于是，你日复一日地从事这样的工作，在学校里学的专业知识因为用不上完全忘记了，也没有学习、补充新的知识。几年后，随着年龄的增长，企业增加了新的血液，你的这份稳定的工作随时都有丢失的可能。这时你开始紧张了，可是你已知道自己落后于时代了。怀疑自己还能做些什么工作呢。而这一切，都是因为你当初害怕稳定而不敢尝试的结果。

也许你当初选择这样一份工作，是因为自己对未来的规划还不太明确，不知道自己喜欢什么样的工作，只想先找着一份工作，养活自己。这本无可厚非。可是当你发现自己日复一日地只是影印、打字、倒茶、跑腿时，当你发现工作对自己的前途没有多大帮助时，当你发现了自己感兴趣的工作时，要及时地跳出这种"稳定"的圈子，去寻找自己想要的生活，千万不要因为害怕改变、害怕冒险而裹足不前。

有一个年轻人毕业后在一家机关单位从事一份稳定的工作，薪水按照人们常说的话，"吃不饱但也饿不死"。他虽然偶尔也会有不满足的时候，觉得自己的能力没有得到真正的发挥，但是想到还有许多人没有找到工作，自己已经能养活自己了，也就满足了。

有一天，他的一个朋友告诉他一家知名的外企正在招聘软件人才，录用薪水自然是十分丰厚。他的朋友觉得他在大学学的是这个专业，而且成绩也不错，极力鼓励他去试试。

虽然年轻人自己也很想去，但是那个时候他正在接受公司的在职培训，马上就完了。如果真要是应聘上了那家外企，那么他一年的培训时间不就白费了么。而且，现在的工作他已经做了好几年了，已十分顺手了。虽然薪水不高，但也还算稳定。如果放弃了，岂不是什么都没有了。年轻人最后选择了放弃。

这个年轻人就是因为稳定而不敢去尝试，失去了一个发展自己的大好机会。

歌德曾说过这样的话："一个人不能骑两匹马，骑上了这匹马，就要丢掉那匹。凡是浪费精力的要求，聪明人都会置之不顾。"

20 几岁，正是风华正茂、意气风发的时候，不要因为贪图一时的稳定而不敢去尝试更多的机会。试着给自己更多的机会，即使失败了，也不过是从头再来，没什么可怕的。况且在尝试的时候，你会收获更多的经验，这会为你的下一次尝试打下基础，让你最终获得成功。

不要把批评自己的人当敌人

人跟人是不同的。有的人比较直接，所以跟别人表达自己的感情也比较直接：喜欢你就会告诉你，对你好也会让你感觉出来。有些人比较内敛：即使是关心你的，也不会表现出来，反而会给你一个很严肃的表情，让你觉得好像欠了他的钱一样。这种人，最容易遭到20几岁年轻人的误解，以为跟他的关系很难相处，把对方当成自己的"敌人"。事实上他对你早就有了一份关心和爱护，和你对他的误解相比，他往往更注意自己应该怎样做才对你有利，怎样做才能让你成长得更快。

日本大企业家福富先生就曾遇到过这样的人。在他做服务生的时候，他的老板毛利先生常常会很严厉地责骂他。

尽管挨骂的时候，自己的心里是很难过的，可是福富发现自己每次挨了责骂后都会得到一些启示，学会一些事情，所以福富当时总是"主动地"寻找挨骂。只要遇见了毛利先生，福富绝不会像其他怕麻烦的服务生一样逃之夭夭，他会掌握机会，立刻趋身向前，向毛利先生打招呼，并请教说："早安！请问我有什么地方需要改进？"

这时，毛利先生便会向他指出许多需要注意的地方，福富在聆听训话之后，必定马上遵照他的指示改正。

福富之所以殷勤主动地到毛利先生面前请教，是因为他深知年轻资浅的服务生很难有机会和老板交谈，只有如此把握机会，别无他法。而且向老板请教，通常正是老板在视察自己工作的时候，这就是向老板推销自己的最佳时机。所以，毛利先生对福富的印象就深刻，对福富有所指示时，也总是亲切直呼他的名字，告诉福富什么地方需要注意。

他就这样每天主动又虚心地向他请教，持续了两年。有一天，毛利先生对福富说："我长期观察，发现你工作相当勤勉，值得鼓励，所以明天开始我请你担任经理。"就这样，19岁的服务生一下子便晋升为经理，在待遇方面也提高很多。被人指责训诲，就是在接受另一种形式的教育。对于毛利先生一年365天的不断教导，福富至今仍感谢不已。

正如例子里的福富先生一样，当我们在被指责或训诲时，心里总是会受到一定的打击，会觉得很沮丧甚至很失望。尤其是对方说话或者做事的态度很难让你接受的时候，你就会觉得对方很讨厌，甚至会对他产生怨恨。但是，你有没有静下心来想一想：在你承受对方给你的压力之后，你是否成长了？或者说，对方是出于什么心态来批评你的？难道他是跟你有仇，还是只是为了自己的一时发泄？

其实，对方给予你批评，正是希望你能从中知道自己的错误，并且能够从中学习到一些东西。尽管处理事情的方式可能与你不同，可是，给予你批评的人，往往是比任何人都关心你、爱护你的。就如同自己的家长，可能每天都在骂你，但是他们的真实心愿是希望你能尽快地成才；你的上司，可能每天都在责罚你，可是他往往是想让你尽快地成长……

人与人之间，表达感情的方式是不一样的。所以，在遭受委屈而把批评你的人当敌人的时候，一定要用心地想一想：他为什么这么对我？这样，你很快就会明白，批评你的人，原来都是为了你好。

20几岁的年轻人，不要把批评你的人当成敌人，说不定他们正是促进你成长与成功的重要因素呢！

玩笑开过了火

开玩笑是生活的调味品，开玩笑可以减轻疲劳，调节气氛，缩短朋友和同事之间的距离。彼此之间产生矛盾时，一句玩笑话可以化干戈为玉帛，消除积怨。开玩笑也可以用作善意的批评或拒绝某人的要求。

人际交往中，一个得体的玩笑，可以松弛神经，活跃气氛，创造出一个适于沟通的轻松愉快的氛围，因而诙谐的人常能得到人们的喜爱。但是，有的年轻人开玩笑把握不了分寸，开过了火，给对方一种被耍弄的感觉，惹得对方生气，加深或引发了与他人的矛盾。

因此20几岁的年轻人在开玩笑时一定要把握尺度，掌握分寸。

1. 开玩笑要注意场合、时机和环境

一般来讲，在庄严、肃穆的场合不能开玩笑，工作时间不能开玩笑，在公共场合和大庭广众之下，也尽量不要开玩笑。在非常时期，不能拿非常之事开玩笑，在公共传媒上开玩笑更是要慎之又慎。

2. 要注意开玩笑的对象

人的脾气、性格、爱好不同，开玩笑要因人而异。

开玩笑要注意长幼关系。长者对幼者开玩笑，要保持长者的庄重身份，使幼者不失对长者的尊敬；幼者对长者开玩笑，要以尊敬长者为前提。开玩笑要注意男女有别。男性对语言情境的承受能力较强，一般的玩笑不会导致男性的难堪；女性对语言情境的承受能力相对较弱，不得体的玩笑会使女性难堪，甚至"下不来台"。开玩笑还要注意亲疏的差异。一般情况下，与自己比较亲近、熟悉的人在一起，开玩笑即使重一点，也不会影响友好关系。但与自己比较陌生的人在一起，就不宜开玩笑，因为你对对方的个性、经历、情趣、隐私不了解，可能在开玩笑中冒犯了对方，引起反感，不利于今后的互相了解和友谊的正常发展。同样一个玩笑，能对甲开，不一定能对乙开。人的身份、性格、心情不同，对玩笑的承受能力也不同。对方性格外向，能宽容忍耐，玩笑稍微开大了可能也会得到谅解。对方性格内向，喜欢琢磨言外之意，开玩笑就应慎重。对方尽管平时性格开朗，但如恰好碰上伤心事，就不能随便与之开玩笑。相反，对方性格内向，但正好喜事临门，此时与他开个玩笑，效果会出人意料的好。

3. 要注意开玩笑勿伤人自尊

每个人在生理上、心理上、行为或能力上，都可能有不足之处。如果把这些不足之处当做笑料来开玩笑，揭人短处，将会被人憎恶。因为有些人最害怕别人揭自己的伤疤，一旦有人冒犯他，他的自尊心会让他产生很不理智的行为。生活中这类事情时有发生，有时还真让人想不通，一句玩笑话怎么会引起那么大的事情？这恐怕是犯了开玩笑的忌讳，没有掌握好说玩笑话的分寸。

4. 要注意开玩笑的内容不要过"重"

玩笑话要有轻有重，而"重"的玩笑多半是开不得的，它只能在比较特殊的场合才能开。若在一般场合开比较"重"的玩笑，可能就不再可笑了，甚至会变质成悲剧。朋友聚会，为了活跃气氛，应该选择一些比较轻松的玩笑开，如果不是特殊需要，切不可开比较"重"的玩笑。

玩笑话也不是信口开河随便能说的，20 几岁的年轻人要学会开好玩笑，上面 4 点绝不能疏忽，这样你的玩笑才能产生融洽气氛，拉拢距离，获得他人喜欢的效果。

不要抓住对方的错误不放

有不少 20 几岁的年轻人在说话时，经常只顾自己痛快，过后才发现不小心伤了别人的心。尤其是当别人做了错事，或自己因此而吃了亏，就更觉得自己受了委屈而要说出来图个痛快，于是一些难听的话就不自觉地冒了出来，结果是痛快了一时而伤了和气。自己的形象也因这一时的冲动而毁于一旦。

也许有人认为，下级犯了错误，作为领导应该严厉地训斥才能得到很好的效果，其实，婉转地纠正别人错误的看法会收到更理想的效果。

西雅图波音公司的一个部门经理有一次大发雷霆，原来他看到了一份报告上有一个错别字，那是个拼写错误，有人把 Believe 写成了 Beleive。

这位经理精明能干，可是有个怪毛病，他的眼睛里容不得任何一个小错误。于是他叫来了那个写错字的工程师。整个走廊里都能听得见部门经理的声音："你这个混蛋连这么点错误都要犯，你到底读过书没有？E 怎么可能在 I 的前面，记住，I 永远在 E 的前面。"

可是，没过几天，那位经理又发现了同样的拼写错误，而且又是出自同一人之手。这次，经理被彻底地激怒了，他叫来了那个"屡教不改"的工程师，怒不可遏地冲他咆哮道："你耳朵长在头上了吗？为什么我说了你不听？"

那工程师很平静，说道："你不是说 I 永远在 E 之前吗？"

经理说："看来你是明知故犯了。"

工程师二话没说，随手从桌上拿起一份文件。把上面的 Boeing 字样一笔勾去，写成了 Boieng。

由此例子可见，在工作中，不要一味地抓住对方的错误。如果例子里的经理能够把这个错误看小一点，换一种柔和的方式提醒工程师所犯的错误，结果也许会大不一样。而留下一副尖酸刻薄、一味地指责别人的形象，那不仅无助于任何事情的发展，更可能阻碍事情向好的方向发展。

20几岁的年轻人，当你几乎控制不住想要批评某人之前，有一种方法可以让你的心绪渐渐平静下来，使你重新思考究竟应该怎么做。这种方法就是：在你批评他人之前，先想想自己："我做得怎么样？是否应该完全怪罪他人？"这样想过之后或许你会完全改变自己的想法和行为。

让我们来看看成功学大师卡耐基是怎么做的。

卡耐基的侄女乔瑟芬·卡耐基在19岁高中刚毕业的时候来到纽约担任卡耐基的秘书。"她当时没有任何做事的经验，"卡耐基回忆说，"在刚开始的时候，她十分敏感脆弱。有一次我正准备指责她，但马上对自己说：'等一下，戴尔·卡耐基，等一下。你几乎有乔瑟芬两倍的年纪，做事经验更是多出好几倍，怎么可以要求她能有你的看法、判断和主动的精神——何况你自己并不十分出色？还有，戴尔，你在19岁的时候是什么德行？记得你像蠢驴一样犯下的错误吗？记得你做过这些……还有那些……吗？'

"一想到这里，我不得不老实地下个结论：乔瑟芬19岁时比我19岁时要好得多——而实在惭愧得很，我没有称赞过她。于是，一遇到乔瑟芬犯错误，我总是这样说：'乔瑟芬，你犯下了一项错误。但是，老天知道，我以前也常常如此。判断力并非生来具备，那全得靠自己的经验，何况我在你这个年纪的时候还比不上你呢。我实在没有资格批评你或别人，但是，依我的经验，假如你……做的话，不是好些吗？'"

后来，年轻的乔瑟芬就成为最出色的秘书人员之一。

由此可见，不要抓住对方的错误不放，懂得用迂回的方法指出对方的错误，更能让对方接受。

20几岁的年轻人要学会看淡他人的错误，设身处地地想一想，也许自己在对方的这个位置上，也会犯同样的错误，这样就没有什么事情是无法原谅的了。

不要把场面话当真

有些20几岁的年轻人容易把场面话当真，这是不可取的。

什么是"场面话"？简而言之，就是让别人高兴的话。既然说是"场面话"，可想而知，就是在某个"场面"才讲的话。这种话不一定代表内心的真实想法，也不一定合乎情理，但讲出来之后，就算别人明知道你"言不由衷"，也会感到高兴。这是一种应酬的技巧和生存的智慧。但从另一个角度来讲，如果别人在某些特定的场合、特定的际遇下对你说了一些场面话，作为听众的你千万不可把这些场面之言当真。

在社交场合，万万不可轻信别人的一时之言。轻信别人的场面话，有时不只是一种天真，更是一种愚蠢。

张文在某国有单位任职，十几年没有升迁，于是通过朋友牵线，拜访一位经管调动的单位主管，希望能调到别的单位，因为他知道那个单位有一个空缺，而且他也符合要求。

那位主管表现得非常热情，并且当面应允，拍胸脯说："没问题！"

张文高高兴兴地回去等消息，谁知半个月、一个月、两个月过去了，一点儿消息也没有。他打电话过去，对方不是不在就是正在开会；问朋友，朋友告诉他，那个位子已经有人捷足先登了。他很气愤地问朋友："那他又为什么对我拍胸脯说没有问题？"他的朋友也不知该如何回答才好。

事实上，那位主管只不过说了一些应一时之景的"场面话"，而张文却天真地相信了这些话。

祖露之心犹如在众人面前摊开的信，那些胸有城府的人总是懂得潜藏隐秘，所以他们说的话大都只是些场面之言。如果你把别人的这些话不加判断都当真，只能证明你的天真和幼稚。

对于称赞或"场面话"，20 几岁的年轻人尤其要保持冷静和客观，千万别因为别人的两句话就乐昏了头，那只会影响你的自我评价。对于拍胸脯答应的"场面话"，只能持保留态度，以免希望越大，失望也越大；只能"姑且信之"，因为人情的变化无法预测，你既然测不出别人的真心，就只好抱最坏的打算。

要知道对方说的是不是场面话也不难，事后求证几次，如果对方言辞闪烁、虚与委蛇，或避不见面、避谈主题，就说明那些真的是"场面话"。所以对这种"场面话"，也要有所区分，否则可能会坏了大事。

一个人不可能完完全全地在别人面前表现最真诚的一面，正如一个人不能把别人说过的每一句话都信以为真一样。场面话，总是可说不可信，一旦违背了这条原则，善良便会退为愚钝，真诚也会成为伤害自己又危及他人的利器。

不要轻易承诺，开"空头支票"

有些 20 几的年轻岁人喜欢开"空头支票"，即轻易地作出承诺后不兑现。也许一两次，因为特殊的原因无法实现自己的承诺还情有可原，但如果一直这样，会让自己的信誉蒙羞，也会对自己的人际关系产生不良的影响。

某高校一系主任，向本系的青年教师许诺说，要让他们中 2/3 的人评上中级职称。但当他向学校申报时，出了问题，学校不能给他那么多的名额。他据理力争，跑得腿酸，说得口干，还是不能解决问题。他又不愿意把情况告诉系里面的教师，只对他们说："放心，放心，我既然答应了，一定会做到。"

最后，职称评定的情况公布了，众人大失所望，把他骂得狗血喷头，甚至有人当面指着他说："主任，我的中级职称呢？你答应的呀！"

从此，他在系里信誉扫地，校领导也对他失去了好感。

恪守信用，即对许诺一定要承担兑现。"人无信不立"，答应了别人的事情，对方自然会指望着你；一旦别人发现你开的是"空头支票"，说话不算数，就会产生强烈的反感，正如上述例子里的情况。

"空头支票"不仅增添他人的无谓麻烦，还损害了自己的名誉。华盛顿曾说过："一定要信守诺言，不要去做力所不及的事情。"这位先贤告诫他人，因承担一些力所不及的工作或为哗众取宠而轻诺别人，结果却不能如约履行，是很容易失去信用的。

我们与别人合作，一个基本前提就是要守信用。假如甲有管理才能，乙有一笔资金，有了这两个条件，两人就有合作的可能了。但是两人未必就能合作成功，还必须相互信任。比如甲拿了钱，得让乙相信他不会挪作他用，更不会逃之夭夭。

守信的人，才会受他人喜欢。生活中，即使是对于自己能做的事，也不要马上许诺。因为事物总是发展变化的，你原本可以轻松地做到的事可能会因为时间的推移、环境的变化而变得难做。如果你轻易承诺下来，会给自己以后的行动增加困难。所以，即使是自己的事，也不要轻易承诺，不然一旦遇到某种变故，让本来能办成的事没办成，这样一来，你在别人眼中就成了一个言而无信的伪君子。

给人承诺时，不要把话说得太满，以为天下没有办不成的事，那很容易给人留下虚伪的印象。那么该怎样承诺才不会失分寸呢？应该根据具体情况采取相应的承诺方式和方法。以下三种方法可以借鉴：

1. 对把握性不大的事，可采取弹性的承诺。如果你对情况把握不大，就应该把话说得灵活一些，使之有伸缩的余地。例如，使用"尽力而为""尽最大努力""尽可能"等较灵活的字眼。这种承诺能给自己留下一定的回旋余地。

2. 对不是自己所能独立解决的问题，应采取隐含前提条件的承诺。如果你所作的承诺，自己不能单独完成，还要求别人帮忙，那么你在承诺中可带一定的限制。

比如，你承诺帮朋友办理家属落户的问题，这涉及公安部门和国家有关政策，你不妨这样说更恰当一点："如果以后公安部门办理农转非户口，而且你的条件又符合有关政策，我一定帮忙。"这里就用"公安部门办理""符合有关政策"等对承诺的内容进行了必要的限制，既显得自己有诚意，又有分寸，还向对方暗示了自己的难处，一举多得。

3. 对时间跨度较大的事情，可采取延缓性承诺。有些事情，当时的情况下可以办成，可是时间长了，情况会发生变化。那么，在承诺时可以采用延缓时间的办法，即把实现承诺结果的时间说长一点，给自己留下为实现承诺创造条件的余地。

比如，有人要求老板给自己加薪，老板可以这么说："要是年终结算，公司经济效益好，公司可以给你晋升一级工资。"用"年终结算"一语表示实现承诺时间的延缓，显得既留有余地，又入情入理。

为人处世，应当讲究言而有信，行而有果。明智者事先会充分地估计客观条件，尽可能不作那些没有把握的承诺。有了承诺，就应该努力兑现，千万不要乱开"空头支票"，否则，不仅会伤害对方，还会毁坏自己的声誉，使你在社会上难有立足之地。

不要遇事就为自己找借口

20几岁的年轻人，往往会在没有完成自己的任务时，告诉自己是因为今天自己心情不好，是因为今天的状态不好，是因为今天的天气不好，是因为某某人给我造成了一些影响，是因为……各种各样的借口，成为没有完成自己职责的理由，而真正的原因是自己的懒惰。正是因为各种各样的理由成了自己不去完成任务的理由，正是这样的借口使得自己越来越懒惰，于是久而久之，形成了遇事就找借口的习惯。

一个习惯找借口的人是一个对自己不负责任的人，遇到问题不从自身找原因，这样的人是无法成大器的。这样的人看不到自身的缺点，无法在实践中不断磨炼，无法发现自己的缺点，并不断修正，所以就无法取得进步。他的水平会一直停留在原地，当别人都在往前跑的时候，他却在原地踏步，那就相当于大踏步地往后退。

一个习惯于找借口的人自身的潜能不能得到最大程度的发挥，例如：我累了，明天再干吧；今天我过生日，所有的工作可以不做了；我觉得自己不能胜任，我还是不做了；即使做了也得不到别人的认可，做了等于没做，就不浪费这工夫了……他们往往会找出各种各样的借口，在心里进行自我说服，稍微可以说得通，于是就懒惰下来，因为自己已经有了一个"合适"的理由，所以就更加心安理得。长此以往下去，自身的潜能得不到充分发挥，最终会耽误了自己的前程。

海尔就是靠着不找借口，迎难而上的精神使海尔产品在国内外的市场份额不断扩大的。

有一次，德国经销商史密斯先生打电话要求海尔必须两天之内发货，否则订单自动失效。两天内发货实际意味着当天下午所要货物就必须装船，而此刻正是星期五下午两点，如果按海关等有关部门五点下班计算的话，那只有3个小时了，而按照一般程序，做到这一切几乎是不可能的。

"保证完成任务，海尔人绝不能对市场说不。"秉持着这样的理念，几分钟后，船运、备货、报关等几项工作同时展开了，为的就是一定要确保货物在当天下午发出。时间在渐渐逝去，一分钟、两分钟、十分钟……空气凝固起来，每个人都全身心地投入到工作中。调货的、报关的、联系船期的……

当天下午五点半，当史密斯先生得到了来自海尔"货物发出"的消息后，改变了他十几年来的一种信念。他发来了一封感谢信说："我做家电十几年了，还从没有给厂家写过感谢信，可对海尔，我不得不这样做！"

假若海尔当时没有迎难而上而是觉得这是根本不可能的事，觉得是史密斯先生故意刁难他们，那么也不会在这么短的时间内达到要求。海尔正是靠着这种不找借口，迎难而上的精神成为国际品牌的。

不仅企业如此,个人更应如此。20几岁的年轻人应对自己严格要求:不管是什么样的工作,不管是做什么事情,我们都要明确自己的责任,不要为逃避责任找借口。如此,才能得到更大的发展,不会和成功失之交臂。

不要嫉妒他人的成绩

有的20几岁的年轻人,看见他人取得了比自己好的成绩,心里就不舒服,满心嫉妒,不懂得欣赏和学习他人,使自己错过了不少成长的机会。

20世纪60年代,在美国兴起了众多的零售商店,经过40多年的争斗搏杀,沃尔玛从美国中部阿肯色州的本顿维尔小城崛起,最终发展成为年收入2400多亿美元,商店总数达4000多家的大企业,创造了企业界的神话。沃尔玛的成功得益于其创始人沃尔顿先生懂得欣赏对手、积极向竞争对手学习的习惯。沃尔玛的竞争对手斯特林商店开始采用金属货架代替木制货架后,沃尔顿先生立刻请人制作了更漂亮的金属货架,并成为全美第一家百分之百使用金属货架的商店。

懂得欣赏对手,学习对手的长处,才能更好地壮大自己的实力,正如沃尔顿先生的做法。因为越是敌人和仇人,可学的东西越多。对方要消灭你,就一定会倾巢而出,精锐毕现。在他们使出浑身解数的时候,也就是传授你最多招数的时候。

王涛曾到一家世界500强公司求职,顺利地通过了第一轮测试,成了9位入围者之一。第二轮测试内容很简单:让每位入围者按要求设计一件作品,当众展示并让另外8人打分、写出相关的评语。王涛在评分时,对其中3人的作品非常佩服,怀着复杂的心情给他们打了高分,并写下了赞语。令他意外的是,最后他入选了!更令他意外的是,他欣赏的那3人中只有一位入选,他不明白这是为什么。这家世界500强公司面试官的一番话使他翻然醒悟。考官说:"入围的9个人可以说都是佼佼者,专业水平都很高,这固然是重要的方面。但公司更为关注的是,入围者在相互评价中,是否能彼此欣赏。因为,尊重对手就是尊重自己,只有看得到对方长处的人,才能以宽广的胸襟接纳别人,才能与同事精诚合作,抱团打天下。但遗憾的是他们缺乏欣赏对手的眼光,而这点比专业水平更重要。"

这个事例正说明了学会欣赏和学习他人成绩的重要性。

当今社会竞争十分激烈,能否具有欣赏别人的眼光和接纳别人的胸襟,是决定一个人竞争力大小的关键因素。只有拥有了欣赏对手的眼光,才能取长补短,团结协作,共同进步。这也是世界500强企业员工的黄金心态之一。

欣赏、理解、包容自己对手的成绩,看淡得失,那么你的心也会因这份平和而充满宁静和宽容。这样一来,在面对竞争对手的时候,你也可以微笑着、气定神闲地迎接挑战:胜利了,赢得辉煌;失败了,也可以学到很多东西。

世间的万物都有值得我们学习的地方。放平自己的心态,学会用欣赏和学习的眼光看待周围人的成绩,你也能学会不少知识。

放不下自己的面子

"面子"在我们传统观念中的地位是十分重要的。然而若因此就固执地以"面子"为重,养成死要面子的人生态度却不是件好事。

有一个人做生意失败了,但是他仍然极力维持原有的排场,唯恐别人看出他的失意。为了能重新振兴事业,他经常请人吃饭,拉拢关系。宴会时,他租用私家车去接宾客,并请了两个钟点工扮作女佣,佳肴一道道地端上,他以严厉的眼光制止自己久已不知肉味的孩子抢菜。

虽然前一瓶酒尚未喝完,他已打开柜中最后一瓶名酒。当那些心里有数的客人酒足饭饱告辞离去时,每一个人都热情地致谢,并露出同情的眼光,却没有一个人主动提出帮助。

希望博得他人的认可是一种无可厚非的正常心理，然而，人们在获得了一定的认可后总是希望获得更多的认可。所以，不少人就会像例子里生意失败的人一样，掉进为寻求他人的认可而活的爱慕虚荣的牢笼里面，面子左右了他们的一切。

50多年前，林语堂先生在《吾国吾民》中认为，统治中国的三女神是"面子、命运和恩典"。"讲面子"是中国社会普遍存在的一种民族心理，面子观念的驱动，反映了中国人尊重与自尊的情感和需要，但过分地爱面子终将得不偿失。

有一个博士分到一家研究所，成为学历最高的一个人。

有一天他到单位后面的小池塘去钓鱼，正好正、副所长在他的一左一右，也在钓鱼。他只是微微点了点头：这两个本科生，有啥好聊的呢？

不一会儿，正所长放下钓竿，伸伸懒腰，蹭蹭蹭从水面上如飞地走到对面上厕所。博士眼睛睁得都快掉下来了。水上漂？不会吧？这可是一个池塘啊。正所长上完厕所回来的时候，同样也是蹭蹭蹭地从水上漂回来了。怎么回事？博士生又不好去问，自己是博士生哪！

过了一阵，副所长也站起来，走几步，蹭蹭蹭地飘过水面上厕所。这下子博士更是差点昏倒：不会吧，到了一个江湖高手集中的地方？博士生也内急了。这个池塘两边有围墙，要到对面厕所非得绕十分钟的路，而回单位上又太远，怎么办？博士生也不愿意问两位所长，憋了半天后，也起身往水里跨：我就不信本科生能过的水面，我博士生不能过。只听"咚"的一声，博士生栽到了水里。

两位所长将他拉了出来，问他为什么要下水，他问："为什么你们可以走过去呢？"两所长相视一笑："这池塘里有两排木桩子，由于这两天下雨涨水正好在水面下。我们都知道这木桩的位置，所以可以踩着桩子过去。你怎么不问一声呢？"

上面的这个例子再经典不过了，一个人过于爱面子，难免会流于迂腐。"面子"是"金玉在外，败絮其中"的虚浮表现，刻意地张扬面子，或让"面子"成为横亘在生活之路上的障碍，终有一天会吃到苦头。

因此，无论是人际方面还是在事业上，20几岁的年轻人都不要因为小小的面子，为自己的生活带来不必要的麻烦和隐患。其实"面子观"是一种死守面子、唯面子为尊的价值观念和行事思想。"面子观"对我们行事做人有很大的束缚。因此，在不利的环境下我们要勇于说"不"，千万别过多地考虑"面子"，使自己陷入"面子观"的怪圈之中。

事实上，20几岁的年轻人没必要为了面子而固执地使自己显得处处比别人强，仿佛自己什么都能做到。每个人都有缺陷，不要企图每一方面都在人上。聪明的人，敢于承认某方面不如人，也敢于对自己不会做的事说不，所以他们自然能赢得一份适意的人生。

20几岁的年轻人，学会放下不值钱的面子，走出面子围城，这不是软弱，而是人生的智慧。

不能仗着年轻忽视健康

不少20几岁的年轻人不能够彻底明白健康对于一个人的重要性，于是在身体健康的时候不停地挥霍健康，而等到身体出现不适的时候才追悔叹息。

一个人无论做什么事，身体健康永远都是最基本也是最重要的前提。在人生的路上，需要你每天都能以饱满的精神状态，去应对一切。尤其是对一些重大的事情，更需要你付出你的全部力量才能成功。如果你只发挥出你的一小部分精力学习或做事，那结局一定不会很好。你应该用你旺盛的斗志以及健康的身体投入，但倘若你因生活不知谨慎而导致精疲力竭，那么再去学习和做事时，你的效率自然要大减。在这种情形之下，成功是难以实现的。

这就如同一架机器，在毫无故障的情况下，自然可以正常运行，但倘若出现破损或故障，便会严重地影响做事效率。

"我为什么就做不到呢？我并不笨啊！"你清楚地知道自己绝对有这个实力，于是你下定决心一定要考第一名，并为之努力，甚至把休息的时间也用进去，你最后却发现这个目标对你而言还是难以达到，于是你为此感到非常困惑。

你认清了自己的实力，你也付出了努力，结果却事与愿违，生活中这样的例子很多。很多人不是能力欠缺，也不是没有付出努力，也不是缺少机遇，他们的失败往往就在于体力不支。纵使意志再坚定，你糟糕的身体还是无法帮助你走向成功。事实证明，一个活力低微、精神衰弱、心理动摇、情绪波动较大的人，永远不能成就什么大事业。这就像一匹有"千里之能"的骏马，倘若食不饱、力不足，那么在竞赛时恐怕也要败给最普通平常的马。

聪明的将军绝不会选择在军士疲乏、士气不振时，统率他们应付大敌。他一定要秣马厉兵，充足给养，然后才有胜利的把握。同样的道理，如果想在我们人生的这场战役中取得胜利，你能否保持身体处于"良好"的状态是关键。因为，一个具有一分本领但体力旺盛的人，可以胜过一个有十分本领体力衰弱的人。

健康的体魄可以增强人们各部分机能的力量，而其效率较之体力衰弱的时候有天壤之别，使人在学习和工作上处处取得成效。

所以，凡是有志成功、有志上进的人，都应该爱惜、保护体力与精力，而不使其浪费于不必要的地方。

生活中有很多有志于成就大事的人，却因没有强健的体魄为后盾，而导致壮志未酬身先死。然而世间又另有太多年轻人，有着强壮的身体却不知珍惜，任意浪费在无意义的地方，而损耗了珍贵的"成功资本"。

美国前总统罗斯福曾说："我从小就是一个体弱多病的孩子。但我后来要决意恢复我的健康，我立志要变得强健无病，并竭尽全力来做到这点。"倘若罗斯福不对身体加以注意与补救，他的一生，恐怕很难如历史上那般辉煌吧。

也许你会说即便拥有健康的身体也并不等于拥有所有，诚然，但是如果你失去了健康，那却意味着你失去了所有，因为健康始终是一个人最必需的。所以，20 几岁的年轻人，从现在开始牢牢地守护你的健康，不要等到它溜走了才追悔感伤。

第三章
别让消费绑架了你的财富

在消费前保持清醒的头脑

乐乐从学校毕业已经两年多，目前虽然工作稳定，但薪水不多。她每天坐公车上班，梦想着买辆车。下班之后，她最大的乐趣是逛街、泡吧、喝咖啡，最熟悉的地方是各个百货商场。她常常抱怨："哎呀！半个月薪水还不够买一条裙子，上个月刷卡买的皮包现在还没还清！逛商场就是好，可没钱'干'瞪眼也是难受。"

她拖着疲惫的身躯回到家，看了看挂在墙壁上的写真照片，那是上个礼拜拍的，花了一千多，她觉得还真是"物超所值"。正沉醉着，房东先生一阵猛敲："喂喂，乐乐小姐，你到底要不要交房租？再不交只好麻烦你搬走了。"

像案例中的乐乐一样，大多数人崇尚消费，一逛街总能发现许多值得大力"掏钱"的东西，于是这也买，那也买，买的时候忘乎所以，没钱的时候又后悔莫及。

"早知今日何必当初"，这世界好东西太多，喜欢就买，迟早得为钱发愁。还是让我们在消费面前保持一颗清醒的头脑，别让消费绑架了我们的财富。

在消费前，20 几岁的年轻人可以先问自己几个问题，如果这几个问题都通过了，再掏钱你就会有理性了。

1.Why——为什么要买

消费好比三部曲：第一是生活必需品，吃穿即属于此类；第二是维持生存的消费，如房租、水电费等；第三是供给我们自己或家庭成员发展和时尚领域的消费，如教育投资、文化娱乐消费等。这三种消费对每个人或家庭而言都是合情合理的，但具体开支就要分清轻重缓急。一般说来，月收入首先要保证生活开支，而后才能考虑发展消费与享受消费。杜绝攀比跟风要贯彻始终，否则，以人之量，量己之出，势必使消费结构偏离健康态势，导致捉襟见肘。

2.What——买什么

合理的消费结构必须根据收入情况来确定，总的原则是：量入为出，略有节余。

从生存性需求来看，柴米油盐等属于非买不可的物品；从享受性需求来看，美味可口的高档食品，做工考究的精美服饰要与自己的经济实力挂钩；从发展性需求来看，音响是否环绕立体声、彩电是否纯平大屏幕等，就不属于"必需"之列了。然而，无论是个人还是家庭里年轻成员的教育开支应列入常备必要项目。

3.When——什么时候买

购物时如果你能巧妙地利用时间差，同样会使你获益匪浅。如在换季大减价的时候购买时装，就有可能以较低的价格买到较称心的衣服；在夏季的时候买冬季的东西，冬季时买夏季的东西，反季购买往往价格便宜又能从容地挑选。

4.Where——到什么地方买

稍微动点儿脑筋便能猜到：土特产品在原产地购买，不仅价格低廉，而且货真价实；

进口货舶来品在沿海地区购买，往往比内地花费要少，即使在同一地方的不同商家，也有一个"货比三家不吃亏"的原则，只要不怕费鞋花时间。

5.Who——让谁买

有人把女性称为"消费的动物"，一项全国性的网上调查结果给这种说法提供了一定的根据。调查结果显示，不管女性的社会地位如何，在消费上，她们可谓绝对地当家做主。根据这项调查，女性除了自身的消费外，父母、子女、丈夫等家人的生活需求也大多由她们来安排满足，女性在购物时，首先考虑的是实用因素，其次为价格和品牌。但如此"一刀切"似乎也不合理，具体情况还需具体分析，买食品、服装和床上用品等，做妻子的往往比丈夫精明；而购买家电、家具等耐用消费品则做丈夫的比妻子内行些。

所谓"大富由天，小富由俭"，只要懂得理性消费、精打细算，就不愁做不好消费这本明细账，小日子也总有越过越红火的一天。

抛弃错误的消费习惯

20 几岁的年轻人，每当你拿出钱买东西的时候，你有没有考虑过这钱花得值不值得；你是否得到了最大的消费效应；你是否感到了最大的满足。消费，并不仅仅是将钱付给销售者，更重要的是要买到你所认为的它应有的价值。因此，抛弃错误的消费习惯，吝惜你的每一分钱，把它视为珍宝，让它得到最充分的利用。

总的来说，有这么几个错误的消费习惯需要我们注意：

1. 远离奢侈品消费

奢侈品，能为你带来的最大效用就是虚荣心的满足，能在人群中尽情炫耀，让人觉得你与众不同。不过为了这种满足，你也付出了相应的代价——失去了更多的财富。

20 几岁的年轻人要远离奢侈品消费，首先生活用品能用的，就继续用，没必要买的物品就先别买；其次，用什么东西也不必太讲究，过于精细的生活不一定是幸福的生活；再次，凡事应克制自己的欲望，不奢求过度的消费，不追求不切实际的虚荣；最后，在心里默默记住——只要舒适就好。

2. 远离攀比心

攀比一旦成性，就不容易改掉。而攀比过程中的一笔笔费用，足以把你压得喘不过气。一件名牌衬衣，一辆高档轿车，一栋装修精致的豪宅，等等，这些看起来让你足够炫耀的物品，哪个不需要钱？ 20 几岁的年轻人想要理性消费，就必须消除攀比心。

要远离攀比心，首先要放宽心态。正所谓"宰相肚里能撑船"，用更高的人格标准来要求自己，不在繁杂的社会中过于执著或者痴迷什么，拥有这样的心态，才能拥有平静的生活。其次，要适当地给自己减压。在自己的确不如别人的时候，不要打肿脸充胖子。适当地给自己减压，可以更好地认识自己。"尺有所短，寸有所长"，要善于发现自己的优点，不断肯定自己，才能让自己生活得更愉快。

3. 远离遗憾消费

日常生活中，许多人，特别是一些年轻人，在购买商品时总是兴致勃勃，信心十足，但是买到家后，不是觉得价钱贵，就是感到质量不好，有的甚至是不适用的。这时，想退又嫌麻烦，不退心里又懊恼不停。这种情景在消费心理学上叫做"遗憾消费"。

"遗憾消费"的形成有很多原因，也因人而异，它不仅和人的性格、阅历、收入水平有关，而且还和人的修养水平有一定的联系。

20 几岁的年轻人要远离遗憾消费。首先，不要一次性购买。换句话说就是不要突击花钱，可以采取统筹兼顾、随遇随买的办法。消费应该从大处着眼，小处着手。买东西最好有个计划，切忌全面开花。

其次，冲动性购买不可取。不要在事先无计划的情况下，产生临时购买行为。所购物品应是生活必需品，遇到可买可不买的东西，不管别人怎样抢购，也不要盲目从众。

同时，要有主见，不要盲目地听别人说三道四。还要在购物中进行合理决策，掌握行情，掌握产品的发展，包括价格、质量，这样就能在购物中避害趋利。

4.远离透支消费

透支消费一方面会增长 20 几岁的年轻人不必要的消费额度，另一方面会让年轻人养成爱花钱的不良习惯。很多人在不断透支之后，由于还不上钱，成了"卡奴"。提前消费的钱在银行利息的滚动下，变成了更多债务，几年，甚至十几年都要不停地还。本想做金钱的主人，可是却提前做了金钱的奴隶。

20 几岁的年轻人要做到不再透支消费，就必须时刻检视自己的消费习惯，一旦发现透支，要立刻调整消费结构，把欠款在最短的时间内还上。

20 几岁的年轻人，让我们远离错误的消费习惯，让我们的钱花得更值得！

别让信用卡"卡"住你

信用卡是一种银行发放的金融凭证，它的好处，想必大家都清楚，比如给持卡人带来极大的方便，不必为现金苦恼等等。但是因为它是用今天的卡花明天的钱，所以使用它有一定的风险。因为，一旦你超过期限没有还钱，一方面，你的信用等级会下降，并被记录在案；另一方面，你将背负较高的利息压力，给自己添加了金钱上的包袱。

虽然信用卡可以享受到"免息"的便利，但这并不意味着信用卡就是免费的午餐，它也是双刃剑，使用得当可以带来收益，使用不当同样会带来损失。

为了不让信用卡"卡"住自己，要识别信用卡的误区，绕开这些误区。

误区一：信用卡是"免费午餐"。

使用信用卡享有免息的便利，那是不是就不需交其他费用了呢？目前，使用各个银行的信用卡都要支付一定的年费。每家银行还会根据卡的级别制订不同的透支额度，同时也收取不同等级的年费。其次，持卡异地存取款也要收取手续费。许多信用卡在提取现金时也要收 5‰左右的手续费。所以，信用卡并不是"免费午餐"。

误区二：免费卡"不办白不办"。

现在有些信用卡年费打折，刷卡送年费，甚至干脆免年费，还有开卡送礼等促销活动。这不免让人心动，有人一办就是好几张。不过拿到促销礼物之后，就把这回事丢在脑后，卡片也不知所踪。

信用卡与借记卡的一个明显区别是：银行可以直接在卡内扣款。如果卡内没有余额，就算作透支消费。免息期一过，这笔钱就会按的年利率"利滚利"计息。如果一直不交，就被视作恶意欠款，严重的还会构成诈骗罪，引起刑事诉讼。

所以，千万不要以为免费卡真是那么好拿的。如果不想继续持卡，需要向银行主动申请注销，有的银行还规定，注销申请必须以书面形式。

误区三：能像借记卡一样提现。

银行发信用卡，主要目的是为了让客户多消费，赚取更多佣金，如果客户用现金消费，银行就赚不到钱。所以，信用卡的通行惯例是，取现要缴纳高额手续费。

即便是为了应急，取现后也一定要记得尽快还款。因为各家银行普遍规定，取现的资金从当天或者第二天就开始按每天万分之五的利率"利滚利"计息，不能享受消费的免息期待遇。这也是信用卡与借记卡的重要区别之一。

误区四：提前还款很保险。

有些人觉得每月还款太麻烦，或者怕自己到期忘记，索性提前打入一笔大款项，让银行慢慢扣款，而且需要钱的时候还能取款。其实这是不明智的做法。因为存在信用卡里的钱是不计利息的，等于你给银行一笔"无息贷款"。

更为重要的是：打入信用卡的钱，进去容易出来"难"。有的银行规定，从信用卡取现金，无论是否属于透支额度，都要支付取现手续费。所以，除非预计即将发生的消费将大于透支限额，最好不要在信用卡里存放资金。

误区五：人民币还外币很方便。

现在双币信用卡比较流行，许多人看中了"外币消费，人民币还款"的便利。其实，这种便利也许没有想象中那么简单。各家银行对购汇还款的服务有较大差别。有的银行只接受柜台购汇，持卡人必须到银行网点现场办理购汇，然后打入账户还款，也就是说，只要消费了外币，还款必须到银行柜台办理。

有些银行能够提供电话购汇业务：先存入足额的人民币，然后打电话通知银行办理。不过，如果到期忘记通知，即使卡内有足额人民币，也不能用来还外币的透支额。

只有充分地了解信用卡，我们才可以绕开信用卡的误区，充分地利用它，让我们拥有一个美好的信用卡生活。

把钱花在最需要的地方

居家过日子，同样的钱，会买和不会买相差很多。这里就存在一个如何花钱的问题。你希望你的资金得到最大限度的利用吗？只有在恰当的时间买到合适的物品才能说是钱花对了地方。

要培养节俭的习惯，但同时也要注意绕开节俭的沼泽地。"没有投资就没有回报"，"小处节省，大处浪费"，还有许多家喻户晓的谚语都说明了错误的节约不仅无益反而有害的道理。

你不能以心智的发展和能力的提高为代价来拼命节约，因为这些都是你事业成功的资本和达到目标的动力，所以不要因此扼杀了你的创造力和"生产力"。要想方设法提高你的能力和水平，这将帮助你最大限度地挖掘你的潜力。把钱花在最需要的地方，其他的问题就能轻松解决了。生活中到处都需要我们花钱，而口袋里的钱是一定的，只有把钱花到最合适的地方，才能达到"物尽其责"。

把钱花在最需要的地方，试一试，结果会大不一样。

张小姐眼下正忙着筹办婚礼，她和男友决定举办一个隆重喜庆的婚礼，买婚纱就成了当务之急。她跑了很多家商场，有的婚纱她不满意，有的合心意却又太贵，她看中的一件法国进口婚纱标价为 28000 元，一般人哪能承受得了！再说，婚纱也许一生只能穿一次，除了富豪之家，谁也不愿意为"一次"付出太昂贵的代价。万般无奈，张小姐只得到街上的婚纱出租店挑选，她选了一件和那件法国进口婚纱差不多样式，日租金 300 元。她是个很爱干净的女孩子，一想到那么多人贴身穿过这件婚纱心里就不舒服，干脆自费把这件婚纱干洗了，花了 280 元。她总共只用 580 元就得到了 28000 元的效果，怎么算都挺合适。

其实，在日常生活中，有很多钱可以省，比如图书、影碟等。如果像张小姐那样只租不买，会划算很多。

有些人很爱看影碟，见到新的就买，结果也不过只看一两次，以每盘碟 10 元计，如果买 100 个，就是 1000 元，但如果是租，看完 100 盘也不过才花 200 元。还有养花，有的人一时心血来潮买上几盆名贵花木回家，却没耐心养护，要不了多久花木就干枯了，白花了钱。如果与花木租赁公司签订合同就可以省钱又省心，他们会根据不同季节定期轮换送花上门，每天只浇点水就可以得到赏心悦目的效果，何乐而不为呢？

英国著名文学家罗斯金说："通常人们认为，节俭这两个字的含义应该是'省钱的方法'，其实不对，节俭应该解释为'用钱的方法'。也就是说，我们应该怎样去购置必要的家具，怎样把钱花在最恰当的地方，怎样安排在衣、食、住、行，以及教育和娱乐等方面的花费。总而言之，我们应该把钱用得最为恰当、最为有效，这才是真正的节俭。"

花小钱过精致生活

要拥有精致的生活，当然"随便"不得，追求高品质是每个 20 几岁年轻人的生活目标，但高品质不等于高消费，我们既要自己高兴又不能让钱包"不高兴"。只要我们合理、精明地消费，即使是花小钱也照样可以过精致的生活。

琳琳在结婚前装修了房子，那套美丽的新房给人的感觉是投掷万金，而她并不否认自己花费颇多，但也不无得意地说自己狠狠赚了一把。概括她的原话，大意便是：会花钱就是赚钱。此话怎讲？

原来，琳琳个性独立，创意颇多，在装修前她先是列了一份详细的计划书。不像其他人装修房子时，总将一切包给装修队，然后花上几万元落个省事清静，有空时才充当监工角色作一番检查。琳琳是将这装修当成工作的一个重要调研项目来完成的。从选料选材、看市场，到分门别类挑选工人，她足足花了两个月的时间。最后，这个新房的装修花费总价只有广告上最便宜的价位的一半！

琳琳的喜悦不单单是省了这笔本不可少的开支，更大的价值是在于完成一个自己全身心投入的工作所带来的满足感。这之后的成就感同样加倍而来：闺中密友、邻居、客户纷纷前来取经，都抢着要研究那份详细的计划书。

除了装修房子，琳琳也是个穿衣打扮的高手。在穿衣上既能穿出花样，又讲究经济实惠：花1/3的钱买经典名牌，多数在换季打折时买，可便宜一半；另1/3的钱买时髦的大众品牌，如条纹毛衣、闪色衫等，这一部分投资可以使你紧跟形势，形象不至于沉闷；最后1/3的钱花在买便宜的无名服饰上，如造型别致的T恤、白衬衫、运动夹克，完全可以按照你自己的美学观去选择。有时一件无名的运动夹克，配上名牌休闲长裤，那种"为我所有"的创造性发挥，才是最能显示眼光及品位的。

琳琳的例子就是花小钱照样过精致生活的典型。

有条件就要过精致一点的生活，这是一种品位，是一种格调。但是不能将精致生活同高消费、奢侈品等同起来，精致生活除了用钱打造，更主要的是用心去经营。必要的时候，还要学一些省钱的绝招：

一是计划采购。每月都要对自己该采购的东西进行一次认真、仔细的清点，如服装、日用品等，并用一个专用本子记上，然后到已经了解过行情的市场，按计划进行采购。

二是注意养成勤俭节约的习惯。这是减少日常开支的一个重要环节，比如使用一些节能、节水设施等。其实，日常生活中很多费用是不必要浪费的，这些金额看似不起眼，但长年累月坚持下来，可是一大笔钱。

三是压缩人情消费的开支。现在的社会，人情消费的花样很多，但要掌握适当、适量、适度的原则。如果自己家有事，规模应越小越好。

四是延缓损耗性开支。任何物品，只要勤于护理总可以延长寿命，提高其使用率，这无形之中就等于减少了因过早更新换旧而增加的开支。所以，要对音响、电视机、电冰箱、洗衣机、空调等大件家电以及自行车、摩托车等交通工具加强护理，延长物品的使用寿命。

五是掌握小型维修技术。要养成勤动脑、勤动手的良好习惯，对家用电器和机械物品的原理及维修知识，要争取多懂一些。同时，再配备一套简易的维修工具，如扳手、钳子、螺丝刀、斧子、锯子、刨子、钉子等。电器、机械、装饰品、木器等发生一些小故障和小毛病，就可以自己动手修理。

只要在生活中精打细算，多多注意，花小钱过精致生活不是不可能的。

学会"杀价"

俗话说："货比三家不吃亏。"20几岁的年轻人在购物时，多逛几家商场，在网上多了解一下相关的行情，做到心里有数，在真正购买商品时，才能少花冤枉钱，买到物美价廉称心如意的商品。

除专卖店以外，有正规标价牌的商品，价格约为定价的1/3是比较正常的，如果实在没办法就慢慢往上加一点，别觉得讨价还价是件丢脸的事。看见自己想要的东西，结果花了天价买下来，这才是件难受又丢脸的事情。

其实，讨价还价也是件很有乐趣的事情，博的是你的口才，弈的是你的反映和机智，不吃亏才是你想要的结果。面对漫天要价的市场，20几岁的年轻人如何才能"智取生辰纲"呢？

1. 保持轻松而从容

不管买什么东西，或是看准了哪样东西，都不要马上就喜形于色，表现出强烈的购买欲望，否则此物你将很难还价。要表现得很淡然，买不买无所谓，因为只有这样才能诱导店主报出让价。仔细看看他的商品，故意"吹毛求疵"一番，列出该物的优点和缺点，并表现出对购买此物的犹疑不定来，这时，伺机跟老板杀价，往往会事半功倍。如果感觉价格不理想，不要紧，来一招"走为上"，假装想离开，此时老板想成交一定会叫住你，把价格再放低一些；反之，则说明价格已经压到很低了。

2. 杀价要狠

很多集贸市场漫天要价，他们的开价往往比底价高几倍，甚至高出二三十倍。所以，你必须要狠狠地杀价，杀狠价是对付这种伎俩的要诀。例如，有一套西装，卖主要价 888 元，你砍它一半价 444 元，但其实也是非常不划算的。因为有人只要 228 元就成交了，而成交价对卖主来说仍有很大的利润。所以，如果你心肠过软，就会被卖主狠狠地宰一把。

3. 运用疲劳的"刁难"战术

在挑选商品时，可以反复地让卖主为你挑选、比试，反复让卖主给你解说，并且是解说不止一种。不要让他看出你选定了哪项，像"仙女散花"一般问他各个款式的价格和特点，最后再提出你能接受的价格，当这个出价与卖主开价的差距相差甚大时，往往使其感到尴尬。在这种情况下，卖主往往会向你妥协叫你让些价。当双方相持不下时，你可以发出最后通牒："我给的价已经不少了，前面去过几家也差不多这个价，如果不行的话我就返回去买了！"说完，立即转身往外走。此招一出，胜算肯定在你。最多不超过十步，卖主肯定叫你回来："算了，卖给你啦！"这样，你运用你的智慧和应变能力购到了如意商品。

4. 运用"登门槛"的心理效应

另外，在买大宗货物时，学会运用商家的薄利多销的心理。比如，当你和朋友一起去买游戏机，转了多家商店后，最后选定一家与店主讲到最低价，准备成交时，朋友此时可以突然上前对店主说："老板，如果你再便宜 10 元钱，我也买一台。"老板听后，抱着薄利多销的心理，肯定会再让你 10 元钱。买大宗货物，千万不要一次说出实际买多少，先隐瞒一部分，作为诱导卖方降价的筹码。比方说，你要买 300 吨货物，你就先与卖方谈 200 吨的价格，当谈到最低价时，你再故意装出想多做些他的生意："如果肯再便宜一些，就加买 100 吨。"但是这 100 吨得对方愿意降价的基础上才能成交。运用"登门槛"的心理效应，你会一步一步地诱使对方达到自己最终想要的价格。

20 几岁的年轻人不要觉得砍价是一件丢脸的事，学会"杀价"，用合理的价钱买到自己的心仪的产品，才是最让人高兴的。

超市购物如何省钱

现代人工作日益繁忙，超市便成为大众购物极为方便的消费广场，商品应有尽有，也能照顾到家人的日常生活所需。不过，如何在琳琅满目的商品中选择物美价廉又不伤钱包的必需品，可就要精打细算一番了！

在逛超市的时候，货架一般都是三层的，你有多少注意力会放在货架的底层呢？经过研究，只有不足 10% 的人把注意力放在货架底层，60% 的人注意中层，30% 的人注意上层。这个研究结果对于零售业来说可是绝顶重要的信息，世界上所有的超市都因此而将自己的货架摆放体系进行重新调整。当商家要想增加销售额，就会把偏贵的产品放在中层和上层；当他们想要追求最大利润的时候，就把利润最高的商品放在中层和上层。那么货架底层都是什么商品呢？当然都是同类产品里便宜或者对商家来说利润偏低的东西喽！对我们大多数人来说，这其中可不乏物美价廉的好东西。

其实，大商场都会通过研究消费者的心理和行为来指导经营策略。这些经营策略大到超市地点的分布、经营的风格、品牌所面对的目标消费人群，小到超市里的色调、播放的音乐以及货架的摆放。作为消费者的你，了解一些商家常用的策略和超市购物的小秘诀之后，可以在消费中争取主动地位，避免浪费。

1. 尽量在周末的时候去逛超市。周末购物的人虽然多了一点，但商家也会在这个时候推出一些酬宾活动，像特价组合、买二送一等优惠。

2. 打折商品也别敬而远之。商品打折，有的是因为快到限用日期了，但也有的就是单纯的促销。像饼干、糖果等零食，若是家人都喜爱的，在看清楚了保存期限后，就可趁特惠酬宾的机会多买几包，这是很划算的。

3. 超市新产品上市的时候，广告过于夸张，购买时一定要小心谨慎，避免买到不实用的东西。若不是知名的品牌商品，就不要因广告所打出的宣传效果而丧失自己的判断力，因为大部分广告都是为了吸引消费者，实质上并不像宣传的那般神奇。对知名品牌的新产品，试试也无妨；而对不知名品牌的新产品，最好还是等得到大众的认可后，再作考虑。

4. 购物抽奖应该以平常心对待。一些超市、商店常常举办一些满多少金额就可以参加抽奖的促销活动。商家这么做是为了刺激消费者的购物热情，消费者在这样的诱惑之下一定要保持一颗平常心。如果这些东西是该买的，能抽到个小奖、拿个礼物当然很好，但是，千万不要为了抽奖而改变自己的购物计划，否则最后可能不但奖没有抽到，还花钱买了一堆不需要的东西，这就得不偿失了。

5. 早晚多省钱。每个超市在早上或者是晚上打烊的时候都有特价商品，绝对让你省钱又满意！

6. 带上购物清单。"一单在手，花钱无忧"，你只需在去超市之前规划上几分钟，就能在购物时不盲目，不乱花钱。

7. 尽量以现金结账。看着钱一张张送出去，你肯定会心疼几下，然后就会提醒自己控制住自己的欲望。刷卡常常不会让你感到有"花钱"的心疼感。

掌握这些超市购物的小窍门，不但能让20几岁的年轻人买到自己想买的东西，还能抓紧自己的钱。

淘衣有学问

爱美是人的天性，购买衣服的费用往往在20几岁年轻人的消费中占有很大的比重。茫茫衣海，美不胜收，20几岁的年轻人一不小心就会迷失在其中。想要自己美丽帅气，又怕钱包消受不起。不过不要紧，只要你够勤奋，真正地认识自己并读懂服装的语言，就能买到自己满意的衣服，而且不会让你的钱包日益"消瘦"。

在选衣服的时候，20几岁的年轻人要注意以下几点：

1. 巧算投资回报率。一件衣服的"投资回报率"跟这几个因素有关：穿着的频率、可穿的时间以及它与其他衣物的可搭配率。穿着率越高，穿的时间越长、可以搭配的衣服越多，这件衣服的投资回报率就越高。例如，一套300元的时髦裙子，如果穿过一季就不再流行而不再穿的话，就算每周穿一次，一季共穿了12次，穿一次的成本是25元；而一件1000元的精致裙装可以穿3年，每年穿一季、每季穿12次的话，一共可以穿36次，穿一次的成本不到28元。哪一件衣服真正划算，不言自明。

2. 尽量让配件简单化。鞋子、皮包、装饰品这些东西，年轻人永远都会觉得还缺一件，但是它们其中有多少是真正实用的呢？既想得到美丽，又想有效地利用金钱，就应尽量选择款式简单、可以搭配你大部分衣物的配件。

3. 选择适合自己的衣服。专卖店橱窗和内部装饰陈设都十分精美和优雅，这些都是经过专业人士精心设计的。这些装饰营造出一种特别的气氛，使每件衣服都显得特别动人。但是，那些衣服穿在模特身上或者陈列在橱窗里可能很漂亮，到自己身上，就不一定合适了。因此，20几岁的年轻人要记住，千万不要在精致的灯光和导购员的游说之下，将自己迷失在这种假象里。为了避免陷入这种迷失的状态，20几岁的年轻人必须对自己有一个非常彻底的了解。懂得什么衣服才能很好地衬托出自己的身材、气质、肤色，只在遇到对的衣服的时候才买，否则一概否决。

如何选择一件适合自己的衣服呢，下面有几条小建议：

1. 根据皮肤选择服装：

面色红润：可以选择色彩较为柔和一点的衣服，不适宜像正绿色这样颜色的衣服，这些颜色会是你变成"村姑"。

面色偏黄：适合穿着蓝色或浅蓝色的上装，不适宜颜色发暗的青色、莲紫色上衣，这些颜色会使你显得更加面黄。

肤色黄白：适宜粉红、橘红等柔和的暖色调衣服，不宜穿绿色和浅灰色服饰，这会让你看上去一脸"病容"。

肤色偏黑：适合穿浅色调、明亮些的衣服，如浅黄、浅粉、月白等色，可衬托出肤色的明亮感。

皮肤粗糙：选择杂色、纹理凸凹性大的织物类衣服，避免色彩娇嫩、纹理细密的服饰。

2. 根据体形选择服装

尽量避免任何一种与你的脸形相同的领口：如果你是圆脸，则不要选圆形领口的衣服，V 形领、翻领和敞领的服装会更好一些；如果是方脸，适合穿 V 形或翻领、敞领的服装；如果是长脸，则适合选择圆领或高领口服装或者是有帽子的上衣。

选择可遮盖脖子缺点的服饰：脖子较短的人应选敞领、翻领或低口的上衣；脖子较粗的人应选中式领、高领或窄而深的领，可以戴上领巾；脖子较长的人，应该选高领口的衣服，搭配紧围在脖子上的围巾。

根据形体条件选择扬长避短的服装：胸比较大的女性，适合穿敞领和低领口或者宽肩的宽松上衣，以降低腰围；胸比较平的女性，适合选开细长缝领口和横条的上衣；腿粗的女性，要选腰边紧而下边宽松的裙子，上端打褶或直腿的裤子，也可以选长及膝盖以下的短裤或裙裤；腿短的女性，要穿上下一色的衣服，上衣尽量选短款、高腰的样式。

3. 避免购买不好洗的衣服

有些衣服穿着好看，但是脏了以后很难清洗，或者是清洗的要求比较复杂，例如必须干洗等。这样，无形之中，你又要为这件衣服付出其他的成本，倒不如买一件价格贵点，但是既美丽又方便清洗的衣服更划算。

掌握好以上几个淘衣的技巧，不仅能让 20 几岁的年轻人选到称心如意的衣服，也可以让你少花钱，真是一举两得。

布置家居的省钱高招

很多 20 几岁的年轻人觉得，凭着自己的直觉和精明，家居布置不是难事。但是很多年轻人在家居布置实践中却发现，在花大笔钱装修完后，再买家具已捉襟见肘。那么如何巧妙地挑选一些适合自己，而又价格合理的家具？如何运用一些布置技巧从而在有限的预算内，获得最好的成效呢？

1. 化零为整，成批购买。一般来说，单件购买的东西总要比成批购买的贵许多。因此，消费者可以化零为整，相同性质的家具，如橱柜、灯饰等，如能在同一家店中购买，老板多会给以较高的折扣。同样，约上也要买家具的同事朋友一同去选购，量大，折扣相应会增大。

2. 亲自去挑选家具，不让设计师代劳。现在已有装饰公司推出帮助选购家具的服务。但这样预算难以把握，所以还是在听取设计师建议的基础上自己去选购比较好。另外，听取一些设计师建议在装修时做固定家具的数量越少越好，除非空间十分特别，在市场上买不到那种尺寸的，否则尽量避免昂贵而又做工很难保证的固定式家具。

3. 更换沙发外罩。沙发是家居中的重要家具，一套好沙发往往要万元以上。因此，如果能够更换沙发表皮，以和居室风格协调的，就不必再买一套，好的沙发外罩让一套仍然坚固的沙发看上去和新的一样。

4. 以鲜艳的色彩来制造丰富的视觉印象。新婚居室的面积可能会较为局促，因此可以利用墙壁、家具等区域的鲜艳的色彩来扩充房间的视觉感受。

5. 在柜类家具后面节省建材。在柜类家具后面可选用较低档的建材。如墙面瓷砖，在放置橱柜的位置可铺设较廉价的瓷砖，在露出来的地方使用材质较好的瓷砖，这样一来可节省许多不必要的开销。

6. 巧妙搭配新旧家具。家具的使用寿命一般均较长，搬家时，如果为求焕然一新的感觉就将家具全部更换，一次性花费的金额过大。不妨把款式尚可，又能符合整体居室风格的家具保留下来，再添购不足的家具。

7. 利用镜子当壁面。镜子折射的效果，会让视觉空间变大，所以面积小的房子，适合镜子的运用。一般不是把镜子装在墙面，就是装在橱柜门片上。

在布置家居的时候，不妨试着考虑以上七点，说不定可以帮助20几岁的年轻人省下一笔不小的费用。

旅游省钱小窍门

对一个喜欢出外旅游的20几岁的年轻人来说，巨额的旅游费用可能让你囊中羞涩。其实，20几岁的年轻人可以通过一些适当的方法，让自己既能尽兴地游玩，又能省钱。

1. 提前安排好行程。对于劳累的旅途中人，安静、舒适的住宿休息环境十分重要。星级宾馆的住宿条件自然上乘，但要想省钱，就不能一味追"星"，而应从实用的角度考虑。

2010年元旦，"游仙"邢艺和先生一起背包去了江西婺源。出发之前，她在相关的旅游网站搜集了一些网友推荐的当地的家庭旅馆信息，到了那里，他们就住在一个老师家里，房间里各种设施都齐备，彩电、空调、独卫、宽带上网，最主要的是便宜，才50元一晚，比宾馆实惠多了，那位老师的母亲还会煮早饭给他们吃，感觉十分温馨。

邢艺就是因为提前安排好了行程，选择了家庭旅馆住宿，不仅舒服安全，也少花了不少钱。

此外，一定要带好你的一些证件，例如学生证、记者证、导游证等等，这些证件会让你享受到半价甚至免费的门票优惠。

2. 选择新路线可省钱。假日期间，外出旅游的人较多，而且大都喜欢到热线景区去，从而使得这些景区的旅游资源和各类服务因供不应求而价格上涨，如果此时到这些景区去，无疑要增加很多费用。因此，不妨避开这些热点景区和热点时段，选择一些游客较少的旅游新线。

3. 出行工具也要事先选择好，最好使用能观赏风景的陆上行。如果旅游的时间比较充足，而且不是到较远的地方去，非得坐飞机抢时间不可，可以选择坐火车、乘汽车，这样一来花费少得多，二来可以领略一路上的风景。到了旅游地，最好多邀几个人包车，一来可以节省很多时间，二来可以节省体力，还可以省去很多不必要的麻烦，当然徒步的例外。

4. 筛选景点少花钱。如果你将要去的旅游区景点太多，你就应该在出发前进行一番筛选，找出景区中最具特色一些的地方。这样，旅游的时候就可以更有目的性，节省体力和花费，让自己玩得更尽兴。要注意的是，虽然一些景区会发售通票，将各个景点的费用包括在内，但是，很多情况下，游客是没有时间和精力把这些旅游景点都一一玩遍的，因此，在景点入口处买票时要作一定的了解。

5. 捂紧钱袋少购物。目前旅游购物市场还不规范，许多旅游景点的商点，多多少少都存在着欺诈游客的现象，要想花钱少、玩得好，就得管住自己的口袋。因此，在外地旅游，除了非常有纪念意义的东西外，不要海扫纪念品，因为这些所谓的纪念品往往没有什么价值，但价格却贵得十分离谱。

外出旅游时，只要你细心点，就能帮自己省下不少冤枉钱。

玩一玩"出租主义"

调查显示，都市里已经越来越流行"出租主义"。越来越多的 20 几岁的年轻人选择租房、租车，里面不乏月收入高于 5000 元的白领。用他们的话说，我们并不是买不起，而是不愿意被"套住"——你看所谓有车、有房的按揭一族，天天勒紧裤腰带还贷款，节衣缩食，面如菜色，何苦呢？因此，信奉"买不如租""长期不如临时"的人越来越多，"出租主义"在都市开始成为一种时尚。

羽落和妻子小暖结婚一年多了，一直租房住。期间，双方父母曾不止一次劝他们赶紧按揭买套房子，先安定下来再说。还提前赞助了 20 万元的购房款，羽落和妻子也有 20 多万元的积蓄，加上父母的 20 万，支付一个一般房子的首付应该是绰绰有余了。可是羽落不这样想，他觉得自己和妻子都是高学历、高收入人员，以后到底去哪里发展还不确定，如果买了房子的话，那房子就成了累赘。况且这几年的房价也实在不稳定，到底是涨还是跌，还很难预测。羽落也担心买完房子以后就像股票一样被高位套牢，所以他们决定不着急买房，而是用来投资。

羽落将其中的 20 万拿出来借给一个开公司的朋友，朋友按 15% 的年利率给羽落支付利息，不过为了保险起见，他们商议好了，以朋友持有的某公司法人股票作为质押，如果朋友不能到期还款，可以立即将股票过户到羽落名下。这样，羽落夫妻两人在保持较好居住条件和不影响生活质量的前提下，将 20 万元积蓄用于投资，一年可以获取收益 3 万元。而他们的房租一年还不到 1 万元。这就等于是羽落夫妻两人住着"不花钱"的房子，还年年有进项。

羽落玩的就是租房子的"出租主义"，他把本打算买房子的钱用于了投资，每年可获得 3 万元的收益，远远高于他的年房租，有着不错的收益。如果他当初把钱用于买房，就不会有这么好的收益了。

除了房子可以租，车子也可以租。不过租车里面也有学问：节日租车应尽量提前预订。现在租赁公司虽然越来越多，但在用车旺季时还是很难满足众多租车人的需求，因此在春节、劳动节、国庆节等黄金周租车外出时，应尽量提前一个月联系预订，并交上定金，办理预订手续。而且在选车型的时候也要注意，多数的汽车租赁公司一般以桑塔纳、富康、捷达等中低档轿车和面包车为主，如果租车是到风景区旅游，而且山路较多，这时就可以考虑租用越野性能较好的旅行车；如果两个以上的家庭一起出游，可以合伙租辆面包车，既可以活跃出游气氛，又能节省费用。

另外，要对车况作必要的了解，查看其轮胎等主要部件是否有问题，哪怕是一些细小的毛病也要当面和厂家说清楚，这样可以避免在退车的时候出现不必要的责任纠纷。按照租赁公司的规定，客户提前退租一般不退租赁费用或需要收取一定的违约金，过期交车时，过期部分的租金按原租金的 200% 收取。这样看来，无论早了或者晚了都需要交钱，所以，出行日期要计算准确，以免多交冤枉钱。

除了房子车子可以租外，花鸟鱼虫这些不太起眼的小东西也可以租。不过租赁时应该选择正规商家，因为租赁时商家会要求顾客交一定的押金，并且押金一般高于出租品的实际价值，如果选择的商家不正规，万一退租时人去楼空，押金也就泡汤了。

无论是花卉还是宠物，都是有生命的特殊租赁品，如果这些租赁品出现疾病、虫害等异常情况，应及时和出租方联系，因为租赁公司规定，如果客户不及时告知，由此引发的损失将由客户承担。长期租赁的人可以办理会员卡，享受一定优惠。比如，一些花卉出租公司推出了"家庭绿化年卡"，办理这种优惠卡，可享受每月更新花卉、定期上门养护等服务，使租花消费更加物超所值。

20 几岁的年轻人有时也可以选择"出租主义"，不仅省钱，还可以享受到质量不错的生活。

第四章
30 岁前要敢于突破

成功者往往都是"离经叛道"的人

史玉柱总是受到非议，马云总是语出惊人，但是他们都是让无数年轻人仰慕的成功者。话说回来，为什么多数人都无法达到他们的高度呢？也许真是因为我们缺少了这两位人物"离经叛道"的气质。

有人曾经总结过这样的话：现在的正常人太多了，不如做个非正常人。成功的魔法往往在于你那一点点的不正常之中。打破规矩的束缚，做个"坏孩子"，说不定你就能比那些不敢寻求突破的人取得更大的成就。

被称为美容界"魔女"的英国人安妮塔，曾位列世界十大富豪之一，她拥有数千家美容连锁店。不过，安妮塔为这个庞大的美容"帝国"创造财富时，却反其道而行，从没有花过一分钱的广告费，这在当时被认为是一种不可理喻的举动。

安妮塔于 1971 年贷款 4000 英镑开了第一家美容小店。在安妮塔的预算中，没有广告宣传费。正当安妮塔为此焦虑不安时，她收到一封律师来函。这位律师受两家殡仪馆的委托控告她，要求她要么不开业，要么就改变店外装饰。原因是像美容小店这种花哨的店外装饰，势必会破坏附近殡仪馆庄严肃穆的气氛，从而影响业主的生意。

安妮塔又好气又好笑。无奈中她灵机一动，打了一个匿名电话给布利顿的《观察晚报》，声称她知道一个吸引读者的独家新闻：黑手党经营的殡仪馆正在恫吓一个手无缚鸡之力的可怜女人——罗蒂克·安妮塔。

《观察晚报》果然上当。它在显著位置报道了这个新闻，不少富有同情心并仗义的读者都来美容小店安慰安妮塔。由于舆论的作用，那位律师也没有再来找麻烦。小店尚未开业，就出了名。开业之初，美容小店客户盈门，热闹非凡。

无独有偶，当初美容小店进军美国时，开张前几周，纽约的广告商纷至沓来，热情洋溢地要为美容小店做广告。他们相信，美容小店一定会接受他们的热情，因为在美国，离开了广告，商家几乎寸步难行。

安妮塔却态度鲜明："先生，实在是抱歉，我们的预算费用中没有广告费用这一项。"

美容小店"离经叛道"的做法，引起美国商界的纷纷议论。纽约商界人人皆知的常识是外国零售商要想在商号林立的纽约立足，若无大量广告支持无异自杀。

敏感的纽约新闻媒介没有漏掉这一"奇闻"，他们在客观报道的同时，还加以评论。读者开始关注起这家来自英国的公司，觉得这家美容小店确实很怪。这实际上已起到了广告宣传的作用，安妮塔并没有去刻意策划，但却节省了上百万美元的广告费。

到了后来，美容小店的发展规模及影响足以引起新闻界的瞩目时，安妮塔就更没有做广告的想法了。但是当新闻媒体采访安妮塔或者电视台邀请她去制作节目时，她总是表现活跃。

安妮塔就是依靠这一系列的标新立异的做法使最初的一间美容小店扩张成跨国连锁美

容集团。她的公司于 1984 年上市之后，很快就使她步入亿万富翁的行列。

离经叛道是一个让很多人看不惯的行为，但是无数的事实由不得你不换一种思维去解读和处理事情，啃了十几年的书本无法成为你笑傲江湖的宝典，事事按照规矩行事会让你淹没在人群中。别被教条所限，别让别人的意见淹没你内心的声音，记住：成功，有时候需要一点点"离经叛道"的精神。

成功就是走少有人走的路

有一个人要穿过沼泽地，因为没有路，便试探着走。经过尝试他走了很长一段路，但是一不小心他一脚踩进烂泥里，沉了下去。

又有一个人要穿过沼泽地，看到前人的脚印，便想：这一定是有人走过，沿着别人的脚印走一定不会有错。用脚试着踩去，果然实实在在，于是便放心地走下去。最后也重蹈覆辙一脚踏空沉入了烂泥。

又有一个人要穿过沼泽地，看着前面众人的脚印，心想：这必定是一条通往沼泽地彼端的大道，看，已有这么多人走了过去，沿此走下去我也一定能走到沼泽的彼端。于是大踏步地走去，得到了与前人同样的结局。

人生之路就如这沼泽，处处充满陷阱，并不是走的人越多就越平坦、越顺利，沿着别人的脚印走，不仅走不出新意，有时还可能会跌进陷阱。

众人都走过的路，往往没有果子留下来。成功需要创新，需要独辟蹊径，走别人没有走过的路，只有这样，才能发现新的机会、新的成功。

"沿着你自己最明显的倾向和最强烈的特性前进，并仍然忠实于体现自己的人性。"这是莫里斯对"立异"的注释，他认为"立异"是人与人之间的差别。他说："个人之间的差别很大、很顽强，也很重要。"

每个人都有自己独特的地方，差异性是人的生命力的个体标志。在我们与他人打交道时，在我们为群体、为他人服务时，并不意味着你该把自己混同于他人，即使要体现人的共性，也仍要以你自己认为最合适的方式表达，这样才能把自己具有的"明显倾向"和"强烈特性"的自我发展与社会发展融为一体，使自己成为一个健康、完整、独立的人。

盲目从众就是抹杀上帝赐予我们的独特，让我们的生命变得平庸。认识自己的独特性已经同每个人的生存质量紧密相连。在每一个时代，每一个国家，都有靠自己标新立异的个性闯出一条新路的伟大人物，他们从不抄袭他人、模仿他人，也不愿意墨守成规而使自己受到束缚，因而成就了自己的伟大事业。

那些有毅力、有创造力的人，往往是标新立异的先锋，格兰特将军从不照搬军事教科书上的战术，而是采用自己独特的战法，他虽然受到许多将士的诘难与指责，但他却能战胜强大的敌人。拿破仑并不熟知以往的战略战术，但他自己制定的新战略和新战术，竟能战胜全欧洲。西奥多·罗斯福的施政方针，绝少依照白宫前任总统们的政策方略。他做过警察、公务人员、副总统、总统，他总是按照自己的意愿去做，绝不模仿他人，终于表现出惊人的政绩。而那些懦弱、胆怯而无创造力的人，永远不会找到新的出路。

成功者不走寻常路，因而，他们可以达到不凡，世人总是用异样的眼光欣赏和羡慕成功者。不论是华盛顿，还是爱因斯坦，也不论是比尔·盖茨，还是中国的张瑞敏，他们都是成功者，但他们都有各自不同寻常的经历和不同寻常的做法。成功是不寻常的，成功者也是不寻常的，因为，事实已经证明：标新立异，让你的成功与众不同。

很多人在成功的道路上，总是追寻榜样的力量。确实，那些榜样有很多值得我们学习的地方，某些方法或模式适合我们套用。但是同时要立"异"、要创新、要以自己的风格，创造出一套属于自己的成功哲学和理论。

怎样才能标新立异呢？事实上并不需要完全立异，只需要比竞争对手好 1% 就可以了。因为 100% "立异"的产品无法被客户接受，而比原来好 1% 的创新会得到非常大的肯定。同时，100% "立异"的人会被人们孤立，而 1% 的"立异"会让人们觉得你与众不同、有个性，因而易于被接受。

在美国哈佛大学的毕业典礼上，校长每年都要向全体师生特别介绍一位新生。去年，校长隆重介绍的，是一个自称会做苹果饼的女学生。学生都感到奇怪，哈佛不乏多才多艺之人，为何推荐一个仅仅擅长做苹果饼的学生呢？最后，校长揭开了谜底。哈佛大学每年的新生都要填写自己的特长，几乎所有的同学都填写诸如运动、音乐、绘画等，从来没有人填过自己擅长做苹果饼。因此，这个女学生便脱颖而出。

填写擅长运动、音乐、绘画的，或是填写做家务、经商，等等，只会让人觉得千篇一律、乏味枯燥。但是，他们所写的很多人都已经写过了，并且这样的答案还在不断地重复。细细想来，这背后是一种简单的重复，缺乏创造。而那个女孩填写"会做苹果饼"这个答案，则显示出一种天真的可爱和淳朴，让她能够在众人中脱颖而出。

其实，"世界上本来有路，走的人多了，也便没了路"。这就是创新的定律。敢于走标新立异的路，才能让我们的成功与众不同。

胜利有时候需要反其道而行

有一个聪明的男孩，有一天妈妈带着他到杂货店去买东西，老板看到这个可爱的小孩，就打开一罐糖果，要小男孩自己拿一把糖果。

但是这个男孩却没有任何的动作。几次的邀请之后，老板亲自抓了一大把糖果放进他的口袋中。

回到家中，妈妈很好奇地问小男孩，为什么没有自己去抓糖果而要老板抓呢？

小男孩回答得很妙："因为我的手比较小呀！而老板的手比较大，所以他拿的一定比我拿的多很多！"

我们大多人都会跟这个小孩子的妈妈一样犯同一个思维错误：如果小孩想要糖肯定会自己去抓。故事中这个小男孩要糖，但是他自己不抓而让老板抓。这个故事反映出小孩的聪明和智慧：自己不抓不等于不要糖，而是为了让老板抓，大手胜过小手可以要更多的糖。

一个青年同别人一同开山，当别人把石块砸成石子运到路边，卖给建房的人时，他却直接把石块运到码头，卖给城里的花鸟商人。因为这儿的石头总是奇形怪状，他认为卖重量不如卖造型。3 年后，他成为村上第一个盖起瓦房的人。

后来，不许开山，只许种树，于是这儿成了果园。漫山遍野的鸭梨招徕八方客商，他们把堆积如山的梨子成筐成筐地运往北京和上海，然后再发往韩国和日本。因为这儿的梨，汁浓肉脆，纯正无比。

就在村上的人为鸭梨带来的小康日子欢呼雀跃时，卖过石头的果农卖掉果树，开始种柳。因为他发现，来这儿的客商不愁挑不到好梨子，只愁买不到盛梨子的筐。5 年后，他成为村里第一个在城里买房的人。

再后来，一条铁路从这儿贯穿南北，小村对外开放，就在一些人开始集资办厂的时候，还是那个农民，在他的地头砌了一垛 3 米高、百米长的墙。这垛墙面向铁路，背依翠柳，两旁是一望无际的万亩梨园。坐车经过这儿的人，在欣赏盛开的梨花时，会突然看到四个大字：可口可乐。据说这是五百里山川中唯一的一个广告，那垛墙的主人凭这垛墙每年有 4 万元的额外收入。

20 世纪 90 年代末，日本丰田公司亚洲区代表山田信一来华考察，当他坐火车路过这个小山村时，听到这个故事，他被主人公罕见的商业化头脑所震惊，当即决定下车寻找这个人。当山田信一找到这个人的时候，他正在自己的店门口与对门的店主吵架，因为他店里的一套西装标价 800 元的时候，同样的西装对门标价 750 元，他标价 750 元的时候，对门就标价 700 元。一月下来，他仅批发出 8 套西装，而对门却批发出 800 套。

山田信一看到这种情形，非常失望，以为被讲故事的人欺骗了。当他弄清真相之后，立即决定以百万年薪聘请这个人，因为对门的那个店也是他的。

这个年轻人总是给人意想不到的感觉，总是在反着潮流：当别人卖石子给建筑商的时候，他却买石块给花鸟商人；当别人种果树的时候，他却种柳树；当别人开一个店做生意的时候，他却开两个店做生意，还故意自己挤对自己。

他反弹了一曲曲琵琶，却受到了一次次良好的效果。做生意也是，不按套路出招，而是逆着前进，也能占领先机，抓住商机，取得良好的效果。

巴黎的一条大街上，同时住着三个不错的裁缝。可是，因为离得太近，所以生意上的竞争非常激烈。为了能够压倒别人，吸引更多的客户，裁缝们纷纷在门口的招牌上做文章。一天，一个裁缝在门前的招牌上写上了"巴黎城里最好的裁缝"，结果吸引了许多客户光临。看到这种情况以后，另一个裁缝也不甘示弱。第二天，他在门口挂出了"全法国最好的裁缝"的招牌，结果同样招揽了不少客户。

第三个裁缝非常苦恼，前两个裁缝挂出的招牌吸引了大部分的客户，如果不能想出一个更好的办法，很可能就要成为"生意最差的裁缝"了。但是，什么词可以超过"全巴黎"和"全法国"呢？如果挂出"全世界最好的裁缝"的招牌，无疑会让别人感觉到虚假，也会遭到同行的讥讽。到底应该怎么办？正当他愁眉不展的时候，儿子放学回来了。当他知道父亲发愁的原因以后，笑着说："这还不简单！"随后挥笔在招牌上写了几个字，挂了出去。

第三天，另两个裁缝站在街道上等着看他们的另一个同行的笑话，但事情却超出了他们的意料。因为，他们发现，很多客户都被第三个裁缝"抢"走了。这是什么原因？原来，妙就妙在他的那块招牌上，只见上面写着"本街道最好的裁缝"几个大字。

在竞争日趋激烈的今天，人们更需要借助于不同常规的思维方式来取胜。在上面的故事中，面对其他人提出的全城和全国的"大"，裁缝的儿子却利用街道的"小"来做文章，并最终取得了胜利。因为在全城或者全国，他不一定是最好的，但在街道这个特定区域里，他就是最好的，而这才是具有绝对竞争力的。

反其道而行是一种大智慧，当别人都在努力向前时，你不妨倒回去，做一条反向游泳的鱼，去寻找属于你的路径。

别怕做白米饭上的黑芝麻

英文中把那些大家庭中的捣蛋分子成为"黑羊"，设想一下，一大群白羊之间有一只黑羊，那就像是白米饭上的一粒黑芝麻，显得突兀而不同，而也正是因为它的突兀和不同，才会赢得别人的注意。

卡耐基小时候家里很穷。有一天，他放学回家经过一个工地，看到一个像老板模样的人正在那儿指挥盖一幢摩天大楼。卡耐基走上前问："我长大后怎样才能成为像您这样的人呢？""第一要勤奋……""这我早就知道了，第二呢？""买件红衣服穿。"卡耐基满腹狐疑问道："这与成功有关吗？"老板模样的人指着前面的工人说："你看他们都穿着清一色的蓝衣服，所以我一个都不认识。"说完，他又指着旁边一个工人说："你看那个穿红衣服的，就是因为他穿得跟旁人不同，这才引起了我的注意，我也就认识了他，发现了他的才能，这几天我会安排他一个职位。"不要怪这个世界不公平。如果到今天为止，你的能力还没有得到别人的赏识，你不妨学学这些聪明人，给自己穿一件"红衣服"。

如果一个人走入人群，不能很清楚地表现自己独特的一面，而只是成为人群中的一分子的话，这个人的个人形象明显存在缺憾。缺乏个性很难引起别人对你的注意，当然更谈不上成功了。因此，要想抓住成功的机会，就要随时秀出自己的与众不同。

妮妮今天大学刚毕业，到一家公司应聘财务会计工作，面试时即遭到拒绝，因为她太年轻，公司需要的是有丰富工作经验的会计人员。妮妮没有气馁，她对主考官说："请再给我一次机会，让我参加完笔试。"主考官拗不过她，答应了她的请求。结果，她通过了笔试，由人事经理亲自复试。

人事经理对妮妮颇有好感，因为她的笔试成绩是最好的。不过，妮妮的话却让经理有些失望，她说自己没工作过，唯一的工作经历是在学校掌管过学生会财务。他们不愿找一个缺乏工作经验的人做财务会计。人事经理只好敷衍道："今天就到这里，如有消息我会打电话通知你。"

妮妮从座位上站起来，向人事经理点点头，从口袋里掏出一元钱，双手递给人事经理："不管是否录取，都请您给我打个电话。"

人事经理从未见过这种情况，竟一下子呆住了。不过他很快回过神来，问："你怎么知道我不给没有录用的人打电话？"

"您刚才说有消息就打，那言外之意就是没录取就不打了。"

此刻，人事经理对妮妮产生了浓厚的兴趣，问："如果你没被录用，我打电话，你想知道些什么呢？"

"请告诉我，我在什么地方不能达到你们的要求，我在哪方面不够好，以便我改进。""那一块钱……"

没等人事经理说完，妮妮微笑着解释道："给没有被录用的人打电话不属于公司的正常开支，所以由我付电话费，请您一定打。"

人事经理马上微笑着说："请你把一块钱收回。我不会打电话了，我现在就正式通知你，你被录用了。"

就这样，妮妮用这幸运的一元钱敲开了机遇的大门。

细想起来，其实妮妮被录用的道理很简单：一开始便被拒绝，妮妮仍要求参加笔试，说明她有坚毅的品格。财务是十分繁杂的工作，没有足够的耐心和毅力是不可能做好的。她能坦言自己没有工作经验，显示了一种诚信，这对财务工作尤为重要。即使不被录取，也希望能得到别人的评价，说明她有直面不足的勇气和敢于承担责任的上进心。员工不可能把每项工作都做得完美，我们可以接受失误，却不能接受员工自满不前。她自掏电话费，说明了其思维的灵活性，她巧妙地展示了自己公私分明的良好品德，这更是财务工作者不可或缺的素质。而这一切构成了她的与众不同。

无论是在工作中还是在生活中，我们都不要太"随大流"，敢于展现出自己的与众不同，你才能在人群中脱颖而出。

"能成为海盗，何须加入海军"

"能成为海盗，何需加入海军"，这是乔布斯的座右铭。乔布斯在一次接受采访时这样解释道："人们很多时候不会去做伟大的事情，因为没有人要求他们去尝试，他们也没有被寄予厚望。也没有人会说：'去做伟大的事情，这就是这里的文化。'如果你建立了这样的文化，那么人们就能完成比他们自己想象中更伟大的事情。选择成为一名海盗，意味着脱离人们对可能性的概念，一小群人做一些伟大的事情，并在历史长河中被铭记。"

乔布斯一生的经历就和一个驰骋大海的海盗一样精彩，他是一个美国式的英雄，几经起伏，依然屹立不倒，就像海明威在《老人与海》中说到的，一个人可以被毁灭，但不能被打倒。他创造了"苹果"，掀起了个人电脑的风潮，改变了一个时代。

乔布斯出生于1955年，他家境一般，但智慧过人。乔布斯读书很勤奋，善于思考，曾以优异的成绩考上了大学，但由于经济拮据，几乎是半工半读，靠自己在业余时间做工来赚取学费和生活费用。但即使如此，他在1974年还是因经济所迫不得不中断了大学学业，离开了大学。

乔布斯中断学业时，年仅19岁。他进入雅达利电视游戏机械制造公司，找到了一份工作。然而，他的志向并不在此。当时，微电脑刚问世不久，在美国加利福尼亚的库珀蒂诺镇，一些业余爱好者正在组织"自制电脑俱乐部"。乔布斯虽然没有读完大学，但他已经掌握了不少相关的知识，加上他在业余时间刻苦钻研，对电脑技术颇感兴趣。此时，他经过认真思考，认为要干出一番事业，干电脑行业是最好的选择。在未来，人人拥有一台电脑必将成为一种发展趋势。于是，他下决心要在研究和开发个人用电脑方面干出一番事业。他和朋友瓦兹尼雅克一起开始创业。

但是他们俩手头上都没有钱，东拼西凑加起来才只有 25 美元。25 美元何其微乎其微啊！然而他们就是用这一点钱，买了一片微处理器，乔布斯把父亲的修车房作为工作室，两人便干了起来。这简直就像是两个小孩子在玩游戏。然而，他们就是凭着这 25 美元的资本干起，经过废寝忘食的奋斗，终于试装出一台单板微电脑，把它和电视机连接使用，可以在电视屏幕上显示出文字和简单的图形来。

他们为自己取得的这一小成果而感到高兴，便把这台个人微电脑送到"自制电脑俱乐部"展示，受到了热烈称赞和欢迎。他们信心十足，接着就试制出了一小批公开出售，谁知竟然非常抢手，有一家电脑商店竟然向他们一次性订购了 350 台！这给他们带来了发迹的机会。

从此，他们雄心勃勃，把自己一切可以变卖的东西全都卖掉，换取了 2500 美元作为资本，再向当地的一家商店买了一批零件，用了 29 天的时间，就创立了一个小小的微电脑公司。为了纪念乔布斯在半工半读的岁月里曾在一个苹果园里工作过，他们把公司命名为"苹果电脑公司"。

后来，"苹果电脑公司"成了美国一家大电脑公司，而乔布斯则被誉为"电脑神童"，是个人电脑的开发鼻祖。

起初，公司只有乔布斯和瓦兹尼雅克两个人，乔布斯既是负责人，又是工程师、设计员、工人、推销员。而且，他们两个人对于做生意都不精通。这时，乔布斯意识到，要想使公司发展壮大，必须广集人才，而目前迫切需要的是会做生意的人才。他想起了自己推销第一批产品时认识的麦库拉。

麦库拉当时在一家半导体公司供职，是一位经验老到的推销能手。

乔布斯怀着"三顾茅庐"的热情，再三邀请麦库拉入伙。麦库拉看到这位年轻后生很有创新精神，终于答应应聘，并且拿出 25 万美元进行投资，成了苹果电脑公司的一个股东。接着，他们几经研究、试验，对原有产品重新进行设计，制造出了一种体积小、价格低、适合于个人和家庭使用的电脑，命名为"苹果二型"。这种电脑一上市，就受到大家的追捧，该公司不起眼的标志——一个咬掉一大口的苹果，霎时红透了半边天。乔布斯迅速扩大规模，开始大量生产，公司员工由最初的 3 人，到 20 世纪 80 年代初便发展到 3200 多人。1977 年，公司营业额为 77 万美元，纯利润为 4.2 万美元。到 1981 年，公司营业额竟达 3.35 亿美元，4 年间增长了 432 倍。

从这以后，苹果电脑公司进入黄金时代，成了知名度颇高的电脑公司。

时间是有限的，因此不要轻易浪费，不要生活在别人的世界里。不要被一些条条框框所限制，不要按照别人的想法来生活。有时候，你的内心和直觉已经知道了你真正想要成为什么样的人，那就一定不要让别人的声音淹没你内心的梦想。最重要的是，要有敢于成为海盗的勇气，在年轻的时候，张扬自己的个性，遵从内心的声音。

成功属于爱折腾的人

生活中总有这样一种人，在常人眼中，他们总是不断挑战世俗，在有限的生命中折腾不止，但往往成功也更加眷顾那些爱折腾的人。

1999 年，北京育英中学出了一回"百年不遇"的尴尬。一个叫茅侃侃的高一男生地理会考不及格，补考，再不及格。按国家政策，他没有考大学的资格了。年级主任为此头发都急白了一茬，居然出了这种人！

茅侃侃瘦得像一根竹竿，脸色青黑，打扮嘻哈。每天睡 4 小时，或者两天连着只睡 8 小时。那几年都是这么过的：早上 5 点半起床，骑车 10 分钟去学校埋头苦干，把当天作业全部消灭掉。上课的时候就心里琢磨晚上的事儿。下午 5 点半放学回家，吃完饭就一个人闷在小屋里弄电脑，一直到 12 点。初一时瀛海威时空已经上线，他申请做了一个程序论坛的斑竹，最让他兴奋的事就是想出各种招儿去维持论坛的发展。周末就组织活动，把论坛的人招呼到一块儿聊天。那时候，茅侃侃带着校队横扫北京市的计算机比赛，遇不到对手。初三又迷上了山地车，每天放学后玩山地车到晚上 8 点，然后再弄电脑，到凌晨 2 点。

茅侃侃的思维习惯和行事作风就是在这个阶段成型的。他基本不跟同龄人打交道，网上打交道的人都比他大七八岁。一块儿玩山地车的人也多是有工作的青年人，大家谈的东西就是要做什么样的生意，解决什么样的问题，很实际。除了那些表面化的嘻哈打扮，茅侃侃的思维和行为要比实际年龄老到得多。好多网友在见他以后，怎么也不相信跟自己网上聊天的竟然是个 17 岁的小男孩！

2000 年，他连着取得了微软和思科的计算机认证，拿着这两个招牌在一家网站谋了个月薪 3600 元的职位。接下来的 3 年里，他足足换了十几份工作！从小网站、游戏公司、电视台、一直换到政府事业单位；从研发、策划、市场、宣传一直做到节目制作；还自己开了家公司，给人家外包研发项目。这些年真是吃尽了苦头，把自己积蓄的 20 多万元都当学费赔了进去，当然也见识到了各行各业、各阶层的"道道"。

2004 年年底，茅侃侃又一次碰上一个曾经合作过的国有公司老板。当年为他做项目，从后台数据处理到市场推广策划，效果超出了老板的预料。这一回茅侃侃把闷在心里想了一年的 Majoy 项目跟他交流：把网络游戏搬到线下、模仿其后台数据运行，但用实景、由玩家实际扮演。两个人一拍即合，茅侃侃以智力入股他的公司，双方正式运营 Majoy，对方予以 3 亿元投资，预计 Majoy 累计投资将达到 30 亿元人民币，茅侃侃为现任总裁。

人生总有各种各样的可能等待我们去尝试、去拓展，循规蹈矩的人，也许一辈子平平稳稳地过着自己的小日子，但那样的生活无异于坐井观天，而爱折腾的人，他们总能充分发掘自己各个方面的能力和潜力，在折腾中成就一番事业。因此，你还等什么，趁着年轻，赶快折腾起来！

首先，打破一切常规

无规矩，不成方圆。生活离不开各种各样的规矩，有些我们应当遵守，但是完全按照规矩办事很容易陷入僵局之中，在适当的情况下打破规矩的限制，会取得意想不到的效果。

"运筹帷幄之中，决胜千里之外"的诸葛亮在年轻时即表现出了不俗的气质与智慧。他曾与庞统、徐庶等 10 人一起师从水镜先生。水镜先生要求极为严格，一日给他的几名弟子出了道考题，那就是如何说服自己在午时三刻之前允许他们出庄。徐庶听后无可奈何地一笑，双手一摊，没辙了。庞统比较滑头，嬉笑着说："让先生允许我离庄，实在拿不出办法，但如果弟子在庄外，则一定有办法让先生允许我进庄。"水镜先生一听，板起脸："这点小聪明也想诓我，一旁站着去吧！"

众人都忙着想办法，唯有诸葛亮伏在桌上睡大觉，待师兄弟将他推醒，午时三刻就要到了。师兄弟带着几分幸灾乐祸的神情望着他，那眼神似乎在说：看来，你也没啥能耐。这时却见诸葛亮揉揉双眼，一脸怒气，突然一个箭步冲上前去，一把抓住水镜先生的衣襟，高声呵斥道："哪里有你这样的先生，净用无理的歪题整弟子，我不学了，还我 3 年学费！"众人见诸葛亮要蛮发横，慌了手脚；水镜先生遭受羞辱，也气得发抖。他急命徐庶、庞统："把这小畜生给我逐出去！"诸葛亮站着不走，非要要回 3 年的学费不可，徐、庞二人费尽气力，才把诸葛亮拖出庄去。

一出水镜山庄，诸葛亮哈哈大笑起来，随即折身来到水镜先生跟前跪下，谢罪道："适才为了考试，无奈中冒犯先生，万望恕罪！"水镜先生听罢，转怒为喜。就这样，诸葛亮通过了考试。与此同时，徐庶、庞统借光出了庄门，考试也算合格了。诸葛亮获得成功，其他师兄弟一无所成，最根本的区别在于他知道如何打破常规。

古人除天伦应尽的孝道外，特别重视"师道"，因此有所谓"一日为师，终身为父"的感言和"尊师重道"的理念。正因为如此，弟子从不敢对师不敬。仔细考虑诸弟子的答案，都有一个明显缺陷——冲着考题内容而来，目标指向都很明确——我要出庄（传统考试习惯束缚了他们）。这一切自然都在水镜先生意料之中，当然也就无法得逞。

懂得变通，打破常规的束缚，使诸葛亮轻松通过了考试。

在生活中，凡事不可生搬硬套，而应灵活地解决。如果拘泥于陈腐的模式，必然无法超越前人。只要主动地打破常规，自行开辟一片天地，再难解的结也就会迎刃而解了。想做一名卓越人士，就必须不停地主动调整自我，适应社会的变化，并懂得打破常规以取得成功。

打破沉闷的生活模式

潜能的繁衍需要不断新生的空间，我们在一切旧事物的循环之中都无法捕捉到潜能的影子。唯有打破了此时沉闷的生活模式，我们才能为潜能打通一个出口。它会在全新的生活模式下源源不断地释放自身的力量，让我们获得最宝贵的能量。

某位推销员在为自己的工作作总结时，将自己每天平均的访问次数除以平均订立契约的件数后发现，他的客户订立契约的概率很低，原因在于他在每次得到和大客户订约的机会时，总是因为畏缩或怠惰而丧失良机，而且他甚至从来没有访问过这些客户。为了提升业绩他开始思考自己的工作现状及态度，决心改变现状，积极地访问可以订立契约的大客户并增加每天的访问次数，努力争取更多的订单。此后，这位推销员的能力得到了很大的提升，5个月后，他获得了比从前多5倍的订单。

还有一位上班族，他每个月的收支都呈赤字，只有靠着年终奖金才能勉强平衡，因此他整天闷闷不乐，觉得自己是一个毫无成就的人。这样的状况持续了很久，后来有一天他反问自己："为什么别人赚得比我多？"仔细思考后，他得出了两种增加收入的方法：第一，更加努力地工作；第二，做些副业以增加收入。他决定两种方法同时进行。他对生活的重新规划得到了回报，努力的结果呈现在眼前：以前他每个月要为赤字而焦头烂额，而现在，他终于有了为数不小的储蓄。

故事中的这两个人原本的生活可谓循规蹈矩，毫无作为。但是，自从他们改变了旧有的模式，打破了沉闷的生活模式后，内在的潜能因此被调动出来，极大地改变了他们的生活。

如果生活过于沉闷，那么你必然不会提起太大的兴趣。这种毫无感觉的麻木状态让自身的能量场也如一汪死水一般，毫无波澜，你身边的能量场也只是维持着以往的频率运转，无法让你产生调动潜能的念头；如果打破沉闷的生活，为其注入一些鲜活的元素，那么你自然会被各种新奇的事物调动起来。你身边的整个能量场也会随之鲜活灵动起来，它的振动频率也必然不会像平常一样。潜能恰恰可以接收这种振动频率，在这种频率下，潜能才会被调动起来，释放出强大的力量。

沉闷单调的生活阻碍了潜能的释放，而这种生活同样也会让人们丧失斗志。与其终其一生寻找成功的影子却碌碌无为，不如走出陈旧的生活模式，给潜能提供一个出口。不管你现在是学生还是上班族，不管你此时是否年轻，都可以从现在开始重新规划自己的人生，让深埋于心底的潜能苏醒与繁衍。

打破陈旧必然伴随着新生能量的诞生，正所谓"旧的不去、新的不来"，当你身边一切旧有的负面能量全部被新生的能量替代时，内在的潜能也会逐渐苏醒。当潜能意识到你想改变自己的生活，并且拥有获得美好生活的决心与勇气时，它就会竭尽全力地帮助你，让你获得意想不到的成功。

两思而后行才是明智之举

行动前应该思考几次？两次，三次，还是四次？

"季文子三思而后行。子闻之曰：再，斯可矣！"有人对这句话的解释是，孔子听到季文子三思而后行的举动后，说："还应该再思考一次。"对此，南怀瑾先生则认为，孔子是在说："思考三次，太多了，两次就够了。"

脑海里如若有太多的"如果"、"怎么办"，八字还没一撇，就恨不得把后面的事情都计划周详，但这样就永远也迈不出行动的第一步。

季文子是鲁国的大夫，做事情过分小心、仔细。一件事情，想了又想，想了再想叫"三思"。孔子知道了他这种做事的态度，便让他别想得太多，为人做事诚然要小心，但"三思而后行"，的确考虑得过了。做事情的时候，考虑一下，再考虑一下，就可以了。如果考虑第三次，很可能犹豫不决，轻易就放弃了。

美国有个84岁的老太太昆丝汀·基顿，1960年曾轰动了美国。这位高龄的老太太，竟然徒步走遍了整个美国。人们为她的成就感到自豪，也感到不可思议。有位记者问她："你是怎么完成徒步走遍美国这个宏大目标的呢？"老太太的回答是："我的目标只是前面那个小镇。"

成功总是由无到有、由小变大、由少到多，这中间需要一个想成功的人不断地努力与争取，这便是"图难于易"的成功要诀。

谨慎中有大学问，行动前究竟要思考几次，因人而异，因事而定，圣人告诉我们的只是一个行事的准则，不要让思虑限制了行动，也不要让冲动冲垮了理智。

人生是一个追求成功的过程，人们总是给自己设置许多障碍，却忘记了难与易总是相对而言的。

天下之事，图难于易，人们通常在开始时感到行事的艰难，在成事后便只享受着成功的喜悦，其实，初始时的坚定与成功后的淡定才是做事最应该持有的态度。

退是另一种进取策略

凡事皆有长有短、有胜有败，何况是千变万化的人生！成功通常属于深谙进退之道的人，后退一步，成功的希望更大。

一位留美计算机博士学成后在美国找工作。他有个显赫的博士头衔，求职的标准当然不能低。结果，他连连碰壁，好多家公司都没录用他。想来想去，他决定收起所有的学位证明，以"最低身份"去求职。

不久，他就被一家公司录用为程序输入员。这对他来说简直是高射炮打麻雀，但他仍然干得认认真真，一点儿也不马虎。不久，老板发现他能看出程序中的错误，不是一般的程序输入员可比的。这时他才亮出学士学位证书，老板给他换了个与大学毕业生相称的岗位。

过了一段时间，老板发现他时常提出一些独到的有价值的建议，远比一般大学生要强，这时他亮出了硕士学位证书，老板见后又提升了他。

再过了一段时间，老板觉得他还是与别人不一样，就对他"质询"，此时他才拿出了博士学位证书。这时老板对他的水平已有了全面的认识，毫不犹豫地重用了他。

这位博士最后的职位，也就是他最初理想的目标。

以退为进，由低到高，这既是做人的一门艺术，也是生存竞争的一种方略。一个人跳高时，如果离跳高架很近，想一下子就跳过去并不容易。后退几步，再加大冲力，成功的希望就会非常大。人生的进退之道就是这样。

这位博士是聪明的，他先放下身份和架子，甚至让别人看低自己，然后寻找机会全面地展现自己的才华，让别人一次又一次地对他刮目相看，使他的形象慢慢变得高大。如果刚一开始就让人觉得你多么的了不起，对你寄予了种种厚望，可你随后的表现让人一次又一次的失望，结果就会被人越来越看不起。这种反差效应值得所有人注意。别人对你的期望值越高，就越容易看出你的平庸，发现你的错误；相反，如果别人本来并不对你抱有厚望，你的成绩就会更容易被发现，甚至让人吃惊。

俗话讲：退一步路更宽。这里所说的退是另一种方式的进。暂时退却弯腰，养精蓄锐，以待时机，这样的退后再进则会更快、更好、更有效、更有力，而弯腰则会增强以后的爆发力和冲劲，使人对你刮目相看。退是为了以后再进，暂时放弃某些有碍大局的目标是为了最后实现更大的成功。这退中本身已包含了进的意义了，这种退更是一种进取的策略。

经验少也是优势

我们生活在一个充满经验的世界里，从小到大，我们看到的、听到的、感受到的、亲身经历过的各种各样的大小事件和现象，都成了我们人生的智慧和资本。常常听到有人说，"我吃的盐比你吃的米多"、"我过的桥比你走的路多"，可见人们常以经验丰富为豪。

在一般情况下，经验帮助我们处理日常问题，只要具有某一方面的经验，那么在应付这一方面的问题时就能得心应手。特别是一些技术和管理方面的工作，非要有丰富的经验不可。老司机比新司机能更好地应付各种路况，老会计比新会计能更熟练地处理复杂的账目。所以，很多时候，经验成了我们行动所依靠的拐杖。但经验不是放之四海而皆准的真理，经验也给我们带来了不少沉痛的教训，因为经验是相对稳定保守的东西，是属于过去式的"历史"，而现实却是一直在不断变化发展的，所以经验并不一定能解决当前的问题。

在酒吧间，甲、乙两人站在柜台前打赌，甲对乙说："我和你赌 100 元，我能够咬我自己左边的眼睛。"乙同意跟他打赌。于是，甲就把左眼中的玻璃眼珠拿了出来，放到嘴里咬给乙看，乙只得认输。

"别泄气，"提出打赌的甲说，"我给你个机会，我们再赌 100 元，我还能用我的牙齿咬我的右眼。"

"他的右眼肯定是真的。"乙仔细观察了甲的右眼后，又将钱放到了柜台上。可结果，乙又输了。原来甲从嘴里将假牙拿了出来，咬到了自己的右眼！

乙为什么连输两次呢？因为第一次的失败告诉他：甲的左眼是假的，所以能拿下来用嘴咬。吸取了第一次的经验教训后，他确定甲的右眼绝对不是假的，因而不可能被牙咬到。他万万没想到，甲的右眼虽然不是假的，却有一口假牙。乙输就输在经验造成的思维定式中，所以，经验也会"一叶障目"。

经验本身没有错，它是一笔宝贵财富，对我们有很大的指导意义。但我们要在合适的时机用好经验，因为一旦形成思维定式，就会变成一种枷锁，妨碍我们打开新思路，寻找新方法，时间长了，就会削弱我们的创新力。

经验告诉我们的只是过去成功或失败的过程，而不是未来如何成功的方法。千万不要以为在人生这个广袤的大海里，只能抱着那些曾经的经验，在祖辈开辟的领海中游弋。

日常生活中，太多习以为常、耳熟能详、理所当然的事物充斥在我们的身边，逐渐使我们失去了对事物的热情和新鲜感，经验成了我们判断事物的"金科玉律"。随着知识的积累、经验的丰富，这些"金科玉律"使我们越来越循规蹈矩，越来越老成持重，致使我们的创意被抹杀，无法获得突破性进展，无法成为一个富于开拓进取的人。

其实，每个人都会受"金科玉律"的限制，若能及时从中走出来，实在是一种可贵的醒悟。与生俱来的独一无二的创造态度，勇于进取，绝不自损、自贬，在学习、生活中勇于独立思考，在职业生活中精于自主创新，正是能够从自我囚禁的"栅栏"里走出来的鲜明标志。

另外，要从这个"栅栏"里走出来，就要还思维状态以自由，突破经验定式。在此基础上，对日常生活保持开放的、积极的心态，对创新世界的人与事持平视的、平等的姿态，对创造活动持成败皆为收获、过程才最重要的精神状态，这样，我们将有望形成有利于开创人生的心理品质，克服有可能产生的形形色色的内在消极因素。

摆脱经验定式要求我们要拓展思路。尤其在今天这个信息爆炸、瞬息万变的时代里，过去的经验往往就是未来失败的最大原因。从某种意义上来看，经验是一种指导我们"只能怎样怎样"、"绝不应怎样怎样"的行动手册，对很多人来说，经验就成了无法跳出的框框。

束缚越少越好。正是因为如此，年轻人的"经验少"并不是一种缺点，有时反而是一种优势，是"敢闯敢干"的代名词。所以，我们不要笃信"经验之谈"，要有初生牛犊不怕虎的勇气和精神，用好"敢干敢闯"的精神，"牛犊"也能闯出一片新天地。

常理并非真理

生活中，没有十全十美的人生经验。经验、常理并非就是真理的代名词。

有一篇有趣的文章：

长江中有三种鱼：鲥鱼、刀鱼和河豚，鲥鱼的形状像鲤鱼，身子比鲤鱼扁一些；刀鱼的形状像一把匕首；河豚有着滚圆的身子，身上长的不是鱼鳞，而是带小刺的皮。尽管这三种鱼形状各一，但当地的渔民捉它们时却用的是同一张网。渔民们把渔网像排球网一样拦在江中，鲥鱼头小身子大，头钻过去后身子就过不去了，这时候，鲥鱼只要往后一退，它就逃脱了，但是它没有，仍然往前游，就被渔民捉住了；刀鱼在穿过网时就迅速地后退，由于它的身子像一把匕首，两边的鱼鳍卡在了网上，其实，它只要继续向前就能穿网而过，但它不顾自身的情况，错误地接受了鲥鱼的教训，也被渔民捉住了；而河豚呢，在碰到网后，既不学鲥鱼，也不学刀鱼，它采取的是既不前进又不后退，它给自己拼命地打气，把自己打得圆鼓鼓的，结果漂到江面上，还是被渔民捉住了。

如同这三种鱼一样，许多人常常被自己的习惯和自以为是害得苦不堪言：能看到别人的缺点，却永远找不到自己的弱点；常常因为看到别人出了问题想避免重蹈覆辙，结果却陷入了另外一个更致命的错误之中。

清代学者纪晓岚在《阅微草堂笔记》中讲过这样一个故事：

在沧州南面，有一座寺庙靠近河边。某年发大水，庙门倒塌到河里，门旁两只石兽也一起沉到河里。

十多年后，和尚们募集到了一笔钱，决定重修庙门，便到河中寻找那两只石兽，居然没找到。他们认为石兽是顺着河的方向冲到下游去了，便划着小船，拖着铁耙，寻找了十多里，一点踪迹也没有。

有个学究在庙里开馆执教，听到这件事便嘲笑说："你们这些人不能推究事物的道理。这不是木片，怎么能被洪水带走了呢？石头的特性是坚硬而沉重，泥沙的特性松散而轻浮，石兽埋没在泥沙上，就会越沉越深。顺着河流往下游去寻找它，不是荒唐吗？"

众人十分信服，认为是正确的论断。

一个老水手听了学究的话后，又嘲笑说："凡是河中失落的石头，都应该到河的上游去寻找。正因为石头的特性坚硬而沉重，泥沙的特性松散而轻浮，所以水流不能冲走石头，它的反冲的力量，一定会在石头迎水的地方冲击石前的沙子形成坑穴。越冲越深，冲到石头半身空着时，石头一定会倒在陷坑中。像这样再冲击，石头又向前再转动。这样一再翻转不停，于是石头会反方向逆流而上了。到下游去寻找它，固然荒唐；在石兽掉下去的当地寻找，不是更荒唐吗？"

人们按照老水手的说法去找，果然在几里外的上游地方寻到了石兽。

作者感慨地说，既然这样，那么天下的事情，只知其一、不知其二的还多着呢，难道可以根据自己所知道的道理就主观判断吗？

常理并非真理。只有敢于适时冲破我们的思维定式，那些看似不利的事情才可能有所转机。

不迷信老经验，不盲从书本、常理，我们才能发掘到真正的幸福、真理。

有时候不妨相信你的直觉

在这个强调理性思考的年代，很多人不敢相信自己的直觉，甚至羞于承认有时候会"顺着感觉"做决定。美国耶鲁大学心理学教授罗伯特·斯登伯格就明白指出："逻辑思考和自我否定是扼杀直觉的头号杀手。"理性的逻辑训练让我们瞻前顾后，我们通常是怀疑直觉，而不是去拥抱它。

假如我们能够了解，直觉是人类另一个认知系统，是和逻辑推理并行的一种能力，或许我们比较能够接受直觉的存在。让直觉进入我们的生活，与思考的能力并行，就像打开车子前面的两个大灯，同时照亮我们左右两边的视野。

以下几个方法，可以帮助我们提高直觉决策的能力：

1. 放松独处

散步、独自开车、躺在床上休息或淋浴泡澡，都是体察内心深处的感受，找回直觉的最好时刻。画家达·芬奇在创作"最后的晚餐"时，会连日工作，也会一声不响就停下来休息。很多人都有类似的经验，"把一个问题带上床"，醒来时就能得到解答。只有在放松、放慢脚步的时候，才有机会听到内在的声音，找到决策时所需要的"直觉"。

2. 保持心思意念的单纯

当我们心里充满杂念或忧虑的时候，我们不但听不到心里的声音，也没办法接收外在的讯息。从事摄影工作的莉莉安是个直觉很强的人，她认为每个人都有这种能力，她为了创作刻意保持的专心，让她有很强的直觉。

3. 学着使用直觉判断事情，并注意如何能成功地运用直觉

可以从小事开始练习，只给自己几秒钟的时间决定事情，例如点什么菜，穿什么衣服，或看哪一部电影。也可以用第一个反应去预测事情，当电话响的时候，猜猜看是谁打来的？这些练习可以锻炼直觉，帮助你用直觉来决定事情，而不是用理性的思考来寻找答案。

4. 记录自己的直觉或灵感

写下突如其来的想法，或者记下有关直觉的具体观察。长期记录它们，有助于辨认直觉与错觉。直觉开发专家萝珊娜芙提出一个"三定律"来教人辨认直觉："当一个想法出现的时候，让它走。当它再出现的时候，再让它走。假如它第三次再回来，就可以放心地听从这个感觉。"透过简短的笔记或长期的日记，可以帮助自己了解曾经有过什么样的感动或灵感。达·芬奇就是个勤于做笔记的人，他随时写下他所看到的、想到的东西，许多创意就是从这些笔记中得出的。

5. 注意发挥自己的直觉

在每次决策之前，都要明了自己的真实感受，明了自己的直觉指向。面对决策问题，面对备选方案，要验证自己的直觉。当自己的直觉和多数人的意见吻合，再作出决策，其成功的概率就比较大了。

6. 注意验证自己的直觉

当你面对一个新情况时所产生的第一印象，往往是你的准确直觉。因此要处处注意你的第一印象。随着决策的深入，各种意见和方案可能会纷至沓来，面对众多可供选择的方案，一定要将自己当初的直觉作为重要的备选方案，给予足够的重视。而随着方案的实施，要验证自己当初直觉的准确性，不断提高自身直觉决策的成功率。

7. 注意将直觉决策和科学决策结合起来

直觉决策并非完全依赖个人灵感这种"非科学"的信息，而包含着决策人自身的经验、知识和分析能力等"科学"的信息。面对复杂问题，直觉决策应该和科学决策结合起来，以"灵光一闪"的直觉为启发，依靠科学规范的决策程序，最终作出满意的决策。

有人直觉灵敏准确，直觉决策成功率很高，而有的人反应迟钝，直觉决策屡屡失败。如同样是股票投资人，有的人凭直觉，屡屡得手，多有斩获，而有的人屡败屡战，损失惨重。这里面当然有运气的成分，但直觉决策能力的高低恐怕也是重要因素。产生直觉的能力并不完全是天赋的，它可以通过后天的努力和锻炼逐渐得到增强。直觉决策的次数越多，决策者的经验越丰富，直觉决策的效果越好。

第六篇
要想 30 岁时赢，
20 几岁必须突破的瓶颈

第一章
拆掉思维的墙

想象力是第一生产力

那些荒诞不经的想法，大胆的猜测，标新立异的假说，这些潜质思维的利剑，往往能劈开传统观念的枷锁，这就是你的想象力！

从古到今，许多对人类历史作出巨大贡献的伟人们，都将想象力看做是一种不可或缺的能力。法国学者狄德罗说："想象，这是种特质。没有它，一个人既不能成为诗人，也不能成为哲学家，也就不成其为人。"瑞典化学家诺贝尔说："想象是灵魂的眼睛。"现代物理学的开创者爱因斯坦说："想象力比知识更重要，因为知识是有限的，而想象力概括着世界的一切，推动着进步，并且是知识进化的源泉。严格地说，想象力是科学研究中的实在因素。"无论是在人类生活的哪个领域，想象力都发挥着至关重要的作用。

1882 年，费勃出生在地中海边的法国马赛市，爸爸是一位造船师。有一天，小费勃跟着爸爸来到海边玩，看到远处的大海上驶来了一条船，便好奇地说："爸爸，船为什么能在水里跑呀？"

"船下有螺旋桨，能够划动水，水动了，就把船推走啦。"爸爸乐呵呵地说。

"有没有在天上飞的船呢？"小费勃好像要打破沙锅问到底。

"傻孩子，那就不叫船啦，应该叫飞机才对。不过，飞机只能在天上飞，不能在水上跑。"

"嘿！长大了，我一定要造一艘能飞到天上的船。"小费勃握紧了拳头。

"好啊，有出息，现在好好学习，将来才能实现这个美好的愿望！"爸爸欣慰地拍了拍小费勃的肩头。

转眼到了 1905 年，23 岁的费勃先后完成了工程学、流体学、空气动力学等学科的学习，真正开始了飞船的制造。经过 4 年的努力，他造出了第一艘水上"飞船"，其实就是在一般的飞机下安装 3 个浮筒，使飞机能浮起来，但是无法飞起来。直到 1909 年，他才造出一艘与众不同的"船"：机身前面是一个浮筒，机翼下面还有两个浮筒；机翼安装在机身的后面。整个"船"的构架是木头做成的，浮筒是胶合板制成的，整个"船儿"既轻巧又灵便。

1910 年 3 月 28 日，费勃带着他自制的这艘与众不同的"船"，在马赛市的海面进行了试验。在众人的瞩目下，他启动了发动机，随着一阵轰鸣声，"船"像离弦的箭般向前飞奔起来，顿时在水面上划出了一道耀眼的水波。他成功了，他的船以每小时 60 公里的速度直线飞行，在空中飞行了 500 米左右，成了人类第一艘能够飞上天的船，或者说是第一架能够从水面上起飞的飞机！

第二年，在摩纳哥举行的船舶展览会上，费勃驾驶着自己制造的船进行水上飞行表演，再获成功。现在，科学家对费勃设计的水上飞船进行了改进，把机身改成了船形，取消了浮筒，成了真正的"飞船"。

一个童年时的想象，费勃将其变为了现实，从而创造了飞船。很多伟大的成就，都是从跳跃的想象开始的。想象能够充分激发人体潜藏的能量，使思维之流逍遥神驰，它会让头脑变得活跃而充满创造力，这样的头脑具备了创造奇迹、改写历史的能力。

在生命的旅途中，想象力就像是个调皮的精灵，它不停地环绕在你的周围，总是给你灵感，激发你的创造能量！所以，要想让你的生命永远光鲜亮丽，那就为自己插上一双想象的翅膀吧！

打破规则才能有所超越

日本电影《大逃杀》尽管残忍，但不失为一部生存应变力启示片。影片的情节并不复杂，讲的是一群中学生被迫在荒岛上参加一场由军队与电脑控制的"生存游戏"。他们必须互相残杀，最后只许一人存活。故事里每个人都在寻求活下去的方法，每个人应变的方式也不同，其中有些人很聪明，他们想到改变游戏规则，这样便可以不用杀戮，还可以全数存活，于是他们找到控制游戏规则的电脑，想办法破坏它。尽管电影里这些人最终失败了，但他们的生存应变方式却能给我们启示——面对困境，可以改变规则以寻求突破。

"规则"不仅仅指我们办事应该遵守的规矩，更广义的层面上指我们办事时所遵循的常规，或常理，因此"改变规则"引申开来，即指我们办事不能墨守成规，打破常规办事体现了你的人生创意。亚历山大大帝在这方面为我们作出了榜样。

传说公元前213年冬天，马其顿·亚历山大大帝进兵亚细亚。当他到达亚细亚的弗吉尼亚城，听说城里有个著名的预言：几百年前，弗吉尼亚的戈迪亚斯王在其牛车上系了一个复杂的绳结，并宣告谁能解开它，谁就会成为亚细亚王。自此以后，每年都有很多人来看戈迪亚斯打的结子。各国的武士和王子都来试解这个结，可总是连绳头都找不到，他们甚至不知从何处着手。亚历山大对这个预言非常感兴趣，命人带他去看这个神秘之结。幸好，这个结尚完好地保存在朱庇特神庙里。亚历山大仔细观察着这个结，许久许久，始终连绳头都找不到。这时，他突然想到："为什么不用自己的行动规则来打开这个绳结！"于是，他拔出剑来，一剑把绳结劈成两半，这个保留了数百年的难解之结，就这样轻易地被解开了。

亚历山大打破常规的方式，用简单的方法解决了看似复杂的问题，最终将困难化解于无形。

人生创意最大的限制是脑海里的那个结。循规蹈矩、一成不变是人性中的惰性所为。固守尘封让我们在既定的框架和模式中毫无作为。35岁以前的年轻人，当别人还在按部就班地遵从游戏规则的时候，你不妨用你的创意改变游戏规则，创造属于你自己的规则。

逆向思维，坏事也能变好事

很多成功者都非常善于运用逆向思维。逆向思维蕴涵着人们认识世界的一种独特个性，这种思维，倡导从事物发展的反面、反向去认识事物，从而抛弃常识思维单一的浅薄的认识事物的方式。

美国以前有个小男孩，性格内向，不善言辞，众人便以为他智力有问题。有人在他面前丢下10美分和5美分两块硬币，哈里逊只去拣那个5分的，人们就嘻嘻哈哈地笑他傻。

此事流传甚广，很多人便纷纷来测试，每次哈里逊都拣5美分，大家便大笑不止。

有次，有人问哈里逊："你为什么每次都拣5美分，难道不知道10分是5分的两倍吗？"

"当然知道，"哈里逊说，"可如果我拣10分的硬币，那还会有人在我面前扔钱吗？"

这个叫哈里逊的小男孩后来成为美国总统。他从小形成的逆向思维能力，最终助他走向成功。

人们的思维活动存在正向和逆向两种方式。正向思维是沿着人们习惯性的、由因到果的思路思考问题的一种思维方式。在通常情况下，这种思维方式比较有效，能解决大部分常规问题，但在一些特定条件下，这种常规思维方法不仅不能解决问题，而且还会束缚人们的思路，影响人们的创造性。这时，如果善于转换视角，从逆向去探求，从相反的方向去思考，往往会引起新的思索，产生超常的构思和不同凡俗的新观念。

某单位请一位知名教授讲战略管理方面的课程。在讲授之前，教授给大家出了一道思考题："很远的地方发现了金矿，为了得到黄金，人们蜂拥而至，可一条大江挡住了必经之路，你们会怎么办？"

有人说：游过去。有人说：绕道去。但教授却笑而不语。

最后，教授认真地说："为什么非要去淘金呢？为什么不可以买一条船搞营运，接送那些淘金的人呢？这样不是照样可以发财致富么！"

大家茅塞顿开。

教授接着说："人们为了发财，即使票价再贵，也心甘情愿买票上船，因为前面就是诱人的金矿啊！"

逆向思维是一种倒推法：从结果推原因，从内容推形式，从小推大，从分推合……这种思维完全没有条条框框的限制，天下的资源，俱为我所用，心有多大，舞台就有多大；不怕做不到，就怕想不到。大家都奔着金矿去，我就服务这些找金矿的人，这就是逆向生财之道。

要提高自身的逆向思维水平，就必须否定自己，不断地从反面、从事物的不同方向来认识事物。提高逆向思维能力，你可以从以下的角度去思考。

1. 逆向认识事物的因果关系

从事物的因果关系出发，从结果推论原因，从目标推导手段，就能充会提升思维素质和创新能力。

体温计的发明就是一个典型案例。人们已经发现人生病后体温一般会升高，但如何准确地测量体温，尚没有有效办法。有一次，享有盛名的科学家伽利略发现：容器中的水在受热后，体积会膨胀；遇冷时，体积会缩小。那么反过来，根据水的体积变化，不就也能测出温度的变化了吗？

于是，伽利略在一根细试管中装上水，排出空气并加以密封，并在试管上刻上了刻度，就这样制造出了世界上第一支温度计。

2. 反向分析事物的方向

事物的方向与性质、存在着某种内在的联系，方向一经逆转，该事物的其他方面也会发生相应的变化。因此，有意识地对事物进行方向上的反思，也是提高逆向思维能力的一大技巧。

一般来说，火箭都是向上发射的，可苏联的工程师米海依尔却成功地运用了逆向思维，将火箭发射的方向"逆转"，于 1968 年研制成了向下发射的钻井火箭。这种火箭在地层中推进，可按要求改变方向，穿透土壤、冰层、冻土、岩石，每分钟钻进 10 米。与普通钻机相比，能耗降低 1/2，效率却提高了 5 ~ 8 倍，因而被认为是引起了穿地手段的革命。对事物的方向的逆转，使人所对事物本身的认识得以改观，这对提高思维能力很有借鉴性。

3. 从事物的缺陷反向寻找优点

利用周围事物或产品存在的缺陷和不足进行思考，往往就能进行创新。

玻璃质硬且光滑，只有金刚石这么坚硬的物质才能将它分割开来，因此要在玻璃上刻花是十分困难的。但是有一种名叫氢氟酸的化学物质，它的腐蚀性极强，一旦玻璃制品和它接触，就会被腐蚀掉，因此，人们利用了氢氟酸的这种腐蚀性强的缺点在玻璃上刻花的。他们先将玻璃器皿放在熔化的石蜡中浸一下，然后用刀子划破蜡层，刻成所需要的花纹，再涂上氢氟酸，最后洗去残余的氢氟酸，刮掉石蜡，玻璃器皿上就留下了美丽的花纹。

我们要提升自身的逆向思维能力，应该做生活的有心人，不断地用逆向思维，反思事物的多种可能性，只有这种不间断地努力，才能开阔自己的视野，从万事万物中发现有利的一面。

没有解决办法，那就改变问题

当我们苦苦寻找解决问题的办法，却因方法不当而一次一次地进行尝试时，不妨想一想能不能将问题稍加改变，使我们的方法更加适合它。

危机来临，许多问题如果找不到解决的办法怎么办？一般的人也许会告诉你："那只能放弃了。"但善于思维转换的人会说："找不到办法，那就改变问题！"

在19世纪30年代的欧洲大陆，一种方便、价廉的圆珠笔在书记员、银行职员甚至是富商中流行起来。制笔工厂开始大量生产圆珠笔。但不久却发现圆珠笔市场严重萎缩，原因是圆珠笔前端的钢珠在长时间的书写后，因摩擦而变小，继而脱落，导致笔芯内的油漏出来，弄得满纸油渍，给书写工作带来了极大的不便。人们开始厌烦圆珠笔，不再用它了。

一些科学家和工厂的设计师们为了改变"笔芯漏油"这种状况，做了大量的实验。他们都从圆珠笔的珠子入手，实验了上千种不同的材料来做笔前端的圆珠，以求找到寿命最长的圆珠，最后找到了钻石这种材料。钻石确实很坚硬，不会漏油，但是钻石价格太贵，而且当油墨用完时，这些空笔芯怎么办？

为此，解决圆珠笔笔芯漏油的问题一度搁浅。后来，一个叫马塞尔·比希的人却很好地将圆珠笔进行了改进，解决了漏油的问题。他的成功是得益于一个想法：既然不能延长"圆珠"的寿命，那为什么不主动控制油墨的总量呢？于是，他所做的工作只是在实验中了解一颗钢珠在书写中的"最大用油量"，然后每支笔芯所装的"油"都不超过这个"最大用油量"。结果解决了这个大难题。这样，方便、价廉又"卫生"的圆珠笔又成了人们最喜爱的书写工具之一。

马塞尔·比希发现解决足够结实又廉价的"圆珠"这个问题比较困难，便将问题转换为控制"最大用油量"，运用逆向思维使原本棘手的问题得到了巧妙的规避，并且不需要耗费过多的精力和财力。

某楼房自出租后，房主不断接到房客的投诉。房客说，电梯上下速度太慢，等待时间太长，要求房主尽快更换电梯，否则他们将搬走。

已经装修一新的楼房，如果再更换电梯，成本显然太高。如果不换，万一房子租不出去，更是损失惨重。

房主想出了一个好办法。

几天后，房主并没有更换电梯，可有关电梯的投诉再也没有接到过，剩下的空房子也很快租出去了。

为什么呢？原来，房主在每一层的电梯间外的墙上都安装了很大的穿衣镜，大家的注意力都集中到自己的仪表上，自然感觉不出电梯的上下速度是快还是慢了。

更换电梯显然不是最佳的解决方案，但问题该怎么解决呢？房主突破了思维的限制，将视角从"换不换电梯"这一问题转换到了"该如何让房客不再觉得电梯慢"，问题变了，方案也就产生了，转移大家的注意力就可以了。

无论你做了多少研究和准备，有时事情就是不能如你所愿。如果尽了一切努力，还是找不到一种有效的解决办法，那就试着改变这个问题。

为问题寻找到合适的解决办法是通常使用的正向思维思考方式，但是，当难以找到解决途径时，也许最好的解决办法就是将问题改变，改变成我们能够驾驭的、容易解决的。

善于变通，适时突破

在规则之下，人们往往会形成一种思维定式。如果想要有所创新与突破，就必须首先打破这些既定的规则。艺术大师毕加索曾说过："创造之前必须先破坏。"小说家、戏剧家契诃夫也曾说："人们厌烦了寂静，就希望来一场暴风雨；厌烦了规规矩矩气度庄严地坐着，就希望闹出点乱子来。"创新作为一种最灵动的精神活动，最忌讳的就是教条。任何形式的清规戒律，都会束缚其手脚。只有敢于打破常规标新立异的人，才能真正有所作为，才能敞开胸怀拥抱成功。

对于年轻人来说，更是如此。年轻人要想成功，就必须善于变通，敢于标新立异，推陈出新。在这里，美国商界奇才尤伯约翰为我们作出了一个很好的榜样。

1984 年以前的奥运会主办国，几乎是"指定"的。对举办国而言，往往是喜忧参半。能举办奥运会，自然是国家的荣誉，还可以乘机宣传本国形象，但是以新场馆建设为主的大规模硬件软件投入，又将使政府负担巨大的财政赤字。1976 年加拿大主办蒙特利尔奥运会，亏损 10 亿美元，当时预计这一巨额债务到 2003 年才能还清；1980 年，莫斯科奥运会总支出达 90 亿美元，具体债务更是一个天文数字。奥运会几乎变成了为"国家民族利益"而举办，为"政治需要"而举办。赔本已成奥运定律。

鉴于其他国家举办奥运的亏损情况，洛杉矶市政府在得到主办权后即作出一项史无前例的决议：第 23 届奥运会不动用任何公用基金，因此而开创了民办奥运会的先河。

尤伯约翰接手奥运之后，发现组委会竟连一家皮包公司都不如，没有秘书、没有电话、没有办公室，甚至连一个账号都没有。一切都得从零开始，尤伯约翰决定破釜沉舟。他以 1060 万美元的价格将自己的旅游公司股份卖掉，开始招募人员，把奥运会商业化，进行市场运作。

第一步，开源节流。

尤伯约翰认为，自 1932 年洛杉矶奥运会以来，规模大、虚浮、奢华和浪费成为时尚。他决定想尽一切办法节省不必要的开支。首先，他本人以身作则不领薪水，在这种精神感召下，有数万名工作人员甘当义工；其次，沿用洛杉矶现成的体育场；最后，借用当地的 3 所大学宿舍。仅后两项措施就节约了数以 10 亿计的美元。

第二步，举行声势浩大的"圣火传递"活动。

奥运圣火在希腊点燃后，在美国举行横贯美国本土的 1.5 万公里圣火接力跑。用捐款的办法，谁出钱谁就可以举着火炬跑上一程。全程圣火传递权以每公里 3000 美元出售，1.5 万公里共售得 4500 万美元。尤伯约翰实际上是在卖百年奥运的历史、荣誉等巨大的无形资产。

第三步，别具一格的融资、赢利模式。

尤伯约翰创造了别具一格的融资和赢利模式，让奥运会为主办方带来了滚滚财源。尤伯约翰出人意料地提出，赞助金额不得低于 500 万美元，而且不许在场地内包括其空中做商业广告。这些苛刻的条件反而刺激了赞助商的热情。一家公司急于加入赞助，甚至还没弄清所赞助的室内赛车比赛程序如何，就匆匆签字。尤伯约翰最终从 150 家赞助商中选定 30 家。此举共筹到 1.17 亿美元。

最大的收益来自独家电视转播权转让。尤伯约翰采取美国三大电视网竞投的方式，结果，美国广播公司以 2.25 亿美元夺得电视转播权。尤伯约翰又首次打破奥运会广播电台免费转播比赛的惯例，以 7000 万美元把广播转播权卖给美国、欧洲及澳大利亚的广播公司。

第四步，出售与本届奥运会相关的吉祥物和纪念品。

尤伯约翰联合一些商家，发行了一些以本届奥运会吉祥物山姆鹰为主要标志的纪念品。通过这四步卓有成效的市场运作，在短短的十几天内，第 23 届奥运会总支出 5.1 亿美元，赢利 2.5 亿美元，是原计划的 10 倍。尤伯约翰本人也得到 47.5 万美元的红利。在闭幕式上，时任国际奥委会主席的萨马兰奇向尤伯约翰颁发了一枚特别的金牌，报界称此为"本届奥运最大的一枚金牌"。

在人们习以为常的规则面前，虽然平稳却少了几分发展的激情与冲动，不妨打破常规、不按常理出牌，有时会有意想不到的惊喜降临。年轻人要学会适当变通，让对手永远猜不透我们在想什么，永远跟不上我们的节奏，就更容易获得成功。

用好奇心探索世界

人类在呱呱落地之时，脑海里是一片空白，周围的一切事物对儿童来说都是新奇的。所以，孩童时代，我们对周围的一切包括天文、地理、社会等都充满了疑问，总认为其中都包含了很多我们不知道的奥秘。好奇心往往驱使我们凡事都要问个究竟，于是孩童经常缠着大人问个不停。然而，当我们长大成人之后，好奇心就逐渐减退了。对待周围的事物就变得熟视无睹、习以为常，不再去追问事物的来龙去脉。岂不知我们在减少好奇心的同时，也在丧失探索世界奥秘的机会。

牛顿是享誉世界的数学家、物理学家、天文学家。他在天文、物理领域的贡献极大地推动了人类文明的进程，被人类公认为人类历史上最伟大、最有影响力的科学家。牛顿身上具有很多作为科学家必备的精神和特质，好奇心就是其中一项。他从小就对周围的事物充满了好奇，总是在努力寻求事物的来龙去脉。当看到苹果落在地上，这样的现象大家都会认为是理所当然的，很少有人去追问其中的缘由。牛顿则对这个现象充满了困惑，他在思考的同时，也在努力去学习、探索究竟是什么动力作用于苹果呢？最终发现了万有引力。很难想象，牛顿发现高深莫测的万有引力的起因就是苹果落地这样再平常不过的现象。

瓦特改良蒸汽机的贡献，也是来自于对烧水壶上冒出的蒸气十分好奇，才驱使他不断思考如何把蒸汽利用起来，最终有了蒸汽机的问世。这些科学家之所以能够取得震惊世界的成就无不源于好奇心的驱动。他们就是对这些再平常不过的现象产生了疑问，正是出于好奇，才激励着科学家要不断地学习，不断探索其中的奥秘，最终凭借坚持不懈的精神取得了成功。

当然，好奇心并非是科学家的专利。我们普通人，同样也可以拥有一颗好奇心。遗憾的是，孩童时代的好奇心在我们成长的过程中在点点地消退。老师、家长、社会为我们解释了无数个问什么的同时，在无形之中也禁锢了我们的思维。成人很少再异想天开，只是按照已有的规则做事。没有了好奇心，也就意味着思维的枯竭，创新的潜能也在一点点地窒息。好奇心泯灭了，就很难再有驱动力去发现，对有可能孕育创新萌芽的事物也是视而不见的，就对创新设置了障碍。没有了好奇心，我们对时代环境的变化就会无动于衷、反应迟钝，也就很难在竞争中抢先一步、先声夺人。

只有把握时代的脉搏，才能在竞争中立于不败之地。我们所处的时代是在不断地推陈出新，新产品、新技术、新的管理模式等都在不断涌现，这就决定了我们不能只是一味地墨守成规地模仿、跟随，而要有新想法、新创意的提出。一切新产品、新观念的出现都是从好奇心开始的，只有善于发现，才能够让新的萌芽破土而出。这就是新机会的开始。当然，创新的难度是很大的，芸芸众生中只有极少数的人才能有新东西出现。但是，如果你不愿意去尝试，又怎能知道自己不是其中的一分子呢？而一切新东西出现、新资源的利用，都要有好奇心的驱动。其实，我们普通人中的很多人也是有可能会有新发明的，只是由于好奇心的弱化，我们就与有可能出现的这些奇迹擦肩而过了。

可能很多人会认为，仅仅有好奇心并不能解决问题。我们绝大多数的人纵然是有好奇心，但最终有新发明、新创造的人极少。但是，要明白，好奇心只是一种驱动力，有疑问仅仅只是开始。好奇心会驱动着你要永无止境地去学习、探索。接下来就要坚持不懈地学习、研究，要经历不断地失败、不断地跌倒一次次地爬起来的艰苦历程。当然，不能否认，即使经历这样的历程，很多人终其一生还是会一无所获。不过，重要的其实并不是最后的结果。而是在这个探索的过程你将会有很大的收获。很多人会认为，大学毕业是不是就意味着学习生涯就此画上了句号呢？在当前这个日新月异、瞬息万变的时代，活到老、学到老的生活方式已经成为时代发展的必然要求。知识的更新速度在空前地加快。毋庸置疑，当你停滞不前，满足于已有的知识层次时，很快就会落伍，被这个时代所淘汰。

好奇心会带给你精神上的满足感。判断是否满足的标准，并不仅仅取决于最后的结果，而在于过程本省。学习的过程本身就是一个不断发现的过程。我们要学会享受这个过程。你在不断地学习、探索之后，会发现原来周围司空见惯的事物中包含着如此多的奥秘，你的生活会洋溢着发现的快乐、愉悦。你的人生境界也在不断地升华，很多的意想不到的精彩呈现出来的时候，你会感到自己的人生是如此的充实、富足。

保持一颗好奇心，就会推动着你充分挖掘自身的潜能，不断去学习、去探索。让我们徜徉在不断发现、不断收获的过程之中，人生将会别样精彩。

大胆实践心中的创意

一个年轻人乘火车路过了一片荒无人烟的山野。由于旅途困乏，他百无聊赖地望着窗外，不知道该干点什么。这时，火车减速，一座农房慢慢进入了人们的视野。

这本是一间普通的平房，可因为它出现在人们神经极度困乏的时候，所以，几乎所有的乘客都睁大眼睛仔细地欣赏这个特别风景。

看着这样的情景，这个年轻人的心为之一动。于是，他中途下了车，找到了那座房子的主人。年轻人向房子的主人表达了想要买下这所房子的意愿，房主听了，非常高兴。因为这所房子每天门前都要驶过很多火车，噪音实在使他们受不了，他们一直以来就想卖掉这所令人烦恼的房子，现在居然有人找上门，实在感到喜出望外。结果，这个年轻人仅用3万元就买下了那间平房。

年轻人买下房子并不是为了居住，他觉得这座房子正好处在拐弯处，火车经过这里都会减速，所以他就突发奇想，打算拿这座房屋做广告墙。于是，他开始和一些大公司联系，后来一家大公司用18万元租金跟他签下了三年合同。

一座被废弃的破房子，因为年轻人的创意成为了跨国公司的广告墙，给年轻人带来了源源不断的收入。而那些与年轻人同车的旅客，习惯了固有的思维方式，看到的只是事物的表象，所以财富与他们总是擦肩而过。

这个年轻人敢于走别人没有走过的路，努力去实践心中大胆的创意，一步步迈向成功。

20世纪80年代初，"随身听"风靡一时，几乎每个青年人都会在腰间挂一个"walkman"，按下按钮，优美的乐曲如水般流淌在自己耳边……

随身听是日本新力公司董事长盛田昭夫的得意之作。当年，细心的盛田昭夫发现，很多喜欢音乐的年轻人只能在房间内或汽车中欣赏音乐，出了门、下了车，便无法再听到优美的音乐，许多年轻人甚至因为音乐而不喜爱户外运动。

于是，盛田昭夫想到：是否能够开发出一种可以让人们在房子、汽车之外欣赏音乐的产品呢？当他把这个构想在公司的产品设计委员会上提出之后，除了一个年轻人兴致勃勃地表示这是个非常棒的构想之外，其他的人都认为不可思议而加以反对。

但是，盛田昭夫坚持自己的想法，力排众议，并开始着手开发这一产品。产品开发成功后，第一批的产量是3万台！这一数字充分显示了盛田昭夫"敢想敢做"的强势气场！

许多人对于这3万台的销路表示忧虑，盛田昭夫为了鼓舞士气，信心十足地立下誓言："年底之前销售量若达不到10万台，我便引咎辞职。"

果然不出所料，这种叫Walkman的新产品上市之后，立即引起年轻人的抢购，销售量势如破竹，到了当年年底，已突破40万台！盛田昭夫不但保住了总经理的职位，而且walkman还成为了公司获利最多的商品。

紧接着，盛田昭夫在Walkman的产品功能上再做改良，以扩大市场并应付竞争者的挑战。第三年，Walkman在全球的销售量已达到400万台，创造了该公司单一产品在一个年度内最高的销售量纪录，也再度证明了盛田昭夫敢于创新的胆识和远见。

哈佛大学的教授们经常说的一句话就是："这个世界上没有什么不可能。"我们平时也经常听到"没有做不到，只有想不到"这句话。很多时候不是因为我们做不到，而是因为不敢想、不愿想。所以，不要惧怕创新，创新就是"敢"于打破常规的束缚。唯有敢于实践心中创意的人，才能够取得异于常人的成就！

突破标准答案

斯坦福大学的一名教授曾经给学生布置过这样一个作业：把班级中的学生分成几组，每组都可以拿到教授发的一个装有5美元的信封，而这5美元正是他们在这项作业中的启动资金，这个任务要求他们，在两天内，用这5美元创造更多的金钱。

这是一项很挑战同学们创新精神的作业，利用5美元的启动资金来赚钱，可能有很多常规办法可以让5美元创造更多的价值。有的小组做起了小生意，他们利用这5美元买了一些水果，然后摆摊卖。但是，这样做的小组所挣到的钱毕竟有限。有的小组干脆豁出去到赌场一试运气，结果5美元变成了0美元甚至负数。真正能够让5美元大大翻倍的小组，都是突破常规答案的小组。

他们是怎么做的呢？

他们没有让这5美元的启动资金禁锢了自己的思维，事实上，如果说要创业，5美元真的是少之又少，于是，他们用更广阔的眼光，打破思维的束缚去思考这项任务：假如你一无所有，你该如何去赚钱？

他们充分利用了自己的观察能力和创新思维能力。

有一个小组发现了大学周边普遍存在的问题：每到周末晚上，一些不错的餐厅往往会爆满，等一个位子要排很长时间的队。于是他们决定在那些不想花时间排队等位的人身上赚钱。首先，他们分头向几家餐厅预订座位。到了用餐的高峰期，他们就把订到的座位卖给不想等位的人，每个位子最多可以卖到20美元！

上面的例子给了我们这样的启示：

第一，机遇无处不在，只要你注意观察，在任何时间、任何地点，你都能发现很多亟待解决的问题。像我们常见的，在一家生意红火的饭店找一个位子，给自行车充气等，这些都是小问题。而那些和社会发展息息相关的问题，就是大问题了。就像一位公司家所言"问题越大，机会也就越大，没人会花钱请你去解决不是问题的问题"。

第二，不论问题大小，通常都能利用现有资源，找到解决的办法。我的不少同事都用这一原则来培养学生的创新思维：一个具有创新精神的人，一定是能够发现问题，并将问题转化为机遇的人。他们会用一些创新的方法，利用有限的资源来实现他们的目标。然而大部分人遇到问题时，第一个想到的就是这问题似乎无法解决，因此忽视了那些有创造性的方法，即使这方法摆在眼前，也都被他们错过了。

第三，我们经常把问题禁锢在狭隘的框架中。例如，当遇到在两小时内赚到钱这样一个简单的问题时，大部分人马上就会想到那些老套的"标准"答案。他们不会重新审视问题，也不能从更广阔的视角来观察问题。其实，揭开这层蒙眼布，世界就会变得很不同，到处充满机遇。参加这个项目的学生们都深深体会到了这一点，他们坚信，在以后的生活中，自己再不会轻易言败，因为就在你周围，总有那么多问题是等着你去解决的。

摆脱绝对的是与非，展现不同的人生成果

任何事物都不是绝对的。任何规则或法律都不能保证在各种场合均能适用，或取得最佳效果。相比之下，具体情况具体分析的原则应成为我们生活和行事的准则。然而，你可能会发现，违反一条不适用的规定或打破一种荒谬的传统却很困难，甚至不可能。顺应社会潮流有时的确不失为一种生存的手段，然而如果走向极端，这也会成为一种神经过敏症。在某些情况下，按条条框框办事甚至会使你情绪低落、忧心忡忡。

林肯曾经说过："我从来不为自己确定永远适用的政策。我只是在每一具体时刻争取做最合乎情理的事情。"他没有使自己成为某项具体政策的奴隶，即使对于普遍性政策，他也并不强求在各种情况下都加以实施。

杰克是一位公司员工，他经常在家与妻子争吵，以至于即将发生婚姻危机，后来，他找到一位心理咨询专家，听了杰克的诉说后，专家给他提出了一条建议——"不要总是试图向你妻子表明她错了，你不妨只同她讨论讨论而不去辩明谁对谁错。只要你不再强求她接受你的意见，你也就不必自寻烦恼，不必为证实自己的正确而无休止地争吵了。"后来，杰克试着做了，果然很奏效。一旦遇到相反的观点和看法，他不再与妻子争论不休，要么与之讨论，要么回避不谈。一段时间以后，他们的夫妻关系明显得到了改善。

其实，各种是非观念都代表着一种"应该"条框。这些条条框框会妨碍你，当你的条

条框框与他人发生冲突时，尤其如此。在我们的生活中不乏一些优柔寡断之人，他们无论大事还是小事都难以作出决定，究其原因，是因为他们总希望作出正确的选择，他们以为通过推迟选择便可以避免犯错误，从而避免忧虑。有一位患者去求助心理医生，当医生问他是否很难作出决定时，他回答道："嗯……这很难说。"

你或许觉得自己在很多事情上也难以作出决定，甚至在小事上也是如此。这是习惯于以是非标准衡量事物的直接后果。如果当你要作出某些决定时，你能抛开一些僵化的是非观念，而不顾忌什么是是非非，你将轻而易举地作出自己的决定。如果你在报考大学时竭力要作出正确的选择，则很可能不知所措，即使作出决定后，也还会担心自己的选择可能是错误的。因此，你可以这样改变自己的思维方法："所谓最好、最合适的大学是不存在的，每一所大学都可能有其利与弊。"这种选择谈不上对与错，仅仅是各有不同而已。

衡量是否更适合生活的标准并不在于能否作出正确的选择。你在作出选择之后，控制情感的能力则更为明确地反映出自我抑制能力，因为一种所谓正确的标准包含着我们前面谈到的"条条框框"，而你应当努力打破这些条条框框。这里提出的新的思维方法将在两个方面对你有所帮助：一方面，你将完全摆脱那些毫无意义的"应该"标准；另一方面，在消除了是非观念误区之后，你便能够更加果断地作出各种决定。

别让你的思想变成你的囚徒

"只会使用锤子的人，总是把一切问题都看成钉子。"在一般情况下，大多数人总是惯用常规的思考方式，因为它可以使你在思考同类或相似问题的时候，省去许多摸索和试探的步骤，不走或少走弯路，从而缩短思考的时间，减少精力的耗费，又可以提高思考的质量和成功率。但是，这样的思维定式往往会起一种妨碍和束缚的作用，它会使人陷在旧的思维模式的无形框框中，难以进行新的探索和尝试，应当敢于突破常规的想法，摆脱束缚思维的固有模式。

一次，一艘远洋海轮不幸触礁，沉没在汪洋大海里，幸存下来的九位船员拼死登上一座孤岛，才得以存活下来。但接下来的情形却很糟糕，岛上全部都是石头，没有任何可以用来充饥的东西。更为要命的是，在烈日的暴晒下，每个人都口渴得冒烟，水成了最珍贵的东西。尽管四周是水——海水，可谁都知道，海水又苦又涩又咸不说，喝了会导致脱水而死，根本不能用来维持生命。现在 9 个人唯一的生存希望是老天爷下雨或别的过往船只发现他们。但是，老天没有眷顾他们，没有任何下雨的迹象，天际除了海水还是一望无际的海水，没有任何船只经过这个死一般寂静的岛。渐渐地，他们支撑不下去了。

8 个船员相继渴死，当最后一位船员快要渴死的时候，他实在忍受不住，扑进了海水里，"咕嘟咕嘟"地喝了一肚子海水。船员喝完海水，一点儿也觉不出海水的苦涩味，反而觉得这海水非常甘甜，非常解渴。他想：也许这是自己死前的幻觉吧，于是他静静地躺在岛上，等着死神的降临。

他一觉醒来后发现自己还活着，船员感到非常奇怪。于是，他每天靠喝这岛边的海水度日，终于等来了救援的船只。后来人们化验这里的海水发现，这儿由于有地下泉水不断翻涌，所以，这里的海水实际上是可口的泉水。

有时候，把你陷入困境的不是未知的东西，而是那些你已经熟知的。莎士比亚也说："别让你的思想变成你的囚徒。"据说，牛顿曾养了一大一小两只猫，一次，牛顿请瓦匠砌围墙，为了让猫进出方便，他要求瓦匠在墙上开一大一小两个猫洞，以便大猫从大洞进出，小猫从小洞进出。围墙砌好后，瓦匠却只开了一个大洞，牛顿很不满意。瓦匠解释说，小猫不也可以从大洞进出吗？牛顿顿时恍然大悟。能从苹果落地的现象发现万有引力定律的牛顿，也被思维定式局限住了。面临困境的时候，你或许或说："我太想冲破人生的难关了，可是我实在没有办法。"办法总是有的，善于思考才更容易心想事成，只要你拆掉思维里禁锢着你的墙，你会发现，原来生活可以这样。

敢于特殊化，才会脱颖而出

在我们中国人传统的做事方式中，人们推崇墨守成规的做法。如果打破常规会招致人们的不满、反对，俗话说的"枪打出头鸟"就是警告人们不要挑战常规。然而，在当前急剧变迁的时代，很多新兴行业也应运而生，很多事情是无章可循的。在现代社会，人们推崇不断创新、推陈出新的理念，要走出特殊化的道路才能为自己开辟一片天地。如果一味地用常规的思维来做事，很难让自己脱颖而出。

在市场竞争如此激烈的年代，雷同化、单一化的产品已经泛滥成灾，沿袭常规的模式就是死路一条。面对着摆在自己面前的难题，要解决它，就要采取特殊化的方式来处理。特殊化也就意味着你必须要打破常规，独辟蹊径，采取新思维、新思路，用自己独特的思维方式来解决问题。

国产动画片《喜羊羊与灰太狼》在很多的电视台黄金时段播出，每到播放的时间段，成千上万的儿童端坐在电视机前津津有味地观看这部片。这部动画片已经成为儿童们最喜爱的动画片。大街小巷里，随处可见儿童用品，诸如衣服、鞋子、文具、玩具等物品上有喜羊羊的图像。甚至，就连年轻人也很喜欢这部动画片，并把动画片里的故事情节延伸到了生活中，"嫁人要嫁灰太狼，做人要做懒羊羊"就成了2009年人尽皆知的经典网络流行语。据一些业内的人士保守估计，这部动画片仅衍生产品的价值就超过10亿元以上，被人称为中国有史以来最赚钱的动画片。那么，这部动画片为什么能够受到如此巨大的成功呢？它的创作团队就走了不同寻常的创作之路。成功打造这部动画片的是广东原创动力文化传播有限公司，公司的总经理卢永强被人称为"喜羊羊之父"。他带领他的团队走了一条超越他人的特殊路径。

一直以来，国外的动画片在中国市场上都有很高的占有率。很多小孩子都是伴随着国外的经典动画片成长起来的，诸如奥特曼、聪明的一休、机器猫、蓝精灵等作品。卢永强一直在考虑如何能够作出中国原创的动漫。他很执著于自己的梦想，毅然放弃了收入颇丰的编剧等工作带领他的团队搞创作。当然，作出新意的创作之路是非常艰辛的。他们在经过反复的论证、实验过后，认为颠覆传统动画片就要改变以前动画片的不足，诸如说教的色彩浓厚、缺乏生活气息、不够幽默、缺少生气等，而是要塑造快乐的生活化的。

经过艰苦的创作历程，《喜羊羊与灰太狼》获得了巨大的成功，颠覆了以往中国动漫低幼、简单的诸多特点，获得了巨大的成功。

试想，如果卢永强一直沿袭以前动漫的老路，没有跳出传统的窠臼，那么就不会有这部动漫的诞生。一味地复制、模仿他人走过的道路，就注定不能开辟出属于自己的道路。只要能够找到自己不同于他人的特殊化所在，那么距离成功就不远了。

当然特殊化并不是凭空而来的，天上不会无缘无故地掉下馅饼。当然，不可否认，在当今的社会，特殊化是对自己提出了更高的要求。因为，很多做法可能很多人都尝试过了，留给自己的创意空间其实并不是很宽敞。这意味着你必须具备更深厚的积淀、更高明的智慧。要找准突破口，准确分析自己所面临的情况，不断实验、不断总结。

卢永强和他的团队的成功也是建立在多次失败的基础上的。他们创作的第一部动画《宝贝女儿好妈妈》，在电视上播出之后，也受到了很多小朋友的喜欢，收视率也相当不错，却很难再进一步打开广告市场，几乎没有广告商愿意投资，甚至开发出来的玩具的销售也不尽如人意，经过了5年的辛苦运作之后才收回成本。之后，卢永强并没有放弃，他善于从生活中挖掘素材，从生活中受到启发，找到突破点。他带领团队又经过不知多少次的选角色、主题的过程，羊和狼的形象才脱颖而出。

但是，只要你在工作中，善于发现、善于观察还是会找到自己的发展前景的。要对自己所处的环境有一个全局的把握，就能够走出属于自己的道路来，而不是盲目地追随和模仿别人成功的道路。

脱离旧轨道，打开新局面

有人说："我不知道世界上是谁第一个发现水，但肯定不是鱼。因为它一直生活在水中，所以始终无法感觉水的存在。"

其实人类社会中的很多现象蕴含着与之相同的道理。生活中有很多可以创新的空间，但由于传统思维方式的限制，我们往往视而不见或盲目排斥，遏制了创新本身的发展空间。敢于创新，要有打破常规的勇气，要与惯性思维作斗争，还要保持对人、对物的敏感性和好奇心。不敢越雷池一步，就永远跳不出条条框框的制约。

很久很久以前，人类都还光着脚走路。而鞋子的诞生，就来源于一位仆人突破固定思维模式的创新。

一位国王到某个偏远的乡间旅游，由于路面崎岖不平，有很多碎石头，刺得他的脚板又痛又麻。回到王宫后，他下了一道命令，要将国内所有的道路都铺上一层牛皮。他认为这样做，不只是为自己，还可造福他的子民，让大家走路时不再受刺痛之苦。

但是，哪来这么多的牛皮呢？即使杀光所有的牛，也凑不到足够的皮革啊！而所花费的金钱、动用的人力，更不知道要多少。

这个办法是很愚蠢而且是根本做不到的，但因为是国王的命令，大家也只能摇头叹息。

一位聪明的仆人大胆地向国王提出建议："国王啊！为什么您要劳师动众，牺牲那么多头牛，花费那么多金钱呢？您何不只用两小片牛皮包住您的脚呢？"

国王听了很惊讶，因为这确实是一个更高明的办法。他当下领悟，立刻收回成命，采纳了这个建议。

于是，世界上就有了皮鞋。

当我们发现自己所走的路前方不通时，可以通过思考，勇于质疑，换一种思维，便能够取得意想不到的收获。否则，或许我们直到今天仍然光着脚走在牛皮铺垫的路上。

有创造力的人，到处都需要他。但模仿者、追随者、因循守旧者，绝少有开辟新路的希望，也不会受到人们的欢迎。世界上更需要的是具有创造力的人，因为他们能脱离旧的轨道，打开新的局面。

标新立异的人，向着洒满阳光的大道走去。他们不会去做已有很多人在努力做的某项工作，也不会用别人用过的方法，他们只是按照自己的思维，做着他们自己的事情。

对于试图成功的人来说，必须明白：人们为了取得对尚未认识的事物的认识，总要探索前人没有运用过的思维模式和行动方法，寻找没有先例的办法和措施去分析认识事物，从而获得新的认识和方法，锻炼和提高人的认识能力。

这个时代并不欠缺机会，而是欠缺创意。只要你有新奇的想法，并付诸行动，就已经成功了一半。在生活的每个角落里，都隐藏着一些新鲜的东西，如果我们能够想到这一点，不断地从偶然的机会中挖掘对自己有用的信息，不断开发自己的创新能力，就能够打破思维的桎梏，使自己的生活和工作都更有创意。

不曾注意到的盲点

日本著名心理学家多湖辉教授谈及盲点时提到："自己看不到，这就是最大的盲点。"的确，我们常常欣喜地看待自己的优点，但对自己的缺点视而不见，其实这是一种逃避。当我们越是将视线集中在优点上，视线也就越狭窄，自己能力的发挥也就会受到限制，自己创造的价值也会更加微小。反之，如果一个人善于寻找自己的盲点，并且善于利用那些原本不想看到的缺点，那么他的视线范围就会无限扩展。因为他不仅认清了自己的全部优势，而且把缺点也加以利用，在这两种力量的作用下，他创造出的价值也自然会更大。

艾柯卡的父亲 12 岁时搭乘移民船从意大利来到美国，白手起家。他的父亲虽然富有，给他的零用钱却很少，因为父亲希望艾柯卡像所有美国家庭的孩子一样可以独立自主。所以艾柯卡平时都是靠送报纸，替人家割草，打扫卫生来赚钱买一些想要的东西。

一天，艾柯卡回家之后给史密斯太太打电话，问道："史密斯太太，您需不需要割草工？"

史密斯太太回答："不需要，我已经有固定的割草工了。"

他又说："我还会帮您拔掉花园中的杂草。"

史密斯太太说："我的割草工也是这么做的。"

他又说："我还能免费帮您把花园通道两边的草修齐。"

史密斯太太回答说："我请的割草工也是这样做的。我很满意他的工作。你再到别的地方问问吧，谢谢你。"

艾柯卡的妈妈听了以后感到很奇怪，问道："你现在不就在史密斯太太家修剪草坪吗？为什么还要打电话呢？"

艾柯卡回答说："我只是想知道我还有哪些地方做得不够好，这样我才能进行改进，才能比别人拥有更多的工作机会，才能赚到更多的钱。"

艾柯卡真的很聪明，他善于借助外界来寻找自己的盲点，这的确是一个好方法。你可以聚集几位亲朋好友，让每个人把你不知道的自己的缺点写出来，接着针对每个自己不曾发现或是故意视而不见的"盲点"进行集中突破，直到让盲点变成生命中的闪光点。为了观察自己的盲点，你还可以在做每一件事之前都问一问自己："如果不这样做会怎么样？"这样问的目的就在于找回逍遥自在的你。如果一件事不这么做，那么必然会减少许多束缚你的东西，会让你以一种全新的视角来观察自己，当缠绕在你身上的束缚减少后，你就能以一种更纯净的心思去观察生活中以及自身的每一个盲点了。

无论你是否承认自己拥有的事物，或是对自己不喜欢不想要的东西矢口否认，都无法让那些东西消失，因为它们已经存在。即便你对它们视而不见，那些已经存在的事物仍然独立地生存于你的内在及身边，想要成为你生命中不可或缺的一部分。无论有形的还是无形的事物，你都可以让它们成为看得见、用得到的美好事物，发挥出各自非凡的价值。

著名作家周国平曾说："每一个人的长处和短处是同一枚钱币的两面，就看你把哪一面翻了出来。换一种说法，就每一个人的潜质而言，本无所谓短长，短长是运用的结果，用得好就是长处，用得不好就成了短处。"也就是说，你身上的那些自己不想注意到的"盲点"，只是你不懂得加以利用而已，相信如果你能坦然地面对一切优点与缺点，那么在这两种能量的共同作用下，你会创造出更多有价值的事情，做更优秀的自己。

从回忆的牵绊中解脱出来

有人说，生活是无法重演的戏，纵使千百次地回忆也无法将过去一笔勾去，所以我们不能总是沉浸在对过去的回忆里，迟迟不前。过于沉溺于过去，就会成为今天的羁绊，让明天依旧遗憾今日。聪明的人，不问过去，他们会做好今天，让每一个今天都充满意义。

人们习惯把心思停留在过去，因为过去的某段时间中存在着令自己欣慰的事情，例如某段辉煌的过往、某段甜美的爱情。但是，这种习惯往往让人无法逃开回忆的魔咒，总是被过去纠缠。人是无法停留在过去的，即便你的心思留在那里，但你的人在此刻。

奥里森·科尔由于在工作中出现了几个错误，导致一项很重要的项目失败了。他因此而感到沮丧而消沉，于是他去看心理医生。医生得知了他的烦恼后，从一个硬纸盒里拿出一卷录音带，塞进录音机里，对他说："在这卷录音带上，一共有三个人说话。我要你注意听他们的话，看看你能不能找出支配了这三个人的共同因素，只有四个字。"

在科尔听来，录音带上这三个声音共有的特点就是不快乐。在这三个声音中，科尔听到他们一共六次用到四个字——如果，只要。他把这个答案告诉了医生，医生说："你知道我坐在这椅子上，听到成千上万用这几个字开头的内疚的话。他们不停地说，直到我要他们停下来。有的时候我会要他们听刚才你听的录音带，我对他们说：'如果，只要你不再说如果、只要，我们或许就能把问题解决掉！'因为这几个字不能改变既成的事实，却使我们朝着错误的方向而不是正确的方向前进，并且只是浪费时间。最后，如果你用这几个字成了习惯，那这几个字很可能变成阻碍你成功的真正障碍，成为你不再努力的借口。"

无论是科尔，还是录音中的三位自述者，都是被"过去"绊住了自己前进的步伐，于是遗憾、懊恼、抱怨、悔恨等诸多负面能量使他们感到虚弱无力。这种负面能量也作用于人们的现实生活：你抗拒什么，就会得到更多抗拒的东西。正如吸引力法则一样，这些负面能量会为你吸引来更多负面的事情，像一条条绳索捆住了留在回忆中的人们。我们可以养成吸取经验的习惯，但不能让自己习惯于沉浸在过去。没有一个人是没有过失的，有了过失如果能够决心去修正，那么即使不能完全改正，只要持续不断地努力下去，也一定会有很大改善。

回忆中，有喜悦也有悲痛。对待喜悦的回忆，我们可以让它们成为目前生活的美好动力，让未来的生活也如回忆一般美好；对待那些悲痛的回忆，不要直接否定它、抗拒它，我们可以细心地观察那段痛苦的经历、关照内在的伤痛，并允许这些悲痛的回忆存在。当全然地接受了这些回忆时，我们就会发现，它们会在我们的接纳与善待之中慢慢消失。一旦我们习惯了这样对待回忆，它们自然会感受到我们的关爱。也许有一天，那些痛苦的经历也会慢慢沉淀，最终将转化为成功路上最强大的垫脚石。

第二章
用脑袋做事

带着思考去工作

杨春民是网通广州分公司支撑共享中心的主任，他被誉为网通里的"思考者"，那是因为他无时无刻不在思考怎样更好地开展工作，如何使工作效率提高。

支撑中心每个月都有一项任务，将该月出账的用户收入拆分到各营销中心。过去，这项工作是工作人员使用 EXCEL 表格来处理，通常需要花费好几天时间，还经常出错，影响到对各营销中心的考核。

杨春民又开始思考了：工作需要时时抬头看看我们走的路有没有错，是否还有其他路，可以更省力更快捷。那么，现在能不能找到一个"数学公式"一样的东西将这些资料统一处理，提高效率呢？

他想到了用数据库，利用数据库可以对众多繁杂的数字进行统一的管理，并且查找方便、不易出错。于是，杨春民利用午休时间编制程序，协助收入拆分和佣金结算，利用数据库将所有用户的收入及其归属进行归档。账务组在该程序的辅助下，提前 3 天准确完成各营销中心的收入拆分，大大提高了工作效率，并保证了公司经营分析数据的准确性和及时性。深圳分公司的 CPN（用户驻地网）计费出账和结算在他开发的程序的帮助下，出账时间由原来的 3 天缩短到 1 天，结算时间由原来的 5 天缩短到两天。

思考是人类独有的能力。我们有思维意识，有认识和发现的能力，还有反应和构思的能力。我们通过思考、感悟和探寻而获取知识的能力构成和决定着我们工作的结果。杨春民就是用自己的思考来创造出高效率的工作的。

在广告行业有这样一句话："只要能够想到，就能够做到。"在各行各业中，不管是创新者还是追求其他方面成功的人，这个道理都同样适用。

工作中疏于思考的直接后果就是工作方式变得单一、呆板，如果工作中总是安于现状，不求创新，不求突破，思想懒惰，怎么能在忙碌的工作中获得成效呢？

在企业中，一些部门与员工的工作方法越来越雷同，毫无创意可言。造成这种现象的原因是不爱思考。为什么不爱思考呢？恐怕是缺乏思考的动力与压力。不思考，照葫芦画瓢自然最省时省力，既然有现成的办法，大家都这样做，而且这样做最保险，谁还去找麻烦？对上有交代，对下有说法，同事之间也好看，谁还愿意动脑思考呢？

从某种程度来讲，工作就是一个思考的过程；工作取得进步，就是一个思考深入的过程。思考得多了，想到的方法自然就多了。当一个猎人打了一只兔子时，他就会想办法如何去猎一只鹿；当他猎到一只鹿时，他就会想如何去打一只熊。而只有这样不断地思考，不断地寻找更好更有效的办法，才能成为一名优秀的猎人。工作何尝不是一个猎人的思考过程呢？

一名优秀的员工，愿意观察、控制和改变自己的思想，同时仔细探求自己的思想对自己、同事、自己的工作与环境的影响和作用，通过耐心的实践和调查将因与果联系起来；

利用自己的每一次即使是微不足道的经历和日常发生的琐事，以此开始思考，作为一种获取知识的途径。俗话说："只有努力寻找的人才能找到大门，大门只会对敲门的人敞开。"因为只有通过耐心、实践和无止境的思考，让主动思考为你的工作保驾护航，你才能做得更好。

公司所渴求的人才不只是一个具有专业知识的、埋头苦干的人，更需要的是积极主动、充满热情、灵活思考的智能型员工。一个合格的员工不是被动地等待别人告诉他应该做什么，而是主动去了解和思考自己要做什么、怎么做，并且认真地规划它们，然后全力以赴地去完成。

在工作中，认真地思考遇到的每一个问题，不断思考改进是 20 几岁的年轻人必须要做的事。有意识地多想一想自己的决定是否能够经受住考验，自己的计划是否全面周详，这样能够避免很多自以为是的错误，能够顺利圆满地完成每一项任务，并得到老板的赏识。

在你积极主动而又充满热情地工作时，你还要考虑的一个要素就是，要用老板的头脑来对待工作。即使你只是一名普通职员，你也应该像老板一样考虑事情。例如，公司怎样运作才能更合理，怎样能够使员工心情舒畅地工作等。这样，你将变得更加主动，你还会有"未来由自己掌握"的感觉。

弄清楚目标再去做

一队毛虫在树上排成长长的队伍前进，有一条带头，其余的依次跟着，食物就在枝头，一旦带头的找到目标，停了下来，它们就开始享受美味。有人对此非常感兴趣，于是做了一个试验，将这一组毛虫放在一个大花盆的边上，使它们首尾相接，排成一个圆形，带头的那条毛虫也排在队伍中。那些毛虫开始移动，它们像一个长长的游行队伍，没有头，也没有尾。观察者在毛虫队伍旁边摆放了一些它们喜爱吃的食物。但是，毛虫们想吃到食物就得看它们的目标，也就是那只带头的毛虫是否停了下来，一旦停了下来它们才会解散队伍不再前进。观察者预料，毛虫会很快厌倦这种毫无用处的爬行而转向食物。可是毛虫没有这样做。出乎预料之外，那只带头的毛虫一直跟着前面的毛虫的尾部，它失去了目标。整队毛虫沿着花盆以同样的速度爬了七天七夜，一直到饿死为止。

可怜的毛虫给予 20 几岁的年轻人最深刻的启示：没有目标、无主题的盲目行动只能失败甚至是死亡。目标和主题对于我们的工作和我们的行动非常重要，不容忽视。

在工作中，很多人有可能忘了最初的目标，忙于应付一只又一只跑出来的"兔子"，结果忙来忙去什么都没有得到。事实上，我们忙碌的最大的问题恰恰在于，根本不知道自己在忙什么，什么问题才是真正值得我们去解决的，或者在不知不觉中"跑了题"。例如，想做饭了却发现家里没盐了，去买盐时发现旁边那个沙锅不错，买沙锅之前到另外一家商场比较价钱，结果在那家商场看到了自己喜欢的一个品牌衣服专柜正在打折……到了最后盐没买成，却穿着新衣服在饭店里吃饭……这是造成我们无序忙碌的重要原因，也是造成我们忙而无果的重要原因。

我们常常行动盲目、毫无计划，整天忙忙碌碌、晕头转向，结果却因为做了大量无意义的事情而使得忙碌失去了价值。

梁乐乐是一家公司的职员，大学毕业后，在求职上并没有费多少周折，就顺利地进入了这家著名的跨国公司。因为她精明能干，善解人意，很受老板的赏识。进这家公司没多久，她很快就由普通员工被提拔为经理助理。为此，她工作更加敬业，帮老板把工作安排得井井有条，和同事关系也很好。

梁乐乐在这里的工作用她自己的话来说是得心应手。在这家公司里，与她同一届毕业的同学当中，她做得最好。所以，难免会有同学打电话来询问她一些工作上的事情。

善解人意的梁乐乐，每当接到电话，就很积极地帮助他人出谋划策，帮他们解决工作上遇到的问题。

这样一来，她就无法专注于有效的工作。经理也批评过她，说你做这些虽然帮了同事、同学，甚至对提高公司其他人员的工作能力都起到了非常好的作用，可这些事对你来说毕竟都是无效的，这些无效的事迟早会误了公司和你自己的大事。

但梁乐乐依然故我，每天还是忙忙碌碌的，热心地做着很多分外事。

一次，总部的老板打电话过来，结果电话一直占线，而这一次老板的电话是通知梁乐乐的经理：有个重要的合同要与他协商。结果，老板一直等了半个多小时，才把电话打进来。了解了电话占线的原因不是因为梁乐乐的经理在洽谈别的生意，而是梁乐乐接了一个电话，正在热心地帮助别人，做那些无效的工作后，老板一句话没说就把电话挂了。

直到有一天，正当梁乐乐在修改一份公司报告时，总部的老板发过来一份传真：你的工作很出色，你也很努力，但是你没有很清楚地认识到哪些事才是对你和公司最有效的。我希望下次见到的不是梁乐乐，而是一个能专注于有效工作的员工。

结果可想而知，每天都忙得不可开交的梁乐乐被辞退了。原因很简单：她整天没有任何主题的忙忙碌碌一直是在做无用功。

一位著名科学家说："无头绪地、盲目地工作，往往效率很低。正确地组织安排自己的活动，首先就意味着准确地计算和支配时间。虽然客观条件使我难以这样做到，但我仍然尽力坚持按计划利用自己的时间，每分钟计算着自己的时间，并经常分析工作计划未按时完成的原因，就此采取相应的改进措施。通常我在晚上订出翌日的计划，订出一周或更长时间的计划，即使在不从事科学工作的时候，我也非常珍视一点一滴的时间。"

所以，20几岁的年轻人要学会带着目标去工作，这样才让工作忙得有成效、忙得有结果。

做最重要的事而非最紧要的事

伯利恒钢铁公司总裁理查斯·舒瓦普，为自己和公司的低效率而忧虑，于是去找效率专家艾维·李寻求帮助，希望李能卖给他一套思维方法，告诉他如何在较短的时间里完成更多的工作。

艾维·李说："好！我10分钟就可以教你一套至少能提高50%的效率的最佳方法。"

"把你明天必须要做的最重要的工作记下来，按重要程度编上号码。最重要的排在首位，以此类推。早上一上班，马上从第一项工作做起，一直做到完成为止。然后用同样的方法对待第二项工作、第三项工作……直到你下班为止。即使你花了一整天的时间才完成了第一项工作，也没关系。只要它是最重要的工作，就坚持做下去。每一天都要这样做。在你对这种方法的价值深信不疑之后，叫你公司的人也这样做。"

"这套方法你愿意试多久就试多久，然后给我寄张支票，并填上你认为合适的数字。"

舒瓦普认为这个思维方式很有用，不久就填了一张25000美元的支票给李。舒瓦普后来坚持使用艾维·李教给他的那套方法，5年后，伯利恒钢铁公司从一个鲜为人知的小钢铁厂一跃成为最大的不需要外援的钢铁生产企业。舒瓦普常对朋友说："我和整个团队坚持拣最重要的事情先做，我认为这是我的公司多年来最有价值的一笔投资！"

这个例子告诉20几岁的年轻人，当你面对一大堆工作不知从何开始时，不妨从最重要的事着手。

要事第一的观念如此重要，却常常被我们遗忘。我们必须让这个重要的观念成为一种工作习惯，每当一项新工作开始时，都必须首先让自己明白什么是最重要的事，什么是我们应该花最大精力去重点做的事。

分清什么是最重要的事并不是一件易事，我们常犯的一个错误是把紧迫的事情当做最重要的事情。

紧迫只是意味着必须立即处理，比如电话铃响了，尽管你正忙得焦头烂额，也不得不放下手边工作去接听。紧迫的事通常是显而易见的，它们会给我们造成压力，逼迫我们马上采取行动。但它们往往是令人愉快的、容易完成的、有意思的，却不一定是很重要的。

重要的事情通常是与目标有密切关联的并且会对你的使命、价值观、优先的目标有帮助的事。这里有5个标准可以参照什么是最重要的事：

1. 完成这些任务可使我更接近自己的主要目标（年度目标，月目标，周目标，日目标）。

2. 完成这些任务有助于我为实现组织、部门、工作小组的整体目标作出最大贡献。

3. 我在完成这一任务的同时也可以解决其他许多问题。

4. 完成这些任务能使我获得短期或长期的最大利益，比如得到公司的认可或赢得公司的股票，等等。

5. 这些任务一旦完不成，会产生严重的负面作用：生气、责备、干扰，等等。

根据紧迫性和重要性，我们可以将每天面对的事情分为四类：即重要且紧迫的事；重要但不紧迫的事；紧迫但不重要的事；不紧迫也不重要的事。

只有合理高效地解决了重要而且紧迫的事情，你才有可能顺利地进行复命。而重要但不紧迫的事情要求我们具有更多的主动性、积极性、自觉性，早早准备，防患于未然。剩下的两类事或许有一点价值，但对目标的完成没有太大的影响。

你在平时的工作中，把大部分的时间花在哪类事情上？如果你长期把大量时间花在重要而且紧迫的事情上，可以想象你每天的忙乱程度，一个又一个问题会像海浪一样向你冲来。你十分被动地一一解决。长此以往，你总有一天会被击倒、压垮，相信老板再也不敢把重要的任务交给你。

只有重要而不紧迫的事才是需要大量时间去做的事。它虽然并不紧急，但决定了我们的工作业绩。80/20 法则告诉我们：应该用 80% 的时间做能带来最高回报的事情，而用 20% 的时间做其他事情。复命时取得卓越成果的员工都是这样把时间用在最具有"生产力"的地方。

只有养成做要事的习惯，对最具价值的工作投入充分的时间，工作中的重要的事才不会被无限期地拖延。这样，工作对你来说就不会是一场无止境、永远也赢不了的赛跑，而是可以带来丰厚收益的活动。

抓住问题的根源，做对事

在美国纽约，有一家联合碳化钙公司，为了进一步谋求发展，斥巨资新建了一栋 52 层高的总部大楼。工程马上就竣工了，但如何面向社会宣传而又不引起人们的反感呢？公司的广告部人员绞尽了脑汁，仍然找不到一个满意的宣传方式。

就在这时，值班人员报告，在大楼的 32 层大厅中发现了大群的鸽子。这群鸽子似乎将这个大厅当成巢穴了，把整个大厅搞得脏乱不堪。可是，应该怎样处理这群鸽子呢？如果处理得不好，势必会引起环保组织的攻击。终于，他们找到了问题的根源，那就是处理鸽子的方式。如果处理得巧妙，就可以使麻烦变成机遇。相关工作人员冥思苦想，终于得到了一个"一举两得"的好办法，那就是利用鸽子这一偶然事件大做文章，制造新闻。他们先派人关好窗子，不让鸽子飞走，并打电话通知了纽约动物保护委员会，请他们立即派人妥善处理好这些鸽子。

动物保护委员会的人闻讯后立即赶来了，他们兴师动众的举动马上惊动了纽约的新闻界，各大媒体竞相出动了大批记者前来采访。

3 天之内，从捉住第一只鸽子直到最后一只鸽子落网，新闻、特写、电视录影等，连续不断地出现在报纸和荧屏上。这期间，出现了大量有关鸽子的新闻评论、现场采访、人物专访。而整个报道的背景就是这个即将竣工的总部大楼。此时，公司的首脑人物更是抓住这千金难买的机会频频出场亮相，乘机宣传自己和公司。一时间，"鸽子事件"成了酷爱动物的纽约人乃至全美国人关注的焦点。

随着鸽子被一只只放飞，这家碳化钙公司的摩天大楼以极快的速度闻名遐迩，而这家碳化钙公司却连一分钱的广告费都没花。

回过头，20 几岁的年轻人再想一想，如果这家碳化钙公司没有找到问题的根源，没有意识到鸽子的处理方式会关系到公司的利益，若处理不当，不但会损害公司的形象，更会丧失免费宣传公司大楼的机会。

在工作中，没有人不希望能最快、最有效地解决问题，但有的人能做到，有的人却做不到，这其中的原因有很多，而是否懂得抓要点、抓根本，是关键。

在老板看来，一名称职员工最关键的素质是解决问题的能力，尤其是在紧要关头。正如一家知名的跨国集团总裁所说的那样："通向最高管理层的最迅捷的途径，是主动承担别人都不愿意接手的工作，并在其中展示你出众的创造力和解决问题的能力。"

然而解决问题不能一味地靠决心和蛮力，最重要的还是要发现问题的关键，在危机之中找到转机。眉毛胡子一把抓，结果往往是事事着手、事事落空，即使事情能做成，也要付出很多的时间和精力。与此相反，有的人不管遇到多棘手的问题，都能够以最快的速度，抓住问题的要点，并采取相应的手段，这样，再棘手的问题也能很快解决，这也正是20几岁的年轻人需要学习的地方。

先化繁为简，再处理问题

有一家杂志社曾举办过一项奖金高达数万元的有奖征答活动，内容是：

在一个热气球上，载着3位关系着人类命运的科学家。

第一位是一名粮食专家，他能在不毛之地甚至在外星球上，运用专业知识成功地种植粮食作物，使人类彻底脱离饥荒。

第二位是一名医学专家，他的研究可拯救无数的人们，使人类彻底摆脱诸如癌症、艾滋病之类绝症的困扰。

第三位是一名核物理学家，他有能力防止全球性的核子战争，使地球免于遭受灭亡的绝境。

由于载重量太大，热气球即将坠毁，必须丢出去一个人以减轻重量，使其余的两人得以存活。请问，该丢出去哪一位科学家？

征答活动开始之后，因为奖金数额庞大，很快吸引了社会各界人士的广泛参与，并且引起了某电视台的关注。在收到的应答信中，每个人都使出浑身解数，充分发挥自己丰富的想象力来阐述他们认为必须将哪位科学家丢出去的"妙论"。

最后的结果通过电视台揭晓，并举行了热闹的颁奖仪式，高额奖金的得主是一个14岁的小男孩。他的答案是：将最胖的那位科学家丢出去。

这个故事为20几岁的年轻人提示了这样一个道理，很多事情其实很简单，但人们往往把它们复杂化了。善于把复杂的事物简明化，化繁为简，是防止忙乱、获得事半功倍的效果的法宝。工作中，我们经常看到有的人善于把复杂的事物简明化，办事又快又好，效率高；而有的人却把简单的事情复杂化，迷惑于复杂纷繁的现象中，结果陷在里面走不出来，工作忙乱被动，办事效率极低。

美国贸易委员会主席唐纳德在《提高生产率》一书中讲到提高效率的"三原则"，即为了提高效率，每做一件事情时，应该先问三个"能不能"：能不能取消它？能不能把它与别的事情合并起来做？能不能用更简便的方法来取代它？

我们接受的普通教育和大多数训练都指导我们把握每一个可变因素，找出每一个应对方案，分析问题的角度应尽可能多样化。因此，事情变得异常复杂，我们当中"最优秀"的人提出了最佳的建议和方案。这些建议和方案也无疑是最复杂的。

久而久之，我们开始习惯于一种定式思维——最复杂的就是最好的。复杂化的问题从小就开始伴随着我们，成为我们生活和工作的一部分。

其实，处理复杂问题最有效的方法是简单。美国通用电气前CEO杰克·韦尔奇说："你简直无法想象让人们变得简单是一件多么困难的事，他们恐惧简单，唯恐一旦自己变得简单就会被人说成是大脑简单。而现实生活中，事实正相反，那些思路清楚，做事高效的人们正是最懂得简单的人。"同理，我们在做事情的时候也应当注意从简单的地方入手，利用简单的手段解决复杂的问题。

航海家哥伦布发现美洲后回到西班牙，女王为他摆宴庆功。

酒席上，许多王公大臣、名流绅士都瞧不起这个没有爵位的人，纷纷出言相讽。

"没什么了不起，我出去航海，一样会发现新大陆。"

"只要朝一个方向航行，就会有重大发现！"

"驾驶帆船，太容易了！女王不应给他这样高的奖赏。"

这时，哥伦布从桌上拿起一个鸡蛋，笑着问大家："各位尊贵的先生，哪位能把这个鸡蛋立起来？"

于是一些自以为能力超群的人物纷纷开始立那个鸡蛋，但左立右立，站着立坐着立，想尽了办法，也立不住椭圆形的鸡蛋。

"我们立不起来，你也一定立不起来！"

哥伦布拿起鸡蛋，"砰"的一声往桌上磕了一下，大头破了，鸡蛋牢牢地立在桌子上。众人嚷道："这谁不会呀！这太简单了！"

哥伦布微笑着说："是的，这很简单，但在这之前你们为什么想不到呢？"

很多事情解决起来很简单，并没有看上去那么复杂，只是我们把它想得太复杂了。这正是哥伦布的事例要告诉20几岁的年轻人的。

我们生活在当今时代，大大小小的问题，被描述得复杂不堪，使人望而却步。我们要参加烦琐的会议，要阐述复杂的概念，要面对复杂的管理，要接受复杂的企业文化……然而我们却发现企业的效率越来越低，管理成本越来越高，我们把时间浪费在烦杂的事务上。这个时候就一定要学会把烦琐、累赘一刀砍掉，让事情保持简单！

曾任苹果电脑公司总裁的约翰·斯卡利说过，"未来属于简单思考的人。"马上行动，追求简单，事情就会变得越来越容易。反之，任何事都会对你产生威胁，让你感到棘手、头痛，精力与热情也跟着下降。这样可以让你逃离忙碌的苦海深渊，轻松完成任务。

找准靶心，正确地界定问题

著名的人力资源培训专家吴甘霖博士曾说过："要解决问题，首先要对问题进行正确界定。弄清了'问题到底是什么'，就等于找准了应该瞄准的'靶心'。否则，要么劳而无功，要么南辕北辙。"

面对问题，人们常有的第一感觉，就是希望立即找到最好的解决方法。这样的想法无可厚非，但是，如果连自己真正面对的问题是什么，自己通过解决这个问题将获得什么都无法确定，那无疑是操之过急了。正如爱因斯坦所说："将一个问题准确地界定，就等于解决了问题的一半。"

要正确地界定问题，20几岁的年轻人可以参照以下几点来提醒自己：

1. 问题所要达到的真正目的。

2. 固定思维，提升要界定问题的层次。

3. 从其他角度或相反方面找方法。

要解决一个问题，首先不是技巧，而是对问题正确界定，只有对准"靶心"，才能射中目标；只有认准目标、选对方法，才能做好事情。

第二次世界大战时期，苏联红军正准备趁天黑向德军发动进攻。一切都筹备好了，可那天晚上偏偏天空中有星星，大部队进攻在星空下很难做到高度隐蔽而不被发现。该怎么办？一切都已经准备妥当，这是一个绝佳的时机，难道因为天空中有星星就放弃吗？苏军元帅朱可夫苦苦思索，但始终没有找到解决之法。忽然，他停了下来，他意识到自己犯了个致命的错误，被错误带入了错误的思考领域。"我们真的需要天黑吗？不是，我们选择天黑仅仅是希望借着夜色掩护部队，让德军看不到自己。我们真正要做的是让敌人看不见，我们的目的也是让敌人看不见我们的部队！"

有了这样的观念，朱可夫不再死钻在"天黑"的牛角尖里寻找办法，而是将视线转移到真正的目的"让对手看不见"上来。他思考了很久，突然有了一个主意：只有黑暗让人看不见吗？光亮同样能！他立即发出指示：将全军所有的大探照灯都集中起来，并立即准备向德军发起进攻。当苏军进攻时，140台大探照灯同时射向德军阵地。极强的亮光使得隐蔽在防御工事里的德军根本睁不开眼。不能睁开眼睛，也就什么也看不见，只能挨打而无法还击。苏军势如破竹，很快突破了德军的防线。

当我们遇到问题，寻求解决方法的时候，20几岁的年轻人必须明确自己解决问题的真正目的和渴望通过解决问题所达到的目标，明确究竟什么才是我们真正想要的，正如例子里的朱可夫一样。一旦我们清楚地知道这些，并且围绕着这些寻找解决之道，那就省去许多精力和时间，也能使自己不钻入思维的死角。

20几岁的年轻人要学会在面对问题时，正确地界定问题，找准了靶心，才能正确地解决问题。

努力做事，还要聪明地做事

从前有个小村庄，村里除了雨水没有任何水源，为了解决这个问题，村里的人决定对外签订一份送水合同，以便每天都能有人把水送到村子里。有两个人愿意接受这份工作，于是村里的长者把这份合同同时给了这两个人。

得到合同的两个人中有一个叫艾德，他立刻行动了起来。每日奔波于1里外的湖泊和村庄之间，用他的两只桶从湖中打水运回村子，并把打来的水倒在由村民们修建的一个结实的大蓄水池中。每天早晨他都比其他村民起得早，以便当村民需要用水时，蓄水池中已有足够的水供他们使用。由于起早贪黑地工作，艾德很快就开始挣钱了。尽管这是一项相当艰苦的工作，但是艾德很高兴，因为他能不断地挣钱，并且他对能够拥有两份专营合同中的一份而感到满意。

另外一个获得合同的人叫比尔。令人奇怪的是自从签订合同后比尔就消失了，几个月来，人们一直没有看见过比尔。这点令艾德兴奋不已，由于没人与他竞争，他挣到了所有的水钱。比尔干什么去了？他做了一份详细的商业计划书，并凭借这份计划书找到了4位投资者，一起开了一家公司。6个月后，比尔带着一个施工队和一笔投资回到了村庄。花了整整一年的时间，比尔的施工队修建了一条从村庄通往湖泊的大容量的不锈钢管道。

这个村庄需要水，其他有类似环境的村庄一定也需要水。于是比尔重新制订了他的商业计划，开始向全国甚至全世界的村庄推销他的快速、大容量、低成本并且卫生的送水系统，每送出一桶水他只赚1便士，但是每天他能送几十万桶水。无论他是否工作，几十万的人都要消费这几十万桶的水，而所有的钱都流入了比尔的银行账户中。显然，比尔不但开发了使水流向村庄的管道，而且还开发了一个使钱流向自己钱包的"管道"。

从此以后，比尔幸福地生活着，而艾德在他的余生里仍拼命地工作，最终还是陷入了"永久"的财务问题中。

比尔和艾德的故事告诉20几岁的年轻人：当你要作出决策的时候，问问自己："我究竟是在修管道还是在运水？""我是在拼命地工作还是在聪明地工作？"

不可否认，勤奋和韧性是解决问题的必要条件，但是除此之外，我们还应当运用自己的智慧，行动前积极思考，在行动之中及时调整用以实现目标的手段。同样是解决难题，思想老化的人年复一年，机械地重复着手边的工作。相反会动脑子的人会借着问题，将工作上升到更高效的层面，自己也可"一劳永逸"。

同样是在工作，有些人只懂勤勤恳恳，循规蹈矩，终其一生也成就不大。而聪明的人却在努力寻找一种最佳的方法，在有限的条件下发挥才智的作用，将工作做到最完美。

刘宁和王楠毕业于某名牌大学企业管理专业，并同时进入一家公司。

刘宁工作努力认真、踏实肯干，每天除了工作就是工作，他好像总有忙不完的事，而且还常常自动留下来加班，天天工作到很晚才下班，但遗憾的是工作业绩平平。

王楠呢？他的想法和做事的方式总是与众不同，从不墨守成规。他总是琢磨一些"懒办法"——别人两小时完成的，他就要想办法争取一个小时完成；相同条件下，别人做到10分的效果，他要努力做到12分……老板交给他的任务，他不但完成得干净利落，而且结果也能令人满意。

一年后，王楠被委以重任，刘宁只获得象征性的加薪鼓励。

这让刘宁心里非常不平，认为王楠没有自己工作认真，也没有自己工作的时间长，凭什么业绩反而比自己好？而且还受公司的重用？自己为公司付出了那么多，反而落得竹篮打水一场空。他越想越觉得不公平，于是向公司递交了辞呈。

在我们的周围，类似刘宁这样的人并不在少数。人们习惯地认为"老黄牛"式的员工就是好员工，但事实上，"努力"工作的人并不一定会受到上司的赏识。即使你付出了200%的努力，如果没有给企业带来实际的效益，要想得到老板的赏识也是不太可能的。在这个以效率为先、靠业绩说话的时代，努力工作固然重要，但更重要的是要用脑子。

在知识经济时代，仅仅有埋头苦干的精神已经远远不够，20 几岁的年轻人不仅要努力工作，更重要的是要学会聪明地工作。

工作并不是简单的重复作业，职场是智商的较量场，只有充分利用自己的智慧，多开动脑筋想办法才能把工作做好，才不会眼睁睁地看着机会白白溜走，更不会整天忙碌却没有任何收获。

善于变通，适时突破

20 几岁的年轻人，当你走在路上，眼看就要到达目的地了，这时面前突然出现一块警示牌，上书四个大字："此路不通！"这时你会怎么办？

有人选择仍走这条路过去，大有不撞南墙不回头之势，结果可想而知。这种人在工作中常常因"一根筋"思想而多次碰壁，消耗了时间和体能，却无法将工作效率提高一丁点。

有人选择驻足观望。不再向前走，却也不掉头，想法有二：一是认为自己已经走了这么远，再回头心有不甘且尚存侥幸心理；二是想如果回头了其他的路也不通怎么办？结果驻足良久也未能前进一步。这种人在工作中常常会因懦弱和优柔寡断而丧失机会，业绩没有进展不说，还会留下无尽的遗憾。

还有另一类人，他们会毫不犹豫地掉转车头，去寻找另外一条路。也许会再次碰壁，但他们仍会不断地进行尝试，直到找到那条可以到达目的地的路。这种人是工作中真正的勇者与智者，他们懂得变通，直到寻找到解决问题的办法。

某地由于一些工厂排放污水，使附近河流污染严重，以致下游居民的正常生活受到了威胁，环保部门每天都要接待数十位满腹牢骚的居民。环保部门联合有关当局决定寻找解决问题的办法。

他们考虑对排污水的工厂进行罚款，但罚款之后污水仍会排到河流中，不能从根本上解决问题。这条路，行不通。

有人建议立法强令排污工厂在厂内设置污水处理设备。本以为问题可以彻底解决了，却在法令颁布之后发现污水仍不断地排到河流中。而且，有些工厂为了掩人耳目，对排污乔装打扮，从外面不能看到有什么破绽，可污水却一刻不停地在流。这条路，仍行不通。

之后，当地有关部门立刻转变方法，采用著名思维学家德·波诺提出的设想：立一项法律——工厂的水源输入口，必须建立在它自身污水输出口的下游。

看起来这是个匪夷所思的想法，但事实证明这确实是个好方法。它能够有效地促使工厂进行自律：假如自己排出的是污水，输入的也将是污水，这样一来，能不采取措施净化输出的污水吗？

最后这个办法被采用了，也起到了不错的效果。

此路不通就换方法。正是遵循了这个信条，上述例子里解决污水排放的问题才最终找到了解决办法。

一个卓越的人，必是一个注重寻找方法的人。当他发现一条路不通或太挤时，就能够及时转换思路，改变方法，寻找一条更为通畅的路。工作中也是如此。一个优秀的员工必是一个善于变换思路和方法的员工，他不会固守一种思路，也不会迷信一种方法，他会审时度势，适时突破，在变化中迅速拿出新的应对方案。他相信，方法总会有的，只是自己还没有想到。

有一天，江南春外出办事等电梯的时候，听到有人抱怨电梯很慢，等电梯的时间很无聊。这一句话马上点醒了江南春："如果有电视，人们在等电梯的时候就不会感到无聊了，效果也会比招贴画好很多。"接下来他又想："我在电视上播广告怎么样？如果有比看广告还无聊的时间，我想大多数人还是会关注广告的。"

发现了空白，就必须马上填补空白。江南春开始实施他的计划。2002年6月到12月，江南春说服了第一批40栋高档写字楼。2003年1月，江南春的300台液晶显示屏装进了上海50栋写字楼的电梯旁。2003年5月，江南春正式注册成立分众传媒（中国）控股有限公司，并担任董事局主席和首席执行官。此时的江南春决定绕开竞争惨烈的传统媒体，走"分众"之路，专攻楼宇液晶媒体。

短短19个月时间，江南春领导的分众传媒利用数字多媒体技术所建造的商业楼宇联播网就从上海发展至全国37个城市；网络覆盖面从最初的50多栋楼宇发展到6800多栋楼宇；液晶信息终端从300多个发展至12000多个；拥有75%以上的市场占有率。

从传统的广告代理到发现分众传媒的"大蛋糕"，在当今市场环境瞬息万变的环境下，江南春善于变通，勇于突破常规思路，发现市场空白，创造了一个新的广告市场。

可见，变通能够让员工、企业灵活起来，从而产生超常的构思，提出不同凡俗的新思想、新观点。"此路不通"就换条路，"这个方法不行"就换个方法，应该成为每一个员工的工作理念。学会变通，勇于做一些别人没想到或不敢做的事情，比如反其道而行，比如走进某些禁区，这时我们或许就能打破条条框框的束缚，成为江南春那样勇为天下先的开拓者、发展者和领导者。

能完成100%，就绝不只做99%

有一次，希望集团总裁刘永行去一家韩国面粉企业参观。然而就是这次普通的参观，给了他很大的刺激，回国后好几个晚上都难以入眠。

这家面粉厂属于西杰集团，每天处理小麦的能力是1500吨，却只有66名雇员。一个只有几十名员工的小厂，其工作效率之高令刘永行惊叹不已。在国内，相同规模的企业一般日生产能力只有几百吨，而员工人数却高达上百人。250吨日处理能力的工厂也有七八十名员工，日生产能力却仅有韩国工厂的1/6。

为了弄清楚其中的奥秘，刘永行与这家工厂的管理层进行了深入的交谈，了解到他们也在中国投资办过厂。当时的日处理能力为250吨，员工人数却高达155人。同样的投资人，设在中国的工厂与韩国本土生产效率居然相差10倍之遥，效益自然也不会太理想，磨合了一段时间，觉得没有改善的可能性，就将工厂关闭了。

两家工厂的效率为什么有如此大的差距呢？是设备的先进程度不同还是管理方法有差别？当然都不是，韩国本土工厂是20世纪80年代投入生产的，而与中国的合资厂却在20世纪90年代建设起来的，设备比原来的还先进。工厂的主要管理层基本上是韩国人。恰好，刘永行遇到了那位曾在中国负责的韩国厂长。

怀着极大的好奇心，刘永行特意请教这位厂长："为什么同样的设备、同样的管理，设在中国的工厂却需要雇佣那么多员工呢？"

那位厂长回答得很含蓄："也许是中国人做事落实不到位吧。"而正是这么一句轻描淡写的话，却让刘永行回国后彻夜难眠。他知道，当着一群中国企业家的面，那位厂长的话已经是十分客气了。在这句平淡的话背后，一定藏有许多难言之隐，一定有许许多多不为人知的管理问题。

仔细想一想，在中国大部分企业中，都存在把自己的事情做得差不多就够了的想法，所以我们的效率就低了。

也许对待一份工作只是差那么一点点，但它离完美是遥不可及的。

在1标准大气压下，水温升到99℃，还不是开水，其价值有限；若再添一把火，在99℃的基础上再升高1℃，就会使水沸腾，并产生大量水蒸气来开动机器，从而获得巨大的经济效益。100件事情，如果99件事情落实了，一件事情未落实到位，而这一件事就有可能对某一单位、某一团队、某个人产生100%的影响。

我们工作中出现的问题，的确只是一些细节、小事落实得不完全到位，而恰恰是这些细节的落实不到位，又常常会造成较大影响。对很多事情来说，执行上的一点点差距，往往会导致结果上出现很大的差别。很多执行者工作没有落实到位，甚至相当一部分人做到了99%，就差1%，但就是这点细微的区别使他们在事业上很难取得突破和成功。

追求完美对职场中的人来说很重要，自我满足就意味着停滞不前，一旦一个人自以为工作做得很出色了，他就会故步自封，难以突破自我，他就会逐渐找不到自己的位置。

要想让自己真正忙出成绩，就要随时思考改进自己的工作。如果工作落实不到位，那么一切都是空谈。

老板要提拔一名员工，当然要挑选办事稳妥、迅速周到的人。他们绝不会看中那些拖拉懒惰，做事总是留下后遗症而必须经人东修西改的人，他们最满意的人，做起事来必须有条不紊、不辞辛劳。

要么你做好，要么你就别做。也许你也见过那些半截工程，耗费了大量的人力、物力和财力，到最后仍然不能竣工，不能让人入住，这不得不让人感叹。这就是做事落实不到位的典型例子。

一个人成功与否在于他是不是做什么都力求做到最好。成功者无论从事什么工作，他都绝对不会轻率疏忽。因此，在工作中，你应该以最高的规格要求自己。能做到最好，就必须做到最好，能完成100%，就绝不只做99%。只有你把工作做得比别人更完美、更快、更准确、更专注，动用你的全部智能，才能引起他人的关注，实现你心中的愿望。

高效执行，办事要向行动要结果

要提高办事效果，就应当雷厉风行，养成立即执行的习惯。立即执行会消减准备工作中一些看似可怕的困难与阻碍，引领你更快地抵达成功的彼岸。

第一位商业代表之所以被解雇，并不是因为他没有好的创意，而是他的创意还只是停留在空谈上。后来的这位代表是一位想到就做，马上行动的人，他不但胸怀让肯德基驻足中国市场的美好创意，还坚定地通过行动来立即着手实现这一创意。

要培养高效执行的能力，有几个习惯20几岁的年轻人应当养成。

习惯1：用心去做。

要取得好的执行效果，关键是要用心去做。以发生在商场的一个小场景为例：一位消费者，在大卖场的货架间徘徊，想找一瓶高蛋白含量的奶粉，看到一位服务人员在另一边整理货架。

"请问，我想找一罐高蛋白质含量的奶粉，请问可以在哪里找到？"

服务人员的反应可能有下列几种：

第一种：理都不理消费者，继续整理眼前的货架。

第二种：看消费者一眼，冷冷丢出一句话"不知道"。

第三种：客气地回答消费者"请你走到第三个货架，左转到横排第五个矮柜，算过去第八个篮子，你就可以看到奶粉专柜。"

第四种：服务人员立即停下手下的工作，聆听他描述产品，随即带他到奶粉货架，拿下一种销量较好的高蛋白质奶粉递给他，同时说："我想您挑选蛋白质含量高的奶粉，应该是想让您的宝宝长得更结实，我再推荐您另外一种高钙的产品给您试试，可以让您的宝宝更健康。"

毫无疑问，第四种方法是用心去做的典范。

对工作专注用心是做好任何事情的前提条件，我们在执行工作任务时，要先把心思集中到如何快速、高效完成任务的思考上来。

习惯2：提高速度。

执行力高低的一个衡量尺度是快速行动，因为速度现在已经成为决定成败的关键因素。当然快与慢是辩证的，因为快速执行并不是要求你为了达到目标而不计后果，并不是允许任何人为了抢速度而降低工作的质量标准。迅捷源自能力，简洁来自渊博。一个人要快速执行首先要拥有强大的思维能力。一名执行力强的人能够不断探寻业务模式和事物的因果关系，能够不断尝试从新的角度（同事角度、客户角度、竞争对手角度、公司角度、创造性角度）看问题。

习惯3：注重团队协作。

我们的工作是孤立的。要出色完成上司交代的工作，必然要依靠团队协作。一个高效的执行者是不会单枪匹马地闯荡的，他会协同团队共同完成任务。

在执行的过程中，团队精神主要包含4个方面：

1. 同心同德：组织中的员工相互欣赏，相互信任；而不是相互瞧不起，相互拆台。员工应该发现和认同别人的优点，而不是突显自己的重要性。

2. 互帮互助：不仅是在别人寻求帮助时提供力所能及的帮助，还要主动地帮助同事。反过来，我们也能够坦诚地乐于接受别人的帮助。

3. 奉献精神：成员愿为组织或同事付出额外努力。

4. 团队自豪感：团队自豪感是每位成员的一种成就感，这种感觉集合在一起，就凝聚成为战无不胜的战斗力。

凡事只有行动力才会有结果。要提高办事效果，就应当雷厉风行，养成立即执行的习惯。立即执行会消减准备工作中一些看似可怕的困难与阻碍，引领你更快地达成预期的目的。

第三章
把职业当事业

工作的意义：远离地狱，靠近天堂

许多在职场中奋战的人都有这样一个愿望：自己能够过上无所事事的悠闲生活。但事实则是，工作从来都是人类生活的第一要义，正如奥地利著名心理分析专家威廉·赖克所说的那样："爱工作和知识是我们的幸福之源，也是支配我们生活的力量。"无所事事非但不能带给人快乐，反而是人生的地狱。

小和尚埋怨生活太辛苦，每天烧水、做饭、打禅，琐碎的事太多，无德禅师就给他们讲了这样一个故事：

有个人死后，去了阎殿。到了那里，看到那里生活非常安逸，这个人心想："我活着的时候生活太辛苦了，现在我死了，终于可以解脱了。每天除了吃饭睡觉，没有别的事情，也不用辛苦地工作了，这样的生活实在是太好了！这里简直就是天堂！"

然后，他向负责的人问道："这里是地狱吗？我实在难以想象地狱居然是这样好！"负责人说："没错，这里就是地狱！在这里你什么都不用做，好好享受吧！过一段时间你就知道这里就是真正的地狱。"

这个人想："怎么会呢？这里天天山珍海味，想吃什么就吃什么；还有舒适的床铺，想睡多久，从没有人管。早知道这样，我就不活了，活着还不如死掉呢！"

于是他就整天吃了睡，睡了吃，快乐得像个神仙。可是时间长了，他开始觉得十分寂寞和空虚，于是他去找负责的人，说道："我每天除了吃饭就是睡觉，和猪有什么区别？我不想过这样的生活了，你还是给我找一份工作吧！辛苦点我也愿意。"

负责人答道："这里从来就没有工作，想要什么马上就能得到，只有工作不能得到！"那个人没有办法，只好回去了，又过了一段时间，他实在无法忍受这样的生活，又去找那个负责人，说道："我不想在这里住了，这种生活实在是难以忍受，你还不如让我下地狱！"

负责人说："已经告诉过你了，这里本来就是地狱，你还以为这里是天堂呢？实在是太笨了！这就是真正的地狱。"

努力工作的背后隐藏着快乐和欢喜，每天认真工作，努力获得回报，才能让你感受到人生的快乐和时间的可贵。没有目标，不做工作，每天吃喝玩乐，如果长期持续这种无聊的生活，不但不会成长，而且会丧失自己人性中那些美好的东西。长此以往，与家庭、朋友的关系就会恶化，也将找不到人生的意义。而工作，正是为我们提供了一个寻找生活意义的契机，唯有努力且快乐地工作着、忙碌着，我们才能远离迷茫、堕落，找到生命的真意。

把工作当成最伟大的事

无论多么渺小的工作，都要抱着问题意识，采取积极的态度对现状进行改良。能坚持这么做的人和缺乏这种精神的人，假以时日就会产生惊人的差距。

比如，到昨天为止，打扫车间的方式总是用扫帚从右到左扫。那么，今天试着从四周向中间扫会怎样呢？或者，光用扫帚打扫效果不干净，那就试着用拖把看看怎样？如果用拖把效果也不好，就可以向上司建议，花点钱买台吸尘器如何？

就扫地这么一件小事，只要开动脑筋，就可以想出许多又快又好的办法。如果这样天天钻研创新，积累一年，你就成了扫地专家，你的经验就会受到车间全体人员的好评。再后来，你就可以干脆成立清扫大楼的专业公司了，并让它发展壮大。

只要我们在每天的工作中时刻思考着"这样做是否可行"，带着"为什么"的疑问，今天胜过昨天，明天胜过今天，持续不断地对工作进行改善与改良，最终就能取得出色的成就。

弗雷德是美国邮政一名普通的邮差，每当有业主搬入弗雷德管辖的小区，弗雷德都会主动上门自我介绍："先生，上午好！我叫弗雷德，是这里的邮递员。我顺道来看看，向您表示欢迎，介绍一下我自己，同时也希望能对您有所了解，比如您从事的行业。"弗雷德对待客户总是表现出兴高采烈的劲头。

弗雷德的相貌极为普通，他中等身材，蓄着一撮小胡子，相貌极为普通，虽然外表没有任何出奇的地方，但他的真诚和热情却溢于言表。每一个业主就是这样开始接受弗雷德的服务的。

弗雷德会根据业主的作息习惯对信件和包裹进行保管和投递，他还根据业主的职业特点提出个性化的邮政服务内容。他经常利用自己的休息时间拉近与业主之间的距离。弗雷德在不增加支出的同时，为客户创造了更大的价值。

邮差弗雷德的故事恰巧从一点一滴的日常小事中昭示了一个道理，就是在平凡的岗位上一样可以找出卓越的感觉，普通的工作一样可以实现从平凡到杰出的跨越。

弗雷德的工作是平凡的，但他在这平凡的工作中不但使自己更使旁人获得了无限乐趣。面对平凡的工作，弗雷德不是通过改换工作，而是通过改变自己工作的方式来增添工作的价值和乐趣。他用自己的乐观给每一天注入了崭新的内容。他告诉我们，只需举手之劳，一切就都变得不同。虽然我们所做的都不是什么惊天动地的改变，但是成千上万的小小改变累积起来，也会对自己和他人的生活形成深刻的影响。

李素丽是一名普通的公交售票员，但是她并没有因为售票员工作的平凡而轻视这项工作，而是认真负责，尽力做好自己的本职工作。她自1981年参加工作以来，十几年如一日，在平凡的岗位上，把"全心全意为人民服务"作为自己的座右铭，真诚热情地为乘客服务，被誉为"老人的拐杖，盲人的眼睛，外地人的向导，病人的护士，群众的贴心人"，1996年被全国妇联授予"全国'三八'红旗手"。

李素丽在近20年的售票工作中，真情为他人，用真情架起了一座与乘客相互理解的桥梁，把微笑送给四面八方。她刻苦学习文化知识，认真学习英语、哑语，并努力钻研心理学、语言学，利用业余时间考察行车路线周边的地理环境，潜心研究各种乘客的心理和要求，有针对性地为不同乘客提供满意周到的服务。

李素丽售票台的抽屉里总是放着一个小棉垫，那是她为抱小孩的乘客准备的，有时车上人多，一时找不到座位，李素丽就拿出小棉垫垫在售票台上，让孩子坐在上面。她以强烈的首都意识、服务意识和公交窗口意识，在三尺票台和车厢服务中，把社会主义的道德风尚传送到每个乘客的心坎里，净化了社会风气和人们的心灵，把流动的车厢变成了展示社会主义精神文明的窗口。她亲切、诚恳、朴实、大方、得体的服务，使平凡的售票工作升华为一种艺术化的服务。

她说："如果你把工作当做一种乐趣，那么，工作会越做越好。如果你能找到工作的乐趣，那么，再苦再累也是心甘情愿的。"

李素丽能被人们交口称赞，正是因为她将自己平凡的工作做得不平凡。张瑞敏曾经说过：把简单的事情做好就是不简单，把平凡的事情做好就是不平凡。只要我们在工作中不断改善、不断创新，耐住寂寞，从点滴做起，我们的公司就必将越来越好。

也许你现在正在从事一份平凡而又简单的工作，每天抱怨着重复枯燥的劳动，你感觉成功离你很遥远。当你把工作看成"不过是扫地而已"，懒于改进，磨磨蹭蹭的时候，那么一年之后你还是老样子，你做的还是扫地而已。所以，我们与其徒然抱怨，不如首先倾注全力充实每一个今天。

成功者的成功并非一蹴而就，人生只能是"每一天"的积累与"现在"的连续。此刻的这一秒钟聚集成一天，这一天聚集成一周、一个月、一年，等你发觉时，已经站在了先前看上去高不可攀的山顶上，这就是我们人生的状态。

千里之行，始于足下。无论多么伟大的梦想都是一步一步、一天一天积累，最终才能实现的。所以，不要把今天不当一回事，如果认真、充实地度过今天，明天就会自然而然地呈现在眼前了。如果认真地度过明日，那么就可以看见一周。如果认真地度过一周那么就可以看见一个月。

我们完全有可能在平凡的工作中点燃自己工作的激情。如果把工作看做是创造力的表现，那么一个教师就会以导演的热情讲好每一堂课；一个记者就会以探索的视角去看待所报道的新闻事实；一个厨师就会以艺术家的执著去配置一流的拼盘。只要我们学会从工作中寻找乐趣，全身心地投入工作，就可以不断创新，最终收获成功。

像恋爱一样去工作

演技派电影明星达斯丁·霍夫曼在"金球奖"的颁奖典礼上接受终身成就奖时，提到一个真实的小故事。30 年前，有一次，他为《毕业生》那部电影宣传，碰巧与音乐大师史达温斯基在同处接受访问。主持人问起史达温斯基，何时是他一生当中最骄傲的时刻——新曲的首度公演？功成名就、掌声四起？史达温斯基都加以一一否认，最后，他说："我坐在这里已经好几个小时了，这之间，我一直不断地在为我新曲中的一个音符绞尽脑汁，到底是'1'比较好？还是'3'？当我最后发现那一个音符的一刹那，是我人生中最快乐、最骄傲的时刻！"

纪伯伦有一首诗是这样写的：

生活的确是黑暗的，除非有了渴望；

所有渴望都是盲目的，除非有了知识；

一切知识都是徒然的，除非有了工作；

所有工作都是空虚的，除非有了爱；

当你们带着爱工作时，你们就与自己、与他人、与上帝合为一体。

纪伯伦认为，带着爱去工作，就是将你灵魂的气息注入你的所有制品。对工作的爱情，能避免人生的无知和盲目，劳动就是把爱显影，使之有形可见。

精神状态体现一个人的理想信念、思想境界、工作标准和生活态度。精神状态决定工作成效，有什么样的精神状态就有什么样的工作成效，良好的精神状态可以事半功倍。

稻盛和夫认为，工作时应该保持恋爱一样的精神状态，应该迷恋工作、热爱工作、拥抱工作。在旁人看来，"那么辛劳、那么艰苦的工作，太可怕了！简直无法忍受，根本无法坚持。"但如果你迷恋这个工作、热爱这个工作，那你就能够承受，一切都不在话下。

"迷恋"的精神状态是干好工作的前提和原动力，当一个人能以"迷恋"的精神状态投入自己的工作时，他的自发性、创造性、专注精神等对自己工作有利的条件便会在工作的过程中表现出来，从而能够快速找准工作的着眼点、着力点，敢闯、敢干、敢于担当、敢为人先，遇到困难不回避、不推诿、不气馁，敢于直面，敢于去想办法解决好问题，用这样的精神状态工作肯定是卓有成效的，是能够带来最佳结果的。

雅丝·兰黛是许多年来一直盘踞《财富》与《福布斯》杂志等富商榜首的传奇人物。这位当代"化妆品工业皇后"白手起家，凭着自己的聪颖和对工作和事业的高度热情，成为世界著名的市场推销专才。由她一手创办的雅丝·兰黛化妆品公司，首创了卖化妆品赠礼品的推销方法，使得公司脱颖而出，走在了同行的前列。

雅丝·兰黛之所以能创造出如此辉煌的成绩，不是靠世袭，而是靠自己对待工作和事业的激情态度得来的。在80岁前，她每天都能斗志昂扬、精神抖擞地工作10多个小时，她的工作态度和旺盛的精力实在令人惊讶。后来，雅丝·兰黛名义上已经退休了，实际上，她照例会每天穿着名贵的服装，周旋于名门贵户之间，替自己的公司做无形的宣传。

一个对工作保持"迷恋"精神状态的人，无论在什么公司工作，他都会认为自己所从事的工作是世界上最神圣、最崇高的一项职业；无论工作的困难是多么大，或是要求多么高，他都会始终一丝不苟地完成它。雅丝·兰黛正是凭借这种"迷恋"的精神状态成就了自己的事业。

始终保持"迷恋"的精神状态是一种超越自我的能力。让自身处于最佳精神状态下工作，需要对自身正确的认识和开发；始终保持平和的心态；时刻保持头脑清晰，沉着冷静抗打击；积极主动有信心，直面困难有毅力，奋发进取有动力，敢于创新有突破；埋头苦干，以苦为乐，乐在其中，不犹豫、不怀疑做自己能做好的事情，一定能将问题解决。

始终保持"迷恋"的精神状态是一种忘我拼搏的境界。这种境界就是为公司着想，就是爱岗敬业、就是聚精会神、一心一意、全身心的投入，就是快乐工作。

年轻人要时刻保持"迷恋"的精神状态，这样可以增强一个人的责任心，使他更主动、更深入地投入到自己的工作中去。一个时刻对工作充满热情的人肯定也会是一个责任心强、业绩与贡献高于别人之上的员工。

对工作保持热忱

精神状态能如何影响工作，不是任何人都清楚，但是我们都知道没有人愿意跟一个整天提不起精神的人打交道，也没有哪一个领导愿意提拔一个精神萎靡不振、牢骚满腹的员工。

微软的招聘官曾指出："从人力资源的角度来讲，我们愿意招的员工，他首先是一个非常有激情的人，对公司有激情、对技术有激情、对工作有激情。可能他在这个行业涉世不深，年纪也不大，但是他有激情，和他谈完之后，你会受到感染，愿意给他一个机会。"

刚刚进入公司的员工，自觉工作经验缺乏，为了弥补不足，常常早来晚走，斗志昂扬，就算是忙得没时间吃饭，依然很开心，因为工作有挑战性，感受也是全新的。这种工作时激情四射的状态，几乎每个人在初入职场时都经历过。可是，这份工作激情来自对工作的新鲜感，以及对工作中可预见问题的征服感，一旦新鲜感消失，工作驾轻就熟，激情也往往随之溜走。一切又开始平平淡淡，昔日充满创意的想法消失了，每天的工作只是应付完了即可。既厌倦又无奈，不知道自己的方向在哪里，也不清楚究竟怎样才能找回令自己心跳的激情。在领导的眼中也由一个前途无量的员工变成了一个比较称职的员工。

在现今这个充满竞争的社会里，在以成败论英雄的工作中，谁能自始至终陪伴、鼓励、帮助我们呢？同事、亲人和朋友们，都不能做到这一点。唯有我们自己才能激励自己更好地迎接每一次的挑战。所以要想变得积极起来完全取决于我们自己。

如果我们每天清晨始终以最佳的精神状态出现在办公室里，面带微笑问候一声同事，以昂扬的精神状态投入工作，感染周围的同事，工作时神情专注，走路时昂首挺胸，与人交谈时面带微笑……愈是疲倦的时候，就要表现得愈好、愈显精神，让人完全看不出一丝倦容，这样会给周围的人带来积极的影响。

良好的工作状态是我们责任心和上进心的外在表现，这正是领导期望看到的。在这个社会中，人们都承受着巨大的有形或者无形的压力。所以就算生活、工作不尽如人意，也不要愁眉不展、无所事事，要学会掌控自己的情绪，让一切变得积极起来。让我们始终对未来充满希望，明天会更好！如果我们乐观，一切事情都是亮色的，包括糟糕的事情；如果我们悲观，一切事情都是灰色的，包括美好的事情。所以保持对工作的新鲜感是保证我们工作激情的有效方法。

可是这做起来很难，不管什么工作都有从开始接触到全面熟悉的过程。要想保持对工作的恒久的新鲜感，首先必须改变工作只是一种谋生手段的认识，把自己的事业、成功和目前的工作连接起来；其次，保持长久激情的秘诀，就是给自己不断树立新的目标，挖掘新鲜感；把曾经的梦想捡起来，寻找机会去实现它；审视自己的工作，看看有哪些事情可以更好地处理，然后把想法实施到工作中，认同公司文化培养归属感，对自己的公司和工作感到骄傲，在我们解决了一个又一个的问题后，自然就产生了一些小小的成就感，也会因此受到鼓舞，感觉生活是美好的，这种新鲜感觉就是让激情每天陪伴自己的最佳良药。

热爱工作并充满激情。不要扼杀对美好事物的追求和热情，对我们的工作倾入全部的热情，每天精神饱满地去迎接工作，以最佳的精神状态去发挥自己的才能，就能充分发掘自己的潜能。我们的内心同时也会发生变化，越发有信心，别人也就会认同我们存在的价值。

在工作中获取满足感

有个法国人，他独自生活在法国东南部一块荒凉的土地上。他的生活很简单：每天都出去种树。

一年又一年，他不辞辛劳。

树开始长成森林，保存住了土壤里的水分，于是其他的植物也能够生长了，鸟儿们可以在这儿筑巢了，小溪可以流淌了，这儿又成了适合人类居住的绿洲。

临终前，他用自己的辛勤劳作，完全改变和恢复了整个地区的自然环境。原来逃离那儿的人，又重新搬了回来，幸福地生活在这片土地上。

这是一个关于工作的意义和快乐的故事：每天努力工作，为自己也为他人栽种希望，培育幸福。

富兰克林曾说过这样一句话："我读书多，骑马少，做别人的事多，做自己的事少。最终的时刻终将来临，到那时我但愿听到这样的话'他活着对大家有益'，而不是'他死时很富有'。"

活着对大家有益，这是我们在工作中得到的满足感——它们为我们指明方向，指引我们排除生活中的种种引诱和干扰，朝着恒定的目标前进。如果我们能够明确感受到自己的工作对于他人的价值，我们就会从中发现无穷的乐趣。如果我们能够用一份良好的心境去寻找工作中的满足感，那么烦恼和疲劳将会被充满激情和快乐所代替。

有一个叫麦克的年轻人，他的工作是煎汉堡。他每天都很快乐地工作，尤其在煎汉堡的时候，他更是专心致志，许多客户对他为何如此开心感到不可思议，十分好奇，纷纷问他："煎汉堡的工作环境不好，又是件单调乏味的事，为什么你可以如此愉快地工作并充满热情呢？"

麦克自豪地回答道："在我每次煎汉堡时，我便会想到，如果点这汉堡的人可以吃到一个精心制作的汉堡，他就会很高兴，所以我要好好地煎汉堡，使吃汉堡的人能感受到我带给他们的快乐。看到他们吃了之后十分满足，并且神情愉快地离开时，我便感到十分高兴，心中仿佛觉得又完成一件重大的工作。因此，我把煎好汉堡当做是我每天工作的一项使命，要尽全力去做好它。"

客户听了他的回答之后，对他能用这样的工作态度来煎汉堡，都感到非常钦佩。他们回去之后，就把这件事告诉周围的同事、朋友或亲人，一传十、十传百，很多人都喜欢来到这家麦当劳店吃他煎的汉堡，同时看看"快乐煎汉堡的人"。

客户纷纷把他们看到的这个人认真、热情的表现，反映给公司。公司主管在收到许多客户的反映后，也去了解情况。公司有感于麦克这种热情积极的工作态度，认为值得奖励并给予栽培。没几年，他便升为分区经理了。

麦克把每做好一个汉堡并让客户吃得开心，当做是自己的工作使命。对他而言，这是一件有意义的工作，所以他满怀信心、充满热情地去工作。

工作是人生中不可或缺的一部分。当我们把它看做人生的一种快乐的使命并投入热情时，上班就不再是一件苦差事，工作就会变成一种乐趣，一旦工作成为你的乐趣，你的工作热情和效率就会大大提高。

每一次工作就是一次祈祷

马克思曾经说过这样一段话，大致的意思是这样的：物质不够丰富时，工作是为了生存的需要，是为了赚钱，是为了养家糊口，工作围绕物质而动，当物质丰富之后，人也是需要工作的，那时工作就成了人生的精神享受，不工作不劳作就难受。而年轻人面对工作，如果能够在物质不丰富的时候也把工作视为一种享受，那他一定能够在工作中尽早取得突破。

很少有人把工作和幸福联系起来。我们总在抱怨每天紧张工作带来的压力。工作的时候会想什么时候才能下班，下班后会想什么时候才能休假，而休假一周后会想什么时候才有下一次休假，我们总是羡慕那些不用工作的人，甚至羡慕那些失业的人。"失业者得到了我们一直希望得到的东西——彻底地休息，他们还抱怨什么呢？"

其实，紧张的工作也会带来幸福。我们每个人都有被认可的需求，都有向别人展示自己才能的渴望。如果失业者比有工作的人更快乐，这个世界将会变成什么样子？我无法想象。其实，失业者抱怨的原因不仅仅是失去了收入的来源，更重要的是因为失去了存在的意义，失去了被需要的感觉。他们不能通过工作向别人展示他们的才能，也不能向自己证明自己的价值。因此，失业者会抑郁，而且容易得上心理疾病。所以说，失业甚至可以和疼痛、慢性疾病以及长期压力一样成为幸福的杀手。

美国心理学家米哈里·齐克森提出了一种名为"心流"的理论，指的是一个人将精力完全投入在某种活动上的状态。心流产生的同时会有高度的兴奋和充实感，它不同于由刺激带来的短暂的兴奋，而是在动机和环境完美结合的情况下产生的一种注意力、动力和环境同时达到最优时的一种幸福状态。

为了证明这种理论，米哈里·齐克森举了个简单的例子：

童年的时候，我们都会觉得洗碗是件非常无聊的事，可母亲却要求我每天必须帮助她洗碗。在这项无聊的工作中，我却学会了用各种花样来使它充满乐趣，我用左手把碗抛向空中，然后用右手接住，这样一来，我的洗碗时光也变得有趣了许多。起初是抛碗，后来变成抛汤匙，甚至还会抛刀。

通过洗碗这件普通的事，我学会了一项简单的杂技，我真正进入了心流状态。

如何沉浸在心流状态，不取决于你做些什么，而取决于你是怎样做的。理论上讲，无论从事任何工作，人们都会感到幸福，而实际上，如果人们在工作中有发展，而且所从事的工作正是自己所擅长的，那么会更容易得到幸福。

再有创造力的人也会对一些不断重复的事情产生厌烦心理。一名演员可以把同样的台词重复300遍，就不会觉得演习有多幸福。一名邮局职员被问道："每天投递信件不无聊吗？"——"不，"他回答说，"每天信件上的日期都是不同的。"他真是一个天生幸福的人，一个善于安排生活的人，一个享受心流的人。

沉浸在心流中是一个过程，并不是一个时刻。心流就像壁炉的火，而不像秸秆点燃的火。壁炉的火由完整的树根燃烧并持续释放热量，从而慢慢变成烧红的炭。我们不必经常站起来添加燃料，我们可以静静地思考，任由心流把我们带到哪里。

肯·威尔伯说："人类发展到最高阶段的标志就是心流随时发生。"就让我们把每一次工作当成是一次虔诚而专注的祈祷，享受投入工作带来的幸福吧。

不只是尽力而为，而是全力以赴

有这样一则寓言故事：

一天猎人带着猎狗去打猎。猎人一枪击中一只兔子的后腿，受伤的兔子开始拼命地奔跑。猎狗在猎人的指示下也是飞奔去追赶兔子。可是追着追着，兔子跑不见了，猎狗只好悻悻地回到猎人身边，猎人开始骂猎狗了："你真没用，连一只受伤的兔子都追不到！"

369

猎狗听了很不服气，它觉得自己我尽力了呀！

再说兔子带伤跑回洞里，它的兄弟们都围过来惊讶地问它："那只猎狗很凶呀！你又带了伤，怎么跑得过它的？"

"它是尽力而为，我是全力以赴呀！它没追上我，最多挨一顿骂，而我若不全力地跑我就没命了呀！"

危机激发了兔子的潜能，人的潜能更大，但是我们往往会对自己或对别人找借口："管它呢，我们已尽力而为了。"事实上尽力而为是远远不够的，尤其是现在这个竞争激烈的年代，不全力以赴就很难"杀出重围"，脱颖而出。

生活中，有些上了年纪的人常常慨叹着说："我的一生一无所获，事业一无所成。"人生最大的遗憾与折磨，莫过于到了一定的年纪对自己说"我的事业一无所成"。明明有十分的力气，却只用了一分，由于疏懒怠惰造成的巨大缺憾，连自己也无法向自己交代。

事实证明，一个人在工作中创造出怎样的成绩，关键不在于这个人的能力是否卓越，也不在于外界的环境是否优越，关键在于他是否竭尽全力。一个人只要竭尽全力，即使他所从事的只是简单平凡的工作，即使他的能力并不突出，即使外界条件并不有利，他仍然可以在工作中创造出骄人的成绩。

著名公司家李嘉诚曾经说过："做生意不需要学历，重要的是全力以赴。"杰克·韦尔奇也曾经说过："干事业实际上并不依靠过人的智慧，关键在于你能否全心投入，并且不怕辛苦。实际上，经营一家公司不是脑力工作，而是体力工作。"可见，在我们的工作中，学历和能力并不是最重要的，如果你不能全身心投入工作，就无法在职场中取得优异的成就。

工作不分贵贱，任何工作都值得我们全力以赴。很多员工认为自己所从事的工作是无足轻重的，沉不住气，对工作敷衍了事，根本没有认识到自己工作的价值，谈不上做得好，更谈不上做到最好，反而经常将心思放在怎样才能寻找到一个薪水高、轻松又体面的工作上。以他们这种对待工作的态度，还想找一份好工作，那不是痴心妄想吗？

其实，在各行各业中都有施展才华和加薪晋职的机会，关键要看你是不是能静下心来，以积极主动的态度来对待你的工作，在工作中是否做到了最好。

对于有志在工作中成就一番事业的员工来说，奋力拼搏是唯一的方法，即使老板不在，他们也不容许自己有丝毫的懈怠。他们不会对自己说"我还是中途休息一下吧"，而是要求自己全力以赴，不达目的誓不罢休；他们也不会对自己说"我已经做得够好了"，而是要求自己在每一份工作中都尽力而为。在他们身上，有勤奋敬业的品质，让他们永远超出老板预期，为自己争取着每一个成长与提升的可能。

我们每个人的身上都蕴涵着无限的潜能，如果你能在心中给自己定一个较高的标准，潜心静气，激励自己奋力拼搏，永远做得比老板预期的还要多，那么你一定能够摆脱平庸，走向卓越，成为众人心目中不可或缺的人才。

职场中永远没有道具，如果你要做好自己的工作，就要付出百分之百的努力。有人问一家餐馆老板成功的秘诀，他说自己的成功得益于在一家欧洲大饭店的厨房工作的经历。在那里，他学到了成功的关键是竭尽全力把一切做得尽善尽美，不管是复杂的主菜，还是简单的辅助餐。

全心全意、尽职尽责正是敬业精神的基础。一个人无论从事何种职业，都应该全心全意、尽职尽责。

变"打工心态"为"老板心态"

许多身在职场的人都会思考这样一个问题：我在为谁工作？这样的思考会产生两个结果：一个是觉得自己在为公司工作，或者说是在为老板工作；另一个就是认为无论是在什么公司，自己都是在为自己工作。两种截然不同的工作态度，必然会产生不同的结果。

对于"为公司工作"的人来说，他们总是认为自己在公司工作，而公司是属于老板的，所以很明显，自己是在为公司、为老板工作。至于通过工作学到的知识、积累的经验，他们也简单地用薪酬衡量，他们只关心薪酬的多少，这也是他们工作最大、最原始的动力。

对于"为自己工作"的人来说，虽然身处公司，公司也属于老板，这一从属关系同样存在，但他们更多看中的是通过工作自己能够有哪些收获。薪酬当然也是其中不可缺少的部分，但他们更关注在工作中学到的知识和积累的经验。因为他们清楚这些才是自己事业大厦最不可缺少的基石，而薪酬就如同这座大厦漂亮、悦人的装潢一样，随时都可以更换。

所谓"人往高处走，水往低处流"。工作是人生价值的体现，是人生的存在形式，不管你在哪里工作、为谁而工作，你首先是"工作"，把自己应该做的事情做好，然后再想为谁而工作的问题。所以，年轻人要有为自己而不是为老板工作的正确心态。

在工作中，不管做任何事，都应将心态归零，抱着学习的态度，将每一次任务都视为一个新的开始，一段新的体验，一扇通往成功的机会之门。不要轻视工作，如果工作做得心不甘情不愿，于公于私都没有裨益。

齐勃瓦出生在美国乡村，没有受过什么教育。15岁那年，由于家中贫穷，他就到一个山村做了马夫。他不甘沉沦，不甘一辈子做马夫，他无时无刻不在寻找发展的机会。3年后，齐勃瓦终于来到钢铁大王卡内基的公司下属的一个建筑工地打工。虽然这是一份不算特别"体面"的工作，但从进入建筑工地那一天起，齐勃瓦就下定决心，要做同事中最优秀的人。当其他人在抱怨工作辛苦、薪水低的时候，齐勃瓦却默默地积累着工作经验，并自学建筑知识。

闲暇时间，工友们往往在一起闲聊或打扑克，只有齐勃瓦躲在工棚的角落里看书。有一天，公司的经理到工地检查工作，在视察工人宿舍时，看见了齐勃瓦手中的书，又翻了翻他的笔记，什么也没说就走了。

第二天，经理把齐勃瓦叫到办公室问："你学那些东西干什么？"

齐勃瓦不慌不忙地回答说："我想我们公司并不缺少打工者，缺少的是既有工作经验，又有专业知识的技术人员和管理者，是不是？"

经理点了点头。不久，齐勃瓦就被破格提升为技师。

有些工友看到后有些嫉妒，常常挖苦、讽刺他。但齐勃瓦的回答是："我不光是在为老板打工，更不单纯是为了赚钱，我是在为自己的梦想打工。我只能在工作业绩中提升自己。我要使自己工作所创造的价值，远远超过所得的薪水。我把自己当做公司的主人，才能获得发展的机遇。"

正是怀有为自己打工的老板心态，齐勃瓦工作努力，刻苦钻研，系统掌握了技术知识。就这样，齐勃瓦一步一步升到了总工程师的职位。25岁那年，齐勃瓦终于做了这家建筑公司的总经理。

在建筑公司完成了最大的布拉得钢铁厂建设项目后，他那种为自己而工作的热情和由此培养的卓越才能又被卡内基钢铁公司的天才工程师兼合伙人琼斯所发现。琼斯立即推荐齐勃瓦做了自己的副手，主管全厂事务。

两年后，琼斯因一次事故丧生，齐勃瓦接任了厂长。由于齐勃瓦的积极努力和工作热情，加上他日渐成熟的管理艺术，布拉得钢铁厂成了卡内基钢铁公司的灵魂。

几年过后，卡内基亲自任命齐勃瓦担任了钢铁公司董事长。

齐勃瓦正是由于摒弃了得过且过的打工心态，为了自己的事业不断奋斗、不断学习进步，终于成为一名卓越的领导。

要想成大事，就要警惕"打工心态"，像老板一样，把公司当成自己的。如果你是老板，你一定希望员工能和自己一样，更加努力，更加勤奋，更加积极主动地工作。因此，身在职场，当你的老板提出这样的要求时，你就应当积极努力地去做，用心地去做，创造性地去做。

有了老板心态，你就会成为一个值得信赖的人，一个老板乐于接受的人，从而也是一个可委以重任的人。因为一个为公司尽职尽责完成工作的人，往往已经把这份工作看成是自己的事业。

为自己寻找抱怨、偷懒、渎职的借口，这些只是打工心态在作祟。要知道我们不仅仅是在为老板工作、为工资工作，更是在为自己工作、为自己的未来工作，应该把它当做一份属于自己的事业，用心去做、去经营。

不仅仅为薪水而工作

如果一个人工作只是为了薪水，没有远大理想，没有高尚目标，不关心薪水以外的任何东西，那么他的能力就无法提高，经验也无法增加，机会也就不会垂青于他，成功自然与他无缘。把自己的工作做得比别人更完美、更正确、更专注而不计较报酬，你就会获得比薪水更好的奖励。

一个人若只从工作中获得薪水，而其他一无所得，那真是太可怜了！因为他无疑主动放弃了比薪水更重要的东西——在工作中充分发掘自己的潜能，发挥自己的才干，做正直而纯正的事情。

在工作中尽心尽力、积极进取，始终不放弃努力，始终保持一种尽善尽美的工作态度，满怀希望和热情地朝着自己的目标努力，从而获得丰富的经验，同时也提升了个人能力。你做得越多，你能做的就越多。如果你做到了这点，就已经超越了自我，迈出了成功的第一步。

在励志电影《为人师表》中的演员爱德华·奥尔莫斯应邀参加大学生的毕业典礼时，满怀激情地对大学生说："在大家离开前，我有一件事要提醒各位，记住：千万不要为了钱而工作，不要只是找一份差事。我所说的'差事'是指为了赚钱而做的事情，在座各位当中许多人在校期间已经做过各式各样的差事。但工作是不一样的，你对工作应该有非做不可的使命感，并且要乐在其中，甚至在酬劳仅够温饱的情况下，也无怨无悔。你投入这项工作，因为它是你生命的一部分。"

不论你所选择的事业会为你带来多么丰厚的财富或是多么微薄的报酬，只要你用满腔热忱全身心投入，必然能够创造出崭新的局面，每天工作的时候也会感到充实快乐。

不管你喜欢与否，使命感、满足感、个人成长，还有升职加薪等，都是工作的收获，这不是单单准时上下班就可以拥有的，只有在我们施展所长的时候，才能得到这些收获。

其实"工作不仅仅是为了薪水"反映的是一种工作心态，并不代表可以放弃薪水。我们想获得高薪，就不能只为薪水而工作，而要有更高的目标。无论在哪里工作，都别把自己当成普通员工，要以主人翁的心态去工作。工作不仅仅是为了薪水，工作固然是为了生计，但有比生计更可贵的，就是在工作中充分发掘自己的潜能，为自己的生命增值。如果工作仅仅是为了吃饱饭，那么也太低估生命的价值了。

不要为薪水而工作，因为薪水只是对工作的一种报答方式，虽然是最直接的一种，但也是最现实的东西。一个人倘若没有更高的目标，他选择工作只考虑到薪水，这并不是一种明智的选择。受害最深的不是别人，而是他自己。一个人若只以薪水为目标，他将很难走出平庸的生活模式，也不会从工作中得到成就感。

在蘑菇期积蓄力量

对于大多初涉职场的人来说，刚开始工作的这段时间里往往是充满了好奇与困惑。本来心高气傲的年轻人大都抱着雄心壮志，希望大干一场。然而，在初期的适应、磨合阶段却又是要经历一段艰难的心路历程。尤其是对于公司的管理模式、工作方式等都还处于模糊不清的状态，发现自己的言行举止经常会碰壁。

很多公司都对新员工采取"蘑菇定律"的管理方式。所谓的"蘑菇定律"，就是公司对刚入职的员工往往会采取安置在不受重视的岗位或者从事琐碎、重复的工作，难以得到上司的重视，也很少有晋升的机会。于是，很多新员工会在日复一日的琐碎工作中，难免抱怨、发牢骚，认为自己毕竟是大学生，甚至是名牌大学的毕业生，满腹学识，为何被安置在一些没有技术含量的岗位上？长此以往，是不是自己曾经的梦想就难以实现了呢？

其实，这段所谓的"蘑菇期"乃是通往事业成功的必经阶段。从世界上很多大公司的人员晋升历程来看，往往会发现他们都要经历初期在公司的基层开始做起的过程。只有在基层的工作磨炼中，才能熟练掌握公司的基层运作，为日后步入公司的中层、甚至高层管理积累丰富的工作经验和宝贵的人生阅历。

就读于名牌大学的刘菲毕业后，如愿以偿地进入了一家咨询公司工作。刚开始工作的她就像许多毕业生一样，踌躇满志，希望自己很快就能够在公司崭露头角，大有作为。在初期的实习期间，她经历了适应、磨合后，感觉自己成熟了很多。起初，刘菲要做的工作非常琐碎，诸如整理会议材料、打电话、发传真、复印文件之类的工作。这种生活显然与当初刘菲毕业时设想的生活有很大的出入。她对于这种反复的工作，总是感觉索然无味。心里也常常抱怨，为何不把一些重要的工作交给自己来做呢？正是由于她的抵触情绪，工作起来经常丢三落四，要么打电话通知错了人，要么把传真发错了对象。所以，她经常受到领导的批评。

好在，她调整了自己的心态，端正了态度，重新看待自己所处的工作岗位。在工作了一段时间之后，她意识到虽然她的工作很简单，但是由于自己以前一直没有摆正自己的心态，导致简单的工作也没有准确无误地完成，并且，工作效率也很低下，需要经常加班才能勉强完成。这就让公司的领导、同事对自己的工作能力产生了怀疑。如果现在连这些简单的工作都无法胜任的话，以后如何才能在公司获得更大的发展呢？千里之行、始于足下。之后，她的工作果然出现了很大的起色，同事们对刘菲也刮目相看。实习期结束后，她就被公司任命为部门经理的助理。两年之后，成为了部门经理。

试想，如果刘菲一味沉浸在自己的抱怨中，始终不愿意正视自己的现状，那么她就很难获得晋升。对于初出茅庐的新人来讲，起步之初从事的琐碎、简单的工作恰恰提供了一个很好的基层工作机会，把远大的理想和琐碎、重复的工作联系在了一起。放低自己的姿态，才能让自己的心态平和下来，沉下来专注于细微工作的完成。一味地编织自己未来的宏伟蓝图，缺少踏实、勤奋的做事态度，那么再完美的构想，也只能是水中花、镜中月。从这个角度来说，如果缺少了这个必经阶段，方才是一种损失呢。

那么，放低姿态是不是就意味着要放弃自己的雄心壮志？是不是要满足于现状，专注于眼前的事务性工作，不再争取发展的机会呢？如何才能较好地把握这个尺度呢？

放低姿态，就是要调整自己的心态，顺利渡过入行之初的磨合阶段。一方面，要专注于当前的工作，踏踏实实做事。刚入职的时候，大家都怀揣梦想，抱有满腔的热情，想要大干一番。有梦想固然没有错，但是一定要和眼前的工作结合起来，切忌好高骛远。把公司所采取的"蘑菇定律"当做体验、学习基层工作的难得过程。即使工作中有不理想的地方，也要明白一味地抱怨、发牢骚，对于问题的解决毫无用处，反倒会增加对自己的负面影响。踏踏实实、认认真真地把每一件细小的工作准确无误地完成，争取工作机会，多干多做。当遇到自己不清楚或者没有能力解决的问题，要善于向老员工请教、学习，适应公司的工作方式，不断积累工作经验、丰富人生阅历。

另一方面，要在具体的工作中谋求更大的发展。放低姿态并不意味着不能再有远大的理想。在专注于具体工作的过程中，要善于学习公司的工作方式、产品销售、发展空间等全方位的信息。脚踏实地地做事，才能让自己沉下来思考未来的发展方向。寻找自己工作中的突破点，争取工作机会，化被动为主动，让自己的理想更为实际、更具有可操作性，而不是自己构建的空中楼阁。

入行时的放低姿态，意味着积蓄力量，厚积薄发。当初涉职场的你，走过这段艰辛的心路历程后，蓦然回首，也许会发现这乃是人生宝贵的精神财富。

想升职，先升值

职场之中的许多人可能都有这样的心理："老板不重视我，我的能力没有发挥的余地。"其实，不是老板不重视你，而是你的能力和经验还没有提升到相应的档次。年轻人要明白"升职必先升值"的道理，先踏踏实实地工作，当你的能力提升了，想在事业上取得成功也就不是不可能的事了。

李凡初进公司时只是一名普通的业务员，后来一步一个脚印，由业务员成长为公司的市场部经理，随后又成为公司的市场总监。李凡究竟是如何一步一步成长起来的呢？让我们看看他由市场部经理成长为市场总监的过程。

成为公司的市场部经理后，李凡很快就对自己的工作有了一个正确定位：在公司的营销过程中，市场部经理的位置十分重要，一个优秀的市场部经理，在很大程度上能够协助市场总监完成营销战略任务。李凡认为一个优秀的市场部经理必须具备以下三种基本素质：

第一，具有营销策划能力。因为市场部的职能首先是为营销服务，如果一个公司的营销流程缺乏一个鲜明的营销目标，那么这个公司的营销质量就不会得到很大的提高。

第二，具有品牌策划能力。品牌策划是一个很宽泛的概念，每个公司都能碰上，市场部经理最基本的责任就是把本公司的品牌在本公司所处的具体环境中，迅速做大做强，让品牌快速成长。

第三，具有对市场消费态势潜在性的分析能力。如果公司的市场部经理或者市场总监能够对未来发生的消费态势进行一些前瞻性的捕捉，掌握领先一步的策略，那么公司以后的道路就会走得更好一点。

后来，李凡又认真研究了大多数公司对市场部经理的更高要求，他觉得自己应该继续学习，以提升自己的工作能力。

首先，他从掌握各项营销政策入手进行学习。因为他过去从事的是广告策划工作，对营销政策知之甚少。其次，他又开始不断强化自己的执行力。因为他发现自己对于公司营销推广的整个过程的监控实施力度很小。再次，李凡认识到自己的市场应变能力很差，缺乏市场销售过程的锻炼和市场销售经验，这是他在工作中最大的软肋。

有了这些深刻而全面的认识之后，李凡开始逐步提升自己的业务素质。他首先对自身这些不足进行弥补，先让自己成为一名优秀、称职的市场部经理。后来他又用了三年的时间亲自参与营销实践。与此同时，李凡学习了丰富的组织管理知识、全面的法律知识和财会知识，因为这些知识在工作中都很有用处。当然，培养对团队的掌控能力也是李凡学习的一个重要方面，如果控制不了下属团队，那么一切都是空谈。

在努力认真学习的基础下，李凡又积极实践，把所学的知识运用到实践中去，不断锻炼磨砺自己，提高自身的经验。终于，李凡如愿以偿地成了公司的市场总监，他为公司的市场营销工作作出了突出的成绩。担任公司市场总监后，李凡仍然不断充实自己。现在，李凡已经成为了公司不可缺少的力量。

李凡成长的例子告诉年轻人，工作中每一步台阶都需要相应的知识储备与能力相匹配。当你选择了一个行业，进入一家公司工作后，如果想升职，你就必须不断地学习和锻炼，让自己的能力升值，给老板一个提升你的理由，这样你才能拥有自己想要的东西。

所以，"升职必先升值"不仅是职场人士的生存之道，也是施展自己才能、发挥最大价值的途径。在如今这个竞争激烈的年代，如果不主动升值就意味着不断贬值，那么等待你的不仅不是升职，反而是被淘汰的命运。

第四章
在转折点取胜

选择比努力更重要

人的一生是漫长而短暂的，如果我们在奋斗的过程中感到遇到了瓶颈，我们应该适当地转换思路，选择更适合自己的方向前行。

有一个非常勤奋的小伙子，很想在各个方面都比身边的人强，但经过多年努力，仍然没有长进，他很苦恼，就向智者请教。

智者叫来正在砍柴的 3 个弟子，嘱咐说："你们带这个施主到五里山，砍一捆自己认为最满意的柴火。"年轻人和 3 个弟子沿着门前湍急的江水，直奔五里山。等到他们返回时，智者站在原地迎接他们。年轻人满头大汗、气喘吁吁地扛着两捆柴，蹒跚而来；两个弟子一前一后，前面的弟子用扁担左右各扛 4 捆柴，后面的弟子轻松地跟着。正在这时，从江面驶来一个木筏，载着小弟子和 8 捆柴火，停在智者的面前。

年轻人和两个先到的弟子，你看看我，我看看你，沉默不语；唯独划木筏的小徒弟，与智者坦然相对。智者见状，问："怎么啦，你们对自己的表现不满意？""大师，让我们再砍一次吧！"那个年轻人请求说，"我一开始就砍了 6 捆，扛到半路，就扛不动了，扔了两捆；又走了一会儿，还是压得喘不过气，又扔掉两捆；最后，我只把这两捆扛回来了。可是，大师，我已经很努力了。""我和他恰恰相反，"那个大弟子说，"刚开始，我俩各砍两捆，将 4 捆柴一前一后挂在扁担上，跟着这个施主走。我和师弟轮换担柴，并不觉得累，反而觉得很轻松。最后，又把施主丢弃的柴挑了回来。"划木筏的小弟子接过话，说："我个子矮，力气小，别说两捆，就是一捆，这么远的路也挑不回来，所以，我选择走水路……"

智者用赞赏的目光看着弟子们，微微颔首，然后走到年轻人面前，拍着他的肩膀，语重心长地说："一个人要走自己的路，本身没有错，关键是怎样走；走自己的路，让别人说，也没有错，关键是走的路是否正确。年轻人，你要永远记住：选择比努力更重要。"

生活中有很多人都在从事着自己并不喜爱的职业，他们始终无法超越别人，总会发出"我也很努力，但就是做不到最好"的感慨。有的人会指责说这话的人还是工作态度有问题，不然真努力工作了，岂有做不好之理？其实归根结底并不是这些人不够爱岗敬业，而是职业本身并不适合他们。换言之，要想真正把一项工作做得得心应手，就要选择正确的人生目标。如果发现原来的方向选错了，那就要毫不犹豫地放弃它，把握属于你的正确方向。

诺贝尔化学奖的获得者奥托·瓦拉赫曾是一个被认为是成才无望的"笨学生"。瓦拉赫在读中学时，父母为他选择了主修文学。不料一个学年结束以后，老师为他写下了这样的鉴定："瓦拉赫很用功，但过分拘泥，这样的人很难在文学上有所作为。"无奈之下，父母只好尊重儿子的意见，让他改学油画，可瓦拉赫既不善于构图，又不长于润色，对艺术的理解力也不够敏锐，成绩在班上是倒数第一，得到的评语更是令人难堪："非常遗憾：你在绘画艺术方面所表现的素质令人失望，将来恐怕难有造诣。"

面对如此"笨拙"的学生，大部分老师认为他将难有作为。只有化学老师认为他做事一丝不苟、专一，具备做好化学实验应有的品格，建议他学化学，瓦拉赫接受了化学老师的建议。从此，瓦拉赫的潜能被激发出来，智慧的火花迸发出耀眼的光芒，昔日同学眼中的"丑小鸭"终于变成了日后的"白天鹅"。

人生路上，我们常常被高昂而光彩的语汇弄昏了头，以不屈不挠、百折不回的精神坚持永不认输，从而输掉了自己！选对方向，及时改变方向应该是最基本的生活常识，我们会经常听见有人聊天：

——工作怎么样啊？

——嗨，凑合，混口饭吃吧！

既然只能是"凑合"着，"混饭"吃，那为什么不去选择一份更适合自己、自己更喜欢的工作呢？如果选错了方向，不要犹豫，放弃它，在转折中找到真正属于你的领域。这样才能在人生的航行中把他人甩在身后。

停止推，开始拉吧

乔治整天都在为找一个好工作而发愁。有一天，他垂头丧气地回到宿舍，脸色比以往更差。同宿舍的人猜想，他一定发生了很难过的事情，或者受到了更大的挫折，才会变得如此憔悴。

果然，在回到宿舍休息几分钟之后，他开始讲述他这一天的经历。原来，他收到了一家大公司的面试通知，上面写着公司的地址和布局，甚至标明了公司的大门是用很重的钢铁制成的。这样的大门通常都不容易推开，所以面试人将这扇大门当成了一道面试题，声称如果能将那扇大门推开的人，就将被公司录用。

乔治看到通知以后兴奋不已，因为他别的也许不在行，但是比力气，谁也比不过他。可是，当他到达了那家公司以后，就不再高兴了。因为那扇门真的很难开，他用尽了所有的力气，还是没有办法推开。

要是容易打开，就不会成为一道考题了，他这样安慰自己，于是他又尝试了第二次，第三次……已经数不清他推了多少次了，那道门还是丝毫不动。他彻底放弃了。

他把他的经历讲给我们听的时候，我们都十分好奇那扇门的构造，心里想着：怎么会有这样的门呢？如果始终打不开，公司的人怎样走进去办公呢？这时，另一个同学杰森突然说："你一直是按照通知上的规定做的吗？那你有没有留心那道门上的细节，比如它可能不是推的，而是拉的。"他的话一下子惊醒了所有的人。是的，通知可能只是掩人耳目的，而真正的考题可能就在那道门上。

听了大家的猜测，乔治赶紧跑到那个公司，他想要再尝试一次。结果，他只轻轻一拉，那道门开了，里面的秘书笑盈盈地欢迎他的到来。

正如杰森所料，通知不过是掩人耳目的，而那扇门的把手上藏着一个指甲大小的"拉"字。

你是否像乔治那样，为一个难题而烦恼不已？如果有，你有没有想过，你现在所走的路，也许正是偏离成功的方向的，也就是说，你可能正置身于死胡同而浑然不知。那么，停止推，开始拉吧。

成功的大门永远是为你敞开的。你不需要痛苦，也不需要挣扎，只要你有了对于成功的渴望，并且在正确的方向上积极地行动，那么你就有机会获得成功的喜悦，品味成功的甘甜。可是，如果你一直在努力，却走在与成功相反的道路上，那么你越是努力，就将越是偏离自己的梦想。

半途而废的智慧

人生的大门有时是没有钥匙的，在命运的关键时刻，人最需要的不是墨守成规的钥匙，而是一块砸碎障碍的石头！这块石头就是变通。一位哲学家曾经说过一段极富哲理的话：

有的门是推开的，有的门是拉开的，如果你拼命地去推那应该拉开的门，除非你将门毁坏，否则你将无法通过它。确实，如果你最初就选错了开门的方法，那么"坚持到底"的精神只能让你与成功南辕北辙。在这种情况下，谁又能说"半途而废"不是一种明智的选择呢？

有一位美国青年无意间发现了一份能将清水变成汽油的广告。

这位美国青年喜欢搞研究，满脑子里都是稀奇古怪的想法，他渴望有一天成为举世瞩目的发明家，让全世界的人都享用他的发明成果。

所以，当他看到水变汽油的广告时，马上买来了资料，把自己关在屋子里，不接待任何客人，电话线掐断，手机关机，总之一切与外界的联系都被他切断了。他需要绝对的安静，需要绝对的专心，直到这项伟大的发明成功。

青年夜以继日地研究，达到了废寝忘食的程度。每次吃饭的时候，都是母亲从门缝里把饭塞进来，他不准母亲进来打扰他。他常常是两顿饭合成一顿吃，很多时候都把黑夜当做黎明。善良的母亲看见自己的儿子越来越瘦，终于忍不住了，趁儿子上厕所的时候，溜进他的卧室，看了他的研究资料。母亲还以为儿子的研究有多伟大，原来是研究水如何变成汽油，这根本是不可能的事情。

母亲不想眼睁睁地看着儿子陷入荒唐的泥淖无法自拔，于是劝儿子说："你要做的事情根本不符合自然规律，别再瞎忙了。"可这位青年压根儿就不听，他头一昂，回答说："只要坚持下去，我相信总会成功的。"

5年过去了，10年过去了，20年过去了……如今，那位青年已白发苍苍，父母死了，没有工作，他只能靠政府的救济勉强度日。可是他的内心却非常充实，屡败屡战，屡战屡败。一天，多年不见的好友来看他，无意间看到了他的研究计划，惊愕地说："原来是你！几十年前，我因为无聊贴了一份水变汽油的假广告。后来有一个人向我邮购所谓的资料，原来那个人就是你！"

他听完这一番话，瞬间崩溃了。

我们一直以为坚持就是好的，而放弃就是消极的思想。其实坚持代表一种顽强的毅力，它就像不断给汽车提供前进动力的发动机。但是，前进需要正确的方向，如果方向不对，只会越走越远，这时，只有先放弃，等找准方向再重新努力才是明智之举。这就是水变汽油的悲剧带给我们的启示。

让我们再来看一个知道何时"半途而废"、何时需要坚持而取得成功的故事。

1935年，帕瓦罗蒂出生于意大利的一个面包师家庭。父亲是个歌剧爱好者，他常把卡鲁索、吉利的唱片带回家来听，耳濡目染，帕瓦罗蒂也喜欢上了唱歌，小时候的帕瓦罗蒂就显示出了唱歌的天赋。

长大后，帕瓦罗蒂依然喜欢唱歌，但他更喜欢孩子，并希望成为一名教师。于是，他考上了一所师范学校。在师范学校学习期间，一位名叫阿利戈·波拉的专业歌手收帕瓦罗蒂当学生。

临近毕业的时候，帕瓦罗蒂问父亲："我应该怎么选择？是当教师呢，还是成为一个歌唱家？"父亲这样回答他："孩子，如果你想同时坐两把椅子，你只会掉到两把椅子中间的地上。在生活中，你应该选定一把椅子。"

听了父亲的话，帕瓦罗蒂选择了教师。不幸的是，初执教鞭的帕瓦罗蒂缺乏经验，管教不了调皮捣蛋的学生，最终只好离开了学校。于是，帕瓦罗蒂选择了唱歌。

17岁时，父亲介绍帕瓦罗蒂到"罗西尼"合唱团，开始随合唱团在各地举行音乐会。帕瓦罗蒂经常在免费音乐会上演唱，希望能引起某位经纪人的注意。

可是，近7年的时间过去了，帕瓦罗蒂还是个无名小辈。眼看着周围的朋友们都找到了适合自己的位置，也都结了婚，而自己还没有养家糊口的能力，帕瓦罗蒂苦恼极了。偏偏在这个时候，帕瓦罗蒂的声带上长了个小结。在菲拉拉举行的一场音乐会上，他就好像脖子被掐住的男中音，被满场的倒彩声轰下了台。

失败让帕瓦罗蒂产生了放弃的念头。

这时，冷静下来的帕瓦罗蒂想起了父亲的话，于是他坚持了下来。几个月后，帕瓦罗蒂在一场歌剧比赛中崭露头角，被选中在雷焦埃米利亚市剧院演唱著名歌剧《波希米亚人》，这是帕瓦罗蒂首次演唱歌剧。演出结束后，帕瓦罗蒂赢得了观众雷鸣般的掌声。

随后，帕瓦罗蒂应邀去澳大利亚演出及录制唱片。1967年，他被著名指挥大师卡拉扬挑选为威尔第《安魂曲》的男高音独唱者。

从此，帕瓦罗蒂的名声节节上升，成为活跃于国际歌剧舞台上的最佳男高音。

当一位记者问帕瓦罗蒂成功的秘诀时，他说："我的成功在于我选对了自己施展才华的方向。我觉得一个人如何去体现他的才华，就在于他要选对人生奋斗的方向。"

人们常说善始善终，可是某些情况下，事实并非如此。一生当中，我们总会面临着许多选择，在选择专业方向、工作单位、生活伴侣时，其实只有适合自己的才是最好的。每个人都具有与众不同的才能，当你发现自己不适合这个领域的时候，应该及时抽身，去寻找另一个更适合自己的天空。相信这样，你的未来会更精彩！

把握人生阶段转变的关键时期

如果把我们每个人的漫长的一生比作一条道路，那么人生阶段转变的关键时刻，往往就是十字路口，摆在你面前有多种选择，不同的选择就会有不同的结果。人生的道路虽然漫长，但是在关键的时候仅有几步。这几步往往会决定你今后的人生道路。

当人生提供给我们机会的时候，我们往往还是年少轻狂，既满怀做大事的远大抱负，又有难以承受挫折、失败的脆弱。当你留恋于外面的灯红酒绿时，就不再会专注于自己未来的发展。我们所处的社会有很多的诱惑，如果不能抵挡得住诱惑，就会放缓自己出发的脚步，从而落后于他人。

李军如今经营着一家效益不错的家政公司。在他高考填志愿的时候，他选择了高职院校的家政专业。他的选择遭到了父母、老师的极力反对，因为在世俗的眼里，家政是伺候人的活，不读书都可以做，根本没有必要学，更何况很少有男生去做家政。家长们建议他选择普通高校的管理类专业，以后能够做一名公务员。但是在李军自己看来，他不仅热衷于家务劳动，而且认为目前中国的家政市场潜力巨大，但是发展缓慢，他希望自己能够在这个领域作出点事情。于是，在一片反对、不解、甚至嘲笑、挖苦之中，他义无反顾地选择了这个专业。在学习期间，他不仅研读了很多书籍，而且经常跑到外面的家政市场去亲自实践。毕业后，仅用了两年的时间，他就创办了当地第一家家政公司，成为了这个领域的领军公司。

李军在决定自己未来发展前途的关键时刻，没有盲目听从长辈的安排，而是有自己不拘泥于世俗的观念，最终在一个新兴的行业里成为佼佼者。

人们在年轻气盛的时候，往往有勇气去尝试。下定决心做一件事情，对自己以后的发展往往发挥了关键性的作用。不管你选择做什么，你都要坚持自己的方向。

2010年初作为中国汽车工业自主品牌的吉利成功收购了世界品牌的沃尔沃，令世人为之侧目。李书福这个其貌不扬的男人一时间成为社会关注的焦点，各大媒体争相报道。很多人想知道李书福这个从小五金作坊起家的人是如何一步步创出了属于自己的一片天地的。与很多创业者一样，李书福在年轻的时候就有远大的理想，希望能够作出一番事业，这就驱使他一路走来都处于永不满足的进取之中。1984年，他就与人合作办起了冰箱配件加工，两年后，自己成立了北极花电冰箱厂，制造成品冰箱，销量不错。此后，他利用自己积累下来的原始资本开始涉足摩托车行业，直到最后找准了汽车领域，立下誓言要制造出"人人都买得起的轿车"，吉利轿车也就应运而生。在迅速占领低端市场的情况下，又向世人宣布"我们让吉利车走遍世界各国，而不是让世界各国的车走遍中国"的目标。

当吉利成功收购沃尔沃，舆论一片哗然，大家都为这个从草根阶层一步步奋斗出来的公司家叫好。迄今为止，李书福在每个人生的关键时刻，都高瞻远瞩地为自己找准了发展的目标，牢牢地把握了人生的航向。在竞争激烈的商场上，要不畏强敌，凭借自己的努力奋斗，用实力来证明自己的能力。

把握人生的关键时刻，是要付出代价的。你的面前有可能是坦途，也有可能是荆棘密布。但是你要看到人生的希望。当你失败的时候，有句歌词这样写道"看成败，人生豪迈，大不了从头再来"。当你在艰难前行的过程，本身就是一道无与伦比的风景。无论成败，都是我们成长中必然要经历的。蝶蛹破茧而出的一刻固然豪迈，而它在奋力挣扎的过程同样精彩。

在人生阶段转变的关键时期，要努力去尝试，在尝试的过程中打磨自己的品行，让自己少一份青涩、多一份成熟；少一份轻狂、多一份理性；少一点退缩，多一点坚持。学会把握人生路上的每一处风景，义无反顾地朝着既定的目标前行，才能挥洒出人生豪迈的篇章。

人生岔道口要慎重选择

龙到了地上的时候，四爪着地，还有一爪抓着明珠不放；而蛟一落地，四爪抓住种种繁华，贪恋尘世，从此不愿离开。一个有明珠，自然其心光华，再次飞升；一个无明珠照耀，内心渐生污浊，想要再得飞升便很难了。所以，人们只知争论龙与蛟的区别，究竟是五爪还是四爪，却不知更大的分歧在于二者对生活的态度。

龙和蛟的区别在于选择的生活态度，人也一样。古今中外，许多能影响千秋万世，在后世被称贤称圣的伟人，当时的处境都很凄凉寂寞。之所以这样，原因就在于一个选择，孟子之所以寂寞，是因为他选择了为王道政治而奔走。

《史记》一书中，司马迁为孟子这个选择的后果做了很好的注解。孟子奔走于各个国家，都被作为一个摆设受到了冷遇，而与他同时代的邹衍却风光无限。"是以邹子重于齐。适梁，惠王郊迎，执宾主之礼。适赵，平原君侧行撇席。如燕，昭王拥彗先驱，请列弟子之座而受业，筑碣石宫，身亲往师之。"邹衍在齐国极受尊敬，连一般的知识分子稷下先生们，在他的影响下，也受到了齐王的敬重和优待。

无论是孟子，还是邹衍，都是治世之才。孟子是圣人，邹衍也不是欺世盗名之辈，只是二人坚持的思想不同，恰好一人的思想主张与当世君王的意愿相符，从而得到重用；而另一位却因其思想是功在当代，利在千秋，不能为君主们所接受而已。同一时代的杰出人士却有不同的命运，原因只在一个选择。

人一生中不可避免地要面对选择。在选择之前，未来是不确定的；在选择之后，你所做的选择就成了既定的事实。即使有无数人对你的选择进行评价和争吵，都不能改变你已经作出的选择。

"鱼，我所欲也；熊掌，亦我所欲也，二者不可得兼，舍鱼而取熊掌也。"人生不得不面临选择，而选择不同的路就会造就不同的人生。

颜回和子贡同为孔子的弟子，二人的遭遇却大不相同。

颜回是孔子最得意的弟子，他出身贫寒，自幼生活清苦，却能安贫乐道，不慕富贵；他性格恬静，聪明过人，长于深思。孔子所讲的许多高深道理，他能完全理解，且能"闻一知十"。颜回跟随孔子周游列国，过匡地遇乱及在陈、蔡间遇险时，子路等人都对孔子的学说产生了怀疑，而颜回始终坚持不渝。不幸的是颜回早逝，葬于鲁城东防山前。孔子对他的早逝感到极为悲痛，不禁哀叹说："噫！天丧予！天丧予！"颜回一生没有做过官，也没有留下传世之作，他的只言片语，被收集在《论语》等书中，其思想与孔子的思想基本是一致的，后世尊其为"复圣"。孔子在颜回逝世之后感叹道："贤哉回也，一箪食，一瓢饮，身在陋巷，人不堪其忧，回也不改其乐。贤哉回也！"

孔子的另一位弟子子贡也博学多才，洞察时势，能言善辩，在经商和社会活动方面都很有成就。《史记·货殖列传》共载17人，子贡列在第二。子贡善于掌握市场信息，并"与时转货赀"，在商业经营和国际贸易中取得巨大成功。他"常相鲁卫，家累千金"，"富可敌国"。子贡经商是与政治目的相联系的。他经常"结驷连骑，束帛之币以聘诸侯"，

"所至，国君无不分庭抗礼"。越王勾践甚至"除道效郊，身御至舍"。正因为经商致富，他才有显赫的政治地位和广泛的社会影响力。

正如颜回和子贡，不同的人因价值观和世界观不同而选择了不同的生活，也造就了不同的结果。著名哲学家阿纳哈斯说："人生有不同的滋味，想要品尝到什么样的滋味，一切在于自己的选择。"

人生就像是一条路，你所做的每一次选择就是这路上的一个岔道口，它们不停地延伸，把你带向生命的终点。只有到了你要离开这个世界的那一瞬间，你才会知道自己归于何处。到了那个时候，你心中会或多或少地有着某种遗憾或是懊悔："当初，如果我……就好了。"但你却永远也无法再次回到起点。决定成败的往往不是起点，而是人生的岔路口，选择好了，前途是坦途。没选择好，前途是坎途。

所以，如何走，那就看你一开始的选择是怎样的。上苍很公平，它给我们选择的权利，但有一得必有一舍，一旦你做了选择，无论平步青云还是崎岖坎坷，你都需要坦然接受。因此，人生不想太苦，就要提前做好准备，思前想后、仔细掂量，别看眼前，着眼未来，一旦决定，就要狠下心面对。

所谓"条条大路通罗马"，其实世间的道路并非条条都是大道，正如人生的前途，有的崎岖坎坷，有的平步青云。如何走路，也要靠我们慎重选择。选出一条专属于自己的路，事实告诉我们，大多数成功正是来源于这 1% 不同的选择。

跌倒后仅仅爬起来是不够的

为了追求心中的目标我们往往向前一路狂奔，不论是撞得头破血流还是跌得污泥满身，我们都没有停下来好好思索。有时候，当你跌倒在地时，不要急着站起身来，平静地躺在地上，仰望天空的云彩，思索过往的人生，也许你能够卸下心中的重担，以一种全新的方式轻松上路。

读中文系的年轻人在大四那年，借了一笔启动资金，雄心勃勃地召集了几个计算机专业的在校生，在中关村附近注册了一家电子公司。但年轻人的公司没开张多久，便在内外交困中败下阵来，几个助手一哄而散，只留给年轻人一个无法收拾的烂摊子。很快，年轻人又重打锣鼓另开张了，在新科技园区内开了一个专营电脑耗材的小公司。但运行的结果并不像年轻人想象的那样顺利，没过多长时间，年轻人的小公司再次关门。

两次失败，让年轻人欠下一笔不大不小的债务，而一向自负的年轻人是绝不肯轻易认输的。此后，年轻人又接二连三地在北京信息产业密集区内，创办了好几个与电子密切相关的公司。很遗憾，执著并未使年轻人赢得成功，接二连三的失败让年轻人债台高筑。

一天，年轻人满怀沮丧地将创业的经历讲述给一位老教授听，言语中流露出对自己连续创业失败的不甘和无奈。老教授耐心地听完年轻人的倾诉，没有马上发表意见，而是给年轻人讲了自己年轻时听到的一个小故事。

一个旅行者在行进的途中，突然决定改变原来选定的路线，而打算抄近道前往目的地。没想到，在年轻人穿越那片看似很平坦的草地时，没走几步，腿被什么东西猛地绊了一下，把年轻人摔了个跟头。年轻人没太在意，从草地上爬起来，揉了揉有点儿疼痛的膝盖，继续前行。

但没走出几十米，年轻人又结结实实地跌了一跤。这一回，年轻人没有急着站起来，而是躺在那里，一边揉着受伤的腿，一边仔细打量着腿下的草地。原来，绊倒年轻人的是一个草环。那是一种用疯长的、极柔韧的枝蔓编织的一个很隐蔽的草环。在年轻人跌倒的周围有很多很多这样的草环，行人稍不留意，就能绊一个跟头。待年轻人坐起来，将目光再往前一延伸，不由得大吃一惊——前方不远处，掩蔽在繁花绿草间的，竟是一片可怕的沼泽。

转到另一条安全的路上，年轻人仍在庆幸刚才跌的那个跟头，更庆幸自己没有像第一次那样急于爬起来赶路，而是细心地查清了让自己跌倒的原因，还认真地打量了一下自己原本自信的道路……事后，年轻人又心有余悸地听说，那片隐蔽在草地深处的沼泽，不久前还吞噬了两个粗心的过路人呢。

老教授的故事讲完了。年轻人站起身来，向老教授深鞠一躬，真诚地说："老师，谢谢您的故事，我懂了，仅仅想到跌倒后爬起来还远远不够，还必须知道自己是因为什么跌倒的，知道怎样才能不跌更大的跟头……"

那位旅行者之所以没有出现重大失误，关键在于他在再次摔倒时及时总结了原因，并且因此发现了前面噬人性命的可怕沼泽地。他的跌倒反而成全了他，倘若他不总结，便会在几步之后遭遇不测。

摔点小跟头是正常的，从某种意义上说甚至是好事。但不能摔大跟头，大伤元气，甚至丧失资本和性命。所以，不要着急站起来继续前行，而要重新认识环境，发现其中绊倒自己的问题症结，从中总结吸取教训。你的对手恰恰是你自己，只要克服了自己的莽撞与缺陷，不断战胜自己、改造自己、提高自己，那么总有一天你可以发光闪亮。

不撞南墙不回头有时不是勇气而是愚蠢，跌倒了迅速爬起来有时不是毅力而是轻浮。当我们陷入困难时不要急着站起来前进，而是沉下心来去寻找得失之间的真义。

让选择与你的人生操守相吻合

在物欲横流的现代社会，坚持自己的信念和原则并且坚持到底，并不是一条平坦的通途。因为我们要用这些原则和信念进行自省、自律、自诚和自制，这个过程通常都会伴着痛苦，也会带来损失，甚至会遭到一些自认为聪明的人的嘲笑和讥讽。

坚持原则和信念会让我们暂时受到损失，但是如果被利益所诱惑、被困难所吓倒，放弃了应该走的正确的路，那么后来选择的那条"捷径"很可能将你带入万劫不复的深渊。不论在何时何地遇到何事，宁可损失也要将原则坚持到底，也许一路走来会经历许多坎坷、损失很多小利，但是最后却往往能够带给我们更大、更稳定和更长远的利益。

这是一家创立仅有一年的猎头公司。有一次，他们接到一个总经理职位的寻访任务，经过半个多月的搜寻，终于找到了一个最有竞争力、他们也最为满意的人选。这个人与他们沟通得很融洽，但是也开诚布公地说出了他当时的两难处境。

他在公司位居要职，目前公司正在紧要关头，他一旦离职就可能造成现有的项目下马和许多员工的失业。然而，他又感觉到很无奈，董事长原来的承诺许多没能兑现，待遇比原来的外资公司低了许多，控股公司内部又有许多问题迟迟不能解决。从自身利益和发展考虑，他认为自己应该离职到猎头公司的客户那里，然而现在的公司又找不到能够接替他的人。他陷入进退两难的境地，最后将决定权交给了这家猎头公司，让他们帮他拿个主意。

于是这个难题就变成了这家猎头公司的难题。如果建议他留下，他们将损失十几万元的佣金；如果让他离职到他们的客户那里去，却违背了创始人定下的"帮人不害人"、"承诺就要兑现"的公司发展原则。最后，经过慎重考虑，他们还是建议他留下，并恰当地与他的董事长沟通，让他意识到了人才流失的后果，该公司的人事情况也大为好转。

而这家猎头公司也因此在圈内出名，赢得了很好的口碑。

人生漫长，我们都会面临很多抉择。当在岔路口犹豫彷徨时，让我们勇敢地坚持那条正确的路吧，即使会失去，即使会艰辛，也勇敢地坚持到底。

胆识，在面对坎坷的苦难之路时，很多人都选择放弃原来所坚持的原则和生活方式。如果投机取巧能够带来利益，而老老实实做事情却捞不到好处，那么为何还要苦苦坚持原则呢？许多人正是在面对诱惑时，因为抵挡不住利益的诱惑而放弃"本该走的"那条正确的路。

每个人都有着自己的人生哲学，坚持正确的原则能够使我们成为一个有操守的人，能够引领我们走向事业的成功，更能带来精彩的人生。

工作还是继续深造

对于众多大学毕业生来说，都面临这样一个选择：工作，还是继续深造。很多人都拿不定主意，在工作和继续深造这个问题上拿不定主意，因为他们意识到，在这盏天平上，稍微朝那一边倾斜了，就是另外一种人生了。

本科毕业的小刘最近就在纠结是工作还是继续深造这个问题，虽然在大学他也很用功，并且努力参加社会实践活动，现在却仍然觉得如果直接进入工作应该会很吃力，而且感觉社会上能人太多，自己既没有学历上的优势，也没有什么经验上的优势，因此，他想再继续深造，继续考研，因为毕竟高学历将来是一块就业的敲门砖。另一方面，他期待尽早实现经济上的独立，减轻家庭的负担，所以，又想上班先挣点钱。这两种矛盾的想法让他处于两难的境地。

其实，选择工作和选择继续深造都有各自的利弊。

对一个本科生而言，如果你到社会上参加工作，也许在选择空间上会比那些拥有研究生学历的人窄一点，但是你也比他们早两三年抓住了另外一个就业的选择。在这期间，说不定你会碰到喜欢的职业，也说不定你会遇到一个提拔你的领导。如此一来，在研究生进入社会之初，你就比他们多了两三年的工作经验。

而如果本科生选择了继续深造读研，那么，你会在研究生生涯中学到更多的专业知识，并且在读研究生时认识的老师和同学，很可能成为你毕业之后事业上的合作伙伴和贵人。同时，有了研究生学历，在就业时的选择面会更加广阔。从另一方面讲，研究生进入社会的时间较晚，对社会规则和人情世故方面的知识就相对薄弱。

其实，工作和继续深造这两个选择并非水火不容。在本科毕业后走向社会，工作几年之后，如果觉得有需要，就去深造一下，这也是一种选择。

据某大学统计显示，每年几乎有 50% 的大四学生想继续考研，但成功考研的同学大概10%，每年也有 20 个左右成功出国的学生。由此可见，继续深造确实是使学生上了一个更高的平台，但毕竟每年只有少数人能够实现，对于大部分面临毕业的学生而言，就业还是主流，现在的大学，不再像过去一样解决学生的就业问题，因此，许多学校加大了对学生的就业指导，开设了就业指导课和职业生涯规划课等相关课程，希望能够通过这种方式引导大家规划自己的人生，对大家能有所帮助。总之，对于工作和继续深造这个问题，没有标准的答案，唯有根据自己的个人能力和具体情况选择自己的人生。

如果入错行，就选择退出

纵然初入社会时的第一次择业对年轻人以后的职业路径非常关键，但并不是人人都能在第一次就选对方向，还有不少年轻人因为选错了职业，而处于进退两难的境地。

那么，当知道第一次选错了，我们真的就永无回头的机会了吗？我们骑在虎上真的就下不来了吗？

其实，人生的机遇并非只有一次。如果发现自己入错了行，就毅然地退出，选择适合自己的职业才是良策。

姜亮在报考志愿时，家人觉得有个做会计师的亲戚可以照顾点，坚持让其报财务类专业，就顺了家人的意思。大学毕业至今，他也顺利地得到了帮助，在这家公司做了近五年的财务工作，虽然很稳定，但总觉得若有所失。

突然有一次，朋友请他帮忙去谈一桩非常难成的生意，谁料，他轻松就谈成了。从那时起，他才发现，无论从性格、兴趣方面，还是从能力、特长方面，自己更适合谈判类工作。同时，朋友也诚挚邀请他过去帮忙。

然而，他在现在的公司做了这么多年的财务工作，两年前还被任命为财务主管。且公司的财务经理再过 3 年就要退休了，他几乎是全公司公认的候选人。同时，从经济上讲，他的房贷还有 15 年才能还清，贸然转行风险很大。况且，真的转行了，他大学 4 年的专业知识、工作 5 年的经验可能要全部石沉大海。

权衡再三后，姜亮选择了待在现在的公司，以求稳定。

像姜亮这种情况在职场上十分普遍。年少时不知道自己要什么，完全依照家长的指引选择，走了很远才发现所选的路并不是自己想要的路。而当另外一条"金光大道"出现在面前时，想要换条路走却不那么容易了。例子里的姜亮最后选择留在了现在的公司，虽然会有稳定的工资，但他心里那种"若有所失"的感觉恐怕会伴随他一辈子了。

当我们已经习惯了某种工作状态和职业环境，就会产生一定的依赖性。若重新作出选择，往往会丧失许多既得利益，甚至大伤元气，从此一蹶不振。所以，对重新选择过程中所存在不确定性因素总是存在恐惧。但是，当你一旦发现自己走错了时，就应勇于打破这种依赖，这是你重新回到成功轨道的唯一选择。

为了避免这种入错行的情况，有专家建议年轻人，第一份工作最好兼顾自己兴趣、个性、能力及专业知识，为自己量身定做一个既具挑战性，又不失客观、实际的职业生涯发展规划，按照规划一步步努力走下去。这样，即便对所选择的职业路径产生依赖感，也会起到正反馈的作用，进入良性循环。

从人才到帅才的转变

每一个人的能力有不同的特征。有的人能将自身的潜力发挥得淋漓尽致，而成为某个领域的顶尖高手。而有的人却能使别人乃至整个团队的潜力发挥得淋漓尽致。如果前一种人被称为人才的话，后一种人可谓之"帅才"。

比尔·盖茨兼而具有技术人才和领导者的特点，但对公司各种事务的管理却不在行。随着微软公司员工越来越多，急需一位精通管理的人才来统帅。

为此，比尔·盖茨想到了他的校友、交际高手史蒂夫·鲍尔默。在哈佛大学时，盖茨便与鲍尔默过从甚密。当时盖茨迷恋于打牌赌钱，赢了常到鲍尔默那里数钱。鲍尔默毕业后，又考入斯坦福商学院，但他没有立刻去学校，而是在一家公司干了一段时间。

1978年，鲍尔默为了公司的业务，曾到阿尔伯克基找过比尔·盖茨。当时，比尔·盖茨就想他留在微软公司，但他没有答应。后来，鲍尔默又在几个公司做事，始终不愿意在一个公司长期固定下来。1979年，鲍尔默到西雅图探望盖茨，盖茨又恳切地对他说："你来微软公司吧，我们需要一个经理。"鲍尔默说："还需要考虑考虑。"

1980年初，比尔·盖茨把鲍尔默请到西雅图，再一次说服他为自己的公司工作。为了能请动鲍尔默，比尔·盖茨把父母也动员起来，让他们出面做说服工作。鲍尔默最终答应了比尔·盖茨，但是他说手边的事还没有处理完，至少要等到夏天。

到了夏天，鲍尔默果然来到微软公司，在这里，他的年薪是5万美元，职务是总裁助理。鲍尔默到微软公司时，微软公司的很多人都认为鲍尔默没有技术，对经营也不怎么懂，可工资却比谁都高。这使那些原本对待遇不满的人怨言更多了。

随着时间的流逝，鲍尔默的才能一一得到了显示，然而，他的巨大价值也被人们所认识。他充满了活力与激情，同时也具有很强的攻击性，与比尔·盖茨相比，甚至有过之而无不及，但他的攻击性更多的是激励别人，而不是伤害别人。许多人都认为，听鲍尔默讲话，就像是聆听上帝的福音。微软公司员工深深为他充满活力、令人振奋的谈话所感染。一位市场经理这样评价他："他要求你思考时不要拘泥于条条框框，与史蒂夫交谈后，你愿意为他付出一切。"

有人说，正是鲍尔默全身心的投入，才使微软公司稳居于计算机世界变革的巅峰。可以说，鲍尔默是不折不扣的帅才。

现代社会并不缺乏人才，可是，这些人才中，哪些具有帅才潜质呢？不妨从以下这些问题中寻找答案：

1. 执行力

人才肯吃苦耐劳，关键时候一个顶俩，毫不含糊；工作上的事情会全力以赴，甚至不计成本和个人得失。

帅才善于分解任务，安排执行任务的时间，会留余地以防止突发事件；帅才对于执行力的理解重点在于整体控制能力。

2. 管理水平

人才对于下属的管理更像是师傅带徒弟，言传身教的成分比较多，希望下属严格按照自己的指导章程来操作；对于管理中的矛盾也不太会处理。

帅才崇尚现代管理理论的应用，倡导提升下属的学习能力，以提高公司整体的管理水平；处理矛盾得心应手。

3. 沟通能力

人才的能力主要表现在对工作上专业知识的掌握上，沟通能力一般。对于有共同话题的人，他们很聊得来，对于没有共同话题的人，则是没有什么可说的。总之一句话：酒逢知己千杯少，话不投机半句多。

沟通能力强是帅才的基本功，帅才总能找到与各类人的"共同语音"。

4. 性格

人才的性格要么内向，要么外向，为人处世直接洒脱，不拖泥带水。

帅才的性格可以用中庸二字来形容，为人处世不温不火。

5. 理想

人才的理想在于把手中的工作做到极致，追求卓越。

帅才的理想在于把擅长、不擅长的事情都做到圆满，追求更高、更快、更强。

6. 价值观

人才希望自己做的事情少而精，追求单项工作的完美，并享受其中的乐趣。

帅才的价值观在于能够带领一个团队不断进步和超越，并享受运筹帷幄、决胜千里之外的成就感。

7. 亲和力

人才在接触初期感觉不到亲和力，时间长了才发现很好相处。

帅才的亲和力无处不在，是形象的标志，时间长了却很可能发现其实他们是笑面虎。

8. 学习力

对领域范围内的事情兴趣浓厚，不断更新知识库，工作起来事半功倍。

涉猎范围广泛，讲究学习方法，注重管理和营销方面等方面的学习。

"帅才"就像一种化学媒介，能激活一个化学反应过程，同时也像一根火柴能点燃一堆干柴。公司不仅需要人才，更需要帅才。因此，35 岁之前，把自己培养成一个帅才吧！

第五章
不能只做有把握的事

不离开海岸，就无法发现新大陆

很多人似乎都习惯于"躺在床上"过一辈子，因为他们从来不愿去冒险，不管是在生活中，还是在事业上。但是，当我们横穿马路的时候，实际上总有着被车撞倒的危险；当我们在海里游泳的时候，也同样有着被卷入逆流或激浪的危险。尽管统计数字表明，坐飞机比乘汽车要安全一些，但我们的每一次飞行仍然包含着风险。毕竟我们必须依赖于飞机牢固的构造及其良好的性能。如果不是由自己驾驶的话，我们还必须寄希望于飞行员和整个机组。

每个人都会面临危险，除非我们永远原地不动。然而事实上，我们总是处在这样那样的危险境地，因为我们别无选择。我们必须横穿马路才能走到另一边去；我们也必须依靠汽车、飞机或轮船之类的交通工具，才能从一个地方到达另一个地方。

法国作家纪德曾经说过这样一句让人深思的话："若不先离开海岸，是永远不可能发现新大陆的。"

在我们身边，许多成功人士，并不见得比你能力强，但重要的是他比你敢冒险，从而冲破人生难关。哈默就是这样一个人。

1956 年，58 岁的哈默购买了西方石油公司，开始从事石油生意。石油是赚大钱的行业，正因为最能赚钱，所以竞争尤为激烈。初涉石油领域的哈默要建立起自己的石油王国，无疑面临着极大的竞争风险。首先碰到的是油源问题。1960 年石油产量占美国总产量 38% 的得克萨斯州，已被几家大石油公司垄断，哈默无法插手；沙特阿拉伯是美国埃克森石油公司的天下，哈默难以染指。

如何解决油源问题呢？

1960 年，当花费了 1000 万美元勘探基金而毫无结果时，哈默再一次冒险地接受一位青年地质家的建议：旧金山以东一片被德士古石油公司放弃的地区，可能蕴藏着丰富的天然气，并建议哈默的西方石油公司把它租下来。哈默又千方百计从各方面筹集了一大笔钱，投入了这一冒险的投资。当钻到 860 英尺（262 米）深时，终于钻出了加利福尼亚州的第二大天然气田，估计价值在 2 亿美元以上。

哈默的成功告诉我们：

"风险和收获的大小是成正比的，巨大的风险能带来巨大的收益。"

"幸运喜欢接近勇敢的人，冒险是表现在人身上的一种勇气和魄力。"

冒险与收获常常是结伴而行的。

想象一下哥伦布和水手离开故乡安全的海岸时，所感受到的焦虑与恐惧。他们心知自己很可能迷失在世界的边缘，永远回不了家，但这并未阻止他们的航程。同样的恐惧和不安也曾在无数先驱者心中盘桓，却未让他们放弃探险，登山队员不会因害怕而放弃登山，海洋学者也不会因忧虑而放弃潜海，飞行家不会放弃登上青天，航天人也不会因恐惧而不再登上火箭……即使他们在这段过程中可能会经历各种难以预料的危险，他们也不会放弃冒险。

也许，你本来可以摘取成功之果，分享成功的最大喜悦，可是由于怕冒风险你放弃了。与其造成这样的悔恨和遗憾，不如去勇敢地闯荡和探索。年轻人需要一种勇于冒险的精神，勇敢地去闯，冒险会让你的生命更加精彩。

冒险是成功的催化剂

人生就像是一场搏击赛，有些时候需要避开对手强有力的攻击，有些时候需要隐藏脚步、迷惑对手，但一旦最有利的时机出现，所有的隐藏与让步都应抛到一边，拿出勇气与魄力，冒险去主动出击。如果一味地以韬光养晦来隐藏自己的锋芒，久未出击的拳脚总有一天会对攻击变得生疏，而导致失去主动出击的能力。

那些在事业上获得巨大成就的人往往是具有冒险精神的人。事实上，没有冒险就没有机遇，没有机遇就很难成功。机遇从来都伴随着挑战，如果你畏惧挑战而放弃，相应地，你也失去了难得的机遇。敢于冒险，在一定程度上，是和成功相关联的。与其平庸地过一生，不如为自己的理想勇敢去冒险和闯荡，做一个敢于冒险的英雄。

曾有两位少年去求助一位老人，他们问着相同的问题："我有许多的梦想和抱负，但总是笨手笨脚，无从下手，不知道如何才能实现自己的目标。"

老人给他们一人一颗种子，细心地交代："这是一颗神奇的种子，谁能够妥善地保存它，谁就能够实现他的理想。"

几年后，老人碰到了这两位少年，顺便问起种子的情况。

第一位少年谨慎地拿着锦盒，缓缓地掀开里头的棉布，对着老人说："我把种子收藏在锦盒里，时时刻刻都将它妥善地保存着。为了能够完整保存地这颗种子，我为它专门建了一个恒温室。我相信它现在仍完好如初，其价值没有任何折损。"

接着第二位少年，汗流浃背地指着旁边的一座山丘道："您看，我把这颗神奇种子，埋在土里灌溉施肥，现在整座山丘都长满了果树，每一棵果树都结满了果实，原来的一颗种子现在变为了千万颗。这就是我实现这颗神奇种子价值的方法。"

老人关切地说："孩子们，我给的并不是什么神奇的种子，不过是一般的种子而已。如果只是守着它，永远不会有结果；只有用汗水灌溉，才能有丰硕的成果。让种子生根发芽，虽然会冒风霜雨雪侵蚀的风险，但正由于经历了这些锤炼，生命才焕发出神奇的力量，种子的价值才真正得到了实现和延续。"

第一位少年不敢冒险，结果失败。不敢冒险去做，其实是冒了更多的险。冒险与收获常常结伴而行。险中有夷，危中有利，要想有卓越的人生，就要敢冒险。现代社会，几乎每次变革和创新，都会面临一定的风险。因此，人们在尝试新事物前，要做好可能失败的心理准备，尽管他们会作出各种努力去规避风险。

有些人很聪明，对不测因素和风险看得太清楚了。不敢冒一点险，结果聪明反被聪明误，永远只能过一种平庸的生活。勇于尝试可以让你发现机会，化危机为转机。有些在平时看似"不可能"的事情，在你的尝试中也可能变成现实。正如一位成功人士所说的那样，尝试可以创造奇迹。也有不少人因为生活经历较少，经验不足，遇事都不敢主动去冒险，结果错失了许多的机遇。事实上，敢于风险并非铤而走险，敢冒风险的勇气和胆略是建立在对客观现实的科学分析基础之上的。顺应客观规律，加上主观努力，力争从风险中获得利益，这是成功者必备的心理素质。

我们应该明白这样一个道理：与其不尝试而失败，不如尝试了再失败，不战而败是一种极端怯懦的行为。如果想成为一个成功者，就要具备坚强的毅力、勇气和胆略。

那些遇到危机和困境而又缺乏行动能力的人，总是为自己的行动先寻找理由。一般来说，编造种种借口和理由拒绝行动的人，用一整套懒汉理论武装了自己，他们不想冒险摆脱危机或困境，而只想等人来救，殊不知，这样下去才更可能因耗尽精力而无力回天。

一件事情只有去做了，才能判定自己行或不行，因为太多的事情对社会来说是前所未有的，对参与者来说从未做过，只有勇敢地去冒险、去尝试，才能把握其中的诀窍，并锻炼自己的能力。不愿、不敢去冒险的人，注定在碌碌无为的人生中，对自己向往的事物也一点点地失去兴趣，直至平庸的生活将其变得麻木。

真正的人生不可能没有风雨，只有勇敢地走出去，为了生活的理想而冒险，才能在别人犹豫不决时果断决策，才能不安于现状，创造更多辉煌。所以说，如果不去冒险，本身就已经非常危险。在我们周围许多人努力过着或正过着安逸的生活，喜欢安逸固然无可厚非，但同时也失去了成功的机会。想想广为人知的成功人士，没有人是过着安逸的生活而成功的，他们的成功正源于他们不同于平凡人的敢冒风险。丹麦哲学家克尔恺郭尔说："在一个人生命的初始阶段，最大的危险就是：不冒风险。"隐匿中固然可以获得平稳的生活，同时也丧失了成功的可能。人生就是一场冒险，畏缩不前的人，永远走不到远方。

最好的机会一定在危险之中

按照巴菲特的说法，概率是"生活的真正指南"。博弈中，为了作出正确的决策，我们就要学会用概率论的眼光看问题。在大多数情况下，都没必要认为某种选择的成功概率一定是 100% 或 0，但是要学会分析一件事情"可改变的概率"或"可能发生的概率"。

世界著名服装设计师皮尔·卡丹是个非常敢于冒险的人，而他对马克西姆餐厅的经营策略更是体现了这位现代公司家和服装设计大师在关键时刻的决策能力和才干。马克西姆餐厅创建于 1893 年，是法国著名的高档餐厅。但是，发展到 20 世纪 70 年代，经营越来越不景气，到 1977 年时，已濒临倒闭的边缘。

这时皮尔·卡丹却决定买下马克西姆餐厅，朋友都以为皮尔·卡丹在开玩笑，纷纷劝阻他："这个餐厅本来就不景气，如果要买下来肯定耗资巨大，等于自己给自己拖一个包袱。"还有人对他说："不要让自己走向破产，头脑要冷静一点。"但是，皮尔·卡丹自己认为：马克西姆虽然目前不景气，但历史悠久，牌子老，有优势。它经营状况不佳的主要原因在于档次太高，而且单一，市场也局限在国内，只要从这几个方面加以改进，肯定可以收到成效。而且，趁其不景气的时候购买，才能以低价买进。

1981 年，皮尔·卡丹终于以巨款买下了马克西姆这一巨大产业。经营伊始，他立即着手改革，以图走出困境。首先，增设档次，在单一的高档菜的基础上再增加中档和一般的菜点。其次，扩大经营范围，除菜点外，兼营鲜花、水果和高档调味品。另外，皮尔·卡丹还在世界各地设立马克西姆餐厅分店，取得了良好的经济效益。事实证明他当初的冒险是非常正确的。

皮尔·卡丹在冒险中走出了一条成功之路，但有些人却因懦弱而与平庸相伴。成功意味着冲破平庸，而其中的一条捷径就是——敢于冒险。

敢于冒险，勇敢为之的人并不多，而这不多的敢于冒险的人数和财富场上成功者的人数，恰好成正比。石油大王哈默告诉人们："不会冒险的人永远也不会取得成功。惧怕失败，不冒风险，平平稳稳地过一辈子，虽然可靠，虽然平静，但只是一个悲哀而无聊的人生，一个懦夫的人生，其中最令人痛惜的就是，你自己葬送了自己的潜能。"因此，渴望成功的你，不如大胆地迎接危险，因为在危险之中成功远比在安稳之中平庸一辈子更有意义。

危机可以是一种转机

如台风带来海啸一般，机遇常与风险并肩而来。但是，这个世界从来缺少的都不是机会，而是缺少发现机会的眼光。同样的一件事，有的人只看到了表面的危机，有的人却看到了潜伏的机遇。

一些人看见风险便退避三舍，再好的机遇在他眼中都失去了魅力。这种人往往在机会来临之日踌躇不前，瞻前顾后，最终什么事也干不成。任何机会都有一定的风险性，如果因为怕风险就连机会也不要了，这样的人无异于因噎废食、胆小怕事的懦夫。大凡成大事的人，无不慧眼辨机，他们在机遇中看到风险，更在风险中逮住机遇。对于他们来说，危机其实就是机遇。戴高乐曾经说过："困难，特别吸引坚强的人。因为他只有在拥抱困难时，才会真正认识自己。"

为什么你仍然没有改变？没有受到机遇的垂青？你问过自己吗？面对危机时，你自己努力过吗？对于你所遭遇的困难，你愿意努力去尝试，而且不止一次地尝试吗？只试一次是绝对不够的，需要多次尝试。那样你会发现自己原来蕴藏着巨大能量。许多人之所以失败只是因为未能竭尽所能去尝试，而这些努力正是成功的必备条件。

在汉语里，"危机"这个词是由两个字组成的，"危"的意思是"危险"，"机"字则可以理解为"机遇"。通常，胆小懦弱的人习惯性地只看到"危险"，而看不到"机遇"；那些胆大心细、敢于冒险的人却能拨开危险的迷雾抓住机遇，而抓住机遇离成功也就不远了。

南宋绍兴十年七月，城中的一条繁华商业街不幸失火，数以万计的房屋商铺被大火吞没，顷刻间化为灰烬。一位裴姓富商，苦心经营了大半生的几间当铺和珠宝店也被大火所包围，眼看大半辈子的心血即将毁于一旦，他却没有让伙计和奴仆冲进火海帮他抢救珠宝财物，而是不慌不忙地指挥大家撤离，一副听天由命的样子，令人十分不解。

火灾之后，裴先生不动声色地派人从谷地大量收购木材、毛竹、砖瓦、石灰等建筑材料。不久，朝廷下令重建杭州城，因建筑材料短缺，凡经营销售建筑材料者一律免税。杭州城里一时大兴土木，建筑材料供不应求，价格陡涨，裴先生也因此大赚一笔，甚至赚得比被火灾焚毁的财产还多。原本是一场可能导致破产的大火灾，却变成了积累财富的一个契机。

看来，一念之间，危机便可成为转机。

危机化为转机，其实就是一种创新，裴先生是转化危机的成功者，他敢于打破传统的观念，尝试新的想法，创造新的办法。生活就是这样，机遇对每个人都是公正的，与其说它青睐那些有头脑的人，不如说有头脑的人善于抓机遇，他们看到了藏在危机面具之下的机遇之神，用自己的智慧与勇敢抓住了"危险"的机遇。

而无论在生活中还是工作中，机会只偏爱那些有准备的人，这样的人才会懂得如何经营自己的命运，才会比别人收获得更多。在危机面前，他们也就能够从容镇定，"谈笑间，樯橹灰飞烟灭"，化危机为转机。

危机就像一个洪水猛兽，人人避而远之，但是危机和成功就像是孪生兄弟，想成功就避不开危机。危机可能来自于个人的生理、心理，也可能来自于外界因素。但无论哪一种，只要你拿出勇气，充满信心积极想办法都能克服。"塞翁失马，焉知非福"，危机中常常蕴含着转机，关键看你能不能把握住。

化危机为转机，不仅需要方法，还需要坚定的信念，而坚定的信念来自于强烈的自信心、过人的勇气和胆识。没有哪家保险公司能为你的事业成功提供保险，更没有谁能为你家庭的幸福提供保障。大多数情况下，你都会处在一个摸着石头过河的境况中，危机难以避免。但如果你拥有化危机为转机的方法和信念，你就会有惊无险，甚至会有意外之喜。

化危机为转机还必备勇敢冒险精神。在平时，敢想敢干、坚持不懈对于处理生活中遇到的问题能够起到巨大的作用。在发生危机的时候，采取勇敢的态度不但有助于解决面临的问题，而且危机所带来的压力常常能最大限度地刺激一个人的潜能，使他作出在平常状态下做不到的事情，从而开创出新的局面。

恐惧成功，就注定会失败

哈佛有句名言说：失败的人不一定懦弱，而懦弱的人却常常失败。这是因为，懦弱的人害怕有压力的状态，因而他们害怕竞争。在对手或困难面前，他们往往不善于坚持，而选择回避或屈服。

懦弱通常是恐惧的游伴。懦弱带来恐惧，恐惧加强懦弱。它们都束缚了人的心灵和手脚。恐惧的字眼和言语，却常常将我们所恐惧的东西招致身边。

美国最伟大的推销员弗兰克说："如果你是懦夫，那你就是自己最大的敌人；如果你是勇士，那你就是自己最好的朋友。"对于胆怯而又犹豫不决的人来说，一切都是不可能的。

那些总是担惊受怕的人，得不到真正自由的人生，因为他总是会被各种各样的恐惧、忧虑包围着，看不到前面的路，更看不到前方的风景。

在波士顿的一个小镇上有一个名叫杰克的青年，他一直向往着大海。一个偶然的机会，他来到了海边，那里正笼罩着雾，天气寒冷。他想：这就是我向往已久的大海吗？他的希望和失望落差很大，他想：我再也不喜欢海了。幸亏我没有当一名水手，如果是一名水手，那真是太危险了。

在海岸上，他遇见一个水手，他们交谈起来。

"海并不是经常这样寒冷又有雾，有时，海是明亮而美丽的。但在任何时候，我都爱海。"水手说。

"当一个水手不是很危险吗？"杰克问。

"当一个人热爱他的工作时，他不会想到什么危险。我们家里的每一个人都爱海。"水手说。

"你的父亲现在何处呢？"杰克问。

"他死在海里。"

"你的祖父呢？"

"死在大西洋里。"

"你的哥哥呢？"

"当他在印度的一条河里游泳时，被一条鳄鱼吞食了。"

"既然如此，"杰克说，"如果我是你，我就永远也不到海里去。"

水手问道："你愿意告诉我你父亲死在哪儿吗？"

"死在床上。"

"你的祖父呢？"

"也死在床上。"

"这样说来，如果我是你，"水手说，"我就永远也不到床上去。"

如果在海边你已经开始惧怕海中的波浪，那么你注定无法体验到海的魅力。

学者马尔登曾说过："人们的不安和多变的心理，是现代生活多发的现象。"他认为，恐惧是人生命情感中难解的症结之一。面对自然界和人类社会，生命的进程从来都不是一帆风顺、平安无事的，总会遭到各种各样、意想不到的挫折、失败和痛苦。当一个人预料将会有某种不良后果产生或受到威胁时，就会产生这种不愉快情绪，并为此紧张不安，忧虑、烦恼、担心、恐惧，程度从轻微的忧虑一直到惊慌失措。

最坏的一种恐惧，就是常常预感着某种不祥之事的来临。这种不祥的预感，会笼罩着一个人的生命，像云雾笼罩着爆发之前的火山一样。

世界上没有永远的成功者，也没有永远的失败者。有人畏缩，得到的也会失去；有人勇敢，失去的也会得到。只要不断尝试、不断磨砺，我们就一定能战胜恐惧。只要告别恐惧，勇敢地朝前走，别人能做到的我们也能做到。畏惧是人生路上一道深深的壕沟，跨过去你就拥有了出路和希望。

盲目冒险和不思进取一样危险

每一场风险的应对都是我们与他人的一场斗争，在这种斗争中，我们无论如何不能失去"痛觉"，盲目行事。

北极的因纽特人利用独特的气候条件，发明了一种独特的捕狼方法。

方法其实很简单，是在冰原上凿一个坑，把一把尖刀的刀柄放进去并做固定，往刀子上洒上一些鲜血，然后用冰雪把刀子埋好。不一会儿，寒冷的天气就把这个小雪堆冻成了一个冰疙瘩，最后，他们再往冰堆上洒一点血，就大功告成功了，剩下要做的只是到时候来收获猎物。

在冰原上四处觅食的饿狼闻到血腥味后，就会来到这个冰疙瘩前，它以为这里面会有一只受伤倒毙的小动物。狼于是开始用自己的舌头舔冰堆上的血迹，并希望将冰堆舔开，以吃到埋在里面的食物。不多会儿，它就舔到了刀尖。但这时，它的舌头因为舔了半天的冰块，已经被冻得麻木了，没有了痛觉，只有嗅觉在告诉它：血腥味越来越浓，美味的食物已经马上就要到口了。

于是，饥饿的狼继续用舌头在刀尖上舔来舔去，它自己的血越流越多，血腥味又刺激着它更加卖力地舔下去……最终，失血过多的狼倒在雪地里，成为因纽特人的美食！

在这场狼与人的斗争中，人用了一点点计谋就让狼丧失了对风险的警惕，从而"乖乖"躺在了地上。这就提醒我们，在生活中，要时刻保持对风险的"痛觉"，千万不能盲目冒险。

有人说，生存本身就是一种风险。在我们生活的世界里，风险就像空气般充斥在我们的周围；街道、家里、办公场所，时时刻刻隐藏着许多我们无法预知风险。每一场风险的应对都是我们与他人的一场斗争，在这种博弈中，有人扮演着因纽特人，有人扮演着冰原上的狼。

譬如有一则广告上说：你汇款10元，就能得到赚1000元的最佳方法。一位读者按地址汇去了钱，他得到一封回信，信中只有一句话：找100个像你这样的傻瓜。

再如，一位民工模样的人在街上拦住你，说他挖到了古物而无法出手，以低廉的价格卖给你，你一倒手就能赚多少，等等。你心中暗喜，以为发财的希望就在眼前。他既然能挖到古物，想必他的文物知识比你丰富多了，他无法高价出手，你就能吗？

还有时，有人拿着花花绿绿的外币在银行门口等着你，说急需用钱，便宜些，同你换些人民币——你都不知道那些钱是哪个国家的货币，他能换进来，就换不出去吗，非得找你？

有人就出了关于如何买彩票中大奖的书——买彩票完全是赌运气，作者要是发现了规律，还舍得教你？他买彩票拿大奖不比写书容易？这种例子真是举不胜举。

为什么在与这些"因纽特人"的斗争中，我们总会成为那只愚蠢而可怜的狼？其实，他们的智商不见得有多高，手法没有多先进，但他们都是人性弱点的专家和好演员，他们抓住了那种尝到一点"甜头"就丧失风险意识的人性弱点。

因此，在与这些"因纽特人"斗争时，我们无论如何不能失去"痛觉"，像狼一样被"血腥味"刺激得有进无退。因为，诱惑最大的时候，就是风险最大的时候，对于这种诱惑我们要时刻保持警惕，否则，受伤害的只有自己。

勇敢面对人生的问号

1968年，在墨西哥奥运会百米赛道上，美国选手吉·海因斯撞线后，转过身子看运动场上的记分牌，当指示灯出现9.95的字样后，海因斯摊开双手自言自语地说了一句话，这一情景后来通过电视网络，全世界至少有几亿人看到，但当时他身边没有话筒，海因斯到底说了什么，谁都不知道。直到1984年洛杉矶奥运会前夕，一名叫戴维·帕尔的记者在办公室回放奥运会资料时突发好奇心，他找到海因斯询问此事时这句话才被破译出来。原来，自欧文创造了10.3秒的成绩后，医学界断言，人类肌肉纤维承载的运动极限不会超过10秒，所以当海因斯看到自己9.95秒的记录之后，自己都有些惊呆了，原来10秒这个门不是紧锁的，它虚掩着，就像终点上那根横着的绳子。于是兴奋的海因斯情不自禁地说："上帝啊！那扇门原来是虚掩着的。"

我们知道，不恐惧不等于有勇气；勇气使你尽管害怕、尽管痛苦，但还是继续向前走。在这个世界上，只要你真实地付出，就会发现许多门都是虚掩的！爱因斯坦说："勇气是上天的羽翼，怯懦却引人下地狱。"让我们心中永远鼓荡着腾飞的勇气，绝不选择生命重心的堕落！勇气，就是帮助你破解人生问号的最佳伙伴。

在一个跨国公司里，总经理叮嘱全体员工："谁也不要走进8楼那个没挂门牌的房间。"但他没解释为什么。在这家效益不错的公司里，员工们都习惯于服从，大家牢牢记住了领导的吩咐，谁也不敢去那个房间。

一个月后，公司又招聘了一批年轻人，同样的话，总经理又向新员工说了一遍。这时，有个年轻人在下面小声嘀咕了一句："为什么？"总经理看了他一眼，满脸严肃地回答："不为什么。"

回到岗位上，那个年轻人的脑子里还在不停地闪现着那个神秘的房间：又不是公司部门的办公用房，又不是什么重要机密存放地，为什么要有这样的吩咐呢？年轻人想去敲门看看到底是怎么回事。

同事们纷纷劝他，冒这个险干吗？不听经理的话有什么好果子吃？这份工作来之不易呀！

小伙子来了牛脾气，执意要去看个究竟。他轻轻地叩门，没有人应声。他随手一推，门开了，不大的房间中只有一张桌子，桌子上放着一张字条，上面用红笔写着几个字："拿这张字条给总经理。"

小伙子很失望，但既然做了，就做到底，他拿着字条去了总经理办公室。当他从总经理办公室出来时，不但没有被解雇，反而被任命为销售部经理。

"销售是最需要创造力的工作，只有不被条条框框限制住的人才能胜任。"总经理给了大家这样一个解释。后来，那个小伙子果然没有让总经理失望。

在如今生存竞争激烈的社会里，那些做事三心二意、缺乏勇气、毫无决断力的年轻人到处都会受到排挤。大凡向往成功的年轻人，不但要做到意志坚定，还要迅速把握机会，鼓起勇气，立即行动。那些不相信自己、不敢把握机会的人，将永无出头之日。如果一个人生性胆怯、缺乏自信、遇事总犹豫不决、故步自封、没有判断力、毫无冒险精神，那他的一生一定会在死气沉沉、毫无希望可言的日子里度过。

因此，我们每一个人都应该有血气和胆量去面对人生中的问号，还要有坚强的自信心，肯勇往直前。这样，那些人生中的问号迟早会被你破解掉。

勇气：阳光一般的力量

勇气是产生于人的意识深处的对自我力量的确信，是对自我能力能压倒一切的信念，是相信自己可以面对一切紧急状况，处理一切障碍，并能控制任何局面的信心，是穿越重重险阻，历经磨难走向成功的意志。勇气，是一种阳光般的力量，源自于自我潜意识深处的积极暗示。

巴顿将军说过："要无畏、无畏、无畏。记住，从现在起直至胜利或牺牲，我们要永远无畏。"要获得成功少不了胆量，也少不了勇气。一个永不丧失勇气的人是永远不会被打败的，因为他坚信风雨过后就是阳光。

在现实生活中，许多事情都需要勇气做支撑。放弃需要勇气，拒绝需要勇气，尝试需要勇气，冒险需要勇气……甚至连说话都需要勇气。一个人如果缺乏勇气，就失去了承担责任的基础，就只能生存于他人的庇护之下，无法面对人生的任何压力和挑战。

一位父亲很为他的小孩苦恼，都已经十五六岁了，一点男子气概都没有。他去拜访一位禅师，请求这位禅师帮他训练他的小孩。

禅师说："你把小孩留在我这里 3 个月，在这 3 个月不允许你来看他。3 个月后，我一定可以把你的小孩训练成一个真正的男人。"

3 个月后，小孩的父亲来接回小孩。

禅师安排了一场武术比赛来向父亲展示这 3 个月的训练成果。被安排与小孩对打的是教练。教练一出手，这小孩便应声倒地。但是小孩刚倒地，便立刻又站起来接受挑战。倒下去又站起来……如此来来回回总共 16 次。

禅师问父亲："你觉得你小孩的表现够不够男子气概？""我简直羞愧死了，想不到我送他来这里受训 3 个月，我所看到的结果是他这么不经打，被人一打就倒。"父亲回答。

禅师说："我很遗憾你只看到表面的胜负，你没有看到你的儿子那种倒下去立刻站起来的勇气及毅力，那才是真正的男子气概！"

勇气是一种敢于面对现实，不怕困难，勇于进取，积极争取胜利的优秀品质。

勇气是一种战胜恐惧的有力武器，是克服害怕失败、害怕丢脸等恐惧心理最有力的武器。

勇气还可以教人在遇到挫折时，不要畏惧，不要回避，勇敢面对，去接受一切挑战，战胜困难，赢得成功。只要勇敢地去行动、去尝试，总会有一些收获，要么收获成功，要么收获经验。

那些获得成功的人，如果当初在一次次人生的挑战面前，因恐惧失败而退却，放弃尝试的机会，则不可能有所谓成功的降临。没有勇敢的尝试，就无从得知事物的深刻内涵，而勇敢地去做了，即使失败，也能获得宝贵的经验，从而在命运的挣扎中，愈发坚强，愈发有力，愈接近成功。

暂时成功之后接着是更大的失败！只有勇敢地走过失败，才能走向真正辉煌的成功。

不甘平凡，勇敢地挑战自我、挑战潜能，下定决心就马上去做。你可能面对不同的局面，但必须要时刻记住：要为梦想去奋斗。你有信心获得成功，你就能成功，因为，你体内有一股巨大的潜能。你勇敢，困难便退却；你懦弱，困难就变本加厉地欺负你。你勇敢，就可能成功；你懦弱，则肯定会失败。

无论人生走到哪一种境地，只要你还有勇气向成功挑战，你就还没有失败。所有失败，都是你创造财富的宝贵经验，是人生的一大资本。勇气是成功的保证，它激励着一颗渴望成功的心，只要勇气长存，一定能取得成功。

幸运之神眷顾勇者

很多人都是打小时候起，就开始接受这样一种早期教育——父母和老师往往鼓励我们要行事谨慎，要控制自己的好奇心，不关自己的事情少插手。他们提倡办事稳妥，反对冒险行事。

鲁迅先生说："世上如果还有真要活下去的人们，就应该敢说、敢笑、敢怒、敢骂、敢打，在这可诅咒的地方击退了可诅咒的时候。"这是对勇气的一种最高的褒扬，正如陀思妥耶夫斯基所说："勇敢者是到处有路可走的。"

威尔士是美国东北部哈特福德城的一位牙科医生，是西方世界医学领域对人体进行麻醉手术的最早试验者。在威尔士以前，西方医学界还没有找到麻醉人体之法，外科手术都是在极残酷的情况下进行的。

后来，在英国化学家戴维发现笑气以后，1844 年，美国化学家考尔考察了笑气对人体的作用，带着笑气到各地做旅行演讲，并做笑气"催眠"的示范表演。一天他来到美国东北部哈特福特城进行表演，不想在表演中发生了意外。那是在表演者吸入笑气之后，由于开始的兴奋作用，病人突然从半昏睡中一跃而起，神志错乱地大叫大闹着，从围栏上跳出去追逐观众。在追逐中，由于他神志错乱，动作混乱，大腿根部一下子被围栏划破了个大口子，鲜血泉涌般地流淌不止，在他走过的地上留下一道殷红的血印。围观的观众早被表演者的神经错乱所惊呆，这时又见表演者不顾伤痛向他们追来，更是惊吓不已，观众都惊叫着向四周奔去，表演就这样匆匆收了场。

这场表演虽结束了，但表演者在追逐观众时腿部受伤而丝毫不觉疼痛的情状，却给牙科医生威尔士留下了非常深刻的印象。于是他立即开始了对氧化亚氮麻醉作用进行实验研究。1845 年 1 月，威尔士在实验成功之后，来到波士顿一家医院公开进行无痛拔牙表演。表演开始，威尔士先让病人吸入氧化亚氮，使病人进入昏迷状态，随后便做起了拔牙手术。但不巧，由于病人吸入氧化亚氮气体不足，麻醉程度不够，威尔士的钳子夹住病人的牙齿刚刚往外一拔，便疼得那位病人"啊呀"一声大叫起来。众人见之先是一惊，随之都对威尔士投去轻蔑的眼光，指责他是个骗子，把他赶出了医院。

威尔士表演失败了，他的精神也崩溃了。他转而认为手术疼痛是"神的意志"，于是他放弃了对麻醉药物的研究。

可是他的助手摩顿与其不同，他拿出勇气开始了自己的探索。1846 年 10 月，他在威尔士表演失败的波士顿医院当众再做麻醉手术实验。结果在众目睽睽之下，他获得了成功。

也许有人认为摩顿的成功完全依赖于威尔士的铺垫，但是如果摩顿因为威尔士的失败而丧失了继续研究麻醉药的勇气，也许时至今日就根本没有今天高超的麻醉技术。

命运之神眷顾勇者，不论前人有多少次失败，只要你还能够拿出勇气继续挑战，说不定命运之神会把成功的橄榄枝交予你手中。

摈弃对失败的恐惧

约拿是《圣经》中的人物。据说上帝要约拿到尼尼微城去传话，这本是一种难得的使命和很高的荣誉，也是约拿平素所向往的，可一旦理想成为现实，他又感到一种畏惧，感到自己不行，想回避即将到来的使命，想推却突然降临的荣誉。这种成功面前的畏惧心理，心理学家们称之为"约拿情结"。

"约拿情结"是一种看似十分矛盾的现象。人害怕自己不成功，这可以理解，因为人人都不愿意正视自己低能的一面；但是，人们竟然害怕自己会成功，这很难理解。但这的确是事实：人们渴望成功，又害怕成功，尤其害怕争取成功的路上要遇到的失败，害怕成功到来的瞬间所带来的心理冲击，害怕取得成功所要付出的极其艰苦的劳动，也害怕成功所带来的种种社会压力……

简单地说，"约拿情结"就是对成长的恐惧。它来源于心理动力学理论上的一个假设："人不仅害怕失败，也害怕成功。"它反映了一种"对自身伟大之处的恐惧"，是一种情绪状态，并导致我们不敢去做自己能做得很好的事，甚至逃避发掘自己的潜力。在日常生活中，"约拿情结"表现为缺乏上进心，或称"伪愚"。

马斯洛在给他的研究生上课的时候，曾向他们提出如下问题："你们班上谁希望写出美国最伟大的小说？""谁渴望成为一位圣人？""谁将成为伟大的领导者？"根据马斯洛的观察和记录，在这种情况下，他的学生们通常的反应都是咯咯地笑，红着脸，显得不安。马斯洛又问："你们正在悄悄计划写一本伟大的心理学著作吗？"他们通常也都红着脸、结结巴巴地搪塞过去。马斯洛还问："你难道不打算成为心理学家吗？"有人小声地回答说："当然想啦。"马斯洛说："那么，你是想成为一位沉默寡言、谨小慎微的心理学家吗？那有什么好处？那并不是一条通向自我实现的理想途径。"

人类普遍存在"约拿情结"，即不是追求高级需求，追求卓越，追求崇高的自我实现，而是相反，逃避高级需求，逃避卓越、崇高的人类品行。人们视天真纯情为幼稚可笑，视诚实为愚蠢，视坦率为轻信，视慷慨为缺乏判断力，视工作中的热情为愚忠，视同情心为廉价和盲目。在历史中曾显示出人类美好的、和谐的、崇高的、情感的东西竟成了当代人们不自觉的情感禁忌，无怪乎有人称人类的当代为精神病、神经症大发作的时代。

"约拿情结"的问题还在于，自己怕出名，如果别人出了名，他又会嫉妒，心里巴不得别人倒霉。这种情结阻碍生命成长和自我实现。

我们大多数人内心都深藏着"约拿情结"。心理学家们认为，这是因为在我们小时候，由于本身条件的限制和不成熟，心中容易产生"我不行"、"我办不到"等消极的念头，如果周围环境没有提供足够的安全感和机会供自己成长的话，这些念头会一直伴随着我们。尤其是当成功机会降临的时候，这些心理表现得尤为明显。因为要抓住成功的机会，就意味着要付出相当的努力，面对许多无法预料的变化，并承担可能导致失败的风险。

毫无疑问，"约拿情结"是我们平衡自己内心压力的一种表现。我们每个人其实都有成功的机会，但是在面临机会的时候，只有少数人敢于打破平衡，认识并摆脱自己的"约拿情结"，勇于承担责任和压力，最终抓住并获得成功的机会。这也就是为什么总是只有少数人成功，而大多数人却平庸的重要原因。

我们想要开创人生新局面，就必须敢于打破"约拿情结"。说到底，"约拿情结"是一种内心深层次的恐惧感。这种恐惧感往往会破坏一个人的正常能力。恐惧使创新精神陷于麻木；恐惧毁灭自信，导致优柔寡断；恐惧使我们动摇，不敢开始做任何事情；恐惧还使我们怀疑和犹豫。恐惧是能力上的一个大漏洞，事实上，有许多人把他们一半以上的宝贵精力都浪费在毫无益处的恐惧和焦虑上面了。

恐惧虽然阻碍着我们力量的发挥和生活质量的提高，但它并非不可战胜，只要我们能够积极地行动起来，在行动中有意识地纠正自己的恐惧心理，那它就不会成为我们的威胁。

勇敢的思想和坚定的信念是治疗恐惧的天然药物，勇敢和信心能够中和恐惧，如同化学家通过在酸溶液里加一点碱，就可以破坏酸的腐蚀性一样。

所以，坚持自己的信念，勇敢地行动起来，我们就能忘记恐惧，克服"约拿情结"，为人生打开新局面。

越艰难的路，越值得投入精力去探索

艰难的路最能激发人的潜能，并且，正因为艰难，走的人才少，敢于去探索的人往往就是先一步成功的人。就算是遇到阻碍，甚至失败了也一样精彩。在未来的社会里，那种自我封闭、自我满足、自以为是，以及自我设限的人，注定不可能适应社会，甚至生存都会成问题。变，正是人生的魅力所在，而不变的，是心中超越自我的渴望。

威尔玛·鲁道夫从小就"与众不同"，她在家中 22 个孩子中排行 20。她出生时因早产而险些丧命。4 岁时她患了肺炎和猩红热，后来又患了小儿麻痹症，由于左腿不能正常使用，她只能穿着固定腿的金属绷带。她的左腿因此而瘫痪。童年时候的她不要说像其他孩子那样欢快地跳跃奔跑，就连平常走路都做不到。寸步难行的她非常悲观和忧郁。随着年龄的增长，她的忧郁和自卑感越来越重，甚至，她拒绝所有人的靠近。但也有例外，邻居家的残疾老人却是她的好伙伴。老人在一场战争中失去了一只胳膊，但他非常乐观，她也喜欢听老人讲故事。

有一天，威尔玛被老人用轮椅推着去附近的一所幼儿园，操场上孩子们动听的歌声吸引了他俩。当一首歌唱完，老人说道："让我们为他们鼓掌吧！"她吃惊地看着老人，问道："你只有一只胳膊，怎么鼓掌啊？"老人对她笑了笑，解开衬衣扣子，露出胸膛，用手掌拍起了胸膛……

那是一个初春的早晨，风中还有几分寒意，但她却突然感觉自己的身体里涌起一股暖流。老人对她笑了笑，说道："只要努力，一个巴掌也可以拍响。你一定能站起来的！"那天晚上，威尔玛·鲁道夫让父亲写了一张字条贴在墙上："一个巴掌也能拍响！"

从那之后，她开始配合医生做运动。无论多么艰难和痛苦，她都咬牙坚持着。有一点进步了，她又以更大的受苦姿态求更大进步。甚至父母不在家时，她自己扔开支架，试着走路……蜕变的痛苦牵扯到筋骨。她坚持着，相信自己能够像其他孩子一样行走、奔跑！

很快她的付出有了回报，到她 9 岁的时候，她不再需要她的金属护腿绷带。威尔玛很高兴，因为她能够跑步，并能像其他孩子们那样玩耍。她的哥哥在后院树立起一个篮球筐，自打那以后，她每天玩篮球。她终于扔掉支架，开始向另一个更高的目标努力着：锻炼打篮球和参加田径运动。无论严寒酷暑，她都始终坚持着，从不气馁从不放弃。

每个人都需要不断地自我激励，不能因为一时的挫折就把自己的一生永远地困在逆境的泥淖中。人的可贵之处在于，无论我们跌倒多少次，都能从失败的废墟上站起来，人生也因此而显得绚丽多彩。如果你还在为不幸的遭遇自怨自艾的话，那你的人生将不会有任何前途。

威尔玛·鲁道夫没有被病魔打倒，她选择了勇敢反击，并且通过自己的努力战胜了困难。在她 16 岁仍在上中学的时候，她已经成为一名非常优秀的田径运动员，她代表美国参加了 1956 年在澳大利亚墨尔本举行的奥运会，她是美国代表队中最年轻的选手，在接力跑 4×100 米接力比赛中获得了一枚铜牌。

1960 年，罗马奥运会女子 100 米决赛，当她以 11 秒 18 第一个撞线后，掌声雷动，人们都站起来为她喝彩，齐声欢呼着她的名字："威尔玛·鲁道夫！威尔玛·鲁道夫！"在一届奥运会上，威尔玛·鲁道夫成为当时世界上跑得最快的女人，她共摘取了3枚金牌，也是第一个黑人奥运女子百米冠军。

面对未知和艰辛，有人选择了逃避，有人则选择抖擞精神去挑战，去征服。要知道，遇到问题的时候，很可能就是提升自己的时候，用积极向上的态度去迎接挑战远比用消极萎靡的等待或者静观事态发展要主动得多。人生会遇到各种各样的问题，我们活着就是来解决这些问题的。在这个充满着竞争、充满机遇与风险的世界，不断地给自己挑战而不是被动地接受挑战是成功的秘诀。

直面逆境，不惧挑战。要知道脚下的路越曲折，等到达目的地时，你眼中呈现出的风景就越美丽。

敢于做第一个吃螃蟹的人

相传在几千年前，在江湖河泊里有一种双螯八足、形状凶恶的甲壳虫。这种虫子不仅偷吃稻谷，还会用螯伤人，故称之为"夹人虫"。后来，大禹到江南治水，派壮士巴解督工，很多工人都遭受夹人虫的侵扰，严重妨碍着工程的进度。巴解想出一个办法，在城边掘条围沟，把围沟里灌进沸水。夹人虫过来时就此纷纷跌入沟里烫死了。烫死的夹人虫浑身通红，散发出一股诱人的香味。巴解好奇地把甲壳掰开来，一闻香味更浓。便大着胆子咬一口，谁知味道鲜美，自己竟然从来没有吃过这么美味的东西，于是本来令人畏惧的害虫一下成了家喻户晓的美食。害虫被端上了餐桌，既减轻了虫害，又吃到了美食。

大家为了感激敢为天下先的巴解，用他名字里的"解"字下面加个"虫"字，称夹人虫为"蟹"，意思是巴解征服夹人虫，是天下第一食蟹人。

鲁迅先生曾称赞："第一次吃螃蟹的人是很可佩服的，不是勇士谁敢去吃它呢？"但是日常生活中的大多数人不喜欢尝试和冒险，缺乏创新精神，没有工作热忱，对待工作常常是得过且过的态度。他们不愿意承认已经改变的事实，也不愿意为自己创造机会，却时常哀叹时运不济，造化弄人。其实，一个人能否取得大成就很大程度上取决于他是否敢于尝试，敢于冒险。

要想使自己成功，就要勇敢尝试，做一些别人没有做过的事情。为什么很多人不能成功？就是因为他们总是不敢进行新的尝试，一边苦恼糟糕的现状，一边害怕尝试带来的危险。别人没有做过的事就是一种机遇和挑战，不要以为他人没有做过的事就不值得去尝试，尝试可能会遇到危险，但是不去尝试就一定不会成功。有些时候，不是你没有能力去做，而是你不相信自己可以做到。这个世界上，没有什么不可能。无论是什么时代，没有敢于承担风险、敢于冒险的胆略和气魄，都成不了大气候，只有大胆开拓，你才会有更广阔的发展空间。众所周知，一棵大树只有长得足够高，它才能拥有更广阔的视野；同样，工作中，只有大胆开拓，才能登上更大的舞台。

第六章
第一次就把事情做对

不但把事情做完，还要把事情做成功

有一次，刘墉和女儿一起浇花。女儿很快就浇完了，并准备出去玩。刘墉叫住她问："你看看爸爸浇的花和你浇的花有什么不一样？"

女儿看了看，没发现有什么不一样的地方。

于是刘墉将两人浇的花连根拔了起来，女儿一看，脸就红了，原来爸爸浇的水都浸透到了根上，而自己浇的水仅仅只将表面的土淋湿了。

刘墉语重心长地教育女儿：做事不能只做表面功夫，一定要彻底，做到"根"上。

做事并不难，人人都在做，天天都在做，难的是将事做得成功。做事和把事情做成功是两回事，做事只是基础，而只有将事做成功，你所做的事情才是真正完成了。做事情其实也和浇花一样，如果只是敷衍了事，那就等于在浪费时间，做了跟没做一样。这就是很多看起来一天到晚很忙的人忙而无果的重要原因。

只做事而不是做成事，对任何人的发展来说都是致命的，只追求把事情做完的人，必定不能在 35 岁之前超越别人。

有的人经常说："我努力了，所以我问心无愧。"而老板喜欢说的却是："我看到你努力了，请给我结果。"许多人宣扬结果不是最重要的，这是一种非常可笑的观点，怀着这种所谓的"超然"心态去做事，其结果往往是无法超然的失败。这种人所看重的"内心的体验"也只不过是失败所带来的遗憾和伤感。这种遗憾和伤感或许是诗人们创作的源泉，但对于我们绝大多数靠薪水生活的普通人来说，没有任何帮助。

小明、刘冬、崔佳不仅是中学同班同学，而且是大学同班同学，更是在同一天进入同一家公司的同事。

但是他们的薪水却不同：小明的月薪是三千，刘冬月薪两千五百元，崔佳月薪两千元。有一天，他们的中学老师来看望他们，得知他们薪水的差距之后，老师就去问总经理："在学校，他们的成绩都差不多呀，为什么毕业一年就会有这么大的差距？"

总经理听完老师的话，笑着对老师说："在学校他们是学习书本知识，但在公司里，却是要行动、要结果。公司与学校的要求不同，员工表现也与学校的考试成绩不同，薪水作为衡量的标准，就自然不同呀！"

看到老师仍然满脸不解的样子，总经理对老师说："这样吧，我现在叫他们三人做相同的事情，你只要看他们的表现，就可以知道答案了。"

总经理把这三个人同时找来，然后对他们说："现在请你们去调查一下停泊在港口边的船。船上毛皮的数量、价格和品质，你们都要详细地记录下来，并尽快给我答复。"

一小时后，他们三人都回来了。

崔佳先做了汇报："那个港口有一个我的旧识，我给他打了电话，他愿意帮我们的忙，明天给我结果。我为了保证明天他给我结果，我准备今晚请他吃饭，请您放心，明天一定给您结果。"

接着，刘冬把船上的毛皮数、品质等详细情况给了总经理。

轮到小明的时候，他首先重复报告了毛皮数量、品质等情况，并且将船上最有价值的货品详细记录了下来。然后表明，他已向总经理助理了解到总经理的目的，是要在了解了货物的情况后与货主谈判。于是，他在回程中，又打电话向另外两家毛皮公司询问了相关货的品质、价格等。

此时，总经理会心一笑，老师恍然大悟。

相信看到这种情况后，任何一个人都会像那位老师一样，一下子就明白，为什么他们的薪水会有这么大的差别。

称职者只满足于做事，最棒者却是要做成事。把事情做成功你才能永远领先他人一步，许多人仅仅满足于把事情做完，他们认为什么事只要过得去就行，没有必要做到最好，但是那些取得了非凡成绩的人都是以把事情做成功为目标的。

我们一定要树立把事情做成功的工作态度，很明确地知道自己不仅是要"把事情完成"而已，还要"把事情做成功"。

三分苦干，七分巧干

人们常说：一件事情需要三分的苦干加七分的巧干才能完美。意思是行事时注重寻找解决问题的思路，用巧妙灵活的思路解决难题，胜于一味蛮干。也就是说，"苦"的坚韧离不开"巧"的灵活。一个人做事，若只知下苦功，则易走入死胡同，若只知用巧，则难免缺乏"根基"，唯有三分苦加上七分巧，才更容易达到自己的目标。

在工作中，许多人兢兢业业、任劳任怨，业绩却没有多大提升，追根究底，都是蛮干惹的祸。

杰瑞是一个新的证券经纪人。和所有新手一样，主管给他一个电话号码簿和一部电话，让他开始工作。如果他想干得好，就要尽可能多打电话。杰瑞拥有超人的毅力，他每天会打上百个电话，忍受不断的拒绝，然后再排除大量障碍寻找到新的客户。在几个月的时间里，其他经纪人被他甩在了后面，杰瑞开始受到上级的重视，最后成了管理层中的一员。但他还要在这种广种薄收的销售环境中顽强苦干，证明自己的价值。

我们不妨来为杰瑞设计一个小型的经营系统，通过廉价的报纸广告向客户发送信息，这样杰瑞就不用再拨打电话了，他只与那些看到自己发布的信息后给他打电话的人谈生意即可。这样，杰瑞的交易量提高了，就不会像从前一样忙得不可开交。杰瑞的"巧干"让自己有时间做更有意义的事情，这样做不但不会因为偷懒而被否定，反而有机会获得更大的成功。

做任何事情，都要将"苦"与"巧"巧妙结合。正所谓"三分苦干，七分巧干"，"苦"在踏实付出，"巧"在灵活地寻找思路，只有这样，才能走向成功。

王勉是一家医药公司的推销员。一次他坐飞机回家，竟遇到了意想不到的劫机。通过各界的努力，问题终于得以解决。就在要走出机舱的一瞬间，他突然想到：劫机这样的事件非常重大，应该有不少记者前来采访，为什么不好好利用这次机会宣传一下自己公司的形象呢？于是，他立即从箱子里找出一张大纸，在上面写了一行大字："我是××公司的××，我和公司的××牌医药品安然无恙，非常感谢救了我们的人！"他打着这样的牌子一出机舱，立即就被电视台的镜头捕捉到了。他成了这次劫机事件的明星，很多家新闻媒体都争相对他进行采访报道。

等他回到公司的时候，受到了公司隆重的欢迎。原来，他在机场别出心裁的举动，使得公司和产品的名字家喻户晓了。公司的电话都快被打爆了，客户的订单更是一个接一个。董事长当场宣读了对他的任命书：主管营销和公关的副总经理。之后，公司还奖励了他一笔丰厚的奖金。

做事情不能只靠苦干，善于寻找出路的人才是最聪明的人。他们永远都保持着高涨的创造热情，并极力将这种热情转化为实际行动，为人生和事业的长久发展出谋划策，成为社会创富的先锋者。当今社会，一个人只会用辛勤的付出获取人生的回报还远远不够，还应当立足人生的长远发展，开拓思路，用自己的智慧和创意引领人生走向另一个辉煌。

第一次就把事情做对

"第一次就把事情做对"，是著名管理学家克劳士比"零缺陷"理论的精髓之一，也是成功者都在遵循的法则。

在我们的工作中经常会出现这样的现象：

——5% 的人并不是在工作，而是在制造问题，无事必生非，他们是在破坏性地做。

——10% 的人正在等待着什么，他们永远在等待、拖延，什么都不想做。

——20% 的人正在为增加库存而工作，他们是在没有目标地工作。

——10% 的人没有对公司作出贡献，他们是"盲做"、"蛮做"，虽然也在工作，却是在进行负效劳动。

——40% 的人正在按照低效的标准或方法工作，他们虽然努力，却没有掌握正确有效的工作方法。

——只有 15% 的人属于正常范围，但绩效仍然不高，仍需要进一步提高工作质量。

无论做什么事，都要讲究到位，半到位又不到位是最令人难受的。在我们执行工作的过程中，"第一次就把事情做对"是一个应该引起足够重视的理念。如果这件事情是有意义的，现在又具备了把它做对的条件，为什么不现在就把它做对呢？

当我们被要求"第一次就把事情做对"时，许多人会反驳："我很忙。"因为很忙，就可以马马虎虎地做事吗？其实，返工则更冤枉。第一次没做好，再重新做时既不快，花费也不少。忙要为效率忙，而不是在忙中出错。

若第一次没把事情做对，忙着改错，改错中又很容易忙出新的错误，恶性循环的死结越缠越紧。这些错误往往不仅让自己忙，还会放大到让很多人跟着你忙，造成巨大的人力和物资损失。

宋青是一家文化公司创意部的经理，曾为自己做事粗糙的习惯而苦不堪言。有一次，由于完成任务的时间比较紧，他在审核广告公司回传的样稿时不仔细，在发布的广告中弄错了一个电话号码——服务部的电话号码被他们打错了一个。就是这么一个小小的错误，给公司带来了一系列的麻烦和损失。

宋青忙了大半天才把错误的问题理清楚，耽误的其他工作不得不靠加班来弥补。与此同时，还让领导和其他部门的数位同仁和他一起忙了好几天。

由此可见，工作和生活中，每个人的目标都应是"第一次就把事情完全做对"，至于如何才能做到在第一次就把事情做对，克劳士比先生也给了我们正确的答案。这就是首先要知道什么是"对"，如何做才能达到"对"这个标准。

在新进成员刚进公司时，也是所谓的"第一次"。第一次接触公司的文化、第一次尝试新工作的任务、第一次执行该公司的项目。在第一次，就要养成新进人员的士气、团体作业的态度、颇具效益的做事方法。一旦良好习惯养成了，日后也不需花费太多时间，再纠正调整其做事方法及态度，反而可让新进成员尽快上手。

而在数据或文件归档时，能第一次就把事情做对，更可为你省下不少时间，有多少次，我们翻箱倒柜，寻找一份两个月前所看过的数据，寻找一篇之前网络搜寻所找到的文章，少说也要花个十分钟到半小时来寻找吧！有多少次，我们因为需要找寻一位联系人，而不停地将名片盒反复查看，只为找到这个人的名片，这都是第一次没有把事情做对所引发的后果。

另外，要把事情一次做对，还要求我们在工作中要认真思考，力争将问题一次性解决。

从前，有一位地毯商人，看到最美丽的地毯中央隆起了一块，便把它弄平了。但是在不远处，地毯又隆起了一块，他再把隆起的地方弄平。不一会儿，在一个新地方又再次隆起了一块，如此一而再，再而三的，他试图弄平地毯，直到最后他拉起地毯的一角，看到一条蛇溜出去为止。

很多人解决问题，只是把问题从系统的一个部分推移到另一个部分，或者只是完成一个大问题里面的一小部分。比如，工厂的某台机器坏了，负责维修的师傅只是做一下最简单的检查，只要机器能正常运转了，他们就停止对机器做一次彻底清查，只有当机器完全不能运转了，才会引起人们的警觉，这种只满足于小修小补的态度如果不转变，将会给公司和个人带来巨大的损失。正确的做法是把问题想透彻，找出合理的方案，将问题一次性地彻底解决。

重复作业是造成一个人工作效率低下的重要原因。在很多人的工作经历中，也许都发生过工作越忙越乱，解决了旧问题，又发生了新故障，在忙乱中造成了新的工作错误，结果是轻则自己不得不手忙脚乱地改错，浪费大量的时间和精力，重则返工检讨，给公司造成损失。

因此，我们要提高工作效率就要懂得为效率忙的道理，要坚持"第一次就把事情做对的工作理念"。盲目的忙乱毫无价值，无论工作再忙，我们也要在必要的时候停下来思考一下，使巧劲解决问题，而不盲目地拼体力，第一次就把事情做好，把该做的工作做到位，这正是解决"忙症"的要诀。

只有坚持把事情一次做对的工作理念，我们的努力才能实现良性运转，事业才有兴旺可言。

做事不能一味求快

拔苗助长的故事，大家耳熟能详。庄稼的生长，是有其客观规律的，人无力强行改变这些规律，但是那个宋国人不懂得这个道理，急功近利，急于求成，一心只想让庄稼按自己的意愿快长高，结果得不偿失，让自己所有的辛苦都付之东流。其实，万事万物都有其自身发展规律，我们做的所有事情也有客观的规矩或限制，做事必须循序渐进，而不能急于求成。下面这个长龙游戏正好说明了这个道理：

长龙腹腔的空隙仅仅只能容纳几只半大不小的蝈蝈慢慢地爬行过去。若将几只蝈蝈投放进去，它们都将困死在长龙里，无一幸免！这是因为，蝈蝈性子太躁，除了挣扎，它们没想过用嘴巴去咬破长龙，也不知道一直向前可以从另一端爬出来。因此，尽管它有铁钳般的嘴壳和锯齿一般的大腿，也无济于事。再把几只同样大小的毛毛虫从龙头放进去，然后关上龙头，奇迹出现了：仅仅几分钟时间，毛毛虫们就一一地从龙尾默默地爬了出来。

同样的一条长龙，为什么毛毛虫能够通过，而蝈蝈却没有？那是因为蝈蝈太急躁了，它们不能慢慢穿过长龙，而是做无用的挣扎，结果付出了比毛毛虫更多的努力，却累死在里面。很多人就如这蝈蝈一般，他们比别人要勤奋得多，努力得多，却总是希望"一口吃个胖子"，急于求成，结果由于急于求成而丧失了成功的机会。你越是急躁，越是在错误的思路中陷得更深，也越难摆脱痛苦。当你过于急躁而寻求突破的时候，往往就迷失了方向，跌跌撞撞，最后一事无成。不仅在生活中是这样，物理学上这样的现象也是普遍存在的。量变不积累到一定程度就不会有质的变化：

例如，水平桌面上放一个物体，水平拉力从小开始慢慢地增大，物体就会从静止变成滑动，从静摩擦力变成滑动摩擦力，经过最大静摩擦力的临界状态变成了滑动摩擦力。被斜面上绳拴着的小球，当斜面体发生加速度运动时，在一个方向上的加速度逐渐增大的过程中，物体对斜面的压力就会逐步减少，经过压力为零的临界状态，就会离开斜面。由此可以得出，要发生质的飞跃，就要经过一定量的积累。

我们要想成功地完成一件事情，就要做好充分的准备，进行量的积累。我们想取得好的成绩，就要靠平时认真的学习与积累，这就是一分耕耘一分收获。我们的人生经历也是从知之不多到知之较多，从知之较多到知之甚多的一个积累过程。既然事物的发展都是从量变开始的，为了推动事物的发展，我们做事情必须具有脚踏实地的精神。千里之行，始于足下；合抱之木，生于毫末；九层之台，起于垒土。要促成事物的质变，必须首先做好量变的积累工作。如果不愿做脚踏实地、埋头苦干的努力，而是急于求成、拔苗助长，或者急功近利、企求"侥幸"，是不可能取得成功的。

生活中有许多性格急躁的人，做一件事情就恨不能马上做好。在公司里你时时可以听见他们怒气冲冲地咆哮："效率！效率！"你时时可以看到他们跟在下属的后面，恨不能用鞭子赶着下属干活。虽说效率至上，每一个人都应该追求效率，但是过分追求效率，就变成了急躁，就变成了冒进。他们忽视了一件事情，要想成功，仅有热情与吃苦耐劳是不够的，还需要缜密的思索，全面地分析，制定切实可行的规划，然后才能一步一步实施下去，直至成功。否则的话，跟那个拔苗助长的农夫又有什么区别呢？

踏踏实实做事是最令人安心的，俗话说："一分耕耘，一分收获。"天上不会掉馅饼，急于求成，最终将一事无成。

遇到死角，及时变通

任何事物的发展都不是一条直线，聪明人能看到直中之曲和曲中之直，并不失时机地把握事物迂回发展的规律，通过迂回应变，达到既定的目标。

顺治元年（1644 年），清王朝迁都北京以后，摄政王多尔衮便着手进行武力统一全国的战略部署。当时的军事形势是：农民军李自成部和张献忠部共有兵力四十余万；刚建立起来的南明弘光政权，汇集江淮以南各镇兵力，也不下五十万人，并雄踞长江天险；而清军不过二十万人。如果在辽阔的中原腹地同诸多对手作战，清军兵力明显不足。况且迁都之初，人心不稳，弄不好会造成顾此失彼的局面。

多尔衮审时度势，机智灵活地采取了以迂为直的策略，先怀柔南明政权，集中力量攻击农民军。南明当局果然放松了对清的警惕，不但不再抵抗清兵，反而派使臣携带大量金银财物，到北京与清廷谈判，向清求和。这样一来，多尔衮在政治上、军事上都取得了主动地位。顺治元年七月，多尔衮对农民军的进攻取得了很大进展，后方亦趋稳固。此时，多尔衮认为最后消灭明朝的时机已经到来，于是，发起了对南明的进攻。当清军在南方的高压政策和暴行受阻时，多尔衮又施以迂为直之术，派明朝降将、汉人大学士洪承畴招抚江南。顺治五年，多尔衮以他的谋略和气魄，基本上完成了清朝在全国的统治。

绕圈的策略，十分讲究迂回的手段。特别是在与强劲的对手交锋时，迂回的手段高明、精到与否，往往是能否在较短的时间内由被动转为主动的关键。

美国当代著名公司家李·艾柯卡在担任克莱斯勒汽车公司总裁时，为了争取到 10 亿美元的国家贷款来解公司之困，他在正面进攻的同时，采用了迂回包抄的办法。一方面，他向政府提出了一个现实的问题，即如果克莱斯勒公司破产，将有 60 万左右的人失业，第一年政府就要为这些人支出 27 亿美元的失业保险金和社会福利开销，政府到底是愿意支出这 27 亿呢，还是愿意借出 10 亿极有可能收回的贷款？另一方面，对那些可能投反对票的国会议员们，艾柯卡吩咐手下为每个议员开列一份清单，单上列出该议员所在选区所有同克莱斯勒有经济往来的代销商、供应商的名字，并附有一份万一克莱斯勒公司倒闭，将在其选区产生的经济后果的分析报告，以此暗示议员们，若他们投反对票，因克莱斯勒公司倒闭而失业的选民将怨恨他们，由此也将危及他们的议员席位。

这一招果然很灵，一些原先激烈反对向克莱斯勒公司贷款的议员闭了口。最后，国会通过了由政府支持克莱斯勒公司 15 亿美元的提案，比原来要求的多了 5 亿美元。

俗话说："变则通，通则久！"所以在经历一些暂时没有办法解决的事情面前，我们应该学着变通，不能死钻牛角尖，此路不通就换条路。有更好的机会就赶快抓住，不能一条路走到黑，生活不是一成不变的，有时候我们转过身，就会突然发现，原来我们的身后也藏着机遇，只是当时的我们赶路太急，把那些美好的事物给忽略掉了。

懂得化繁为简，才能举重若轻

某个周末的早上，父亲正在为自己的琐事烦闷。妻子出去购物了，外面下着小雨，儿子无所事事。父亲为了不让儿子给自己带来麻烦，随手抓起一本旧杂志，翻了翻，看见一张色彩鲜丽的世界地图。于是他把这一页撕下来，然后把它撕成小片，丢在客厅的地板上说："孩子，你把它拼起来，我就给你一块巧克力。"父亲心想，他至少会忙上半天，自己也能安静地思考自己的事情。

谁知不到10分钟，儿子就告诉他已经拼好了。父亲十分惊讶，儿子居然这么快就拼好了。每一片纸头都拼在了它应在的位置上，整张地图又恢复了原状。"孩子，你怎么这么快就拼好啦？"父亲问。"噢，"儿子得意地说："很简单呀！这张地图的背面有一个人的图画。我先把人的图画拼起来，然后翻过来，地图自然就拼好。我想，假使人拼对了，地图一定拼得不错。"父亲非常高兴，给了儿子一块巧克力："你不但拼好了地图，而且也让父亲明白了一点：'假使一个人是对的，那么他的世界也是对的。'"

难题本身的难度总是有限的，而我们的大脑潜能却是无限的。因此，多开动脑筋，总能找到合理的解决方式。很多事情本来很简单，却往往被我们所忽略，而往往简单地思考才能找到最直接的方法。

冗繁也是效率管理的大敌。要出色高效地完成自己的工作，我们就应当学会把握事物的重点，化繁为简。

世界500强公司之一的宝洁公司，其制度就具有人员精简、结构简单的特点。宝洁公司严禁任何超过一页的备忘录，推行简单高效的卓越工作方法。曾任该公司总裁的哈里在谈到宝洁的"一页备忘录"时说："从意见中择出事实的一页报告，正是宝洁公司作决策的基础。"

他通常会在退回一个冗长的备忘录时加上一条命令："把它简化成我所需要的东西！"如果该备忘录过于复杂，他会加上一句："我不理解复杂的问题，我只理解简单明了的。"

国内有许多公司为了提高员工的工作效率，专门花重金请来专业的咨询公司，编写出一些文采飞扬、图文并茂、理论和案例也十分丰富的规定性和执行性文件，但最后这些文件的命运都是殊途同归，也就是被束之高阁，并没有达到管理者预期的目的。

同样，将所了解的事情用"一页备忘录"表述出来，并不是一件容易的事。一是需要对事情做深入细致的调查；二是要把所得到的材料反复研究，"了然于胸"，然后从中找出规律性、代表性、本质性的东西来。如何衡量是不是"吃透"了，一个最简便、最有效的方法是：看能不能用"一页备忘录"概括你要讲的或写的内容。如果做到了，说明吃透了；反之，则说明陈述者对所说或所写的内容仍然是心中无数，无论怎么表述都很难收到理想的效果。

不为失败找借口

100多年前，美西战争即将爆发，为了争取战场上的主动，美国总统麦金莱急需一名合适的送信人，把信送给古巴的加西亚将军。军事情报局推荐了安德鲁·罗文。罗文接到这封信之后，没有提出任何完成任务的困难，孤身一人出发了。整个过程是艰难而又危险的，罗文中尉凭借自己的勇敢和忠诚，历经千辛万苦，冲出敌人的包围圈，把信送给了加西亚将军——一个掌握着军事行动决定性的人。

从罗文的身上我们看到一个不找借口、保证完成任务的典范。借口是一个人成功路上的绊脚石。懦弱的人寻找借口，想通过借口逃避工作中的挑战；失败的人寻找借口，想通过借口避免承担责任；平庸的人寻找借口，想通过借口欺骗自己，让自己心安理得。无论什么样的人，只要为自己找借口，就等于为自己开了一扇通往失败的大门。

在事情开始前，你是否习惯抱怨问题、回避困难，是否认为任务无法完成打算上交给老板？其实，任何一件事情，无论它有多么的艰难，只要你全力以赴去做，抱着坚决完成任务的决心，就能化难为易。

有一家小电气公司，由于人员少、财力不足，面临着许多要开发的市场，公司将原来做生产工作的一个员工独自派往西部开发新市场。接到上级指令，他没有任何怨言。在那里，他一个人也不认识，吃住都成问题。没有钱乘车，他就步行，一家一家单位去拜访，向他们介绍公司的产品。

他住的地方是一家人闲置的车库，由于只有一扇卷帘门，而且没有电灯，晚上门一关，屋子里就没有一丝光线，他就整夜与老鼠为伴。人力不够，有一段时间产品宣传资料都供不上，他就买来复印纸，自己用手写宣传资料。

在这样艰难的条件下，一年里，派往各地的营销人员有很多不堪工作艰辛而悄无声息地离职。但他始终没有动摇，每次要打退堂鼓的时候，心中那种使命必达、保证完成任务的责任感使他丝毫没有退缩。

终于，一年后，他完成了领导的任务：新城市的市场在他的努力下，有了很好的开发前景。三年后，他被任命为市场总监。

在任务面前，有没有借口，体现了一个人的工作态度是积极的还是消极的，同时也决定了一个人是成功者还是失败者。时间不等人，在我们寻找借口的时候，往往错过了解决问题的最佳时机，从而让借口阻碍了我们前进的道路。

寻找借口对于执行和问题的解决没有任何益处。习惯了寻找借口来为你掩饰之后，每当遇到困难，遇到不想去做的事时借口就像约好的客人如约而至。于是你的问题愈积愈多，你的激情也愈磨愈淡，最终你沦落到一个普普通通的人。在老板的心目中你也成了退缩、畏惧的典型。

"没有任何借口"是一条职场规则，这几乎已成为现代公司，特别是那些胸怀大志的管理者选人用人的一条极其重要的准则。那些凡事不努力、不主动，事事找借口的员工是老板和同事最讨厌，也是最不放心的人。一个时时找借口的人，在职场是无法立足的。

"没有借口"看似冷漠，缺乏人情味，但它可以激发一个人最大的潜能。无论你是谁，在人生中，无须任何借口，失败了也罢，做错了也罢，借口都不能成为胜利的通道。许多人生中的失败，就是因为那些一直麻醉着我们的借口。

一个不找借口的员工，肯定是执行力很强的员工。他接受任务，就意味着作出了承诺；作出了承诺，就会"没有任何借口"地去兑现，回答给老板的就是"保证完成任务"。

我们在具体执行的过程中，以下方法可以让你远离借口：

明确自己最近要完成的事情。具体到时间、日期，记录在便签纸上，贴在最显眼的地方。做到这些，当你还想为拖延任务找借口时，看一下这些便签纸，便会督促你抓紧时间去完成。

请别人监督。把你要做的事情告诉身边亲近的人，请他们监督你。这样当你想松懈时，另一双眼睛便会时时质问你："你没完成任务呢，怎么好意思偷懒呢？"

增强自己的责任心。时刻提醒自己，这些事情应该是自己必须完成的，不能推脱，不能拖延，遇到问题时，竭尽全力想办法解决，而不是退缩。

将不擅长的工作模式化，并提前做完

在工作中，我们总是会遇到或多或少的棘手的、自己不擅长的、不感兴趣的工作。这时候，我们如果直接和上司说："这个工作我力不从心。"或是"对这个工作我没有什么兴趣，能不能给我换一个任务？"这样也许会暂时减轻你的心理压力，但是从长远的角度来看，你会被贴上"这个人办事不靠谱"的标签。有些人更是直接想到了换工作和调换部门。

为了给上司和同事留下能干的印象，我们就应该理智地面对自己不擅长的工作。与其因为分配给了自己不擅长的工作，就要求上司给自己更换任务或是换工作，我们不如马上行动起来，努力改变自己，做好属于自己的本职工作。

对于自己不擅长的工作，我们可以参照以下两点建议予以处理。

第一，从不擅长的工作做起。

通常人们都会说办事情要由易到难，但是在工作上还是反其道行之比较好。当你的手头同时有几项工作任务的时候，如果能够把自己最不擅长的那部分工作完成，就会以更轻松的心态去完成剩下的工作。心理没有负担了，工作起来自然是游刃有余，时间上也更加宽裕。

第二，对于不擅长的工作，我们可以指定一个流程图和相应的指导书，因为当你将较难的工作分解成为标准化的流程来简化工作步骤，会更加顺利地完成任务。

另外，对于自己不擅长的工作，我们可以向公司内部的前辈和专家虚心求教，从他们那里取得宝贵经验，并动笔把他们传授的经验记录下来，形成书面的指导。

一位优秀的媒体从业人员把工作分为三类：想做的，能做的，和该做的。工作中，我们总是趋向于想去完成想做的和能做的，而对于该做的却抱有消极的态度，对于这部分工作拖了又拖。其实，这种消极逃避的态度对工作没有一点好处。对于那些自己该做的但是又不擅长的工作，就算我们可以图一时之便不去理会，到头来还是要我们自己去完成。与其这样让它悬而未决，时刻承受着"我还没有完成自己最不擅长的那部分工作"这样的心理负担，还不如把这部分工作模式化并且优先完成。

做目的主义者

洛克菲勒曾经毫不掩饰地把自己称之为目的主义者，他说："我是一个目的主义者，我从不像有些人那样夸大目标的作用，却异常重视目的的功能。在我看来，目的是驱动我们潜能的关键，是主导一切的力量，它可以影响我们的行为，激励我们制造达到目的的手段。明确、果断的目的，更会让我们专注于所选择的方向，并尽力达成目标。"

正如洛克菲勒所言，"目的"，是激励一个人向前的动力。目的，能够为我们的努力增添方向与力量。一个没有主动为自己设立目的的人，会在不经意间选择其他目的，结果很可能会失去掌控全局的能力，同时，也会受制于让你分心的人或事。就如同一搜没有启动马达的游艇，最终会随波逐流，海风、水流等因素会让它随时葬身海底。确立目的就如同开启游艇的引擎，能够有效地驱动你朝着所选择的道路前进。

洛克菲勒每天都要设定无数的目的，他说："目的是我领导的依据，目的就是一切。我习惯于在做任何事情之前先确立目的，而且每天我都要设定目的，无数的目的，譬如与合伙人谈话的目的，召××议的目的，制订计划的目的，等等。我在做事之前也会先检视自己设定的目的。通常在我到达公司时，我已经成功做好了万全的准备。所以，在我心里从未出现过诸如'我没有办法'、'我不管了'、'没有希望了'等具有吞噬性的声音。每一天确立的目的，已经抵消了这些失败的力量。"

成为一个"目的主义者"，仅仅确定自己的目的还不够，还要毫无保留地向别人表达你的目的——你的个人企图、动机和内心的战略计划。这样做会为你带来种种好处，你的同事和下属会明确地知道你的前进反向，并且会给予你一定的支持。并且，当你开诚布公地把你的目的告诉别人时，你也向他们传递了这样的信息：我对你非常信任，所以我愿意把我内心所想告诉你。当别人感受到了你的信任时，你收获的不仅是他的能力，更是他真心的支持。但值得注意的是，目的必须是真实的才会有价值，不诚恳的目的只能带来负面影响。

年轻人不妨学习一下洛克菲勒，做一个目的主义者，你会更快地走向成功。

用对方法，劣势也能变优势

当你处于劣势的时候，不要盲目争斗，也不要停滞不前，成功者善于将劣势转化成为一种力量，帮助自己走出困境，让劣势成为优势。

一名剑客前去拜访一位武林泰斗，请教他是如何练就非凡武艺的。武林泰斗拿出一把只有一尺来长的剑，说："多亏了它，才让我有了今天的成就。"剑客大为不解，问："别人的剑都是三尺三寸长的，而你的剑为什么只有一尺长呢？兵器谱上说：剑短一分，险增三分。拿着这么短的剑无疑是处于一种劣势，你怎么还说这剑好呢？"武林泰斗说："就因为在兵器上我处于劣势，所以我才会时时刻刻想到，如果与别人对阵，我会是多么的危险。因此，我只有勤练剑招，以剑招之长补兵器之短，这样一来，我的剑招不断进步，劣势就转化成优势了。"这位剑客听后，按照武林泰斗的方法去练剑，后来也成了一位武林高手。

由此可见，劣势并不是阻止一个人成功的借口，有没有付出才是你能否成功的重要因素。如果你正处于劣势，不妨大胆承认它，再试着分析它，看看有没有可能化劣势为优势。

王薇今年35岁，做了十几年的秘书，已经是一个非常精干老练的职场人士。她希望在秘书这一行继续做下去，走高级秘书的路线。可是专业化秘书这一条路线在国内并不成熟，很多公司在招聘的时候都希望用年轻人。王薇在去一家著名公司面试之前，对自己的情况做了客观而全面的分析：她的优势在于社会阅历丰富、成熟稳重，为人处世比较圆熟。但是年龄摆在那里，成了她必须要面对的"劣势"。

于是在面试时，王薇始终注意突出自己的几个亮点：首先，她在职场摸爬滚打十几年，工作经验很丰富，社会阅历也不浅，对于职场的行为规则了然于心，这是年轻人所不具有的优势。而对于一个高级秘书来说，职场的成熟度和工作经验是非常重要的，因此她比年轻人更能胜任这个职位。其次，成熟，但不代表她没有热情。对于工作的热情并不会随着年龄的增长而有所减退，对于工作的认真细致、尽职尽责也不会因为工作时间长而有所削减。相反，她更加知道怎么去稳妥地处理各种事情。这正是一个成熟的职场人士的魅力所在。

王薇的话让面试考官频频点头，面试结束时，考官带着热情的微笑与她握手告别。王薇心中踏实下来，她知道她已经成功了。

王薇的智慧之处在于她清楚地了解自己的劣势——年龄偏大，她并不羞于承认这一点，但她更能发掘出劣势背后的优势，让对方眼前一亮，为自己打开一扇成功的门。

你应该主动积极，为自己过去、现在及未来的行为负责，并依据原则及价值观，而非情绪或外在环境来决定。主动积极的人是改变的催生者，他们扬弃被动的角色，不怨怼别人，而是积极面对一切。他们选择创造自己的生命，这也是每个人最基本的决定。

其实改变劣势的方法很简单，扬长避短、变劣为优就可以了。每个人都有自己的优势和劣势，只要懂得扬长避短就无劣势可言。聪明的人懂得转劣为优，给对手以意想不到的打击。

劣势不是阻碍成功的借口，想成功就要付出，这样才能使自己获得优势，走向成功！

以排序取胜

齐王和田忌赛马，规定每个人从自己的上、中、下三等马中各选一匹来赛；并约定，每有一匹马取胜可获千两黄金，每有一匹马落后要付千两黄金。当时，齐王的每一等次的马比田忌同样等次的马略胜一筹，因而，如果田忌用自己的上等马与齐王的上等马比，用自己的中等马与齐王的中等马比，用自己的下等马与齐王的下等马比，则田忌要输三次，因而要输三千两黄金。但是结果，田忌没有输，反而赢了一千两黄金。这是怎么回事呢？

原来，在赛马之前，田忌的谋士孙膑给他出了一个主意，让田忌用自己的下等马去与齐王的上等马比，用上等马与齐王的中等马比，用中等马与齐王的下等马比。田忌的下等马当然会输，但是上等马和中等马都赢了。因而田忌不仅没有输掉三千两黄金，还赢了一千两黄金。

如果把田忌赛马的这种排序方法应用到工作中，其效果与不懂得应用排序的效果有着明显的不同，其中最显著的区别就是能最大限度地避免混乱的忙碌、低效率的忙碌。

子敏和王佳在同一家公司上班，在同一办公室里做着相同的工作。这天，她们面临着同样的事情：

（1）作出下季度的部门工作计划，第二天上午交给老板。

（2）约见一个重要的客户。

（3）11点30分去机场接5年没见面的大学同学，并把他送到酒店里。

（4）要去一趟医院，诊治花粉过敏症。

（5）去银行办理相关的手续。

（6）下班后和先生约会，因为今天是个纪念日。

先看子敏是怎么做的：

因为前一天晚上睡晚了，所以子敏早晨起床有些迟，她匆忙打车到公司，还是迟到了5分钟。一进办公室的门，就听到电话响，是老板，提醒她明天一上班就要交计划书。

她打开电脑，上网到自己的信箱里，开始一一回复客户和公司的邮件，不停地打电话答复分公司的问询。最后一个电话结束，已经11点了。向上司告假一小会儿，匆忙赶到机场，还好刚过10分钟，打同学的手机看看，原来是飞机晚点。12点见到同学，送到酒店，一起吃饭。这顿饭有点心不在焉，因为14点30要和客户见面，所以一边吃饭一边打电话和客户约定地点。14点跟同学告别，赶到约定地点。因为花粉过敏，和客户约见的时候一个劲儿打喷嚏，连说对不起，真是狼狈。回到公司，刚刚坐定，想写工作计划，银行打电话来催了。赶到银行，银行突然需加一份文件，气得她跟银行工作人员理论了半天，又返回公司。这时差一个小时就下班了，她觉得太累了，不想再写那份计划书了，先给同学打了一个电话，聊聊天感觉好了许多。放下电话，看到满桌堆着的文件，忽然觉得特烦，决定整理已拖了几个星期的文件。整理完文件，已经到了下班时间。18点跟丈夫约会，一起吃晚饭庆祝纪念日，有点累，不断打哈欠。回到家，丈夫休息了，她却不得不泡了一杯浓浓的咖啡，坐在电脑前，继续完成工作计划。

看了子敏忙乱的一天，我们再来看看王佳是怎么做的：

王佳在前一天晚上睡觉前就把第二天要做的重要的事情在脑海里过了一遍。

准时上班后，开始打电话。先给各分公司打电话，请他们将相关材料通过电子邮件传送过来，并且告知上午不再接受他们的其他询问，下午她会给予答复，然后给客户打电话约时间、地点，将客户约见地点安排在同学预订酒店的楼下咖啡店里。再给机场打电话，确定班机到达时间。最后给银行打电话，确定相关手续及要准备的材料。打完电话后，抓紧写工作计划，因为前一周已经零星敲得差不多了，所以很快完成，并上传给老板。中间除了几个要接的电话，其他工作全部暂停。11点离开公司，顺便拿上了到银行的一切资料。因为知道飞机晚点半小时，所以路过医院看花粉过敏症。从医院出来，直接到机场接同学，在酒店吃了一个快乐的怀旧午餐，然后直接到旁边的咖啡店和客户谈事情。去银行办完手续后，回到公司，将上午各分公司的事务集中处理完结。17点30分，接到丈夫打来的电话，到洗手间把自己重新打扮一番，漂漂亮亮地约会吃晚饭，过了一个有情调的纪念日。

同样的问题，子敏忙得焦头烂额，而王佳却能从容应付，还给自己留下了不少休闲时间。最主要的原因还是王佳用排序的工作方法，根据工作的规律、性质以及工作之间的联系进行了科学排序。我们在工作中也不能一忙起来就胡子眉毛一把抓，也要懂得排序，懂得用最快、最聪明的办法来安排工作进程。

工作时间，私事靠边

老板最讨厌有人在上班时间干自己的私事。老板已经花钱购买了员工的工作时间，如果你在工作时间内处理私事，老板自然会很生气。

"喂？干吗呢？"一大早刚上班就能看到陆平忙碌的身影。一会儿是老同学请假，叙旧谈话一刻钟，一会儿是父母慰问电话十分钟，当然少不了的还有女友的温馨问候……

三个电话过后，已经快到中午了！他只好开始抱怨事太多，处理不完，因为没有时间，更主要的原因是自己人缘好，总有不同的人和他联系。而陆平又是一个来者不拒，对朋友很重情义的人。

因此，朋友和女朋友闹分手，他也会毫不吝惜自己的工作时间，先电话咨询安慰，再发短信了解情事进展。最后别人的事情差不多理顺了，就只有他自己还沉浸在别人的故事中无法走出，满堆的工作却毫无头绪，不知从何开始！

像陆平这样的员工就属于公私不分的人。有些员工自认为跟老板的关系非同一般，在公司便为所欲为，从来不管同事的感受，工作作风不严谨。卓越的员工却懂得如何保持工作作风，努力使自己在工作上不出差错。

1. 不要带亲友来单位

晓军是某单位的经理助理，最近刚和一个女大学生恋爱，打得火热，"一日不见如隔三秋"。于是晓军就让那女孩没课时也跟来上班，让她待在自己旁边，他还解释说："这样看见她我心情就好，心情好工作就好，效率也高。"这样，单位成了他们情侣约会的地方。工作不忙的时候，他们就在一旁嘀嘀咕咕，不时大家还能听到他们爽朗的笑声。

同事碍于情面，也不好和他计较，尤其他是经理的大红人，工作表现一直不错。直到有一次经理单独找晓军谈话，要他工作时专心点，不要随意带外人到单位，此时的晓军才意识到这么一件小事会在同事中产生多么坏的影响！

其实，又何止晓军会带朋友来呢？还有些做了父母的员工，孩子一放寒暑假，就把他们带到单位里来。午餐时，抢在食堂窗口的，清一色的是这些孩子……诸如此类，影响都是不好的。

有些公司明文规定，非本部门员工不得进入工作场所，门卫也实行了严格的控制，但还有人会通过有形或无形的"后门"让亲人进来。这种犯规的行为，一旦被老板发现，是必定要受处分的。

即使没有明文规定的单位，也不宜这样做。在工作场合会见亲人，肯定会影响工作，这是毫无疑问的，就是不同亲人谈话，也仍然会影响工作。

一个优秀的员工，在工作的时候心里应当只有工作，不论家里究竟有没有事也不要随便带亲朋好友到自己的单位。实在有事，万分紧急的情况下，宁愿请假也不要把你们的私事拿到公司讨论、解决。

2. 不要经常和朋友打电话聊私事

老板与部属的关系是工作关系，单位自然是工作场所，私人电话一般不应该在上班时打进来。实在有事，最好在休息时间打。这应该和亲朋好友都说清楚。万一有人在非休息时间打电话进来，也应该三言两语，了断清楚。

不把工作放在首要位置的人，老板也不会把你放在首位。最重要的原因倒不是打电话占用的时间，而是通常你通话后便无法专心工作，电话中的内容无论是令你喜悦的，还是令你悲愤的，它们都会干扰你的工作情绪。

你有没有想过，在你上班的时间内，如果你每天发了十条短信，那么你一天的工作效率将会极其低下。如果你希望晋升，那么绝不可因私事而向同事或老板请托，因为上班时段内的一分一秒都必须为公司所用，员工所领的薪水也包含了被约束的代价。

3. 上班时间内有私人访客该如何处理

最不好处理的就是由对方打到办公室谈论私事的电话，虽然你一直想要早点挂断电话，对方却唠唠叨叨地说个没完。遇到这种情况可以这样处理："对不起，我现在要去开会了，有事下次再说吧！""对不起，我现在正好有客人来访，一会儿再回你电话。"

在这种情况下，即使说谎也是不得已的。因为在办公时间内，抱着电话谈私事是最要不得的行为。你如果有这种行为，被炒鱿鱼是迟早的事。

如果你通常在工作期间处理私人事务，老板会感觉你不够忠诚。因为公司是讲求效益的地方，任何投入必须紧紧围绕着产出来进行。工作时处理私人事务，无疑是在浪费公司的资源和时间。

一位老板曾经这样评价一位当着他的面打私人电话的员工："我想，他肯定经常这样做，否则他怎么连我也不防？也许他没有意识到这有悖于职业道德。""我不喜欢看见报刊、杂志和闲书在工作时间出现在员工的办公桌上，我认为这样做表明他并不把公司的事情当回事，他只是在混日子。"

对老板来说，工作时间处理私人事务，很大程度上反映出员工工作的心态。有些老板通常把私人事务的多少，当做一位员工是否积极上进、安心本职工作的考核标准。因此，公私不分，工作时间处理私人事务，既影响你的工作质量，也直接影响了你在老板心目中的形象。

带着思考去工作

在工作中有这样一些人，从表面上看，他们好像很敬业、很努力，可是结果总不是特别令人满意，原因就在于做事情没有"多想几步"的习惯。

罗斯和托蒂在同一家公司上班，他们年龄相当，参加工作的时间也差不多，他们工作起来也都很卖力气。但是，托蒂参加工作不久就得到总经理的赏识，一再被提升，从领班直到部门经理。罗斯像被人遗忘一样一直在基层。

有一天，罗斯实在忍无可忍向总经理提出辞职，并大胆地指出总经理太没有眼光了，辛勤工作的人不提拔，却总偏爱那些热衷于吹牛拍马的人。

总经理一言不发地听罗斯讲完，他知道罗斯工作很吃苦，但他身上缺少一些东西，如果对他直说他肯定不服，于是总经理想出一个办法。他说："好吧，也许我的眼睛真的有些浑了，不过我要证实一下。你现在马上到集市上去，看看有什么卖的。"

罗斯很快从集市上回来了，说刚才集市上有一个农民拉了车土豆在卖。

"一车大约有多少斤？"总经理问。

罗斯立即又返回去，过了一会儿回来说车上有40多袋土豆，每袋约20斤。

"多少钱一斤呢？"总经理又问。罗斯又要跑回去，被总经理一把拉住了说："罗斯先生，请休息一会儿吧，看看托蒂是怎么做的。"他派人把托蒂叫来，对他说："托蒂先生，你马上到集市上去，看看今天有什么卖的。"

不一会儿工夫，托蒂回来了，他向总经理汇报说集市上只有一个农民在卖土豆，有40多袋，共800多斤，价格适中，质量很好，他已经带回几个让总经理过目。这位农民今天下午还要拉一车西红柿来卖，据说价格还可以，他准备下午再和这位农民联系一下。

一个聪明人比一个普通人的高明之处在于，他总会比别人多想几步。其实，有时只要比平时多想一点就会把事情处理得很完美。在现实生活中，多想几步，也就是说具有一定的远见卓识，将给我们带来极大的价值。有人说："远见告诉我们可能会得到什么东西，远见召唤我们去行动。心中有一幅宏图，我们就会从一个成就走向另一个成就，走向更高、更好、更令人快慰的境界。这样，我们就拥有了无可衡量的永恒价值。"多想几步会给我们带来巨大的利益，会打开不可思议的机会之门。

生活中，你和别人的差距就如同罗斯和托蒂，更多体现在思想方法上，虽然初始时就差那么一点点，但日积月累就越拉越大。所以，了解差距并及时总结，方能迎头赶上。

唯有凡事多想几步，才是成功制胜的不二法则，仅仅靠一味地苦干，只埋头拉车而不抬头看路，结果常常是原地踏步，明天将仍旧重复昨天和今天的故事。

第七章
把精力放在重要的事情上

学会拒绝才能专注于要事

如果你不会说"不"，不会拒绝别人的话，那么你将为自己招揽很多的事，这样你就无法专注于自己的要事。一个人的时间是有限的，而且你也有自己的本职工作，因此，你应该学会说"不"，将主要精力放在自己认为最重要的事情上。

一些员工在工作中每天都忙忙碌碌，但他并没有作出什么很有效的成绩，这是为什么呢？其中有一个很重要的原因就是他们不懂得拒绝，大事小事全包，不分先后，不知道做好协调，只要别人一开口，他们就会忙前忙后忘了更重要的事情，弄得丢了西瓜专拣芝麻。

汉斯是一家保险公司的业务员，有一天，他和客户约好在一家茶楼里谈业务，他用尽浑身解数给这位客户介绍了业务内容，但是这位客户好像诚意不太大，心不在焉地喝可乐，好像根本就没有听进去。

汉斯知道他是搞电脑硬件销售的，而汉斯在大学学的就是电脑，他就转移话题大谈当今电脑硬件在市场上遇到的普通问题。结果把对方的兴趣提了上来，最后两个人约定下个星期再见面，正式签单。

汉斯非常兴奋，到了那天，早早地就准备好了一切相关的材料，然而这时他的手机响了，是他的主管说有个多年没有联系上的大学同学要来，让汉斯帮忙去机场接一下机，而主管自己却没有时间。

汉斯觉得这是主管交代的事，自己应该帮忙，再说时间还早，于是他就答应了。

由于堵车，等他从机场回来，客户早就走了，痛失了一单千辛万苦才谈下来的保单。

人的精力是有限的，无论做什么事情，我们首先要清楚最重要的事情是什么，然后排除一切干扰，集中精力做好这些事情。

然而对于许多人来说，拒绝别人的要求似乎是一件难上加难的事情。懂得如何拒绝是一项非常重要的沟通能力。在决定你该不该答应对方的要求时，应该先问问自己："我想要做什么"、"不想要做什么"或是"什么对我才是最好的"。在做决定时我们必须考虑，如果答应了对方的要求是否会影响既有的工作进度，而且会因为我们的拖延而影响到其他人？而如果答应了，是否真的可以达到对方要求的目标。一个做事目的性强的人要懂得说"不"的艺术。

拒绝是保障自己行事优先次序的最有效手段。下面我们列出几条拒绝别人的技巧，供你参考：

（1）要耐心倾听请托者所提出的要求。

（2）如果你无法当场决定接纳或拒绝请托，则要明确地告诉请托者你要考虑的时间到底有多长。

（3）拒绝接纳请托应显示你对请托者之请托已给予慎重的考虑，并显示你已充分了解到请托者事项的重要性。

（4）拒绝时表情上应和颜悦色。

（5）拒绝时应显露坚定的态度。

（6）拒绝时最好能对请托者表明拒绝的理由。

（7）要令请托者了解你所拒绝的是他的请托，而不是他本身。

（8）拒绝后，如有可能你应为请托者提供处理其请托事项的其他可行途径。

（9）切忌通过第三者拒绝某一个人之请托，因为一旦这么做，不仅足以显示你的懦弱，而且在请托者心目中会认为你不够诚意。

做事要顾全大局

很多人在琢磨人生的过程中，经历了惊涛骇浪，忍受了狂风暴雨，他们在人生的海岸线上行走，没被这一切的不幸所绊倒，令他们轰然倒下的，竟是他们鞋里的细沙，这些细沙让他们最终没能在人世间留下印记。

顾全大局的人，不拘泥于区区小节；要做大事的人，不追究一些细碎小事；观赏大玉圭的人，不细考察它的小疵；得巨材的人，不为其上的蠹蚀而快快不乐。因为一点瑕疵就扔掉玉圭，就永远也得不到完美的美玉；因为一点蛀蚀就扔掉木材，天下就没有完美的良材。

处理事情的时候，一味强调细枝末节，以偏概全，就会抓不住要害问题，没有重点，不知道从哪里下手。有些人只记得了一些表面的、细微的特征，却无法从根本上解决问题，要做大事，就要纵观全局，不能纠缠在小事上。

有一句话是这样说的，我们宁愿失去一场战斗而赢得一场战争，也不愿意因赢得一场战斗而失去战争。在做事情前要自问："这真的很重要吗？"问问自己："这事值得我那样大动干戈吗？"

没有比这种提问能更好地治疗为麻烦事而烦恼、激动的了。如果我们碰到麻烦事时，问自己一声："这事真的很重要吗？"那么许多争吵与不和就不会发生了。不要被一些表象或肤浅的事情所淹没，要集中精力于大事上。

忙要忙在点子上

多年来，很多效率管理专家不断宣扬要有效管理时间，以便解决所有问题。但是，有些人在细心研究之后，发现了这种观点中不合理的因素，即原本不需要努力有效解决的事情，却在被人们浪费时间去处理，因为当人们花费心思处理那些不重要的事情时，往往会忽略其他重要的事情。

安德鲁·伯利蒂奥是利用时间的"楷模"，他从来不浪费一秒钟的时间，只要时间允许，他就一定会拼命工作。所有知道他的人都说："看，安德鲁·伯利蒂奥真是太会珍惜时间了！"人们都知道，为了能成为一名出色的建筑师，他拼命地想要抓住每一秒钟的时间。

每天，他把大量的时间用在设计和研究上，除此之外，他还负责很多方面的事务，每个人都知道他是个大忙人。他风尘仆仆地从一个地方赶到另一个地方，因为他太负责了，以至于不放心任何人，每一项工作要自己亲自参与了才放心。时间长了，他自己也感觉到很累。其实，在他的时间里，有很大一部分时间都浪费在管理乱七八糟的事情上。无形中，他增加了自己的工作量。

有人问他："为什么你的时间总是显得不够用呢？"他笑着说："因为我要管的事情太多了！"

后来，一位教授见他整天忙得晕头转向，但仍然没有取得令人骄傲的成绩，便语重心长地对他说："人大可不必那样忙！"

"人大可不必那样忙！"这句话给了安德鲁·伯利蒂奥很大的启发，就在他听到这句话的一瞬间，他醒悟了。他发现自己虽然整天都在忙，但所做的真正有价值的事实在是太少了！这样做对实现自己的目标不但没有帮助，反而限制了自己的发展。

大梦初醒的安德鲁于是把时间用在更有价值的事情上。很快，他的一部传世之作《建筑学四书》问世了。该书至今仍被许多建筑师们奉为"圣经"。

他的成功只是因为一句话："人大可不必那样忙！"忙要忙在点子上，每个人的精力总是有限的。英国前首相撒切尔夫人对抓住重点有深刻而简洁的见解。有人问她：在日理万机的情况下还能照顾好家庭，你的秘诀是什么？她回答说：把要做的事情按轻重缓急一条一条列下来，积极行动，做好之后，再一条一条删下去就成了！可见并不是每一件事情都值得我们鞠躬尽瘁，只有像园丁那样剪去部分枝条，才能使树木更快地苗壮成长，增加果实的数量与质量。

李林是一家纺织公司的销售代表，他对自己的销售纪录引以为豪。曾有一次，他向老板表白，自己是如何卖力工作，如何劝说服装制造商向公司订货，可是，老板听后只是点点头，淡淡地表示认可。

李林鼓足勇气："我们的业务是销售纺织品，对不对？难道您不喜欢我的客户？"

"不是，但是你把精力放在一个小小的制造商身上，值得吗？请把注意力盯在一次可订3000码货物的大客户身上！"老板直视着他，说道。

李林明白了老板的意图——老板要的是为公司赚到大钱。于是李林把手中较小的客户交给另一位经纪人，自己努力去找大客户——为公司带来巨大利润的客户。最后他做到了，为公司赚回了比原来多几十倍的利润。

并不是每一件事情都值得我们全力以赴去做好，不值得做的事情就不值得做好。最聪明的人是那些对无足轻重的事情无动于衷的人，但他们对较重要的事物总是很敏感。那些太专注于小事的人通常会变得对大事无能。职场中人3/4的精力都要花在值得做好的事情上面，不要做捡了芝麻丢了西瓜的赔本事情。只有跳出忙碌的狭隘圈子，在懂得放弃的同时把握好值得做的事情，并付出所有热情和心血才能劳有所得，劳有所值。

大事要事优先，小事琐事居后

集中精力在最重要的事情上，是受很多成功人士推崇的一条重要原则，同时，也是我们高效完成工作的一个重要前提。

遍布全美的都市服务公司创始人亨利·杜赫提说过，人有两种能力是千金难求的无价之宝———是思考能力；二是分清事情的轻重缓急，并妥当处理的能力。

白手起家的查理德·洛曼经过12年的努力，被提升为派索公司总裁，年薪10万，另有上百万的其他收入。他把成功归功于杜赫提谈到的两种能力。查理德·洛曼说："就记忆所及，我每天早晨5点起床，因为这一时刻我的思考力最好。我计划当天要做的事，并按事情的轻重缓急做好安排。"而弗兰克·贝格特是当时全美最成功的保险推销员之一，每天早晨还不到5点钟，便把当天要做的事安排好了——是在前一个晚上预备的——他定下每天要做的保险数额，如果没有完成，便加到第二天，以后依此推算。

许多人的成功实践告诉我们，要把重要的事情放在第一位。因为人的精力是有限的，如果我们分不清轻重缓急，把太多的精力放在不重要的事情上，那么重要的事就会受到影响。

著名的效率管理专家伯恩·崔西在一次演讲中曾做过这样一个实验：他拿出一个1加仑的广口瓶放在桌上。随后，他取出一堆拳头大小的石块，把它们一块块地放进瓶子里，直到石块高出瓶口再也放不下为止。

伯恩·崔西问："瓶子满了吗？"

所有的学生应道："满了。"

伯恩·崔西反问："真的？"说着他从桌下取出一桶砾石，倒了一些进去，并敲击广口瓶的玻璃壁使砾石填满石块间的间隙。

"现在瓶子满了吗？"

这一次学生有些明白了，"可能还没有。"一位学生低声应道。

"很好！"

伯恩·崔西又从桌下拿出一桶沙子，把它慢慢倒进玻璃瓶。沙子填满了石块间的所有间隙。他又一次问学生："瓶子满了吗？"

"没满！"学生们大声说。

这时，伯恩·崔西拿过一壶水倒进玻璃瓶，直到水面与瓶口齐平。他问学生们："这件事情说明了什么？"

一个学生举手发言："它告诉我们，无论你的时间表多么紧凑，如果你真的再加把劲，你还可以干更多的事！"

"不，那还不是它真正的寓意所在，"伯恩·崔西说，"这件事情告诉我们，如果不先把大石块放进瓶子里，那么你很可能就无法把其他东西放进去了。"

"大石块"其实就像我们工作中遇到的事情一样，在这些事情中有的非常重要，有的却可做可不做。如果我们分不清事情的轻重缓急，把精力分散在微不足道的事情上，那么重要的工作可能就很难完成。

我们每个人每天面对的事情，按照轻重缓急的程度，可以分为以下四个层次。

1. 重要而且紧迫的事情

这类事情是你最重要的事情，是你的当务之急，它们比其他任何一件事情都值得优先去做。只有它们都得到合理高效地解决，你才有可能顺利地完成其他的工作。

2. 重要但不紧迫的事情

这种事情要求我们具有更多的主动性、积极性和自觉性。从一个人对这种事情处理的好坏可以看出这个人对目标和进程的判断能力，因为我们生活中大多数真正重要的事情都不一定是紧急的，如读几本有用的书、休闲娱乐、节制饮食、锻炼身体等。

3. 紧迫但不重要的事情

紧迫但不重要的事情在我们的生活中十分常见。例如，本来你已经洗漱完准备休息，想养足精神明天去图书馆看书时，忽然电话响起，你的朋友邀请你现在去泡吧聊天。你不想让你的朋友们失望，便硬着头皮去了，次日清晨回家后，你整个白天都昏昏沉沉的。你被别人的事情牵着走，而你认为重要的事情却没有做，这或许会造成你很长时间都比较被动。

4. 既不紧迫又不重要的事情

很多这样的事情会在我们生活中出现，它们或许有一点价值，但如果我们毫无节制地沉溺于其中，我们就是在浪费大量宝贵的时间。比如，吃完饭就坐下看电视，我们常常不知道想看什么和后面要播什么，只是被动地接受电视发出的信息，而往往在看完电视后觉得不如去读几本书或跑跑步。

我们可以按照上述的分类，将重要而且紧迫的事情定为 A 类，将重要但不紧迫的事情定为 B 类，紧迫但不重要的事情定为 C 类，既不紧迫又不重要的事情定为 D 类，在实际工作中，我们应该分清事情的轻重缓急，先干重要的事，即 A 类事情，这一类事情做得越多，我们的工作效率就越高。现代职场上快节奏、高效率是工作的一个基本原则，"要事第一"是实现高效工作的有效途径。

明确自己的主要角色

在这个大千世界里，我们每个人都隶属于形形色色的生活圈子，扮演着不同的角色，而且每一个人都愿意或者必须把自己的角色扮演好。例如，在单位你是总策划、同事、项目经理，但在生活中，你也许已经为人父或者为人母，是配偶、朋友、体育协会主席、老年人顾问、房东、邻居等。如果我们在生活中同时扮演多种角色，就会出现时间分配的问题，我们就永远不会当上主角，而只能充当一个配角而已。因此，无论是生活中还是工作中，我们都必须明确自己的重要角色。

丽贝卡是戴尔公司的销售主管，她多年来被戴尔公司评为优秀的雇员，成了戴尔公司名副其实的优秀员工。

有一次，丽贝卡被公司派去参加一个销售专题讨论会，她很清楚自己的专长，特别是转型人才和国际微机市场动态等问题，她计划在会上与业内精英做一个很好的交流并使自已有所提高。

但是，第一天她就遇到了麻烦，公司额外要求她来协调与会者的傍晚活动。这样可以更深层次地履行公司作为东道主的职责。本来为这次讨论会的成功作出贡献也是丽贝卡的心愿，这也符合她的价值观和原则，她越思考越觉得这是她应当做的。

于是，她就接受了，但她发现自己处于巨大的压力和忧虑之中，来回奔忙，试图满足每个人的要求，但由于抽不出时间来做原来想做的事而使自己变得很沮丧。

就在这种沮丧中，她突然停下来，问自己："等一等，我为什么要去做那些自己并不擅长的事呢？我有义务去执行公司派给的任务，但我也不必去做我做不了的事啊？再说公司并不是不明白我的长处，我向他们说明我的处境，他们应该会派一名适合做这个工作的人来接替我的。难道不是这样吗？"

丽贝卡深深吸了一口气，拨通了公司的电话，将自己目前的处境跟上司做了沟通。上司立即明白了她的想法，并作出了及时的调整，派出了一名专门安排各种活动的公关经理接替了丽贝卡。

在这次研讨会上，丽贝卡独特的见解和市场眼光赢得了业界人士的普遍赞扬，也给戴尔公司赢得了极大的荣誉和良好的影响。

丽贝卡在工作中出现了手忙脚乱的问题正是一个人分饰多种角色的尴尬，最后，她明确了自己的主要角色，放弃了接待人员的次要角色，才又让工作恢复了秩序。

因此，学会放弃无助于实现自己主要目标的次要角色，专注于自己的主要角色和自己喜爱的角色，能让你更快地实现目标。

学会选择和限制

一个做事高效的人，一定是一个懂得如何选择和限制的人。他知道应当忙于要事，而不是像牛一样只知道一味地低头向前。

理查德·科克在牛津大学读书时，师兄告诉他："没有必要把一本书从头到尾全部读完，除非你是为了享受读书本身的乐趣。在你读书时，应该领悟这本书的精髓，这比读完整本书有价值得多。"这位师兄想表达的意思实际上是：一本书80%的价值，已经在20%的页数中就已经阐明了，所以只要看完整部书的20%就可以了。

理查德·科克很喜欢这种学习方法，而且以后一直沿用。牛津并没有一个连续的评分系统，课程结束时的期末考试就足以裁定一个学生在学校的成绩。他发现，如果分析了过去的考试试题，把所学到知识的20%，甚至更少的与课程有关的知识准备充分，就有把握回答好试卷中80%的题目。这就是为什么专精于一小部分内容的学生，可以给主考人留下深刻的印象，而那些什么都知道一点但没有一门精通的学生却不尽考官之意。这项心得让他并没有披星戴月终日辛苦地学习，但依然取得了很好的成绩。

我们要避免将时间花在琐碎的多数问题上，因为这些琐事哪怕我们花80%的时间去完成，也只能取得20%的成效，所以我们应该将时间花在关键的少数问题上，因为解决这些关键的少数问题，你只需花20%的时间，即可取得80%的成效。这就是有名的八二法则。

有两个管理顾问，一个是杰克，全公司里除了创立者之外，他是唯一一个不是工作狂的人。没有人知道杰克如何运用时间，也不知道他的工作时数是多少，但他的确逍遥自在。他只参加重要客户的会议，把所有精力拿来思考如何与重要客户的交易中增加获利，然后再安排用最少人力达成此目的。杰克的手上从未同时有三件以上的急事，通常一次只有一件，其他的则暂时摆在一旁。

另一个是詹森。他的办公室很小，里面还有很多其他同事，是一个非常拥挤且嘈杂的办公室，有人打电话，有人正准备向客户做报告，屋子里到处是声音。

但詹森好比一片平静的绿洲，把注意力全部集中在分内的事上。有时他会带几位同事到安静的房间内，向他们解释他对每一个人的要求，不只是讲一两遍，而是再三说明，务求交代所有细节。然后，他会要求同事重述一遍他们即将进行的工作。詹森的动作慢，看似毫无生气，但他是非常棒的领导者。他把所有时间都拿来思索哪件工作最具价值，谁是最合适的执行者。然后，紧盯着事情的进度。

这两位管理顾问都是八二法则工作法典范。将 80% 的时间做能带来最高回报的事情，而用 20% 的时间做其他事情。高效率的人都是这样把时间用在最具有"生产力"的地方。

有些事情值得去做，但不用追求完美

在许多人的观念中，绝对满分才是胜利，但是，在现实生活和工作中，不够完美并不代表着不成功。换句话来说，我们在生活和工作中并不一定要每件事情都追求十全十美，一些工作值得去做，但是如果做到满分，往往会耗费我们很多不必要的经历，因此，做到比及格稍高即可，不必死板地追求完美。

如果一个人在上司和客户眼中并不重要的事情上投入过多的精力，往往会给人一种"这个人怎么偏偏在这种事情上花费如此多的时间"的印象。于是下一次有重要工作的时候，上司也不会把它分配给你。如此一来，你只能做一些没有意义的琐事，长此以往，你在工作上会固步不前。

因此，我们要对工作有一个合理的区分，哪些工作应该做到十全十美，而哪些工作只需要做到 70 分即可。想要做到这一点，就要了解以下七个关键因素：

1. 明确公司目标

要做到要事第一，我们首先要明确公司的发展目标，站在全局的高度思考问题，这样可避免重复作业，减少出错的可能。

在工作中，我们必须理清的问题包括：我现在的工作必须作出哪些改变？我要从哪个地方开始？我应该注意哪些事情，避免影响目标的达到？我有哪些可用的工具与资源？

2. 找出"正确的事"

要实现要事第一，第二个关键就是要根据公司的发展目标找出"正确的事"。工作的过程就是解决一个个问题的过程。有时候，问题本身已经相当清楚，解决问题的办法也很清楚。但是，不管你冲向哪个方向，想先从哪个地方下手，在此之前，请你确保自己正在解决的是正确的问题。搞清楚是不是真正需要解决的正确的问题，唯一的办法就是更深入地挖掘和收集事实，多看，多听，多想，一般用不了多久，你就能搞清楚自己走的方向到底对不对。

3. 保持高度的责任感

一名高效能人士在工作中要时刻保持高度的责任感，自觉地把自己的工作和公司的目标结合起来，对公司负责，也对自己负责；最后，发挥自己的主动性、能动性，去推进公司发展目标的实现。

4. 学会说"不"

一名高效能人士要学会拒绝，不让额外的要求扰乱自己的工作进度。但拒绝的技巧是非常重要的职场沟通能力。

在做决定时，我们必须考虑答应了对方的要求，是否会影响既有的工作进度，而且会因为我们的拖延影响到其他人？如果答应了，是否真的可以达到对方要求的目标？

5. 沟通增效

沟通在提高工作效率方面有着十分重要的作用，例如，工作中你可能会有"手边的工作都已经做不完了，又丢给我一堆工作，实在是没道理"这样的抱怨，这很可能会给老板留下办事不力的印象，所以，如果你在工作中出现了这种情况，应该主动沟通，清楚地向老板说明你的工作安排，主动提醒老板排定事情的优先级，并认真聆听老板的意见，这样可大幅度减轻你的工作负担。

在工作中，我们应该时刻提醒自己，与老板的沟通是否充分，有没有适当地反映真实情况？如果我们不及时沟通，老板就会以为我们有时间做这么多的事情。况且，他可能早就不记得之前已经交代给你太多的工作。

6. 过滤"次要信息"

高效能人士应当学会有效过滤次要信息，让自己的注意力集中在最重要的信息上。工作中我们可能经常会被铺天盖地的信息弄得疲惫不堪，更可怕的是，它们常常会分散我们的注意力，影响我们做最重要的事，为此，我们应该学会有效地过滤次要信息，将自己的注意力集中在最重要的信息上。对电子邮件来说，正确的过滤流程分为两个步骤，第一步是先看信件主旨和寄件人，如果没有让自己觉得今天非看不可的理由，就可以直接删除。这样至少可以删除50%的邮件。第二步是开始迅速浏览其余的每一封信的内容，除非信件内容是有关近期内（例如两星期内）必须完成的工作，否则就可以直接删除。这样又可以删除25%的信件。

7. 使用"优先表"

"要事第一"要求我们在工作中善于发现决定工作效率的关键要事，在第一时间解决排在第一位的问题，而怎样确立时下最需要解决的问题就成了问题的关键和难点所在。著名的逻辑学家布莱克斯说过："把什么放在第一位，是人们最难懂得的。"

一个人在工作中难免会被各种琐事、杂事所纠缠。不少人由于没有掌握高效能的工作方法，而被这些事弄得筋疲力尽、心烦意乱，总是不能静下心去做最该做的事、最重要的事，或者是被那些看似急迫的事所蒙蔽，根本就不知道哪些是最应该做的事，结果白白浪费了大好时光，导致工作效率不高，效能不显著。为此，每个人都应该有一个自己处理事情的优先表，列出自己急需解决的一些问题，并且根据优先表排出相应的工作进程，使自己的工作能够稳步高效地进行。

虽然说做什么事情都认真比做什么事情都糊弄要好，但是，明白"不是所有事情都值得做得完美"这一道理也是十分重要的。若想在繁忙的工作中保持高效，不妨谨记这一点。

集中精力才能实现高效

对于大多数一般人来说，一次做好一件事就不容易，更别说同时做好两件事了，而成功的人总是把最重要的事情放在前面做，而且一次只做一件事情。只有善于集中精力、先做要事的人才能保证工作的高效性。著名的效率提升大师博恩·崔西说："一次做好一件事的人比同时涉猎多个领域的人要好得多"。富兰克林将自己一生的成就归功于"在一定时期内不遗余力地做一件事"这一信条的实践。

爱迪生说过，高效工作的第一要素就是专注。他说："能够将你的身体和心智的能量锲而不舍地运用在同一个问题上而不感到厌倦的能力就是专注。对于大多数人来说，他们每天都要做许多事，而我只做一件事。如果一个人能将他的时间和精力都用在一个方向、一个目标上，那么他就会成功。"一次做好一件事，是一个高效能人士获得成功不可或缺的习惯。只有当你一心一意去做一件事情时，你才可能把它做好。

美国钢铁大王安德鲁·卡内基令人佩服的是，他不但工作事务处理得非常好，而且晚上的宴会也是每场必到，白天忙碌完公务后仍能有充足的时间和大家一起吃饭玩乐。手中虽然工作繁忙，但有时他还能安排出闲暇时间来表演娱乐节目。他是如何运用自己的时间呢？

卡内基说："其实能够轻松自如地做好大多数事情很简单，只要你能够安排好事情的轻重缓急，然后一次仅做一件事情，今日事今日毕，无论做任何事情都集中精力于一件事情上就可以，仅此而已。"

安德鲁·卡内基先生正是每一次都把精力只集中于一件事情上，让自己不受其他事情的干扰，所以能够做那么多事情。我们要快速高效地解决好工作中出现的问题，也要养成专注工作，一次只做一件事的好习惯。如果工作起来不专注，即使做一件很简单的事情，也很容易出现问题。

在亚特兰大举行的10公里长跑比赛中，赞助者为健怡可口可乐公司。为了促销产品，健怡可口可乐的商标明显地印在比赛申请表格、媒体、T恤衫上。

比赛当天早上，大会的荣誉总裁比格斯站在台上说："我们很高兴有这么多的参赛者，同时特别感谢我们的赞助商健怡百事可乐。"站在比格斯背后的健怡可口可乐公司代表极为愤怒："是健怡可口可乐，白痴！"超过1000位的参赛者一片哗然……

当时比格斯感到万分羞辱和懊悔，他事后说："我知道是可口可乐，但是我当时分心走神了，结果给人留下了笑柄，可口可乐公司也对我不满。就是在那要命的一天，我知道了专注的重要性。"

比格斯的教训告诉我们，一个人如果无法专注，无论是做一件多么简单的事情，他可能都做不好。

因此，要做好手头的工作，我们就应该努力专注于当前正在处理的事情，如果注意力分散，工作效率就会大打折扣。因此，即使事情再多，也要全神贯注于一件正在做的事情，集中精力处理完毕后，再把注意力转向其他事情，着手解决下一个问题。

王芳在出版社从事校对工作，她曾为自己定下一条原则：除非有特殊紧急事情，否则就要全身心地投入到校对工作中。她坚持一次只做一件事的工作原则，一坐到桌前，就不再想别的事，哪怕手中的书稿校对到只剩最后一页，她也绝不去想其他的事。

后来，王芳发现她的这条原则能让她专心致志地去做事，而且很少感到校对是一件枯燥无味的工作。她甚至发现一个小时的专注工作，抵得上一整天被干扰工作的成果。

王芳的经验值得我们借鉴，当你集中精力，专注于眼前的工作时，你会发现自己受益匪浅——你的工作压力会减轻，做事不再毛毛躁躁。由于对工作的专注，每一次任务你都能够圆满高效地解决，很快你就能成为老板心目中解决问题的"高手"。

培养重点思维

如果一个人解决问题不懂得从重点问题入手，就等于没有主要目标，那么他做起事来的效率必然会十分低下。相反，如果他抓住了主要矛盾，解决问题就变得容易多了。

查尔斯是一个具有重点思维习惯的人。他于1970年加入了凯蒙航空公司从事业务工作，3年以后，美国西南航空公司出资买下了这家公司，查尔斯先后担任了市场调研部主管和公司经理。他由于熟悉业务，并且善于解决经营中的主要问题，使得这家公司发展成北美第一流的旅游航空公司。

查尔斯的经营才能得到了公司高层领导的高度重视，他们决定对查尔斯进一步委以重任。航联下属的一家国内民航公司购置了一批喷气式客机，由于经营不善，连年亏损，到最后就连购机款也还不起。1978年，查尔斯调任该公司的总经理。担任新职的查尔斯充分发挥了擅长重点思维的才干，他上任不久，就抓住了公司经营中的问题症结：国内民航公司所订的收费标准不合理，早晚高峰时间的票价和中午空闲时间的票价一样。查尔斯将正午班机的票价削减一半以上，以吸引去瑞典湖区、山区的滑雪者和登山野营者。此举一出，很快就吸引了大批旅客，载客量猛增。查尔斯任主管后的第一年，国内民航公司即扭亏为盈，并获得了丰厚利润。

查尔斯认为，如果停止使用那些大而无用的飞机，公司的客运量还会有进一步的增长。一般旅客都希望乘坐直达班机，但庞大的"空中巴士"无法满足他们的这一愿望，尽管DC-9客机座位较少，但如果让它们从斯堪的纳维亚的城市直飞伦敦或巴黎，就能赚钱。但是原来的安排是DC-9客机一般到了哥本哈根客运中心就停飞，旅客只好去转乘巨型"空中客车"。查尔斯把这些"空中客车"撤出航线，仅供包租之用，开辟了奥斯陆—巴黎之类的直达航线。

与此同时，查尔斯的另一举措也充分显示了他的重点思维能力，这就是"翻新旧机"。

当时市场上的那些新型飞机引不起查尔斯的兴趣，他说，就乘客的舒适程度而言，从DC-3客机问世之日起，客机在这方面并无多大的改进，他敦促客机制造厂改革机舱的布局，腾出地盘来加宽过道，使旅客可以随身携带更多的小件行李。查尔斯清楚他手下的飞机已使用达14年之久，但是他声称，秘诀在于让旅客觉得客机是新的。西南航空公司拿出1500

万美元（约为购买一架新 DC-9 客机所需要费用的 65%）来给客机整容，更换内部设施，让班机服务人员换上时尚新装。公司的 DC-9 客机一直使用到 1990 年。靠着那些焕然一新的 DC-9 客机，招徕越来越多的旅客，当然，滚滚财源也随之而来。

查尔斯是善于重点思维的典范。成功人士遇到重要的事情时，一定会仔细地考虑：应该把精力集中在哪一方面呢？怎么做才能使自己的人格、精力与体力不受到损害，又能获得最大的效益呢？

把精力集中在重要问题上，从重点问题上寻求突破，是成功者的一项重要习惯。拿破仑·希尔认为正确的思维方法应遵循两个原则：第一，必须把事实和纯粹的资料分开。第二，事实必须分成两种，即重要的和不重要的，或是有关系和没有关系的。

在达到你的主要目标的过程中，你所能使用的所有事实都是重要而有密切关系的，而那些不重要的则往往对整件事情的发展影响不大。某些人忽视这种现象，那么机会与能力相差无几的人所作出的成就大不一样。

那些有成就的人都已经培养出一种习惯，就是找出并设法控制那些最能影响他们工作的重要因素。这样一来，他们比起一般人来工作得更为轻松愉快。由于他们已经懂得秘诀，知道如何从不重要的事实中抽出重要的事实，这样，他们等于已为自己的杠杆找到了一个恰当的支点，只要用小指头轻轻一拨，就能移动原先即使以整个身体和重量也无法移动的沉重的工作分量。

目标要集中

美国明尼苏达矿业制造公司的口号是："写出两个以上的目标就等于没有目标。"这句话不仅适用于公司经营，对个人工作也有指导。

"一个人做事缺乏效率的一个根本原因，就在于没有固定的目标，他们的精力太过分散，以至于一无所成。"著名效率管理专家史蒂芬·柯维在分析了众多个人在工作上效率低下的案例之后得出了这样的结论。

事实的确如此，许多在工作和生活中缺乏效率的人，就是因为目标过多，导致自己无法将精力集中在重要的事情上，如果他们的努力能集中在一个目标上，就足以使他们获得巨大的成功。

"瞧这儿，"一个农场主对他新来的帮手汤米说，"你这种犁法是不行的，你都犁歪了，在这样弯曲的犁沟中，玉米会长得很混乱。你应该让你的眼睛盯住田地那边的某样东西，然后以它为目标，朝它前进。大门旁边的那头奶牛正好对着我们，现在把你的犁插入土地中，然后对准它，你就能犁出一条笔直的犁沟了。"

"好的，先生。"

10 分钟以后，当农场主回来时，他看见犁痕弯弯曲曲地遍布整块田地。

"停住！停在那儿！"

"先生，"汤米说，"我绝对是按照你告诉我的在做，我笔直地朝那头奶牛走去，可是它却老在动。"

因为目标总是在变动，你就不得不在这个目标和那个目标之间疲于奔命，这是一种没有目的、缺乏头脑，而且效率非常低下的工作方法。

福威尔·伯克斯顿把自己的成功归因于勤奋和对某个目标持之以恒的毅力。在追求某个目标时，他从来都是全身心地投入。正是对自身奋斗目标的清楚认识和执著追求，造就了他最后的成功。

拿破仑·希尔先生在仔细观察过一百多位在本行业获得杰出成就的男女人士的商业哲学观点之后，认为所有的成功商人都有做事专注于一个目标的优点。

事实上，当一个人养成做事有"明确的主要目标"的习惯后，就会培养出能够迅速做决定的习惯，而这种习惯对他提高工作效率很有帮助。相反，那些同时有着很多目标，精力分散的人会很快耗尽他们的精力，随之而来的就是原先雄心壮志的消磨。

配合一项"明确的主要目标"做事的习惯，将帮助你把全部的注意力集中在一项工作上，使你行动的效率大大提高。

事实证明，最著名的成功商人都是那些能够迅速而果断做决定的人，他们在工作时，总是先有一个重大的特殊目的，作为他们的主要目标。

伍尔沃斯的"明确的主要目标"就是要在全美各地设立一连串的"廉价连锁商店"，他把全部精力花在这件工作上，最后他终于完成了此项目标，而这项目标也使他获得了成功。

雷格莱专心于生产及制造一包五美分的口香糖，结果使他赚得数以百万计的利润。

爱迪生专注于调和自然法则的工作，并努力贡献出比其他人更多、更有用的发明。

英格索致力于生产廉价手表，终于使全世界充满各式各样的钟表，也使他获得了大笔财富。

史塔勒专心于经营"亲切服务的旅馆"，使他成为富翁，也使得住进他旅馆的几百万房客大感满意。

巴尼斯专心于销售爱迪生牌语音机，他在年轻时就宣布退休，那时他已经为自己赚进了用不完的钱。

威尔逊专心于问鼎白宫长达 25 年之久，最后终于成为白宫的主人，这应感谢他深深懂得坚持一项"明确的主要目标"的价值。

只有一只手表，可以知道是几点，拥有两只或者两只以上的手表，却无法确定是几点，两只手表并不能告诉一个人更准确的时间，反而会让看表的人失去对准确时间的信心，这就是著名的手表定律。

手表定律带给我们这样一个启示：对于一个公司来说，不能同时采用两套管理方法，否则，这个公司将陷入一片混乱。同样，一个人也不能同时为自己设置两个目标，否则他将会觉得无所适从。因此，如果确定的目标被证明是正确的，那就应该像卫星导航船一样，坚定不移地为目标而奋斗。风平浪静时，卫星导航船将一直朝着它要到达的港口航行。当风起云涌时，卫星导航船即使在狂风暴雨中也会一直坚持它的航线。卫星导航船在海中航行时永远只会看到一样东西，那就是它所要到达的港口。不管天气怎么样，或者它遇到什么样的困难，它到达港口的时间会在几小时内就被预测出来。一艘想到达波士顿的船绝不会在纽约出现。

效率出自计划

效率来自于冷静周密的计划，然而在现实中，却有很多人试图用自己的行动来证明这样一个结论：效率出自勤奋。他们觉得对付工作的最好办法就是埋头苦干。因此，他们很少花时间对自己所做的工作进行思考，也很少总结过去的成败得失，更没有去考虑下一步的工作方向，而是一门心思地做手头的工作。他们生怕坐下来思考会耽误工作进度，耽误眼前的利益。

其实，过于忙碌而不注重效率和懒惰一样，是一种延误工期的行为。时间管理专家说，你用于计划的时间越长，你完成工作所需要的时间就越短。这两个时间存在着极大的相关性和互补性，就看你怎么做，你是愿意多花一些时间在计划细节上下工夫，还是愿意多花一些时间去调整因为盲目工作而导致的错误？

一个人要想高效地解决自己在工作中遇到的问题，就要在实施计划之前好好地认识一下工作中存在的问题，找出问题的症结所在，比如什么样的方法是最好的、什么样的工作方式是正确的。然后把这些解决问题的方法纳入计划中，并以此作为自己努力的方向。

玛格丽特是一位靠自己的艰苦奋斗而取得成功的一位女老板。她是英国一家广告公司的董事长，她明白怎样可以使自己每天的工作更富成效。她精通生意经，因而在商业界具有很大影响力。

她的公司年营业额为 3 亿美元。但刚开业时她只在伦敦的一家饭店里租了一间房子，而且只有她母亲替她接电话，两个人甚至连午饭的时间也不能休息。16 年过去了，已经成为公司董事长的她仍在办公室里吃午饭。"我安排自己的生活就像很多人经营自己的生意一样，不得不那么做，"她在一次接受记者采访时说，"我虽然没有实际去拟定各种图表，但是，我在脑子里已把一切都考虑得很周密。"

由此可见，只有周密的计划才能提升工作效率，否则，你的工作将很难展开。

一位公司家曾谈到他遇到的两种人：一种是性急的人，不管你在什么时候遇见他，他都表现出风风火火的样子。如果要同他谈话，那么他只能拿出几分钟的时间，时间长一点，他便会伸手把表看了再看，暗示他的时间很紧迫。他公司的业务做得虽然很大，但是开销更大。究其原因，主要是他在工作安排上乱七八糟、毫无秩序。他做起事来，也常为杂乱的东西所阻碍。他经常很忙碌，从来没有时间来整理自己的东西，即便有时间，他也不知道该怎样去整理。另一种人，与上述恰恰相反。他从来不显出忙碌的样子，做事非常镇静，总是很平静祥和。别人不论有什么难事和他商谈，他都是彬彬有礼地与之交谈。在他的公司里，所有员工都按部就班地埋头苦干，各样东西也都摆放得井井有条，各种事务也安排得恰到好处。他做起事来，样样办理得清清楚楚。他那富有条理、讲求秩序的作风，影响到了他的全公司。于是，他的每一个员工，做起事来也都极有秩序，公司一派生机盎然的景象。

一个人只有知道如何安排工作，制订出一个高明的工作进度表，才能高效率地办事，才能在短期内出色地完成老板交付的工作。

正如一位成功的职场人士所说："你应该在每一天的早上制订一下当天的工作计划，仅仅 5 分钟的思考就能使你一天的工作显得非常有效率。"

对于大部分员工来说，制订计划的周期可定为一个月，但应将工作计划分解为周计划与日计划。在每个工作日结束的前半个小时，先盘点一下当天计划的完成情况，并整理一下第二天计划内容的工作思路与方法。

必须注意的是，在制订日工作计划的时候，必须考虑计划的弹性。不能将计划制订在能力所能达到的 100%，而应该制订在能力所能达到的 80%。这是由商业的工作性质所决定的，因为，每个员工每天都会遇到一些意想不到的情况以及上级交办的临时任务。

如果你每天的计划都是 100%，那么，在没有完成任务时，你必然会在第二天挤占自己已经制订好的工作计划，那么原计划就不得不延期了，因为当天完不成的工作将不得不延迟到下一天完成。这样，必将影响下一天乃至当月的整个工作计划，从而使你陷入到明日复明日的被动局面。久而久之，你的计划失去了严肃性，你的上级就会认为你不是一个很精干的员工。

第八章
踢好临门一脚

幸运是精心准备的结果

拿破仑·希尔说："一个善于做准备的人，是离成功最近的人。"准备是一个人成功的最大保障，如果你不去为你的成功做充分的准备，那你就绝不会取得成功，因为成功绝不会怜悯没有准备的人。

在一战定胜负的比赛中，偶然性确实占了很大的比重。这个时候，比的并不是谁的实力最强，而是谁犯的错误最少。只有真正地重视准备，扎实地把准备工作都做到位，才能从根本上保证你不犯或少犯错误。足球教练莫里尼奥也清楚地看到了这一点。

在他担任葡萄牙球队波尔图的主教练，率领球队征战欧洲冠军联赛时，几乎没有人相信他们能杀入决赛，更别提夺取冠军了。但结果却使所有人都大跌眼镜，这个从队员到主教练都藉藉无名的俱乐部，竟然得到了欧洲足球的最高荣誉。

确实，波尔图的队员们和皇马、米兰等大牌球队的球星相比，无论从名气上还是实力上都相差悬殊；当时的莫里尼奥和里皮、弗格森相比也不可同日而语。但莫里尼奥却有一个胜利的武器：对准备工作超乎寻常地重视。他几乎观看了所有对手最近的每一场比赛。可以说，所有对手的技术特点、战术风格、最近的状态……他都了如指掌。甚至对比赛当天的天气、场地草皮的状况，他都进行了详细的了解并制定了相应的对策。结果在决赛当天，他使用的队员、阵形、战术打法都直指对方的软肋，就像他夺冠后所说的那样："如果大家知道我们为了取得胜利而研究了多少场比赛，准备了多少资料，筹划了多少方案，你们就会认为这个冠军我们当之无愧。"

功成名就的莫里尼奥在夺冠的第二年来到了英超球队切尔西，这里汇集了很多世界级的大牌球员。当莫里尼奥和这些队员们第一次见面的时候，他所做的第一件事是打开随身携带的笔记本电脑，开始如数家珍地介绍这些球员：从技术风格、进球数、身高体重甚至详细到哪些是左脚打进的，哪些是右脚打进的都了如指掌。莫里尼奥的这一举动一下子就震住了这些球星。不过，这只是开始，他们更没有想到的是，主教练这种近乎完美的准备工作会使他们在后面的比赛中取得一个又一个的胜利。

莫里尼奥的成功脱离不了一个关键词，那就是准备。无论是对自己，还是对敌手，充足的准备都会让我们有一个充分的认识，从而权衡出最利于自己的大局。

准备工作对每一个人都相当重要，如果你不重视准备工作，你就不会获得成功。事情看起来就是这么简单！

和机会女神签下盟约

在一个展览厅里，一个青年站在众神的雕塑面前。

他指着一尊塑像好奇地问道："这个叫什么名字？"那尊塑像的脸被头发遮住了，在它的脚上还生有一对翅膀。

雕塑家回答："机会之神。"

"那为什么它的脸被藏了起来呢？"青年又问道。

"因为在它走近人们时，人们很少能够看见它。"

"那它为什么脚上还生着翅膀呢？"青年又追问道。

"因为它会很快就飞走，一旦飞走了，人们就再也不会看见它了。"雕塑家答道。

无独有偶，还有一位作家，他形容的"机遇女神"的样子与雕刻家雕刻的非常相似："机会女神的前额上长着头发，但她的脑后没有头发。如果你能够抓住她前额上的头发，你就能够抓住她。然而，如果被她挣脱的话，即使万神之王宙斯也无法将她捉住。"

机遇总是难于把握的，不知什么时候，它就会来到你身边；但不知什么时候，它又会悄然飞走。如果你能在时机来临之前就识别它，在它溜走之前就采取行动，那么，幸运之神就降临了。

很多人不善于培养自己发现眼前机遇的习惯，总以为机遇远在他方。因而在生活中常常会舍近求远，到别处去寻找自己身边就有的东西。但其实只需我们转化一下角度，便会抓住机遇女神的衣角。否则即使送上门的机遇，也会被我们拒之门外。

还有一种人不能很好地把握时机，是因为他们要么是太早了，要么是太迟了。在他们还是孩子的时候，他们就老是迟到，做家庭作业和交作业也总是比别人要晚。这个从小养成的习惯让他们成功的机会总是从身边溜走。

他们总是在后悔中度过，他们想如果能再回到从前，让生命再来一次的话，他们就会好好地把握住机会，也许他们还会有一个崭新的明天。他们又回忆起以前，自己曾经白白浪费了多少可以赚钱的机会，或是白白放过了多少可以弥补这些损失的机会，而现在却是已经无法弥补了。然而，他们却看不到此时此刻有什么机会。他们永远错过机会，无法把握机会。

善于抓住机遇的人明白：在最适宜的时候办最应该办的事。古人说："时止则止，时行则行，动静不失其时。"抓住机遇需要我们审时度势，有的事时机已过才去办，效果不好；有的事时机未到，过早地去做，效果也不佳。

机遇是一种资源，一种成功的资源。成大事者之所以能够成功，并不仅仅在于他们掌握了多少成功经验，也不仅仅在于他们有多大的勇气和胆量，最主要的是他们抓住了机遇，一旦发现机遇，便能牢牢抓住。

机遇是捉摸不定的，人们总期望机遇垂青自己。但是，有了机遇就一定能成功吗？这得看你有没有利用机遇的能力。只有勤奋的工作并不够，还要加上外来的机遇，成功之门才会向你敞开。

一个善于抓住机遇的普通人常常会因此改变了命运，步入良性循环的轨道，从前日的一文不名到今日的亿万富翁，其生活质量和成就令轨道外面的旁观者自叹不如。

但是，我们常常由于众多原因，前怕狼后怕虎、犹豫不决，以致机遇从眼前飞走，其原因是对自己缺乏足够的信心，所以在机遇唾手可得时，也不敢想到利用机遇。

而善于捕捉机遇的人，会减少其一半的奋斗时间。俗话说："机不可失，失不再来。"对于每个人来说，机遇并不是常有的。所以，当机遇来临时，好好抓住，当你向机遇女神伸手时，已经跟成功签下了盟约。

在机遇面前展现最好的自己

机会、机遇、时机与我们的成功紧密相关。抓住机遇，在机遇面前爆发自己的能量，我们就能乘风而起，登上成功的巅峰，在 35 岁之前超越别人。如果错失了机遇，或者在机遇来临时我们并没有出色地表现自己，我们就可能让唾手可得的成功擦肩而过。

世界饭店业大亨希尔顿出身寒微，开始时经营只有 5 个房间的小旅馆，生意并不景气，于是他转而开了一家小银行。但本小利微，维持生存十分困难。就在此时，他得知得克萨斯州发现了石油，有人开采石油，一夜之间就成了百万富翁，这使他怦然心动，于是他筹集了 3.7 万美元到得克萨斯州去冒险。当他来到得克萨斯州，才知道他的这点钱真是太微不足道了。失望之余，他来到一家旅馆。谁知旅馆生意竟出奇的好，很多人找不到房间，宁愿花钱睡在旅馆的桌子上，这可是他以前开旅馆从未有过的现象。于是，他决定在这里重操旧业，从一位被石油冲昏了头脑、一心想发石油财的老板那儿买下了"莫希来"旅馆。由于他经营得法，这个旅馆成了他辉煌事业的基石，以后发展成了世界著名的饭店业大帝国，为他带来了数不清的财富。

希尔顿在机遇面前展现了最好的自己，获得了事业的巨大成功。

或许在成功来临之前，你会流落街头睡沙发，会被人无视被人看不起，但你要勤学苦练，要倔强坚持，然后在机会来到的时候，爆发自己所有的能量，给所有人一个措手不及。

机遇是可以定制的

现实生活中很多人会抱怨命运对自己不公平，别人为什么会有这样或者那样的机遇，而为什么自己就没有呢？总是等着机遇的降临再大干一番，比如：获得老板的赏识，对自己委以重任，自己就能够以自己最大的才能去展示自己，让老板更加地赏识自己，可是得到老板的赏识哪有这么容易呢？我们也许会梦想着某一天自己遇到某人要和自己一起开公司，这家公司拥有着良好的设备，优秀努力的员工，得到国内外人的赏识，自己也是那种走到哪里都有人投来赞许的目光的人，等等。可是，现实是自己是什么样还是什么样，没有成功者的机遇，没有成功者的幸运，所以不成功。

不过仔细想想，难道那些真正成功的人他们真正拥有的是很好的机遇吗？不是。这时候，你可能还会被蒙在鼓里，因为你没有意识到别人都是通过别的手段获取成功，那就是自己制造机会，没有哪个机会会很轻易地就将临在某个人的身上，这些人通过自己的努力，为自己的人生创造机遇，最终获得了成功。

我们每个人都有自己的理想和目标，但人生的第一步要学会醒目地亮出自己，为自己创造机会。说到底，这是一种观念：是主动出击还是被动选择？其实，这决定着你能不能改变目前的不利现状。

华隆集团的创办人卢俊雄 10 岁时便开始瞒着家人，带着 10 元钱独闯武汉去寻求机遇，发掘财缘。正因为他的这种积极，最终改写了他的人生。

1980 年，由于父亲给的三本邮票，卢俊雄凭这些邮票，参加了 1980 年在广州文化公园举行的全国首届邮票展销会。并且他用卖报卖书的几十块钱，在市青少年宫、火车站、邮票公司等处，又炒起了邮票，迈出了创业的第一步。

读初二时，他成立了广州第一个自发性的中学生社团——"省实"集邮社。他帮爱集邮的学生代买各种邮票，从中提取"劳务费"。上高二时，他组织了"中学生集邮冬令营"。他将自己对集邮的感受写成文章，寄给香港《邮票世界》杂志，竟获刊登。一些海外邮票商竟纷纷来函，托他购买邮票。因此，卢俊雄开始进入了"国际市场"，他从中赚取差额。念大学二年级的时候，卢俊雄做了另一次跋涉——给深圳大学一勤工俭学者从广州批发贺卡。他以高价卖出了广州最便宜的批发商的积压品。在开始的时候，他 10 天不到就赚了 3000 多元。

卢俊雄通过《集邮杂志》和邮票公司搜集了全国 2000 多个集邮爱好者的姓名、地址，用卖贺卡赚的 3000 多元办了份双面 8 开铅印的《南华邮报》免费寄给这些人。到 1989 年，《南华邮报》已发行 5 万份，拥有 5 万个客户。1991 年 2、3 月至 7、8 月间，由于股市整顿，邮票市场非常兴旺，邮票大致上涨了 5 倍，卢俊雄大获其利。

搞了两年的邮票生意，卢俊雄又开始在市中心旧房子上打主意。作为刚刚兴起的房地产业，卢俊雄抓住了这个历史性的机遇。在当时房产市场尚未启动的形势下，他却生意兴隆，财源广进。他再一次使用了靠别人的钱去赚钱的方法，取得了成功。

在不断前进探索的过程中，卢俊雄一步步走向成功，难道说从 10 岁那年开始卢俊雄就有别人给予的机会吗？难道说一路上走来，卢俊雄都是有着很现成的机遇吗？没有，这一切也都是靠他自己的努力，才获得了成功。

生活中，弱者等候机会，而强者寻求机遇。弱者总是不断地抱怨着机会为什么总是那么少，希望机遇能够突然从天而降，自己从今往后就开始"大红大紫"，而往往机遇都不是凭空而降的，是与不断努力寻求机遇分不开的。有很多经商的人用心去观察市场，去探求市场的需求，市场中缺什么，重要的商机是什么，未被发掘的商机是什么，他们都是经过自己努力的调查研究，不断地为自己创造着各种机遇，而不是静静地等待机遇到来，或者跟风看着什么挣钱做什么。人生如打牌，没有过多赢牌的机会降临，而许多的机会是靠自己去创造，人要灵活地为自己赢牌铺路。

机会的到来通常悄无声息

工作中常听到有人抱怨自己的工作缺乏机遇，整日抱怨自己怀才不遇。《致加西亚的信》的作者阿尔伯特·哈伯德却认为，那些只知道抱怨工作而不肯付出努力的人，实际上是把好机遇一个又一个地损失掉，而且，最糟糕的是，他们本身并不知道错过了这些好机遇。

他给别人讲了两个故事，以说明他的论断。

有一天，哈伯德先生站在一家商店出售手套的柜台前，和受雇于这家商店的一名年轻人聊天。哈伯德先生从这位年轻人口中得知，他在这家商店服务已经 4 年了，但由于这家商店的"短视"，他的服务并未受到店方的赏识，因此，他目前正在寻找其他工作，准备跳槽。在他们谈话中间，有位顾客走到他面前，要求看袜子。这位年轻店员对这名顾客的请求不予理睬，一直继续和哈伯德先生谈话，虽然这名顾客已经显出不耐烦的神情，但他还是不理。最后，他把话说完了，这才转身向那名顾客说："这儿不是袜子专柜。"那名顾客又问，袜子专柜在什么地方。这位年轻人回答说："你去问那边的管理员好了，他会告诉你怎么找袜子专柜。"

哈伯德先生认为，4 年多来，这位年轻人一直拥有一个很好的机遇，但他不知道。他本来可以和他所服务过的每个人结成朋友，而这些人可以使他成为这家店里最有价值的人，因为这些人都会成为他的老顾客，而不断回来向他购买。但是，对顾客的询问不予理睬，或是冷冷淡淡地随便回答一声，是抓不住任何顾客的。

机遇到处都有，就看我们是不是机遇青睐的人。其实，当我们真正地努力去做事，做到了问心无愧，机遇自然会找上门来。有人羡慕别人是如何如何幸运，殊不知含有偶然性质的幸运实际上是必然，那是因为幸运的人在幸运来临之前已经做好了充分准备。

另一个故事发生在一个雨天的下午，有位老妇人走进费城的一家百货公司，漫无目的地在公司内闲逛，很显然是一副不打算买东西的样子。大多数的售货员只对她扫一眼，然后就自顾自地忙着整理货架上的商品，以避免这位老太太麻烦他们。其中一位年轻男店员看到了她，立刻主动地向她打招呼，很有礼貌地问她，是否有什么需要帮忙的。这位老太太对他说，她只是进来躲雨的，并不打算买任何东西。年轻店员说，他们同样欢迎她的到来。他主动地和她聊天，以显示他欢迎的诚意。当她离开时，年轻人还陪她到门口，替她把伞打开。这位老太太向年轻人要了张名片就走了。

此后的一天，年轻人突然被公司老板召到办公室，老板向他出示了一封信，是位老太太写来的。这位老太太要求这家百货公司派一名销售员前往英格兰，代表该公司接下装修一所豪华住宅的工作。

这位老太太就是钢铁大王卡内基的母亲。在这封信中，卡内基的母亲特别指定这名年轻人代表公司去接受这项工作。这项工作的交易额十分庞大。这位年轻人得到了晋升的机遇，而他的机遇的取得与他的热心分不开，其实是他自己创造了机遇。

机遇面前人人平等。一个人的能力是无论如何也压制不住的，即使一开始没有被人注意到，但经过一段时间的工作，就可以看出来。所以对于我们来说，如果你拥有真正的才华，就算短时间内"怀才不遇"，你也总能够找到发光的机会。那些长期"怀才不遇"的人，往往心浮气躁，认为只有一个更高的职位才值得自己全力投入，而现在的工作根本不值得认真去做。这种心态必然导致失败的结局。

工作才是检验才华的唯一标准。一个人能够将自己的工作做好，比别人做得更加精益求精，更加出色，他就是一个有才华有能力的人。所以，与其抱怨自己的命运，不如沉下心来，从现在的工作做起，积累更多有用的技能和经验，为今后的成长奠定基础。

那些感慨自己"怀才不遇"的人，很有必要对自己的情况进行全新的衡量，认清自己，看自己的才华究竟是因为没有得到老板的赏识而发挥不出来，还是根本就没有出众的才华。如果本身已经不具备"千里马"的能力了，即使机会来临，也只能和伯乐擦肩而过。

一个人能够成功的原因就是从小事开始，一步步积累，从不满足。所谓的怀才不遇其实都是借口，如果你想要成为一名优秀的人才就要时刻警告自己过去的成绩已经是过去时了，不能躺在床上睡大觉，也不能因为已有的经验和才华而盲目自大，不肯学习新的知识和技能。需要坚定这样的想法，只有主动做好自己手头的每一份工作，不断在工作中取得成长，机遇才能够更快地降临到你身上。如果在别人都认真学习新知识和新技能，努力把工作做到最好的时候，你还在翘首等待伯乐的来临，那么机会就不会光顾你。

关键时刻要有决策力

如果一个人拥有超越于犹豫不决和变化不定之上的非凡意志力，那是十分幸运的事情。他鄙视所有的循规蹈矩，嘲笑所有的反对和抨击；他深深感受到在内心涌动着的力量，对自己拥有实现愿望的能力深信不疑；他知道，没有任何"如果"或"但是"之类的辩解，没有任何疑虑或恐惧，能够阻止他去尝试；他嘲笑那些充满恐吓意味的横眉冷对，以及代表着阻碍和反对力量的流言蜚语；他对此十分清楚：成为一个成功的人士应该做些什么，而且他敢于去做；他本身的人格要比他内心的本能冲动更强有力，他绝不会屈服于各种意见和反对的声音；他既不会为巨大的压力所胁迫，也不会为宠爱或欢呼声所收买。

曹操曾说："夫英雄者，胸怀大志，腹有良谋，有包藏宇宙之机，吞吐天地之志也。"曹操的这番话，说的正是成大事者的果断决策能力。凡是从容果断的人，都在关键时刻敢于并善于拍板拿主意，具有超乎寻常的决策能力。

决策能力不应受情感波动、建议、批评以及表面现象的干扰。判断力是处理任何重要事件所必需的。

一份分析 2500 名经历失败的人的报告显示，迟疑不决、该出手时不出手几乎高居 31 种失败原因的榜首；而另一份分析数百名百万富翁的报告显示，这其中每一个人都有迅速下定决心的个性，即使改变初衷也会慢慢来。而经常失败的人则毫无例外，遇事迟疑不决、犹豫再三，就算是终于下了决心，也是推三阻四、拖泥带水，一点也不干脆利落，而且朝令夕改，一日数变。

1921 年的一天，奥利莱在波兰街头闲逛，忽然想要写点东西，于是他信步走进一家文具商店，准备买一支钢笔。但是一问价格，却令他大吃一惊，在英国同样一支钢笔只要 3 美分，在这里却卖到了 26 美分。奥利莱感到奇怪，一了解，这里卖的钢笔之所以这么昂贵，是因为这些钢笔都是由德国进口的，而且数量有限。从不轻易放过任何一个赚钱机会的奥利莱为自己的意外发现而惊喜，很快，他就对波兰的市场进行了一番详细、周密的调查，结果更是令他兴奋不已。导致钢笔价格昂贵的主要原因是数量少，在当时，全波兰只有一家钢笔生产厂，由于战争的影响，生产能力非常有限。奥利莱当即决定，在波兰投资办钢笔厂。他直接找到当时的人民委员拉可辛，诚恳地对他说："您的政府已经制定了政策，要求每个公民都得学会读书和写字，没有钢笔怎么能行？我想获得生产钢笔的执照。"他说得合情合理，奥利莱的要求自然很快就得到了批复。

奥利莱立即开始筹划，他马上来到德国历史最悠久的钢笔名城，那里集中了许多著名的钢笔生产厂家，它们掌握着制作钢笔的技术。奥利莱花重金买通了一家工厂的一位技术骨干，还许诺在新厂里的实际工作均由这位技术骨干主持。这位技术骨干以到瑞典度假为名，召集了一批技术工人，悄悄来到波兰。

紧接着，奥利莱又火速赶往卢森堡，先把购买的设备拆散，再安装在其他机器上混出海关，然后陆续运到波兰。当他从欧洲回来时，生产钢笔所需的原材料也运到了生产车间，同时，设在华沙的厂房已经建成，设备也已调试安装，技术人员也已到位，很快工厂就投入了运营。

事情如此顺利，连奥利莱本人都不敢相信。早在他办厂之初，波兰专家就预测，他最起码要用 11 个月的时间来建厂，次年才有可能正式投产，而且年产量最多不会超过 100 万支。但事实证明，这种预测对于奥利莱而言是毫无道理的。因为他的工厂仅用 3 个月的时间就建成了，而且在投产后的 8 个月数量就达到了 1 亿支。创造的利润在当年就达到了 100 万美元。到 1926 年，这个工厂生产的钢笔不仅满足了波兰的市场，而且先后出口到英国、中国、土耳其等十余个国家。

决断敏捷、该出手时就出手的人，即使犯错误，也不要紧。因为他成功的机会，比那些胆小狐疑、不敢冒险的人多得多。站在河边待着不动的人，永远不可能渡过河去。即使你有寡断的倾向，也应该立刻奋起击败这个恶魔，因为它足以破坏你各种进取的机会。在你决定某一件事情以前，要对各方面情况有所了解，运用全部的常识，理智郑重地考虑，一旦决定以后，就不要轻易放弃。

敏捷、坚毅、决断，是一切力量的中心。要成就事业，就要学会该出手时就出手，情感意气的波浪不能震荡它，别人的反对意见以及种种外界的侵袭，都不能动摇它。

做前瞻性思考，并当机立断

有的年轻人在需要作出重要决定的场合，优柔寡断、思前顾后，无法作出决定，常常延误时机，错过了不少成功的机会。这样的年轻人缺少的正是果断。

果断，是指一个人能适时地作出经过深思熟虑后的决定，并且彻底地实行这一决定，在行动上没有任何踌躇和疑虑。果断是成大事者积累成功的资本。果断的个性，能使年轻人在遇到困难时消除犹豫和顾虑，勇往直前。

有的人面对困难，左顾右盼、顾虑重重，看起来思虑全面，实际上毫无头绪。他们这样做不但分散了自己同困难作斗争的精力，更重要的是会销蚀同困难作斗争的勇气。果断的个性在这种情况下，则表现为沿着明确的思想轨道，摆脱对立动机的冲突，克服犹豫和动摇心理，坚定地采纳在深思熟虑基础上拟定的方法，并立即行动起来同困难作斗争，以取得最好的效果。

李晓华，中国富豪之一。在 20 世纪 80 年代就曾以一举斥资购下"法拉利"在亚洲限量发售的新款赛车而名闻京城。在李晓华的个人生意投资史上，最惊心动魄的是在马来西亚的一桩买卖。

当时，马来西亚政府准备筹建一条高速公路，修往一个并不繁华的地方。虽然政府给了很优惠的政策，但因人们认为这条并不长的公路车流量不大而无人竞标。李晓华闻讯赶往该地考察，并得到一个极其重要的信息：距公路不远处有一个尚待最后确认的储量丰富的大油气田。只因尚未确认，媒体没有正式公布。

如果这一消息得到确认并正式公布，那么这条公路上的车流量可想而知，随着消息的公布，整个地价会直线上扬，前景广阔。

李晓华经过周密筹划，毅然冒着破产的可能，咬牙拿出全部积蓄和房产作抵押，从银行贷款 3000 万美元拿下了这个项目。但期限只有半年，倘若在这期间内这条公路不能脱手，贷款还不上，李晓华将倾家荡产，一贫如洗。

5 个月过去了，油气田没有任何消息。期间，这位备受煎熬的富豪为了节约开支，吃起了盒饭和方便面，只坐最便宜的老式有轨电车。他的身心备受煎熬，前程吉凶未卜，他甚至开始考虑"后事"了。

可是到了第 5 个月零 16 天时，消息终于正式公布了。当天，投标项目就立即翻了一番，并连续几天持续看涨。李晓华的前瞻性投资终于得到了较大的回报。

李晓华的成功正源于他当初的果断决策。

果断，是勇敢、大胆、坚定和顽强等多种素质的综合。果断，是在克服优柔寡断的过程中不断增强的。许多人在采取决定时，常常感到这样做也有不妥，那样做也有困难，无休止地纠缠于细节问题，在诸方案中犹豫不决，陷入束手无策和茫然不知所措的境地，这就是事前思虑过多的缘故。大事情是需要深思熟虑的，然而生活中真正称得上大事的并不多。况且，任何事情，总不能等待形势完全明朗时才做决定。事前多想固然重要，但"多谋"还要"善断"。

果断，是在克服胆怯和懦弱的过程中实现的。果断要以果敢为基础，大方向看准了，有七分把握了，就要果断地下定决心。

果断，要从干脆利落、斩钉截铁的行为习惯开始养成。生活中不少事情确实既可以这样又可以那样，遇到这样的小事，就不必考虑再三，大可当机立断。否则，连日常的生活琐事也是不干不脆，拖泥带水，又怎么能够培养出果断的决策能力、迎接成功呢？

厚积才能薄发

做任何事情，都要重视一点一滴的积累，从量变达到质变。走好每一小步路，你才会走向成功。连小事都做不好的人是做不成大事的。有很多人的失败不是因为没有机会，而是机会来时没有把握住。厚积才能薄发，只有平时积极积攒力量，才能为以后做好准备。

农夫在地里同时种了两棵一样大小的果树苗。第一棵树拼命地从地下吸收养料，积蓄力量，默默地盘算着怎样完善自身，向上生长。另一棵树也拼命地从地下吸收养料，盘算着开花结果。

第二年春，第一棵树便吐出了嫩芽，憋着劲向上长。另一棵树刚吐出嫩叶，便迫不及待地挤出花蕾。

第一棵树目标明确，忍耐力强，很快就长得身材苗壮。另一棵树每年都要开花结果。刚开始，着实让农夫吃了一惊，非常欣赏它。但由于这棵树还未成熟，便承担开花结果的责任，累得弯了腰，结的果实也酸涩难吃，还时常招来一群孩子石头的袭击。甚至，孩子会攀上它那羸弱的身体，在掠夺果子的同时，损伤着它的肢体。

时光飞转，终于有一天，那棵久不开花的壮树轻松地吐出花蕾，由于养分充足、身材强壮，结出了又大又甜的果实。而此时那棵急于开花结果的树却成了枯木。

有时不急于表现自己的人恰恰正是最富有竞争力、生命力最强、最有前途的人。

积累不够，就急于表现，只能是昙花一现，甚至会给自身带来伤害；而厚积薄发，水到渠成的人则会长久地享受成功的愉悦。

世间的万物，都有自己的发展规律，我们不能为了达到某种炫耀的目的就拔苗助长，跃过或者忽略掉其中的一步，这样只能使自己成为一个不健全的人，给自己的发展带来不良的影响，这是一种短视行为。不要为眼前的小利而失去长远的大利。要学会耐心等待，等待收获更大更好的"果实"。

每天进步一点点，经过一点一滴的积累，最后才能够成就大业。你知道石匠是怎么凿开一块大石头的吗？石匠所拥有的工具只不过是一把小铁锤和一把小凿子，可是大石头却硬得很。当他举起锤子重重地凿下第一锤时，没有凿下一块碎片，甚至连一丝凿痕都没有，可是他并不以为然，继续举起锤子一下再一下地凿，一百下、二百下、三百下，大石头上依然没出现任何裂痕。

可是石匠还是没懈怠，继续举起锤子重重地凿下去，路过的人看他如此卖力而不见成效却还继续硬干，不免窃窃私语，甚至有些人还笑他傻。可是石匠并未理会，他知道虽然所做的还没立即看到成效，不过那并非表示没有进展。

他又在大石头换了另一个地方凿，一锤又一锤，也不知道是凿到第五百下还是第七百下，或者是第一千零几下，终于他看到了成效——整块大石头被凿成了两半。

难道说是他最后那一击，使得这块石头裂开的吗？当然不是，而是他一而再、再而三连续凿的结果。如果我们能时刻保持持续不断努力实现目标的决心，就有如那把小铁锤，一直不停地凿着，直到能凿碎一切横在成功旅途上的巨大石块。

藏起底牌，关键时刻一鸣惊人

网上流行的一句话说得好：若想在关键时刻看起来毫不费力，那么必须在平时非常努力。是的，我们的身边总是有这样一种人，他们平时看起来无所事事，碌碌无为，但是总能够在关键时刻一鸣惊人，那是因为他们懂得韬光养晦，他们在人们看不见的时候默默奋斗着，关键时刻才亮出自己的底牌。

维斯卡亚公司是 20 世纪 80 年代美国最为著名的机械制造公司，其产品销往全世界，并代表着当今重型机械制造业的最高水平。许多人毕业后到该公司求职均遭拒绝，原因很简单，该公司的高技术人员爆满，不再需要各种高技术人才。但是令人垂涎的待遇和足以自豪、炫耀的地位仍然向那些有志的求职者闪烁着诱人的光环。

史蒂芬是哈佛大学机械制造业的高材生。和许多人的命运一样，在该公司每年一次的用人测试会上被拒绝申请，史蒂芬并没有死心，他发誓一定要进入维斯卡亚重型机械制造公司。于是，他采取了一个特殊的策略——假装自己一无所长。

他先找到人事部，提出为该公司无偿提供劳动力，请求公司分派给他任何工作，他都不计任何报酬来完成。公司起初觉得这简直不可思议，但考虑到不用任何花费，也用不着操心，于是便分派他去打扫车间里的废铁屑。

一年来，史蒂芬勤勤恳恳地重复着这种简单但是劳累的工作。为了糊口，下班后他还要去酒吧打工。这样，虽然得到老板及工人们的好感，但是仍然没有一个人提到录用他的问题。

20 世纪 90 年代初，公司的许多订单纷纷被退回，理由均是产品质量问题，为此公司将蒙受巨大的损失。公司董事会为了挽救颓势，紧急召开会议商议对策。当会议进行一大半却未见眉目时，史蒂芬闯入会议室，提出要直接见总经理。

在会上，史蒂芬把这一问题出现的原因做了令人信服的解释，并且就工程技术上的问题提出了自己的看法，随后拿出了自己对产品的改造设计图。这个设计非常先进，恰到好处地保留了原来机械的优点，同时克服了已出现的弊病。

总经理及董事会的董事见到这个编外清洁工如此精明在行，便询问他的背景以及现状。史蒂芬当即被聘为公司负责生产技术问题的副总经理。

原来，史蒂芬在做清扫工时，利用清扫工到处走动的特点，细心察看了整个公司各部门的生产情况，并一一做了详细记录，发现了所存在的技术性问题并想出解决的办法。为此，他花了近一年的时间搞设计，获得了大量的统计数据，为最后一展雄姿奠定了基础。

在现在这个就业压力极大的社会背景之下，大多数的人未必一开始就能获得非常有意义的工作，或非常适合自己的工作。倒是有相当一部分的人，刚开始都被派做一些非常单调呆板和自认毫无意义的工作，于是认为自己的工作枯燥无味或说公司一点都不能发现自己的才能，因而马虎行事，以至于无法从该工作中学到任何东西。他们忽视了一个最简单的道理：厚积薄发，没有在平凡工作中的积累，就没有在关键时刻的一鸣惊人。

所以，若是想在 35 岁之前有超越别人的实力，就在每一个不为人知的时刻默默奋斗吧！唯有如此，才能做一匹在众人中脱颖而出的明星。

苹果熟了才能采摘

有的时候"伟大的事业降临到渺小人物的身上，仅仅是短暂的瞬间。谁错过了这一瞬间，它绝不会再恩赐第二遍"，可是有的时候"机会似乎是很诱人的，而事实上却有很多遥不可及和美好的事物都是骗人的幌子"。当机遇向我们迎面扑来时，我们迎接它的手应该是慎重的，而不是草率的。

1950 年，丰田公司因破产危机，工业公司和销售公司发生分离。但是，不久爆发的朝鲜战争却给丰田带来了喜讯，美军大量的卡车订单使丰田汽车公司起死回生。这对于亲身体验了产销分离痛苦的董事丰田英二来说，自然希望回到以前产销一体的体制。

但是事情并非那么简单，工业公司和销售公司分离的体制已经形成，当时负责技术部门的董事丰田英二，深知即使他提出重新合并的建议，在当时也是行不通的。

丰田英二在确定丰田的未来发展方向时，决断很慢，这是因为丰田英二在深思熟虑考察各种条件的同时，还要衡量各方面的利益是否均衡。他认为条件不成熟，即使机遇再好也是要失败的，他只有耐心地等待成熟时机的到来。

直到 20 世纪 80 年代初，丰田的两家公司才终于结束了长达 32 年的产销分离，全新的丰田公司诞生了，丰田英二的等待终于有了丰硕的成果。

在处理丰田赴美建厂一事上，丰田英二也同样小心谨慎，耐心等待时机的成熟。丰田进军美国，在日本汽车厂商中，是继本田、日产之后的第三家，为此不少人抱怨为时太晚。丰田英二的回答是："我们在等待真正有利的时机，我们的行动并没有落后。"由于采取了谨慎的战术，丰田公司终于顺利地打入了美国汽车市场。

苹果青的时候是不应该摘取的，它熟的时候，自己会落，但你若在它青的时候摘取，便是损害了苹果和树。不过，在摘苹果的时候等一等，并不是守株待兔，当断不断，一旦把犹疑当做慎重，错过熟苹果掉落的时机，你就只有眼睁睁地看苹果腐烂了。

富翁家的一只狗在散步时跑丢了，于是富翁就在当地报纸上刊登了一则启事：有狗丢失，归还者，付酬金 1 万元。

启事刊出后，送狗者络绎不绝，但都不是富翁家的。富翁的太太说，肯定是真正捡狗的人嫌给的钱少，那可是一只纯正的爱尔兰名犬。于是富翁就把电话打到报社，把酬金改为两万元。

一个沿街流浪的乞丐在报摊看到了这则启事，他立即跑回他住的窑洞，因为前天他在公园的躺椅上打盹时捡到了一只狗，现在这只狗就在他住的那个窑洞里拴着。那只狗正是富翁家丢的。

乞丐第二天一大早就抱着狗出了门，准备去领两万元酬金。当他经过一个小报摊的时候，无意中又看到了那则启事，不过赏金已变成 3 万元。

乞丐又折回他的窑洞，把狗重新拴在那儿，静等酬金再涨。第四天，悬赏额果然又涨了。在接下来的几天时间里，乞丐天天浏览当地报纸的广告栏。当酬金涨到使全城的市民都感到惊讶时，乞丐返回他的窑洞。可是那只狗已经死了，因为这只狗在富翁家吃的都是鲜牛奶和烧牛肉，对于这个乞丐从垃圾桶里捡来的东西根本消受不了。

乞丐的待价而沽并不是没有道理，但若错过了出手的最佳时机，你依然摘不到苹果。

可见，时机决定着成败，苹果青涩之时，我们不要鲁莽行事，苹果成熟之时，我们也不要犹犹豫豫错过它最甘甜的时候。

忍耐是一门伟大的艺术

"忍不但是人生一大修养，是修学菩萨道的德目，也是过幸福生活不可或缺的动力。"在谈及幸福人生为何需要"忍耐"时，星云大师曾这样回答：忍可以化为力量，因为忍是内心的智能，忍是道德的勇气，忍是宽容的慈悲，忍是见性的菩提。忍的含义如此丰富，自然能够为幸福人生增添更多的滋养。

真正的忍耐不仅在脸上、口上，更在心上，根本不需要忍耐，而是自然就如此，是不需要力气、分毫不勉强的忍耐。人要活着，必须以忍处世，不但要忍穷、忍苦、忍难、忍饥、忍冷、忍热、忍气，也要忍富、忍乐、忍利、忍誉。以忍为慧力，以忍为气力，以忍为动力，还要发挥忍的生命力。

有一支刚刚被制作完成的铅笔即将被放进盒子里送往文具店，铅笔的制造商把它拿到了一旁。制造商说，在我将你送到世界各地之前，有 5 件事情需要告知：

第一件，你一定能书写出世间最精彩的语句，描绘出世间最美丽的图画，但你必须允许别人始终将你握在手中。

第二件，有时候，你必须承受被削尖的痛苦，因为只有这样，你才能保持旺盛的生命力。

第三件，你身体最重要的部分永远都不是你漂亮的外表，而是黑色的内芯。

第四件，你必须随时修正自己可能犯下的任何错误。

第五件，你必须在经过的每一段旅程中留下痕迹，不论发生什么，都必须继续写下去，直到你生命的最后一毫米。

铅笔的一生是充满传奇的一生，它用自己的生命勾勒着世人心中最精致的图画，书写着最温暖的文字，即使在生命渐渐消失的时候，还在创造着新鲜的美丽。但是，它所迈出的每一步，却都踩在锋利的刀刃上，它一生都在忍受着无穷的痛苦。

星云大师还说："忍，是中国文化的美德；忍，也是佛教认为最大的德行。无边的罪过，在于一个嗔字；无量的功德，在于一个忍字。"充实的生命，幸福的人生，需要能够忍受寂寞，忍受他人的恶意羞辱，忍受生活的磨炼，在忍耐中坚强，在坚强中成长。

山里有座寺庙，庙里有尊铜铸的大佛和一口大钟。每天大钟都要承受几百次撞击，发出哀鸣，而大佛每天都会坐在那里，接受千千万万人的顶礼膜拜。

一天深夜里，大钟向大佛提出抗议说："你我都是铜铸的，你却高高在上，每天都有人向你献花供果、烧香奉茶，甚至对你顶礼膜拜。但每当有人拜你之时，我就要挨打，这太不公平了吧！"

大佛听后思索了一会儿，微微一笑，然后，安慰大钟说："大钟啊，你也不必妒羡我，你知道吗？当初工匠在制造我时，一棒一棒地捶打，一刀一刀地雕琢，历经刀山火海的痛楚，日夜忍耐如雨点落下的刀锤……千锤百炼才铸成佛的眼耳鼻身。我的苦难，你不曾忍受，我走过难忍能忍的苦行，才坐在这里，接受鲜花供养和人类的礼拜！而你，别人只在你身上轻轻敲打一下，就忍受不了，痛得不停喊叫！"

大钟听后，若有所思。

忍受艰苦的雕琢和捶打之后，大佛才成其为大佛，钟的那点捶打之苦又有什么的呢？忍耐与痛苦总是相伴相随，而这样的经历，却总是能够将人导向幸福的彼岸。

在西方学者的眼里："忍耐和坚持是痛苦的，但它会逐渐给你带来好处。"而在中国的古人心中也有同样的含义，例如"不经一翻彻骨寒，怎得梅花扑鼻香"。如此一说，忍耐似乎成了人们必修的业绩和成就的必需品。

忍是修行必需的一种精神，同时也是人获得成就的不可回避的路程。"忍"是佛家的智慧，也是儒家的学说结晶之一，孔子所讲的"克己复礼"就是"忍"的一种。其实，人生的种种都需要忍耐，事业失败、感情受挫、学习刻苦、人际维持、家庭管理，如果你不能忍受这些，你将很难成功。人们干什么一定要有忍耐和坚持的精神，这是一种完全正确和不可或缺的人生观。

也许你不比别人聪明，也许你有某种缺陷，但你却不一定不如别人成功，只要你多一份坚持，多一份忍耐，就能够渡过困境，成就他人所不能。山洞的开凿、桥梁的建筑、铁道的铺设，没有一个不是靠着人性的坚忍而建成。

通往成功之路通常都是艰巨的，绝不可能唾手可得。生活中的苦涩，使人失望流泪；漫漫岁月的辛苦挣扎，催人衰老。人的一生经历机遇、打击、磨炼，这些都将化为百折不挠的意志，为事业的永恒做足心理储备。修行佛禅也好，成就人生也好，始终都要从困境里苦苦挣扎，最后臻至化境，而此刻最需要的，就是一颗能够忍受痛苦和孤独的心。忍，是人生的必要修行课。

竞争让一切变得欣欣向荣

在我们所生存的社会里，到处都充满着竞争，任何时候你都有可能遭遇强敌，他们是你前进中的障碍，甚至会将你彻底击败。"塞翁失马，安知非福"，障碍与失败常常能够激发你更多的能量，挖掘出你最大的潜能。

没有竞争的人生索然无味，没有拦路虎的坦途令人丧失斗志。潜在的对手能够不断激发你的体力能量，而现实的敌人也能够让你保持清醒的头脑，在积极的状态中赢得某个领域的胜利。

有位动物学家对在非洲奥兰治河两岸的动物考察中，发现一个现象：河东岸的羚羊生殖能力比西岸强，它们的奔跑速度每分钟要比西岸的羚羊快13米。这位动物学家起初不解，羚羊的生存环境和食物都相同，何以有此差别呢？根据这位动物学家的倡议，动物保护学会做了一个实验，在河的东西两岸各捉10只羚羊送到对岸。结果，送到西岸的羚羊繁殖到了14只，而送到东岸的羚羊只剩下3只。动物学家发现，另外7只被狼吃掉了，谜底被揭开了：东岸的羚羊之所以强健，是因为它们附近出没着一群狼，羚羊生存在一种"竞争氛围"中，优胜劣汰，增强了生存能力；而西岸的羚羊之所以弱小，恰恰是因为它们缺少大敌，没有生存压力的缘故。

这种生态现象，可以使我们认识到对竞争及敌手的看法。

日本的游泳运动曾经一度处于领先地位。据说，有一个人到过日本的游泳训练馆，他惊奇地发现，日本人在游泳馆里养了很多鳄鱼，后来他探询到了日本人的秘密。在训练的时候，队员跳下水之后，教练不久就会把几只鳄鱼放到游泳池里。几天没有吃东西的鳄鱼见到活生生的人，立即兽性大发，拼命追赶运动员，而运动员尽管知道鳄鱼的大嘴已经被紧紧地缠住了，但看到鳄鱼的凶相，还是条件反射地拼命往前游。

这大概是个虚构的玩笑故事。但可以确定的是，正因为敌人的存在，你才不会放松警惕、轻易懈怠，从而才能不断进步，最终取得胜利。这是因为人只有在特殊精神状态下，才能表现出超常的能力。潜能开发与释放的核心是"状态"。不管是信念、兴奋，还是紧张、危急等，都是一种状态。

敌人的力量会让一个人发挥出巨大的潜能，创造出惊人的成绩，尤其是当敌人强大到足以威胁你的生命的时候。敌人就在你的身后，你一刻不努力，你的生命就会有万分的惊险和危难。

所以，要开发、应用自己的潜能，除了打好基础、做好积累外，更重要的且具有决定意义的是建立正面、卓越的状态，状态是激发人的潜能的关键所在，是激发"核动力"的引擎，是引爆超能的导火索。

一定要战胜对手的信念是产生强大行动力的核心，因为信念可以发挥现有的能力，进而激发人的潜能，所以信念越强、越坚定，能量越大，行动力越强。

一时的状态一时的行动，长久的状态长久的行动，永恒的状态永恒的行动。如果我们能建立起卓越而持续、稳定的状态，拥有卓越而持续、稳定的精神状态和心理状态，那么我们的行动力就会强劲和持久，这正是我们所期望的。

善待你的对手，处处留有余地，降低了对方警惕的同时，也提升了自己的人气，树立了良好的形象，通往成功的路途也就顺畅多了。

第九章
经营持久的成功

成功后要保持警觉

人生在世，会遇到各种各样的险境。处境卑微自然不幸，但却没有太大的危险，最可怕的情境是身处险峰而高视阔步，只看见高空，不见深谷。人生路上可能就因为脚下的某块石头一松动，就坠入深渊。但是，一些不可一世的英雄却全然不觉。人们都知道"失败是成功之母"，却往往忽略了"成功是失败之由"。古今中外历史上"败于成功"的例子很多。

1925 年，麦克阿瑟被提升为少将，他是当时美国陆军中最年轻的将军。1930 年，50 岁的麦克阿瑟出任美国陆军参谋长，成为美国历史上最年轻的参谋长。他所创造的奇迹，更体现在他在第二次世界大战中的杰出表现。

在太平洋战役中，他提出了独特的"蛙跳战术"，即向几个重要目标的国家发动跳跃式进攻，集中兵力，打开一条通向日本东京的道路。当时，美国海军作战部部长欧内斯特·金和太平洋战区司令尼米兹都不同意他的计划。

麦克阿瑟没有顾及自己的处境和上下级的关系，坚持他的"蛙跳战术"，并获得了极大的成功。

第二次世界大战后，麦克阿瑟对日本的政治、经济进行了大刀阔斧的改革，也取得了成就。

麦克阿瑟涉足政坛以来，他的自负个性使他与上级的关系及各届总统的关系都不融洽。

第二次世界大战结束后，杜鲁门总统尽管对麦克阿瑟印象不佳，但仍相当重用他，他由此成为日本的绝对统治者。在没有经过批准时，擅自将驻日美军削减一半，杜鲁门对此大为恼火，两人关系极为紧张。战争结束后，杜鲁门两次邀请他回国参加庆典，均遭拒绝。

1951 年 4 月，杜鲁门下令撤销麦克阿瑟的一切职务。

作为美国历史上杰出的五星上将，麦克阿瑟当之无愧是优秀的人物。第二次世界大战中，他出任远东盟军统帅，以过人的胆识、坚强的意志，取得了令世人瞩目的战绩和荣誉。战争中，麦克阿瑟有叱咤风云、运筹帷幄的韬略，有临危不惧、亲临战场、出生入死的战争经历。在实际工作中，他也有狂妄自大、唯我独尊的一面。他的狂傲自负、恃才傲物使他很难处理好上下级的关系，以致最后断送自己的前途。当他和艾森豪威尔一起竞选美国总统时，应该说凭着他的经历、战绩和他在美国人心目中的形象地位，他应该获胜，但最终人们选择了艾森豪威尔。从这点来看，人们更希望他们的总统是一位稳健的人物，他们放弃了因自负性格而不断引起争议的麦克阿瑟。

谁不渴望成功？又有谁希望自己的事业失败呢？但是如何从容面对成功，如何在成功之后还能保持一份清醒的自知之明，并不是所有成功人士都能做到的。

成功者请谨记：一时拥有了荣誉、金钱，也只能代表你过去的成绩，并不能说明你永远都是成功者，永远都是胜利者。因此越是觉得自己了不起的时候，越要有所警觉，有所收敛，防止一失足成千古恨。时刻牢记"成功是失败之由"。

成功与失败都是人生的旅程

一个能够取得长久成功的人，会把人生的辉煌与低谷、成功与失败都看做是人生的旅程，今天的辉煌不代表日后的成功，今天的成功也不能代表日后的低谷。正是这一段段不同的旅程才成就了此时此刻的我们，塑造着以后的我们。然而如何从失败走向成功，从成功走向更大的成功，关键是看我们能不能勇敢地走出失败的阴影和成功的光环，而继续迈向下一段旅程。

成功之人最令我们感动的不是他成功之前所经受的苦难，因为苦难到处都有，而是他在面对苦难和失败时，仍能保有乐观面对的勇气，去迎接挑战，继续前行。所谓万法唯心，心可以决定你在天堂还是在地狱。

一个人得到一位智慧老人的指引，按照智慧老人给的地址，他不远万里来到一个据说可以找到成功的地方。

他敲了敲门，并急切地问："我找成功。"

话音未落，开门的人回答道："你找错人了，我是失败。"说完门砰的一声关上了。

寻找成功的人一脸失落，但又不忍放弃，于是鼓起勇气继续寻找。

他趟过很多条河，翻过很多座山，可迟迟找不到成功。后来他想，成功与失败既是一对冤家，说不定失败知道成功在哪儿。

于是他按照智慧老人给的地址又重新找到了失败。

可是他又得到了一个冰冷的回答："我正在找他呢。"他不死心，继续着敲打着失败的门，可是失败被他惹恼，连理都不理他。

就在这人近乎绝望地在失败门口徘徊的时候，不断的敲门声吵醒了失败的邻居，随着"吱呀"的一声轻响，这人回头一看，天啊，这不正是成功吗？

假如这个人敲门遇到失败后就放弃了，而不继续寻找，假如他没有勇气面对一次又一次冰冷的面孔，假如他不能勇敢地迈向下一步，也许他永远找不到成功。

稻盛和夫说："如意或不如意，决定的，并不是人生的际遇，而是取决于思想的瞬间；成功或不成功，决定的，并不是个人的努力，而是取决于念头的转换。"当生活与感情皆陷入泥潭，这也是生命之中无可奈何之事，倘若连迈出下一段旅程的勇气都跌落绝境，那岂不是自讨苦吃，苦上加苦了。圣严法师说过："人活着不过是在一吸一呼之间，呼吸在，所以你一切都在。"人生是一连串的未知、不确定，唯一可以确定的就是死亡。既然不确定以后的灯火是明是暗，何不勇敢地去探一个究竟。

我们的成就可以更大，会得到更多的勋章。每一个成功都是一个新的开始，每一次失败也都是为成功做准备。当面对成功与失败时，没有比迈出下一段旅程的勇气更重要，无论再怎么好的计划与机会，不往前迈一步，那就永远都无法成功了。在人生的过程中，可以累积小冒险、小失败、小挫折、小成功、小胜利，唯有小小的尝试，你才能让自己找到目标、找到方法。学习开始练习小步前进，体验小小的风险和小小的冒险，直到冒险的经验已够多，让你有信心去实践更大的梦想，到了那个时刻，你会认为它只不过是稍微有点危险的一小步而已。

生命本是一段路，每一段旅程，都需要一个开始，你除了要评估你的梦想之外，仍然要努力地去生活、去体验、去锻炼，去接受成功与失败，然后汲取经验和教训，再然后，尽一切努力去完成心中的梦想。绽放生命，需要你勇敢迈出下一段旅程。

成功者要保持谦虚的态度

俄国作家契诃夫曾说："人应该谦虚，不要让自己的名字像水塘上的气泡那样一闪就过去了。"如果你认为自己拥有广博的知识、高超的技能、卓越的智慧，但没有谦虚的话，就无法取得持久的成功。

史蒂夫 22 岁就开始创业，从一清二白打天下，到拥有 2 亿多美元的财富，他仅仅用了 4 年时间。不能不说史蒂夫是一个创业天才。然而史蒂夫却因为从来都独来独往，拒绝与人团结合作而吃尽了苦头。

他骄傲、粗暴，瞧不起手下的员工，像一个国王高高在上，他手下的员工都像躲避瘟疫一样躲避他，很多员工都不敢和他同乘一部电梯，因为他们害怕还没有出电梯就已经被史蒂夫炒鱿鱼了。

就连他亲自聘请的高级主管——优秀的经理人，原百事可乐公司饮料部总经理斯卡利都公然宣称："苹果公司如果有史蒂夫在，我就无法执行任务。"对于二人水火不容的形势，董事会必须在他们之间做取舍。当然，他们选择的是善于团结员工、和员工拧成绳的斯卡利，而史蒂夫则被解除了全部的领导权，只保留董事长一职。

对于苹果公司而言，史蒂夫确实是立下了汗马功劳，是一个才华横溢的人才，如果他能和手下员工们团结一心，相信苹果公司是战无不胜的。可是他选择了孤立独行，这样他就成了公司发展的阻力，他越有才华，对公司的负面影响就越大。所以，即使是史蒂夫这样出类拔萃的人才，如果不能谦虚待人，也会遭到人们的遗弃。重新返回苹果的史蒂夫渐渐改变了清高的处事态度，以谦虚之态待人，使得史蒂夫取得了更加辉煌的成就。

当你取得成绩时，你要感谢他人、与人分享、为人谦卑，这正好让他人吃下了一颗定心丸。如果你习惯了恃才傲物，看不起别人，那么你将得不到别人的支持、信任，你的人际关系将会出现危机，你可能会长时间处于一种孤立无援的境地。请记住这句话：具美德而不露锋芒者才能永居高位。

一时的成功不是一世的成功

一时的成功不能保证一世的成功。一时的成功只是人生路上的一个中转站罢了，生命不止，奋斗不息，如果眼前的成功不能成为继续前进的推动力，而成了让人满足现状、沾沾自喜的资本的话，那么这样的成功未必是一件好事。

美国童星麦考利·卡尔金，因 8 岁时成功地主演了影片《小鬼当家》而红遍全球。

然而儿时的成功并没有延续。"童年得志"的特殊荣誉，加上家庭破碎的阴影，麦考利开始生活放荡，梳阿飞头，把头发染成各种奇怪的颜色，连续旷课，每天不到凌晨 3 点不上床睡觉。他酗酒成性，在自己房间的墙壁上乱涂乱抹，屋里弥漫着尼古丁的烟雾和垃圾的臭气。当父亲要麦考利学习的时候，他说，我 1 周就能赚百万美元，用得着学习吗？邻居们几乎认不出他来了，而且他们担心自己的孩子学坏，不再让孩子们到麦考利家去玩。电影公司的摄影师们则经常要到曼哈顿的人行道上或夜总会里把麦考利抓回去拍戏。在镁光灯下，他眼圈发黑，无精打采，总是耷拉着眼皮。由于麦考利连续拍摄的《好儿子》、《里奇·里克》、《魔书国度里的理查德》和《爸爸，把钱还给我》等 4 部影片的票房价值均不高，制片商大为不满，逐渐对麦考利失去了兴趣，影迷们也离他而去，使他成了小小年纪的孤家寡人。1994 年，福克斯公司终于像割除身上的一块异物那样把麦考利赶出了大门。

一度赢得全美国家庭羡慕的卡尔金一家从此更一蹶不振，一度放出璀璨光芒的童星似乎坠落了。

重登舞台，在一个伦敦的舞台剧里演出。2003 年又出现在影片《派对怪兽》中。尽管麦考利近几年在荧屏和银幕上都颇有亮相，但再也难回往日辉煌，人们似乎已经将现在的他遗忘。

小有成就固然是好的，也是人们安身立命的资本。但是，时代在发展、社会在进步，停滞不前就等于自动倒退。有人开玩笑说：长江后浪推前浪，前浪死在沙滩上。如果你死守着眼前的小成就原地踏步，那么社会发展的大浪潮就有可能将你狠狠地拍在沙滩上；而那时，你现在的成就也许已经算不得成就了。保持一颗谦逊之心，不懈努力，不被一时的成功所诱惑，在人生的路上永不止步，那么我们就能够不断地完善自我、完善人生。

成功是一个新的起点

吕思清是中国著名的小提琴演奏家，7 岁时就表现出了超出常人的音乐才华，并受到了邓小平的关注。1986 年，年仅 17 岁的吕思清来到意大利的热那亚，代表中国参加帕格尼尼国际小提琴大赛。这是国际四大小提琴比赛之一，金奖奖项已经空缺了整整 12 年。刚开始的时候，这个普通的中国少年在来自世界各地的小提琴演奏高手中间一点也不起眼。然而，经过了几轮艰苦的比赛之后，严谨而苛刻的评委被吕思清的勃勃生气和高超技术所征服。他成功地获得了空缺了 12 年的帕格尼尼金奖，成为第一个获此殊荣的亚洲人。

时隔二十多年，吕思清在谈起这次获奖时，他很淡然地说："得奖是一件好事，但更重要的是，得奖以后你的音乐潜能能否继续发挥出来。成功不在一时，而在一生。"

人生的考验不仅是苦难，成功也是一种考验。西游记中唐僧取经经历各种考验，到达女儿国时，美女和财富唾手可得，是停下来还是继续西天取经之路？继续往取经的地方去，才是你的理想。记住你最初的梦想，不要满足于当前的小小成就。

著名的音乐家李云迪被称作中国的莫扎特，他 18 岁时就获得第十四届肖邦国际钢琴大赛的金奖，当鲜花、掌声、聚光灯围绕着他时，他却说出了这样一段精彩的话：

大家都知道冠军意味着成功，更意味着一种收获。但这种收获不是当下的，是短暂的。因此每一个世界纪录也都看做是一个起点，不是吗？肖邦大赛每五年就可能会产生一个冠军，而随后当你成为冠军，当你前面不再有对手，当你发现突破自己以外的世界其实是更大的竞技场的时候你会陷入一种迷茫。就我来说，肖邦大赛之后我面临的不再是二十多位权威的评委，而是更多的乐评人、听众、音乐大师，我发现我真正面对的其实只有我自己，我只能和自己竞技，而竞技的目的就是不断超越自我，具体到对每一首曲子，对音乐领悟的超越，等等。

音乐是一条孤独的路，虽然沿途的风景不错，欣赏风景的人也有许多。但是你必须忽略这一点，让自己彻底沉静下来，以一个起点的姿态不断追求完美，都说这世界上没有绝对的完美，但也因此必须永远无限度地接近完美，我想这正是音乐、艺术乃至体育最大的乐趣所在。因此，我认为对待成功就需要把它当做一个新起点，当做一项新的记录，然后全力地展开新一轮的竞技完成下一次的自我超越。因此，冠军的对手只有一个，那就是自己。只有能够不断战胜自己的人，才能领会冠军的真正含义。

李云迪把成功当成人生的考验，面对成功他没有停滞不前。有些人成功之后容易满足现状，安于现状，不敢继续走，害怕今天的成功会成为泡影，殊不知，前方会有更美的风景，这种人却无福享受，因为他们陶醉于短暂的成功，不敢迈步走向人生的下一段旅程。

用局部成功促成整体成功

在小的世界里成为第一名，能够让你取得更辉煌的成就。这是许多励志读物里提倡的观点。事实也正是如此，如果你能够不停地在小的领域里取得成就，那么，这些小的成功就会为你将来更大的成功做铺垫。

日本铃木集团的不断发展壮大，正是局部成功促进整体成功的案例。

在日本，在普通汽车的市场占有率上，丰田远远在铃木之上。但铃木却一直在小排量汽车领域遥遥领先，并且在获得成功之后乘胜追击，在 1982 年成功进入日本市场，取得了良好的市场效果，成为印度第一汽车制造商。

铃木的社长铃木修先生之所以会选择将汽车出口到印度这个并不被其他公司看好的国家，是因为铃木修先生采取了用局部成功促进整体成功的方法，在美国和日本，铃木并不是第一的汽车制造商，但是如果能够在其他地方得到第一的名号，那么势必会增加铃木修先生的信心，如此一来，也为将来的整体成功打下坚实的基础。

铃木修先生的成功，并不是源于获得了大范围的市场份额，而是在于铃木修先生打了一场漂亮的局部战，并且从中获得了信心。

用局部战争的胜利增加信心这一战略同样可以运用到个人发展上来。没有过多经验的年轻人，也许暂时没有什么很突出的业绩，在自己奋战的领域评价也不是很高，但是，如果你能够脚踏实地，用积极热情的态度，在局部战场上拔得头筹，这往往会成为你成功的起点。

李欢是一名刚刚毕业、初出茅庐的记者。他的志向是成为一名具备国际水准的优秀新闻记者，然而他知道，这个成就不可能一蹴而就，但是，他有自己比较擅长的领域：李欢的文笔特别好，写出的新闻稿件特别棒，得到了报社老同事的一致好评。因此，李欢虽初出茅庐，但是他高质量的新闻稿件也让领导对他刮目相看。在经过半年的工作之后，李欢有了更大的进步，他所采编的稿件已经在国内新闻大赛中获奖。这也为他今后在新闻领域的挺进打下了基础。

在某一方面出类拔萃的人，在别人眼中是十分具有存在感的。反复向别人展示自己某一方面的专长，做一个专项发展的人，同样可以取得不小的成就。

因此，在局部战争中拔得头筹，把自己的名声打出去，好的评价自己会接踵而至，时机成熟的时候，整体的成功自然也会尾随而至。

持久的成功是点滴的连接

急功近利的人只愿意学习立刻可以派上用场的实用知识，而摒弃那些看似没有效用的文化知识和基础知识。但是，这样的人永远走不远，因为他没有后盾，没有积淀。其实，那些看似没有用的知识，终会在人生的某一时刻显现出来，成为你的经验和能量，助你取得更大的成功。

史蒂夫·乔布斯曾经有过这样一段发人深省的演讲：

当时，里德学院的书法课大概是全国最好的。校园里所有的公告栏和每个抽屉标签上的字都写得非常漂亮。当时我已经退学，不用正常上课，所以我决定选一门书法课，学学怎么写好字。我学习写带短截线和不带短截线的印刷字体，根据不同字母组合调整其间距，以及怎样把版式调整得好上加好。这门课太棒了，既有历史价值，又有艺术造诣，这一点科学就做不到，而我觉得它妙不可言。

当时我并不指望书法在以后的生活中能有什么实用价值。但是，10年之后，我们在设计第一台Macintosh计算机时，它一下子浮现在我眼前。于是，我们把这些东西全都设计进了计算机中。这是第一台有这么漂亮的文字版式的计算机。要不是我当初在大学里偶然选了这么一门课，Macintosh计算机绝不会有那么多种印刷字体或间距安排合理的字号。要不是Windows照搬了Macintosh，个人电脑可能不会有这些字体和字号。要不是退了学，我绝不会碰巧选了这门书法课，个人电脑也可能不会有现在这些漂亮的版式了。当然，我在大学里不可能从这一点上看到它与将来的关系。10年之后再回头看，两者之间的关系就非常、非常清楚了。

你们同样不可能从现在这个点上看到将来；只有回头看时，才会发现它们之间的关系。所以，要相信这些点迟早会连接到一起。你们必须信赖某些东西——直觉、归宿、生命，还有业力，等等。这样做从来没有让我的希望落空过，而且还彻底改变了我的生活。

乔布斯的演讲告诉我们，在人生的旅途中，没有哪件事可以独成系统，成功也不是一蹴而就的。连贯性实为成功之首要因素。你的所作所为，事无大小，都将深深烙印于成功的车辙里。不做好今日的工作，就会影响明日之进程，成伟业者要把每一步、每一天都走好，渐渐走近美好的明天。

钝感力让成功更稳健

"钝感"一词源自日本，直译为"迟钝的力量"，是著名作家渡边淳一于2007年2月出版的《钝感力》中的首创。渡边淳一说："'钝感力'作为一种为人处世的态度及人生智慧，相比激进、张扬、刚硬而言，更易在目前竞争激烈、节奏飞快、错综复杂的现代社会中生存，也更易取得成功，并同时求得自身内心的平衡及与他人和社会的和谐相处。"

"钝感力"是人性之中一种质朴的力量，即从容面对生活中的挫折和伤痛，坚定地朝着自己的方向前进，是"赢得美好生活的手段和智慧"。最质朴的力量往往最强大。在各自领域里取得成功的人士，其内心深处一定隐藏着一种绝妙的"钝感力"。

钝感力是立身处世不可或缺的品质。我们也许都有这样的体会，同样的失误，同样的苛责，有的人感觉痛不欲生，以致影响事业和生活的和谐；有的人却失落一阵，很快就恢复常态，天塌下来他也依然故我，他的事业、生活没有受到多大困扰，依然运行在正常的轨道之上。通过许多公司的研究发现，公司中最优秀的员工往往不是最聪明的，也不一定是最能干的，但他们都有一个共同点：他们能够以最合适的状态及心境应对一切变化。在与公司共同发展的过程中，他们无论是处于逆境、顺境，面对表扬或批评，都无法轻易动摇他们对于自我价值的判断以及坚持到底的决心。很多时候，他们是同事眼中冥顽不化的愚笨者，是别人眼中反应迟钝的平庸者，但经过许多次的考验之后，这些"迟钝者"却往往以其坚忍不拔的精神最终获得管理者的赏识，成功实现晋升的梦想。

百荣集团是所在行业的知名公司，在声名远播的同时，集团面临的内外压力也是与日俱增：一方面竞争对手步步紧逼，不断抢占市场份额；另一方面，集团内部营销体系及相应的制度都有些混乱，区域市场的管理出现许多漏洞。张智与刘明都是百荣集团刚引入的两名高级营销人才，出任公司的营销部经理，分管不同的市场，共同向总经理及董事会汇报。

从工作背景来看，两个人不分伯仲：毕业于名牌大学，都曾任职于著名外企，具有较强的实力和丰富的经验，并且干劲十足。

在正式接管之后，两个人做的第一件事就是对自己所负责的区域进行大刀阔斧的改革，并引入外资公司一套成熟的制度进行实践。虽然职业背景非常相似，但张智与刘明两人的工作风格却大相径庭。张智做事雷厉风行，并且说话直言不讳。他的洞察力与市场判断力，让许多下属颇为佩服。而刘明憨笑随和，性格不温不火，做事从不急进。许多人都认为张智将会比刘明更能作出成绩。

由于张智与刘明对区域市场进行了改革，触及了公司中诸多人的利益。在他们上任几个月后，一些员工产生抵触情绪，所以各种各样的非议纷至沓来，更不断有人写匿名信编造各种借口举报他们，张智与刘明都面临着巨大压力。

张智的性格急躁，对于这些无中生有的指责表现激烈，同时对于公司管理层的询问又表现出极大的反感，认为领导层应该给自己充分的信任与支持，而不能以这些莫须有的指责扰乱自己的情绪。为了实现既定目标，张智不断向区域经理下达死命令，不断地进行开会督促。一旦某一项任务没有完成，张智会怒急冲冠，并施以重罚，警告团队必须如期完成。张智的情绪化表现非常明显。他心情好时可以与团队打成一片，但当他情绪低落时，他整天阴沉不语，经常为一点小事发怒训人，让下属根本不敢与他沟通。

刘明的表现则平静得多。虽然也肩负重担，但他有条不紊。无论是任务布置还是工作推进，无论是取得成绩还是遇到障碍，他都能够心平气和地与团队共同研讨对策。而对于各种各样的非议与批评，刘明充耳不闻，依然淡定自如，他似乎并不太在意别人的评头论足，只是一心走自己的路。更令下属感激的是，由于某区域经理的失误，导致业绩下滑，整个团队受到董事会严厉批评之时，刘明却一个人抗住压力，耐心向董事会解释其中原因，并阐述接下来的应对措施以及未来的发展前景，从而取得了谅解。

一年半过去了，张智与刘明都以各自的方式顺利完成了向董事会承诺的目标。管理层决定提拔两个人中的一个出任营销总经理，在经过多方面的考察，多数员工支持刘明晋升为营销总经理，原因很简单，虽然张智的能干让人佩服，但刘明的"钝"让人更有持久的信心。而总经理的评价则是：张智是个将才，但刘明更是帅才。敏于心，钝于外，这就是我们所期望的稳健型领导者。

"钝者，讷于言敏于心。"敏于心，钝于外，这就是大智若愚的智者。

如果说敏感力是一种外在的洞察力，那么钝感力则是一种内在的坚持力。相对于洞察力，坚持力是一种更持久的耐力与爆发力。现代社会的竞争越来越激烈，在这场没有硝烟的战争中，人与人之间的"斗争"在所难免，优胜劣汰成为常态。保持一定的敏感度是必要的，但更为重要的是沉得住气，排除一切干扰，为成功而坚持不懈地努力。正是这种貌似"迟钝"的顽强意志使我们突破重重障碍，步步向前——而这，就是钝感的力量所在。

耐不住平凡枯燥，无法迎来激动人心

成功，需要你耐心地做好你现在要做的事。

每个夏天，我们都能听到在高树繁叶之中蝉的清脆鸣叫。它们有透明的羽翼，在风中鸣叫得惬意。殊不知，这些蝉一生中绝大部分岁月是在土中度过的，只是到生命的最后两三个月才破土而出。

人的生命历程其实也是这样，每一个希冀成功的人，也必须有长时间蛰伏地下的经历，好好磨炼自己，好好培养自己。

任何人的一生，都是一趟漫长的旅行，沿途有无数的坎坷和泥泞。我们要以熬药、熬粥、熬汤的态度对待人生，能够忍耐，能够战胜坎坷，将每一天都过得香甜有滋味。你必须调整好自己的心态，要在日常工作中"看到超越日常工作的东西"，耐心地做好你现在要做的事，脚踏实地前进。

务实的人相信有播种才有收获，他们从不奢望天上掉馅饼。务实是成功的基础，如果没有务实的态度，爱迪生纵然再有聪明的头脑也不会成为发明家；如果没有务实的态度，比尔·盖茨即使智商再高，也不会成为世界超级富豪；如果没有务实的态度，达·芬奇即使再有天赋也不会有《蒙娜丽莎》的问世……

磨炼、挫折、挣扎，这些都是人成长必经的过程，而往往欲速而不达。成功者与常人的差别并不是智商而是一种毅力。伟大是熬出来的，对信念的执著不能靠一时的小聪明。只有忍受住寂寞与困难的煎熬，才能百尺竿头更进一步。所以，务实地做好现在要做的事，终有一天，成功会降临到你头上。

冠军是跑在掌声之前的人

一个人要想获得成功，就要培养自己的气度、学问、能力，像大海一样深广才行。我们可以想象，这必定是一个寂寞而孤独的过程，唯有这寂寞和孤独才能带来智慧的增长。古往今来成大事者大抵如此。

他去美国念电影学院时已经26岁了，这件事遭到了父亲的强烈反对。父亲告诉他：纽约百老汇每年有几万人去争几个角色，电影这条路走不通。他义无反顾地去了，这个曾经怯生生、羞涩腼腆的人漂洋过海去了美国。那么结果如何呢？

毕业后，整整6年里，他没有工作。作为一个男人，他唯一的工作就是在家做饭带小孩。有一段时间，他的岳父岳母看他整天无所事事，就委婉地告诉女儿，也就是他的妻子，准备资助女婿一笔钱，让他开个餐馆。他自知不能再这样拖下去，但也不愿拿别人的资助来开展自己的事业。于是，他决定去社区大学上计算机课，从头学起，争取找一份安稳的工作。他背着老婆硬着头皮去社区的大学报名，一天下午，他的太太突然发现了他的计算机课程表。结果她顺手就把这个课程表撕掉了，对他说："你一定要坚持你的理想。"

因为这一句话，因为有这样一位明理智慧的太太，他没有去学计算机。

6年以后，当他带着自己第一部独立执导的电影闯进人们的视野时，人们看到的不是初出茅庐的青涩，而是《推手》中稳健而独立的关于中西文化碰撞的观点。这个人就是获得奥斯卡最佳导演奖的华人——李安。

人的生命是有限的，但生命的精彩却是无限的。谁都想成为下一个李安，但是又能有几个人耐得住寂寞，等上6年的时光，甚至还有可能会更久。6年的寂寞足以削平一个人的斗志，即便我们有李安一样的才华，又有几个人有李安的耐性，能够一直等到成功的来临。

自古以来，坚持的头号大敌就是诱惑，就是耐不住寂寞。有这么一句话："我什么都能抵制，除了诱惑。"因为耐不住寂寞和诱惑，常常令我们丧失了志向，偏离了方向，始终登不上成功之船。一个人想成功，就要经过一段艰苦的过程。任何想在春花秋月中轻松获得成功的人都是枉然。这寂寞的过程正是你积蓄力量，在开花前奋力地汲取营养的过程。如果你耐不住寂寞，成功永远不会降临在你身上。用一位哲人的话来说，"冠军永远跑在掌声之前"。

跑在掌声之前，也就是跑在无边的寂寞里。这才是冠军的意义。我们看很多人被功名利禄迷失方向，常常忘了人生真正的意义；而那些能够淡泊名利的人，却能在淡泊中参透人生的玄机，悟出许多的真理。庄子就是这样的例子。楚国请他做官他不肯去，他宁愿守着心田，静静地"独与天地精神往来"。这就是人生的一种大境界。守住寂寞，也守住了自己的内心，给自己的生命以更加开阔的天地。

法国昆虫学家法布尔在他的《昆虫记》中，曾描写过蝉从出生到死亡的全过程。蝉的生命期仅仅30天，而为了这极短暂的30多天的飞翔高鸣，它们的幼虫要在泥土里等待4年的时间。在4年漫长的痛苦等待中，不得不经受各种自然灾害的袭击和天敌的入侵，保存下来，才有化为蝉的机遇。

这就是大自然的规律。人生要想获得成功，首先都需要耐得住寂寞，寂寞能促进一个人成长，寂寞是成功的另一种境界。

有一个笑话，说一个人要挂一幅画，然后找来了锤子和钉子。结果发现这个钉子挂不住，得弄一个小木头楔子。然后他又去找木头，找着了又去找斧子，接着又去找锯。一轮一轮地折腾下来，等到凑齐了所有的东西，他已经忘了自己最初的目的是什么了。望着一大堆工具，他早就忘了那幅画的存在了。

这似乎是对生活的绝妙比喻。黎巴嫩诗人纪伯伦说："我们已经走得太远，以至于我们忘记了为什么而出发。"很多人都渴望辉煌，追逐熙熙攘攘的热闹，追求繁华背后的灿烂，结果在不断地追逐中迷失自我。我们忘了自己的坚持，忘了自己的选择，却记住了忙忙碌碌，记住了为行走人间的疲于奔命。我们就像那个忘记画的人一样，忘记自己的初衷。

想继续进步，就得有自省意识

有很多人都曾这样抱怨："我每天都在拼命地工作、工作，我一刻也没闲过，可如此努力为什么却总是不能成功？"

正如成功多是内因起作用一样，失败也多是自己的缺点引起的。一个人必须懂得不断反省和总结自己，改正自己的错误才不会老在原处打转或再次被同一块石头绊倒；人只有通过"自省"，时时检讨自己，才可以走出失败的怪圈，走向成功的彼岸。

一般来说，自省心强的人都非常了解自己的优劣，因为他时时都在仔细检视自己。这种检视也叫做"自我观照"，其实质也就是跳出自己的身体之外，从外面重新观看审察自己的所作所为是否为最佳选择。这样做就可以真切地了解自己了，但审视自己时必须是坦率无私的。

能够时时审视自己的人，一般都很少犯错，因为他们会时时考虑：我到底有多少力量？我能干多少事？我该干什么？我的缺点在哪里？为什么失败了或成功了？这样做就能轻而易举地找出自己的优点和缺点，为以后的行动打下基础。

安利是美国知名的消费品制造商，拥有超过100万名独立经销商的全球直销网络，而且旗下所贩售的产品超过4300种。更惊人的是，安利所有的商品都是透过上门推销和邮购的方式销售，年营业额高达数十亿美元。

安利是由狄韦斯和杰文·安黛尔两人共同创立的。狄韦斯在读高中时，遇到了杰文·安黛尔，两个年轻人有着相同的梦想、希望和目标，就这么开始了一起创造事业的过程。

20世纪50年代末，他们在自家的车库里展开了他们的事业。后来虽然遭遇过许多挫折，但是他们两人从不放弃，并且彼此扶持、鼓励，经过长时间的努力之后，终于演变成现在的安利。

当媒体询问狄韦斯的经营之道时，狄韦斯认为，那些梦想拥有自己事业的人，最后往往只看重管理事业，而不是继续成长。

大多数公司之所以会垮，是因为原本的创立者忘了继续进步的重要，只陶醉在公司目前的繁荣景象。

如果要继续进步的话，就不能忽略时时有自省意识。

那么，想要继续进步和获得持久的成功，我们需要如何培养自己的自省意识呢？

首先，得抛弃那种"只知责人，不知责己"的劣根性。当面对问题时，人们总是说：

"这不是我的错。"

"我不是故意的。"

"没有人不让我这样做。"

"这不是我干的。"

"本来不会这样的，都怪……"

这些话是什么意思呢？

"这不是我的错"是一种全盘否认。否认是人们在逃避责任时的常用手段。当人们乞求宽恕时，这种精心编造的借口经常会脱口而出。

"我不是故意的"则是一种请求宽恕的说法。通过表白自己并无恶意而推卸掉部分责任。"没有人不让我这样做"表明此人想借装傻蒙混过关。

"这不是我干的"是最直接的否认。

"本来不会这样的，都怪……"是凭借扩大责任范围推卸自身责任。

找借口逃避责任的人往往都能侥幸逃脱。他们因逃避或拖延了自身错误的社会后果而自鸣得意，却从来不反省自己在错误的形成中起到了什么作用。

为了免受谴责，有些人甚至会选择欺骗手段，尤其当他们是明知故犯的时候。这就是所谓"罪与罚两面性理论"的中心内容，而这个论断又揭示了这一理论的另一方面。当你明知故犯一个错误时，除了编造一个敷衍他人的借口之外，有时你会给自己找出另外一个理由。

其次，培养自省意识，就得养成自我反省的习惯。我们每天早晨起床后，一直到晚上上床睡觉前，不知道要照多少次镜子；这就是一种自我检查，只不过是一种对外表的自我检查。相比之下，对本身内在的思想做自我检查，要比对外表的自我检查重要得多。可是，我们不妨问问自己：你每天能做多少次这样的自我检查呢？我们不妨设想一下，如果某一天我们没有照镜子，那会是一种什么结果呢？也许，脸上的污点没有洗掉；也许，衣服的领子出了毛病……总之，问题没有被发现，就出了门。可是，我们如果不对内在的思想做自我检查，那么，我们就可能是出言不逊也不知道，举止不雅也不知道，心术不正也不知道……那是多么的可怕！我们不妨养成这样一个习惯——每当夜里刚躺到床上的时候，都要想一想自己今天的所作所为，有什么不妥当的地方；每当出了问题的时候，首先从自己这个角度做一下检查，看看有什么不对；而且，还要经常对自己做深层次、远距离的自我反省。

最后，培养自省意识，就得有自知之明。但是，正确地认识自己，实在是一件不容易的事情。不然，古人怎么会有"人贵有自知之明"、"好说己长便是短，自知己短便是长"之类的古训呢？自知之明，不仅是一种高尚的品德，而且是一种高深的智慧。因此，你即便能做到严于责己，即便能养成自省的习惯，但并不等于说能把自己看得清楚。就以对自己的评价来说，如果把自己估计得过高了，就会自大，看不到自己的短处；把自己估计得过低了，就会自卑，自己对自己缺乏信心；只有估准了，才算是有自知之明。很多人经常是处于一种既自大又自卑的矛盾状态。一方面，自我感觉良好，看不到自己的缺点；另一方面，却又在应该展现自己的时候畏缩不前。对自己的评价都如此之难，如果要反省自己的某一个观念、某一种理论，那就更难了。

以策略取胜的成功难长久

在人生的路途中，我们总是会不可避免地遇到这样那样的困难、面对随时都可能出现的挑战。为了生存，为了达到我们的目标，我们通常都会制订一些策略来应对困难和挑战。描绘我们人生的发展愿景、制订实践理想的计划和步骤、思考克服障碍的方案等策略在生活和工作中是必要的，也是重要的。

但是，不乏有些急于求成、自认聪明的人，耍花招、玩阴谋、走"捷径"，以此来达到目标。这样的人最终是否能够保持成功呢？也许我们从大自然的一些例子中能够得到一些启发。

墨斗鱼能够在水下喷出一团黑色的墨液来隐藏自己。在遇到危险逃跑时，它使出这个诡计，就可以搅浑海水，顺利逃脱；在进攻时，它同样也会施展喷墨液的诡计，不费吹灰之力，便能捕住小鱼小虾。

本来，渔民们要想捕捉到墨斗鱼并不容易。但是墨斗鱼喷出的墨液会浮上水面，渔民们根据水下冒出来的一团团墨液，就能精准地确定墨斗鱼的位置，据此位置撒下大网，一捕一个准儿，轻而易举就能捕到墨斗鱼。

卷叶虫是一种树虫，有手指那么大，卷叶虫没有嘴，它的整个身体就是一张大嘴。卷叶虫也有自己的计谋：它常常会把自己缩成一团儿，伪装成树上的一片卷起来的叶子，并且吊在树枝上。那些需要做窝的虫子们，经常会以为这是一片卷起来的叶子，于是便爬过来，钻到里面，开始在里面做窝，却不知已经爬进了卷叶虫的大嘴里。卷叶虫只要将身子缩紧，就将钻进来的虫子吃掉了，简直再简单不过了。

但是，卷叶虫的诡计却骗不过黄翅鸟。黄翅鸟专门观察树叶中有哪一片是掉在树枝上卷成一团儿的，它专门挑这样卷起来的叶子吃。卷叶虫自然逃不过死亡的命运了。

据一项调查表明，世界上那些喜欢利用诡计生存的动物反而更容易受到威胁，它们遭遇危险的概率或者它们被其他动物吃掉的概率，总是大于那些没有伎俩可施的动物。

从动物界的例子思考人类社会的现象，是不是能够有所悟呢？确实，靠着阴谋诡计即使能够得到一时的成功，也难以保证不被自己的诡计所害。

阴谋诡计终不能长久，攻于计谋者终被计谋所误。在稻盛和夫看来，靠着策略取得的成功终难长久。商场如战场，在残酷的市场竞争中，胜者为王、败者为寇就是潜在的规则。为了生存，更为了发展，人人都想方设法在竞争中获得有利位置，其中一味追求自身利益而不惜耍弄手段、玩阴谋诡计的人并不少见。在"生存"大旗的掩盖下，用些狡猾甚至卑劣的办法进行"自我保护"好像都成为正大光明的事情了。商海沉浮几十年，稻盛和夫对此却不以为然。

正如人生需要策略一样，公司经营中也需要策略；但是，这是指公司在正确的轨道上进行自我规划和发展的战术战略，而不是不择手段地用阴谋诡计打击对手。处心积虑、费尽心思去给竞争对手设置圈套，可能一时会得利；但是对方也一定以其人之道还治其人之身，用陷阱回敬。如此一来，先前得到的一点小成功可能毁于一旦不说，还很可能陷入无尽无休的诡计大战中，在这种不良竞争的泥沼中越陷越深，导致对公司正经的业务发展投入的精力不足，最终吃苦头的还是自己。

也许，耍一些狡猾的"策略"确实能够快速地获得想要的成功；但是，这样的成功绝不会长久。考试作弊不用吃复习的苦，很容易就能得到高分数，可是该学的知识还是没学会，将来需要用到这些知识的时候你就会发现骗来骗去骗的是自己；在职场中钩心斗角争夺升迁的机会，走后门、攀关系、行贿赂确实能够帮助你成功斩获高职位，但是世上没有不透风的墙，就算人在高位也得不到下属的尊敬和上司的信任。

有时，用点"策略"走捷径确实能够更快地抵达成功；不过，踏踏实实地走正道，可能是有些绕远，却能够保证成功的稳定性。做人做事，都要谨记一个道理：人间正道是沧桑。